環境教育辞典

日本環境教育学会 編
The Japanese Society of Environmental Education

教育出版

刊行にあたって

　この『環境教育辞典』は，環境教育を普及・発展させるためには，自然科学・社会科学・人文科学にまたがる幅広い領域をもつ環境教育の全貌を示す良質な環境教育辞典を，日本環境教育学会として提示することが不可欠という認識に基づいて企画し，編集・刊行したものである。

　社会全体の情報化の進展が著しい今日，インターネット等で膨大な情報が瞬時に入手できるようになったが，一方で，十分に吟味されていない情報が発信されたり，意図的に事実ではない情報が流されたりするという問題も顕在化している。こうした現状を踏まえて，日本環境教育学会としては，採録項目を精査し，用語や内容をしっかりと確認した，信頼度の高い辞典を刊行する必要性が一層増していると考えている。

　環境や環境教育に関する類似した辞典は，約20年前，10年前にも刊行されている。しかし，この『環境教育辞典』に採録されている830項目の約7割は，20年前，10年前の辞典には掲載されていない項目である。この背景としては，地球環境問題の重要性がより強く認識されるようになり，その解決へ向けた取り組みが国内外で進展していること，さらに，社会の持続可能性への関心およびそれに関連する領域が拡大していることなどがある。

　環境問題や社会の持続可能性に対する関心の高まりは，メディア等でそれらに関わるテーマが取り上げられる頻度の増大に顕著にあらわれている。また，企業においても，環境報告書の刊行やCSR（企業の社会的責任）の一環としての環境問題への取り組みは，この10年の間に活発化している。さらに，大人・子どもを問わず，自然とのふれあいの欠如が深刻になるにつれ，民間の自然学校も増加し，環境教育の浸透に大きな

役割を果たすようになっている。一方，学校教育における環境教育は，今のところ環境問題や社会の持続可能性に対する関心の高まりほどには活性化していないが，現代社会に生きるすべての人が身につけておくべきものとして，「環境リテラシー」の重要性に対する認識が高まっているので，将来，学校教育においても，環境教育はより重要な位置づけがなされていくものと思われる。

　このように環境教育が多くの人々にとって関わりの深いものとなっている今，様々な年齢層の多様な分野の方々に利用していただけるように，本辞典の編集に当たっては可能な限り平易な表現に努めたつもりである。学校関係者ばかりでなく，行政や企業，社会教育で環境や環境教育に関わっておられる方々をはじめとする多くの方々が，常に手元において参照していただくことを願っている。

　2013年6月
　　日本環境教育学会『環境教育辞典』編集担当委員一同

凡　　例

1　項目の出し方・配列等について
　(1)　事項，人名を含め，五十音順（欧文の項目はアルファベット順）に配列した。同音の場合は，清音，濁音，半濁音の順とした。
　(2)　長音記号「ー」は無視して配列した。
　(3)　促音の「ッ」，拗音の「ャ」「ュ」「ョ」などは，それぞれ独立の1字とみなして配列した。
　(4)　同一概念で呼称・訳語などが二つ以上あるものは，その代表的なものを項目名とし，他は「見よ項目」（➡）を設けて索出の便宜を図った。
　(5)　独立の項目として扱っていないが，関連の項目でその内容を説明している用語についても，「見よ項目」（➡）を設けた。
　(6)　項目見出しの後に，原則として英訳または原語を付した。冒頭の定冠詞は原則として省略した。
　(7)　外国人の人名項目については，原則として「姓，名」のカタカナ表記を項目名とした。
　(8)　項目名のうち，環境教育のアクティビティ名等には「　」をつけて表記した。

2　本文について
　(1)　本文中の用語・人名で，独立項目または「見よ項目」として取り上げられているもののうち，参照してほしいものを，**太字**で表記した。
　(2)　紀年は原則として西暦を用い，必要に応じて和暦を併記した。
　(3)　外来語等のカタカナ表記の際には，原則として単語の区切りの「・」等を入れずに表記した。
　(4)　関連・参照項目を，本文の末尾に⇨印で示した。
　(5)　参考文献は，本文の末尾に参で示した。

3　執筆者について
　　項目の執筆者の氏名を，各項目の文末に（　　）で示した。

執筆者・校閲協力者一覧（五十音順）

△…編集責任者　＊…校閲協力者

＊朝岡　幸彦	東京農工大学大学院農学研究院	
＊朝倉　卓也	札幌市円山動物園	
＊阿部　　治	立教大学社会学部	
＊飯沼　慶一	学習院大学文学部	
＊石川　聡子	大阪教育大学教育学部	
＊市川　智史	滋賀大学環境総合研究センター	
＊井上　有一	京都精華大学人文学部	
＊今村　光章	岐阜大学教育学部	
伊与田　昌慶	NPO法人気候ネットワーク	
元　　鍾彬	学習院大学客員研究員	
＊生方　秀紀	日本環境教育学会理事	
＊大島　順子	琉球大学観光産業科学部	
大森　　享	北海道教育大学釧路校	
＊岡島　成行	大妻女子大学家政学部	
＊荻原　　彰	三重大学教育学部	
奥田　直久	環境省自然環境局	
金田　正人	フリーランス	
川島　憲志	フリーランス	
△川嶋　　直	キープ協会環境教育事業部	
＊北野　日出男	日本環境教育学会監事	
木村　玲欧	兵庫県立大学環境人間学部	
小島　　望	川口短期大学	
＊小玉　敏也	麻布大学生命・環境科学部	
小林　　毅	前 帝京科学大学	
斉藤　雅洋	東北大学大学院博士課程	
酒井　伸一	京都大学環境科学センター	
坂井　宏光	福岡工業大学社会環境学部	
佐々木　晃子	持続可能なスウェーデン協会	
＊佐々木　豊志	くりこま高原自然学校	
＊佐藤　真久	東京都市大学環境学部	
＊塩瀬　　治	獨協中学校・高等学校	
シュレスタ　マニタ	東京学芸大学大学院博士課程	
＊荘司　孝志	東京都立つばさ総合高校	
＊鈴木　善次	日本環境教育学会監事	
△諏訪　哲郎	学習院大学文学部	
関　　智子	国立青少年教育振興機構	
関　　正雄	明治大学経営学部	
＊田浦　健朗	NPO法人気候ネットワーク	
＊高田　　研	都留文科大学環境・コミュニティ創造専攻	
＊高野　孝子	NPO法人エコプラス	
＊髙橋　宏之	千葉市動物公園	
高橋　正弘	大正大学人間学部	
岳野　公人	滋賀大学教育学部	
立澤　史郎	北海道大学大学院文学研究科	
＊田中　治彦	上智大学総合人間科学部	
＊戸田　耿介	NPO法人こども環境活動支援協会	

*冨田　俊幸	立教大学院博士後期課程
*豊田　陽介	NPO法人気候ネットワーク
中地　重晴	熊本学園大学社会福祉学部
*中野　民夫	同志社大学政策学部
*中野　友博	びわこ成蹊スポーツ大学生涯スポーツ学科
長濱　和代	東京大学大学院博士課程
中村　洋介	公文国際学園中等部・高等部
*西田　真哉	新生会HALC自然学校
*西村　仁志	広島修道大学人間環境学部
*能條　歩	北海道教育大学岩見沢校
*野口　扶美子	ロイヤル・メルボルン工科大学博士課程
*野田　恵	グリーンウッド自然体験教育センター
野村　卓	北海道教育大学釧路校
萩原　豪	鹿児島大学稲盛アカデミー
秦　範子	東京農工大学大学院博士課程
畠山　雅子	立教大学大学院博士前期課程
*花田　眞理子	大阪産業大学人間環境学部
△早川　有香	横浜市立大学グローバル都市協力研究センター
*林　浩二	千葉県立中央博物館
*早渕　百合子	九州大学産学連携センター
△原田　智代	NPO法人大阪府民環境会議
*樋口　利彦	東京学芸大学環境教育研究センター
*比屋根　哲	岩手大学連合農学研究科

*福井　智紀	麻布大学生命・環境科学部
*藤田　香	日経BP社　環境経営フォーラム
*降旗　信一	東京農工大学大学院農学研究院
*槇村　久子	京都女子大学現代社会学部
桝井　靖之	森ノ宮医療大学
*増田　直広	キープ協会環境教育事業部
*水山　光春	京都教育大学教育学部
溝田　浩二	宮城教育大学環境教育実践研究センター
*三田村緒佐武	滋賀大学教育学部
*湊　秋作	関西学院大学教育学部
村上　紗央里	同志社大学大学院博士課程
望月　由紀子	元インタープリター
*元木　理寿	常磐大学コミュニティ振興学部
桃井　貴子	NPO法人気候ネットワーク
△森　高一	フリーランス
*矢野　正孝	北九州工業高等専門学校総合科学科
山本　元	NPO法人気候ネットワーク
山本　幹彦	当別エコロジカルコミュニティー
吉川　まみ	上智大学
*吉田　正人	筑波大学大学院人間総合科学研究科
李　舜志	東京大学大学院修士課程
*渡辺　敦雄	NPO法人APAST

アイガモ農法
rice-duck farming

アイガモ農法とは、稲作においてアイガモを用いて**有機農業**、減農薬栽培もしくは無農薬栽培を行うものをいう。

水禽を利用した水稲の栽培管理法は、安土桃山時代に始まったとされているが、江戸時代には衰退した。その後、近代に入り経費削減のため水田等へ水禽を放し飼いすることが試みられた。これらを経て、1980年代には富山県の荒谷清耕によって無農薬栽培を実現するためにアイガモを利用した除草法が確立され、1991年には全国合鴨水稲会が設立された。福岡県の古野隆雄らによる技術的な確立によって全国的に普及するようになった。

アイガモを放し飼いすることによって、成長したアイガモを食用にするだけでなく、除草除虫、排泄物による有機物施用、水田撹拌による根圏増進効果などが期待されるが、収量は農薬や化学肥料を用いた近代農法の同程度か下回る。課題としては放飼法の難しさのほかに、野生マガモとの交雑の問題や鳥インフルエンザの感染の危険などが挙げられる。

(野村 卓)

アイスブレイク
icebreaking activities／icebreaker

〔語義〕環境教育プログラムや研修会の冒頭の時間に、学習者や指導者の心の中や、学習者と指導者の関係に「緊張の氷」と表現する硬い雰囲気が存在していることがある。この状態を壊し、皆が安心できる雰囲気をつくり、学習者の主体性を引き出す**プログラム**や工夫の総称をアイスブレイクと呼ぶ。アイスブレイキングともいう。主に打ち解けるためにレクリエーション系の活動を用いることが多い。

〔役割〕アイスブレイクの主な役割は以下のとおりである。

①学習者や指導者の緊張をほぐす：学習者の多くは不安や期待からくる緊張を抱いている。この緊張をほぐすことで、安心感や主体性をもってプログラムに参加できるようになる。特に参加体験型のプログラムでは、最初の段階で積極的に活動に参加する雰囲気をつくることが大切である。同様に指導者の多くも活動冒頭では緊張していることがあり、自身を落ち着かせるためにもアイスブレイクは効果的である。

②身体の緊張をほぐす：心の緊張は身体も緊張させる。この状態では活動中のケガにつながることもあるため、心も身体も動かすアイスブレイクを準備運動として行うことがある。

③関係性をつくる：緊張感は一人の学習者の中だけでなく、学習者同士、学習者と指導者などの関係にも見られる。これらの緊張をほぐし良好な関係をつくることで、グループ全体の学びを高めていくことが可能となる。学習者と指導者とが時にフラットな関係となり、時に異なる立場であることを明確にすることも大切である。また、学習者と活動フィールドの関係づくり、学習者とプログラムの進め方の関係づくりなどを意識することで、学習者の学びを活性化することができる。

④学習目的を意識化させる：学習者は緊張のために学習目的を忘れてしまうことがある。また、目的をもたずに参加する人もいる。アイスブレイクは学習目的を意識化させること、プログラム参加への動機づけをすること、学習目的を共有することにも活用できる。

⑤規範をつくる：環境教育プログラムを円滑に進めるためには、全員で協力する、主体的に参加する、集合時間を守るなどの規範（意識や判断の基準）を早いうちにつくり出すことが必要である。アイスブレイクは規範づくりの役割も果たす。

主催者からのメッセージを明確に伝える上記の④⑤などの活動もアイスブレイクの一部ともいえる。

〔アイスブレイクの様々な工夫〕プログラムとしてのアイスブレイクだけでなく、場づくりや道具の工夫などによるアイスブレイクもある。

○拠り所：拠り所となる場所があると，学習者は安心できる。お茶コーナー，図書コーナー，スタッフ・施設を紹介することで参加者の緊張はほぐれ，プログラムに必要な情報提供も可能となる。一輪挿しや写真や絵を飾ることも効果的である。
○名札：名前だけでなく，ニックネームや一言紹介を入れることにより，会話のきっかけになる。
○自己紹介シート：自身のプロフィールを提示することもアイスブレイクの効果がある。自身の学習目的を書いて掲示したり配布したりすることで，意識化させ，共有化することもできる。
○会場作り：机やイスの配置も学習者の気持ちに影響を与える。一般的なのは教室型やシアター型だが，参加体験型のプログラムには円型，アイランド型なども用いられる。

〔留意点〕効果的なアイスブレイクのための留意点は以下のとおりである。
①学習者を理解した上で実施する：学習者同士の関係，学習者と指導者の関係によってアイスブレイクの内容や目的は異なる。学習者の心の状態によってはアイスブレイクを最小限にとどめる，あるいは実施しない場合もある。
②ねらいを明確にした上で実施する：何のためにアイスブレイクを行うのか，というねらいを明確にしないとただの遊びとなってしまうので注意が必要である。
③適度な緊張を保つ：やりすぎは疲れや悪ふざけにつながることもある。適度な緊張を維持することが，規範づくりやケガの防止に役立つ。

(増田直広)

⇨プログラムデザイン

愛知目標
Aichi Biodiversity Targets

一般に「愛知目標」といえば，**生物多様性条約第10回締約国会議（COP10；2010年に名古屋で開催）**で採択された，2011年以降の**生物多様性**に関する新たな世界目標のことを指す。正式には，世界目標全体の名称は「生物多様性条約戦略計画2011-2020」であり，この中に含まれる2015年または2020年を目標とする20の個別目標が「愛知目標」である。

愛知目標は，日本の提案に基づき，2050年までに「自然と**共生**する世界」＝「生物多様性が適切に評価，保全，回復され，それによって健全な地球が維持され，すべての人々に不可欠な恩恵が与えられる世界」の実現を長期目標に掲げており，日本で古くから培われてきた自然共生の考え方や知恵が，世界各国の理解と共感を得たものといえる。

各締約国には，愛知目標を踏まえて各国の生物多様性の状況や取り組みの優先度等に応じた国別目標を設定し，生物多様性国家戦略の中に組み込むことが求められている。

(奥田直久)

アイドリングストップ
no idling（idling-stop は和製英語）

自動車は停止していても，エンジンが駆動している状態をアイドリングという。停車中にエンジンを動かしているのは，燃料の無駄使いである。そこで，信号待ちなどの駐停車時にアイドリングをストップすれば，燃料の節約や二酸化炭素の削減が期待できる。自動車が停止するとエンジンも止まり，エンジンを起動するとすぐにスタートできる「アイドルストップアンドゴー」の機構を備えた自動車も開発されている。

(冨田俊幸)

赤潮
red tide

海洋や湖沼において，プランクトンなどが異常増殖し，これが表面に集積して水が変色して見える現象をいう。水面の変色はプランクトンの種類により異なるが，赤褐色が多いことから「赤潮」と称される。植物プランクトンの増殖は**富栄養化**が原因で起こり，水中の酸素が欠乏状態となり，魚類や貝類などの大量死を招くこともある。水質浄化機能をもつ**干潟**の減少なども赤潮発生に関係していると考えられている。東京湾，瀬戸内海，伊勢湾，大阪湾など沿岸・内湾において頻繁に赤潮が発生しているほか，**琵琶湖**などの淡水域でもプランクトンの異常増殖により水が赤色

化する現象が認められ，これを「淡水赤潮」と呼んでいる。

1975年に琵琶湖で発生した赤潮の主たる原因が合成洗剤に含まれるリンであったことから，リンの使用禁止を訴える運動が起こり，滋賀県は「琵琶湖富栄養化防止条例（通称せっけん条例）」を制定した。このことが，洗剤業界に「無リン」の合成洗剤の開発を促進させた。
（望月由紀子）

阿賀野川水銀中毒 ➡ 新潟水俣病

アクションリサーチ
action research

〔アクションリサーチの意味〕アクションリサーチは，ドイツの心理学者クルト・レヴィン（Lewin, Kurt）が提唱したもので，社会活動で生じる諸問題について，小集団での基礎的研究でまずメカニズムを解明し，そこで得られた知見を社会生活に還元して現状を改善することを目的とした実践的研究を指す。現在では，研究者と研究対象者が共同して展開する社会実践的研究を指すことが多い。

旧来のいわゆる「研究」では，その対象が自然であれ社会（人間）であれ，研究者は対象である事象や行為に対してできるかぎりの客観性を保つために，第三者的，傍観者的立場に立つことが求められた。しかし，例えば「いじめ被害」を研究対象としている場合，研究者には人として，「他人事として一切関与しない」から「一緒にいじめに立ち向かう」まで多くの選択肢が存在する。この時，研究者は研究の客観性を理由に，研究対象者に対する「いじめ行為」を見逃すべきだとする判断は軽々しく下されるべきでない。また，研究者によって観察されているという状況が，いじめの被害者となっている対象者の意識や行動に少なからぬ影響を与えることも予想される。

アクションリサーチは，このような研究者と研究対象者がつくり上げる「場」の構造や力学を重視する。そして，研究者がこのような「場」から離れて客観的立場をとりうることは，社会構成的にもはや不可能との考え方に立ち，それよりも研究対象者と共同して第三の視点（第三の世界）を創り上げていくことを大切にしようする。そこでは，両者の関係を研究者／対象者と呼ぶのは不適切で，両者はともに共同研究者の立場にあるといえる。

〔アクションリサーチの特性〕アクションリサーチの特性として，矢守克也は『アクションリサーチ―実践する人間科学』（新曜社，2010）の中で，次の二つを挙げている。
①研究者と研究対象者がつくる研究の共同性
②目標とする社会的状態への変化の実現に向けた価値の懐胎性（意識する，しないに関わらず，価値が内に含まれること）

①の特性は，研究者と研究対象者の独立性は完全には保障されないという特徴をむしろ積極的に活用しようとするものである。研究の従事者（研究者・対象者）は，観察や測定の実践が「場」の影響を受けることを自覚しながら研究に従事することによって，これまでには見られない第三の視点をつくり出す。

②の特性は，研究の普遍的真理や法則性に関するものである。アクションリサーチには「ある好ましくない状況をよりよい方向に変えていこう」とする研究者と対象者の共同作業的性格があるので，そこでは好むと好まざるとにかかわらず，彼らのもつ価値観やイデオロギーから自由ではありえない。そこで，むしろ価値観やイデオロギーを踏まえて，現状の改革・改善に積極的に関与しようとする。

アクションリサーチは多くの場合，実験室での実験や関係者へのインタビューといった単体では完了せず，現場での息の長い活動として展開されることになる。
（水山光春）

アクティビティ
activity

環境教育におけるアクティビティとは，環境教育の一つの体験的な活動単位のこと。数分で終わるものから数十分必要なものまである。いくつかのアクティビティを数時間から数日間の枠に構成的に配置して，学習のねらいを達成しようとするものがプログラムである。アクティビティとプログラムの関係を「部品と製品」の関係にたとえることもある。

活動時間が短い場合は一つのアクティビティだけで終わることもあるが、1時間以上の活動時間がある場合には、複数のアクティビティを連続して実施することが一般的である。

環境教育アクティビティとして有名なものには、**ネイチャーゲーム**、**プロジェクトワイルド**などがあり、それぞれ100を超えるアクティビティがある。米国で開発された上記のプログラムのほかに、日本でも環境教育を実施する団体が独自に開発したアクティビティは相当な数になると思われるが、その全体像は把握されていない。

アクティビティにはそれぞれのねらいや役割がある。参加者の緊張を解くもの、グループでの話し合いを促進するもの、自然の中での感性を研ぎ澄ますもの、生態系や地球環境の仕組みを体験的に理解するもの、自分の日常でできることを考えるものなど、そのねらいは多様である。また実施場所、実施人数、実施時期・時間、対象者などアクティビティごとに様々な枠もあり、同時に柔軟性も求められる。

大切なことは、様々な環境教育アクティビティの中から、プログラムのねらいと対象者にとって適切なアクティビティを選ぶこと、あるいは新たに創り出すこと、そしてそれらを適切に構成（デザイン）することである。

(川嶋 直)

⇨ プログラムデザイン

アグリビジネス
agribusiness

農業関連の幅広い経済活動を総称する用語で、1950年代後半にハーバード大学ビジネススクールのデイビス（Davis, J.H.）とゴールドバーグ（Goldberg, R.A.）が導入した。狭い意味での農業生産ではなく、農業資材の供給から農産物の生産・加工・流通およびそれらの相互依存関係を含む。

アグリビジネスは、1980年代半ばに起きた価格形成を市場原理に委ねる新自由主義的な農業政策への転換と相まって、資本をグローバル化し、活動拠点を一つの国家に置かずに複数の国で活動する多国籍的な展開をしている。特に米国のアグリビジネスは、異なる業種や直接には関係のない多岐にわたる企業を合併・買収することで経営を多角化している。海外に直接投資して生産・輸出拠点を多元化し、企業内部で、ある国の拠点と別の国の拠点同士で輸出入を行う企業内貿易を拡大している。また、多岐にわたる業種や業務に参入する巨大複合企業体（コングロマリット）が育っている。

ダイズを生産し、そのダイズを加工して飼料にし、その飼料を用いて肉牛の飼育を行い、さらに食肉加工の後、冷凍食肉を生産し、それを用いてハンバーガーを製造・販売するなど、特定の食品についてフードシステムの川上から川下までを垂直的に統合している。

またアグリビジネスについては種子に関する問題も大きい。かつて種子は農家が毎年自家採種してきたが、1930年代に開発されたハイブリッド種子は優良な形質が次世代に受け継がれないため購入資材となり、国際的な種子市場がつくられた。1990年代に始まった**遺伝子組み換え作物**の商業栽培以降は**農薬企業**が種子市場に進出し、業界再編を経て現在ではモンサント社やデュポン社が世界のトップメジャーとして自社の農薬と遺伝子組み換え種子、さらには肥料と技術指導をセットで販売するビジネスモデルを確立している。

(石川聡子)

アグロフォーレストリー
agroforestory

高木や灌木を植栽し、その樹間での農業、家畜飼育などを効果的に組み合わせる産業形態を指す。この組み合わせによる相乗効果で、持続可能な土地利用を実現しようという統合的な技術思想から提唱された。これにより、農産品、**家畜**、フルーツやナッツ、材木などの林産品による収入を得る一方、家畜排せつ物の土壌への還元、**土壌流出**の防止、森林喪失の阻止、**生物多様性**の保全など、環境の保全でも多面的な効果がある。特に、現金収入を向上させるための焼畑や森林伐採の拡大が森林喪失とさらなる**貧困**化を引き起こすなどの悪循環のもとに置かれた途上国において、

農業・林業による短期的な収入の改善と，森林保護による長期的な環境保全を両立させる技術として重要である。樹間で1，2種類の農作物を栽培する間作とは異なる。

(野口扶美子)

アジア環境人材育成イニシアティブ
Environmental Leadership Initiatives for Asian Sustainability (ELIAS)

アジアにおける持続可能な社会の実現を牽引する環境人材の育成に向け，環境省を中心に実施している取り組み。2005年の国連「**持続可能な開発のための教育の10年（DESD）**」採択をうけ，日本では「わが国における国連『持続可能な開発のための教育の10年』実施計画」を策定し，初期段階の重点的取り組み事項として，大学における**ESD**の推進および経済社会のグリーン化に主体的に取り組む環境人材の育成を位置づけた。これを踏まえて，環境省は2008年3月に策定した「持続可能なアジアに向けた大学における環境人材育成ビジョン」に基づき，関係省庁と連携しながら，アジア環境人材育成イニシアティブ（ELIAS）を推進している。

ELIASは中核的事業として，大学・大学院におけるモデルプログラムの開発，産学官民連携による環境人材育成コンソーシアム（EcoLeaD）およびアジア環境大学院ネットワーク（ProSPER.Net）の構築を展開している。

(早川有香)

アジェンダ21
Agenda 21

1992年にブラジルのリオデジャネイロで開催された**国連環境開発会議**（地球サミット）で採択された文書の一つ。21世紀に向けて**持続可能な開発**を実現するための具体的な行動計画。国境を越えて地球環境問題に取り組む行動計画であり，条約のような拘束力はない。全体は，前文（第1章）と続く4部構成の全40章からなり英文で500ページに及ぶ。本文書は，第1部：社会的・経済的側面，第2部：開発資源の保全と管理，第3部：主たるグループの役割の強化，第4部：実施手段，から構成されており，**貧困**撲滅，消費スタイルの変更，健康，人間居住，先住民，**廃棄物**などの幅広い分野をカバーしている。アジェンダ21では，その実施主体として地方公共団体の役割を期待しており，地方公共団体の取り組みを効果的に進めるために「ローカルアジェンダ21」の策定を提案している。日本においても，アジェンダ21をうけて，ローカルアジェンダ21が，多くの自治体において策定された。

アジェンダ21での「ハイレベルな『持続可能な開発委員会』を国連憲章第68条に従い設立するべきである」という指摘を受けて，国連経済社会理事会において持続可能な開発委員会（CSD, 1993年）が正式に設立された。CSDの主な役割として，①「アジェンダ21」の実施進捗のモニターおよびレビュー，②各国政府の活動についての情報の検討，③「アジェンダ21」の資金源およびメカニズムの妥当性についての定期的見直し，④NGOとの対話の強化，⑤環境関連条約の実施の進捗の検討，⑥国連経済社会理事会を通じた総会に対する適切な勧告，が提示されている。1997年の国連環境開発特別総会ではレビュー結果を総括して「アジェンダ21の更なる実施のためのプログラム」が採択された。

アジェンダ21第36章は，1977年の**環境教育政府間会議**（トビリシ会議）で提示された勧告や指導原則に基づいて記述されており，「公教育，パブリックアウェネス，訓練を含む教育は，人間や社会がその潜在能力を最大限に発揮できるまでの一過程として認識されるべきである。教育は，持続可能な開発を促し，人々の能力を高め，環境や開発の問題に対処するのに不可欠である」と指摘している。さらに，アジェンダ21第36章の指摘は，2005年から国連プログラムとして実施されている国連「**持続可能な開発のための教育の10年（2005-2014, DESD）**」の国際実施計画（DESD-IIS）策定時の基礎として扱われ，①質のよい基礎教育へのアクセス向上，②持続可能性に向けた既存教育プログラムの新たな方向づけ，③市民の理解や意識の向上，④市民への訓練プログラムの提供，がDESDの

重点領域として位置づけられている。

(佐藤真久)

足尾鉱毒事件
Ashio Mining Pollution／Ashio Copper Mine Pollution

1870年代末以降、栃木県・足尾銅山からの鉱毒を含んだ排水が渡良瀬川に流入し、魚の大量死や洪水のたびに近隣の田畑を枯らしてしまう事件が起こった。これを足尾鉱毒事件という。

被害にあった栃木県、群馬県の南部は、鉱毒に見舞われる以前は豊かな田園地帯で、渡良瀬川は漁獲量も多く、地域の農民たちはこうした作物に恵まれる暮らしを送っていた。

ところが、鉱毒が流れ込むようになってからは毎年のように田畑は荒れ、農民は困窮するようになった。1890年8月、渡良瀬川の大洪水で、栃木県と群馬県に大規模な鉱毒被害が発生した。栃木県選出の代議士・**田中正造**はこの事態を受けて、1891年12月、第2回帝国議会で鉱業停止を要求した。また、1892年には被害農民と鉱山の示談契約が進展し、1893年、第1回の示談契約が完結した。

しかしその後も大洪水は続き、1897年3月2日、鉱毒被害農民は大挙して東京に向かい、抗議活動を行った。一向に真剣に取り組まない政府に対し、田中正造は必死の鉱毒反対活動を続けた。農民も東京に出向いて抗議活動を行う「押し出し」を繰り返した。そして1900年2月13日未明、被害農民が4回目の押出しを行ったが、途中で警官隊と衝突、50名以上が逮捕された。これを川俣事件という。

田中正造は一連の政府の対応に抗議して1901年10月、衆議院議員を辞職した。その年の12月10日、田中正造は議会開院式より帰途の天皇に直訴状を提出しようとして逮捕された。逮捕したものの政府は国民に人気のある田中正造の処置に困り、結局は「田中は気がおかしくなった」として釈放した。

その後、政府は栃木県谷中村、埼玉県利島・川辺両村に遊水池を作る計画を立てたが、利島・川辺両村に遊水池反対運動が起こる。田中正造はこの問題に対応するため、1904年7月、谷中村に移り住んだ。以後、1913年9月4日に死去するまで谷中村で農民とともに抗議活動を続けた。

田中正造の命をかけた闘いだったが、結局政府の譲歩を引き出すには至らなかった。谷中村の遊水池建設は強行され、1911年4月谷中村民16戸137人は、北海道サロマペツ原野に移住させられた。

田中正造は日記に「真の文明は山を荒らさず、川を荒らさず、村を破らず、人を殺さざるべし」と書いている。この言葉は地球環境問題を抱える現代に警鐘を鳴らすものであろう。

(岡島成行)

『足もとの自然から始めよう』
Beyond Ecophobia

デイヴィド・ソベル (Sobel, David 1949-) の著書 Beyond Ecophobia (1996) の邦訳『足もとの自然から始めよう 子どもを自然嫌いにしたくない親と教師のために』(岸由二訳、日経BP社、2009年)。ソベルは、地域に根ざした教育の重要性を提唱する米国の環境教育研究者。本書は、深刻な環境問題について教えることで自然嫌い（エコフォビア）の子どもを育てるのではなく、身近な足もとの自然と戯れ、体験させる環境教育の機会を保障することで、自然への愛情（エコフィリア）をもった子どもを育てようと提言している。

(溝田浩二)

アースエデュケーション
Earth Education

米国の環境教育者、スティーブ・ヴァン・メーター (Van Metre, Steve) が考案し、体系化した体験型の環境教育カリキュラム。

アースエデュケーションでは、地球上に棲む様々な生命の真の価値、役割、調和を感覚的、生態学的に認識することを通じて自然とより調和した暮らしの実践に導くことを目的としている。①理解（understanding）：基礎的な生態学的概念を理解すること、②感性（feeling）：地球とそこにある命に対する感性を育むこと、③行動（processing）：知識、感性を教室や家庭での行動に結びつけること、

の三つの要素を大切にしており，プログラムや，それを構成する**アクティビティ**がうまく機能するように，テクニックやガイドラインを数種類のテキストの中で詳細に示している。
　また「継続性」がアースエデュケーションの大きな特徴で，一つのプログラムを学校や家庭，地域の団体などと連携しながら，日常的な生活の場で，半年から1年かけて継続的に行ったり，学年が進むに従って別のプログラムを段階的に行えるようになっている。
〔西村仁志〕

アースデイ
Earth Day

　地球および環境問題への関心を高めるための日。1969年にユネスコでこの概念が最初に提起された。米国上院議員ゲイロード・ネルソン（Nelson, Gaylord）が1970年4月22日に環境問題に関する討論集会の開催を呼びかけ，約2,000万人が呼応したことから毎年4月22日に世界中で様々な行事が開催されている。米国ではこの運動がきっかけとなって**アメリカ合衆国環境保護庁**の設立をはじめとする環境保全に関する法的整備が促進された。広範・複雑で日々変化している地球環境問題に対して，一人ひとりの草の根的な行動を推奨する日でもある。
〔長濱和代〕

アスベスト
asbestos

　アスベスト（石綿）は，天然に産する繊維状珪酸塩鉱物。1970年代半ばまでは難燃性をもつ建築材として建築物などに利用されていた。しかし，アスベストは繊維状に飛散し体内に取り込まれると中皮腫やがんを誘発することがわかって使用が禁止され，労働安全衛生法や廃棄物の処理及び清掃に関する法律などでは，飛散の予防や防止が義務づけられている。アスベストの健康被害をめぐって国や建設会社などの被告と被害者である原告との間で訴訟が起きている。アスベストによる健康被害は，アスベスト関連資材の製造工場周辺住民にも広がっている。また環境省は，今後の建築物解体に伴い，大量のアスベストが排出されることから，健康への影響の拡大を懸念している。
〔冨田俊幸〕

遊び
play

　遊びの種類は無数であり，多様性に富んでいる。自由で創造性あふれる遊びや虚構の遊びもあれば，規則やルールのある遊び，競い合う遊び，あるいは協同で楽しむものもある。しかし，遊びには共通点もある。遊びは強制されない自由で自発的な活動である。そして，愉快な気分やくつろぎを伴い，まじめさと対置される解放された雰囲気をもつ。また，遊びは何かのためになされたり，何かを生み出す活動ではない。つまり，非生産的で無償性をもつ自己目的的な活動である。幼児期において，遊びは子どもの全面的な発達を促す不可欠な行為であると考えられている。そして，一般的に発達段階に応じて，幼児期の遊びは発展する。遊びは，身体の発達や教育的価値，社会的価値をもつものであると考えられている。

〔**遊び論**〕遊び論にはいくつかの代表的な見方がある。過剰エネルギー説，準備説，反復発生説，本能説，浄化説，生理的成長説，精神分析説などである。しかし，ホイジンガ（Huizinga, Johan）はこれらの遊び論に対して，遊びが他の何かのためになされるものとして説明されており，遊びの本質をとらえていないと批判した。

〔**遊びと仕事・教育**〕遊びと仕事や教育を対置する考え方と，遊びを教育や仕事と連続的・一元的にとらえようとする見方がある。前者の代表的なものはカント（Kant, Immanuel）である。カントは，遊びをそれ自体が快適でそれ自体を目的とする活動であるとし，仕事をそれ自体が快適ではなく他の意図のために企てる活動であるとした。またホイジンガも，人間の本質を「ホモサピエンス（理性的人）」，「ホモファーベル（作る人）」とみなした近代的人間像に対して，「ホモルーベンス（遊ぶ人）」を提唱しており，広い意味で遊びと仕事・労働を対置したといえよう。一方，デューイは，遊びと仕事を連続したものとしてと

らえ，学校教育のカリキュラムにワーク（活動）として取り入れた。デューイは，遊びを学習活動を楽しくするものとしてではなく，遊びそのものの中に子どもの認識を発展させる意義を見いだした。

〔**遊びと現代社会**〕遊びに不可欠な仲間，自由な時間，豊かな空間の「サンマ（三間）」が失われているという指摘がなされて久しい。商品として「遊びを消費する」傾向，個人で楽しむ傾向は強まっている。商品化され消費する遊びは創造性を育まず受動的であり，人と関わらない遊びは社会性も育てない。遊びがもつ人間形成の可能性や生の充実は，**エコロジー**における「存在の豊かさ」の観点から十分に検討すべき問題を提起している。

〈野田 恵〉

アドボカシー
advocacy

アドボカシーには「弁護」「擁護」「支持」「唱道（自ら先にたって唱える）」などの訳があるように，大きくは「権利擁護」と「政策提言」の二つの側面がある。

前者は主に介護や福祉，医療の分野で用いられるもので，「人権を擁護する」「権利を守るために訴える」「権利を代弁する」などの意味をもつ。すなわち，自らの気持ちや権利を要求したり守ることが自分の力だけでは困難な人々を擁護したり，社会的に不利な立場にある人々の権利を守ったりすることをいう。例えば，障がい者や終末期の難病患者などの権利を代弁することなどが挙げられる。

一方，後者は，特定の問題に対してその利害関係者が政策を提言することであり，保健医療のみならず，**地球温暖化**防止などの環境問題，公共事業問題など広範な分野で行われている。とりわけ環境問題に関しては，複雑化した問題を解決するのに，誰か一人が行政に提言をするだけでは解決の糸口を見つけることは極めて困難である。そこで，問題に関わる多くの**ステークホルダー**に声をかけ，解決策を見つけるための活動に参加を促し，最終的な合意形成へと導く課題解決の一連のプロセスとしてのアドボカシーが重視されるようになった。いずれにしてもアドボカシーは，マイノリティや社会的弱者といわれる人々の声なき声に耳を傾け，それらをすくい上げるという共通した要素をもっている。

なお，政策提言としてのアドボカシー活動はおおよそ次の手順で行われる。
① 企画：課題発見→情報収集→ステークホルダーの洗い出しと組織化→資金調達
② 実行：ステークホルダーの拡大→調停者の擁立→成果測定・記録→合意形成とその提言化
③ 振り返り：検証・評価・記録→企画や体制の組み直し→活動の継続

これら一連のプロセスは，まさに問題解決のプロセスであると言ってよい。

〈水山光春〉

『あなたの子どもには自然が足りない』
Last Child in the Woods

米国のジャーナリスト，ルーブ（Louv, R.）が2008年に出版した Last Child in the Woods の邦訳（早川書房）のタイトル。10か国語に翻訳され，15か国で刊行。自然体験の不足によって，米国の子どもをめぐる多様な社会問題が生じていることを指摘している。現代の子どもたちは，地球の危機について頭では理解しているが，自然と直接ふれあうことがなくなっている。このような状況は，子どもが自然を真に理解していることにはならないと主張。**自然欠損障害**（nature deficit disorder）という言葉を創造し，子どもにとって自然とのふれあいが重要であることを主張している。

〈関 智子〉

アナン，コフィ
Annan, Kofi

ガーナ共和国出身の第7代国連事務総長（1938－）。初の国連職員生え抜きの事務総長で，1997年1月〜2006年12月までの2期10年在任。

1999年の世界経済フォーラムにおいて，企業に対して人権，労働，環境，腐敗防止の4分野10原則からなる「国連グローバルコンパクト」を提示し，企業に対してその遵守，実行を求めた。環境分野では，①企業は環境課

題に対して予防的なアプローチを支援すべきである（原則7），②企業は環境に対するより大きな責任を担うことを主導すべきである（原則8），③企業は環境にやさしい技術の開発と普及を促進すべきである（原則9），の三原則を提示した。また，2000年4月，ミレニアム報告書『われら人民：21世紀の国連の役割』で，開発（貧困，水・教育等の欠乏），安全保障（人道的介入等），環境（地球温暖化等）の三つの課題を世界が協力して解決する必要性を提唱し，同年9月の国連ミレニアムサミットの検討課題となり，国連ミレニアム宣言にも反映された。2001年「国際平和への取り組み」に対して，国連とともにノーベル平和賞を受賞した。 〔木村玲欧〕

アニミズム
animism

この世界にある生物・無生物すべてのものに霊魂が宿っているという考え方。汎霊説，精霊信仰と訳される。霊魂，生命の意のanima（ラテン語）に由来する。

イギリスの人類学者タイラー（Tylor, E.B.）が著書『原始文化』（1871年）の中で「原始宗教」の特徴を表すために用いた言葉である。原初の宗教的あり方を「霊的存在（spiritual being）への信仰」に求め，それをアニミズムと名づけた。タイラーは，霊魂・精霊・神々に対する信仰から多神教さらに一神教へと展開するという宗教論を展開。彼の単純な進化的宗教論は後に批判されることとなったが，「アニミズム」という用語そのものは，すべてを物質として割り切ってしまう科学的な世界観への批判・反省・不信として，今日ますます重要な視点になってきている。「アニミズム」という世界観が今なお身近で否定しがたいものであるとともに，科学的な世界観によって立つことで環境を破壊し，自らと地球そのものの存続を危うくしてしまった今日にあっては，新たな世界観への手がかりとなろう。 〔桝井靖之〕

アマミノクロウサギ
Amami rabbit

ウサギ目ウサギ科の哺乳類。学名 *Pentalagus furnessi*。鹿児島県奄美諸島の奄美大島と徳之島にのみ分布する日本固有種の原始的なウサギ。毛皮は暗褐色で，耳と足が短い。頭胴長42～51cm，体重2～3kg。常緑広葉樹林に巣穴を掘って営巣する。森林伐採や外来種による捕食等で生息数が減少し，環境省レッドリストでは絶滅危惧ⅠB類。国指定特別天然記念物。1995年奄美大島でのゴルフ場建設許可取り消しを求める裁判で，本種を含む野生動物が日本初の動物原告とされ注目を集めた。訴状は却下されたが，**自然の権利**を訴える運動の端緒となった。 〔畠山雅子〕

アメニティ
amenity

快適環境と訳される。イギリスの都市計画の中で誕生した概念であり，①自然環境や景観の保全，②生活の快適さや生活環境の利便性，③歴史や文化の保存や活用，の三つの意味が含まれている。アメニティの定義は多様であり，時代によって，また論者によって変化しており，定量的に測定できないものも多く含まれるが，暮らしを取り巻くあらゆる要素を組み込んだ快適な環境を指すことが多い。都市アメニティの研究・教育が大学等で進められており，自治体の都市計画の目標にもなっている。 〔村上紗央里〕

アメリカ合衆国環境保護庁
United States Environmental Protection Agency (EPA)

アメリカ連邦政府の環境行政を担当する機関。1960年代の環境保全を求める世論の高まりをうけ，1970年，ニクソン（Nixon, R.M.）政権のもとで設立された。人間の健康と環境を守るため，環境保護基準の設定と施行，環境研究，州政府・地方政府・企業・NPO等との連携による環境保全，環境教育，出版とウェブサイトを通じた情報の提供を行っており，主要業務の一つとして環境教育が位置づけられている。大気・放射線局など12の局と

長官官房，10の地方管区をもち，全米環境教育法を所管する広報・環境教育課は長官官房に属する。

環境教育活動の対象は，学校の児童生徒・教師・学校管理者と市民（地域社会）に大別される。大学生・大学院生を含む専門家向けの教育活動も行われ，ネイティブアメリカン関連業務にも環境教育が含まれている。学校向けには，大気，水，気候変動，生態系，エネルギー，健康（化学物質など健康影響のある各種要因），リデュース・リユース・リサイクルといった分野別に多数の教材が作成され，提供されている。例えば「酸性雨について学ぶ」（大気・放射線局作成）では，酸性雨の原因，生態系等への影響，対策，エネルギー節約など個人でできる対策を学び，雨水や土壌のpH測定などの実験によって体験的に酸性雨を学ぶ構成となっている。教材以外の学校向けのサービスとしては，児童生徒・学校職員が安全に暮らせる学校環境を守るため「EPA学校プログラム」という事業が存在する。このプログラムでは，アスベスト，スクールバスの排気ガス，学校の飲用水，省エネルギー，室内空気，総合的病害虫管理，化学物質，学校が地域に与える環境負荷，紫外線といった各種要因のそれぞれについて，当該要因からの防護のための学校用マニュアルが整備され，情報や相談窓口（学校専用ではない）が設けられている。学区教育委員会向けには，学校環境の安全性を診断するソフトウェアも提供されている。

市民（地域社会）向け環境教育活動としては，大気，**廃棄物**など各種環境要素ごとに地域ごとの詳細な環境情報や，市民活動により環境問題を解決していくための手引きがウェブを通じて提供されている。有毒化学物質による汚染の削減を目的とした「環境再生のための地域行動」をはじめ，「環境正義小規模補助金プログラム」など，地域での市民活動への補助金も多数運用され，市民への環境教育が各補助金の主要目的の一つとなっているため，環境教育の振興に重要な役割を果たしている。日本の**環境省**は自然保護も所管しているため，米国の環境保護庁に比べて活動の幅が広い。しかし，日本の場合米国に比べて環境教育を担う環境NPOの規模が小さく，専門性も高くないため，環境NPOの育成が課題である。

(荻原　彰)

アメリカ合衆国の環境教育
environmental education in U.S.A.

〔**前史**〕米国の環境教育は1960年代後半に誕生したが，その母体となったのは，自然保全教育，ネイチャースタディー，**野外教育**である。ネイチャースタディーは，自然の観察を通して，自然への共感的態度を育てることを目的とした教育である。自然保全教育は，科学的自然理解と賢明な自然利用により，自然資源の喪失を防止することを目的とし，野外教育は野外体験を通した自然の価値への気づき，人格的発達を目的としている。これらの教育領域は密接な関連をもちながらも独自に発展したが，レイチェル・カーソンの発表した**『沈黙の春』**（1962年）に触発されて発展した環境運動・環境思想の影響を受け，生態系と人間社会の相互作用を包括的に扱う環境教育という新しい教育領域へと統合された。

〔**発展と衰退**〕米国の環境教育の初期の発展の原動力となったのは，環境教育法（教育省所管，1970年成立，1981年失効）である。この法により，州，学区など様々なセクターの環境教育事業に資金が与えられ，州の環境教育計画制定など現在の環境教育につながる基盤形成が行われた。多数のカリキュラムが開発され，その分野も障がい者教育など多様な分野に及んだ。世界で最も広く使用されているカリキュラムの一つである**プロジェクトラーニングツリー**（PLT）も1970年代に開発された。しかし，1980年代に入ると社会が保守化し，環境への関心も低下した。特に，レーガン政権時代には環境教育への連邦政府・州政府の関与の減少が進み，多くの事業が消滅し，環境教育は全般的に衰退した。

〔**再活性化と学力政策との相克**〕レーガン政権下では，政権の反環境主義に対する危機感から，環境運動はむしろ力を伸ばした。環境教育においても，1980年代後半から環境運動・環境教育運動が州レベルにおいて，政治的な力を

強め，いくつかの州では州環境教育法の制定など環境教育の制度化に成功している。ブッシュ（第41代大統領）は「環境大統領」を標榜し，そのもとで，全米環境教育法（環境保護庁所管）が1990年に成立した。1996年に失効したが，その後も議会による予算措置は継続し，実質的には存続している。この法も主に環境教育事業に対する資金援助を目的としているが，成果として特筆すべきは環境教育トレーニングパートナーシップ（EETAP，1995〜2011年）であろう。EETAPは，全米環境教育法5条補助金を北米環境教育学会（1995〜2000年），ウィスコンシン大学（2000〜2011年）が受託し，教育者の訓練や教育システムの開発等への援助を行ったものである。EETAPのもと，環境教育スタンダードの作成など環境教育界のニーズに応えるプロジェクトへの的確な資金援助が行われた。保守派の批判による後退が一部の州で見られたとはいえ，全般的には，90年代は環境教育再興の時期といえる。しかし，2000年代に入ると，ブッシュ（第43代大統領）政権の「どの子も置き去りにしない法」（NCLB：No Child Left Behind Act，2001年成立）による学力重視政策が環境教育を苦境に立たせることになった。NCLBは州の実施する学力テストの結果に応じて学校に援助や制裁を行うもので，テストが行われる数学と英語最優先の風潮を学校にもたらし，環境教育のようにペーパーテストとの関連性が希薄な学際的教育の衰退を招いた。オバマ政権ではNCLBの弊害を認めてはいるが，前政権と同じく，学力を第一義とし，2013年度予算で全米環境教育法による補助金を全廃する方針を示すなど，環境教育への姿勢は厳しい。環境教育の研究者・教育者は環境教育を通して得られる児童生徒の自己信頼や学校への所属感が学力向上につながることを示す研究等を通して環境教育の再興を目指している。

〔環境教育の特徴〕米国の環境教育の際立った特徴は二つある。一つは環境NPOや環境保全に関心をもつ草の根の市民の力が大きく，それがしばしば州・連邦レベルの政治家と結びついて環境教育関連法の制定といった大きな動きの駆動力になっていることである。もう一つは環境教育の研究，とりわけ環境教育カリキュラム開発が活発に行われており，GEMS（カリフォルニア大学），プロジェクトワイルド（環境教育協議会），プロジェクトラーニングツリー（PLT：全米森林財団）など世界の環境教育をリードするカリキュラムが開発されていることである。　　（荻原　彰）

アメリカバイソン
American bison

北アメリカの草原，針葉樹林に棲むウシ目ウシ科の大型草食獣。学名は*Bison bison*。雌より雄の方が大型になり，大きな雄では体長が3.8m，体重は1トンを超えるものもいる。西部開拓時代前までは数千万頭生息していたといわれているが，馬や猟銃の使用など狩猟方法の変化や，皮革の需要の増加により19世紀末には千頭以下にまで減少した。1889年動物学者ホーナデイ（Hornaday, William）が政府に保護政策を提唱し，米国で1902年に保護育成政策が開始された。現在，全米とカナダで約45万頭が確認されている。　　（朝倉卓也）

アラル海
Aral Sea

カザフスタンとウズベキスタンにまたがる流出河川をもたない塩湖。かつてのアラル海は面積64,100km^2，最大深度68m，平均深度15m，容積2,300km^{3}で，世界第4位の面積を誇っていた。乾燥地域（年降水量が100mm以下）にあるこの閉塞湖には，パミール高原を源とするシルダリヤ川とアムダリヤ川の2本の大河が流入し，湖水の塩分は10g/L程度（海水の約1/3）に維持されていた。しかし，1960年代から旧ソ連による綿花栽培のための大規模な灌漑農業により両河川水が過度に取水され，アラル海への流入水量が激減して湖水位が低下した。湖のほとんどは干上がってしまい，アラル海は灌漑事業開始前に比べ，湖の面積は約5分の1，容積は約10分の1に減少して三つの湖に分断され，塩分の最も高い湖では塩分濃度が約50g/Lに達している。

アラル海の水位低下と面積縮小がもたらし

た環境問題として，①水生生物の種変化と死滅による漁獲量の激減と漁業の崩壊，②湖面蒸発量の減少による周辺土壌の砂漠化，湖岸域の湿地生態系の構造と機能の破綻，③干上がった旧アラル海域に析出した塩に由来する塩風害と土壌**塩害**による農作物の生産低下と農業の破綻，などがある。また，アラル海周辺域の地下水の塩分がきわめて高くなったため地下水を農業灌漑用水として使用できなくなった。そこで，塩害対策のために農薬散布と化学肥料を大量に使用したので，これらの**残留農薬**による環境問題も生じた。

アラル海と周辺の水，大気，土壌のすべてが塩，農薬などに汚染され，飲料水，食料などを通して人の健康と自然に甚大な影響を与えている。アラル海の環境問題は「アラル海の危機」「アラル海の悲劇」「20世紀最大の環境破壊」などといわれる。　　　　(三田村緒佐武)

暗黙知
tacit knowledge

言語化され，他者に言語で説明することができる客観的ないしは実証的な知識である形式知に対して，言語化することが容易ではなく，言語だけでは伝達することができないような主観的ないしは感覚的な知識のことを指す。私たちは，マニュアルや丁寧な言語的説明がなくても，ある動作を長年の経験や勘で行う場合があり，それを相手に言葉では伝えきれない場合がある。ある程度までは言語化しても，なかなかその本質を伝えることができない場合に，語りきれない知識があることを指し示すために用いられる。ハンガリーの哲学者であるポランニー（Polanyi, Michael）の提唱した概念であるとされている。

また，単純に，説明できない身体の動作を指す場合や，単に，「暗黙の知識」（語られはしないが経験や勘に基づく知識）とされ，言葉で表現することが容易ではないと理解される場合も多い。

自然保護や環境保全においては，科学的・実証的な知識に基づいて判断をしたり，確立された技術を行使したりすることがある。しかし，言語で明示されていない知や技も，広い意味で自然を守ってきた。里山などはその一例であろう。環境教育においても，こうした客観的で明示的な知識と技術だけを重視するのではなく，もう一方の知や技があることを念頭においておくことが重要である。

(今村光章)

硫黄酸化物（SOx）
sulfur oxide

硫黄の酸化物の総称。二酸化硫黄（SO_2），三酸化硫黄（SO_3）などがあり，化学式からSOx（ソックス）と略される。人為的には，石油や石炭の燃焼に伴って，不純物の硫黄が酸化されて生成することが多い。火山ガスにも含まれる場合がある。水に溶けて，亜硫酸や硫酸となる。

四日市ぜんそくなどの公害病や**大気汚染**の原因物質として呼吸器に悪影響を及ぼすほか，森林や湖沼に影響を与える**酸性雨**の原因物質でもある。

環境基準が定められるとともに，大気汚染防止法で排出が規制されており，排煙脱硫装置の設置が義務づけられている。近年，硫黄酸化物の大気濃度は減少し，環境基準を満たすようになってきた。　　　　(中地重晴)

イギリスの環境教育
environmental education in U.K.

〔背景〕イギリスの環境教育の背景には，郷土・自然史研究や，19～20世紀の植民地を有した時期における博物学的な資料の採集・分類の歴史がある。さらには，1760～1830年代のイギリス産業革命の影響，18世紀に見られる環境文学や博物誌の影響も強い。19世紀後半には，様々な都市問題が顕在化し，共有地（コモンズ）の囲い込みや，不良住宅の発生，歴史的遺産の喪失などが見られ，チャリティー団体の増加や共有地保存運動の活発化につながった。同時期には，スコットランドにおいて，自然環境と建造環境を関連づけた都市

地域調査や地域住民が直接行動を行う環境教育実践が、パトリック・ゲデス卿（Geddes, Patrick）により展開されている。第二次世界大戦後には、地域で発見されたテーマと関連づけ、学校生徒の主体性を尊重した、学際的な環境学習（environmental studies）活動の進展が見られた。1968年には、環境保全団体の教育活動をコーディネートする組織として環境教育協議会（CEE）が設立され、のちのイングランド、スコットランド、ウェールズにおける環境教育協議会の設立にも影響を及ぼしている。

〔展開〕1970～80年代前半になると、教育の中央集権化と市場原理の導入を目指し、教育改革法（1988年）やナショナルカリキュラム（1989年）が制定された。1990年代には国家レベルでの環境教育の体系化が進められ、『カリキュラムの手引き7―環境教育』（1990年）、『環境問題の教授―ナショナルカリキュラムを通して』（1996年）が発行された。ナショナルカリキュラムでは、就学前から義務教育終了時までを、キーステージ0－5に段階づけ、指導と評価システムの体系化を目指し、環境教育は、クロスカリキュラムの中に位置づけられている。最新のナショナルカリキュラムでは、機会均等、健康、民主主義、経済、持続可能な開発に重点が置かれている。1990年代に見られる環境教育の体系化は、学校教育のみならず、地域における環境教育実践の組織化も図られている。2005年になると、英国政府は、「英国政府持続可能な開発戦略―未来の保障」を発表し、持続可能な開発についての主要な概念と長期的な戦略を立案した。本戦略のもとで、国連「**持続可能な開発のための教育の10年**」プログラムとの整合性をとりつつ、「サステイナブルスクール」に関する施策が進められてきた。現在では政権交代の影響をうけて、学校教育と地域開発における直接的影響は大きくないが、その概念とアプローチは、環境教育財団（FEE）が実施しているエコスクールプログラムなどに影響を与えている。今日では、1980年代後半に見られる欧州地域全体における環境教育活動の活発化の影響を受け、様々な取り組みが学校内外、国内外との連携・協働のもとで実施されている。

（佐藤真久）

生きる力
zest for living

1996年の中央教育審議会第1次答申において初めて出された学校教育で育成する能力・態度を包括する教育目的に関する概念。その定義は必ずしも明確ではないが、1998年度改訂の学習指導要領（小学校）では、①豊かな人間性や社会性、国際社会に生きる日本人としての自覚を育成すること、②自ら学び、自ら考える力を育成すること、③ゆとりのある教育活動を展開する中で、基礎・基本の確実な定着を図り、個性を生かす教育を充実すること、という三つの方針のもとで、その育成が期待されていた。そしてその力は、学校週5日制のもとでの特色ある教育活動を展開する中で培われるものと考えられた。この指導要領は、「学力低下」を生み出す「**ゆとり教育**」という観点で批判されたが、その根幹をなした「生きる力」は、概念の曖昧さは指摘されたものの直接的な批判の対象にはならなかった。

2008年度改訂の学習指導要領でも、教育目的概念としての「生きる力」は継承された。この指導要領では、21世紀の**知識基盤社会**の到来によって、国際競争の加速化と国際協力の必要性が増大するという認識のもと、「生きる力」を、「確かな学力」「豊かな心」「健やかな体」の調和したものとして再定義した。この学習指導要領で提唱された「生きる力」は、2006年に改正された**教育基本法**の理念を踏まえて、「公共の精神を尊ぶこと」「環境の保全に寄与すること」「伝統と文化を尊重すること」「我が国と郷土を愛すること」「他国を尊重し、国際社会の平和と発展に寄与すること」という枠組みの中で育成することが期待されている。

このような「生きる力」の内容と位置づけの変化には、文部科学省の教育政策をめぐる国内外の情勢の変化が大きく影響している。特に、2008年度改訂の学習指導要領では、国内の政治・経済・文化をはじめ社会のあらゆ

る領域に浸透したグローバリゼーションに対応する人材育成・能力開発を積極的に行う姿勢が強化された。それは，OECD（経済協力開発機構）のPISA調査の結果を重視し，その能力育成を「生きる力」と結びつけてとらえる姿勢からもうかがえる。

学校における環境教育でも，「生きる力」の育成に基づいた授業が広く展開されてきた。それは，『環境教育指導資料』（国立教育政策研究所，2007年）にある「豊かな感受性の育成」「環境に対する見方や考え方の育成」「環境に働きかける実践力の育成」との関連で議論されるだけでなく，生命尊重の意識，体験活動の重視などの考えと関連づけられながら定着してきた。今後も「生きる力」のもとで学校教育が展開されるが，国の教育政策としての性格と環境教育がとらえる「生きる力」の内容の共通性と相違点を明確にしながら，研究と実践を行うべき段階に入った。

（小玉敏也）

諫早湾
Isahaya Bay

諫早湾は九州西北部の有明海南西部に位置する内湾で，ムツゴロウやアリアケシラウオなど有明海固有種も多く生息する。干潟による高い生産性や浄水能力が豊かな**生物多様性**を生み出していることから「有明海の子宮」と呼ばれていた。防災と農地開発を目的として海をせき止めて干拓化させる大型公共事業「諫早湾干拓事業」が1989年に断行され，湾奥部が1997年に閉め切られたことにより，干潟の浄化能力が低下して大規模な**赤潮**の発生を招いた。事業主の農林水産省は生態系や漁業への影響はないとして事業を進めていたが，実際には諫早湾はもちろん有明海全体の魚介類の漁獲高も減少し続けている。

漁業不振は事業が原因であるとの漁業者らの訴えを認める判決が2010年に出されたことから，期限を設けて潮受け堤防開門への準備が進められている。

（小島 望）

意識啓発 ➡ パブリックアウェアネス

異常気象
extreme weather

〔語義〕過去に経験した現象から大きくはずれた気象で，数十年間に1回程度の現象を指す。気象庁では，原則的に，ある地点・ある時季において30年に1回以下の現象を異常気象と定義している。大雨や強風等の激しい数時間の大気現象から，数か月も続く干ばつや冷夏等も含まれるとされている。また，初雪や桜の開花時期など季節的な現象の時期が大きくずれる現象も異常気象になりうる。一方，気象災害を起こし社会的経済的に影響が大きい現象も異常気象と呼ぶことがある。気象庁によれば日降水量100mmの大雨など毎年起こるような，比較的頻繁に起こる現象まで含んでいる。

〔原因〕エルニーニョ現象や火山活動等の突発的な自然現象が異常気象の原因になりうることがある。しかし，エルニーニョ現象そのものは異常気象ではないとされている。一方で，自然現象の変動だけではなく人為的な活動による異常気象の発現頻度の増加を指摘する意見もある。

〔地球温暖化〕地球温暖化による平均気温上昇が異常気象の発現頻度にどのような影響を与えるのかについては様々な議論がある。気象庁の「異常気象レポート2005」では，地球温暖化に伴って気温が上昇することにより，熱帯夜日数や真夏日日数が全国的に増加，あるいは冬日数や真冬日日数が全国的に減少との予測結果となっている。また，地球温暖化に伴って気温が上昇し水面からの蒸散が増大することにより，大気中に多くの水蒸気が蓄えられることから，大雨の頻度が西日本をはじめ全国的に増加するとの予測結果が得られている。IPCC第4次評価報告書においては，極端な気象現象(extreme weather events)としての干ばつ，熱波，洪水等のリスクの増加を指摘している。大きな気象災害を起こす異常気象については，出現頻度が少なくとも，人命や社会に与える影響は大きいため，**モニタリングと予測を含めた対策に取り組むことは重要である。**

（早渕百合子）

イタイイタイ病
itai–itai disease

富山県神通川流域において発生した，カドミウムによる中毒。原因は上流で銅，亜鉛などを採掘していた三井金属鉱業神岡鉱山の排水に含まれていたカドミウムである。患者は腎臓障がいから骨軟化症となり，ついには咳や寝返りをうつだけでも骨折し，強烈な痛みに耐えかねてイタイイタイと苦しんだためにイタイイタイ病と呼ばれた。裁判が始まったのは日本の公害病としては最も早く，1968年からである。

1912年頃から発症し，1940年代には被害のピークを迎え，患者数は数百人いたと推測されている。1957年に地元の医師萩野昇が鉱毒説，1961年にはカドミウム原因説を発表するが，国，県ともにカドミウム単独原因説を否定した。

被害者はイタイイタイ病対策協議会を結成し，三井金属鉱業と交渉するが解決に至らず，1968年に三井金属鉱業を相手に，患者9名と遺族20名が提訴した。裁判は1971年に富山地方裁判所において原告勝訴の判決を得たが，三井金属は控訴。翌72年8月，名古屋高等裁判所はこれを棄却し判決は確定した。

発生源対策として，三井金属鉱業との「公害防止協定」には住民の立ち入り調査と質問公開が入っており，原告，研究者，弁護団等による立ち入り調査が毎年続けられ，神通川のカドミウム濃度は1969年の1ppbから2007年には0.07ppbレベルへと下がり，自然河川なみの清流を取り戻している。このように神岡鉱業（1985年に三井金属鉱業から分社）と原告は双方に緊張感のある信頼関係をこれまでに築いてきた。

一方，カドミウムによる汚染農地の土壌復元事業は，富山県が1979年より汚染地域指定を受けた1,500haを対象に始め，農地として約863haが復元された。総事業費は407億円。2012年3月に33年かかった復元がすべて完了した。

2012年6月現在の認定患者は196人であるが，この数値は氷山の一角で，カドミウムが原因と思われる腎臓障がいの患者数は他地域に比べて多く，認定制度はいまだ問題を残している。

土壌復元を終えた富山県は，県立のイタイイタイ病資料館を設置し，この公害の経験を次の世代に引き継ぐことを宣言した。神通川を清流として守るためには，今後も「緊張感のある信頼関係」を維持する必要がある。そのためには，次の世代への継承が重要な課題となっている。

（高田 研）

遺伝子組み換え作物（GMO）
genetically modified organism

〔語義〕遺伝子組み換え技術を用いて作られた作物のこと。GMOとも称される。遺伝子組み換え作物を原材料にした食品は遺伝子組み換え食品といわれる。

生物は個体によってその姿，形や性質が異なり，それらを決める因子を遺伝子という。細胞核の中にあるDNA（デオキシリボ核酸）の上に並ぶ遺伝子がタンパク質を設計し，そのタンパク質の働きで生物の形や性質が決まる。遺伝子組み換え技術は人間が望む特定の性質をもった遺伝子を生物に組み込んで，人間に都合のよい作物を作る。それにより除草剤や害虫，病原微生物などに耐性をもつ作物や，高栄養価や花粉症軽減などの機能付加型の作物（植物）が作られている。

人間は昔から農作物や家畜などが自分たちにとって利用しやすい性質をもつように，異なる種類間を交配するなどして品種改良してきた。江戸時代に流行した観賞用のアサガオはその一例である。こうした技術は遺伝子の組み合わせを変えるものではあるが遺伝子の人工的な操作はしていないので，遺伝子組み換えではない。遺伝子組み換え技術は1970年代に急速に発展し，1980年代半ばに植物における遺伝子組み換え技術が確立した。1994年に完熟でも日持ちのよいトマトが遺伝子組み換え作物として世界で初めて米国で販売され，その後遺伝子組み換え作物の品種は増え，栽培面積も年々増加している。2011年の作付面積は1億6千万haで，半分近くが米国，次いでその半分弱のブラジル，アルゼンチンと続き，ブラジルの伸びは近年著しい。ダイズ，

トウモロコシ，ワタの作付面積が増加しており，米国では各作物の作付面積全体に占める遺伝子組み換え品種の割合はどれも9割前後にのぼる。

日本のダイズの自給率は7％（2011年度概算値），穀物としてのトウモロコシ（私たちが主に旬の夏に食べるトウモロコシは野菜に分類される）は統計上0％（同）で，輸入に依存している。日本では遺伝子組み換え作物の商業的な栽培はされていないが，輸入されたトウモロコシには遺伝子組み換えによるものが多くを占めると見られ，そのほとんどは飼料用で，残りのわずかはでんぷんや油脂原料に加工されている。

遺伝子組み換え作物の是非をめぐる意見の対立が科学者の間にある。ヨーロッパなどでは市民も加わり大きな論争がなされてきた。日本ではヨーロッパほど大きな論争にはなっていないが，不安を感じている消費者は少なくない。

主な論点としては，遺伝子組み換え作物の**生物多様性**への影響，遺伝子組み換え食品の健康への影響など科学技術が関わる安全性，飢餓や農家の貧困の解決，増大する人口に対応するための食料増産，多国籍企業による世界的な農業支配などがある。

遺伝子組み換え作物の生物多様性への影響は，国際ルールであるカルタヘナ法に基づき審査される。食品としての安全性の評価は，実質的同等性に基づき，組み換える遺伝子の安全性，作り出されるタンパク質の有害性，その他有害物質の有無などが確認される。その一方で，慢性毒性の有無の長期的な試験がなされていないことや，開発主体のみが安全性の試験を行い，第三者が関与していないなど審査の信頼性への疑義が指摘されている。人工的な遺伝子配列をもつ生物を人の手で作り出すことへの倫理面からの異議もある。

遺伝子組み換え作物の普及を推進する専門家やバイオメジャーは遺伝子組み換え作物によって飢餓や貧困が救えると主張するが，逆の見方もある。1940年代から60年代にかけて穀物の品種改良により増産を達成した緑の革命において，飢餓問題を解決できるとしながら地域によっては小規模農家が逆に貧困化する結果を招いたと見られているからである。

日本の社会で遺伝子組み換え作物がより受容されるために高校で遺伝子組み換え実験を教える必要性を訴える専門家がいるが，技術がわかれば社会は受容するものではなく，科学技術が社会に与える影響についての市民の判断が社会での受容のいかんに深くつながるのである。

（石川聡子）

遺伝資源
genetic resources

〔語義〕遺伝資源とは，人間にとって有用なあらゆる生物種がもつ遺伝子あるいはゲノム（生物個体がもつすべての遺伝情報のセット）を指すが，現在利用価値が認められている素材だけでなく，将来的な利用価値を有する潜在的なものも含まれる。遺伝子資源ともいわれる。遺伝資源が脚光を浴びるようになったのは1993年に発効した**生物多様性条約**で，遺伝資源に対する各国の主権的権利を認めたことが大きい。

〔遺伝資源と**生物多様性**〕遺伝資源は，農林水産業における農作物や家畜，樹木，魚介類の品種改良（育種），医薬品の開発，**バイオテクノロジー**を活用した素材の開発など，生物のもつ遺伝的多様性の恵みを活用する上で欠かせないものである。その利用は，食糧の安定供給・品質向上のみならず，生活の質の向上，さらには環境問題解決など，無尽蔵の可能性を有する。これら遺伝資源はその遺伝子または遺伝子セットをもつ生物種あるいは品種は一度絶滅すると二度と復元することができない。**遺伝的多様性**の保全は遺伝資源の保全をも意味する。その意味で農林水産業においては，それぞれの地域で選抜・継承されてきた様々な品種，現在は利用されていない原種やその近縁種などの維持・保護は重要である。日本でも農林水産省所管の独立行政法人・農業生物資源研究所に農業生物資源ジーンバンク（遺伝子バンク）が設けられ，遺伝資源の保護・保存が図られている。近代農業は品種改良による単一品種を画一栽培することにより生産性と採算性を確保してきたが，

気候変化や病害虫，消費者の嗜好の変化などにより異なる品種の利用や遺伝的改良が必要になるときはこの遺伝子バンクに保管された種子が利用できる。

[課題]遺伝資源を維持することは多様な生物種の維持だけでなく，生物種内の多様な品種の維持によって可能となる。このため遺伝資源の確保と**生物多様性**の保全は一体の関係である。生物のみならず生物種内の品種は地域の自然環境条件の影響を受ける。遺伝資源を適切に維持できるようにするには，生息地や地域ごとに保全・保護することが望ましく，環境教育を通した遺伝資源の重要性に対する国民の理解の増進も必要である。　　(野村 卓)

遺伝資源へのアクセスと利益配分
➡ ABS

遺伝的多様性
genetic diversity

生物多様性は，生態系，種，遺伝子の三つの階層での多様性を包含しているが，このうち遺伝子レベルの多様性のこと。同じ種の生物であっても，個体ごとに異なる遺伝子の組み合わせをもち，地理的に離れた個体群間では互いに異なる遺伝子を多くもつようになる。例えば，東日本と西日本ではゲンジボタルの発光間隔が異なることが知られているが，これも遺伝的変異である。遺伝的多様性は，生物の進化および絶滅の回避の上で重要な役割をもち，一方で医薬品や農産物の改良など人間の福利にとっても有用である。個体群の激減を引き起こす開発行為や，遺伝子かく乱・遺伝子汚染を招く恐れのある異地域からの個体の安易な導入は，遺伝的多様性を劣化させる。　　(溝田浩二)

イリオモテヤマネコ
Iriomote cat

ネコ目ネコ科の哺乳類。学名*Prionailurus bengalensis iriomotensis*。沖縄県八重山群島西表島にのみ生息する日本固有種のヤマネコ。アジア大陸に分布するベンガルヤマネコの近縁種。1965年発見。斑紋のある暗褐色の毛皮に，裏に白斑のある丸い耳と目のまわりの白い縁取りが特徴。頭胴長50〜60cm，体重3〜4.5kg。小型哺乳類の少ない島で多様な生物を餌とする。開発や交通事故，イノシシ罠での混獲，ノイヌによる捕食などで個体数が減少。ノネコからの感染症の伝播も懸念される。現在の生息数は100頭以下と推測され，環境省レッドリストでは絶滅危惧ⅠA類に指定。国指定特別天然記念物。　　(畠山雅子)

インシデンタルな学び
incidental learning

付随的に生じる学び。例えば，ある大学生が中学校に行き，地球温暖化の授業を担当したとする。この教育活動は一義的に中学生の理解を深めるという目的のためのものである。しかし，中学生を相手に授業を行うという経験の中で，この大学生は確実に様々な事柄を学ぶことになる。大学生は，ある種の成就感，あるいは何らかの学びを得たという感触をもつであろう。このように，「インシデンタルな学び」とは，ある活動の本来の目的ではないが，いわば，副産物として偶発的に，また付随的に起こる学びを意味する。

「意図されない」「計画されない」で生じる学びという意味で「インフォーマルな学び」と同様の意味でも使われるが，「フォーマル」「ノンフォーマル」「インフォーマル」が，教育機関の介在の有無やその性格に着目して区別されることに対し，「インシデンタル」は，その活動本来の目的とは別のものとして副次的に生じるところに目を向けた概念といえる。覚えようといった意識的な努力もないまま，自然に身についてしまうということである。

このような「インシデンタルな学び」は，環境教育では，市民活動やボランティア活動との関連で重要視されるほか，意思疎通能力や協調性の育成といった面で，教育目的を広くとらえる必要を示唆するものである。

　　(井上有一)

インターネット自然研究所
Internet Nature Information System

環境省が，2001年より運用している全国の

貴重な自然を紹介するネット上の自然研究所。「日本の世界自然遺産」のほか、「レッドデータブック(RDB)図鑑」や「日本の重要湿地500」など、かけがえのない自然について学び、それら貴重な自然を守ることの大切さを教えられる。「猛禽類同定検索図鑑」では、見つけた猛禽類の名称がわからない時、その特徴をクイズ形式で答えていくことで特定できたり、「国立公園・野生生物ライブ映像」では、リアルタイムで全国の貴重な自然環境を観察できるなど、インターネットならではの魅力的なウェブサイトとなっている。　　　　(桝井靖之)

インタープリター
interpreter

インタープリターは一般的には異言語間の通訳のことをいうが、環境教育の分野では、人と対象物(自然、展示物、事柄)の仲立ちをしてその意味を伝える**インタープリテーション**の役割を担う人材をいう。公的な資格認定などはなく、各地の**自然学校**や環境学習施設、様々な展示施設、あるいは個人が独自にこの呼び名を使用している。

米国の国立公園でネイチャーガイドと呼ばれていた人たちが、後にインタープリターと呼ばれるようになった。日本では1990年代に入ってから民間団体を中心としてインタープリターの養成が行われている。

自然の中でのインタープリターは、「伝える」ために以下のような工夫をしている。
- 参加者は、見る、聞く、触る、嗅ぐ、味わうなど**五感**を通して自然を感じる
- 参加者はさらに、探す、考える、表現するなどの行為を通して深く感じるようになる
- インタープリターは、大切なキーワードを「見える化」し、写真、実物、模型、イラストなど様々な補助教材を駆使して伝える
- インタープリターは参加者の驚きや発見を通して、最終的に伝えたいメッセージに結びつける

米国においても日本においても、インタープリテーションの普及は環境教育の普及と歩を一にしてきた。自然を観察してその情報を一方的に伝える自然観察会が主だったこれまでの自然とのふれあいの方法とは違って、自然の中での様々な体験を通して、その裏に潜む意味や私たちの暮らしとの関わりなどを伝える環境教育として位置づけられるようになった。

インタープリターには、自然などの対象物への理解はいうまでもないが、加えて対象物への深い思いと、それを伝えるための技術が求められる。　　　　　　　　　　(川嶋 直)

インタープリテーション
interpretation

インタープリテーションには「解釈」「説明」「通訳」「演出」などの意味があるが、環境教育分野では「解説」という意味で使われている。**インタープリター**も一般的には「通訳者」であるが、環境教育では「解説者」を指す。インタープリテーションでは単なる情報の伝達・説明ではなく、情報の背後にある意味を理解し、何を伝えることに意味があるかという教育的なねらいを明確にした上で、背景や価値観が異なる聞き手が理解できるような伝え方をすることが重要である。解説の対象となる素材・材料・資源は自然物だけでなく、歴史・文化・民俗など人文的なものも含まれる。米国の国立公園で1920年から公園のメッセージを伝える手法として使われ出した言葉である。日本には1950年代前半にインタープリテーションという概念が紹介されたが、インタープリター(解説員)というプロフェッショナルな活動が始まったのは1980年代に入ってからである。また、1992年頃から本格的なインタープリターの研修会が始まったが、「資格」の認定はない。インタープリテーションという用語は主に環境教育や野外教育の分野で用いられるが、エコツアーガイドや街並みガイドなどのツーリズム関係、博物館や動物園の解説活動でも用いられており、特に場所や分野に限定されたものではなく、広く活用されている。なお、博物館分野では、同様の概念に対して**サイエンスコミュニケーション**と呼ばれることもある。

インタープリターが直接解説するパーソナルインタープリテーション（人を介した解説，直接解説）に対して，展示や野外解説板，映像など人が直接対応しない解説をノンパーソナルインタープリテーション（人を介さない解説，間接解説）という。

インタープリテーションは，自然物や人文情報についての詳細を説明することではなく，何が伝わることが聞き手にとってプラスになるかというねらいが吟味される必要がある。伝えるべきことが抽象的な概念や意味である場合は，具体的な材料を用いたり，事例を伝えたり，体験を通して共感を得る工夫が必要である。 〈小林 毅〉

⇨エコツーリズム

インターンシップ
internship

学生が団体や企業で研修生として働きながら学ぶ制度や仕組みのこと。もともとは働き手と受け入れ側のミスマッチをなくすために米国で生まれた制度であるが，近年では社会体験や勤労体験の重要性が注目され，大学や専門学校などで積極的に取り入れるところが増えている。学生にとっては社会にふれる貴重な機会となっており，単位取得ができる場合もある。受け入れ側にとっては，学校や広く社会とのつながりをつくり，新たな人材と出会う機会となっており，当該団体の人材育成制度を見直す機会ともなっている。

環境教育団体の中にはインターンシップ以外に数か月から1年単位で環境教育指導者としての知識や技術を身につける実習生制度をもつところも多い。 〈増田直広〉

インド環境教育センター
Centre for Environment Education (in India) (CEE)

インドでは国連人間環境会議（1972年）をきっかけに，環境法（1976年），連邦環境局（1980年），環境・森林省（MoEF：1985年）が整備された。こうした中，環境と開発といった分野に，専門機関が関与する重要性を認識したインド政府は，NGOとのパートナーシップによる「卓越した知の拠点（COE）」を創設。インド環境教育センター（CEE）は，その一機関として，1984年に設立されたNGOである。本部，州・地方事務所，プロジェクト事務所，フィールドオフィス，キャンパスなど，国内に40か所の拠点をもち，250名余りの職員を抱える。海外にも三つの支部をもつ。「開発のためのネルー財団（NFD, 1965年設立）」とも提携し，ノウハウや知見を引き継いでいる。

持続可能な開発を推進していく上で，教育が重要な役割を果たすという視点が，活動の基盤にある。これまで，持続可能な開発における知の構築に向けた中核的な役割を担い，環境教育やESDを積極的に進めてきた。農村，都市など多様な社会・自然環境の中で，子ども，若者，農民，女性，先住民，貧困層など，多様な境遇・立場にある人々を対象に，地域の経済，社会，文化的な文脈に即した教材開発，能力強化のための革新的プログラムを実施してきた。また，持続可能性に関わる課題についての協議や対話の場づくりとファシリテーションも行っている。2010年には，政府と連携し，遺伝子組み換えナスの導入をめぐり，女性，農民，研究者，若者，NGOなど多様な市民を巻き込んだ協議の場づくりとファシリテーションを全国7か所で行い，国民の意見をまとめ，遺伝子組み換えナスの導入が阻止された。国内外のNGO，企業，国連などとの連携やネットワーク構築，廃棄物削減や環境汚染防止，地球温暖化防止活動も行っている。

CEEは，持続可能な開発，教育に関する国際的な議論の場づくりにも積極的に取り組み，国連等と大規模な国際会議も共催している。2005年1月，国連「持続可能な開発のための教育の10年（DESD）」に関する最初の国際会議「持続可能な未来のための教育」を共催。2007年には，「持続可能な未来に向けた環境教育―DESDのパートナー」をテーマとする，第4回環境教育国際会合を共催。2010年には，地球憲章起草から10年目のレビュー会議である，地球憲章＋10を主催。2012年には，生物多様性条約締約国会議を共催し，生物多様性保全に向けたESDの役割について

の議論を展開した。また，国連大学高等研究所が進める「持続可能な開発のための地域の拠点（RCE）」イニシアティブにも積極的に参加し，NGO，大学と連携したESDの推進活動に取り組んでいる。従来の**環境負荷**を計算するフットプリントに対して，CEEは個々人の態度変容と行動推進の重要性を「ハンドプリント」として強調し，注目されている。

（野口扶美子）

宇井　純
Ui, Jun

水俣病告発をはじめとする日本の様々な環境運動をけん引した環境学者（1932-2006）。企業での勤務経験の後，東大助手となる。助手就任の1965年に**新潟水俣病**が発生し，実名で水俣病告発を開始するなど，公害被害者の立場に立った活動を展開。新潟水俣病の民事訴訟では弁護補佐人として**水俣病**の解明に尽力した。1970年，公害の研究・調査結果を市民に直接伝える「公害原論」（1971年）を開講。以後15年にわたる自主講座で環境問題の市民学習運動を組織した。市民の手による公害監視運動，被害者救済・支援活動，企業の公害輸出の阻止など全国の公害反対運動の構築に貢献した。1986年，沖縄大学教授。著書に『公害原論』など多数。

（関　智子）

ウィルソン，エドワード
Wilson, Edward Osborne

米国の昆虫学者（1929-）。ハーバード大学比較動物学博物館名誉教授。社会生物学という新たな学問分野を創始し，島の生物地理学，バイオフィリア仮説，コンシリエンス（知の統合）等の理論を提唱するなど，卓越した研究業績を上げてきた。1986年に議長を務めたシンポジウムでbiodiversityという言葉を初めて公式文書で用いたことから，**生物多様性**の父とも称される。2006年には自身の名を冠した「E.O. Wilson 生物多様性財団」を設立し，生物多様性への理解を深める啓発活動や保全活動，科学的な自然教育の推進に尽力している。2012年に第20回コスモス国際賞を受賞した。

（溝田浩二）

ウィルダネス　➡　原生自然

ウィーン条約
Vienna Convention for the Protection of the Ozone Layer

正式名称は「オゾン層保護に関するウィーン条約」。1985年3月に採択され1988年9月に発効した。日本は1988年加入。国際社会における環境保全や汚染防止を目的とした，各主体の行動に関する法的規範となる国際環境法の一つで，ウィーン条約は**オゾン層**の保護を目的とする国際協力のための基本的枠組みを設定したものである。条約では，締約国が，①オゾン層の変化により生ずる悪影響から人の健康および環境を保護するために適切な措置をとること，②研究および組織的観測等に協力すること，③法律，科学，技術等に関する情報を交換すること等について規定している。

また，同条約のもとで，オゾン層を破壊するおそれのある物質を特定し，当該物質の生産，消費および貿易を規制する「オゾン層を破壊する物質に関する**モントリオール議定書**」が1987年に採択された。

ウィーン条約の採択後も，オゾン層破壊がさらに進んだことから，一層の規制強化が望まれ，毎年締結国会議が開催されている。ウィーン条約，モントリオール議定書に関する事務局はナイロビの**国連環境計画**（UNEP）に置かれており，2013年2月現在の締約国数は，いずれも197か国（含EC）である。

（吉川まみ）

ウェビング
educational webbing／webbing work

授業や**ワークショップ**の中で使われる，学習者の思考を活性化し可視化させる手法の一つ。中心に一つの事柄（課題・テーマ）を置いて，その言葉から連想できるキーワードや短文を，クモの巣（web）のように次々に線

でつなげ広げていく作業を行う。インターネットのwebと同じ語源をもち，双方ともある一つの事柄から関心が次々とつながり拡大していく様相を呈する。

これによって指導者は，学習者の思考の様相や関心の連鎖を把握することができ，学習者は，自分自身の関心の広がり方に気づくことができる。また，学習者同士，あるいはグループ同士で相互のウェビングを比較すれば，相互の思考の違いを把握したり，コミュニケーションを活性化させるための資料にすることもできる。例えば，学校における**総合的な学習の時間**では，児童生徒が自分の力で課題を設定するときの学習資料にしたり，教師が教材研究の参考資料や児童生徒の認識の変容を見るための評価資料にしたり，その活用方法は授業の目的によって柔軟に変えることができる。

この手法は，1970年代の米国において，オープンエデュケーションと称される教育実践の過程で開発された。この「オープン」とは，閉鎖的な学校のあり方を開放しようという理念のもとで，子どもと教師の主体的な学習活動や創造性を重視するという意味を含んでいる。そこで採用されたのは，子ども一人ひとりが主体的に学習計画を立て，教材や資料を選択し，自身のペースで学習活動を進めていく方法論であり，その中でウェビングという手法が活用されていた。その基盤には，米国の教育哲学者デューイが提唱した経験主義教育と学習者中心主義の思想が流れていることから，ウェビングを一手法として矮小化するのではなく，その思想の文脈の中で理解し活用する必要がある。

（小玉敏也）

雨水利用
rainwater utilization

建物の屋根などに降った雨を貯め，貯めた雨水を樹木への散水，トイレの洗浄水などに利用すること。渇水時の水源としてだけでなく，大規模な震災などによる災害時には，水道管の破裂などによって水道が使えなくなることがあり，そのような時に，貯めた雨水は貴重な生活用水としても活用できる。また，近年，頻発する集中豪雨への対応として，降った雨を，タンクに貯めたり地下に浸透させれば，雨水が一挙に下水道に流れ込むのを防ぎ，都市型洪水の防止につながる。さらに，家庭から排出される二酸化炭素のうち約4%が水道水供給に伴う電力使用等によるものであることから，雨水を利用することは水資源保護だけでなくエネルギー消費削減につながり，地球温暖化防止にも貢献できる。

日本でも公共施設を中心に広く取り入れられており，有名なところでは国技館や東京ドームなどがある。災害など非常時の避難所として利用される公共施設では水源の確保が重要になることから，新設に際して導入が進められている。平常時は，花木への散水やトイレの洗浄水として利用することで，水道経費の削減になる。

家庭用には，雨樋から取水する小型の雨水タンクが販売されている。雨水タンクの設置費用の一部を助成する自治体も増えている。

（豊田陽介）

宇宙船地球号
Spaceship Earth

宇宙船地球号とは，地球全体を一つの宇宙船とみなし，そこに存在するすべての生き物を乗船客として資源の適切な使用や循環的な生産システムについて語るために使われた言葉である。この言葉は，1963年に米国の建築家・思想家のバックミンスター・フラー (Fuller, R. Buckminster) によって提唱された。フラーは，地球外から到達する自然エネルギーを利用するためにだけ有限な化石燃料や鉱物資源等を消費することで，地球と人類が生き残ることができると述べている。有限な地球の化石燃料や鉱物資源等を保存し，次世代まで残していく上で，化石燃料に頼らない再生可能なエネルギーシステムが有効であることを50年前に主張したといえる。1966年に米国の経済学者のケネス・ボールディング (Boulding, E. Kenneth) は，経済学にこの考え方を導入し，地球のイメージを「開かれた地球」から「閉じられた地球」に転換した。宇宙船地球号の閉じられた経済によって，人

間は循環する生態系やシステムの中にいることが理解できるようになると述べている。

(シュレスタ マニタ)

『奪われし未来』
Our Stolen Future

内分泌かく乱物質（環境ホルモン）の脅威について警告した記念碑的書物。コルボーン，ダマノスキ（Dumanoski, Dianne），マイヤーズ（Myers, John Peterson）の共著で，1996年に米国で出版された。副題「科学的探偵物語（Scientific Detective Story）」のとおり，アザラシやイルカの大量死，ヒトの精子数の減少など，目立つことはないが世界規模で確実に進行しつつある不気味な複雑系の難問を読み解き推理していく。その結果，人類を含めた生物全体のホルモンの正常な機能をかく乱し生殖機能を脅かしている内分泌かく乱物質の脅威にたどりつく。

(桝井靖之)

ウミガメ
marine turtle／sea turtle

カメ目ウミガメ科の爬虫類の総称で，世界中に2科7種が生息。主に暖かい海洋で生活し砂浜に穴を掘って産卵する。日本は最北の産卵地で，石垣島，小笠原諸島などで産卵が見られる。ウミガメは世界各地で食料や油，皮革，工芸品の材料として利用されてきた。海洋汚染，プラスチック製品の誤食，漁業での混獲，産卵場所の減少や乱獲などの理由により個体数が減少。全種が国際自然保護連合（IUCN）レッドリストにあり，そのうち6種が絶滅危惧種。また全種がワシントン条約付属書Iに記載されている。国境をこえて海洋を移動する生物であるため，保護には世界的な視点と局地的アプローチの双方が必要である。

(畠山雅子)

埋め立て
reclamation

沿岸や河口，湖沼や窪地に土砂などを運び込み陸地を造り出すこと。古くから農地を増やすために，また高度成長期以降は工業用地，港湾，宅地，廃棄物処分場用地を確保するために行われてきた。今日の大都市に近い海岸線は大部分が埋め立てられている。1945～1978年の約30年間に全国の約4割の干潟が埋め立てられてしまい，干潟のもっていた浄化作用の消失によって深刻な漁業被害や環境悪化が起きている。1921年制定の公有水面埋立法は，1973年に改正され，40ha以上の埋め立ては環境影響評価法による環境アセスメントの対象になっているほか，環境保全への配慮が必要となっている。

(金田正人)

ウラン
uranium

原子番号92の元素。元素記号はU。同時期に発見された天王星（Uranus）の名に由来している。天然にはウラン238（99.28％，半減期約45億年），ウラン235（0.71％），ウラン234（0.0054％）が存在する。ウラン238はアルファ崩壊し，18回の崩壊を通して最終的に鉛206を生成する。なお劣化ウランとはウラン235の含有率が0.71％より低くなったものをいう。日本では人形峠で産出されるが少量で低質である。埋蔵量は70％がオーストラリアであるが，輸出量としてはカナダが世界最大である。

広島に落とされた原爆の燃料はウラン235であった。原子力発電所ではウラン235の濃度を約3～5％に濃縮した二酸化ウランを使用している。炉心で多数を占めるウラン238に中性子が照射されて吸収されるとプルトニウム239に転換するため，核兵器への転用が可能となり国際原子力機関によって取り扱いが制限されている。

アルファ線を出すことで放射線毒性が強い。アルファ線は紙でも遮断可能であるが，内部被曝の場合は，アルファ線のエネルギーはガンマー線の20倍で，半減期も長く身体へ非常に強い影響を及ぼす。化学的にも腎臓への強い毒性が知られている。

(渡辺敦雄)

エイズ（HIV）
AIDS（acquired immune deficiency syndrome）

エイズ（日本語名「後天性免疫不全症候群」）とは，病原体であるHIV（ヒト免疫不全ウイルス，human immunodeficiency virus）がヒトの免疫細胞を破壊することで免疫力を低下させる感染症。HIVは，非常に弱いウイルスであり，主な感染経路は性的感染，血液感染，母子感染の三つに限られる。サハラ以南のアフリカには世界の約6割のエイズ患者がいる。現在完治は困難ではあるが，多剤併用療法があり，寿命をまっとうすることも可能となってきている。

（桝井靖之）

液状化
soil liquefaction

地震の振動によって，地下水位の高い砂質の地盤が泥水化する現象。流動化現象，流砂現象，噴砂現象ともいう。液状化が起こると地盤は軟弱になり，砂混じりの泥水が地表に噴き出したり，地盤が部分的に陥没したり，沈下したりする。また比重の大きい建築物である建物や自動車が地面に埋もれたり，倒れたりするほか，比重の軽い下水管等は浮き上がったり，損傷したりする。液状化は海沿いの砂丘や三角州，港湾などの埋立地で発生しやすい。かつて河川や湖沼，水田であった地域や谷を砂質土で盛土造成したところでは液状化の起こるおそれがある。

（冨田俊幸）

エコアクション21
Eco-Action 21

主に中小事業者等を対象にした**環境マネジメントシステム**のことをいう。組織や事業者が環境保全活動を推進する取り組みを事業活動の方針，目標，計画に掲げ，その達成に向けて実施状況をチェックし，見直すことで，自主的に継続的改善を図る仕組みである。1996年に環境省が策定し，2004年からは登録する事業者を第三者機関が審査し，認証・登録する制度が発足した。登録事業者にとってはイメージ向上を図る上でISO14001より手軽に取り組める制度で，中小事業者等への環境経営の定着を目指したものといえる。

（秦 範子）

エコスクール
Eco-School

環境を考慮した学校施設や，環境に配慮した活動に取り組む学校，または学校での環境学習プログラムを指す。

日本では文部科学省がエコスクールの普及・啓発に努めており，環境教育の教材として活用できる学校施設の整備を目的としたエコスクールパイロットモデル事業をはじめ，既存学校における環境を考慮した改修を支援することで，エコスクールの整備を促進している。太陽光や太陽熱，風力や地熱を利用した**再生可能エネルギー**の活用や**雨水利用**，建物・屋外緑化を図り自然との共生を目指す等，**環境負荷**の低減に貢献するとともに，環境教育の教材としての活用が提案されている。

環境学習プログラムとしてのエコスクールは，1994年にデンマークの学校で始まり，国際NGO環境教育基金（FEE：Foundation for Environmental Education）が運営してきた。課題の発見，目標・行動計画の決定等を子どもたちが中心となって活動を推進し，50か国以上の国で1,000万人以上の児童生徒が取り組んでいる。また2003年以降は，**国連環境計画**（UNEP）により持続可能な開発のための教育の規範的モデルとして推奨されている。

（長濱和代）

エコツーリズム
ecotourism

〔語義〕エコツーリズムとは，**エコロジー**（ecology：生態学）の略語のエコとツーリズム（tourism：観光）を合わせた造語で，地域資源の保護，地域における観光産業の成立といった異なるアプローチの融合とバランスを目指す観光の形態である。エコツーリズムの考え方に基づいて展開されるツアーがエコツアーである。エコツーリズムは，観光を介

し，地域の自然や自然により育まれた文化などを理解することによって地域の環境保全を促すことを第一義としている。そのため，参加するエコツアーの中で，ツアーガイドを介して良質な**インタープリテーション**を受けることにより，訪問者が満足のいく体験をすること，受け入れ地域においては住民が地元の資源の価値を再認識し，それらを活かすまでのプロセスを学びの場ととらえることなど，教育的要素が多く含まれている。ここでは，環境教育としてのエコツーリズムについて，その出発点から持続可能な観光の流れに至る背景の理解と実践について説明する。

〔**自然保護への貢献から持続可能な観光へ**〕エコツーリズムの考え方は，1970年代から1980年代に形成され，発展途上国における自然保護戦略に適応されたことがその出発点といわれている。例えば，アフリカ地域におけるハンティングツアーのような資源消費型から，野生生物を観る資源として活かす持続可能な観光への転換を目指した取り組みがある。また，先進国資本により横行する乱開発が進行する中南米の熱帯雨林の破壊に対し，森林伐採を抑制する経済開発の代替案として，自然環境を損なわないかたちで交通手段や宿泊施設を整備して自然観察ツアーを実施し，地元の雇用機会と現金収入の確保を図ったNGO主導型の観光開発の好例もある。

一般には第二次世界大戦後，先進国を中心にレジャーとして大衆が観光に広く参加する仕組みとして出現したとされるマスツーリズムが，1980年代になって観光地にもたらした社会的・文化的な弊害を避けるオルタナティブ（alternative）ツーリズムの一つとして，エコツーリズムは誕生している。この動きを大きく支えたのは，1987年に発表された**持続可能な開発**の概念の国際的広がりと，人々の環境問題への関心や自然志向の高まり，「エコ」のイメージを増幅させたメディアの力であった。このことは，観光業界にとって新たな商品開発を可能にし，ツアーの多様化に一役買ったともいえよう。観光の発展における環境，経済，社会のバランスを目指した持続可能な観光の行方は，時代の価値観が反映されるものとして今後も注目に値する。

〔**エコツーリズムの教育力**〕エコツーリズムが環境教育的であることを象徴づけるものの一つに，エコツアーにおけるインタープリテーションの存在がある。ビジターセンターなど施設の展示物や野外の解説板は間接的なインタープリテーションであるが，直接的なコミュニケーションを通して自然と人との橋渡し役を担うインタープリターのパフォーマンスは，エコツアー全体の満足度に大きな影響をもたらす。国際エコツーリズム協会創設者の一人であるマーサ・ハニー（Honey, Martha）は，エコツーリズムは訪問者と訪問地住民の双方に対しての教育であると述べているが，訪問者に対しての教育を担うのがインタープリターである。インタープリターを通じた学びは，訪問地の情報・知識（野生動植物や景観，文化など）をはじめとして，訪問地への負の影響を抑える配慮を含むものであることが多く，マナーや立ち居ふるまい（行動基準）といった適切な環境行動の具体的な実践につながるものである。もう一つの教育の場面は，受け入れ地域の住民による主体的かつ継続的な学びの場の実践である。地域づくりのテーマとして現在最も期待されている観光は，その観光資源となる地元の資源の価値に気づき，理解を深めて活かすまでのプロセスが学習の機会と位置づけられる。これは観光客獲得のためではなく，「あるもの探し」に代表される**地元学**における作業のような，自分たちのために地域資源を再考する学びの場である。作業を通して地域の課題と向き合い，解決策を探ることで，ただ住むだけの住民から地域を守り育てていく当事者への意識変革を生み，具体的な行動ができる人材の育成につながっていく。

〔**日本におけるエコツーリズム**〕1990年前後，海外から輸入するかたちで出発した日本のエコツーリズムは，様々な検討や実践上の課題と向き合い議論を重ね，2007年には「エコツーリズム推進法」の制定に至り，豊かな自然地域のみならず，多くの来訪者が訪れる観光地や**里地里山**など，エコツーリズムを多様なものにした。はやり言葉として「エコ」を名乗

るエコツアーの横行もある中で，訪問者がツアーを選ぶ際の**環境リテラシー**の醸成など，エコツーリズムの推進のために環境教育が担う役割は大きい。
〈大島順子〉

エコフェミニズム
ecofeminism／ecological feminism

人間による自然支配の構造と男性による女性支配の構造を関連づけて考え・行動する思想・運動。「エコフェミニズム」という言葉は1974年にフランスの作家フランソワーズ・ドボンヌ（d'Eaubonne, Françoise）によって創られたといわれる。西欧で理論化が進められたが，第三世界にも広がった。フェミニズム理論が多様であることを反映して，エコフェミニズムもまた極めて多様とされる。一方で女性原理の偏重やジェンダー概念の固定化につながるという指摘もある。 〈檜村久子〉

エコフォビア
ecophobia

エコフィリア（ecophilia：自然への愛情）の対語で，自然嫌い，自然恐怖症のこと。幼少期から必要以上に自然破壊や環境危機の深刻さを教えられることで，子どもは自然への恐怖心を植えつけられるケースが少なくない。その結果，自然とつながろうとする幼い芽が摘み採られ，時として自然嫌いの子どもを育ててしまう。米国の環境教育研究者デイヴィド・ソベル（Sobel, David）は，実感の伴わない抽象的，悲観的な知識を詰め込むことで自然嫌いの子どもを増やすのではなく，身近な足もとの自然と戯れ，体験させることで自然への愛情をもった子どもを育てようと提言している。 〈溝田浩二〉
⇨『足もとの自然から始めよう』

エコプロダクツ展
Eco-Products Exhibition

国内最大級の環境展示会。エネルギー，家電，自動車，住宅，食品，日用品から，金融やサービスに至るまで，様々な種類の環境配慮商品や技術，サービスを一堂に展示している。主催者は経済産業省所管の社団法人産業環境管理協会と日本経済新聞社。出展者は企業や経済団体，自治体，NGO，政府機関，大学などと幅広い。1999年に始まった当初，出展数は280社・団体，来場者は5万人弱だったが，近年の出展数は約700社・団体に上り，約18万人を動員する年末の一大環境イベントになっている。

展示会と並行して，シンポジウムやセミナー，有名ゲストによるトークショー，自然観察会や工場見学会などのイベントのほか，会場内を巡る解説ツアーや海外からの視察者向け英語ツアーが開催され，様々な層がエコプロダクツに親しめるようになっている。子ども向けに環境教材を展示したり，子どもにわかりやすく製品を解説するなど環境教育にも力を入れている。会場視察を授業に組み込む学校も増えており，例年児童生徒の来場者数が約2万人に達し，環境学習の場としても認知されている。 〈藤田 香〉

エコポイント制度
eco-point system

地球温暖化対策や経済活性化などを目的として実施された「エコポイント制度」は次の二つである。一つは，家電のエコポイント制度で2009年5月から2010年3月末までの間に購入したグリーン家電製品を対象とし，商品・サービスと交換可能なエコポイントが取得できるとした制度。環境省，経済産業省，総務省が中心となり実施した。グリーン家電とは「統一省エネラベル」で4つ星以上のエアコン，冷蔵庫，地デジ対応テレビ等をいう。

もう一つは省エネ型住宅の新築やリフォームを行った場合に商品・サービスと交換できる「住宅版エコポイント」と呼ばれる制度。こちらは，環境省，国土交通省，経済産業省が中心となり，2009年12月から2011年8月までに着工したエコ住宅の新築や，断熱性能の高い窓や外壁，バリアフリー，太陽熱利用システムなどのエコリフォームを行った場合にエコポイントが取得できる制度である。

どちらも経済効果，雇用促進，家庭部門の**二酸化炭素排出量削減**に効果があったとされる。しかし，実際にどれだけの二酸化炭素排

出量を削減できたかなどは明確になっていない。　　　　　　　　　　　　　（荘司孝志）

エコマネー
eco-money／local currency／local exchange trading system（LETS）

　地域通貨の一種。環境，福祉，教育，文化といった貨幣では評価しにくい価値を交換する通貨で，法定通貨ではない。1990年代末に加藤敏春によって提唱され，**エコロジー**（環境），エコノミー（経済），コミュニティ（地域），マネー（通貨）の合成語とされる。地域通貨が，経済的価値と非市場的な社会的価値の双方をもつのに対して，エコマネーは，社会的価値を強調するところに特徴がある。ボランティア活動や社会活動を価値化して，コミュニティ内で自主的に発行され流通する。（村上紗央里）

エコミュージアム
ecomuseum

〔**語義**〕エコミュージアムは，用語の発祥であるフランス語のエコミュゼ（ecomusée）の英訳であり，ecology（**生態学**）とmuseum（**博物館**）を合せた造語である。ある地域全体を博物館に見立て，自然や文化，歴史，生活など，その地域の資源を活用し，住民や来訪者がその地域について保全しながら学ぶことができる博物館の仕組みや学びの場のことをいう。1960年代後半に国際博物館会議（ICOM）の初代会長であったリヴィエール（Riviere, G. H.）が，環境と人間の関わりを考えていく新しい視点をもった博物館として構想したものである。エコ（eco）からイメージされる，環境や自然を知る施設といった一義的な意味としての博物館ではない。

〔**日本における取り組み**〕1974年ICOMに出席した鶴田総一郎により「生態博物館または環境博物館」という訳語で日本に紹介され，その後1986年に博物館学者の新井重三が「生活・環境博物館」と意訳した。近年は，行政主導型の地域おこし事業の中において，地域再生計画や地域づくり構想などに取り入れられることが多くなった。事例として，「まちは大きな博物館」「まちぜんたいが博物館，町民すべてが学芸員」をキーワードとして全国で初めてエコミュージアムの考え方を地域づくり計画の中に位置づけた山形県朝日町がよく知られている。

〔**エコミュージアムの意義**〕住民や来訪者が主体となり，その地域の生活そのものについて知り，学んでいくプロセスにあるといえる。日本におけるエコミュージアムの多くは，**過疎化**による問題を抱えている中山間地域や田園地域において取り組まれている。民家や**棚田**，雑木林や小川，鎮守の森や山中に点在していた炭焼き小屋などが，利用されている場面そのものを丸ごと見せていくことで，自分たちの住む地域と日常生活を再認識し，正しく受け継いでいくという意義がある。このような一連の営みは地域の活性化と観光振興につながるエコミュージアムの実践といえる。
　　　　　　　　　　　　　　　（大島順子）

エコロジー
ecology

〔**由来**〕19世紀半ばすぎに，先行した博物学や地理学などの成果も踏まえて，生物と**環境**をめぐる諸関係を対象とする研究分野としてドイツで考案された名称（独語，Ökologie）。それまでの「自然の家計・経済」の研究という伝統を意識した造語であり，それが，後に思想・社会運動を意味する「エコロジー」の用法を生み出すことにもつながった。この「エコ」の部分は，「経済（エコノミー）」と共通する語源，ギリシャ語の「オイコス」（家，家計のやりくり，家族関係の意）に由来する。

〔**二つの用法，基本となる意味**〕日本語や英語で，自然科学の一分野である「**生態学**」，ならびに一つの思想・運動・生活姿勢などを指す「エコロジー」という，互いに深く関係はするが異なる二つの意味で使われている。いずれの意味もそれぞれ大きく拡張されており，結果として極めて多義的な言葉になっている。しかし，どの用法にも，「関わり，関係に目を向ける」「総合的に，全体として理解する」という志向性を共通要素として見いだすことができる。**環境教育**における最重要語句の一つである。

本稿では、もっぱら「エコロジー」について述べ、生物と生物との、あるいは生物と環境との関わりを主たる研究対象とする生物学の一つの分野を指す「生態学」については、「生態学」の項目に譲る。

〔エコロジー運動〕拡張された「生態学」の意味の上に、自然の保護、社会格差の是正といった強い政治的主張や価値判断が重ねられたとき、一つの社会思想や運動を意味するこの語の用法が生み出される。この意味では、一般に片仮名で「エコロジー」と表記される。

様々な意味や主張がこの語に盛り込まれているが、全体として見るなら、自然と人間の間に、また人間と人間との間に非破壊的で調和的な関係を成立させる方向に、社会の仕組みや主流の考え方を変革していこうとする意図が読み取れる。キーワードとして、自然、環境、資源、持続性、社会正義、公正、非暴力、参加、民主主義、豊かさ、生き方、共生、多様性、価値といった語が挙げられる。

環境保全は、この運動にとり最重要事項の一つである。しかし、運動の理念や立場を言い表す場合、「環境保全主義（environmentalism）」ではなく、「エコロジー」の語が好まれることがある。そこには、つながりに着目して全体を総合してとらえようとする姿勢が見て取れる。すなわち、**環境問題**を人間の問題につながるものとして広く深くとらえ、部分的な対症療法的対応ではなく、全面的な根治的対応が必要という考えが表れている。原因と結果の双方で、環境問題は、社会の問題と分かちがたく結びついている。**貧困**や人権侵害といった問題を取り上げ、「環境教育」から「**持続可能性のための教育**」への言い換えに言及したテサロニキ宣言にも、同様の考えが認められる。

〔「エコ」とエコロジー〕英語では、"ecology"あるいは形容詞の"ecological"の意味をもつ接頭辞"eco-"がつけられた新語が、多く生み出された（例えば、ecotourism（エコツーリズム）、ecophilosophy（エコロジー哲学））。日本語でも、同様に多くの言葉がつくられた（例えば、エコグッズ、エコポイント）。「今日からできるあなたのエコ」のように独立した語としても、また「エコな暮らし」のように、形容詞的に使われるようにもなっている。

英語"eco-"とは異なり、日本語の「エコ」には、節電やリサイクルへの協力といった家庭の心がけにとどまる響きが残る。昨今の「エコ」ブームが、社会への批判的関心や政治参加意識に乏しく、単なる個人の努力や工夫にとどまるものであるなら、持続可能な社会に向けて進もうとする環境教育の立場からは、批判的にこれを見直すことが求められよう。

（井上有一）

エコロジカルフットプリント
ecological footprint

地球**生態系**への人間の需要の量を、供給量の再生と**廃棄物**の処理に必要な生物生産力のある土地および海洋の面積で表現したもの。1991年にカナダのリース（Rees, W.E.）とワッカーナゲル（Wackernagel, M.）が開発した持続可能性指標。単位はgha（グローバルヘクタール）。フットプリント（足跡）という日常的な単語を用いたことで、急速に世界に広まった。エコロジカルフットプリントの計算には、①資源の消費量と廃棄物の発生量を適度な正確さをもって推計できる、②資源と廃棄物の流量は、資源を消費し廃棄物を排出するのに必要とされる生物生産力のある土地面積に換算できること、の二つの条件を満たすことが前提である。現在の地球人口に一人当たりエコロジカルフットプリントをかけた数字が地球の生態系の再生産能力および廃棄物処理能力の総量を超えているならば、私たちのライフスタイルは地球生態系を破局に向かわせていることになる。

世界自然保護基金（WWF）の報告書『生きている地球レポート』2012年版によると、2008年の地球全体の生物生産力は120億ghaすなわち1人当たり1.8ghaに対し、エコロジカルフットプリントは182億gha、1人当たり2.7ghaであった。両者の値の差が意味するのは、人類が1年で消費する再生可能資源を得るには地球が1.5個必要ということである。このことからWWFでは「地球1個分の暮らし」を提唱している。中でも、北米、オース

トラリア，中東産油国などの国民一人当たりのエコロジカルフットプリントは，サハラ砂漠周辺や東南アジアの途上国の4倍から20倍となっており，先進国国民や途上国富裕者層におけるライフスタイルの変革が求められる。

(石川聡子)

越境汚染
trans-boundary pollution

汚染物質が発生源である地域から国境線を越えて移動し，数百〜数千km離れた地域にまで気流や海流，あるいは河川によって運ばれることを越境汚染という。とりわけ，**火力発電所・工場**などからの排煙などに含まれる**硫黄酸化物**や，車の排気ガスとして放出される**窒素酸化物**が風によって国境を越え，大気中において雨水に溶け込み，**酸性雨**として森林や湖に影響を与えている。酸性雨の問題は1960年代から顕在化し，ヨーロッパ西部の工業地域からヨーロッパ東部へなどと，風上の国で発生する汚染物質の影響により，風下の国々で被害が起きている。こういった被害を受けたことから1979年「長距離越境大気汚染に関するジュネーヴ条約」などによって対策が進められてきた。また米国北東部では五大湖を越えてカナダに及んだ**大気汚染**被害が外交問題にまで発展している。日本でも，石炭消費の著しい中国から偏西風に乗って運ばれる大気汚染が問題となっている。一方，廃棄物発生国の処理コストの上昇や国内での処分容量の不足に伴い，**廃棄物**，とりわけ有害廃棄物の国境を越える移動も見られるようになり，移動先での深刻な環境汚染につながっている事例が多い。

(元木理寿)

餌づけ
feeding

〔語義〕野生動物に，人為的な餌を食べるように仕向ける行為。飼育されている野生由来の動物に与える場合と，自然界で生活している野生動物に与える場合がある。自然界で生活している野生動物への餌づけでは，意図的な餌づけと非意図的な餌づけに分けられる。
〔意図的餌づけ〕意図的に餌づけを行う目的として，希少種の保全・管理，教育・調査，観光・娯楽の三つが考えられる。環境省による「鳥獣の保護を図るための事業を実施するための基本指針」では，観光・娯楽目的だけではなく，他の二つも含め「安易な餌づけの防止」を挙げ，防止に関する普及啓発，生息状況への影響や感染症の伝播に対し十分な配慮をすることが求められている。
〔非意図的餌づけ〕故意にではない餌づけには，農業残滓や未収穫作物，廃棄物などの放置された物を野生動物が食べる以外にも，捕獲に伴う呼び餌などがある。野生動物による農作物被害も結果的には非意図的な餌づけとなる。
〔問題点〕「生体および生態系への影響」「感染症の拡大・伝播」「行動への影響」が問題点として挙げられる。「生体および生態系への影響」としては，栄養価の高い食物を摂取することによって，繁殖率や生存率が上がり，一部の種のみ個体数が増加してしまい，生態系のバランスにまで影響が出てしまうことが挙げられる。「感染症の拡大・伝播」では，人間が野生動物に近づきすぎることにより，エキノコックスや高病原性鳥インフルエンザのように，動物がもっている病原体に人間が感染してしまう。また，逆に人間が野生動物に病原体を感染させてしまうリスクが大きくなることがある。「行動への影響」では，野生動物の食べ物に対する習性の変化により，餌を求めて人間の生活圏に入り込み，農作物被害や人身被害を引き起こすこと，渡り鳥のルートや渡り様式を変化させてしまうことなどがある。

(朝倉卓也)

エネルギー革命
energy revolution

使用されている主要なエネルギー源が，短期間の間に他のエネルギー源へ移行し，その結果として経済や社会，文化に大きな影響を与えること。事例としては1950〜60年代にエネルギー資源としての石炭の役割が，石油によって取って替わられたことを挙げることができる。日本では全エネルギー供給量に占める石油の使用量が1962年に石炭を上回った。現在では石油が，主要な液体エネルギーであ

ることから，エネルギーの流体化とも呼ばれている。今後もオイルシェールやシェールガスの採取，**再生可能エネルギー**の利用などによりエネルギー革命が起こる可能性がある。

〈冨田俊幸〉

エネルギー環境教育
energy environmental education

〔語義〕エネルギー資源の枯渇や**地球温暖化**といったエネルギーの諸問題に向き合い，持続可能な社会を実現するための環境教育。エネルギーについての科学的知見を学ぶだけでなく，地球環境との関わりに踏み込んで，エネルギーと人間の関係やエネルギー環境問題の解決に向けて主体的に行動できる人を育成することを目的としている。

〔日本のエネルギー環境教育〕1991年に発行された『**環境教育指導資料**』では，環境教育の重要性や基本的な考えが明示され，学校教育における環境教育実践が広がることになった。資源の有限性，**省エネルギー**，**リサイクル**に関する指導内容も記載され，省エネルギーや節電に関する環境教育も実践されるようになった。

ところが，1998年に改定された**学習指導要領**では，社会科，理科，家庭科などで電気，環境，資源・エネルギー問題に関して記述され，資源問題への注目は大きくなったが，エネルギー問題への着目はそれほど大きくならなかった。

地球温暖化への危機感が高まり始めた2000年以降，中央教育審議会初等中等教育分科会の教育課程部会の審議経過報告（2006年）では，環境教育に関して「特に持続可能な社会の構築が強く求められている状況も踏まえ，エネルギー・環境問題という観点も含め，さらなる充実が必要である」と記載された。2007年度から，資源エネルギー庁による認定が始まった次世代エネルギーパーク（2012年10月現在48計画が認定），同じ頃から始まった企業や民間団体の取り組みなどを受けて，徐々にエネルギー環境教育の重要性が注目され，実践が増えてきた。

さらに2011年3月に発生した**東日本大震災**以降，地域の再生・復興，放射能問題，未来のエネルギー選択など，環境教育とりわけエネルギー環境教育が担うべき役割や期待はますます大きくなっている。

〔エネルギー環境教育の**主体**〕現在，エネルギー環境教育は多様な主体によって実践されている。

①学校：2007年の『環境教育指導資料』の改定，自治体版の環境教育資料の作成を受けて，学校では地球温暖化，**3R**，エネルギーをテーマにした環境教育の実践が進められている。文部科学省など4省庁が推進する**エコスクール**事業の取り組み，校舎への**自然エネルギー**設備の導入をはじめ，これらを活かした環境教育も展開されている。

②自治体：前述の次世代エネルギーパーク認定を経て，環境教育に取り組む自治体もある。自然エネルギーの導入とともに，地域の環境教育指導者育成や自然エネルギーによる地域活性化などを連動させた展開も見られる。

③企業：電気・ガス・石油などエネルギー関連企業では，本業とリンクさせたエネルギー環境教育を実践している。エネルギーを利用してきた歴史，エネルギーと自然，エネルギーと人間のつながりを学ぶもの，暮らしの中での行動化を目指すものまで多様な取り組みがなされている。

④民間団体：自然学校など環境教育団体も単独事業や行政・企業との協働事業を通して，エネルギー環境教育を実践している。特に自然エネルギーとの親和性が高いため，エネルギーと自然や人間のつながりを学ぶ実践に取り組むところも多い。

〔留意点〕効果的なエネルギー環境教育のための視点を以下に記す。

①つながりを大切にする：エネルギーそのものを学ぶだけでなく，エネルギーと自然のつながり，エネルギーと社会や人間のつながりを理解することなしにエネルギー環境問題の解決は不可能である。多様なつながりに気づけるようなプログラムや働きかけが必要である。

②行動化への導き：エネルギー問題解決のた

めに主体的に行動できる人を育てるためにも，日常生活での行動化を導くことが大切である。暮らしの中での宣言やアクションプランづくりを設けることも効果的である。
③エネルギー問題は，個々人の行動もさることながら社会システムやインフラに大きく依拠する問題であり，経済や技術的な側面も多大に影響する。社会参画を促す視点をもたせる必要がある。

（増田直広）

エネルギー基本計画
Basic Energy Plan（of Japan）

2002（平成14）年に成立したエネルギー政策基本法の中で新たに定められた計画で，日本の中長期的なエネルギーの需給・利用に関する政策の基本的な方向性を示したもの。閣議決定された基本計画は，ほぼ3年ごとに見直され，自治体や電力会社はこの計画の実現に向けて協力する責務を負う。2003年に初めて策定された基本計画では，エネルギーのベストミックスの中で原子力を基幹電源として位置づけ，天然ガスにも力点を置いていた。2010年になると，原発の電源構成比率（総発電量に占める比率）を2030年に約50％まで引き上げる方針が計画に盛り込まれた。しかし，2011年3月の**福島第一原発事故**後，それまでの基本計画はいったん白紙となり，新たに作り直されることになった。2012年7月から再生可能エネルギーを普及させるための「**固定価格買い取り制度（FIT）**」が開始されたのに続き，電力会社が独占している**発送電分離**の方針を決定し，エネルギー基本計画の見直しを進めている。さらに，2012年9月には2030年代の脱原発や「**原発ゼロ**」に向け，革新的エネルギー・環境戦略が決定された。しかし，国内の経済界や米国から「原発ゼロ」への懸念や反発等が出されたのを受け，経済成長を掲げる自民党政権によって「原発ゼロ」を見直し，再稼働の可能性を探る揺り戻しが生じている。

（坂井宏光・矢野正孝）

エネルギー資源
energy resources

エネルギーは市民の生活や経済活動において必要不可欠なもので，照明，調理，自動車，冷暖房，給湯などの燃料や動力源として，電気，灯油，ガソリン，都市ガス，LPガスなどの形態で供給され，交通や情報通信などのためにも必要不可欠である。こうしたエネルギーは，石油，天然ガス，石炭，**ウラン**などの天然資源のかたち，もしくは太陽エネルギーや風力，水力，地熱，**バイオマス**などの再生可能資源のかたちからエネルギー変換技術により得られるが，こうした資源がエネルギー資源である。

資源は，大きく分けて，再生可能資源と**枯渇性資源**の二つに分けることができる。再生可能資源は，生物資源（森林や魚介，作物など）や水，太陽エネルギーなど，永久に維持することができる資源であり，**枯渇性資源**は石油や天然ガス，石炭といった**化石燃料**などのように再生が困難であり，使い続けることによって枯渇してしまう資源をいう。再生可能資源といえども，消費される速度によっては使い果たされて枯渇する可能性のあるものもあることには注意を要する。この再生可能資源の中でエネルギー用途に利用されるものは**再生可能エネルギー**と呼ばれる。再生可能エネルギーには，水力，地熱，風力，太陽光，太陽熱，海洋エネルギー，バイオマスエネルギーなどがある。この中でバイオマスエネルギーの対象になるのは，バイオマス資源からエネルギー以外の用途（食料や原材料）を除いたものである。化石燃料の利用時には，**温室効果ガス**である**二酸化炭素**を排出するが，再生可能エネルギーの利用時には二酸化炭素を排出しないとみなされる。バイオマス資源の場合には，光合成による二酸化炭素吸収を含めれば，ネットの二酸化炭素排出は相殺されるというのがカーボンニュートラルの考え方である。しかし，再生可能エネルギーでも，エネルギー使用設備の建設など，間接的な二酸化炭素排出は存在する。また，大規模な流域開発による自然破壊を伴う水力や，森林破壊につながる場合があるバイオマスエネルギー利用など，別の環境負荷との関係に配慮が必要な再生可能エネルギー利用もあることには注意が求められる。

生活や経済活動に必要なエネルギーのうち，自国内で確保できる比率をエネルギー自給率という。20世紀後半の日本では，石炭から石油への燃料転換が進み，高度経済成長期にエネルギー需要が大きくなる中で，石炭や水力などの国内の天然資源によるエネルギー自給率は低下した。天然ガスやウランは，ほぼ全量が海外から輸入されているため，現在の日本のエネルギー自給率は4％程度である。エネルギー資源逼迫への対応としては，①消費量そのものを減らすこと，②より安定した資源に代替すること，③安定供給源を確保することがある。このうち安定した資源への代替は，**リサイクル**のように天然資源を循環資源によって代替することや，比較的豊富な天然資源への代替を考えることができる。また，安定供給源の確保は，海外の鉱山や油田を開発する権利を得ることや，国内の循環資源を利用することなどの対策を考えることができる。これまで主に用いられてきた石油に対し，オイルサンド，オイルシェール，天然ガスに随伴するNGL（天然ガス液），天然ガスからの合成によるGTL（Gas to Liquids：ガスの液化技術）などの開発利用が期待されている。

（酒井伸一）

エネルギーシフト
shift in energy resource

依存するエネルギー源の種類を変えること。英語圏で energy shift という場合には，個人や家庭レベルでの使用エネルギー源を変えることにも用いられるが，日本語としてのエネルギーシフトは，社会や国家あるいは世界レベルでの依存する主要エネルギー源の変更や依存するエネルギー構成比の変更を指すのが一般的である。第一次エネルギー革命といわれる薪炭から石炭への転換や，第二次エネルギー革命といわれる石炭から石油への転換もエネルギーシフトであるが，今日では主に石炭，石油等の**化石燃料**から**再生可能エネルギー**への転換，あるいは原子力から再生可能エネルギーへの転換に対して使われている。

化石燃料から再生可能エネルギーへのエネルギーシフトの必要性は，化石燃料の枯渇と**地球温暖化**防止の両面から指摘されている。近年の化石燃料消費の増加傾向が続けば，資源枯渇以前に価格の高騰が近い将来に予想されるので，再生可能エネルギーへのエネルギーシフトの加速化は必然である。一方，**福島第一原発事故**以来，世界的にも原発依存からの脱却が進み，日本でも「革新的エネルギー・環境戦略」で2030年代までに原発稼働をゼロにする方針が打ち出されており，原子力エネルギーから再生可能エネルギーへのシフトも急速に進むと見込まれる。

このような再生可能エネルギーへのシフトが必然とみなされている中で，**太陽光発電**施設や**風力発電**施設の設置も順調に増加している。しかし，再生可能エネルギーが化石燃料や原子力に匹敵するレベルに至るには，大規模な資本投下や供給電力の質の安定性といった問題をクリアする必要があると指摘されている。エネルギー消費の削減も，エネルギーシフトと同時に進めねばならない重要な課題である。

（諏訪哲郎）

エルニーニョ
El Niño

〔語義〕太平洋東部の赤道海域で海面水温が平年に比べて高くなり，その状態が1年程度続く現象をいう。気象庁ではエルニーニョ監視海域（南緯5度〜北緯5度，西経150度〜西経90度）における海水温が，基準値との差の5か月移動平均値（前後2か月を含めた5か月の平均値）が6か月以上連続して+0.5℃以上になる状態をエルニーニョ現象と定義している。逆に，-0.5℃以下となった場合は「ラニーニャ」（La Niña）現象と定義している。

〔語源〕ペルーとエクアドル沖では，湧昇流によって下層から栄養塩類が供給されるためプランクトンが増殖し，アンチョビ（カタクチイワシの一種）の好漁場となっている。12月のクリスマスの頃に起こるペルー付近の海水温上昇によって，アンチョビが獲れなくなることがあるが，年が明けて3月頃には元に戻る季節的な現象を，南米沿岸の漁師はエルニーニョ（スペイン語で神の男の子（イエス・キリスト）の意）と呼んでいた。

〔南方振動〕海洋におけるエルニーニョ現象と大気の間には強い相互作用が働いていると考えられている。南太平洋東部で海面気圧が平年より高い時は、インドネシア付近で平年より低く、南太平洋東部で平年より低い時はインドネシア付近で平年より高くなるという逆の変動をしており、これを南方振動（Southern Oscillation）という。海面水温と地上気圧の間に強い相互作用が働いており、海洋に現れているのがエルニーニョ現象で、大気に現れているのが南方振動である。南方振動とエルニーニョ現象を海洋と大気の一連の変動として見るとき、ENSO（El Niño and Southern Oscillation）という言葉が使われている。

〔影響〕エルニーニョ現象は気温や降水に大きな影響を与え、漁業や農業等に影響を与える。気象庁によれば、エルニーニョ現象が及ぼす日本の天候への影響として、西太平洋熱帯域の海面水温が低下し、西太平洋熱帯域で積乱雲の活動が不活発となるため、夏季は太平洋高気圧の張り出しが弱く、低温、多雨、寡照となる傾向があるとしている。また冬季は西高東低の気圧配置が弱まり、暖冬となる傾向があるとされている。

〈早渕百合子〉

塩害
salt damage／salt injury

大気、土壌、水などに塩分が過剰に存在することによって生じる被害の総称。この中で大気の塩風害と高塩分土壌による害がしばしば問題になる。

強風により海面から陸域に運ばれた海塩粒子は、人工構造物の送電線などの絶縁碍子（がいし）に付着して絶縁不良を生じさせ短絡事故などの被害を発生させることや、塩分に弱い農作物や路傍植物の葉や枝に付着して植物を枯死にいたらしめることがある。このため、海岸域に防風林や堤を設置して塩風害を小さくしている。なお、低気圧が通過した時には、大気中を移動する風送塩の一部は海から離れた陸域の人工構造物や植生にまで被害を及ぼすことがある。これらの塩風害は高塩湖や岩塩域の周辺などでも生じる。

塩害が農業に及ぼす甚大な影響として、乾燥地や半乾燥地における高塩分土壌がもたらす作物生産の減退がある。土壌中の塩分の多少は水の流動よって決定され、降水量が土壌表面からの蒸発散量より多い時は、水は主に重力方向に移動して排水されて土壌塩分も流される。しかし、降水量が蒸発散量より少ないアフリカや中東などの乾燥地では土壌表層に塩分が集積する傾向が高い。そこで、土壌表面への水の供給量が土壌表面からの蒸発散量を上回らないように、灌漑水を人為的に大量に添加して塩分蓄積を防いで作物を栽培している。このような乾燥地では、灌漑中の水は土壌の上層から下層に移動するが、灌漑水の添加を止めると土壌表面は乾燥して下層の水は上層へ移動する。灌水期と非灌水期を繰り返すと、水溶性の塩分は土壌表層に蓄積する。すなわち、乾燥地において灌漑が適切でないとき、塩分が土壌表層に析出して植物に生育障害が生じ農業生産に重大な影響を及ぼすことになる。一方、降水量が土壌表面からの蒸発散量より多い日本のように比較的湿潤な気候の地方では土壌中に塩分は蓄積しにくい。

海岸近くでは、高潮等の影響で海水が陸に浸入する。浸入した海水の水分が蒸発していくと海水の塩分は濃縮されていくとともに、海水に浸かった土壌表層も塩分過剰の状態になる。この高塩分土壌は、農作物や路傍植物に塩害を与えることがある。海岸および塩湖岸の帯水層で地下水を揚水すると、塩水化した地下水が農業および上水の利用に支障をきたす。塩水化した水は、地下水の滞留時間（交換時間）が長いため、地下水位の回復後も減塩化していく速度が極めて遅い。河川下流域で河川水を農業用水に利水するときも農作物への塩害を防ぐために、海水の河川遡上に十分注意する必要がある。

アラル海では、その集水域の農業生産を優先させて湖に流入する河川水を灌漑用水として過剰に取水した。その結果、アラル海の水位は低下し面積は縮小し、湖水の塩分はきわめて高くなり水生生物は激減して漁業が破綻した。また湖周辺土壌は砂漠化して農業生産への塩害が生じている。このように、人間活

動がもたらした地球環境問題あるいは地域環境問題の中にも塩害を伴うものがある。

(三田村緒佐武)

塩化ビニル
vinyl chloride

　塩化ビニルモノマー（別名クロロエチレン）のことで，これを付加重合したものをポリ塩化ビニル（PVC）または塩化ビニル樹脂という。安価で，難燃性，耐久性等に優れ，水道パイプ，被覆電線，建築材料，生鮮食品の包装材等，様々な用途に使われている。しかしながら，1990年代にはポリ塩化ビニルの燃焼がダイオキシン類の発生源になると指摘され，社会問題化した。そこで，ごみ焼却工場等ではダイオキシン類の発生を抑制するために焼却炉の性能を向上させ，高温で焼却し，不完全燃焼を少なくする等の対策が講じられている。

(秦　範子)

エントロピー則
law of entropy

〔熱力学での意味〕ある系（system，考察の対象部分）に存在する物質とエネルギーを考える。その総量は変化しない（熱力学第一法則）が，その状態は変化する。そして，変化は「拡散」の方向のみに起こる（エントロピー増大則，熱力学第二法則）。「エントロピー」は，その変化の拡散の度合いを量的に示す指標である。

　熱いコーヒーを放置すると，熱は高温のコーヒーから低温のまわりの空気へと自然に拡散し，双方は同じ温度になる。室温のコーヒーの温度が自然に上がって熱くなる逆の現象は起こらない。物質も同様で，自然に起きるのは高濃度から低濃度への拡散に限られる。エントロピーが減少するという，系に自然に起きない変化を引き起こすためには，外部から熱を加え，エネルギーを使って濃縮するなどの「仕事」をしてやらなくてはならない。その仕事をした部分を系に含めれば，全エントロピーは増大している。

〔含意〕エントロピーの変化を個々の場合について計算して活用するのは容易でないが，この概念から学ぶべきことは極めて重要である。

　生物個体を考えると，活動しながらほぼ同じ状態を保っている。そのためには，活動によって生じるエントロピーを環境に引き渡し，それに必要なエネルギーや物質を環境から取得しなければならない。適正な環境の維持が生存に必須であることがここから理解される。

　また，生産活動で発生する汚染物質を煙突や排水口から排出すると大気や海洋に拡散するので，処理できたように見える。しかし，それで公害が発生してきた。しかも，環境に一度拡散してしまった汚染物質を捕捉して除去するためには，最初から閉じ込めて外に出さない場合に比べ，はるかに多くの資源投入を要する。

　「無料のランチなどない（No free lunch.）」といわれるように，その代償はどこかで必ず支払うことになっている。原理的に，技術では超えることのできない物理法則の壁があるということを理解しなければならない。

(井上有一)

エンパワーメント
empowerment

　原語の"empowerment"は権限（権力）を委譲することを指す。1980年代中頃より，国際開発，ジェンダー，社会福祉などの分野でエンパワーメントの重要性と現在の用法が提起された。エンパワーメントの概念が意味するところは，人間の潜在能力を信じて，その発揮を可能にするよう平等で公平な社会を実現しようとするところにある。従来，社会的弱者である女性，発展途上国の民衆，障がい者などは，慈善的な援助の対象者であった。しかしながら，それらの人々が弱い立場に置かれ社会的に排除されてきたのは，もともと彼らにそなわっているはずの力（パワー）が，何らかの社会的な抑圧によって閉じ込められてきたとする考え方がある。したがって，この力を開花させるためには，問題に気づいて改善を図るための能力を個人として身につけたり，他者から慈善的に付与されるのでは不十分である。すなわち，問題を生み出している社会的な要因を認識して，問題を生み出す

社会そのものを変革していくための力(権限)を獲得していくことが必要である。

社会的に弱い立場にある人々に対して,外部からエンパワーを促すことは困難を伴うが,これまでの様々な経験の中から次のようなプロセスを経ることが有効であることが報告されている。
① 当事者の「気づき」や「主体的意欲」が,外部者の何らかの働きかけによってもたらされること。
② 外部者の機会の提供(教育・訓練や事業の実施など)によって,当事者が能力の開花,向上を経験すること。
③ こうして得られた当事者の能力は,社会的制約のもとで必ずしも十分に機能するとは限らない。そこでさらに,外部者が開花した能力を発揮できるような社会環境づくりを働きかけること。

エンパワーメントは,当該社会内部の社会関係の変容なしでは達成することはできない。すなわち,エンパワーメントの最終目標は,当事者の能力の開花,向上とともに,しばしば外部者の協力により,当該社会の社会関係を変容することである。 (田中治彦)

塩類集積 ➡ 塩害

お

オイルショック
oil crisis／energy crisis

オイルショックとは,1970年代に起こった2度にわたる原油価格の高騰と世界の経済混乱のことである。石油危機または石油ショックとも呼ばれる。第1次オイルショックは1973年の第4次中東戦争の勃発により,OPEC(石油輸出機構)は原油価格を引き上げ,OAPEC(アラブ石油輸出機構)が原油生産を削減し,イスラエル支援国に輸出を停止した。第2次オイルショックは1979年のイラン革命による混乱から石油輸出が停滞したことで,OPEC(石油輸出機構)が原油価格を引き上げた。その結果,物価の高騰や物品の買い占めなどが起こり,消費電力を抑えるため省エネルギー対策がとられた。oil shockは和製英語。 (冨田俊幸)

オオタカ
northern goshawk

タカ目タカ科の鳥類。学名 *Accipiter gentilis*。全長50〜56cm,翼開長105〜130cmの中型の猛禽。北半球の温帯・寒帯を中心に分布。日本では,白い眉斑と黒い眼帯を特徴とする亜種が本州を中心に繁殖する。低山地の森林の樹上に営巣し,開けた場所で鳥や小型哺乳類を捕食する「里山のタカ」。古来鷹狩りに使われた。生態ピラミッドの頂点に位置するアンブレラ種で,森林伐採の進行により個体数が減少している。環境省レッドリストでは準絶滅危惧種。2005年の愛知万博では,会場候補地の海上の森(かいしょのもり)での営巣が確認され,予定地が変更になった経緯がある。 (畠山雅子)

小笠原諸島
Ogasawara Islands／Bonin Islands

東京都の南南東約1,000kmの海上に位置し,大小約30の島からなる離島群で,東京都小笠原村に属する。かつては捕鯨船の補給地であり,欧米系やハワイ系住民の文化も混在する独特な文化を有する。大陸から隔絶した亜熱帯の海洋島であるため,アカガシラカラスバトやムニンツツジなど,独自の進化を遂げた固有の動植物が生息する生態系が広がる。現在は,多種の外来動植物の侵入・拡散や観光客の増加が固有種に与える脅威が問題化しており,生態系への影響予測を行いつつ様々な対策がとられている。1972年に国立公園に指定され,2011年には世界遺産に登録された。 (畠山雅子)

オーガニック
organic

オーガニックは英語で「有機の〜」と訳される形容詞であるが,日本では「有機栽培による生産物,またはそれらを素材とする製

品」の意味で使用されている。有機栽培は化学合成農薬や化学肥料に頼らず，自然循環機能を活かし生態的環境を整える中で作物本来の力を発揮させようとする農法であり，有機農法，**有機農業**と同様に考えてよい。1960年代，日本の農業は，単位面積当たりの収穫量を増やす目的で，化学肥料や化学合成農薬の使用や機械化を進めた。しかし近年，化学肥料や農薬が生態系に悪影響を与えていることがわかり，天然の有機物質，天然素材の無機物質などを肥料とし，収穫量優先ではなく生態系の保全を目指す有機農法が提唱されるようになった。2000年，日本農林規格に有機JAS規格ができ，農産物等が「オーガニック～」や「有機～」と表示をする条件を定めた。それによれば，「3年間，農薬や化学肥料を使用しない土地での栽培」「遺伝子組み換え技術を使用しない」「放射線照射をしない」などの条件を満足した農産物だけが表示を許され，また「有機JASマーク」を使用することができる。2006年には「有機農業の推進に関する法律」が制定され有機農法が法律により推進されることになった。　　（荘司孝志）

屋上緑化
rooftop greening

建物の屋上部分に軽量土壌等によって人工的な地盤を造り，樹木や芝生等の植物を植え，緑化すること。日射遮蔽によって最上階の室内の温熱環境を改善する効果が期待できる。都市部の**ヒートアイランド現象**の緩和作用もある。緑地が不足する都市部では，商業施設等における屋上庭園や屋上菜園は**アメニティ**機能も果たしている。施工の際の荷重対策，初期費用，維持管理等の問題が課題であるが，都市部の学校や官庁等，公共施設の建物を中心に普及しつつある。　　　（秦　範子）

オーストラリアの環境教育
environmental education in Australia

1970年，オーストラリア科学アカデミーが，オーストラリアで初の環境教育の会合を開催して以降，オーストラリアの環境教育は，ほぼ同時期からの環境と開発，**持続可能性**，そして教育の役割に関する国際議論にも反応し，また影響を与えながら発展し，過去40年以上にわたり，持続可能性のための教育（EfS：education for sustainability）の実践，政策や国の体制整備，理論構築に大きく寄与してきた。

1979年には，オーストラリア環境教育学会（AAEE）が発足。研究者のみならず連邦政府，州・準州政府の職員，教員，NGOなど，現場の実践者を国レベルでまとめ，持続可能性に向けた環境教育の役割，定義，現場での課題共有など実質的な議論を進め，政策的な枠組みづくりに向けた提言活動を行ってきた。この中で，フィエン（Fien, John）やロボトム（Robbottom, Ian），ゴフ（Gough, Annette）は，環境教育の役割に関し，「環境のための教育（education for the environment）」の理論整理と実践に向けた議論を展開。こうした議論が国内外の議論に大きな影響を与えた。一方で，これらの議論を基にした提言が，90年代からの，連邦・州政府の関連推進政策や，研究―政策―実践が密接につながり合う国レベルでの推進体制の整備へとつながっていった。なお，意見の相違は存在するものの，環境教育と持続可能性のための教育（EfS）は，現在では，ほぼ同義のものとして互換的に使用されている。

2000年には，「持続可能な未来のための環境教育：国家行動計画」が発行され，政府諮問機関である「国家環境教育協議会（NEEC，後にNEfSCに名称変更）」が2000年に，連邦と州，連邦・州の部局間の調整を行う「環境教育国家ネットワーク（NEEN，後にNEfSNに名称変更）」が2001年に，国家主導の研究機関「Australia Research Institute in Education for Sustainability（ARIES）」が2004年にそれぞれ設置された。さらに，2005年の「オーストラリアの学校のための国家環境教育声明」を受け，「オーストラリア持続可能な学校イニシアティブ（AuSSI）」が正式に開始。AuSSIは，既存の環境教育プログラムを活用しながら，教科，校舎建築，学校生活，教員，職員，保護者，地域連携を含む，全学的アプローチでEfS実施を目指す希望校の登録制度である。全国の私立，公立を含む約9,400

校の約3割が登録している。連邦政府は、学校の活動のみならず、EfSの理解向上や学校の体制づくりを支援するファシリテーター雇用の予算を各州に配分している。

2011年には、持続可能性、先住民族、アジアを公教育における重要な柱とすることを決定し、2015年に向け**カリキュラム**の編成が行われている。オーストラリアの環境教育研究の80％は公教育が対象であるが、2009年の国家行動計画の改定で、あらゆるセクターでのEfSの強化・推進が明記された。国立公園、州・自治体による多民族コミュニティプログラムや、地域のNGOによる環境教育センター、製造や観光などの企業による取り組みが、少しずつではあるが環境教育の議論・研究に統合され、政策にも反映されるようになっている。

(野口扶美子)

尾瀬
Oze

福島県・新潟県・群馬県・栃木県の4県にまたがる日本最大級の高層**湿原**。尾瀬ヶ原ともいう。東北地方最高峰の燧ヶ岳（ひうちがたけ：2,356m）や蛇紋岩からなる至仏山（2,228m）などの山々に囲まれ、ミズバショウやニッコウキスゲ、オゼイトトンボ等の多様な動植物が生息している。2007年に尾瀬国立公園に指定され、ほぼ全域が特別保護地域および特別天然記念物として厳重に保護されているほか、**ラムサール条約**湿地にも登録されている。そのため、遊歩道外への立ち入り制限、ごみの持ち帰り義務化、洗剤使用の禁止などの厳しい対策がとられている。近年シカの個体数が急増し、その食害が深刻化している。なお、尾瀬沼、燧ヶ岳、至仏山など、尾瀬ヶ原周辺地域を含めて尾瀬と呼ぶこともある。

(溝田浩二)

汚染者負担原則
polluter-pays principle（PPP）

環境汚染を引き起こす汚染物質の排出者に、発生した損失を支払わせるという原則をいう。OECDが1972年に提唱し、国際的にも確立されている。そのため、企業は汚染の除去費用を製品やサービス価格に上乗せせざるをえず、その結果公害対策を行っている国の企業が国際的な競争力を失うことを回避でき、各国の競争力を均等化でき、貿易の歪みが是正され、社会全体に環境を意識する方向性ができることなどを目的としている。

PPPは「スーパーファンド法」や「予防的汚染者負担原則」など新たな環境に関わる費用負担原則を生む基本となった。スーパーファンド法は「包括的環境対処補償責任法」と呼ばれている（1980年米国で制定）。有害な廃棄物の排出に関連した企業や土地所有者、出資した金融機関など過失の有無にかかわらず、利益を得た主体すべてにその責任があるとするものである。また、予防的汚染者負担原則は1992年のリオデジャネイロの**国連環境開発会議**で採択されたいわゆるリオ宣言の中で提唱されたもので、有害性が想定される物質を排出すると想定される製品にあらかじめ税金をかけておき、無害が科学的に証明されれば、その税を還付するというものである。

(荘司孝志)

オゾン層（の破壊）
(depletion of) ozone layer

高度10-50kmの成層圏のうち、特に高度20～30kmのオゾン（O_3）濃度の高い層をオゾン層という。人為的に作られた**フロン**が成層圏に達して**紫外線**によって分解され、放出された塩素原子や臭素原子が連鎖反応的にオゾン層中のオゾン分子を破壊する現象をオゾン層の破壊という。

オゾン層は有害な**紫外線**を吸収することで地表に住む生物を紫外線から保護しており、水中で誕生した生物の陸上生活が可能になったのは、オゾン層のオゾン濃度が高まって太陽から地表に達する紫外線が弱まったためである。オゾン層が破壊されて地表に達する有害な紫外線が増えると細胞内のDNAが傷つき、皮膚がんや白内障などを引き起こす。オゾン層の破壊が極度に進行すると、陸上は再び生物の住めない環境に戻ることになる。

オゾン層を破壊する「特定フロン」等は、その生産等を規制する**モントリオール議定書**

が1987年に採択され、1995年末に生産が禁止された。　　　　　　　　　　　（諏訪哲郎）

オゾンホール
ozone hole
極地域の成層圏において有害**紫外線**を吸収する**オゾン層**のオゾン濃度が極端に低下している部分のことをいう。1980年代前半に南極大陸の上空の成層圏でオゾン濃度の低下が観測され、衛星画像で穴があいたように見えることからオゾンホールと名づけられた。北極圏上空でも小規模ながらその現象が報告されている。フロンや代替フロン類であるハイドロクロロフルオロカーボン類などによりオゾン層が破壊されるとされ、影響の大きさから1987年「モントリオール議定書」の採択以降、それらの生産および使用が規制されるようになった。南極上空のオゾンホールは大局的に見ると依然大きい状況にはあるものの、必ずしも拡大しているとはいえず、徐々に小さくなっていく傾向にあるとの見方もある。
　　　　　　　　　　　　　　　（元木理寿）

オーデュボン協会
National Audubon Society
米国の自然保護団体。1905年設立。ニューヨークのマンハッタンに本部を置き、全米に約150支部を有し、会員数は約100万人。団体名は鳥類画家オーデュボン（Audubon, J.J.）に由来する。野鳥の保護活動から始まった団体であり、時代とともに自然保護全般に活動を拡張してきた。米国の自然保護団体として初めて専従職員を採用し、ボランティアのみの活動から飛躍した。全米各地で40の付属キャンプ場、宿泊型教育施設を運営、環境教育にも力を注いでいる。各州における支部の運営は独立しており、バードウォッチングや研究結果の紹介、講演会など多彩な活動を展開している。　　　　　　　　　　　　　　（関 智子）

オーフス条約
Aarhus Convention
環境分野における**市民参加**のための国際条約で、正式名称は「環境問題における情報へのアクセス、意思決定への市民参加及び司法へのアクセスに関する条約」。環境と開発に関する**リオ宣言**（1992）の第10原則である市民参加条項を実現するべく、国連欧州経済委員会（UNECE）が協議・作成した。1998年にデンマークのオーフス市で開かれたUNECE第4回環境閣僚会議で採択され、「オーフス条約」と通称される。2001年に発効。2012年現在、欧州連合（EU）およびEU加盟国のほか中欧など45か国が加盟している。

条約は環境問題に関して、市民による情報へのアクセス、自治体や政府による意思決定への市民参加、市民による司法的手段の保障という三つの原則を規定しており、オーフス3原則とも呼ばれる。ここでいう市民には**NGO**が含まれる。このオーフス3原則を基に、**国連環境計画**（UNEP）は2010年に「環境問題における情報アクセス、市民参加及び司法アクセスに係る国内法整備に関するガイドライン」を採択した。オーフス3原則は、条約への加盟にかかわらず国際的に確立されつつある。日本は条約には未加盟であるが、化学物質排出把握管理促進法（PRTR法）や情報公開法、**環境教育等促進法**などには、この条約の原則が影響している。　（林 浩二）

オープンスペーステクノロジー
Open Space Technology
オープンスペーステクノロジー（OST）は、1980年代に米国のハリソン・オーウェン（Owen, Harrison）によって提案された全員参加の話し合いの手法。大勢の人が集う場で、検討課題はあえて事前に設定せず、集まった人の中で「情熱と責任」をもって話したいことがある人たちがテーマを提案し、時間と場所を調整し、他の参加者は自分の意志で分科会を選んで参加する。自由でオープンな時空間を、参加者の主体性で構成していく画期的な技術。

日本でも、2010年前後から、分野を超えた多数の関係者が一同に会して話し合うホールシステムアプローチの代表的な手法として、「ワールドカフェ」とともに、急速に広まった。具体的には、例えばある分野の人々約200

人が各地から集う二泊三日の会議の場合，次のように進められる。

　輪になった全員が「どこから来た誰」を端的に語って一巡した後，話し合いたいテーマをもっている人が真ん中に出て，A3判くらいの紙にマーカーで大きくテーマを書く。複数でもよいし，特にない人は無理に出す必要はない。出そろったら，書いた人が全員に紙を見せながら簡潔に説明し，時間と場所の枠だけが記されている大きな紙の適当な所に貼っていく。数十の提案がなされた後，提案者同士で「一緒にやろう」とか「私もそれに参加したいけど時間が重なっているからずらして」などの調整が行われる。多くの参加者は，どの分科会に出ようか自分で考え，壁に貼られたテーマの紙に名前を書いていく。後の進め方は各グループに委ねられる。仮に参加してみて違和感があれば他のグループに移動することもできる。このようにして最初の約2時間で，二泊三日のプログラムが自発的にできあがる。関心のある者同士で集うので，OSTから具体的なプロジェクトなどに発展することは多い。　　　　　　　(中野民夫)

オルタナティブ条約（国際NGO条約）
NGO Alternative Treaties

〔概要〕市民会議「'92グローバルフォーラム」での合意事項を収めた文書の総称。このフォーラムは，1992年，ブラジルで開かれた**国連環境開発会議**（UNCED，地球サミット）と並行して開催され，地球上のほぼすべての地域から8,000近くの**NGO**の代表が参加した。政府間で締結される国際条約とは異なり法的な意味はもたないが，世界各地で社会運動や環境保全・自然保護に関わる非政府・非営利組織の代表が国境を越えて共有できる価値観や考え方を反映するものになっている。

〔46の条約〕準備作業は，地球サミット以前から，幾多の会合を重ねるなどのかたちで進められ，フォーラムでは34の文書がNGO条約として成立した。さらにその後も作業は続けられ，最終的に条約は46に達した。これらの条約のテーマは，**気候変動**，**海洋汚染**，**生物多様性**，森林，都市化，国際債務，多国籍企業，技術，軍事，貧困，消費，廃棄物，エネルギー，水資源，食糧安全保障，漁業，農業，バイオテクノロジー，環境教育，人種差別，先住民族，人口など多岐にわたるが，市民運動の広範な関心をよく表したものになっている。

〔持続性，公正，豊かさ〕自然環境と人間社会が同時に破壊されることによる危機に直面しているという認識があり，いくつもの条約において，人間社会と自然環境との関係に関わる問題（環境持続性の問題）と，人間と人間との関係に関わる問題（社会的公正の問題）とが繰り返し言及されている。そして，その先に，生きることの質は限りない消費の拡大ではなく，基本的な生活が保障された上での共生的な人間関係や精神的な豊かさに依存するものであるとの見方が示されている。

〔環境教育の条約〕「持続可能な社会とグローバルな責任のための環境教育に関する条約」は，その重要性ゆえに，「地球憲章」などの宣言や一般原則を除くと，42に上るテーマ別の条約の最初に置かれることになった。国内外の様々な格差や差別と日々取り組む南（「発展途上」地域）のNGOからの強い働きかけもあり，政治性や社会性が強調されるものになった。公正で持続可能な社会を実現するための教育にコミットすることが謳われ，貧困・暴力・環境破壊は，不公正な社会や経済の体制の構造的な問題として現れるものであるとの指摘がなされている。連帯や行動の重要性が強調され，環境教育は「中立的でなく，イデオロギーにもとづくもの」であり，「政治的行為」であると言い切っているところ（9項）が注目される。

〔アクセス〕英語版は，全文をインターネット上で(Information Habitatのサイトなどで)読むことができる。邦訳(抄訳)は，NPO法人「地球環境と大気汚染を考える全国市民会議(CASA)」が発行した『地球サミット資料集』(1993年)に収められている。　　　(井上有一)

温室効果ガス
greenhouse gas

国連気候変動枠組条約の第1条5では，温室効果ガスとは，大気を構成する気体（天然

のものであるか人為的に排出されるものであるかを問わない）であって赤外線を吸収するものおよび再放射するものと定義している。
〔温室効果〕太陽から地球に入射してきた太陽放射の一部は地球上の雲やエアロゾル（浮遊粒子状物質）などによって反射され，一部は地表面で反射され宇宙空間に戻る。また，地球からも地球放射として赤外線が放射されている。太陽放射は大気を通り抜けるが，地球放射では赤外線が吸収される。特に水蒸気，**二酸化炭素**は赤外放射をよく吸収する。地表面からの赤外放射の一部を吸収し，地表面を暖めることを温室効果(greenhouse effect)といい，温室効果をもつ気体を温室効果ガスという。水蒸気は赤外線を吸収する温室効果ガスの一つであるが，人間活動による影響よりも，海水の蒸発や雲や雨といった自然の循環により変動しているものである。同様に二酸化炭素も，海洋と大気を循環したり，植物に取り込まれたりといった自然の循環がある。しかし，人為的な活動による**化石燃料**の燃焼や**森林破壊**などによる二酸化炭素の放出量が増えていることが問題視されている。
〔京都議定書〕今日，**地球温暖化**の文脈で温室効果ガスといった場合，京都議定書の下で削減が求められている温室効果ガスを指すことが多い。国連気候変動枠組条約の**京都議定書**の第一約束期間の下で，批准国に削減と報告が義務づけられている温室効果ガスは，二酸化炭素(CO_2)，**メタン**(CH_4)，一酸化二窒素(N_2O)，ハイドロフルオロカーボン類(HFCs)，パーフルオロカーボン類(PFCs)，六ふっ化硫黄(SF_6)である。京都議定書第一約束期間での削減対象となっていない温室効果ガスもあるが，ダーバンで開催されたCOP18で三ふっ化窒素(NF_3)が第二約束期間の削減対象ガスに加えられた。

(早渕百合子)

温暖化　➡　地球温暖化

温暖化係数
　　　global warming potential
　様々な**温室効果ガス**がある一定期間におよぼす**地球温暖化**の影響を表した値。京都議定書では様々な温室効果ガス(CH_4, N_2O, HFCs, PFCs, SF_6)を一つの指標で評価するため，それぞれの気体に対応した温暖化係数を乗じてCO_2に換算する。京都議定書の第一約束期間においては，IPCC第2次評価報告書（1995年）の温暖化係数を用いることが決まっている。温暖化係数は固定された値ではなく，IPCCの報告書によっても値は異なる。第二約束期間では，現時点で公表されている最も新しい**IPCC第4次評価報告書**（2007年）の値を用いる方向で国際交渉が進んでいる。

(早渕百合子)

ガイア仮説
　　　Gaia hypothesis
　1969年，英国出身の科学者ジェームズ・ラヴロック（Lovelock, J.E.）は一つの仮説を発表した。それは，地球上の生物は全体として所与の環境条件にもっぱら受動的に適応してきたということではなく，地球環境をみずからの生存に適したものに積極的に変えてきている。ここから，地球の生物・大気・海洋・土壌は，総体として高い自己調整能力をもつ一つの有機体とみなしてもよいのでは，というアイディアであった。
　この仮説には，ギリシャ神話の大地神［ガイア（母なる大地）］の名がつけられた。1979年，ラヴロックは『ガイア―地球生命の新たな見方』（邦訳『地球生命圏―ガイアの科学』（工作舎，1979年））を出版し，「ガイア」あるいは「ジーア（Gaea）」という言葉が広く社会に受け入れられる契機となった。
〔科学と想像力〕科学者であるラヴロックは，大気や海水の成分分析などの結果を踏まえ，地球環境が特異な平衡状態にあると見て，そこに生物が関与する自己制御機構が働いていると考えた。しかし，このような制御機構をもつシステムをガイアと呼んだために，その後，社会に広がったガイアという概念は，自然科学の領域を超えて豊かなインスピレーシ

ョンの源泉を提供することにもなり，新たな生命観や環境観につながるかたちで影響力をもった。地球は一つの生命といった「事実」が科学に裏づけられたと理解され，擬人化を通り越して，ガイアである地球の意識や意図，ガイアとの意思疎通といったことが語られることもあった。

〔象徴〕環境教育の分野において，ガイアが重要な役割を果たすとすれば，一つのまとまりをもつ地球の大切さや大地とのつながりの精神的側面などを表わす象徴としての役割であろう。ガイアという語によって，地球や自然をその部分の総和をはるかに超えたホリスティックな存在としてとらえることの重要性が強調されるのである。

(井上有一)

害虫の殺虫剤抵抗性
insecticide resistance

殺虫剤に対する抵抗力が害虫に生じること。農林害虫や衛生害虫に殺虫剤を使用すると初めはよく効くが，何回か繰り返すにつれて防除効果が低下することがある。害虫の殺虫剤抵抗性は1930年代に米国で確認され，1946年にDDTに抵抗性のあるハエが発生した。日本でもハエ，カ，ツマグロヨコバイ，ニカメイガなど多くの事例がある。これは，薬剤に対する抵抗性の強い個体群が生き残り，繁殖し，増大する結果と考えられる。殺虫剤抵抗性のメカニズムとして，殺虫成分の体内侵入阻害，毒物の速やかな分解，体内に宿る殺虫剤分解細菌の存在などが提示されている。

(湊 秋作)

ガイドライン
guidelines

指針・指標・指導目標の意味。ある団体に，守ることが望ましいとされる規範・目標などを明文化し，その行動に具体的な方向性・制限を与えることを目的としている。このガイドラインを環境に関して設定することが，**持続可能な社会**を築く上でたいへん重要になってきている。例えば吹田市のように，環境まちづくりのためのガイドラインを設定し，企業による活動，市民の日常生活に対して指導・提案を行うなど，**環境負荷**の低減を目指す自治体もある。

なお，環境教育に関わるガイドラインの代表例として，**北米環境教育学会**（NAAEE）が取りまとめた環境教育ガイドラインが挙げられる。初等中等教育の教育内容，社会教育，幼児教育，教材，教師教育のそれぞれに関するガイドラインが，NAAEEが1993年に組織した「環境教育における卓越性のための全米プロジェクト」により開発・改訂されてきた。これらのガイドラインは，従来，州，学区レベルで多様に展開してきた環境教育が全米的に標準化される方向にあることに応じたもので，環境教育のリーダーであるNAAEEが環境教育の固有の目的とそれに対応した教育内容の体系を明示し，全米の環境教育に一定の統一性，整合性を与えようとしたものである。①知識，スキル，行動等多様な領域を含む総合性，②特定の見解を強調するのではなく，環境に関わる多様な見解がありえることと，そのバランスが大事であることを強調するバランス重視，③科学教育など他の教育分野のガイドラインとの関連性の明示，④これまでの環境教育研究の成果の集大成といった特徴をもっている。環境教育の教育内容に関する詳細な準拠枠が，米国史上初めて提示されたことの意義は大きく，初等中等教育や教師教育の**カリキュラム**開発に影響を与えている。

(桝井靖之・荻原 彰)

開発教育
development education

開発教育とは，豊かな国と貧しい国との格差の問題，いわゆる**南北問題**が世界的な課題になった1960年代より，欧米諸国の国際協力NGOの中から発生した教育思潮である。途上国に住む人々の貧困や栄養不良，保健や教育の遅れなどの諸問題が存在することについて，それを多くの人々に伝えておくことによって，これらの人々や国に対する援助の必要性の認識を高めていくことが，開発教育の誕生当初に考えられていた主たる目的であった。ところが1970年代以降は，南側の貧しい国々がなぜ低開発の状況に置かれているのかについ

いての原因を，歴史的・構造的に理解することを通じて，その問題解決に向けて北側の国々とも連携協力する姿勢を養うものへと，開発教育はその目標を発展させていった。経済的に豊かな国自身の中に存在する南北問題にも関心が高まってきている。例えば日本に滞在するアジア地域からの外国人労働者が急増した結果，遠い国の開発問題だけでなく足元の国際化の問題についても関心が広まっている。

開発教育は多文化教育や**人権教育**，ジェンダー教育などともつながり，近年ではより広い概念へと発展してきている。開発教育の具体的な方法としては，知識伝達よりも問題提起の学習を重視し，正解を提示するよりは学習過程そのものを学びとすることが多い。

〈高橋正弘〉

「開発」と「発展」
development

〔ESDの日本語訳〕"ESD (education for sustainable development)"の訳は「持続可能な開発のための教育」であろうか。それとも「持続可能な発展のための教育」であろうか。実際にはいずれの訳も使われている。しかし，二つの日本語訳の間には，ニュアンスの違いが認められる。

〔"develop"の意味〕「この資源を開発することで地域社会は飛躍的に発展した」という文章で，「開発」と「発展」を入れ替えると日本語の文章として成り立たなくなる。しかし，英語ではいずれにも同じ"develop"という動詞が使われる。すなわち，この動詞は，「開発する＝より進んだ状態に何かを変化させる（自分に都合のよいものに変えていく）」という目的語を伴う他動詞としての意味と，「発展する＝より進んだ（望ましい）状態にみずからが変わっていく」という目的語を伴わない自動詞としての意味の両方をもつ。

〔「開発」か「発展」か〕名詞"development"も同様で，"resource development"は「資源開発」と訳すが，"endogenous development"は，一般に「内発的発展」と訳される。前者で「資源」は「開発される対象」である。後者では，地域社会の内側にいる当事者の目から見た「主体としての自分たち自身の望ましい方向への変化」というニュアンスが生じている。同様に，「社会開発」と「社会発展」では，仮に同じことを意味する場合でも，視点や立場の違いが言葉の響きに含まれることになる。

しかし，日本では，政府の公式訳の影響もあり，「開発」という訳語がよく使われてきた。国際機関や会議の名称でも，「国連開発計画（UNDP）」「国連環境開発会議（UNCED）」「持続可能な開発に関する世界首脳会議（通称：ヨハネスブルグサミット，WSSD）」のように，含意の違いを考慮に入れることなく，多くの場合，「開発」が定訳として使われている。「開発途上国」も"developing countries"の訳語としてよく使われるが，自動詞であることを踏まえて訳すならば「発展途上国」となろう。実際には，両者とも訳語として確立され辞書に収められている。

なお，形容詞形の"developmental"を含め，拡張，展開，発生，発育，成長，発達，進化などの訳語があり，発生生物学，発達心理学のように定訳となっているものもある。

〔持続可能な開発・発展〕『世界保全戦略』の公表（1980年）は，世界に「持続可能な開発・発展」（sustainable development：SD）概念を浸透させるきっかけとなった。この『世界保全戦略』の主たる関心は，人類が末永く自然資源の恩恵にあずかり続けることができるよう，自然資源を濫用することなく，これを科学的な管理・運用のもとに置くことで「賢明な利用（wise use）」を実現することにあった。それゆえ，この場合，SDは「持続可能な開発」と訳されてしかるべきものであった。

しかし，時代が進むにつれ，この同じSDの語は，自分たち自身（例えば，自分たちの社会）がよりよいものに変わっていくという意味でも理解されるようになった。資源開発に限定されない，より広い意味での社会の発展という文脈で，SD概念に言及されることも多い。世界にSD概念を広く普及させた『われら共通の未来』（1987年）にもこの意味での言及が見られる。この場合，従来からの

訳語である「持続可能な開発」ではなく，「持続可能な発展」という訳を意識的に選択することがある。

なお，「開発」や「発展」が経済成長・消費拡大・市場経済・自由貿易・規制撤廃（規制緩和）などとの強い結びつきの中で語られ，それが持続可能な未来に向かう上での問題になっているのではないかという認識を踏まえ，SDの用語そのものの使用が避けられることもある。その場合には，例えば，「持続可能性のための教育（Education for Sustainability）」の例に見られるとおり，「**持続可能性**」，「**持続可能な社会（sustainable society）**」などの用語が使われてきた。

(井上有一)

界面活性剤
surface active agent

液体に添加して表面張力を下げ，濡れや表面の拡大を促す化学物質。身近には乳化剤や洗剤に含まれている。食品加工においては「乳化剤」と呼ばれることが多い。界面活性剤には水となじみやすい「親水基」と油になじみやすい「親油基」があり，その水溶液が一定濃度（臨界ミセル濃度）になると，小さな固まり（クラスター）が生じる。親油基の部分が油分と結合して固まり内に閉じ込められ，外側の親水基が水と結合することで，水になじんだ（水和）状態になる。洗剤の場合，本来水に溶けない油汚れを水中に運び出す役割をする。

(原田智代)

海面上昇
sea level rise

陸地に対する海面の相対的な位置が上昇することで，その原因としては，地殻変動による陸地の沈降と海水の体積増加がある。現在大きな関心が寄せられているのは**地球温暖化**に由来する後者である。海水の体積増加の要因としては，地表付近の平均気温が上昇することによって海水が膨張することと，氷河や氷床などに貯蔵されていた氷が融解し，それらが海へ流れ込むことの二つがある。地球温暖化の影響のため，20世紀の100年間で世界の平均海面水位が約17cmも上昇している。

グリーンランドや南極の一部の融解が進んだ場合，今世紀中に1～2mを超える海面上昇が生じると指摘する研究者もいる。太平洋やインド洋のサンゴ礁の島々では，すでに温暖化による海面上昇の影響が及んでいる。海岸侵食，高潮による洪水の被害が発生しており，今後水没の恐れもある。水没の危機にある国々では，国土保全のために工事が行われているが，すでに移住計画も考えられ始めている。

(元木理寿)

海洋汚染
marine pollution／sea contamination

陸上から海域に流入した物質，あるいは海洋に直接，投棄・流出された物質によって発生する様々な汚染の総称。

陸上からの有機物や**富栄養化**を促進する栄養塩，プラスチックごみ，工場などからの鉛・水銀・塩素化合物など，様々な汚染物質の海洋への流入が問題となっている。プラスチックごみの誤飲は，**ウミガメ**や海鳥・アザラシなどの死亡の原因となっている。1960年代のチッソ水俣工場からの有機水銀の流入は，**食物連鎖**を通じて魚類に有機水銀を蓄積させ，それを食べた人々に**水俣病**を発症させるという悲惨な**公害**問題を引き起こした。2011年に発生した**東日本大震災**では，**津波**によって漁船，漁網をはじめ多くのがれきが流出し，海流に乗って米国西海岸にまで運ばれ，海洋汚染や漂着ごみ問題を引き起こしている。また，福島第一原子力発電所からの放射性物質を含む冷却水の流出は，放射性物質による海洋汚染として過去に例のない大きな問題となっている。

海洋における投棄・流出としては，船舶からのし尿などの**廃棄物**の直接投棄，漁網・浮き等の漁業関連資材の投棄・流出などがある。近年大きな問題となっているものとして，タンカー・油田からの原油流出事故，船舶に塗布された有機スズ化合物による影響がある。タンカーからの原油流出事故としては，1989年アラスカ沖で発生した，エクソンバルディーズ号からの原油流出事故が有名である。座礁したタンカーから流出した原油は42,000kL

に及び，25〜50万羽の海鳥やラッコをはじめ海生生物に多大な影響を与えた。2010年にメキシコ湾で発生したブリティッシュペトロリアム社の海底油田からの原油流出は，780,000kLに及び，エクソンバルディーズ号事件を上回る海洋汚染事故となった。

マーポール条約の別名で知られる海洋汚染防止条約は，1954年につくられた「油による海洋汚濁の防止に関する条約」を基に，1973年に「船舶による汚染の防止のための国際条約」がつくられ，1978年に「タンカーの安全と汚濁防止に関する議定書」を加える形で，1983年に発効した。しかし，1989年のエクソンバルディーズ号事故をうけて，1990年には「油による汚染に関わる準備，対応及び国際協力に関する条約(OPRC条約)」が新たに採択された。なお，有機スズ化合物に関しては，国際海事機構が使用禁止を提案した結果，2008年に使用が全面禁止された。　　(吉田正人)

海洋大循環
oceanic general circulation

海水温と塩分濃度の違い，すなわち海水の比重の違いから生まれる熱塩循環と，地球の自転と風という外力によって生まれる風成循環によって，海洋の深層と表面を循環している地球規模の海水の流れ。約1500〜2000年かけて地球を一周することで，地球の気候を安定させている。地球温暖化によって水温が上昇したり極地の氷が融けて塩分濃度が薄まったりすると，海洋大循環に異変が生じると指摘されている。海洋大循環によって熱や有機物，生物も運ばれているため，世界の気候に大きな影響を与え，海洋生態系をはじめ産業にも影響を与えることが危惧されている。

(金田正人)

外来種
invasive alien species

外来種（外来生物）とは，当該の国・地域に自然に分布していなかったが，他の国・地域から人間によって持ち込まれた生物種をいう。同じ国の他の土地から新たに持ち込まれた種の場合も，その土地の生物相にとっては外来種となる。日本では国外から持ち込まれた外来種は2,000種以上あるとされる。

外来種は，餌や生育・生息場所などの生態的資源をめぐる在来種との競争，あるいは捕食，寄生，近縁種との交雑などによって，在来種の衰退や景観・水質の劣化を引き起こすなど，生態系へ悪影響を及ぼすことがしばしばある。日本では，生態系への影響のほか，人の生命や身体，農林水産業へ被害を及ぼす海外由来の外来種の一部を「特定外来生物」として指定し，輸入・飼育・保管・運搬・放逐などを原則禁止する外来生物法（正式名称「特定外来生物による生態系等に係る被害の防止に関する法律」）が2005年に制定された。指定リストには，ペットとして飼育されていたものが逃げ出して増加したアライグマや，スポーツフィッシングの目的で放流されて分布が拡大したブラックバスをはじめとして105種類が記載されている（2011年7月1日時点）。

外来種は目的があって意図的に持ち込まれるもののほか，貿易量の増加や輸送手段の規模拡大と高速化などに伴って意図せずに運び込まれるものも少なくない。　　(小島望)

科学的環境観
scientific perspective on the environment

科学的環境観とは，環境を科学的に認識する見方・考え方のことである。科学的な指標を基に環境を科学的に認識あるいは測定した経験・結果の蓄積から，科学的なモデルや法則が確立されていき，自然を見つめる科学的環境観が形成される。その一方で，自然と人間の関わりから地域環境を考えたものに風土的環境観がある。天気に即して述べると，科学的環境観は，気象要素である気温や気圧，風向や風力などの科学的指標を重視した環境の認識につながる。それに対し，風土的環境観は，近隣の山にかかる雲や風の様子あるいはそこでの人々の暮らしを含む，地域の自然・人間環境などの全体的な把握による環境認識といえる。　　(冨田俊幸)

化学的酸素要求量 ➡ COD

化学物質過敏症
chemical sensitivity／multiple chemical sensitivity（MCS）

かなり大量の化学物質に接触した後または微量の化学物質に長期に接触した後で，非常に微量な化学物質に再接触した場合に出てくる症状。化学物質の人体内の総負荷量が，個人の許容量を超えた場合に発症するとされている。目や鼻などの粘膜刺激症状から，悪寒・頭痛などの自律神経症状，倦怠感・筋肉痛などの不定愁訴，下痢・嘔吐など，症状には個人差が大きく，診断がつけられない場合もある。発症原因となる化学物質の種類や量など個人差も大きく，一度発症すると反応する化学物質の種類が増加する場合が多い。同様の症状は，重金属，**電磁波**などについても起こると指摘されている。 　　　（中地重晴）

核実験禁止条約
Nuclear-Test-Ban Treaty

爆発を伴う核兵器の実験を禁じた国際条約。1963年発効の部分的核実験禁止条約（PTBT）は，地下核実験が禁止されていないという問題があった。しかし，冷戦終結後の1996年の国連総会で包括的核実験禁止条約（CTBT）が採択され，宇宙空間，大気圏内，水中，地下を含むあらゆる空間の核兵器の実験的爆発および他の核爆発が禁止され，核軍縮・不拡散実現が前進した。

包括的核実験禁止条約には2013年1月現在，158か国が批准しているが，発効要件国（核保有国を含む44か国）である米国，中国，エジプト，イラン，イスラエル等が批准せず，条約は未発効である。爆発のない臨界前核実験が禁止されず，また採択以降に核を保有した北朝鮮，インド，パキスタンは署名もしていないため，核拡散防止の実効性には課題が残る。 　　　（木村玲欧）

学社連携（学社融合）
cooperation between school education and social education／cooperation between formal education and nonformal education

字義的には学校教育と**社会教育**の連携・協力をいうが，具体的な事例では学校と社会教育施設や社会教育関係団体との連携・協力を意味することも多い。

〔国の施策〕日本では文部省（当時）の社会教育審議会や生涯学習審議会による答申において，「連携」という表現は1974年に，「融合」は1996年に出されており，決して新しい概念ではない。2006年改正の**教育基本法**で新設された第13条に，学校，家庭及び地域住民その他の関係者の「相互の連携及び協力」が記され，それをうけて2008年に改正された社会教育法でも同様に規定された。

1996年当時の文部省生涯学習審議会による答申「地域における**生涯学習機会**の充実方策について」で，学社連携は「実際には，学校教育はここまで，社会教育はここまでというような仕分けが行われたが，必要な連携・協力は必ずしも十分でなかった」とし，学社融合については「学校教育と社会教育がそれぞれの役割分担を前提とした上で，そこから一歩進んで，学習の場や活動など両者の要素を部分的に重ね合わせながら，一体となって子供たちの教育に取り組んでいこうという考え方であり，学社連携の最も進んだ形態と見ることもできる」と記している。

最近の文部科学省の具体的な施策として，コミュニティスクール（学校運営協議会制度）や学校支援地域本部などが挙げられる。

〔連携・融合〕学社連携を進めるために，地域社会に向けて「学校を開く」ことの必要性が指摘されている。活動の中で子どもたちが学ぶことに加えて，地域住民が学びを通して達成感を得たり，さらにはまちづくりにつながったりすることも期待される。 　　　（林 浩二）

学習指導要領
curriculum guideline(s)／course of study

〔語義と変遷〕小・中・高校などにおける教育課程や教育内容に関する法的拘束力のある基準で，文部科学大臣が定め，文部科学省が告示する。小学校を例にとると，**学校教育法**の「小学校の教育課程に関する事項は，…文部科学大臣が定める」（第33条）に法的根拠を置く。次にこれをうけ，文部科学省が所管する

法令である学校教育法施行規則は「小学校の教育課程については、この節に定めるもののほか、教育課程の基準として文部科学大臣が別に公示する小学校学習指導要領によるものとする」(第52条)としている。なお、幼稚園については「教育要領」が告示されている。

学習指導要領は、第二次大戦後の新たな学校教育制度のもとでの「手引き」として、1947年に初めて作成された。1951年の改訂までは「試案」が付されていたが、1958年の改訂では「試案」が消え、法的拘束力をもつものとなった。以降、ほぼ10年ごとに改訂が行われ、全国レベルの基準として効力を発揮してきた。この基準性については、すべての児童生徒が共通に学習するという「最低基準」であることが、1998年度の改訂時から明確にされるとともに、発展的な学習と補充的な学習が可能あるいは必要とされた。2008年度の改訂でも、詳細な事項は扱わないことを定める「はどめ規定」が原則削除され、「最低基準」を示す方向がより一層明確になった。

2008年度の改訂は、2008年の中央教育審議会答申に基づいてなされ、同年および翌年に告示された。この改訂は、2006年に教育基本法が初めて改正されたことをうけ、同法に示された教育の目的・目標を踏まえたものとされた。その上で、**生きる力**の育成に引き続き重点が置かれるとともに、授業時数の増加など、いわゆる**ゆとり教育**路線が軌道修正された。主な改訂事項としては、言語活動、理数教育、伝統や文化に関する教育、道徳教育、体験活動、外国語教育それぞれの充実と、職業に関する教科・科目の改善が掲げられている。

〔学習指導要領における環境教育〕環境教育に関して特筆すべき点は、理科と社会(地歴・公民)において「**持続可能な社会の構築**」という視点が明確に導入されたことである。例えば、中学校の社会では、地理的分野の内容に「地域の環境問題や環境保全の取組を中核として、それを産業や地域開発の動向、人々の生活などと関連付け、持続可能な社会の構築のためには地域における環境保全の取組が大切であることなどについて考える」と記され

た。公民的分野の内容には「持続可能な社会を形成するという観点から、私たちがよりよい社会を築いていくために解決すべき課題を探究させ、自分の考えをまとめさせる」と記された。中学校の理科でも、第1分野と第2分野の両方に「自然環境の保全と科学技術の利用の在り方について科学的に考察し、持続可能な社会をつくることが重要であることを認識すること」と記された。なお、環境教育は、すべての教科、道徳、**総合的な学習の時間**、特別活動で取り組むべきものとされており、例えば総合的な学習の時間では、横断的・総合的な課題の例の一つとして従来通り「環境」が挙げられている。

(福井智紀)

学習者中心
learner-centered

19世紀末から20世紀にかけて欧米を中心とした新教育運動の中核をなした児童中心主義と同じ考え方であり、学習者の興味・関心、個性、自発性、経験、創造性などを重視した教育を進める考え方。戦前の教育における受け身の学習、画一的な**カリキュラム**と教育方法ではなく、学習者を中心とした教育活動として組織化された学習となる。この学習者中心の考え方は、対象の変革に関わる環境教育を進めていく上で、学習者の当事者性を育てる重要な視座となる。ただし、学習者中心だからといって、指導者による必要な指導・援助が放棄されるのではなく、あくまで学習者の学びの筋道を大切にした指導者の関わり方が求められる。

(大森 亨)

学習の循環過程
learning cycle process

デューイは、経験と切り離して理性をとらえるべきではなく、情報は身体的活動によって具体化し、経験の中に織り込まれてこそ「知識」としての意味をもつと考えた。そして人と人、または人とモノとの相互行為のプロセスで、失敗や挫折、発見によって感性が学びと豊かなつながりをもち、それが連続的に継承していくプロセスを通して学ぶ教育を構想した。そのプロセスは①活動への従事

(困難を体得する)→②問題を確定する→③情報収集・観察→④解決のための示唆, 展開→⑤状況に適応し, 意味を明らかにする, の5つのステップからなる.

1971年, コルブら(Kolb, Rubin, and McIntyre)はそれまでのデューイ, レヴィン(Lewin, Kurt)などの影響を受け, 経験学習の理論を組み立て, 4つのステップからなる学習方法のモデル(experimental learning model)を提示した. コルブらのモデルは, ①体験:まずは具体的な経験をする(concrete experience), ②指摘:経験をそれぞれの視点から振り返る(reflective observation), ③分析:他の状況でも応用できるように一般化する(abstract conceptualization), ④仮説化:新しい体験を導くために試してみる(active experimentation), という循環する学習のプロセスである.

「体験学習の過程」という呼称で学習の循環過程を骨組みにした教育方法が日本に紹介されたのは, 人間関係のトレーニングにおいてであった. 主に企業のリーダーシップトレーニングとして, この循環型プロセスモデルによる研修が行われ, 全国に普及した. 日本においては文部科学省による**自然体験活動**の推進に伴って「**体験学習法**」という名称でその普及が図られた. (高田 研)

⇨ PDCAサイクル

拡大生産者責任
extended producer responsibility (EPR)

製品に関する生産者の物理的・経済的な責任は, 生産段階だけでなく, 使用済製品の処理・処分の段階にまで拡大されるとする概念である. 1994年に **OECD**(経済協力開発機構)が提唱した. これにより, 例えば環境配慮設計を通じて製品のライフサイクルすべての段階での環境負荷を効率的に削減することが可能になる.

循環型社会形成のための重要概念であり, 日本では2000年施行の循環型社会形成推進基本法の第11条に, 事業者の責務として拡大生産者責任が明記された. 個別リサイクル法(**容器包装リサイクル法**, **家電リサイクル法**, 自動車リサイクル法等)では製造事業者等に, 例えば指定引取場所での自社製造物の引き取りといった具体的な行為を義務づけている. ここには拡大生産者責任の概念が反映されており, 引き取り後の処理・処分を視野に入れた製品生産への事業者の配慮が期待されている. (木村玲欧)

核燃料サイクル
nuclear fuel cycle

〔定義〕原子力発電所から発生する**使用済み核燃料**には約95%の「非核分裂性のウラン238」, 約3%の「ウランから生成されたプルトニウム」, わずかな燃え残りの「核分裂性核種のウラン235」, 1～2%のその他核分裂生成物が含まれる. 日本でその是非が問われている狭義の「核燃料サイクル」は, 商業炉を中心とする原子炉の使用済み核燃料を再処理してプルトニウムやウラン235を抽出し, 核燃料として再利用するという核燃料の製造から再処理による再利用, および廃棄のサイクルを意味する. それに対し, 広義の「核燃料サイクル」は, 天然ウラン鉱石の採鉱, 精錬, 分離濃縮, 燃料集合体への加工, 原子力発電所での発電, 原子炉から出た使用済み核燃料の再処理による核燃料への加工および**放射性廃棄物**の処理処分を含む, 一連の流れをいう. 本項で以下に述べるのは狭義の核燃料サイクルについてである.

〔効果〕使用済み核燃料を処理し, 再度原子力発電所で燃料に利用することで, 単に廃棄処分することに比べ, 多くのエネルギーを産み出すことができる. またウランの有効利用はウランを全面的に輸入に頼る日本のエネルギー安全保障上リスク低減になる.

〔課題〕第一に本サイクルに必要な核関連施設や運搬が格段に増える. 特に原爆の燃料になるプルトニウム単体を扱うために高いセキュリティが要求され, 核不拡散防止条約上のリスク, テロ対策などが問題となる. 第二に核燃料サイクルの根幹をなす高速増殖炉の運転に関する事故などが相次ぎ危険性が指摘されている. なお, 高速増殖炉は日本以外の原発先進国では開発が中止された. 第三に再処理を担う日本原燃再処理工場で事故が続き, 未

だ解決策がなく，技術的信頼性が薄れている。最後に日本には可塑性が高く亀裂が生じにくい強固な岩塩層がなく，高レベル放射性廃棄物の保管場所・方法の選定に見通しがまったく立たないことである。
(渡辺敦雄)

核分裂
nuclear fission

重い核や不安定核が中性子などの照射で分裂してより軽い元素を二つ以上作る反応で，オットー・ハーン（Hahn, Otto）が発見した。電子またはヘリウム核（アルファ粒子）を放出して軽い核になる反応や原子核崩壊（それぞれベータ崩壊，アルファ崩壊）も核分裂の一種である。ウラン235など核分裂性物質は中性子を吸収して核分裂を起こし，同時に中性子を放出する。この中性子が別のウラン235の原子核を核分裂させることで連鎖反応が起こる。この反応は発熱反応であり，これを制御的に利用するのが原子力発電であり，無制御反応（核暴走）させるのが原爆である。
(渡辺敦雄)

核融合
nuclear fusion

鉄より軽い核種が融合してより重い核種になる反応をいう。原子核同士が接近すると，原子核同士が引き合う力（核力）が反発する力（クーロン力）を超え，二つの原子が融合する。太陽など恒星のエネルギーは核融合によって供給されている。水素（H_2）の核融合でヘリウム（He）を生成する水素爆弾などの大量破壊兵器に用いられる。核融合炉発電は研究中であるが，反応条件の温度・圧力が高いため実現性に乏しいと評価されている。核融合そのものは原理的に**放射能**を出さないが，水素爆弾は起爆時に**核分裂**反応を利用するため，大量の放射能を放出する。
(渡辺敦雄)

学力
achievement／accademic ability

〔**定義**〕学力は，「学習して得た能力」と広義にとらえる立場から，「学校で身に付ける能力の総体」と学校教育に限定してとらえる立場まで，幅広い解釈がなされる日本独特の教育用語である。したがって，適合する英訳は諸外国にはなく，到達・達成を意味するachievementが近いといわれている。また，各種メディアによって，「学力低下／向上」「基礎学力アップ」「学力問題」など，政治・経済・社会の事象と結びつけて議論される場合もあり，論者によって意味する内容が大きく異なる。本項では，学校教育に限定してとらえる立場から述べる。

〔**学力論争**〕戦後の教育学研究では，学力の定義とあり方をめぐって幾度となく論争が展開されてきた。主なものとしては，1950年代の基礎学力論争，1960年代の学力モデル論争，1970年代の「学力と人格」論争，2000年代の学力低下論争などが挙げられるが，いずれも当時の社会情勢を学校教育と結びつけて議論される点で共通している。これらの論争を踏まえて，木下繁彌は学校的能力としての学力の全体構造を，認識能力，表現能力，社会的能力に類別し，その総体を人間的能力の基礎的部分（＝広義の学力）ととらえ，認識能力のみを狭義の学力ととらえた。一方，教育政策の側面から，義務教育における学習指導要領の内容を国民が必要とする基礎的な学力としてとらえる立場もある。これは，多くの教育関係者が共有する認識であると思われる。そこに示された教育目標や育成すべき能力・態度を，素朴な感覚で学力ととらえ，各学校段階での教育活動に反映させている。

〔**環境教育と学力**〕このような多義性を踏まえた上で，**環境教育**における学力を考えるとき，まず1977年の環境教育政府間会議（**トビリシ会議**）で勧告された目標カテゴリーを参照すべきであろう。そこでは，①気づき：社会集団や個人が環境全体とそれに関連する問題に対する気づきと感受性を獲得できるようにすること，②知識：社会集団や個人が環境やそれに関連する問題についての多様な経験を得て，基本的理解を獲得できるようにすること，③態度：社会集団や個人が一連の環境に対する価値観と感情を得たり，環境の改善と保護への活発な関与をもたらす意欲を獲得できるようにすること，④技能：社会集団や個人が

環境問題を明確化し解決する技能を獲得できるようにすること、⑤関与：社会集団や個人に環境問題の解決に向かう働きにあらゆるレベルで活発に関わる機会を提供すること、と規定されている。この目標カテゴリーは、その後の各国の環境教育の枠組みに大きな影響を与えており、いまだにその重要性は薄れていない。

次に参照されるべきは、2007年刊行の『環境教育指導資料』（国立教育政策研究所）が示した環境教育のねらいである。そこでは、①環境に対する豊かな感受性の育成、②環境に関する見方や考え方の育成、③環境に働きかける実践力の育成、と規定し、そのために必要な能力・態度が例示されている。それは、課題を発見する力、計画を立てる力、推論する力、情報を活用する力、合意を形成する態度、公正に判断しようとする態度、主体的に参加し自ら実践しようとする態度の7項目である。この資料は小学校編しか刊行されていないが、現時点での公的な環境教育に関する学力として解釈することも可能であろう。

指導者が、これらの各目標群を達成することができたならば、児童生徒が環境教育の学力を獲得できたとみなすことができる。しかし、『環境教育指導資料』が示した能力・態度には、従来の教科を中心とした教育では十分に研究や実践がなされていない内容が含まれていることから、その育成には多くの課題が想定される。例えば、日本の学校教育では、上記の課題発見力、推論する力、合意形成・主体的参加の態度などを育成する授業は事例自体が少ない。また、学習活動の過程で現れる教室内での活動や地域社会での実践活動をも学力に含めるべきかといった学力の範囲に関わる議論や、範囲を拡張した時に生じる評価の対象と方法に関する議論など、新たな課題も生じる。この点については、ポートフォリオ評価、パフォーマンス評価などの評価方法が試行されており、評価論と併せて研究することが、実りの多い環境教育の学力研究に発展するものと思われる。

他方、2006年に策定されたESD推進のための日本実施計画では、独自の能力・態度として、体系的な思考力、批判的思考力、情報分析能力などが重視されており、これも視野に入れるとすれば、環境教育における学力の範囲は拡張の一途をたどることになる。これらは、国際的な議論の中で導き出されてきた能力・態度であることから、環境教育の学力は、グローバルな視野からも議論されなければならない。

（小玉敏也）

参 木下繁彌「基礎学力と学力論争」『現代カリキュラム事典』（ぎょうせい、2001）

可採埋蔵量
recoverable reserves

地下に埋蔵している石炭、石油、天然ガスなどの鉱産資源の採掘可能な量をいう。可採埋蔵量は資源を消費することで減少し、新しい鉱床の発見、採掘技術の進歩などにより増加する。鉱産資源の価格が上昇すれば採掘に高いコストがかかる鉱山での採掘も行われるため、可採埋蔵量は増加する。

可採埋蔵量を年間消費量で割った数値が可採年数で、石油は約50年、天然ガスは約60年、石炭は100年以上といわれている。しかし、年間の消費量が増えれば可採年数は減少し、資源の枯渇が早まることになる。

（元木理寿）

火山
volcano

〔語義〕火山とは地下のマグマが噴出することにより形作られた山。山体が明瞭でない噴火口などの凹地も火山と呼ばれる場合がある。

〔火山の種類〕地形によって、何回もの噴火により噴出物が積み重なって円錐状になった成層火山、流動性の高い溶岩が積み重なってできたゆるい傾斜の楯状火山、大規模な溶岩流によってできる広大な台地状の地形の溶岩台地、噴火とともに噴出した大量の火山灰や軽石等が堆積した平坦な台地状地形の火砕流台地、噴火活動等に伴ってできる凹地状地形のカルデラ、噴火で生じた火口が穴となって残っていて噴出物がほとんど見られない爆裂火口、粘性の高いマグマが爆発を起こさずに塊状に押し出された溶岩ドームなどの種類がある。現在活発な噴気活動をしているか、おお

むね1万年以内に噴火した火山を活火山と呼び，2011年現在で，日本には110個の活火山があるとされている。

[噴火現象] 溶融状態にある岩石物質である地下深部のマグマや水蒸気などが地表に噴出することを噴火といい，噴出した溶融状態の岩石物質は溶岩と呼ぶ。噴火には，実際にマグマが噴出して起こるマグマ噴火，マグマによって熱せられた地下水が水蒸気となって噴出する水蒸気噴火，マグマに地下水等が接触して爆発的噴火が起こるマグマ水蒸気噴火などがある。水蒸気噴火の場合でも，山体の既存の岩石を吹き飛ばすこともあるため，火山灰や噴石の降下を伴うことも多い。なお，水蒸気・二酸化炭素・硫黄などを含むガスだけが噴出している場合は噴気活動という。

[火山に伴う災害と恵み] 火山噴火に伴う災害には，溶岩・火砕流・火山灰・噴石などの熱や堆積・直撃などによる噴火災害と，マグマの移動等に伴って起こる地盤災害などがある。噴火活動が収束した後に土石流や斜面崩壊などの災害が発生することも多い。噴火活動に伴う津波，火山ガスによる中毒，火山灰による航空機のエンジントラブル，噴火に伴って発生する爆風や空震などによる建造物の破壊，地熱や水質の変化による地下水や温泉への被害なども火山活動に伴って起こる災害といえる。また，巨大噴火による火山灰の広範囲の長期的浮遊によって太陽光がさえぎられ気温が低下し，不作による飢饉が生じることも，歴史上たびたび起きている。

一方で，温泉や景観美などの観光資源は火山がもたらす大きな恩恵であるほか，地熱エネルギーやマグマに由来する豊かな鉱産資源，石器の材料となった黒曜石や建築材としての溶結凝灰岩等の石材など，世界有数の火山国である日本では，火山からの多くの恵みが生活文化の中に存在する。 （能條 歩）

カーシェアリング
car sharing／ride sharing

自動車を個人ではなく，複数の人で共同利用する仕組みのこと。レンタカーは不特定多数が利用するシステムであるが，カーシェアリングはあらかじめ利用者が特定されており，登録した会員に対してのみ貸し出されるものや，近所の人同士が自動車を共有して使うものなどがある。複数人で使用することで，維持管理費などのコストを分散することができる。また，鉄道，バスやタクシーなどとのコスト比較意識が働き，過剰な自動車利用を抑制する効果が期待される。 （山本 元）

柏崎刈羽原発
Kashiwazaki‐Kariwa nuclear power plant

新潟県柏崎市と刈羽村にまたがる東京電力の原子力発電所。1号機は1985年に稼働，7号機は1997年に稼働している。7基の合計出力は821.2万kWで，世界最大規模である。東北電力の管内に立地するが，ほぼすべての電力が首都圏に供給されている。2007年の中越沖地震では，震度6強の揺れで運転していた4基の原子炉が自動で緊急停止した。しかし，変圧器からの出火があり，地元の消防によって消火された。2011年の東日本大震災以後の見直しから，**活断層**が設置許可当時の評価より長いことが確認され，懸念が高まっている。原発運転差し止め訴訟が民事裁判において継続中で，廃炉を求める声も上がっている。
（冨田俊幸）

霞ヶ浦
Lake Kasumigaura

茨城県南東部に位置する日本で2番目の面積をもつ海跡湖である。西浦，北浦，常陸利根川を含めて霞ヶ浦と呼ぶ場合と，西浦のみを霞ヶ浦と呼ぶ場合がある。1959年に水郷国定公園に指定された。以前は湖水に海水が混じる汽水であったが，1963年に完成した常陸川水門を閉じたことにより，現在では淡水化が進行した。特徴は平均水深が4m，最大水深が7mと浅いことである。流域の生活環境の変化により**富栄養化**が進み，夏には入江や一部の河口付近にアオコが発生して，住民を悩ませている。粗朶（そだ）で消波堤を作りアサザを根づかせて水辺の植生を復元する「アサザプロジェクト」が行われている。
（阿部 治）

化石燃料
fossil fuels

化石燃料とは，動植物の死骸などの有機物が，長い年月をかけて地熱・地圧により変質し，燃料として利用される物質の総称で，石炭・石油・天然ガスなどが該当する。近年はメタンハイドレートやシェールガスなども化石燃料としての利用が検討されている。化石燃料の燃焼によって発生する硫黄酸化物や窒素酸化物は，大気汚染や酸性雨の原因に，また，二酸化炭素は地球温暖化の大きな原因となっている。化石燃料は有限な資源であり，環境汚染防止の観点からも，使用量の削減や化石燃料に頼らないエネルギーの確保が大きな課題である。

(冨田俊幸)

風の人・土の人

〔語義〕「風の人」とは地域外からやってくる人のことを指し，「土の人」とはその地域に生まれ育ち，一生を送る人，もしくは長く定住している人のことを指す。地域学習や地域づくりの分野で使われている言い方。その土地固有の自然環境の上に，これら両者それぞれの活動と相互作用によって「風土」が形成されるともいわれることがある。

〔地元学において〕吉本哲郎らが提唱し実践している「地元学」は，地元住民すなわち「土の人」が主体となって地元の学習活動を進めていく際に，地域外の人々，すなわち「風の人」からの視点や助言を得ることの大切さを指摘している。「風の人」は地元住民とは異なる経験や価値観をもち，地元住民が気づかない地元の価値の再発見と新たな価値の創造を行うことができると考えられている。

〔地域づくり，市民活動において〕地域づくりや市民活動の分野では，「風の人」は地域外からの訪問者や援助者を指し，専門性をもった地域づくりアドバイザーのほか，一時的な訪問，滞在を通して地域活動に関わるインターンやボランティアなどに加え，地域外からの新規移住者も含まれる。一方，「土の人」とは，地域に定住し，そこに根ざして地域の問題解決に向けた直接的な活動を担ったり，地元市民組織のマネジメントに携わる人のことを指す。

(西村仁志)

過疎
depopulation

〔定義〕人口減少のために，一定の生活水準を維持することが困難になった地域の状態。「過疎地域自立促進特別措置法」では，人口減少率，高齢化率，若年者比率，財政力指数を基準に，過疎地域を定めている。過疎地域の人口は全国の8％に過ぎないが，全国の1,720市町村のうちの45.1％に当たる775市町村，国土面積の57.2％に当たる21万km^2以上を占めている（2012年，総務省）。

〔背景〕高度経済成長期に，農山村の若年層は労働力として大都市に流出した。過疎地域の人口減少率は，1960年から1965年の5年間に12.8％減，1965年から1970年では13.6％減と著しいものであった。この激しい人口移動は，大都市圏の過密問題を引き起こしたが，同時に人口減少地域には過疎問題をもたらした。過疎／過密は一体となって生じた問題である。このような時代背景をうけて，過疎という言葉が公文書で初めて使われるようになったのは，1967年の佐藤栄作内閣時代の「経済社会発展計画」であった。その後1990年代に入ると，転出者による人口減少は沈静化した。しかし現在，過疎地域の多くでは高齢化が進み，65歳以上の高齢者が半数以上を占め，社会的共同生活の維持が困難になっている「限界集落」が各地で生じている。過疎地域の人口減少の要因は，かつての社会的減少（転入者より転出者の方が多い）から自然減少（出生者数より死亡者数が多い）へと移行しつつある。

〔生じている問題〕「食料・農業・農村基本法」では，「食料の安定供給確保」「多面的機能の十分な発揮」などを目標に掲げている。農地および森林は，水源涵養や土砂の流出防止，野生生物の生息地など公益的な機能をもっており，極めて高い価値をもっている。また，自然と共生する様々な知恵や文化の宝庫でもある。しかし，過疎地域では農林業の担い手不足や高齢化により，耕作放棄地や山林の荒廃が進んでいる。さらに，若者や子どもが地域にいないことで，地域の文化は引き継がれ

ることなく消滅の危機にある。

[現状と課題] グリーンツーリズムや都市山村交流によって地域を活性化し、雇用の場を生むことで過疎化に歯止めをかけようという取り組みは各地で行われている。NPOやボランティアによって耕作放棄農地・山林の手入れに取り組む事例もある。「自然学校」や、別の仕事をしながら農的な暮らしに新たな価値を見いだす動きもある。一方で、大規模な市町村合併によって、過疎地域が見えにくくなっている現状には注意が必要である。都市は食料、水、大気など、農山村の自然環境に依存しており、過疎問題は、農山村のみならず都市に暮らす人にとっても考えねばならない環境と開発の問題である。

(野田 恵)

仮想水
virtual water

イギリスのトニー・アラン(Allan, J.A, Tony)が1991年に提唱した概念で、バーチャルウォーターとカタカナ表記することもある。中東の地域は乾燥地で、多くの国は水資源が少ないのに水利権をめぐる激しい紛争は起きていない。アランはその理由を、石油を輸出して得た外貨で食料を輸入するかたちでその食料の生産に使われた水も間接的に輸入していると解釈し、仮想水の概念を生み出した。私たちは水を飲んだり風呂に入る時にだけ水を使っているのではない。ふだん購入する食料や工業製品の生産には大量の水が消費されている。食料や工業製品の貿易は、水の貿易と同等と考えることができる。日本人一人が1年間の暮らしで使用する水資源は約1,000m^{3}で、その半分近くが米国、オーストラリア、カナダなどの海外から輸入した仮想水である。1kgの牛肉を生産するには約100トンの水が必要と推定されている。肉用牛の餌に用いる飼料には小麦の外皮であるふすまや大麦、トウモロコシなどの穀物が多く配合されており、これらの穀物の栽培には多くの水資源を消費するからである。

(石川聡子)

カーソン、レイチェル
Carson, Rachel Louise

米国の海洋生物学研究者、作家(1907-1964)。化学物質、とりわけ農薬による環境汚染を告発した『沈黙の春』は、1962年に出版されてから20カ国以上で翻訳され、世界的なベストセラーとなった。

ジョンズ・ホプキンス大学大学院で動物発生学を専攻した後、ウッズホールの臨海生物研究所で海洋生物学を研究。後に商務省漁業局、内務省魚類・野生生物局に勤務した。他方で、海を題材とする『潮風の下で』(1941年)、『われらをめぐる海』(1951年)、『海辺』(1955年) 等の著書を出版した。

死後の1965年に出版された『センス・オブ・ワンダー』には、彼女の信念ともいうべき自然観が示されており、本書に託されたカーソンの遺志は、いまなお多くの人々の共感を得ている。市民と科学の橋渡しを試みたカーソンは、トランスサイエンティスト(科学の領域にとどまらない科学者)と呼ぶにふさわしい。

(村上紗央里)

家畜
livestock／domesticated animal

[語義] 広義には、人類に役立てるために飼養される動物全般を指す。この場合、鳥類(家禽)や無脊椎動物(例えばカイコ、ミツバチ)など、哺乳類以外の生物も含む。哺乳動物に限定する場合、狭義には農牧用の動物(牛馬など)を、広義には実験動物や伴侶動物(愛玩動物)なども併せて家畜と呼ぶこともある。生物学的には、生死・繁殖のタイミングや状態、もしくは遺伝子構成が人為的に操作・管理されている状態を指す。後者の場合、野生種と比べ形態形質(毛色、体サイズなど)や行動形質の変化を伴うことが多い(トナカイで白毛や茶毛の個体が増えたり大移動しなくなるなど)。

人類史上最古の家畜は約1万年前にオオカミを飼育・家畜化したイヌ(使役・食用・愛玩)とされるが、他の主要家畜にも紀元前数十世紀に家畜化されたと考えられるものが多く、また、広域分布するもの(ブタ、ウシ、

トナカイなど）については発生の多起源説がとられることが多い。

〔展開〕家畜は，人類の文明の発生や文化の性格づけに密接に関連し，文明史や自然史の接点にある存在として，多方面から研究が行われている。例えば東アフリカの牧畜社会では，複数種の家畜を飼うことが多く，一見コストがかかるように見えるが，通常時と干ばつ時で種ごとの生残率や泌乳量が異なるなど，環境適応の内容が異なる家畜を組み合わせることで牧畜民側の適応力が高まっている。

また近年は，分子遺伝学的成果が，人と家畜の関係の見直しを迫る例も多い。例えばリュウキュウイノシシは，長く狩猟対象と考えられてきたが，分子遺伝学的には家畜起源である可能性が浮上し，琉球諸島の狩猟文化のイメージが変わりつつある。

そもそも，ブタとイノシシのように，野生個体を飼育・交雑させて利用したり，給餌や繁殖管理はするが通常は野生状態にあるトナカイなど，家畜には様々な態様が存在する。実際の人と動物の関係は，野生（狩猟）か家畜かという二項対立的なものではなく，「**半家畜（semi-domestication）**」状態の関係が歴史的にも地理的にも広範に存在している。

〔課題〕家畜に関わる環境問題には，汚染などの畜産環境問題と，ライフスタイル（**フードマイレージ**もしくは**エコロジカルフットプリント**，**カーボンフットプリント**など）の問題がある。

近現代の家畜生産は，工場畜産と呼ばれるように，機械化，大規模集約化が進み，それに伴って大量の**水**や輸入飼料を消費し，大量の窒素・リン，薬剤，**温室効果ガス**を環境中に排出してきた。これらの畜産環境問題は大きな社会問題として認知されている。また，飼料用トウモロコシや水を大量に運搬・消費する家畜生産物のフードマイレージやフットプリントはいずれも極めて高い。

今求められているのは，地域産業としての畜産業を地域社会とどのようなかたちで整合させていくかという実践である。そのような試みとして，例えば北海道標茶（しべちゃ）高等学校では，地域づくりの視点から畜産形態の改善や釧路湿原の**富栄養化**対策に取り組み，グローバルな課題にまでアプローチした環境学習を実践している。

また，**生命倫理**の問題においても家畜の存在は大きい。学校教育や社会教育活動等におけるニワトリやヤギなどの家禽・家畜を屠殺して食べる実践は，子どもの年齢や経験を踏まえた慎重な配慮は必要だが，いのちに対峙する**原体験**を提供し，生命愛護，生物多様性保全，人と動物の歴史的文化的関係の学習などに道をひらくものである。　　　（立澤史郎）

課徴金制度
surcharge system

課徴金制度とは，外部不経済による市場の失敗に対処する手段として，賦課金をかける制度である。汚染物質を具体例とすると，汚染物質排出量増加による環境破壊のような外部費用増加分に相当する額を，排出量1単位当たりの課徴金として設定する。そうすることで企業に対し，短期的には外部費用を含んだ生産費用を最小化させる汚染物質排出量削減のインセンティブを，長期的には汚染物質の排出抑制の技術開発促進のインセンティブを与えることができる。

また，課徴金によって各企業の短期限界費用は上昇するため，産業全体の生産量は減少し，汚染物質の排出量を削減させることができる。加えて長期的には企業の平均費用も上昇するので，利潤を上げられない企業はその産業から退出していく。その結果，産業全体の汚染物質も減少することになる。

このように課徴金制度は，生産要素の代替や汚染防止に役立つ技術開発を促進するばかりでなく，汚染物質を排出する生産財の浪費を抑制するという相乗効果をもたらし，最適資源配分の達成に役立つ。ただし，最適な課徴金の率を推定する必要があることや，課徴金徴収のための費用を要するという別の課題もある。　　　　　　　　　　（水山光春）

学校教育法
School Education Act

学校教育法は，すべての学校種を対象に学

校制度の基本を定めた法律である。本法は，旧教育基本法とともに1947年に制定され，日本の6・3・3・4制を基調として「教育の機会均等」の理念を重視する単線型の学校制度を維持する役割を担ってきた。

教育基本法とは異なり，学校教育法はたびたび改正されてきた。特に2006年の教育基本法の改正をうけて，大幅に改正された学校教育法が2007年に成立した。義務教育に関する目標が新たに規定されたこと（第21条），文部科学大臣の定める対象が「教科に関する事項」から「教育課程に関する事項」に拡大されたこと（第33・48条），学校運営改善のための評価規定や保護者・住民への情報提供規定が定められたこと（第42・43条）などが大きな改正点であった。

このうち，第21条第2項「教育の目標」には教育基本法第2条をうけて，「学校内外における**自然体験活動**を促進し，生命及び自然を尊重する精神並びに環境の保全に寄与する態度を養うこと」との条文が入り，学校における環境教育の推進を図る法的条件が具体的に整えられた。

（小玉敏也）

学校ビオトープ
school biotope

学校ビオトープの始まりは欧米で20世紀初頭に学校に導入された school garden と呼ばれる「観察園」や「園芸園」である。この school garden は「学校園」という言葉で日本に移入され，地域の文化施設的な「学校植栽園」というべき「学校園」が日本でも1950年代にたくさん作られた。

現在の学校ビオトープの直接的な源流としては，ドイツのシュールガルテンが挙げられる。直訳すると学校園だが，先に述べた学校園とは異なり，1980年代のドイツの連邦自然保護法や環境教育の一環として見直された内容になっている。この学校園は「ビオトープシュールガルテン」と呼び方も変わり，より**生態系**を重視するかたちへ変化した。

日本の学校ビオトープの考え方には二つの段階がある。最初の段階では，学校ビオトープは地域の生態系の復元を目的とし，厳格に自然を保護し，子どもたちのビオトープへの立ち入りは禁止されるというものであった。それに対して次の段階では，生態系を重視するより，自然とのふれあいを通じて子どもの豊かな心を育てるというものに変化していった。これらが「学校ビオトープ」という概念で急速に発展するきっかけとなったのは，1991年の文部省による『**環境教育指導資料**』の刊行と2002年度から始まった**総合的な学習の時間**の実施である。学校ビオトープが一般のビオトープと違う点は，①児童や生徒の利用が重要である，②頻繁に管理することが多い，③広さや形が制限されている，④短期的計画が多い，などである。また，日本生態系協会では，学校ビオトープの魅力として，①自然を仕組みとして理解できる，②学年，教科を問わず活用できる，③行動する人材を育成できる，④学校と地域とを結ぶ，⑤地域の自然を取り戻す（地域のビオトープネットワークの拠点となる），を挙げている。また総合的な学習の時間に学校ビオトープを活用することで命のつながりや重みを実感させたり，自分たちで地域の**野生生物**との共存を試み，その試みが町づくりまで広がった事例もある。児童生徒が学校ビオトープを自分たちで計画し，準備し，管理していく**参加型学習**によって，仲間と協力し，行動を起こすという資質が育まれ，「**生きる力**」が養われる。

学校ビオトープの問題点として，管理に手間がかかる上に，ビオトープを始めた熱心な担当教職員が異動すると，学校ビオトープの維持が困難になることがある。また，アメリカザリガニのような**外来種**が池に侵入して壊滅的な影響を受けることもある。さらに学校ビオトープが藪状態になったり，ハチや蚊の発生の温床になると周辺住民から苦情がくることも報告されている。これらの問題点を克服するためには，学校全体でビオトープの教育的位置づけを確認して共有していくことと，管理担当者の引き継ぎをしっかりしていくことが大切である。例えば藪状態になるのを避けるためには，どこまでの手の入れ方が生物の多様性を維持できるのかを教師が子どもたちと一緒に考えるほか，造園業者とか公園管

理者のような地域のエキスパートの助言を得ることが大切である。どこまでの手の入れ方が生物の多様性を維持できるのかを子どもたちと一緒に検討し，蚊等の発生にはトンボが産卵しやすい状態にしたり，池に小魚を入れたりする工夫で発生を抑えることが可能である。様々な問題が起こった場合，子どもたちにその問題の解決策を考えさせる重要な機会ととらえた方が教育的な意味合いをもつ。

〔塩瀬 治〕

活断層
active fault

活断層とは，近い過去に繰り返して活動し，今後も活動する可能性のある断層。「近い過去」には，数十万年前以降とする考え方や約10万年前以降とする考え方があるが，産業技術総合研究所の活断層データベースでは10万年前以降が採用されている。一方，2012年には原子力規制委員会が原子力発電所の耐震設計指針で12〜13万年前以降とされていた定義を40万年前以降に変更する考えを示すなど，防災上の観点から活動の可能性を大きく見積もる方向に変化しつつある。

活断層は地下深部から連続する亀裂である場合が多く，この亀裂は垂直のものばかりではない。そのため，断層面が傾斜している場合は，地図上に表現された断層の線上にない地域の地下にも断層が伏在しているので注意が必要である。したがって，地図上に示された活断層のラインは，あくまでも地表付近に到達した亀裂の位置を大まかに示すものであると考えるべきである。また，データベースに示されている断層は，これまでに知られている長さ10km以上のものだけであり，これより小さい活断層や未知断層があることも忘れてはならない。

〔能條 歩〕

家電リサイクル法
Home Appliance Recycling Act

家庭から廃棄される電化製品の適切なリサイクル・処理を目的とし2001年に施行された。正式名称は「特定家庭用機器再商品化法」という。家庭用のエアコン，テレビ，冷蔵庫，洗濯機の4品目を小売業者が引き取り（後に，冷凍庫，薄型テレビ，衣類乾燥機が追加），製造業者が再商品化や廃棄する際の収集運搬およびリサイクル費用を消費者が負担する方式である。製造業者には**拡大生産者責任**として廃棄される製品の引き取りと再商品化を義務づけてリサイクル率（重量比）を定め，消費者からはその費用を排出者責任として徴収している点に特徴がある。他方で，廃棄時にリサイクル券を購入する後払い方式であるため不法投棄を誘発しており，制度の改善が望まれる。

〔荘司孝志〕

カネミ油症事件
Kanemi rice-oil pollution／Yushō disease

1968年，カネミ倉庫が製造した食用油によって引き起こされた食中毒事件である。食中毒の原因は，当初，製造工程で熱媒体として用いられたポリ塩化ビフェニル（PCB）が配管から漏れ，食用油に混入したためだとされたが，その後，毒性の強いダイオキシン類の一種であるポリ塩化ジベンゾフラン（PCDF）が主要な発生因子であると断定された。

被害者は福岡県，長崎県を中心に西日本一帯に及び，食中毒の届出を行った被害者は約14,000人にも上った。症状は，塩素挫創（クロロアクネ）や顔面，歯肉，爪などの塩素沈着のほか，目やに，目の充血，手足のしびれ，倦怠感，頭痛，嘔吐などの全身症状，心臓や肝臓疾患などがある。

カネミ油症事件がきっかけになり，1973年に急性毒性，高蓄積性の新規化学物質の安全性を審査する化学物質審査規制法が制定され，PCBの使用，製造が禁止された。

被害者の救済は裁判で争われたが，1,900人ほどしか認定患者とされなかった。また，最高裁でも国の責任が認められず，不十分な状態が続いた。そのため救済策として2012年，カネミ油症被害者救済法が制定され，認定患者への年金と，被害者に毎年健診への協力費が支払われることになった。

〔中地重晴〕

花粉症
pollen disease／pollinosis

植物の花粉を抗原とするアレルギー反応による疾患で，主な症状としてくしゃみ，鼻水，鼻詰まり，目のかゆみ，頭痛等，また花粉症が原因で副鼻腔炎を発症する場合がある。原因となる花粉はスギ，ヒノキ，ハンノキ等の樹木やハルガヤ，カモガヤ等のイネ科，ブタクサ，ヨモギ等のキク科の草本である。

日本人の4人に1人がスギ花粉症を発症しているといわれ，その罹患者数は増加傾向にある。スギは風媒花で，開花期に花粉が多量に飛散する。高度成長期に植林したスギ林の大半が樹齢30年以上となり，花粉の生産期を迎えているが，林業の衰退によって人工林が長年放置され，荒廃したことが花粉飛散増大の原因であると考えられている。

これに対して国や地方公共団体は，①一般のスギ，ヒノキに比べ花粉の少ない品種や無花粉品種等の開発，②スギ花粉の少ない森林への転換，③雄花が着花するスギの**間伐**等の対策を講じている。しかし，これらを具体的に推進するためには，①種苗生産者による苗木の安定的供給，②高齢化する森林所有者に代わって都市住民や企業が森林整備に労働力や資金を提供する仕組みづくり，③地場の木材を積極的に利用するための体制の整備，等が必要である。

〔秦　範子〕

過放牧
overgrazing

放牧されている**家畜**の頭数が多すぎるため，草原の生産量に対して，家畜による消費量が上回っている状態。世界的に見ると**砂漠化**の人為的要因のうち最大の原因となっている。過放牧が問題となっている地域では，草原の植生量の減少，家畜の歩行数増加による土壌硬化，雨水の地下浸透低下による表面蒸発量の増大，植生の再生困難など悪循環が起こっている。また，家畜所有数は所有者の所得に直結するため，経済の発展がさらなる過放牧へとつながっている。対策として政策的な頭数調整や土地生産性を上げるような牧畜技術の普及が必要とされている。

〔朝倉卓也〕

カーボンオフセット
carbon offset

市民，企業，NGO・NPO，自治体，政府などが，削減困難な温室効果ガスを排出した場合，他の場所で実現した排出削減・吸収量等（クレジット）を購入したり，他の場所で削減・吸収を実現するプロジェクトや活動を実施したりすることなどにより，排出量の全部または一部を埋め合わせることをいう。この仕組みにより，温室効果ガス排出削減活動に対する主体的な取り組みや，排出量の経済的な可視化によるライフスタイルの転換促進，排出削減・吸収プロジェクトへの資金調達などが期待される。

〔吉川まみ〕

カーボンニュートラル
carbon neutral

炭素（carbon）と中立（neutral）という語を合わせた用語で，生産・販売・消費などの活動の際に，炭素の吸収と排出の量を等しくするという意味で使用される。植物を**エネルギー資源**として使用すると，燃焼時に二酸化炭素が大気中に排出されるが，植物は生長時に大気中の二酸化炭素を吸収しており，その排出量と吸収量は差し引きゼロになる。大気中の二酸化炭素の濃度が高くなることはなく**地球温暖化**の原因にはならないので，カーボンニュートラルであるといえる。

しかし，カーボンニュートラルの燃料製造や運搬時に，二酸化炭素を排出する可能性があるので，注意する必要がある。また，カーボンニュートラルの燃料などの使用が増えすぎると，**森林破壊**が生じたり，サトウキビなどの農作物から燃料をつくることで食料資源の収奪につながったりする危険性を伴う。

企業，自治体などが消費電力，空調，社員の通勤に伴う排出量全体を相殺する**カーボンオフセット**の取り組みに対しカーボンニュートラルという語が使われている事例もある。

〔田浦健朗〕

カーボンフットプリント
carbon footprint

商品やサービスの原材料の調達から廃棄・

リサイクルに至るライフサイクル全体における温室効果ガスの排出量を二酸化炭素の排出量に換算して「見える化」する手法。このことによって、消費者は環境負荷の低い商品やサービスを選択し、事業者はライフサイクルにおける環境負荷の低減につなげることができる。現在カーボンフットプリント制度が整い、希望する事業者は商品やサービスのカーボンフットプリントを算出し、それが認定されればカーボンフットプリントマークを製品に表示できる。あるメーカーのインスタントコーヒー（200g）には、ライフサイクル全体の二酸化炭素排出量が7.6kgであることを示すマークと、その80％が原材料調達によるという表示が付されている。しかし、このマークがついた商品は多くないのが現状で、カーボンフットプリントの算出に手間がかかる上に、販売促進につながりにくいと指摘されている。

〈石川聡子〉

「カモフラージュ」
"Camouflage"

米国のナチュラリスト、ジョセフ・コーネルが Sharing Nature With Children で紹介したアクティビティの一つ。日本シェアリングネイチャー協会の解説では、感覚を集中させるプログラムの一つとして、「道のわきに目立たないように置かれた人工物を注意深く探します」とあるが、生き物の実物大の精巧なフィギュアを用いることによって、自然観察会や自然体験プログラムで、本格的にカモフラージュ（擬態）についての気づきや学びにつなげることが可能である。

なお、カモフラージュの原義は、動植物などが他のものに外形を似せる「擬態」である。

〈西田真哉〉

カリキュラム
curriculum

〔語義〕各学校が教育目標のもとに、児童生徒の学習活動を指導するために作成する教育計画・教育内容を表す。「競走馬の走るコース」「一人ひとりの歩み道」「来歴」をも意味する用語である。

カリキュラムには教育内容や教育方法、対象によって様々なものがある。教育内容による分類としては教科体系を主軸にすえる教科カリキュラムと教科以外の諸活動を通しての人間形成を目指す教科外カリキュラムがある。教育方法に視点を置いたものとしては、児童生徒の生活経験についての興味・関心・欲求を出発点とし、現実の問題解決活動を主軸とする経験カリキュラムなどがある。対象の成長段階に応じた分類では、初等教育カリキュラム、中等教育カリキュラム、高等教育カリキュラムなどがある。

〔作成〕教師がカリキュラムを作成する場合、①児童生徒の実態（学習対象に対する興味・関心、認識状況、地域・家庭環境など）の検討、②児童生徒に獲得させたい教育内容とそのために取り組む教材の検討、が必要である。

環境教育カリキュラムの作成に当たり、①地域の問題と日本や世界の問題をつなげて児童生徒が取り組む問題を確定すること、②複雑な問題を現象羅列的に説明するのではなく、典型的な事例から教材を生み出すこと、③児童生徒の感動を呼び起こし、本質を追究できる教材を生み出すこと、④学問、思想、芸術などの成果を、単純化して教材化すること、⑤問題に気づく→問題を深化・発展させる→問題を追究する→学んだことを表現する、という各段階における教師の働きかけと学習者との協同的活動を構想すること、などが望まれる。

〈大森 享〉

火力発電
thermal power generation

〔定義〕狭義には石炭、石油、天然ガスなど化石燃料をボイラーで燃焼させ、発生した燃焼熱エネルギーを電気エネルギーに変換する発電システムである。

〔種類と特徴〕代表的な火力発電システムには次のようなものがある。

①石炭火力発電：石炭を粉末にしてボイラーで燃焼させるシステム。高温高圧蒸気生成が可能で、発電効率（燃焼エネルギーに対する実効電気エネルギーの割合）が45％以上と高い。石炭は可採年数が長く、信頼性

の高い確実な発電方法である。しかし，二酸化炭素の排出量が多いのが欠点である。さらに，発電所内に巨大な貯炭場や，そこから排出される粉炭混合雨水処理など，環境汚染という点でも課題が多い。
②天然ガス火力発電：現在の主流はガスコンバインドサイクル発電である。天然ガスの燃焼エネルギーでガスタービンを回転させて発電し，さらにその排気ガスを熱交換し蒸気生成により蒸気タービンで発電するという，ガスタービンおよび蒸気タービンの組み合わせによる発電方式である。最高発電効率60％と非常に高く，石炭や石油に比べて二酸化炭素排出量が少なく比較的クリーンな発電方式である。
③石油火力発電：日本の事業用九電力会社では現在石油火力発電所の運転はオイルショック以降減少している。製造会社の自家発電装置として存在している。
④バイオマス火力発電：木材など生物由来燃料を使用する。**カーボンニュートラル**であり，有力な発電方式であるが，大容量には不適切である。 　　　　　　（渡辺敦雄）

ガールスカウト
Girl Scouts

1910年，**ボーイスカウト**の創設者，ベーデンパウエル卿（Baden-Powell, R.S.S.）の妹アグネス・ベーデンパウエル（Baden-Powell, A.）によって発足したガールガイドを母体とし，1912年，米国のロー（Low, J.G.）が創設した女子教育団体。日本では，1923年に「日本女子補導団」として設立され，現在のガールスカウト日本連盟に発展した。世界のガールスカウトがテーマとしているGAT（グローバルアクションテーマ）活動では，「一緒なら，極度の貧困と飢餓をなくせる」「私たちは地球を救える」など，国連**ミレニアム開発目標**とリンクした8つのメッセージのもとに活動が行われている。 　　（関 智子）

カルタヘナ議定書
Cartagena Protocol on Biosafety

遺伝子組み換え生物等，現代のバイオテクノロジーにより改変された生物(living modified organism)によって，**生物多様性**保全とその持続可能な利用ならびに人間の健康に悪影響を及ぼすことの予防を目指した国際的な枠組み。国境を越えるLMOの移動に関する手続きなどを定めている。2000年に生物多様性条約締約国会議で採択され，正式名称は「バイオセーフティに関するカルタヘナ議定書」。名称は1999年に議定書採択を目指した締約国会議が開催されたコロンビアの地名に因む。日本は同議定書を実施するため，2003年に「遺伝子組換え生物等の使用等の規制による生物の多様性の確保に関する法律（カルタヘナ国内法）」を制定している。 （溝田浩二）
⇨ 遺伝子組み換え作物

がれき ➡ 災害廃棄物（処理）

環境
environment

〔語義〕環境とは，ある主体を取り巻いている物事や状況などの総体をいう。しかし，それらの総体の中でも，その主体に何らかの影響を与えるものを指すことが一般的である。主体は生物だけでなく事物の場合もある。例えば月という無生物についても，月を取り巻く物事や状況などの総体が環境で，その運動に影響を及ぼしている地球や太陽は月にとっての重要な環境要素である。なお，環境には，生育環境，生活環境，学校環境，情報環境というように範囲を限定した多様な使い方があるが，ここでは**環境教育**と関わりの深い生物の生存環境と，人間と自然環境・社会環境の相互関係を中心に述べる。

〔生物の生存環境〕生態ピラミッドの頂点に立ち，さらに火葬文化を生み出した人間は例外であるが，すべての生物は食べる・食べられるという関係にある**食物網**のいずれかの場に位置しており，食物を得ることができるという環境は不可欠である。また，生き延びて成熟し，次世代を残せる環境も必要である。現存する生物種はそのような生存環境を有しているはずであるが，そのような生存環境が変化するとその生物種にとっては危機に陥る。

生存環境の変化がゆっくりである場合には変化した環境への対応や適応が可能であるが、変化が急速で対応も適応もできず、生存条件が失われた場合には、絶滅する。

[**人間と自然環境**] 人間もほかの生物と同様に、その形質から生活様式に至るまで、生息する（してきた）場の自然環境に様々な影響を受けてきた。皮膚の色の違いや頭髪の縮れの有無などの人類の形質の違いは、長年生きてきた地域の気候環境の違いが大いに関与しているし、世界各地で展開されてきた食料生産の様式も、気候、地形や土壌、植生などの自然環境と密接に関わっている。各地域の様々な自然環境が各地の特色ある生活様式に対してどのように影響しているかを探る研究は、18世紀以来の近代地理学の主要な研究テーマであった。19世紀になると、人間のあらゆる生活様式や行動様式の違いを自然環境の違いに求める風潮に対して「環境決定論」とする批判が起こり、例えば、乾燥地域における灌漑農業のように、人間の主体的な行動の選択が自然環境の制約を克服してきたことを重視する「環境可能論」が登場した。しかし、人間の生活や文化が自然環境の影響を大きく受けてきたことは確かである。

自然環境が人間や他の生き物にどのような影響を及ぼすかの研究が主流であった時代に、逆に、人間の活動が自然環境を変えることにいち早く着目した**マーシュ**は、1864年に *Man and Nature* を出版して、人間による森林伐採が月のような荒漠地を生み出す恐れがあることなどを指摘した。その後、人間の活動が自然に与える影響についての研究が徐々に進展し、1955年に米国で開催されたシンポジウム "Man's Role in Changing the Face of the Earth"（地表の変化に対する人間の関与）以後、人間が自然に与えた影響についての研究は一挙に活気づいた。今日、**森林破壊**や**砂漠化**、**地球温暖化**や**生物多様性**の減少など、人間の活動が自然環境に及ぼす影響はいよいよ重大なものになっている。

[**人間と社会環境**] 人間は、その誕生以降、多様な食料獲得手段や多様な生活様式を発展させ、様々な習慣や制度、社会組織などを生み出して、それらが社会環境として人間の生活や文化のあり方自身に多大な影響を及ぼすようになっている。

人類を今日の繁栄に導くきっかけになったのは、二足歩行、大容量の脳の獲得、道具の製作、火の使用であったといわれている。その後、人間は弓矢や槍、網などを作り出して狩猟採集技術を高めて世界中に分布域を広げていった。また、農業や牧畜といった食糧生産手段を獲得して人口を増やしていった。今日では、世界の陸地の40％弱が農牧地として利用されているが、農牧業は耕作地獲得のために森林や草原を開墾して自然環境を大きく変貌させただけにとどまらない。農牧業を始めたことによって人類はそれまでの移動生活から定住生活に移り、やがて都市を誕生させた。農牧業の成立は食料の備蓄を可能にし、貧富の差も生み出し、支配・被支配関係も生み出した。より肥沃でより広い農牧地の確保と富の蓄積を目指した集団同士の対立によって戦争が頻繁に引き起こされるようになったのも、農牧業の成立以降である。その後の科学技術の発展は工業化社会を生み出し、人間は生存・安全・快楽・利便等に役立つ様々な事物を大量に生産し、大量に消費し、大量に廃棄するようになっている。このようにして人間が作ってきた生活様式から慣習、制度、社会組織に至るすべての事物や状況が、社会環境として人間のあり方に様々な影響を与えている。

[**環境と持続可能な社会**] アフリカで誕生した現生人類（*Homo sapiens*）が世界中に居住域を拡大したのは、約2万年前と推定されている。その後の人間の活動が自然環境や社会環境を徐々に変容させていったが、18世紀に始まった産業革命以降、科学技術が急速に発展し、工業化が一段と進んだ。人口が爆発的に増大し、遺伝子操作技術が確立し、核兵器や**原子力発電**所が作られ、というような人間社会の急速な変容によって、人間という主体を取り巻く環境は、その様相を急速にしかも極端に変容させられてきた。そして、その人間によって変容された環境が、逆に人間の将来の生存を脅かす存在になりつつあるという

認識が広まり，20世紀末以降，「**持続可能な社会**」をどう構築するかが真剣に問われている。今日人類が直面している**環境問題**は複雑多岐で，しかも様々な集団の利害や思惑が絡んでいるため解決が困難なものが多い。しかし，人類の持続可能性の実現はそれらの解決なしにはありえない。　　　　　　（諏訪哲郎）
⇨ 大量生産・大量消費・大量廃棄

環境アセスメント
environmental assessment

開発事業の実施に先立って，その事業のもたらす環境影響について把握すること。環境影響評価ともいう。環境の要素として定められる**公害防止**にかかる**大気汚染**，**水質汚濁**，**土壌汚染**，**騒音**，振動，**地盤沈下**および悪臭の7項目，および自然環境の保全にかかる地形・地質，植物，動物，**景観**および野外レクリエーション地の5項目の中から，対象事業の特性に応じて必要となる項目について調査，予測および評価を行う。

環境アセスメントは1969年に世界で初めて米国で制度化された。日本では，1999年から，環境アセスメントを抜本的に改革する環境影響評価法が全面施行されている。

一般に環境アセスメントは，①環境に著しい影響を及ぼす恐れのある行為の実施前に，その行為が環境に及ぼす影響について予測し，必要な対策を検討する，②その検討結果を書面にまとめて公表し，それについて外部の意見を求める，③提出された意見を検討し，必要に応じて影響の予測結果や環境保全対策を修正する，というプロセスと認識されている。

日本では，assessment という言葉を和訳した時に「評価」という言葉を当てはめたために，環境アセスメントの性格が誤解されることもある。「評価」というと科学的で無機質な行為に受け取られがちで，善し悪しや，合否を判定するというニュアンスが強い。事業の環境影響を予測して，その結果で事業をやってよいのか悪いのか判定するのがアセスメントだと考える人が多いが，環境アセスメントの本質は許認可的規制ではない。

1997年の**中央環境審議会**答申は，環境アセスメントについて「事業者自らが，その事業計画の熟度を高めていく過程において十分な環境情報のもとに適正に環境保全上の配慮を行うように，（中略）事業に関する環境影響について調査・予測・評価を行う手続きを定める」ものとしている。ここで認識されている環境アセスメントは「事業者がよりよい環境配慮を行うことを支援するための情報交流の手続き」である。つまり，情報交流のルール化によって，よりよい環境保全とそれに向けての合意形成を図るのが目的である。

ISO14000シリーズや化学物質排出把握管理促進制度（PRTR）なども，事業者の自主的環境保全努力を促すものであって，環境アセスメントと同じような考えに基づいている。
（岡島成行）

環境運動
environmental movement

環境問題の解決，改善に向けて展開される住民運動や社会運動のこと。環境保護運動，あるいは自然環境を対象とする場合には自然保護運動とも呼ばれる。日本では1890年代に顕在化した**足尾鉱毒事件**に対し，政治家の**田中正造**が中心となり地元農民等とともに蜂起陳情したのが最初の環境運動といえる。1960年代には産業公害による健康被害，森林伐採や海浜の埋め立てによる自然破壊，ダム建設などへの異議申し立てなどで全国的に活発化した。

環境問題において加害・被害の構図が明確であった時代には，こうした運動は政府，自治体，原因企業への抗議，交渉，訴訟などの集団行動の形態をとったが，近年の地球規模の環境問題は，一般住民は被害者であると同時に加害者でもある，という複雑な構図になってきている。このような中で環境運動は問題解決に向け，住民への学習機会の提供，普及啓発，代替案提示などを含む幅広い形態に変容してきた。　　　　　　　　（西村仁志）

環境影響評価 ➡ 環境アセスメント

環境科
environmental subject／environmental course

〔語義と事例〕学校教育（特に初等中等教育段階）で環境に関わる学習内容を教科・科目として実施する場合，その実際の内容にかかわらず「環境科」ないし「環境科目」と総称されることが多い。「環境科」という用語は，環境に関わる学習を教科として独立したものとすべきかどうかという「教科化」についての議論で使われる傾向があるのに対し，「環境科目」は「環境科」という教科の有無にかかわらず環境に関わる学習内容が中心となっている科目名称に対して使われることが多い。

「環境科目」は，日本でも多くの高等教育機関が開設しているが，**学習指導要領**という縛りがあって環境科という教科が存在しない初等中等教育段階では高校の「農業科」の「農業と環境」と「グリーンライフ」，工業科の「地球環境科学」と「環境工学基礎」といった科目に限られる。学習指導要領に明記されている科目ではないが，自然環境科目群に「環境保護」という科目を，環境デザイン系列という科目群に「環境科学基礎」「環境デザイン」「環境緑化」という科目を開設するなど，学校設定科目として「環境科目」を開設する動きが出てきている。

日本の場合，1991年に文部省が刊行した『**環境教育指導資料**』では独立した「環境科」や「環境科目」を設けることはせず，各教科等で環境に関わる内容を取り入れて指導する方針が示された。その後改訂された学習指導要領でも，各教科等での環境関連学習内容は着実に増加しているものの，中学校や高校普通科の教科・科目編成の中に「環境科」や「環境科目」は設けられていない。

以下では，「環境科」や「環境科目」を開設することの是非に対する検討材料の一つとして韓国の事例を紹介する。

〔韓国の事例〕韓国では1992年の教育課程改訂で，中学校では「学校裁量の時間」に選択できる科目として「環境」が，また，高校では教養科目群の選択科目として「環境科学」が設けられた。中学校の場合，時間の枠組みが1992年の第7次教育課程で「裁量活動」に変わるなどの変化はあったが，「環境」という名称は継続されている。それに対し高校の場合，第7次教育課程では「生態と環境」，2007年改訂教育課程（未実施）では「環境」，そして李明博大統領着任後の2009年改訂教育課程では「環境と緑色成長」というように科目名称が変わっている。科目名称とともに，学習内容や指導の観点にも変化が見られ，「環境科学」では環境問題に対する科学的アプローチの色彩が濃かったが，「生態と環境」では社会科学的な視点が大幅に導入された。そして，2007年改訂の「環境」には持続可能な発展という概念が導入され，2009年改訂の「環境と緑色成長」では環境保護と経済成長を同時に進める「グリーン成長」が重視された内容になっている。

韓国では，環境科目を設けるとともに，環境科目担当教員の養成にも着手し，5か所の師範大学に環境教育学科を開設し，毎年約100名の環境専攻の学生が卒業している。ただし，環境科目の選択率が高校で20〜39％，中学では10％以下と低迷しているため，環境科目担当教員としての採用数は極めて少ない。しかし，教員にならなかった卒業生が，近年急増している**自然学校**や環境関連施設，環境NPOで活発に活動している。また，2009年改訂の「環境と緑色成長」で導入された環境プロジェクトという活動を通して学校と社会の交流が活発化し始めている。

〔課題〕学校でどのように**環境教育**を進めるかについて，日本と韓国は異なった方向に進んだ。どちらがよかったのかについては，さらに様々な側面からの検討が必要である。しかし，環境問題が21世紀の人類にとっての最大の課題の一つになっていることを考えれば，すべての青少年が環境についてしっかり学ぶ機会を設けることと，そのための指導者の養成は避けることのできない緊急の課題であろう。環境教育の教科化の可能性についての議論の深化が望まれる。　　　　　　（諏訪哲郎）

環境会計
environmental accounting

環境省『環境会計ガイドライン2005年版』

は，環境会計について「企業などが，持続可能な発展を目指して，社会との良好な関係を保ちつつ，環境保全への取組を効率的かつ効果的に推進していくことを目的として，事業活動における環境保全のためのコストとその活動により得られた効果を認識し，可能な限り定量的（貨幣単位又は物量単位）に測定し伝達する仕組み」と定義している。主な機能として，環境保全投資などのコストの費用対効果を把握する経営管理ツールとしての内部機能と，その情報を外部に公表することでリスクコミュニケーションや説明責任を果たすという外部機能がある。
(花田眞理子)

環境カウンセラー
environmental counselor

環境保全に関する専門的知識や豊富な活動経験をもち，市民や NGO・NPO，事業者などが取り組む環境保全活動に対して助言・支援（＝環境カウンセリング）を行うことができる人材として，環境省に登録されている者をいう。環境省の実施する審査（論文と面接）を経て，認定・登録される人材登録制度で，1996年に環境庁（当時）が告示した「環境カウンセラー登録制度実施規程」によって生まれたものであるが，国家資格ではない。カウンセリング可能な専門領域や分野に応じて「市民部門」と「事業者部門」とに分かれており，前者は環境教育セミナーの講師や環境関連ワークショップの進行役，地域での環境活動へのアドバイスや企画など，後者はエコアクション21や環境マネジメントシステム監査などを行っている。
(小島 望)

環境科学
environmental science

環境科学とは，**大気，水，土壌**などの観点から**環境問題**の原因を調査し，その解決方法を研究する総合科学である。「科学」の名がつくが，学際的学問領域であり，自然科学のみでなく社会科学・人文科学の考え方も取り入れられている。

環境汚染を引き起こさない材料や有害物質の無害化を図る基礎的な技術開発，環境に負荷の小さい工業製品の開発，電力消費を押さえるシステムの開発といった応用技術分野も含まれる。一方で，地球規模での環境問題や地域の環境汚染に対する法整備や政策立案，企業や個人の環境倫理観の醸成など，法学，政治学，倫理学といった社会科学・人文科学系分野も含まれる。しかし，総合科学としての環境科学を目指す上で不可欠となる様々な領域間の交流が不十分であること，方法や概念が不統一であること，全体像構築の理論的研究が遅れていることなどが指摘されている。
(冨田俊幸)

環境学習
environmental learning

一般に「教育」が学校や指導者による意図的・系統的な働きかけであるのに対し，「学習」は学習者による自主的・主体的な活動と理解されている。環境学習と**環境教育**の違いにも，基本的にはこの違いが反映しており，環境学習は環境についての学習者による自主的・主体的な活動を意味する。したがって，環境に関わる様々な課題のうち，例えば，学習者が身近な課題をめぐって自主的・主体的な取り組みをする場合には環境学習という用語が使われがちである。また，地球環境問題や資源エネルギー問題のような世界規模の問題であっても，地域においてどのような行動に取り組むべきかを学習者が自主的・主体的に探ろうとする活動も環境学習に相当する。

環境学習と環境教育には上記のような違いがあるが，実際の使われ方にはそれほど明確な違いはない。教育分野としては比較的新しく誕生した環境教育は，学校教育の中での制度化があまり進んでおらず，教育内容の系統性も十分に確立されていない。環境教育の進め方も多様である。その結果，例えば，少人数グループが主体となって身近な課題を調査・探究するプロジェクト学習も環境教育の一形態とみなされている。その一方で，例えば，自治体が設立した環境学習センターや環境学習推進センターなどが提供しているプログラムで，資格を有する指導者のもとで意図的かつ系統的な指導を行っているものであっ

ても「環境学習」の名がつけられているケースもある。「環境教育・学習」あるいは「環境教育・環境学習」と併記されることも多い。

このように名称と実態は錯綜しているが、一般に、環境省および地方自治体の環境関連部局が設けている施設や提供しているプログラムには「環境学習」の名称が使われる傾向がある。この理由として、「教育」に関わる事項が文部科学省や教育委員会の専管事項であることから、環境省や自治体が「教育」という名称のついた用語を使うことを避けているからと説明されることがあるが、「環境教育推進室」は文部科学省のもとではなく、環境省総合環境政策局のもとに置かれた部局である。

以上のように、環境教育と環境学習の違いは使う人や立場ごとに異なるというのが現状である。

(川嶋 直・諏訪哲郎)

環境学習センター
environmental learning center

一般的には自治体が設置する**環境学習**の拠点施設を指す。『環境学習施設レポート』(環境学習施設ネットワーク、2007年) では、調査当時に環境学習を実施していた526施設を、「自然の理解・保全施設」「リサイクル・環境保全施設」「リサイクルプラザ」「その他の施設」に分類している。このうち「リサイクルプラザ」は、廃棄物処理施設や再資源化中間処理施設に併設する**リサイクル**啓発施設で、全体の約3割を占めている。もっとも多いのは「自然の理解・保全施設」で全体の約4割を占めていた。

環境教育史の視点から環境学習センターを見た場合、環境学習という手法で環境保全を進めようとする環境施策の一つで、1990年代以降に設置された啓発施設とするのが妥当である。自治体の環境施策として1980年代後半に「環境学習」が注目された背景としては、環境問題が「都市・生活型公害」という枠組みでとらえられるようになったことが挙げられる。当時の環境白書をはじめ、自治体の環境関連文書に「公害から都市・生活公害へ」という文言が多く見られたが、加害者と被害者がはっきり識別できたそれまでの「公害」と異なり、「都市・生活型公害」においては、市民一人ひとりが被害者であるとともに加害者でもあると認識されるようになった。そのため、市民一人ひとりが環境に配慮した生活様式への変革を進めていくことが何より重要であるという観点から、環境施策としての環境教育が重要視され、その拠点施設として環境学習センターが設置された。

業務内容としては、環境学習に関する展示や図書・資料等の情報提供、講座等の開催、教材貸出し、環境学習の企画サポートやコーディネート等が多い。また、省エネルギーや節水技術、太陽光発電装置等を取り入れて環境配慮型施設のモデルを意図したものもある。現在、自治体の予算縮減等から環境学習センターについても「指定管理制度」の導入や施設の縮小や廃止などがなされている地域があり、環境教育を推進する上で懸念される。

(原田智代)

環境学習都市(宣言)
Environmental Learning City (Declaration)

2003年、兵庫県西宮市で行われた、**環境学習**を通した持続可能なまちづくりのための取り組みと都市宣言。まちづくりに環境を掲げた自治体は、熊本県水俣市 (1992年) や東京都板橋区 (1993年) などこれまでも多数存在したが、西宮市では特に環境学習に重点を置いているのが特徴である。世代に応じた環境学習システムの構築や、市民の学習活動支援のための基盤整備、人材や情報・事業のネットワーク化が進められた。中学校区を基本単位とするエコ活動推進組織であるエココミュニティ会議は、環境課題を考えることを通じて地域の交流と地域社会の再発見を目指す**地域再生**の取り組みでもある。

(畠山雅子)

環境家計簿
household eco-account books

環境家計簿は、主に家庭が日常生活全般において環境へ及ぼす影響を定量的に目に見えるかたちで示すために作られたものである。1980年に大阪大学の研究グループにより提唱

され、1981年に滋賀県大津生協有志により「暮らしの点検表」として生まれている。現在では環境省や自治体、企業やNGO・NPO等もウェブサイト等を利用し公表している。基本的な項目である電気、ガス、水道、ガソリン・灯油の消費量や、瓶・缶、ごみ等の排出量を定期的に記入することで、地球温暖化の原因となる二酸化炭素の排出量に換算して定量的に環境への影響を示す形式が一般的である。企業などに導入されている**環境マネジメントシステム（EMS）**、ISO14001の家庭版と考えることができる。従業員とその家族に環境家計簿をつけさせている企業もある。

環境家計簿を記入することにより、家庭という身近な所での二酸化炭素排出量を計算できる。また、前年や前月のデータと比較することで、無駄なエネルギーや資源の削減目標を立て、生活を見直すなど、家庭を単位とした環境への取り組みが可能となる。環境家計簿は、環境負荷型のライフスタイルを見直すための有効な道具の一つである。　　（荘司孝志）

環境ガバナンス
environmental governance

環境ガバナンスとは、環境の利用や管理に関わる**ステークホルダー**が問題解決に向けて協力的な行動をとり、秩序を形成する仕組みやプロセスを指す。従来は、政府や行政などが一方的に決定することが多かったが、様々な事柄が複雑に絡み合う環境に関わる問題には様々な立場や専門性をもつ人々や組織が加わった方が望ましいということから提唱されるようになった。

公共事業の政策決定過程に民間機関や市民が参加する等、近年社会情勢は変わりつつある。法制度もこうした動きを後押ししている。例えば1997年の改正河川法によって河川と地域の関係の見直しが規定された。従来は行政主導だった河川政策の立案過程に地域住民が参加し、河川整備計画に意見を反映させる等、環境ガバナンスが具現化する事例も出現している。　　　　　　　　　　（秦　範子）

環境基準
environmental quality standard

環境省によると、環境基準は、良好な環境のために「維持されることが望ましい基準」であり、行政上の政策目標である。これは、その値を超えると人の健康等に被害を及ぼす限界値（閾値）とは異なり、より積極的に維持されることが望ましい目標として、その確保を図っていこうとするものである。また、汚染が現在進行していない地域については、少なくとも現状より悪化しないように環境基準を設定し、これを維持していくことが望ましいとされている。

日本では1967年に制定された**公害対策基本法**第9条に規定がおかれ、1969年に大気汚染にかかる**硫黄酸化物**に関する基準が定められたのが最初の環境基準である。この規定は、1993年に制定された**環境基本法**第16条に引き継がれており、同法に基づき大気、**騒音**、水質、土壌にかかる基準が定められている。また、**ダイオキシン類対策特別措置法**に基づき、ダイオキシン類の環境中濃度の基準が設定されている。

政府や地方公共団体等は、様々な施策を総合的かつ有効適切に講じることにより、環境基準を達成するよう努めることとされている。このため、環境基準は、大気汚染防止法や**水質汚濁**防止法に定める排出基準のように特定の規制に直結するものではないが、個別法に基づく特定の規制も、環境基準達成のための施策の一つとして考えることもできる。さらに、環境基準は、その時点で得られる最新の科学的知見に基づき適切な検討と判断が加えられるべきものであり、このことは**環境基本法**においても明記されている。

なお、水質における環境基準には、生活環境の保全に関する環境基準（pH、BOD、COD等）と、人の健康の保護に関する環境基準（カドミウム、六価クロム等）があるが、後者については、その性質上、水量など水域の条件を問わず、常に維持されるべきものであり、また設定後直ちに達成し維持すべきものであるとされている。　（奥田直久）

環境基本計画
Basic Environment Plan

　環境基本計画とは，国や地方自治体が定める環境の保全に関する計画を指す。国は，**環境基本法**第15条に基づき，1994年に第一次環境基本計画を策定した。その後，定期的にフォローアップと新規の策定を重ね，2012年に策定した第四次環境基本計画では，「低炭素」「循環」「自然共生」「安全」の４つが確保される持続可能な社会の実現を環境政策の目標として掲げている。

　地方自治体では，すべての都道府県，政令指定都市が策定しており，全体でも半数以上の自治体が環境基本計画を策定している。策定に当たって市民が参画するケースも増えてきている。
（望月由紀子）

環境基本法
Basic Environment Law

　日本の環境保全に関する政策や方針を総合的に推進するために1993年に制定された法律。自然保護や**公害**問題に関わるあらゆる法律は，「環境基本法」の体系下に位置づけられる。本法は，環境保全の施策を進めることによって「国民の健康で文化的な生活」に寄与し，「人類の福祉に貢献」することが目的とされ，環境の享受と継承，環境への負担の少ない持続的発展が可能な社会の構築，国際的協調による地球環境保全の積極的な推進，の三つが基本理念として掲げられている。

　ただし，基本法の性格上，**環境政策**の理念や方向性を示しているにすぎず，規制や施策の方法，内容等については個別法に委ねられている。
（小島　望）

⇨ 環境法，公害対策基本法

環境教育
environmental education

〔語義〕環境教育とは，教育によって**環境問題**の解決をねらう試みで，人々や生き物とそれを取り巻く**環境**との関係に様々な課題が生じてきたことから，その必要性が高まってきた教育活動である。環境問題自体，人類の発展に伴う環境への負荷増大，およびその結果として人類の将来の存続をも脅かすようになった地球環境問題，さらに都市化の進展によって人間と自然との関わりが減少したり，いびつになっている問題に至る広範なものである。そのため，環境教育がカバーしている領域も多岐にわたっており，人により，立場により，また国や文化によって多様なとらえ方がなされている。また，時代とともに対象も変化してきている。しかし，次の三つの事柄を「知る」ことを出発点とする教育活動とする見方に異論はないであろう。

①人類や他の生物を取り巻いている自然を中心とする環境について知る。
②人類あるいは他の生物が直面している環境問題とその原因を知る。
③それらの環境問題への対処や解決の方法を知る。

　例えば，**自然観察**や環境の実態や主体と環境の相互関係に対する理解を促す教育は①に当たる。ごみ問題などの地域の環境課題や**公害**問題，世界各国の「開発」による環境破壊や地球環境問題への認識を育む教育は②に相当する。そして，環境破壊から自然を保護・保全するにはどうすればよいか，環境問題を解決するにはどうすればよいかを探るのが③である。

　さらに，環境教育では，「知る」ことを出発点としつつも，それらの課題や問題を解決するために「行動する」ことも教育の成果として期待している。すなわち，日常生活でエネルギーの節約を心がけたり，自然保護活動に参加したり，あるいは地球環境問題の解決のために多くの人々に協力を呼びかけ，事態の改善のために動き出すこと，が重要であると考えられている。

　2003年に成立した「**環境保全活動・環境教育推進法**」では，環境教育を「環境の保全についての理解を深めるために行われる環境の保全に関する教育及び学習」と定義したが，2011年に改正された「**環境教育等促進法**」では，環境教育を「持続可能な社会の構築を目指して，家庭，学校，職場，地域その他のあらゆる場において，環境と社会，経済及び文化とのつながりその他環境の保全についての

理解を深めるために行われる環境の保全に関する教育及び学習」と定義し直している。新たな定義によって、環境教育の目標や場、視点に広がりがみられるようになったが、依然として環境教育を「環境の保全に関する教育及び学習」に限定してとらえている。

〔環境教育の役割〕環境問題の根底には、より豊かでより快適な生活を求める人々の欲求と、複雑に絡み合う利害関係者の思惑が存在するため、その解決は容易ではない。現在取り組まれている環境問題の解決策は対症療法と根本療法の二つに大別できる。前者は、**ハイブリッドカー**や生分解性プラスチックといった新たな技術開発や、自動車の排出ガスの基準を設けるといった法的規制など、個々の環境問題に対してそれぞれの対応策を見いだし、実行していこうというものである。それに対して後者は、環境問題を生み出した原点に立ち返って、今日の社会・経済システムを見直し、人間と自然が永続的に共存できる新たなシステムを構築しようとする。

前者の技術開発においては、専門的な高い科学技術的能力が求められるとともに法的規制についても現状の調査・分析から費用対効果の検証など、多方面での専門的な知識・能力が求められる。具体的な環境問題の対症療法に求められる諸能力を育む環境科学や環境経済、環境法などの教育も、広い意味での環境教育に含まれる。しかし、**人口問題**や**地球温暖化**問題、資源エネルギー問題などは、対症療法を積み重ねるだけでは事態を根本的に解決することが困難である。今日の社会・経済システムを変えて、持続可能な社会を実現する生活様式へ転換することが必要である。そのためには、物質的な豊かさを抑制し、精神的な豊かさや環境にやさしい暮らしを追求しようという意識改革が求められる。環境教育の役割として最も重要なのはこの意識改革であるという見方もある。一方、個々人の意識改革にとどまることなく、社会・経済・政治のシステムの変革を志向し、活動する市民を育成することにも環境教育は期待されている。

他方で、子どもたちを取り巻く生活環境や社会環境の変化に対応した環境教育も求められている。今日、日本のみならず多くの先進諸国で、子どもたちの自然体験や生活体験が減少し、その結果として子どもたちの「**生きる力**」が損なわれてきていると指摘されている。その背景には、少子化や核家族化、受験競争、そして携帯電話やゲーム機器の氾濫などがある。子どもたちの野外活動や**自然体験活動**を推進していくことも環境教育に求められている。

〔国際的な取り組みの進展と日本の環境教育〕環境教育という用語が国際的に普及するようになったのは、1972年にストックホルムで開催された**国連人間環境会議**からで、それ以降、節目となるいくつかの国際会議の成果として発表された文書等に、環境教育の発展の流れを追うことができる。以後1975年にユーゴスラビア（当時）のベオグラードで開催された環境教育国際ワークショップ、続く1977年に旧ソ連・グルジア共和国の首都トビリシで開催された環境教育政府間会議（**トビリシ会議**）で、環境教育の目的や目標が明確にされてきた。会議で採択されたトビリシ勧告は、環境教育の基本的なねらいを「個人と地域集団が、生物学的、物理学的、社会的、経済的、文化的側面での体験の結果として、自然環境と人工環境の複雑な性質を理解するようにさせること、及び環境の問題をあらかじめ想定し解決すること及び環境の質を管理することへ、責任ある効果的な方法により参加するための知識、価値観、態度、実用的な技を身につけるようにさせること」（勧告1の2）と述べている。

このような国際的な流れの中、日本においてもそれまでの自然保護教育と公害教育が合流する形で環境教育という名称が定着し、1990年には**日本環境教育学会**が誕生した。

1980年、**国連環境計画（UNEP）**などが提出した『世界保全戦略』は、「**持続可能な開発（sustainable development）**」という、自然資源の持続的利用およびバランスのとれた環境と開発のあり方を提起した。その背景には、産業革命以来の開発で豊かになり、環境問題が顕著になってきた先進国と、開発（発

展）の時機を逸したまま**貧困**にあえぐ発展途上国との対立，いわゆる**南北問題**の先鋭化がある。この「持続可能な開発」という概念は，1982年の**ナイロビ会議**，1992年にブラジルのリオデジャネイロで開催された**国連環境開発会議**（地球サミット）に継承され，今日の環境教育にも大きな影響を与える重要なキーワードになっていった。

1997年にギリシャのテサロニキで開催された「環境と社会に関する国際会議」（**テサロニキ会議**）の宣言第10項は，「**持続可能性**という概念は，環境だけでなく，貧困，人口，健康，食糧の確保，民主主義，人権，平和をも包含し，道徳的・倫理的規範であり，そこには尊重すべき文化的多様性や伝統知識が内在している」と指摘し，環境教育，**開発教育**，**人権教育**，平和教育，民主主義教育といった持続可能な社会の形成に関わるあらゆる教育課題が連携・融合した「持続可能な開発のための教育（**ESD**）」を提唱した。ESDは様々な教育分野にわたる幅広い概念であるが，持続可能な地球**生態系**・持続可能な社会の実現に直結する諸問題の理解と解決を内容に含む環境教育は，ESDにおいてもその中核をなすものである。

〔**環境教育の課題**〕環境教育は着実に普及を続けているが，その浸透という点ではいまだ十分であるとは言い難い。今日の世界において**環境リテラシー**はすべての人に求められるもので，そのためには学校教育における環境教育の制度化が不可欠であるが，既存の教科・科目が根づいている学校教育の中に新たに参入することは容易なことではない。また，多くの国々では環境教育の指導者育成も不十分で，環境教育普及の大きな課題となっている。

日本の場合，小・中学校では「**総合的な学習の時間**」の枠で環境教育が取り上げられることも多いが，教科として位置づけられているわけではない。**新学習指導要領**（2010年，2011年改訂）のもとでの学校における「学力重視」の流れの中で，「総合的な学習の時間」の時間数が削減され，環境教育の後退を懸念する声もある。その一方で，自然体験を含む環境教育が，児童生徒の活性化や規範意識の向上を促し，結果的に「学力向上」に結びついたという報告もある。また，21世紀の人類が直面する様々な課題を乗り越えるには問題解決能力が重要であり，問題解決能力を育む上で環境教育や開発教育が開発してきた教育手法の中には有効なものが多い。このように，環境教育には「生きる力」や「問題解決能力」などを育むという点で優位性がある。

持続可能な社会の構築を目指すESDとしての環境教育については，様々な教育分野にまたがる多様な教育課題を連携・融合させる有効な指導方法がまだ十分に確立されていないという大きな課題がある。

〔阿部 治・諏訪哲郎・川嶋 直〕

『環境教育指導資料』
Teacher's Guide for Environmental Education

日本の初等中等教育における環境教育のあり方を示した文部省（現文部科学省）および国立教育政策研究所が刊行した指導資料。文部省は，『環境教育指導資料（中学・高等学校編）』（1991年），『環境教育指導資料（小学校編）』（1992年），『環境教育指導資料（事例編）』（1995年）を刊行した。その後，国立教育政策研究所が『環境教育指導資料（小学校編）』（2007年）を刊行している。これら4冊をまとめて「環境教育指導資料」というが，前3冊を「旧指導資料」，後者を「新指導資料」と区別することが多い。また国立教育政策研究所は5冊目の指導資料作成の準備を進めている。これらの『環境教育指導資料』を通して，文部省（文部科学省）は，環境教育を教科として独立させずに，「学校全体の教育活動」を通して行うことを明示してきた。

旧指導資料では，1980年代に顕在化した地球規模の環境問題（地球温暖化，オゾン層破壊，熱帯林の減少，酸性雨，海洋汚染，都市・生活型公害）を解決するために取り組むべき環境教育を提唱した。それまでも，各学校段階で社会科や理科を中心に環境に関する授業を行う事例はあったが，文部省が環境教育を公式に認定することでその普及と促進を図ったものといえる。旧指導資料は，1975年の環境教育国際ワークショップ（ベオグラー

ド会議）で採択されたベオグラード憲章を参照しつつ，環境教育の定義，目的，内容，方法，評価に関する総括的なとらえ方を初めて提示しており，1990年代の環境教育の発展に大きな役割を果たした。しかし，公害教育に関する評価がなされておらず，公害教育の遺産が現在の環境教育に十分に引き継がれない一因をつくった。

新指導資料は，国連「**持続可能な開発のための教育の10年**（DESD）（2005-2014）」の採択（2002年）と**環境保全活動・環境教育推進法**の制定（2003年）を背景に，小学校編のみ大幅な改定がなされた。その特徴は，国際的に議論されてきた「**持続可能な社会の構築**」という理念を基盤とし，2006年に改正された**教育基本法**（第2条4号）の「生命尊重・自然保護，環境保全」の目標を踏まえて改訂されたものになっていることである。「環境教育のねらい」が，①環境に対する豊かな感受性の育成，②環境に関する見方や考え方の育成，③環境に働きかける実践力の育成，と簡潔に示され，また「重視する能力と態度」として，①課題を発見する力，②計画を立てる力，③推論する力，④情報を活用する力，⑤合意を形成する力，⑥公正に判断しようとする力，⑦主体的に参加し自ら実践しようとする態度，が示された。そして，新たに「環境をとらえる視点」が加わり，①循環，②多様性，③**生態系**，④共生，⑤有限性，⑥保全，を意識した指導を展開することが推奨された。これらは，**ESD**（持続可能な開発のための教育）の目標観・内容観・能力観と重なる点が多く，その理念を重視する環境教育への転換が図られている。

しかし，新指導資料が刊行された2007年は，「学力低下論争」の影響で**総合的な学習の時間**が批判された時期と重なり，新指導資料を指針にして環境教育に取り組む学校は相対的に減少していたものと思われる。また，いまだ中学校・高等学校編の刊行がなされていないことが，中等教育における環境教育を退潮させることにもつながりかねず，各学校段階における環境教育を強化している諸外国との差が拡大する懸念もある。

（小玉敏也）

環境教育政府間会議 ➡ トビリシ会議

環境教育等促進法
Act on the Promotion of Environmental Conservation Activities through Environmental Education, etc.

正式名称は「環境教育等による環境保全の取組の促進に関する法律」。2011（平成23）年6月15日に，「環境の保全のための意欲の増進及び環境教育の推進に関する法律」（略称「**環境保全活動・環境教育推進法**」）の改正法として公布され，2012（平成24）年10月1日に完全施行された。法改正の必要性として，①環境を軸とした成長を進める上で，環境保全活動や行政・企業・民間団体等の協働がますます重要になっている，②国連「**持続可能な開発のための教育（ESD）の10年**」の動きや，学校における環境教育の関心の高まりなどを踏まえ，自然との共生の哲学を活かし人間性豊かな人づくりにつながる環境教育をなお一層充実させる必要があることが挙げられている。

改正によって大きく変わった点は，法の目的に「**協働取組の推進**」が追加された点である。協働取組について，本法第2条4項は「国民，民間団体等，国又は地方公共団体がそれぞれ適切に役割を分担しつつ対等の立場において相互に協力して行う環境保全活動，環境保全の意欲の増進，環境教育その他の環境の保全に関する取組」と定義している。

そのほか，理念・定義規定に「経済社会との統合的発展」，「**循環型社会形成等**」が追加されたこと，地方公共団体による「環境教育等推進協議会の設置」などを具体的に掲げたこと，「自然体験等の機会の場の提供」の仕組みとして知事による「場の認定制度」が導入されたこと，などが主要な改正点である。

努力規定ではあるが，地方公共団体に「行動計画」の策定を促したことに加えて，学校関係者あるいは市民が地方公共団体に行動計画の作成や変更の提案を行うことができるとしたことも注目すべき点である。

学校教育に関しては，「学校教育における環境教育の一層の推進」が掲げられ，「体系的な環境教育が行われるよう，参考となる資

料等の情報の提供，教材の開発その他必要な措置を講ずる」と記されている。また，前述の「環境教育等推進協議会」の構成メンバーとして地域の教育委員会ならびに学校教育関係者を他の主体（行政・事業者・市民）に加えて明記している。

教育職員を志望する者の育成については，附則にふれられているが，今後の検討課題にとどまっている。　　　　　（原田智代・諏訪哲郎）

環境経済学
environmental economics

環境経済学とは，環境問題や環境価値などを扱う経済学の一分野である。公害や地球環境問題が国際的に顕在化してきた1960年代から，経済政策において，企業活動の環境への影響を市場メカニズムを通さずに発生する外部性の問題として扱う必要が出てきた。例えば，汚染物質排出の対価を支払わずに生産供給を続ければ，市場を通さずに第三者に環境汚染というマイナスの影響を与えてしまうので，経済活動の影響などを社会的に評価し，新たな対策を示すことが求められる。そこで経済発展と環境保全の両立を目指して，例えば生態系を経済的に評価することでその保全コストを事業者に課し，市場に環境価値を加える試みなど，地球環境の持続可能性を前提とした経済システム構築のために，重要性が高まっている学問分野である。　（花田眞理子）

環境権
environmental right

環境権は，良好な環境を享受する権利として，1970年に東京で開かれた公害国際会議でその確立が求められ，その年に開かれた日本弁護士連合会人権擁護大会公害シンポジウムで，環境破壊に対する住民の権利として提唱された。1972年にはストックホルムで開かれた国連人間環境会議の「**人間環境宣言**」において，環境権の理念が表明されている。

日本国憲法には，環境権を保障した明文規定はない。しかし，多くの学説が，肖像権や名誉権，プライバシー権と同様に，環境権を憲法上の権利として支持している。憲法13条の「生命・自由・幸福追求の権利（幸福追求権）」，25条の「健康で文化的な最低限度の生活を営む権利（生存権）」がその根拠とされることについてはほぼ通説となっている。

日本国内では，公害・環境訴訟の根拠として環境権が主張されることがあるが，否定判決が積み重ねられており，積極的に承認された例はまだ存在していない。例えば，大阪国際空港公害訴訟や伊達火力発電所建設等差止請求訴訟などは環境権を根拠として争われたが，いずれの判決においても環境権は認められず，「人格権侵害を根拠と足りる」として，環境権理論の当否について論じる必要はないと結論づけている。

そもそも環境権の保護の対象は「環境」であり，水や空気，土壌，生物，景観などの自然環境である（これらに加えて，文化的遺産や道路，公園その他の社会的環境も保護の対象とすべきという見解もある）。これらのほとんどが公共財であるため，憲法上の権利が個人の利益を対象としていることとの整合性がつきにくい。つまり，環境権が裁判所で承認されない主な理由として，憲法に明文化されていないからではなく，環境という公共財を個人的利益の中に含めることはできないという点が挙げられる。この考え方を踏襲すると，昨今議論がされている，憲法を改正して環境権を明記する案は，環境権を人権として承認するというよりも，従来の人権とは異質な「公共財を個人的利益の対象とする権利」を憲法で認めることを意味する。　（小島望）

参 畠山武道『自然保護法講義』（北海道大学図書出版，2001），安部慶三「憲法改正議論における環境権」環境法研究31：35-45（有斐閣，2006）

環境コスト
environmental cost

狭義の「環境コスト」は，事業者が環境保全のために支払った投資額や費用額のことである。**環境負荷**の低減および環境汚染の防止・抑制・回避や，発生した被害の回復などのための投資額や費用額を貨幣単位で測定したもので，公害防止装置や省エネ対策費用，

環境損傷への対応費用などが該当する。広義の「環境コスト」は、すべての経済活動によって生じた自然環境や生活環境へのマイナスの影響、すなわち社会的損失を意味する。例えば化石燃料消費に起因した酸性雨による森林被害は、特定企業が経済的負担をすることのないまま、社会全体が損失を被る環境コストと考えられる。　　　　　　（花田眞理子）

環境コミュニケーション
environmental communication

多様な利害関係者間で環境に関する情報の共有や対話を図り、相互の理解と納得を深める行為を環境コミュニケーションという。平成13年度版『環境白書』は「持続可能な社会の構築に向けて、個人、行政、企業、民間非営利団体といった各主体間のパートナーシップを確立するために、環境負荷や環境保全活動等に関する情報を一方的に提供するだけでなく、利害関係者の意見を聴き、討議することにより、互いの理解と納得を深めていくこと」と説明している。具体的な方法として、企業では環境報告書の発行や社内・社外との意見交換会、環境教育の機会提供、各種メディアを用いた環境広告などが挙げられる。広義においては、環境問題に取り組むためのコミュニケーション全般を指して用いられることもあり、その担い手を「環境コミュニケーター」と称することもある。　（村上紗央里）

環境社会学
environmental sociology

環境社会学とは、人間社会とそれを取り巻く環境の相互関係における社会的側面を、社会学的手法を用いて実証的かつ理論的に研究しようとする学問分野である。公害問題、廃棄物問題、地球温暖化問題などの環境問題を引き起こした社会的要因やそれらの環境問題がもたらす（した）社会への影響、あるいはエネルギー政策、環境NPOや環境運動、環境問題解決への社会変革など環境問題を解決するための社会的な取り組みなどが研究対象となっている。研究領域として、「被害・加害構造論」「社会的ジレンマ」「生活環境主義」等がある。　　　　　　（原田智代）

環境省
Ministry of the Environment

1950～70年代の高度経済成長の陰で全国各地にいわゆる公害問題が頻発した。その典型が熊本県水俣市を中心とした不知火（しらぬい）海一帯と新潟県阿賀野川流域で起こった有機水銀中毒や三重県四日市市で発生した大気汚染による呼吸器疾患である。このような人体への被害に対応するため1967年公害対策基本法（1993年に廃止され、環境基本法となった）が制定され、続いて1970年秋に臨時国会で公害対策関連14法が成立し、担当官庁として1971年7月に環境庁が発足した。さらに2001年中央省庁再編により厚生省から廃棄物処理行政を移管して環境省が設置された。2011年3月に発生した東京電力福島第一原発事故をうけて、2012年に外局として原子力規制委員会とその事務局の原子力規制庁が置かれた。

任務は、人の生命・健康を脅かす環境汚染の防止や処理をはじめ、地球環境に関わる温暖化防止、食糧問題にもつながる生物多様性の保全、廃棄物処理さらには原子力発電所事故による放射能汚染除去問題まで極めて広範囲である。環境教育・環境学習および環境保全活動の推進も基本的な業務であり、2011年に改正された環境教育等促進法も所管している。　　　　　　　　　　　　（戸田耿介）

環境人材育成コンソーシアム
Environmental Consortium for Leadership Development（EcoLeaD）

産学官民すべてのステークホルダーの協働により、持続可能な社会の実現に貢献する環境人材育成のための実践的なプラットフォーム、つまり人材育成と社会のニーズをマッチングさせ、ステークホルダー間の連携促進の機能を果たす組織である。2008年より展開されている環境省のアジア環境人材育成イニシアティブの中核的事業の一つとして開始され、2011年に会員制の組織として独立した。

大学生・大学院生のみならず、企業や行政

機関，NGO・NPO，国際機関等で活躍する社会人等を含む幅広い層を対象に，社会経済のグリーン化を担うリーダーとして，「強い意欲」「専門性」「リーダーシップ」を兼ね備えた環境人材の育成を企図している。(早川有香)

環境心理学
  environmental psychology

自然環境・人工環境などの物理的環境と，人間の心理・行動・経験との相互作用について研究する学問分野。20世紀後半の都市開発や経済発展に伴い，環境変化が心理・行動に与える影響への関心が高まり，研究の対象も地球環境問題に対するリスク認知や問題解決のための意思決定メカニズム，住環境・職場環境・教育環境の最適化など多岐にわたっている。学際的研究領域として，教育学・社会学・建築学・地理学・人類学等の人間諸科学とも連携している。環境教育の分野では，自然環境問題におけるリスク認知や社会的ジレンマなどについて取り上げられることがある。

(木村玲欧)

環境税
  ecotax／environmental tax

環境保全を目的とする税の総称で，環境調和型社会を実現するための**経済的手法**の一つである。東京都杉並区が条例で2002年度から導入したレジ袋税や，**産業廃棄物**の排出抑制と**リサイクル**促進を目的として多くの都道府県が導入している産業廃棄物税も環境税に相当する。最も注目されている環境税は，温暖化対策として**化石燃料**に含まれる炭素の量に応じて課される炭素税（carbon tax）である。炭素税導入の効果としては，価格の上昇により，化石燃料の需要が抑制され，**温室効果ガス**である**二酸化炭素**の排出量を減少させるという側面と，その税収を省エネルギー技術の開発など環境改善に活用できるという側面が指摘されている。

日本では，環境省が2004年以降環境税（炭素税）の導入を提案し，財務省も税収増の観点から検討を進めてきたが，主に産業界と経済産業省の反対で見送られてきた。課税によるエネルギー価格の上昇が商品価格にはね返り，国際競争力を低下させたり，国内の製造業離れや産業空洞化を促進させたりする等が反対の理由であった。

紆余曲折はあったが，2012年3月に2012年度税制改正関連法が国会で可決・成立し，新しい国税として地球温暖化対策税（環境税）が創設された。2012年10月から2016年度にかけて段階的に増税し，完全実施後は年間約2,623億円の増収が見込まれている。具体的には，化石燃料に課税されている石油石炭税に上乗せするかたちで導入される。納税するのは業者であるが，当然ガソリン価格等にその分が転嫁されるので，最終的には消費者が負担することになる。増収分は主に**再生可能エネルギー**の普及に充てるとされているが，財務省の査定によっては他の財源に回される可能性もある。

日本政府が環境税の導入に踏み切った背景には，**京都議定書**において日本が約束したマイナス6%の温暖化ガス削減を到底実現できないことが明らかになり，世界に向けて弁明する上でも，**OECD**などからの勧告にも盛り込まれていた環境税の導入は避けられないなどの判断が存在した。また，2008年7月に閣議決定した「低炭素社会づくり行動計画」においても，低炭素社会実現の仕組みを担う一翼として環境税が位置づけられていた。

世界で最初に炭素税を導入したのは北欧を中心とする国々で，1990年のフィンランドとオランダの導入を皮切りに，91年にはスウェーデン，ノルウェー，92年にはデンマークも導入した。その後，ドイツ，イタリア，イギリス，スイスも相次いで炭素税を導入している。各国の課税対象，税率，課税方法は多種多様で，名称も炭素税のほかに一般燃料税，エネルギー税，電気税，鉱油税などと多様である。他方で，二酸化炭素排出量で世界の1位の中国と2位の米国は現時点（2012年）では環境税や炭素税を導入しようという気配さえうかがえない。ただし，自治体レベルでは合衆国コロラド州のボルダー市が2006年に気候行動計画税という環境税を導入している。

2012年9月にロシア極東のウラジオストク

で開催されたAPEC閣僚会議で、環境関連製品54品目の関税引き下げが合意された。環境税とは異なるが、徴税制度を見直すことによる環境保全の手法の一つといえる。　(諏訪哲郎)
⇨ 森林環境税

環境政策
environmental policy

都市化や工業化に伴う環境汚染、自然やアメニティなどの破壊に対応して環境の保全や回復を目指す政策。公共政策の一領域として位置づけられ、国や地方自治体、国際機関、企業、NGO・NPO、市民のそれぞれが主体となり、自然環境や生活環境に対して取り組んでいる。経済開発政策と環境保全との調和が課題となる一方で、諸政策を環境政策へ統合する必要があるとも指摘されている。また具体的な方策として、**環境税**等の経済的手法や、排出規制等の規制的手法、省エネルギー技術の紹介といった情報提供等の手法がとられている。　(村上紗央里)

環境と開発に関する国連会議
➡ 国連環境開発会議

環境と開発に関する世界委員会
➡ ブルントラント委員会

環境と社会に関する国際会議
➡ テサロニキ会議

環境難民
environmental refugee

砂漠化の進行や干ばつの長期化、度重なる洪水などの環境要因によって、本来の居住地からの移住を余儀なくされた人。**ワールドウォッチ研究所**の推定では世界中で約1,000万人に達するという。今後地球温暖化が進行して海面が上昇したり、大規模な洪水が繰り返されると、環境難民は急増するおそれがある。2011年3月の**福島第一原発事故**による放射能汚染地域からほかの地域に移り住んだ人たちも環境難民に含まれる。　(斉藤雅洋)

『環境のための教育』
Education for the Environment

オーストラリアのディーキン大学とグリフィス大学の大学院教育学修士課程の単元である「環境教育と社会変革」のために、フィエン (Fien, J.) によって書かれたテキスト。初版は1993年に刊行。現行の教育は、環境破壊に手を貸す経済発展を優先とする価値観の再生をしていると主張している。教育における批判的志向性と生態社会主義的な環境イデオロギーとの統合的理解である「環境のための教育」こそが、価値と行動のパラダイム転換を目指す、最も有効な環境教育のあり方であると論じている。そして、時代は「**持続可能性のための教育**」に向かっていると指摘している。　(富田俊幸)

環境の日　➡　世界環境の日

環境配慮行動
environmentally responsible behavior

〔語義と背景〕人々が環境に配慮して責任ある行動をすること、すなわち「環境配慮行動」は、**環境教育**の究極の目標ともいわれる。

1970年代前半に始まった米国の環境教育研究は、**環境問題**の解決に向けた能力や技術の向上という課題意識をもってはいたものの、実践の場で教育内容を構想するための具体的な目標が欠落しているとの批判が当初から指摘されていた。国際的には、1975年の**ベオグラード会議**や1977年の**トビリシ会議**で環境教育の目的や目標が合意されたが、米国の環境教育研究者たちは、例えばトビリシ勧告で示された「気づき」「知識」「技術」「態度」といった目標カテゴリーが、教育実践上の目標とするには抽象的すぎると見ていた。

米国では様々な研究者たちが前述の国際会議での合意に基づき、環境教育の目標の階層化に取り組んだが、環境教育の究極的な目標として当初から認識されていたのが「環境配慮行動」の獲得であった。

1980年代前半、様々な研究者が「行動」と「要因」の相関に関する調査を行った。それらの研究はいずれも、環境への責任ある行

動」に至るプロセスは，従来考えられていたような「知識」→「姿勢」→「行動」といった単純な線形モデルでは説明がつかないことを示していた。一例として挙げれば，ハインズ（Hines, J.）らは，1971年以降に発表された128の環境教育学の研究論文を分析し，その中から「環境に責任ある態度」の要因として15項目を抽出した上で，主要な要因間の関係性をモデルとして提示している。

〔環境配慮行動を促す要素〕南イリノイ大学のハンガーフォードらは「環境配慮行動」の形成への要因を探るため，まず当時の様々な研究者の主張の中から，「**環境への感性**」「環境的行動戦略の知識」「環境的行動戦略のスキル」「個人の統制の位置」「集団の統制の位置」「性的役割」「汚染問題への姿勢」「技術への姿勢」という8つの項目を要因として仮説的に設定した。そして，「環境配慮行動」を「消費行動」「環境管理行動」「説得行動」「法的行動」「政治的行動」という5つの項目として設定した。その上で，**シエラクラブ**とエルダーホステルという二つの団体の会員たちを対象として「5つの行動」と「8つの要因」の相関に関する統計的調査を実施した。この研究の結果，仮説として設定した8要因の中で「環境への感性」「環境的行動戦略の知識」「環境的行動戦略のスキル」の3要因が特に「環境への責任ある行動」への寄与率の高い要因であることが示された。

ハンガーフォードらは，他方で，ハインズその他の研究を総合的に検討し，環境に責任ある態度の形成には「エントリーレベル」→「オーナーシップレベル」→「エンパワーメントレベル」という三つの段階があり，それぞれの段階ごとに主要因と副要因が存在するというモデルを発表した。このモデルによれば「環境への感性」は，「エントリーレベル」の「主要因」として，「環境配慮行動」につながる不可欠な要因とされている。（降旗信一）

環境白書
environment white paper

環境の状況に関する年次報告および翌年度に講じようとする環境施策の報告書。日本では環境基本法に基づき国会に報告される。その年ごとの特定テーマに関する総説部分と施策実績を解説する部分に分かれ，環境に関する最新のデータ集も兼ねている。2009年からは「循環型社会白書」および「生物多様性白書」が「環境白書」との合冊で公表されている。なお白書をわかりやすく編集した「図で見る環境白書」および「こども環境白書」があり，いずれも環境省のホームページから入手できる。また，都道府県などでも地方版の環境白書が公表されている。　（戸田耿介）

環境ビジネス
green business／environmental business

〔語義と背景〕環境産業と呼ばれ，環境によいことを付加価値とした事業全体をいう。**OECD**（経済協力開発機構）では「水，大気，土壌等の環境に与える悪影響と廃棄物，騒音，エコシステムに関連する問題を計測し，予防し，削減し，最小化し，改善する製品とサービスを提供する活動」と定義している。そのため環境ビジネスは広範囲に及んでいる。

環境ビジネスの目的と役割は，**持続可能な社会**を目指す様々な取り組みに対して経済的インセンティブを与え，経済的な波及効果を生み出すことによって産業を持続可能なものにすることである。

環境ビジネスが拡大する背景には，1990年代にブラジルのリオデジャネイロでの**国連環境開発会議**(地球サミット)で決められた**気候変動枠組条約**，**生物多様性条約**，森林原則声明はじめ，有害廃棄物の越境を規制したバーゼル条約，水鳥の重要な湿地保全のラムサール条約などの多くの国際的な環境条約がある。また国内では省エネルギー法，**環境基本法**や循環型社会形成推進法をはじめ，**家電リサイクル法**や自動車NOx・PM法，土壌汚染対策法等の個別法，また地球温暖化防止行動計画など各種計画が策定されている。このような環境の法制化・環境規制に伴って，グローバルな規模で環境ビジネスが展開されている。

〔展開〕環境省によれば，日本における環境ビジネスの市場規模は2020年には58兆円，雇用は123万人に拡大すると予測されている。こ

の数値は2000年比でほぼ倍増である。廃棄物処理サービスの提供や再生素材資源の有効利用，また光触媒や排ガス処理装置など大気汚染防止用装置，環境監査やISO取得コンサルティングなど教育・訓練・情報サービス，エネルギーサービス企業の**省エネルギーコンサルティング**など**環境負荷低減技術**，**燃料電池**車や新エネルギー発電などのエネルギー管理等がある。また**LOHAS**など環境と健康とライフスタイルが融合した製品，サービスも登場しており，環境ビジネスは全産業に裾野を広げている。

発展途上国での高効率の発電所建設や水資源・水の浄化設備の提供，また自動車産業によるハイブリッドカーの現地での生産，提供など海外でも展開されている。中小企業の中に海外での展開で成功している事例もある。

これからは，技術系，人文ソフト系の個別の環境ビジネスだけでなく，地域の環境負荷を総合的に少なくし，持続可能な都市を構築していく取り組みが求められている。例えば，環境省や内閣府の環境モデル都市や環境未来都市構想がある。**再生可能エネルギー**を利用し，ICTでエネルギー利用効率を高めた環境配慮型住宅や，次世代の交通システムや環境負荷の少ない物流システムなどで構築する，スマートコミュニティやスマートシティもある。環境保全に対応した地域再生と環境事業の創出も多様な産業が参入できる総合的な環境ビジネスといえる。

〔課題〕環境ビジネスは，例えばエコカー減税，省エネ家電，改正エネルギー使用合理化法（省エネ法）などの環境規制やインセンティブの政策の動向に左右される。2012年7月から「再生可能エネルギー特別措置法」により再生可能エネルギーの全量買い取り制度が始まり，**太陽光発電**，**風力発電**，バイオマスエネルギー，地熱エネルギー等が対象になる。これからは利益を生み出せる環境ビジネスも自立的発展段階に入ることになり，特別な産業だけではなくあらゆる産業が環境からの視点で創られるようになるであろう。（槇村久子）

環境ファシズム
environmental fascism／ecofascism

環境ファシズムとは，環境保護や動物愛護を重視するあまり，他の主張を受け入れない全体主義的な思想をいう。ただし，権威主義による反民主的な独裁国家体制や国家全体主義という本来のファシズムに則った主張というよりも，単なる悪罵・非難のための言葉として使われることが多い。環境ファシズムのレッテルを貼られて批判された例として，ハーディンの環境保護のために人口過多である途上国を見捨てるべきといった主張がある。しかし，ハーディンの主張には，人道主義的な配慮や人権思想，社会正義概念が欠落していることは確かであるが，ハーディン自身がファシストであったわけではない。（李 舜志）

環境負荷 ➡ 環境容量

環境プロジェクト
ecology project／environment project

環境問題の解決，改善に向けて展開される行動計画，活動のこと。その活動分野や内容は各種**環境負荷**の削減，**環境マネジメントシステム**の構築・運用，**自然体験**，里山保全，都市農村交流，ネットワーク形成，フェアトレード，環境配慮型商品・サービスの開発や流通までもが含まれ，非常に多岐にわたっており，固定化，一般化された言葉ではない。また「エコアクション」など，他の呼び方をすることもある。環境プロジェクトの主体は市民，行政，企業，大学など多様であり，それら相互の協働によって進められることも多い。

なお，韓国の高校には選択科目として環境科が置かれており，その教科書（2012年度版）の第1章は「環境プロジェクト」となっている。教科書の記述を要約すると，環境プロジェクトとは，環境に関連する多様なテーマの中から自分たちで調べたいテーマを決め，様々な方法を用いて探究し，調べた結果を発表して共有する活動ということになる。実際に高校で行われている事例をみると，二人以上でグループを作り，主に自分たちの生活に

関連するテーマを設定し、休日や放課後の時間も活用して探究活動を行っている。環境プロジェクトの中には、生徒だけではなく、教員や父母、地域住民、市民団体、政府機関などを巻き込んで探究活動を進めているものもある。優れた成果を出したグループには、韓国環境教育学会や環境プロジェクト学習全国大会で発表する機会が与えられている。

(西村仁志・元 鍾彬)

環境法
environmental law

〔語義〕環境法は、環境保全上の支障を取り除き、良好な環境の確保を図ることを目的とした法体系である。ここでの「環境」とは、一般的にイメージされる緑豊かな「自然環境」のみを指すのではなく、人の健康や安全を担保するための人が生活をする場としての「生活環境」が含まれる。日本の場合、1993年に制定された「**環境基本法**」を頂点とする法体系となっており、主に公害関連法と自然保護関連法から構成される。環境法成立の歴史は、前半は戦後の経済成長に伴って公害問題が深刻化し、その対策として公害関連の法律が制定されていくまで、後半は、開発による自然破壊が顕在化・大規模化し、自然保護を求める世論の高まりをうけて自然保護関連の法律が制定されていくまで、の二つの流れに大別できる。

〔公害関連法〕公害の原点と呼ばれ、鉱山から排出される有害物質が原因となった**足尾鉱毒事件**では、強硬な住民運動が起こったが、鎮圧されて規制法制定にはつながらなかった。戦後の高度経済成長期に各地で公害による被害が次第に大規模化・拡大化し、特に熊本**水俣病**、四日市ぜんそく（**四日市公害**）、**新潟水俣病**、**イタイイタイ病**の被害者たちが企業や行政に対して損害賠償を求めて訴訟に発展させていく中で、ようやく各種の公害法が成立するに至った。このような、長きにわたる公害反対運動や訴訟が**公害対策基本法**の制定に大きな役割を果たしたといえる。ただし、これら公害法は当初、被害者救済を第一としてはいなかった。例えば、1967年に施行された公害対策基本法には「生活環境の保全については、経済の健全な発展との調和が図られるようにする」という、いわゆる調和条項が存在した。これは、高度経済成長期の経済発展が優先された国策が背景にあり、生命・健康に関わらない程度であれば受忍せよ、という考えにはかならない。生命や健康に関わるか否かの線引きは困難で、水俣病をはじめとする公害病の経緯をみれば、この判断が誤りであったことは明白である。このような法律が十分に機能するはずもなく、この公害対策基本法の調和条項は、1970年のいわゆる「公害国会」における改正で削除された。なお、公害対策基本法は、1993年に制定された**環境基本法**にその一部が取り込まれるかたちで、同年に廃止されている。

〔**自然保護関連法**〕1970年代になると、公害は引き続き起こりつつも、世論の関心は顕在化した自然破壊へと移っていく。野生生物の絶滅が自然破壊の指標とみるならば、絶滅の主要因は「開発行為」であり、公共事業をはじめとする大規模開発事業に対しての規制が自然保護関連法の要であったはずである。しかし実際には、各種の自然関連法は改正が繰り返され、あるいは新たな法令が制定されたが、頻発する開発事業に歯止めをかける規制や仕組みを設けることができなかった。

〔**法と環境問題解決**〕被害を未然に防ぐ機能を果たしていないという日本の環境法の最重要課題に対する解決の糸口は、第一に市民やNPOが行政の意思決定にどの過程でどのように関与できるかにかかっているといってよい。さらに利害関係者でなくとも誰でも訴訟を起こすことのできる権利を保障する必要がある。これらを担保する環境法はこれまではとんどなかったが、2008年に制定された生物多様性基本法には「政策形成過程における民意の反映」や「事業計画の立案段階での環境影響評価（戦略的**環境アセスメント**）の推進」を求めた条項が導入されており、変化の兆しは見られる。

(小島 望)

環境報告書
environmental report / sustainability report / CSR report

環境の方針や中長期目標から，温室効果ガスの排出量，生物多様性保全まで，環境への取り組みや**環境負荷**の情報を開示した企業・団体の報告書のこと。ISO14001認証の普及などに伴い，情報開示手段として広まった。社外的にはステークホルダー（利害関係者）への**環境コミュニケーション**に，社内的には**環境マネジメントシステム**（**EMS**）の見直しに活用される。近年は，環境だけでなく，人権や労働など企業の社会的責任（**CSR**）をまとめた報告書を出す傾向があり，CSR報告書やサステナビリティレポート（持続可能性報告書）と呼ぶケースが多い。

環境・CSR報告書の作成ガイドラインは，国際的NGOのGRI（グローバルレポーティングイニシアティブ）や環境省などが定めており，それに則って報告書を作る企業が増えている。**GRIガイドライン**では，経済面，環境面，社会面の取り組みを盛り込むことを求めている。経済面では顧客やサプライヤー，出資者など，環境面では原材料やエネルギー，水，生物多様性など，社会面では雇用や労働，人権，地域貢献などの情報開示が求められている。

2006年に発行されたGRIガイドライン第3版「G3」では，経済面，環境面，社会面での影響の大きさと**ステークホルダー**への影響の大きさを総合的に判断してテーマや指標を盛り込むことや，報告内容の決定プロセスにステークホルダーの意見を反映させるという方針を示した。次期ガイドラインのG4では，サプライチェーンの考え方が強化される予定である。

一方，環境，社会，ガバナンスなどの非財務情報と，企業の売上や利益などの財務情報をまとめて開示する統合報告書の発行を欧州で制度化する動きがあり，統合報告書を作る企業が徐々に増えている。統合報告書の枠組みは2013年にIIRC（国際統合報告評議会）から発表される予定である。　　（藤田 香）

環境保全型農業
environmentally friendly farming

可能な限り環境に負荷を与えない農業生産方式の総称。「環境保全型農業の基本的考え方」（1994（平成6）年4月，農林水産省環境保全型農業推進本部）によれば「農業の持つ**物質循環**機能を生かし，生産性との調和に留意しつつ，土づくり等を通じて，化学肥料，農薬の使用等による**環境負荷**の軽減に配慮した持続的な農業」と定義されている。環境保全型農業には化学肥料や農薬をまったく使わない**有機農業**，さらに不耕起（耕さない），不除草（除草しない），不施肥（肥料を与えない），無農薬（農薬を使用しない）などを特徴とする自然農法から，減農薬・減化学肥料の農法まで幅がある。その内容は環境負荷軽減のために，①農薬の使用基準の見直しと肥料の適正使用の推進および環境負荷の少ない農業資材の開発，生物農薬の開発と普及，易分解性農薬の開発など，②環境負荷を総合的に低減させる新たな農法の促進と支援，③家畜糞尿，生ごみなどの堆肥化による有機物資源の**リサイクル**利用などが挙げられている。

農林水産省は環境と調和した持続的農業を全国展開するためには国民の幅広い理解と支持が必要という認識で，1997年に「環境保全型農業推進憲章」を制定した。その中で生産者には化学肥料や農薬の軽減，有機肥料による土づくり，地域ぐるみでの地域環境保全などを呼びかけるとともに，消費者には農産物の外観のみにとらわれない選択や環境保全型農業への理解を呼びかけている。　　（戸田耿介）

環境保全活動・環境教育推進法
Law for Enhancing Motivation on Environmental Conservation and Promoting of Environmental Education

正式名称は「環境の保全のための意欲の増進及び環境教育の推進に関する法律」。2003年7月に議員立法として上程・制定された。法律制定の背景として，地球温暖化の防止や自然環境保全・再生など環境保全上の課題が山積みであり自発的な取り組みが不可欠であること，日本が提案した国連「**持続可能な開**

発のための教育の10年」が決議され，環境保全の担い手づくりの機運が高まったことが挙げられている。
〔基本理念と主な内容〕本法の基本理念として，①持続可能な社会の構築のために社会を構成する多様な主体がそれぞれ適切な役割を果たす，②体験活動を通じて環境の保全についての理解と関心を深めることの重要性を踏まえ，地域住民その他の社会を構成する多様な主体の参加と協力を得るよう努める，③自然環境を育み，これを維持管理することの重要性について一般の理解が深まるよう必要な配慮をする，の3点が掲げられた。

そして，主な内容として，①各主体の責務・基本的な方針を定める義務，②学校教育等における環境教育の支援等，③職場における環境保全の意欲の増進，④**環境教育**，人材認定等事業の登録，⑤環境保全の意欲増進の拠点として機能を担う体制の整備，が盛り込まれた。

〔法の基本的な方針〕主要な基本的な方針としては，①持続可能な社会の考え方として，将来世代に配慮した長期的視点をもつべき，②意欲の増進については，地球温暖化問題等の課題に様々な主体が自ら進んで取り組むこと，③社会・地域・家庭における環境保全の意欲の増進を進める環境整備を行うこと，を掲げ，その中で特に政府が実施すべき施策の主な基本的方針としては，①国民・民間団体との連携，②民間の自発的意志の尊重，③適切な役割分担，④参加と協力，⑤公正性・透明性の確保，が謳われた。

〔改正〕本法は，環境教育をなお一層充実させる必要があるとして，2011年6月に法律名を「環境教育等による環境保全の取組の促進に関する法律」（略称「環境教育等促進法」）と改め，旧法の基本方針を法文化するかたちで改正され，2012年10月1日から全面施行された。

旧法との主な違いは，法目的に「**協働取組の推進**」が追加されたこと，理念・定義規定に「**経済社会との統合的発展**」，「**循環型社会形成等**」が追加され基本理念の充実が図られたこと，また努力規定ではあるが地方自治体による推進の枠組みが「**行動計画の作成**」や「**地域協議会の設置**」など具体的に掲げられたことである。詳細は「**環境教育等促進法**」の項を参照されたい。

（原田智代）

環境ホルモン
endocrine disrupting chemicals／endocrine disruptor(s)

ホルモンは生物の体内で作られ特定の器官のはたらきを調整するために作用する物質のことをいうが，環境ホルモンとはそういったホルモンのことを指すのではなく，あくまでも便宜的な呼び方で，内分泌かく乱化学物質ともいう。動物の生体内に取り込まれた場合に，生体内で正常に営まれているホルモン作用に影響を与える化学物質のことで，そのような化学物質は本来広く環境中に存在している。1998年，環境庁（当時）が環境ホルモン戦略計画SPEED'98において67種類の合成化学物質を内分泌かく乱化学物質に指定した。「環境ホルモン」という言葉は横浜国立大学の井口泰泉がNHKの番組に出演する際にディレクターと一緒に作った用語といわれている。

レイチェル・カーソンは著書『**沈黙の春**』（1962年）の中で，**DDT**（有機塩素系殺虫剤）などの農薬が広範囲に環境中に放出されると，**食物連鎖**を通した**生物濃縮**によって生態系に深刻な影響を及ぼすことを指摘した。「殺虫剤の害は，それにふれた世代のつぎの世代になってあらわれる」と書き，DDTなどによるホルモン作用のかく乱から，コマドリやワシの生殖能力や発育が阻まれていることを予見していたとされる。

カーソンが鳴らした警鐘を契機に1970年代以降，米国をはじめとする先進諸国では多くの農薬の製造や使用を禁止した。それにもかかわらず，DDTの散布中止後20年を経てもまだ野生生物の生殖や免疫系の異常などの報告が続いていることをコルボーンが明らかにした。ダマノスキ（Dumanoski, D.），マイヤーズ（Myers, J.P.）とともに『**奪われし未来**』（1996年）を著し，それがきっかけで環境ホルモン問題は社会問題となった。

コルボーンらが問題にした環境ホルモンは，ごく微量で，生体内の女性ホルモン（エストロゲン）と類似の作用あるいは抗男性ホルモ

ン作用などの内分泌をかく乱させる作用をもっており，多くの野生生物種はすでに環境ホルモンの影響を受けている。また，人体にも蓄積されている。ごく微量でもホルモンに似た作用をもつという低用量の効果は，これまでの有害な化学物質のリスクにはないことであり，化学物質について今まで考えられてきた毒性の範囲が，急性毒性や発がん性から生殖や免疫，神経系への悪影響へと広がった。また，胎児や乳幼児といった化学物質の影響に脆弱な集団を視野に入れて化学物質のリスクを減らすことが目指されることになった。

ヒトの精子の減少，アメリカ合衆国の五大湖のトリのくちばしの奇形，フロリダのパンサーの停留精巣（陰嚢中に精巣が正常に入っていない状態），魚の精巣卵（精巣の中に卵の細胞ができる）などの現象が環境ホルモンによるものではないかと疑われているが，現在のところ科学的に証明されたとはいえない状態である。その中で，イボニシという貝におけるインポセックスと呼ばれる生殖器の異常の原因として海水中のトリブチルスズやトリフェニルスズなどの有機スズの影響が明らかにされている。

（石川聡子）

環境マインド
environmental mind／environmental mindfulness

自然環境に対する畏敬，畏怖の念を抱き，自然環境の重要性を理解するとともに，地球環境問題と自らの生活の関連性を把握し，その解決および地球環境の保護・保全に向ける思考。環境に関する知識や専門性を発揮して，地球環境問題の解決および持続可能な社会を実現するために，実際の行動へ転換するための動機・モチベーションとして「環境マインド」が重要視されている。環境マインドを育むことは，**環境教育**の本質でもある。現在では，大学教育，企業経営等，幅広い分野・場面において，主に「環境に配慮する心構え」という文脈で幅広く使用されている。

（早川有香）

環境マネジメントシステム
environmental management system（EMS）

企業や工場などが，環境の方針や目標を達成するために組み込んでいる環境管理の体制や仕組みのこと。代表的な環境マネジメントシステムに，国際規格の ISO14001 がある。ISO14001 では，環境の方針や計画を立て，それを実施し，実施状況を点検し，評価や見直しを行うという **PDCA** サイクルによって環境マネジメントの継続的な改善を目指す。ISO14001 では，認定された審査登録機関の審査を受けて第三者認証を取得する。国際的に認められた認証であるが，その取得には多くの費用と時間がかかることから，中小企業には負担が大きい。

そこで中小企業向けの環境マネジメントシステムとして，**エコアクション21**，エコステージ，KES・環境マネジメントシステムスタンダード（以下，KES）などが登場した。いずれも費用負担が比較的軽く，かつ約半年の時間で認証を取得できる。

エコアクション21は，環境省が策定した環境マネジメントシステム。事業者は環境省のガイドラインに従って環境負荷を把握し，活動計画を盛り込んだ環境マニュアルを作り，実行して評価。最終的に「環境活動レポート」の提出が必要である。

エコステージは，UFJ総研などが作った環境マネジメントシステム。5段階に分かれており，1は初級だが，2はISO14001で要求される事項をほぼ満たすもの。3～5はISO14001認証を取得ずみの企業を対象に経営管理にまで踏み込んだ規格として認証レベルが高いのが特徴である。

KESは，京都市民や企業，行政が環境保全活動を推進するために共同で作った「京のアジェンダ21フォーラム」が運営する環境マネジメントシステムとしてスタートし，現在はNPO法人KES環境機構が独立して運営・審査を行っている。初級のステップ1は環境宣言と環境改善目標を作り，実行して評価する。ステップ2はISO14001取得を目標にしており，法規制の登録リスト作成や，教育と訓練の実施，マニュアルの文書化などが必要

になる。　　　　　　　　（藤田 香）

環境問題
environmental problem／environmental issue

環境問題は，**環境**を破壊することによって発生する問題である。自然破壊の問題，**公害**，地球環境問題などに大きく分けられる。厳密にいえば，人類が農耕を始めたり，都市を作ったりすることも環境破壊だが，人類の力がまだ小さく，自然が無限大であると思われていた頃は，その被害が直接に人間にまで及ぶことは少なかった。現代の**環境問題**はヨーロッパの産業革命に始まる。大規模な自然改変や公害などが起こり，20世紀後半には**地球温暖化やオゾン層の破壊**などの地球規模の環境問題が発生するに至った。

一般に環境問題とは人間活動に起因するもので，人間以外の生き物によるもの，あるいは自然そのままの現象は環境問題とは呼ばれない。日本では古くは大仏の建立や銅山の採掘，精錬などで公害が発生していたと思われる。また森林を伐採，草原を開拓するなどして農耕地・居住地を開発してきた。しかし，規模が小さく，大きな問題には至らなかった。明治以降，日本が近代国家に生まれ変わってから，欧米と同じように大規模な環境破壊をする道をたどり始めた。

明治期で最も重要な環境問題は**足尾鉱毒事件**である。栃木県の足尾銅山の精錬工程の排出物により下流域の稲作が全滅するという事件が頻繁に発生し，地元の農民が工場の操業停止などを求めて闘った。栃木県選出の国会議員・**田中正造**が全力をあげて鉱毒の適正処理を訴えた。しかし政府は聞き入れず，銅の生産は続けられた。そのほか，第二次世界大戦前までは，日立鉱山（茨城県）の煙害，別子銅山（愛媛県）の煙害などが発生しているが，多くは銅の精錬をめぐる問題であった。

第二次大戦後，特に1960年代に入り日本は工業国家として大きく飛躍した。しかしながら，その発展が急激だったため，深刻な環境破壊が発生し，世界で最も悲惨な経験をすることになった。

1950年代から60年代にかけて，**四大公害**に象徴されるような大きな被害を発生させることになった。1960年代から70年代にかけては日本中が**大気汚染**，**水質汚濁**に見舞われ，日本列島総汚染といわれるようになった。東京でも富士山が一日中見えない日が続いた。隅田川はどす黒く汚れ，川底からはメタンが発生するほどであった。東京湾岸は次々と埋め立てられ，自然が消失した。これは国家による「経済の高度成長政策」の影の部分であり，経済開発を急ぐあまり，負の部分を覆い隠したまま突き進んでしまった結果といえる。

1972年12月，ロンドンではスモッグによって例年より約12,000人もの市民が死亡したとされ，ロサンゼルスでは光化学スモッグが発生した。先進国の多くが一斉に環境破壊に見舞われ，環境問題は人類にとって大きな課題となった。

日本では，あまりに激しい環境破壊を前に，生活と命を守るべく各地で反公害運動が起こった。工業地帯の首長が次々に革新政党に代わり，1970年の国会では，14本の公害関連法案が提出され，成立した。これは「公害国会」といわれ，翌年7月，環境庁（現・**環境省**）が設置された。以後，政府を中心に地方自治体，企業，市民が一体となって努力をした結果，1980年代には公害被害は減少した。

しかし，代わって出現したのが自然破壊である。「列島改造」というかけ声とともに日本各地の豊かな自然が切り崩され，ダムや道路，海岸の護岸など国土はコンクリートで埋め尽くされていった。1980年代中頃になり，石垣島の空港建設や**白神山地**のスーパー林道，**長良川河口堰**，中海・宍道湖の埋め立てなど多くの公共事業が批判にさらされた。1990年代に入ると，公害防止の時と同じように，国民の声に押されて政府や企業は自然破壊を伴う大規模開発から手を引くようになった。

こうした歴史をたどりながら，日本の環境問題は1990年代，大きな課題に直面する。地球温暖化やオゾン層の破壊など地球環境問題の出現である。それまで一部の研究者や政府部内では知られていた地球環境問題だが，一般に知られ始めたのは1980年代後半以降である。21世紀に入り，**二酸化炭素**削減など地球

環境問題への対応が大きな課題となっている。

(岡島成行)

環境容量
environmental carrying capacity／environmental assimilating capacity

ある場（環境）に永続的に存在しうる生物の最大の個体数と人間活動を維持できる許容量の両方を表す概念である。前者は環境収容力ともいい，ある環境において特定の生物が生命を維持できる個体数の限界量を表し，生物種や環境要因によって変化する。後者は人間活動が原因となって発生する汚染物質の許容量であり，汚染物質に物理的，化学的，生物的に作用する自然の浄化能力の限界量を表している。**土壌**，水質，植生，生物種，**景観**等の生態的資源を保全し，環境劣化を防止するためには環境容量の考え方に基づく対策が必要である。

地域の自然，文化，歴史を観光資源としてとらえる考え方が浸透しているが，環境容量の視点から考えると，過剰利用は自然生態系への影響が懸念される。自然公園では従来から利用者数を抑制する目的で総量規制を行ってきた。具体的な手法としては，例えば登山口に接近できないように自家用車の乗り入れを規制すると同時に，登山口まで乗車するバスの輸送量を制限する対策等が講じられている。

(秦 範子)

⇨ エコロジカルフットプリント

環境ラベル
ecolabel

製品やサービスの環境側面について購入者に伝達することを目的に，シンボルとして用いるもの。市場主導の環境改善の可能性を喚起するため，国際標準化機構（ISO）では環境表示に関する国際規格として「環境ラベル及び宣言」シリーズを発行している。そのうち，事業者等の自己宣言による環境主張は「ISO14021 II 環境ラベル表示」として国際的にルール化している。消費者の環境意識の高まりの中，多くの事業者が環境表示を行っているが，ISO規格に準拠しているものが少なく，消費者の混乱を招くとして国において，2008年1月に環境表示に関するガイドライン「環境表示ガイドライン－消費者にわかりやすい適切な環境情報提供のあり方」が策定された。温室効果ガスの算定においてはIPCCガイドラインに準拠することとされている。要求事項として，シンボルが示す意味および使用基準を明確に設定し，シンボルに隣接してその説明文を表示すること，主張する商品やサービスが「グリーン購入法特定調達品目」や「エコマーク対象商品」に該当し，認証等の基準がある場合はそれらの基準を考慮することとしている。環境省では「環境ラベル等データベース」をウェブ上で公開している。

(原田智代)

環境リスク
environmental risk

環境リスクとは，ヒトやヒトを取り巻く**生態系**に対して悪影響を及ぼす可能性のことを指す。ヒトは，たとえ無自覚であろうと，微量の有害物質を日々摂取している。こうした健康上のリスクには人々は関心を払うため，有害物質は普通，法的に規制されている。一方，ヒト以外の生物や生態系に対する悪影響は，これまで比較的軽視されてきた。しかし，原発事故により放射性物質が放出された場合，ヒトはもちろん，ヒト以外の生物や生態系にとっても，それはリスクとなる。そして結局，**食物網**や**物質循環**を通じてヒトへのリスクとして返ってくる。そのため，ヒトだけではなくヒトの生きる環境も含めて，リスクをとらえる観点が重要となる。この環境リスクのとらえ方には，影響が実際に発生する確率と，その場合の影響の重大さの二つの視点がある。また，原因には，化学物質のような主として人間の活動に由来するものだけでなく，台風や地震などのように自然の活動に由来するものもある。また，それらが複合したものもある。しかし環境リスクの観点から一般に問題視されるのは，大気中に放出された化学物質の発がん性など，主として人為的な活動に由来する悪影響である。この場合まず，問題となる化学物質の影響を特定するとともに，そ

の濃度と影響との関係を定量的に明らかにする必要がある（有害性評価）。また、ヒトや生態系が実際にどの程度その化学物質にさらされているのかも、把握する必要がある（暴露量評価）。これらによって、どのような対策をどの程度取るべきかを判断し、環境リスクに対応することになる。しかし、ほとんどの場合、リスクを完全にゼロにすることはできないか、多大なコストがかかり現実的ではない。また、評価や対応策の実効性については、常に不確実性が伴う。個人の価値観や立場が判断に関わることもある。そのため、市民や利害関係者も含めた様々な人々による双方向の意思疎通、すなわち**リスクコミュニケーション**が重要とされる。なお、上記とは別に、企業などの活動に**環境問題**が影響するリスクのことを環境リスクと呼ぶ場合もある。

（福井智紀）

環境リテラシー
environmental literacy

〔語義〕環境との関係を考え何らかの判断を下す際に必要となる、誰もが共通して身につけておくべき基本的な理解や能力のこと。その育成は、**環境教育**の最も重要な役割の一つである。エコロジカルリテラシー（ecological literacy, ecoliteracy）も、同様の意味で使われる。なお、リテラシーとは、本来、読み書きの能力のこと。厳密な定義が確立されているわけではなく、どこまでの知識や能力を環境リテラシーに含めるのかは、環境教育の目的や目標をどのようにとらえるかによるところもある。

ベオグラード憲章やトビリシ宣言・トビリシ勧告には、環境を分野横断的にとらえ、関連する知識の習得や関心の育成にとどまらず、受け取った情報を多様な観点から分析・評価し、問題解決のための行動にまでつなげる主体的な姿勢を育てるものとしての環境教育像が示されている。

〔**自然体験、社会体験**〕環境リテラシーの獲得における直接体験の重要性が強調されることがある。伝統的な教室内での教育や読書だけでなく、自然の中に身を置き、そこに生きるものと直接にふれることで養われる感性や理解が、環境破壊に向かうことのないその後の判断や姿勢を育てるという（例えば、オーア（Orr, David W.）の指摘）。また、**総合的な学習の時間**の実施において強調された社会参加型の校外学習などの重要性は、環境リテラシーの獲得という観点からも受けとめられてよい。

〔**社会性**〕科学技術教育における社会の構成員としての意思決定能力の育成が不可欠であるとの認識の上に、**STS教育**や科学リテラシーが考えられた同じ事情が環境リテラシーについても指摘できる。汚染など環境保全に関わる問題が社会に存在し、**持続可能な社会の実現**という課題が環境教育にはあるとするなら、現状維持ではなく、変革に向けた社会に関わる理解力や判断力も含むものとしての環境リテラシーの理解が必要となる。

〔**発信力と主体性**〕メディアリテラシー教育では、単に情報を受け取り理解する段階だけでなく、自らの理解や主張を発信していく段階までを含んで、必要な能力の育成が考えられている。環境教育においても、資源節約などの与えられた指示にそのまま従うだけではなく、自らの理解や考察に基づいて主体的に発信する側に立つことに関わる姿勢や能力の育成を視野に入れることが求められよう。

〔**構想力、創造性**〕**公害教育**では、それまでの出来事を学習した上で、今後の地域**コミュニティ**をどのような姿にしていくとよいかという提案が求められることがある。環境リテラシーは、こうした未来に向けた構想力も含めて、その育成を図る必要があるだろう。

（井上有一）

環境倫理
environmental ethics

〔語義〕環境に関わって、人間が何らかの判断を下し行動する際に、踏まえることが必要とされる規範や基準のこと。個々の具体的な規範だけでなく、これらを集合的にとらえた場合の規範体系、さらにはこれらの規範や主張を含む思想を指して使われる場合もある。

例えば、入会地の管理など資源の持続可能

な利用に必要な地域社会のルールや自然物を神聖化して不可侵とする宗教的な禁止事項など，環境倫理に相当するものは伝統的に存在してきた。しかし，「環境倫理」という語の使用には，未だ半世紀ほどの歴史があるにすぎない。

1970年代に入り，資源枯渇や環境汚染などへの関心が深まるに従い，環境との関係で行動規範やその根拠を学問的に扱う環境倫理学（environmental ethics）が成立した。環境問題の哲学的側面を扱う *Environmental Ethics*（学術誌）の刊行も米国において始まった（1979年）。

〔多様な主張〕西洋で発展した主流の倫理学は，道徳の対象を人間に限るものであった。人間同士の関係，人間と社会との関係にほぼ限定されていた従来の倫理的考察の対象を，自然環境にも拡大しようとするものが環境倫理学で，時代の要請に応えた画期的なものであった。自然環境は有限であり，これまで主流となってきた従来の考え方や行動を変えていく必要があるという認識は共有されている。しかし，環境倫理学には多様な主張や提案がみられる。また，判断基準や行動規範の根拠についても，異なる考えが示されてきた。

〔人間中心主義と自然中心主義〕例えば，資源の合理的で持続可能な利用など，主に経済的な利益を守るといった観点から，自然環境に対する人間の行動のあり方を変えていくことが必要とする考えがある。また，人間は自然を管理する者として，環境問題など不都合が生じないように配慮する特別の責任をもつという考えもある。これらは，環境倫理学の中で**人間中心主義**の考えと呼ばれている。

これに対し，人間にとっての使用価値とは無関係に，生き物など自然物に内在するそれ自身の固有の価値を認めて，これを人間の行動を律する倫理的な根拠にしようとする考えも，環境倫理学の中で力を増していった。こうした考えは，従来の倫理学の枠組みを大きく超えるものであり，自然中心主義あるいは**非人間中心主義**とも呼ばれている。

〔動物の権利論と世代間倫理〕動物解放論や世代間倫理も，環境倫理に含めて考えられる。前者は動物に，後者はまだ生まれていない人間に，倫理的配慮の対象を拡大していこうとするものである。ただし，動物解放論は生命倫理の論理に基づいて個々の動物に対する配慮を一定の基準で求めるものであり（個体主義），環境倫理の主流である自然環境を全体として視野に入れようとする考え方（生態系主義，全体論）とは相容れない場合もある。世代間倫理は，基本的に未来世代と現世代の間の資源分配の問題とも考えられる。持続可能性の問題としても理解でき，今日の環境倫理では重要な位置づけを得ている。

〔環境プラグマティズム〕環境倫理学の研究は，主張の哲学的根拠をめぐる論理の精緻化に力を注ぐあまり，現実世界の環境問題への取り組みや政策の選択に貢献できていないのではないかという批判もなされるようになった。環境倫理は，政策の選択に結びつく公共的な存在であり，現実にある解決すべき問題への取り組みに貢献してこそのものという環境プラグマティズムの考えは，現代的な重要性をもつものであろう。

〔自然，社会，生き方〕環境倫理は，人間以外の生き物や**生態系**（自然）にも目を向けるものである。しかし，重要なことであるが，現実の問題と意味あるかたちで向き合うには，自然と人間の関係のみならず，人間と人間との関係（社会），自己と世界との関係（生き方）という要素を不可欠なものとして取り込まざるをえない。

例えば，日本の産業公害や北米の**環境レイシズム**といった問題は，基本的人権の保障を含む社会正義の実現が環境倫理と無関係ではありえないことを示すものである。また，人間による自然の支配の根源に人間による人間の支配の問題をみる**ソーシャルエコロジー**の思想も同じ文脈で理解できる。

もとより倫理は人間の生き方を問うものであるが，環境倫理も，生きることの意味や価値に関わり，豊かさや満足とは何であるのかといった根源的な問いと無縁ではありえない。支配や占有に基づく満足ではない，相互扶助や対等の関係に基づく豊かさの探究は，重要な課題である。環境倫理は，今日の社会で支

配的な価値観をそのままにして、環境への配慮に基づく単なる禁欲的自制を求めるものではない。

1992年、**国連環境開発会議**(地球サミット)に世界各地から集まった市民運動・組織の代表者たちの合意のもと、**オルタナティブ条約**(国際NGO条約)が成立した。この文書には、環境面で持続可能で、社会的に公正で、生きることの豊かさが実現される未来を求めるという記述が繰り返し現れる。環境倫理の基盤になる主張であろう。

〔環境教育との関係〕また環境倫理は、環境教育の基盤を構成するものである。北米では、学校における環境教育に環境倫理を明示的に取り入れてカリキュラムが構成されることもある。

しかし、環境倫理が変更できない固定的なもの、あるいは権威主義的に決められた徳目のようなものとして教育に組み込まれてはならない。なぜなら、今日の状況下では、環境に関わる行動規範や指示は普遍的なものとしてとても固定できるものではないからである。また、人間の豊かな生き方を考えたとき、自由で主体的に生きることや価値観の多様性が認められることは否定できないからである。さらに今後、これまでの人類の経験にはなかった事態に直面することさえ想定しうる。また、持続可能な社会を考えた場合、それは現在の主流の社会とは大きくかけ離れたものになりうる。

環境倫理には、個人の行動のあり方をどうするかというレベルにとどまらず、制度や格差などを含めた社会そのものがいかにあるべきかを問い直す意義がある。その上で、地球環境、それぞれの地域の環境が置かれている状況を踏まえ、開かれた話し合いの場などを通じて、また、学習者は当事者としての主体性を発揮して、望ましい未来の実現に見合った規範や価値を生み出していくことが求められよう。 (井上有一)

環境レイシズム
environmental racism

米国では、1980年代に入り、汚染・貧困・人種という三つの要素の地理上の重なりが「環境人種差別（レイシズム）」という概念でとらえられるようになった。多くの訴訟が起こされ、環境的公正（environmental justice）を求める運動の重要な対象となってきた。

例えば、米国において、放射性物質や有毒化学物質を扱う工場や廃棄物処分場が集中的に立地する地域が、経済的に恵まれていない非ヨーロッパ系住民（先住民族やアフリカ系・ラテンアメリカ系住民）が多い地域と重なり、これらの地域ではがんや鉛中毒などに侵される住民も高率で発見されるという事例が少なからず報告されている。ルイジアナ州の高いがんの発生率を示す帯状の化学工業地帯は、「がん小路（cancer alley）」とも呼ばれている。

深刻な汚染問題を抱える施設は、土地が安く、権利意識や政治意識も低いと考えられる地域に進出する。この背景となる経済や教育に関わる格差に「差別」が構造的に組み込まれていることは理解されなくてはならない。それゆえ、人種差別意識の直接的な介在の有無にかかわらず、この概念が問題の認識に役立つ。「北」の工業国から「南」の地域への有害廃棄物越境移転も、環境レイシズムの一形態である。 (井上有一)

⇨ 南北問題

韓国の環境教育
environmental education in South Korea

韓国では第3次経済開発5か年計画（1972年～1976年）が進められる過程で、自然環境破壊と環境汚染が発生し、1970年代初期から環境教育の必要性が強調されるようになった。1972年にストックホルムで開催された**国連人間環境会議**以降、ソウル大学に環境大学院が設置され（1973年）、環境教育についての議論や研究が始まり関心が高まった。同年に公示された第3次教育課程では、環境問題が教育内容に取り入れられたが、教科書での記載は限定的であった。1977年以降、韓国教育開発院は小中学校における環境教育の必要性に関するセミナーを開き、環境教育のための教育課程の開発に着手した。政府も1980年に環

境庁を設置し，1985年からは環境庁の支援のもとで，全国の小中学校に「環境教育モデル校」が指定・運営されるようになった。そして1989年に韓国環境教育学会が設立され，環境教育の研究・実践が飛躍的に進展し始めた。

韓国では1992年に公示された第6次教育課程以来，中学校と高等学校に選択科目として「環境科目」が開設されている。また，全国5つの師範大学に環境教育学科が設置され，環境教育専攻の教員養成も行われている。しかし，熾烈な入試などの影響で環境科目の選択率は低く，環境教育学科を卒業しても環境教育教師としての教員採用はほとんどなく，指導者を養成する側から見ると学校環境教育は危機的な状況にある。

2009年改訂教育課程では，環境教育の内容が気候変動やCO_2削減に焦点が当てられ，高等学校の科目名も「環境と緑色成長」となっている。注目すべき点は，教科書の第一章に「**環境プロジェクト**」が導入され，「総合的な観点から問題解決能力と意思決定力を培う」ための環境教育が行われていることである。2011年以降，環境教育を行っている学校を中心に「全国環境プロジェクト学習大会」が行われている。

韓国の社会教育としての環境教育は学校教育としての環境教育に比べると活発である。1980年代までの社会環境教育は，環境問題に対する啓発教育として自然保護協会や環境保全汎国民運動推進協議会などの政府傘下の団体が行っていた。しかし1992年の国連環境開発会議以降，それまで公害反対運動を展開してきた環境NGOの多くが，自然に対する親近感や感性を育む環境教育の普及に努力してきた。韓国で初めて市民を対象とする生態学校として1991年に誕生した「韓国仏教環境教育院」は，環境教育リーダー養成のほか，帰農運動，オルタナティブ学校運動，漢江生態文化学校の運営などを行っている。学校教育と地域をつなぐ教育実践を展開している「環境と生命を守る全国教師の集い」が学校環境教育や社会環境教育の発展に果たした役割も大きい。

(元　鍾彬)

感性
sensitivity

一般には，知性・知識に対して，感覚や情念のはたらきを通して対象を認識する能力をいう。能動的な知性に対して感性は受動的なものとして理解されてきた。しかし，感性は人間が現実と接する際に決定的な重要性をもち，人間の現実感覚や認識・認知の形成において不可欠な役割を演じるものでもある。「内容なき思惟は空虚であり，概念なき直観は盲目である」という有名な一句に象徴されるように，カント(Kant, Immanuel)は感性的直観からすべての認識を導こうとする感性主義の限界を示すとともに，知性主義に対しては「人間はすべてを知ることはできない」と人間の有限性を示し，認識の源泉としての感性の重要性を強く主張した。

環境教育史において感性の重要性を強調したのはレイチェル・カーソンの*Sense of Wonder*(1965，邦訳『センス・オブ・ワンダー』)である。カーソンは，センスオブワンダー(神秘さや不思議さに目を見はる感性の重要性)とともに，「知ることは感じることの半分も重要でない」と知性に対する感性の重要性を述べている。1977年に発表されたイディス・コッブ(Cobb, Edith)の*The Ecology Imagination in Childhood*(邦訳『イマジネーションの生態学』)では，創造的な仕事をする大人たちが幼少期に「自然とつながっているというエコロジカルな感覚」を通して「共感をともなった謙虚な知性(compassionate intelligence)」を身につけてきたことが示された。1980年にはハンガーフォードらが発表した「環境教育におけるカリキュラム開発の目標」の一つとして「環境的感性」が示された。またハンガーフォードの研究指導を受けていたピーターソン(Peterson, Nancy)は環境教育指導者の「環境的感性」が幼少期の自然体験などによって育まれてきたことを明らかにした。この研究は，ほぼ同じ時期になされたターナー(Tanner, Thomas)の研究と並んで「環境的行動につながる重要な体験＝significant life experiences (SLE)」の初期研究として知られる。さらにハンガーフォード

は1990年に環境配慮行動を育む主要因および副要因を示し、この中で「環境への感性」を、エントリー（入り口）レベルの主要因として位置づけている。

感性は、中央環境審議会答申「これからの環境教育・環境学習―持続可能な社会をめざして―」（1999年）や『環境教育指導資料』（2007年）など近年の環境教育の指針の中でも重視されてきたが、持続可能な社会の実現に向けて「未来をつくる力」「環境保全のための力」を重視する環境教育等促進法基本方針（2012年）では「感性」にかわって、「他者に共感し」「他者の痛みに共感し」に見られるように「共感」という文言となっている。

(降旗信一)

間伐・除伐
forest thinning・improvement cutting

主として人工林で育成対象の樹木の成長を妨げる他樹種を除去する作業を除伐という。また、立木密度が高まり種内競争の激化で森林全体の健全性が失われることを防ぐため、立木の一部を伐採して適正な密度を維持する作業を間伐という。除伐と間伐では目的が異なるが、実際の作業では両者は区別されずに行われることが多い。間伐は、森林の健全化を目的とした保育間伐と、間伐材の利用を目的とした利用間伐に分けられる。また、伐採・搬出作業の効率を優先した定量間伐（列状間伐等）と、樹木の形質によって伐採木を選ぶ定性間伐がある。近年は、間伐木の搬出コストが高いため林内に間伐木を放置する「伐り捨て間伐」が問題となっている。

(比屋根 哲)

き

飢餓
hunger／starvation

飢餓とは、長期間の栄養不足によって生存と生活が困難になっている状態をいい、国連食糧農業機関（FAO）は栄養不足を「身長に対して妥当とされる最低限の体重を維持し、軽度の活動を行うのに必要なエネルギー（カロリー数）を摂取できていない状態」と定義している。飢餓の主な原因は、①貧困、②紛争、③自然災害や道路の整備問題などで食品の購入が困難、の三つである。発展途上国では、子どもの死亡の半分以上は飢餓と関連している。

2015年を達成期限とする「ミレニアム開発目標（MDGs）」の第1目標に「飢餓人口の半減」が掲げられている。2011年の国連世界食糧計画（WFP）の報告書によると、世界の飢餓人口は9億人以上といわれている。1990年以降は減少しつつあるが、今日の社会的・経済的状況により先進国でも貧困問題が広がりつつあることから飢餓人口が今後増大すると予想されている。 (シュレスタ マニタ)

帰化植物 ➡ 外来種

企業の社会的責任 ➡ CSR

危険社会 ➡ リスク社会

危険な生物
dangerous creatures

〔語義〕野外における環境教育活動の際に中毒、かぶれ、ショック、炎症、痛み、アレルギーなどをひき起こす可能性のある生物の総称。たまたま人に対して上記の症状をひき起こし、時には致命的な場合もあるので危険生物と呼んでいるが、人がその生物に不用意に関わることによって影響を受けるものなので「注意を要する生物」と呼ぶ場合もある。

〔対策〕人に対して影響が及ぶのは触る、食す、接近しすぎるなどの行為をとった場合。危険生物については多くの資料があるので、事前に調べたり活動エリアに暮らす人々からヒアリングしたりして正確な情報を得ること、遭遇する可能性のある環境・地域・時期などについて理解してリスク予想をすること、遭遇した場合の行動のとり方について認識して冷静に対応することなど、事故を未然に防ぐリスクマネジメントが重要である。基本的には、

よく知らない生物をむやみに素手で触れたり，食べたり，近づきすぎたりしないようにすべきであるが，害を被った場合の救急処置についての理解も必要である。応急処置をした場合でもその後，病院に行って状況を正確に説明し，治療を受けるべきである。
〔事例〕毒きのこ（カエンタケは触れただけで炎症），有毒植物（ウルシ類のかぶれ，棘の痛み。観察会中クルミを食べ，アレルギーを起こした例あり），昆虫（スズメバチ類は遭遇が多く要注意。毒針を持つアシナガバチ類，ドクガ類や分泌液に毒があるツチハンミョウ類等），両生類（ヒキガエル等の毒液が人の粘膜につくと炎症），爬虫類（マムシ，ヤマカガシ，ハブ），哺乳類（クマ等への接近に注意。北海道ではエキノコックスに感染しているキタキツネ），その他，ムカデ，ツツガムシ，ヒル，ダニなど。海の生物にはガンガゼ，ウニ，ヒョウモンダコ，アンボイナ，クラゲ，ゴンズイやアカエイなど注意を要する生物は多い。 (小林 毅)

気候調節機能
climate regulatory function／climate regulation

森林や芝生，海に接する**干潟**などは，**ヒートアイランド現象**等の地域の気候条件を緩和する機能をもっている。こうした緑地や干潟のもつ気候を調整・緩和する機能を気候調節機能と呼んでいる。

植物は，地中から吸い上げた水分を葉の気孔から水蒸気として大気中に蒸散するが，その際，気化熱によって周辺の気温を下げるはたらきがある。夏，森林に入って涼しいと感じるのは，日陰で直射日光が遮られると同時に，樹木等からの蒸散によるところが大きい。また，陸地と海洋が接する緩衝帯としての干潟も，浅く広い水面から多くの水蒸気を放出することから，近傍にある都市の気候緩和に役立っている。緑地や干潟は，まとまって存在するほど周辺地域の気候緩和に及ぼす効果が期待され，都市空間にできるだけ多くの緑を確保することは，生物多様性の維持や人々の安らぎの場の創出とともに，生活空間の気候を緩和するためにも重要である。(比屋根 哲)

気候のカナリア
climate canary

「気候のカナリア」は，気候変動の影響をいち早く受ける生物を比喩的に表現したものである。アメリカ方言学会の2006年「ワードオブザイヤー」での「最も有用な言葉」(Most Useful) に選ばれた。その説明によると「その状態の悪化や数の減少が，より大きな環境的破局が迫っていることを暗示する，生物・種」とされる。これは，「炭坑夫のカナリア（miner's canary）」を連想させる言葉である。すなわち，炭坑にカナリアが入ったカゴを持ち込み，鳴き声が止むことによって有毒ガスの発生を察知しようとしたことにちなむ。 (福井智紀)

気候変動
climate change

〔語義〕地球上の気候の変動についてのことを指す。気候変動については，広義と狭義の定義があり，さらには組織や枠組み等によって違いがある。

気象庁の気候変動についての一般的な説明は以下のようになっている。

太陽からのエネルギーは大気圏，海洋，陸地，雪氷，生物圏の間で相互にやりとりされ，赤外放射として宇宙空間に戻され，ほぼ安定した地球のエネルギー収支が維持されている。この**大気**の平均状態を気候と呼び，気候は様々な要因により，様々な時間スケールで変動しているとされている。

また，気候変動に関する政府間パネル（IPCC）が用いる気候変動とは，自然起源の変動性と人為起源の活動によるものの両者を含むすべての気候の時間的変化を指している。

一方，**気候変動枠組条約**における気候変動とは，地球の大気の組成を変化させる人間活動に直接または間接に起因する気候の変化であって，比較可能な期間において観測される気候の自然な変動に対して追加的に生ずるものをいうと定義されている（条約第1条2）。今日，気候変動は**地球温暖化**の影響による気候の変動や気象災害を指して使われることが多い。

〔原因〕気候変動の要因には，自然の要因と人為的な活動の要因がある。自然の要因としては，太陽活動，海洋の変動，火山活動などがある。海洋と大気の水蒸気および熱の相互交換や，火山噴火によるエアロゾル（大気中の微粒子）の増加は気候や大気に影響を及ぼすものである。人為的な活動による気候変動の要因としては，**森林破壊**や産業などの**二酸化炭素**（CO_2）等の**温室効果ガス**排出量の増加などがある。森林破壊による植生の変化は日射の反射量や水資源にも影響を及ぼす。今日では，化石燃料の燃焼に起因する大気中の二酸化炭素排出量の増加による地球温暖化に対する懸念が強まり，人為的な要因による気候変動への問題意識が高まっている。

〔気候変動枠組条約〕気候変動に関する国際条約として，1992年に採択された国連気候変動枠組条約がある。この条約は，気候システムに危険な人為的干渉の影響がもたらされない水準で，大気中の温室効果ガスの濃度を安定させることを究極の目標としている（条約第2条）。この条約は，人為的な温室効果ガス排出量の増加によって引き起こされる気候変動の悪影響を解決するために誕生したもので，気候変動を人間活動に起因するものととらえている。条約における気候変動の悪影響の定義は，気候変動に起因する自然環境または生物の変化であって，自然および管理された生態系の構成，回復力もしくは生産力，社会および経済の機能または人の健康および福祉に対し著しく有害な影響を及ぼすものをいう。

〔古気候学から見た気候変動〕なお，古気候学（paleoclimatology）は地球上の過去数千年から数十万年あるいはそれ以上のオーダーの気候の変動を明らかにしてきている。過去の積雪によって氷床に閉じ込められた空気の水素や酸素の同位体比，海底や湖底の堆積物質の同位体比や古い地層中に残存する花粉の種類と比率の分析，あるいは地形に刻まれた過去の氷河の痕跡を検討するなど，様々な手法を用いて過去の気候環境の復元を試みてきた。そのような研究の積み重ねによって，地磁気の逆転によって年代が推定できている70万年前以降は，ほぼ10万年ごとに6回の氷期が存在したことなどが明らかにされている。直近のヴュルム氷期は約2万年から1万5千年前が最盛期で以後温暖化に向かったが，過去の変動が繰り返されれば，長期的には今後次の氷期に向かって寒冷化が進むことになる。ただし，上記の人為的な温室効果ガス排出による気温上昇は少なくとも21世紀中は続くと予測する研究者が多い。気候変動の原因として，数万年から数十万年単位の変動については地球の公転軌道や地軸の傾きの周期的変化などが，また，数十年から数百年単位の変動については太陽の活動や火山活動の影響も大きいと指摘されている。 　　　　（早渕百合子）

気候変動に関する政府間パネル（IPCC）
Intergovernmental Panel on Climate Change

〔組織〕国連環境計画（UNEP）と世界気象機関（WMO）により1988年に設置された政府間機関。事務局はスイス・ジュネーブ。IPCCは，**気候変動**に関する最新の文献から科学的，技術的，社会経済情報について収集・評価する組織である。国連加盟国とWMO加盟国が加盟することができる。

〔組織構成〕IPCC総会が最高決定機関であり，そのもとに第1作業部会（WG1：自然科学的根拠），第2作業部会（WG2：影響，適応，脆弱性），第3作業部会（WG3：緩和策），温室効果ガスインベントリタスクフォースが設置されている。IPCC総会がIPCC議長とIPCC議長団を選出し，各作業部会での作業計画を決める。また，報告書の執筆者や査読者は，作業部会の議長団が政府から出される推薦者一覧から選出する。

〔活動と成果〕世界中から集まった科学者が気候変動に関する科学的知見について評価した報告書は，世界の気候変動政策や国際交渉で活用されている。国連**気候変動枠組条約**や京都議定書のもとでは，**温暖化係数**にはIPCCの評価報告書の値を使うことが決められており，**温室効果ガス**の算定においてはIPCCガイドラインに準拠することとされている。各国は，それらをもとに排出・吸収量の算定，報告を行っている。しかし，IPCC自体が気候変動に関する研究やデータ測定を行ったり

することはなく、また特定の気候変動政策を提案することもない。気候変動枠組条約とも独立した機関であり、政治的に中立的な立場で科学的知見を評価し、取りまとめた情報を公表している。だが、IPCC の活動から提供される報告書や科学的知見は、国際社会での特に気候変動対策において大きな影響を与えている。

また、IPCC の活動が、気候変動問題の認知を高めたなどとして評価され、2007年に、米国のゴア元副大統領とともにノーベル平和賞を受賞している。

〔**IPCC ガイドライン**〕IPCC によって作成された報告書には温室効果ガスの算定方法論に関するものがあり、京都議定書第一約束期間のもとで各国が報告する温室効果ガスの算定方法は、これらのガイドラインに準拠している。主なガイドラインは次のとおり。「1996年改訂版 IPCC 温室効果ガス国家インベントリガイドライン」「国家温室効果ガスインベントリにおけるグッドプラクティスガイダンス及び不確実性管理（2000年）」「土地利用、土地利用変化及び林業に関するグッドプラクティスガイダンス（2003年）」。

なお、京都議定書の第二約束期間では、1996年改訂 IPCC ガイドラインではなく、新しいガイドラインの「2006年 IPCC 国家温室効果ガスインベントリガイドライン」が適用されるべく、国際交渉が進んでいる。

また、IPCC ガイドラインや IPCC 評価報告書のほかにも、特定のテーマに関する報告書（IPCC Special Reports）も作成されており、例えば「CO_2 回収貯留（2005年）」や、「再生可能エネルギー源と気候変動緩和策（2011年）」という報告書も作成されている。（早渕百合子）

気候変動枠組条約
United Nations Framework Convention on Climate Change

〔**語義**〕地球温暖化問題の解決に向けた国際協力の枠組みを定めた国際条約。1992年に採択され、1994年に発効した。2012年12月現在、194か国と EU が参加している。事務局はドイツのボンにある。

〔**内容**〕気候システムに危険な人為的干渉をもたらさないレベルで大気中の**温室効果ガス濃度**を安定化させることを究極的な目的とする。また、温暖化分野の国際協力について様々な原則を盛り込んでいる。例えば「共通だが差異ある責任」原則は、温暖化への責任は世界共通だが途上国より先進国に大きな責任があるとしている。

先進国が1990年代末までに温室効果ガス排出量を1990年レベルで安定化させることが温暖化対策に貢献するという文言があるが、法的拘束力のある排出削減目標ではない。また、条約締約国会議の毎年開催、条約事務局の設立、資金・技術の支援体制構築、各国の温室効果ガスや対策等の情報提出等、その後の国際的な温暖化対策推進の基盤をつくった。

〔**経緯**〕地球温暖化問題への懸念が高まり、1990年12月、新たな条約の採択を目指して政府間交渉委員会を立ち上げることが国連総会で決議された。交渉を経て、1992年に気候変動枠組条約が採択され、同年の**国連環境開発会議**（地球サミット）で署名が始まり、1994年3月に発効した。

〔**意義と課題**〕ほぼすべての国が参加する普遍的な国際条約であり、地球温暖化が重要な課題であるという共通認識をもたらした意味で意義深い。

一方、先進国の排出量を1990年レベルで安定化させるとの目標には法的拘束力がなく、1990年代半ばの時点ですでに達成される見込みがなかった。既存の対策が不十分であることから新たに始められた交渉によって**京都議定書**が誕生した。

近年、米国を含む主要国の参加の必要性や途上国の一部の国で排出量が急増している事実等から、すべての国に適用される新たな議定書を2015年までに採択することを目指し、現在も交渉が行われている。（伊与田昌慶）

キーコンピテンシー
Key Competencies

OECD（経済協力開発機構）が1997年から2003年にかけて行った DeSeCo（能力の定義と選択：Definition and Selection of Key Competencies）というプロジェクトで開発した能力概念。このプロジェクトの背景には，多様性と相互依存性が増大する現代世界では，個人としても，また社会としても新しい能力の開発を要求されているという認識がある。キーコンピテンシーは三つのコンピテンシーとその中核にある「思慮深さ」から構成されている。思慮深さはメタ認知（自分の思考そのものを対象とした思考），創造的能力，批判的なスタンスの確保を含み，自己の経験全般（自己の思考や感情も含む）を批判的に吟味し，状況に応じた思考や行動の変革を行う能力を意味する。三つのコンピテンシーは「相互作用的にツールを用いる」「異質なグループにおいて，相互にかかわりあう」「自律的に行動する」という三つのカテゴリーからなっている。「相互作用的にツールを用いる」は，言語・知識・技術のような認知的・社会文化的・物理的ツールを用いて世界と積極的に対話を行う能力である。「異質なグループにおいて，相互にかかわりあう」は他者との間に，互いを尊重し，共感的に理解し合える関係を構築し，目標達成に向かって効果的に協力でき，葛藤を解決していく能力である。「自律的に行動する」は自分の人生の目標を立て，人生の意義を自覚するとともに，自分の行動に責任をもち，自己の権利やニーズと社会に対する責任を整合させることができる能力である。

キーコンピテンシーは，PISAの理論的枠組みを構築しようとする試みであり，日本においても，PISA型学力を目指した教育実践やPISA型学力も調査しようとする学力調査（「全国学力・学習状況調査」）のB問題という形で大きな影響を与えている。キーコンピテンシーは，「健康と安全」「経済的な地位・資源」といった「個人の人生の成功」と「経済生産性」「生態学的持続可能性」といった「うまく機能する社会」の双方を実現するために必要な能力として構想されたものであり，持続可能性を根幹的価値として組み込んでいるという点で環境教育との関連は深い。

〔荻原　彰〕

規制的手法
regulatory measure

環境保全のための政策手法の一つが「規制的手法」であり，「直接規制的手法」と「枠組規制的手法」の2種類がある。「直接規制的手法」は，社会全体として達成すべき一定の目標と最低限の遵守事項を示し，これを法令に基づく統制的手段を用いて達成しようとするもので，生命や健康の維持のように社会全体として一定の水準を確保する必要がある場合などに効果が期待される。大気汚染防止法による硫黄酸化物やばい塵等の排出基準や，水質汚濁防止法による排水基準等が一例であり，「エンドオブパイプ手法」とも呼ばれる。ただし，汚染物質とその影響を特定する必要があるので事後的な対処に限定されるほか，基準を超えた削減のインセンティブが働かず，監視や行政処分など高い政策コストがかかるなどの限界がある。「枠組規制的手法」は，目標を提示してその達成を義務づけたり，一定の手順や手続きを義務づけることなどによって規制の目的を達成する手法であり，規制を受ける者の創意工夫を活かしながら，予防的・先行的な措置を行う場合に効果が期待される。化学物質排出把握管理促進法（PRTR法）による届出制度はその一例である。このほかの環境政策手法として，「経済的手法」「自主的取組手法」「情報的手法」「手続的手法」などがある。

〔花田眞理子〕

逆転層
inversion layer

気象学の「逆転」とは，高度による気温の変化が通常と異なる場合をいう。一般的に高度が上がると気温が下がるが，高度の高い部分の気温が高く，高度の低い部分の気温が低くなっている大気の層を逆転層という。

通常は高温の大気は密度が低いので上昇し，対流が起こるが，逆転層ができると密度の低い，重い大気が下部にあるため対流が起こらない。そのため地表面に大気が滞留し，濃霧やスモッグによる健康被害の原因となる。逆転層は秋・冬に放射冷却によって，地上付近の大気が冷やされて逆転が起きることが多い。

また，寒流によって冷やされた大気が陸地に流入して暖かい空気の下に潜り込むときにも逆転現象が生じる。
(中地重晴)

キャリコット，ジョン
Callicott, John Baird

米国の哲学者（1941-）。1971年に大学で「環境倫理学」を世界で初めて講義した。**環境倫理**・環境哲学では先駆的存在。環境倫理学において人間中心主義とも**動物解放論**とも異なる第三の立場といえる，倫理的全体論の可能性を示した。すなわち，共同体の概念を動植物・土・水を総称した「土地」にまで拡大したレオポルド(Leopold, Aldo)の「**土地倫理**」の全体論的な環境倫理学を継承し，人間や動物といったいわば「点」から「全体」としての生態系に目を向け変え，そこにある内在的価値を認め，生物多様性確保を主張した。
(桝井靖之)

キャンプ
camping

〔語義〕広義においては，自然の中での生活や，その中で自然体験をすることを意味する。さらには軍隊の基地・駐屯地や競技スポーツチームの合宿，家族や友人たちとのファミリーキャンプ，オートキャンプなども含むものである。

ただし本項では教育的なねらい・目標をもち，指導体制を整えて組織的に行う「組織教育キャンプ」について環境教育の観点から述べる。「組織教育キャンプ」には①組織的な生活をするための共通の理念・目標をもつ，②その目標の達成のためのよく訓練された指導者がいる，③目標達成のための計画されたプログラムをもつ，④自然環境の中での民主的で組織的な共同生活を体験する（そこでは，「為すことによって学ぶ」という体験学習が強調される），⑤したがって，宿泊施設は必ずしもテントにこだわらず，キャビンやロッジなど固定宿泊施設も利用されることがある，という要素や特徴がある。

〔歴史〕米国東部では19世紀から野外での体験を重視した教育をとり入れた先駆的な教育実践の試みが始められた。これら初期の実践は少年たちに自然の中での生活を体験させることが彼らの人格的成長につながるという信念に基づいたものである。手法的には素朴なものであるが，長期の野営生活や自然そのものを体感すること，また長距離の徒歩旅行など冒険的な要素も折り込まれている。

その後20世紀に入って米国各地でYMCA, YWCA, ボーイスカウト，ガールスカウトなど民間の青少年団体の間で多くの教育キャンプの実践が始まった。活動内容も芸術，クラフト，音楽，ダンス，自然科学などの活動が加わって，キャンプの教育的価値は一層強調されるようになる。これらは同時代の教育哲学者デューイらの進歩主義，経験主義教育の思想から大きな影響を受け，その教育哲学を組織教育キャンプという現場に応用しようとしたものである。

日本では乃木希典が学習院の院長として1907年に始めた神奈川の片瀬海岸における天幕生活「夏季遊泳演習」，1920年には大阪YMCAのボーイスカウト活動「少年義勇団」が六甲山麓の南郷山で2週間のキャンプ生活を行っている。また東京YMCAは1932年，少年長期キャンプ「野尻学荘」をスタートさせ，現在も毎年夏に実施されている。(西村仁志)

参 江橋慎四郎・今井鎮雄編『キャンプの基礎』(日本YMCA同盟出版部，1986)

牛乳パック再利用
recycling of milk carton

米国で開発された屋根型紙パックは1961年頃日本で使用され始め，1964年の東京オリンピックでの採用をきっかけに，スーパーマーケットの普及や，学校給食での使用とともに急速に広まった。

日本の紙パックの生産量は年間約21万トンで，うち飲用牛乳が占める割合は約60％あまりで，紙パックの原料紙が「ミルクカートン」と呼ばれているゆえんである。最近ではアルコール飲料の紙パック充填が増加しつつある。なお，牛乳容器全体に占める紙パックの割合は2010年時点で85％である。

飲用牛乳は瓶に充填され宅配される場合，

使用後の空き瓶はメーカーに戻されて再利用されるが、使い捨て容器である紙パックに替わることにより、使用後の容器はごみとなる。「紙パックに使用されているミルクカートンは上質であり、廃棄するのはもったいない」という市民の思いを汲んだ富士市の製紙会社が「洗って、開いて、乾かして」という条件で原料としての受け入れに応じたことがきっかけで、牛乳パックの**リサイクル**が始まった。「使い捨てはもったいない」という思いが事業者に伝わったという感動が都市型消費者団体に共有され、全国的な回収運動に波及した。これにより回収量が増え、日本独特のリサイクルシステムとなった。

容器包装リサイクル法が制定された1995年当時、全国で約14％の回収実績であったが、多くの市民が協力している状況に環境庁（当時）が応え、同法のリサイクルすべき容器に牛乳パックが含まれることとなった。法の施行とともに回収は進み、現在では障がい者団体が生活の糧を得る事業活動として持続させている。

1994年には13.4％だった使用済紙パックのリサイクル率は2010年には33％に達している。環境学習の場において、工作材料として再利用されたり、中紙を水にふやかして「紙漉き」材料として利用されることがある。

（原田智代）

救命艇の倫理
Lifeboat Ethics

ギャレット・ハーディンが1974年に提唱した資源分配についてのボートによる比喩。60人乗りのボートに50人すでに乗っていて、そのまわりの海に100人の人が投げ出されて、助けを求めて泳いでいるとし、その100人を10人分しか余裕が残っていない「先進国」のボートに上げるのかどうかという問題を設定。先進国のボートには乗せないで先進国の次世代が将来生き残るための環境や資源を確保しておくべきだという考え方を提示した。それはただ単に先進国の利益のみを守るためではなく、人道的な行為、正義に固執するあまり、かえって両者が共倒れになってしまう最悪の事態を回避するための辛苦の選択であるという。つまり彼は、「完璧な正義が完璧な破局を生む」とし、途上国への援助を否定し先進国の次世代の権利を守ろうと主張した。

しかし、この主張に対しては多くの批判が出た。主要な批判には次のものがある。①そもそも地球に二種類の救命ボートがあるとする単純なたとえでは現実は汲みつくせない。同じ空気を吸い同じ地球資源を共有している中で、片一方が沈めばそれによる悪影響は多かれ少なかれもう一隻にも及ぶと考えられる。②今日では、先進国の企業が多国籍企業化し発展途上国にも入り込み、経済的に大きく関わっている。したがって先進国と発展途上国が同じ「**宇宙船地球号**」に乗っているという視点が何よりも必要である。

（桝井靖之）

教育基本法
Basic Education Law／Fundamental Law of Education

教育基本法は、日本国憲法のもとで公教育のあり方全般を規定する法律である。

1947年に制定された旧教育基本法は、日本国憲法における基本的人権の尊重、国民主権、平和主義の理念を公教育において具現化し、「教育を受ける権利」を明記した法律として国民の間に定着した。しかし2006年には、「21世紀を切り拓く心豊かでたくましい日本人の育成」という目的のもとで旧法が改正され、新しい教育基本法が成立した。改正に至る過程で、「『公共』に主体的に参画する意識の涵養」「伝統文化の尊重」「愛国心の涵養」等に関して賛否両論の議論がなされたが、旧法が掲げてきた「個人の尊厳」「人格の完成」「平和的な国家及び社会の形成者」等の基本理念は残された。

新教育基本法の第2条の4項で「生命を尊び、自然を大切にし、環境の保全に寄与する態度を養う」との条文が新たに規定されたこと、第17条で政府が教育振興基本計画を策定することが規定され、その中に「**持続可能な社会の構築**」「**環境教育の推進**」が盛り込まれたことは、環境教育に関する法的条件が整備されたこととして意義がある。しかし教育

基本法の改正自体が，その時代の政治的要求に合わせてなされているので，新教育基本法のもとで環境教育がどのような方向に向かっていくのか見極めていかなければならない。

(小玉敏也)

教科横断的学習
cross-curricular learning

単元または内容・課題が，一つの教科等だけではなく複数の教科等にわたって行われる学習。教科横断的な学習は，各教科・道徳・特別活動・総合的な学習の時間などの枠は残しながら，特定のテーマに関する学習内容や活動を関連づける学習で，「知の総合化」の視点から教科等の**カリキュラム**を見直そうというものである。教科横断的に編成されたカリキュラムを**クロスカリキュラム**という。

2008（平成20）年度の中央教育審議会答申「幼稚園，小学校，中学校，高等学校及び特別支援学校の学習指導要領等の改善について」は，「社会の変化への対応の観点から教科等を横断して改善すべき事項」の中の7つの事項として，情報教育，ものづくり，キャリア教育，**食育**，安全教育，心身の成長発達についての正しい理解，とともに環境教育を挙げている。

また学習指導要領では，「**総合的な学習の時間**」においても，環境教育を体験的・問題解決的な学習を通して，教科横断的・総合的に深めるものとしている。すなわち総合的な学習の時間の中だけではなく各教科・道徳・特別活動などと関連させ，各教科等の環境に関わる内容・目標・実施時期などとも関わらせながら教科横断的に環境教育のカリキュラムを組み立てていくことが大切である。

(飯沼慶一)

教科等と環境教育
school subjects and environmental education

2007年刊行の『**環境教育指導資料**』（以下「指導資料」）では，**環境教育**を，各教科，道徳，特別活動，**総合的な学習の時間**の中で，それぞれの特性に応じて，相互に関連させながら学校教育全体の中で実施するものとして位置づけている。そして，その教育課程の編成に当たっては，おのおのの教科等の中で，あるいは教科等間で関連を図りながら，環境に関する学習の充実に配慮すべきとの見解をとっている。なぜなら，「環境」という概念は，広範囲かつ多面的であり，横断的・総合的な取り組みを必要とする課題であるととらえているからである。

近年の教科等における環境教育は，総合的な学習の時間を中心としながらも，社会科，理科，**生活科**，家庭科等において全国の学校で取り組まれてきた。その指導は，教科の目標を踏まえた上で，指導資料の中の「環境をとらえる視点」（循環・多様性・**生態系**・**共生**・有限性・保全）に基づいて学習内容を整理するという方式がとられている。例えば家庭科では，「循環」という視点で「水や洗剤を無駄にしない洗濯の仕方」を教えるとすれば，洗濯の手法だけ教えていた従来の授業から脱皮して，水資源・水質汚濁・消費者行動の問題まで視野に入れた授業が可能になる。

これまでに環境教育では，社会科と理科に関する授業事例が特に多数蓄積されてきた。そこで以下では，この2教科での環境教育の取り組み方を紹介する。

社会科では，小学校を例にとれば「地域の産業や消費生活」「地域の地理的環境」「日本の国土と自然」「日本の産業と国民生活」「政治の働きと考え方」「国際社会における日本の役割」等の内容が，環境教育の視点から指導されてきた。例えば，地域のごみ処理の仕方を学び3Rの活動を実践するという授業や，国土の森林資源の豊かさを現地見学と環境保全関係者の話から学ぶといった授業が，社会科における環境教育の典型的な事例であろう。そのような授業を設計する際は，①地域の自然・文化・産業等の特質や課題を重視する，②生産・流通・消費・廃棄のサイクルから社会的事象をとらえる，③社会的な参加・体験活動を十分に取り入れる，といった観点が重要である。また，低学年との接続に留意すれば生活科との指導内容の系統性を踏まえることが重視され，中等教育との接続に留意すれば「国際社会や将来世代との関係性」や「持

続可能な社会構築の理念」を視野に入れた指導も重要となってくる。
　理科では、そもそもこの教科で扱われている自然の事物・事象のほとんどが、環境教育の科学的基礎としての意味をもっていた。例えば現在の小学校理科は、エネルギー、粒子、生命、地球の4領域に分けられているが、その内容の大部分は環境教育の前提としても不可欠なものばかりである。さらに、グローバルな環境問題（**酸性雨・オゾン層の破壊・地球温暖化**）やローカルな環境問題（身近な湖沼の**富栄養化・水質悪化**）などの「環境問題」についての科学的説明や、それらを体験的に理解するための観察・実験も、部分的に学習内容として含まれてきた。また理科では、教科の目標として「科学的自然観の育成」が標榜されてきたが、自然や環境を科学的に見ようとする態度は、環境教育にとっても重要な態度といえる。さらに理科では、環境や生命を尊重しようとする態度の育成も目指されてきた。例えば、少なくとも一部の実践においては、食物網や生産者・消費者などの生態学に関わる概念の学習は、**生物多様性**の重要性を認識させることにつなげられてきたし、発生のような精妙な生命現象の学習は、生命尊重の意識につなげられてきた。科学の観点のみを過度に重視することは独善的・一面的な思考を生み出すおそれがあるものの、ヒト・生物・環境への科学的な理解、それに基づく科学的な自然観、さらには生命尊重の態度は、環境教育の目的とも重なる部分が大きい。
　以上のような学校の教科等における環境教育は、日本に環境教育が普及・定着する過程で大きな役割を果たしてきた。しかし現在では、いくつかの課題も顕在化している。まず、小学校では、学級担任による横断的・総合的な取り組みが中学校や高等学校と比べると実施しやすいものの、教師の得意分野や環境教育への熱意によって、環境教育に関わる学習内容や学習方法が大きく左右されてしまう。一方、中学校や高等学校では、教科・科目の担当が異なるための連携不足、学区の広域化による地域との結びつきの希薄化、受験を意識した指導などによって、横断的・総合的な環境教育の取り組みは小学校ほど実施されていない。そのため近年では、環境教育を行うための独立した教科が必要ではないか、という議論も提起されている。（小玉敏也・福井智紀）

教材・教具
　　　　teaching material(s)・teaching instrument(s)

〔語義〕教材とは、一定の教育目的を達成させるために選択された教育の具体的内容・文化的素材、あるいはそれを学習に適するように構成し直したものと定義できる。教材と教具を、ほぼ同一の対象を意味するものとして「教材教具」と連語で呼ぶ場合もあれば、教育目的を達成するための材料や内容を教材といい、教材を効果的に学習者に習得させるための道具を教具と呼び、両者を区別する場合もある。
　教材は、教育活動の基本的構成要素である指導者と学習者をつなぐ媒介物として重要な要素の一つである。つまり、教員にとっては教える内容、児童生徒にとっては学習する内容である。このような教育と学習の意味する立場の違いは、環境教育と環境学習においても同様にとらえることができる。
　教材には、主に書籍をはじめとする資料や各種の道具などが該当するが、物品のみにとどまらず、人材・自然環境・地域社会なども学習に用いられれば教材ととらえられることも多い。

〔環境教育と教材・教具〕環境教育においても、様々な教材・教具がこれまでに開発されている。例えば、工場の環境対策をテーマとするカードを用いた戦略思考型ゲームや自然体験の**アクティビティ**事例および授業での活用の仕方について解説されたプログラム集などがある。森林での**フィールドワーク**などは、複数の教材が混在したものととらえることもできるし、あるいはある特定の内容に焦点を絞った学習をすることもできる。
　環境教育の対象者は、幼児から大人までが想定され、発達段階に応じて教材教具を選択しなければならない。また、学習者の興味・関心や既有知識によって、説明型の学習指導、体験型の学習指導などの学習指導法を選択し、

教材の種類を検討する必要もある。例えば、ゲーム、映像、ワークシート、指導者用手引きの利用など、適切な教材の選択が求められる。
〔課題〕近年は、国際化、情報化など社会の変化が大きいため、学習者の興味・関心に応じた新たな教材・教具の開発も必要である。また、環境教育の学習内容の範囲は広範であり、指導者の教材研究は、教育目的を達成するためには重要な仕事となる。
(岳野公人)

共生
symbiosis

複数種が同じ場所に生活する現象を指す**生態学**の用語。種間関係の様態により、マメ科植物と根粒菌の関係のような相利共生、クマノミとイソギンチャクの関係のような片利共生、ヒトの腸内に住むカイチュウのような寄生などに類型化される。

生態学的概念としては、捕食や競争に比して軽視されていたが、近年は様々な種や時間的・空間的スケールで多様な共生関係が報告されている。また、視点や分析手法(分子生物学や同位体分析など)も多様化し、共生関係の研究は生態学の主要分野となっている。**生物多様性**保全の議論では、共生はより広義にとらえられ、地域の生物相が持続的に保全されている状態を指すことも多い。

一方、近年は、「自然との共生」や「共生社会」「多文化共生」などのように、人間と自然、あるいは人間同士が相互に傷つけたり排除したりせず、同じ場所に存在する平和的状態を指す言葉としても使われる。人類の「自然との共生」は環境教育の最も基本的な課題であり、国家間の戦争や民族間、宗教間の紛争は多大な環境破壊を生み出す。人類が平和で**持続可能な社会**を構築していく上で、「共生社会」や「多文化共生」は極めて重要な概念である。学習に際しては、このような社会的文脈と生物学的文脈との切り分けが求められる。
(立澤史郎)

協働取り組み
collaboration／partnership

異なる立場の主体が同じ目的をもって連携する取り組みのこと。環境保全に向け、市民・事業者・行政などの各主体にはそれぞれの役割が求められている。他方、環境課題は社会のあり方が反映されたものであり、社会の仕組みと複雑に関わっていることから、主体間および分野横断の組織間の連携によるアプローチが必要になる場合が多い。例えば、**生物多様性**保全を地域で進める場合、専門家の知見、行政の仕組みづくり、住民の参加、環境保全型事業の推進、そしてそれら担い手の育成など地域全体で取り組まなければ課題の解決は難しい。協働取り組みを行う場合、主体間において目的・目標の共有化、対等性、相互理解、信頼性が重要である。主体間の関係性については「パートナーシップ」という言葉でも表現される。環境省・近畿環境パートナーシップオフィス(EPO)が設置したPS研究会では「パートナーシップには、出会いという始まりから連携、活動の実施へと進む段階性が考えられ、それぞれ段階で役割を担う人材の存在がある」としている。これは協働取り組みにおける**コーディネーター**の有用性とも関連する。また、連携によって生まれた主体間の関係性は社会課題を解決する「**社会関係資本**」であるという認識も必要である。

なお、**環境教育等促進法**(2011年公布)では、法目的に「協働取組の推進」が明記されている。
(原田智代)

京都議定書
Kyoto Protocol

〔語義〕地球温暖化問題に対処するために、気候変動枠組条約第2条の**温室効果ガス**の大気中濃度を安定化させるという目的を達成するための法的拘束力を有する数値目標を規定した議定書(国際会議の議事に各国代表者が署名した文書)。1997年に京都で開催された気候変動枠組条約第3回締約国会議(COP3)で採択されたため、「京都議定書」(Kyoto Protocol to the United Nations Framework Convention on Climate Change (UNFCCC))

と呼ばれる。2005年に発効し，米国・カナダを除くほぼすべての国が参加している（2012年12月現在，191か国と1地域が参加）。
〔内容〕先進国に対し，法的義務のある，温室効果ガスの排出削減義務目標を課す（表参照）。これらの目標達成の手段として，他国での排出削減分を利用する「京都メカニズム」と呼ばれる仕組み（**クリーン開発メカニズム，排出量取引**，共同実施）が盛り込まれている。森林等による温室効果ガス吸収も目標達成に利用できる。制度運用に当たっての詳細なルールは2001年にモロッコのマラケシュで開かれた気候変動枠組条約第7回締約国会議（COP7）で決定され，マラケシュ合意と呼ばれている。
〔経緯〕1992年に採択された気候変動枠組条約には，1990年代末までに先進国の温室効果ガス排出量を1990年の水準に抑えるとの目標が書き込まれていたが，法的義務はなかった。1990年代半ばの時点で，多くの先進国で排出量が増加しており，またその後も増加する見込みであった。
　この状況から，先進国による対策はまだ不十分であるという認識が広がり，先進国のみに義務を課す新たな議定書を1997年までに採択することを目指すことになった。これが1995年にドイツのベルリンのCOP1で合意された「ベルリンマンデート」である。2年間の交渉を経て最終的に1997年12月，COP3にて京都議定書が採択され，2005年に発効した。
〔意義〕京都議定書は，各国に対して温室効果ガス排出削減を初めて法的に義務づけたという点で大きな意義をもつ。温室効果ガスを排出することに何も制約がなく，その責任も問われなかった時代から，排出量の上限を義務化したという意味で歴史的な転換であった。これにより，各国，各地域で**省エネルギー**や**再生可能エネルギー**導入に向けた取り組みが活発化した。また，温室効果ガス削減の方向性を明確にしたこと，京都メカニズムのように経済的な動機づけのある仕組みを導入したことで，環境関連産業・投資を刺激した。
〔課題〕京都議定書は重要な一歩であるが，地球温暖化防止に必要な削減量にはほど遠い。米国が2001年に，カナダが2011年に京都議定書離脱を表明する等，その体制が揺らぐこともあった。また，京都議定書が削減義務を課していない途上国でCO_2排出量が急増していることも課題である。しかし，法的拘束力のある唯一の枠組みである京都議定書を存続させ，これを基盤として対策強化を進めるべきという国が大多数を占める。
　2012年に開かれたドーハ会議（COP18/CMP8）にて，京都議定書を改正し2013年以降も先進国に排出削減義務を課すことに合意した。それは，法的義務の存続が必要であり，また新しい枠組みにおいて途上国に削減義務を課すためには先進国が京都議定書のもとで義務を負うことが衡平性の観点から不可欠とされるからである。一方，京都議定書第二約束期間のもとで排出削減の約束をしていない日本政府に対し，国際社会からは厳しい視線

表　温室効果ガス排出量削減義務目標

	第一約束期間（2008〜2012年）	第二約束期間（2013〜2020年）
対象国	先進国（京都議定書附属書B国）	先進国（京都議定書附属書B国）ただし，日本，ロシア，ニュージーランドを除く
目標値	日本−6％，EU−8％等（全体で−5％）	EU−20％，豪−0.5％，ノルウェー−16％等（全体で−18％）
基準年	1990年（一部例外あり）	1990年（一部例外あり）
対象ガス	CO_2, CH_4, N_2O, HFCs, PFCs, SF_6	CO_2, CH_4, N_2O, HFCs, PFCs, SF_6, NF_3

が注がれている。 　　　　　　(伊与田昌慶)

極相
climax (vegetation)

　植物群集の生態遷移の最終段階として，群集の種構成が安定平衡に達している状態のこと。気候により唯一の極相タイプがあると主張されたこともあるが，実際は土壌や地形等の条件により複数の極相が存在するし，極相に達した森林も，風雨等により小規模な破壊を伴いながら変化を繰り返している。熱帯から亜寒帯にかけての非乾燥地では極相は森林になるが，過度の低温，乾燥にさらされる厳しい環境条件下では草原や荒原（植物の被覆が連続しない荒野）が極相になる。南西日本における森林伐採後の**遷移**では，最初の明るい環境でマツやハンノキなどの陽樹が繁栄するが，樹冠が広がるにつれて，暗い林床でも生育できるブナやシイ類，カシ類といった陰樹が進入し，最終的にこれらの樹種が優占するようになる。**里山**は人の手が入ることによってこの遷移が中間段階に保持されていたものであるが，放置されるようになると鬱蒼とした極相林へと変わっていく。 　　(溝田浩二)

清里フォーラム
Kiyosato Forum

　1987年9月，山梨県清里高原のキープ協会を会場として，環境教育，自然保護教育や**野外教育**に携わる全国の有志93名が集まって開催された。現在の公益社団法人**日本環境教育フォーラム（JEEF）**誕生のきっかけとなったネットワーク集会である。環境問題を担当した新聞記者と，環境庁（当時）職員，環境教育NPOらが，日本各地で環境教育に取り組む実践者のネットワークづくりの必要性を感じ，呼びかけの中心となった。これに応じて集まったのは国立公園やサンクチュアリのレンジャー，博物館の学芸員，自然保護団体の職員や会員，教員，研究者，行政関係者など，自然体験の現場で中核となって働く人たちや，これから**自然体験活動**を展開していこうという人たちだった。2日間開催され，1日目は参加者からの活動事例の発表，2日目は関心テーマ別に分科会に分かれて討論を行った。当時はまだ環境教育への社会的認知が乏しく，日本各地で孤軍奮闘していた実践者たちがここで出会い，情報やノウハウの交換を行うとともに，今後の活動の発展強化に向けて夜を徹して話し合う場となった。

　翌年からは「清里環境教育フォーラム」に改称され，会期も3日間となり，1991年までの5年間の開催によって最終的には日本型環境教育のあり方について一つの方向性を見いだし，書籍としてまとめることをゴールとした。ここでの議論の成果は1992年『**日本型環境教育の提案**』として出版された。また同年「清里環境教育フォーラム実行委員会」を発展させ，任意団体「日本環境教育フォーラム」が発足する。それ以後この集会は「日本環境教育フォーラム清里ミーティング」として毎年秋に開催されている。　(西村仁志)

魚道
fishway / fish ladder

　川の上流と下流，あるいは川と海（湖）との間に建設されているダムや砂防ダム，堰堤などの河川横断構造物に付設された，主に魚類のための通り道。サケ・マス類などの遡上や産卵，孵化後の降海が可能となるように考案された。しかし，魚類の習性や生態を十分考慮していないためにほとんど機能していない魚道や，上砂や流木がたまってまったく使えなくなっている魚道が多く見られることから，評価や検証が必要とされている。

　　　　　　　　　　　　　　　(小島　望)

キリスト教的自然観
Christian perspective on nature / Christian's view of nature

　欧米におけるキリスト教に基づいた伝統的な自然観は，人間以外の自然は「人間のために」神により創造されたものという人間中心的なものであった。旧約聖書「創世記」において，人間（だけ）が神の姿に似せてつくられたこと，そしてその人間に「産めよ，増えよ，地に満ちて地を従わせよ。海の魚，空の鳥，地の上を這う生き物をすべて支配せよ」

（創世記1-28）と神が命じたことに基づくと考えられている。

キリスト教はパレスチナの荒野という厳しい自然環境の中での人間の暮らしを背景に生まれてきたこともあり、人間の自然への関わり方は対峙、開拓、克服、支配、搾取といった関係に象徴される。また自然を保護し、管理するのも人間の務めであるという人間中心的な発想もこうした自然観から生まれてきたといえる。

フランチェスコ修道会の創設者であるアッシジの聖フランチェスコ（1182-1226）は人類だけではなく、神の被造物、天地の森羅万象すべてを兄弟姉妹としてとらえた。自然を直接体験すること、そして自然環境と自らの暮らしとのつながりを確認することから、神が創造した自然への畏敬の念と、人間は自然との分かつことのできないつながりの中で生かされているものであるという、主流のキリスト教とは異なる自然観を示している。

（西村仁志）

釧路湿原
Kushiro Marsh

北海道東部にある日本最大の湿原（面積18,290ha）。国の特別天然記念物タンチョウをはじめ、イトウ、クシロハナシノブなどの希少種の生息地、オオハクチョウ、ガン・カモ類などの渡り鳥の中継地として知られる。国立公園、**ラムサール条約**登録地でもある。集水域の森林伐採や河川直線化に起因する土砂流入、農地由来の**富栄養化**、**外来種**ウチダザリガニの分布拡大などによりハンノキ林拡大や水生生物の衰退などが生じている。直線化された流路の一部をもとの蛇行に戻す大規模な**自然再生**事業や、ナショナルトラスト活動、タンチョウへの給餌、外来種の除去などの保全活動も行われている。 （生方秀紀）

グドール，ジェーン
Goodall, Jane

イギリス生まれの動物行動学者、霊長類学者、人類学者（1934-）。チンパンジー研究の世界的権威で国連平和大使も務める。26歳の頃よりタンザニアのゴンベ・ストリーム動物保護区でチンパンジーの調査を開始。それまで人類固有のものとされてきた道具を使用する行動や、肉食行動、個体による性格の差などを発見し、霊長類の生態研究に革新的な進歩をもたらした。1977年野生動物研究・教育・保護団体であるジェーン・グドール・インスティテュート（JGI）を設立。若者のための環境教育プログラム Roots & Shoots などを提唱する。現在は環境保護活動家として世界中で講演活動を続けている。 （畠山雅子）

グーハ，ラマチャンドラ
Guha, Ramachandra

Environmentalism : A Global History（1999）などの著作があるインド生まれの歴史家（1958-）。発展途上国側の立場に立ち、先進諸国による**原生自然保護**が、実は発展途上国や少数民族のマイノリティを犠牲にしていると訴える。つまり環境問題の原因は工業国と発展途上国の都市エリートによる過剰消費および地域紛争や軍備増強などによる軍国化にあるが、それには目を向けず、生命中心的な考え方に立ち生物本来の姿の維持を目指す西側の生物学者やその財政的支援者である**世界自然保護基金（WWF）**や**国際自然保護連合（IUCN）**などの機関を、発展途上国の地元住民のニーズをまったく考慮しない不公平な保全活動に走っていると批判する。またこの環境保護運動という正義の名のもとに地元住民が逆に無視されて自然環境とどのように付き合うかということへの主導権が奪われていく状況が、過去の西洋による植民地支配と産業開発の歴史の延長線上にあることも指摘する。 （桝井靖之）

クリティカルシンキング ➡ 批判的思考

クリーンエネルギー
　➡ 再生可能エネルギー

クリーン開発メカニズム（CDM）
　　　Clean Development Mechanism

〔語義〕クリーン開発メカニズム（CDM）は，京都議定書に規定されている制度で，途上国と先進国が共同で**温室効果ガス**の削減事業を途上国で実施し，これによって生じた削減分の一部を削減クレジットとして先進国の排出削減目標の達成に利用できる仕組みである。COP3でCDMが京都議定書に含まれた後も具体的なルールに関する交渉が続けられ，COP7（マラケシュ）で最終合意に至った。CDMも各国の削減対策の補完的なものと位置づけられている。CDMでは，①原子力によるクレジットは控える，②**政府開発援助**（ODA）の流用は禁止，③吸収源の利用は基準年排出量の1％以内に制限する，などのルールがある。この制度において，CDMがない場合には実施できない事業であること（「追加性」と呼ばれる）と，途上国の「**持続可能な開発**」に貢献することが重要な視点である。

〔CDMプロジェクトの内容〕CDM事業には，発電施設の効率改善，再生可能エネルギー・コージェネレーションの設置，廃棄物処理方法の改善，ハイドロフルオロカーボン（HFC）の破壊などがある。最近は，**再生可能エネルギー**利用のプロジェクトの登録件数の割合が多くなっている。CDM事業として，2012年11月時点で，4,915件のプロジェクトが登録され，10.25億トンCO_2換算以上のクレジットが発行されている。

〔課題と展望〕CDMは，削減量算定に当たって「ベースライン＆クレジット」の方法を使用する。これは，プロジェクトがなかった場合を基準とすることから，このベースラインの設定が適切であるかどうかが重要であり，プロジェクト実施によって二酸化炭素の排出が増加するおそれもある。

　煩雑な審査と認証が行われている一方，途上国にとって適切な事業が実施され，環境保全に貢献しているかどうかが問われる。クレジットの発行に偏りがあり，中国（約51％），インド（約19％）を中心としてアジア地域と南米に集中していることも課題であると指摘されている。

　京都議定書の第二約束期間でもCDMは継続されるが，数値目標をもたない日本などは，そのクレジットの国際的な獲得・移転を制限されることが，COP18で決まった。　（田浦健朗）

グリーンカーテン
　　　green wall

建物の外側に植物を成長させカーテン状にしたもの。日照を遮り，植物の蒸散熱による冷却効果をねらったエネルギー節約の取り組み。夏の猛暑にエアコンで対処すると，屋内は涼しくても都市全体には熱が放出される。この悪循環を回避し，年間消費ピークである夏の電力消費を抑制することがねらい。ヘチマやゴーヤなどのつる植物が多用されている。効果が体感でき，作物を収穫できる楽しさもあることから，問題意識向上の環境教育や社会貢献として学校や企業などでも取り組まれている。　（金田正人）

グリーン経済
　　　green economy

持続可能な開発と貧困削減のために，環境保全と経済成長の両立を求める経済のこと。ただし，グリーン経済の定義をめぐっては世界でも見解が異なり，統一された解釈がないのが現状である。2012年6月にブラジル・リオデジャネイロで開催された「**国連持続可能な開発会議（リオ＋20）**」は，グリーン経済を主要な議題としたが，各国の思惑が交錯してその定義はあいまいなまま終わった。成果文書ではグリーン経済のことを，「持続可能な開発を進めるための重要なツールである」としつつ，「その実現方法は各国に任せる」として明確な定義を避けた。

日本政府がリオ＋20に提出した政府案によれば，グリーン経済を「自然資源や**生態系**から得られる便益を保全・活用しつつ経済成長と両立する経済のこと」とし，「その実現のためにグリーンイノベーションをはじめとする様々な手法や経験を各国が共有することが

求められる」と位置づけた。
　グリーン経済の考えを牽引しているのは，**国連環境計画**（UNEP）と経済協力開発機構（OECD）である。UNEPは2008年10月に「グリーンエコノミーイニシアティブ」を立ち上げてグリーン経済の調査分析を開始。その考えは三つの報告書にまとめられている。一つは，2008年9月にILO（国際労働機関）と共同で発表した「グリーン雇用報告書」。二つ目は，2010年10月の**生物多様性条約**第10回締約国会議（COP10）で発表した「生態系と生物多様性の経済学（**TEEB**）報告書」。三つ目は，2011年2月に発表した「グリーンエコノミー報告書」である。
　一つ目のグリーン雇用報告書は，雇用の創出を示したもの。環境関連の製品・サービスの世界市場は2020年までに2兆7,400億ドルに拡大し，その約半分をエネルギー効率向上の製品・サービスが占めることや，2030年までに**再生可能エネルギー**分野で2,000万人以上の新規雇用が創出されることなどの推計を報告した。
　二つ目のTEEBは，生物多様性の経済的な価値を評価し，その重要性を指摘したもの。生物多様性の毎年の損失は世界のGDPの6～7％に相当することや，認証農作物などの生物多様性配慮製品の市場が今後拡大することなどを指摘した。また，国民経済計算に生物多様性の価値を盛り込むことを提案した。
　三つ目のグリーンエコノミー報告書は，世界のGDPの2％をグリーンエコノミーへのシフトに投資することで，資源を枯渇させて**温室効果ガス**を大量に排出する「ブラウンエコノミー」から，資源効率が高く低炭素な「グリーンエコノミー」に移行できると指摘した。
　UNEPが訴えたのは，環境と経済的な成長は両立できること，それは新規雇用を生むこと，グリーン経済により**地球温暖化**や**生態系サービス**の損失などの問題を避けられることなどであった。その実現のためには自然資本への投資が重要であるとする。水や大気や土壌などを「自然資本」というストックとみなすと，自然資本は人類に様々な恩恵（生態系サービス）を与え，暮らしや産業活動を支えている。世界人口が増大し資源制約が高まる中，人類はこの自然資本を枯渇しないようにしなければならない。そのためには国民経済計算に自然資本のストックと生態系サービスのフローの価値を盛り込むべきであることや，グリーンイノベーション（技術革新）によってエネルギー効率や資源効率を高めることを提案した。
　一方，OECDは2011年5月に「グリーン成長戦略報告書」を発表し，グリーン成長のためのツールや進捗状況をみる指標などを打ち出した。欧州連合（EU）もまた，2011年9月に「資源効率的な欧州へのロードマップ」を発表した。
　これらの流れをうけ，リオ＋20では，自然資本に大きな注目が集まった。UNEP金融イニシアティブは「自然資本宣言」を発表し，投資先企業のリスク分析に自然資本への依存度を考慮するとした。また，世界銀行は生態系サービスの価値を国家会計システムに組み込む「WAVES（生態系価値評価）」を既に実施しており，リオ＋20では50の国が自然資本の価値を国家会計に，50の企業が企業会計に盛り込むことを目指した「50：50プロジェクト」を発表した。今後，企業の情報開示にも自然資本の考えを盛り込むことが重要になる。
〔藤田　香〕

グリーンコンシューマー
green consumer

　環境を配慮して購買決定を行う消費者をいう。現在の環境問題は**大量生産・大量消費・大量廃棄**社会の中で出てきたもので，消費者中心の高度消費社会と密接に関係しており，人々の消費行動は環境問題に大きな影響を与えている。そこで消費者が自らの選択により，環境保全型経済社会を構築しようとすることが求められている。具体的には，必要なものだけ買う，商品のライフサイクルアセスメント（LCA）を取り入れて資源調達・生産・流通・使用・廃棄の段階でできるだけ環境負荷の少ないものを選ぶ，**リサイクル**や再生できるものを選ぶ，再生品や包装がないものを選

ぶ，食品も添加物に気をつけ**地産地消**のものを選ぶ，レジ袋を不要にするマイバッグを持参するなど，**環境負荷軽減**と安全性を重視した消費行動をする人がグリーンコンシューマーといえる。環境負荷は小さいが，高額な商品に対しては，市場拡大の目的とする国や自治体による補助金や減税措置の制度もある。太陽光パネルや，**太陽光発電**住宅，エコカーを購入した場合，自動車取得税や自動車重量税を免除や減税するなどにより，消費行動を誘導する経済政策もある。こうした予算により大きく変動する政策がなくても消費者自身が環境によい行動をするには，さらなる消費者教育，環境教育が必要になる。類語として「グリーン購入」や「グリーン調達」がある。

(槇村久子)

クリーンサイクルコントロール
clean, cycle and control (three principles for dealing with chemicals and hazardous waste)

有害廃棄物や残留性化学物質制御のための技術や社会のあり方に対する基本的対処方策として提案された考え方。有害性のある物質の使用は回避（クリーン）し，適切な代替物質がなく，使用することの有効性に期待しなければならないときは循環（サイクル）を使用の原則とし，環境との接点における排出を極力抑制し，過去の使用に伴う**廃棄物**は極力分解，安定化するという制御方策（コントロール）で対処するとの考え方である。世界的に合意が図られてきた廃棄物対策の基本的考え方は，①発生抑制（リデュース），②再使用（リユース），③再生利用（リサイクル）の3Rであるが，これと類似の順位選択概念となる。廃棄物の中でもヒトや環境に被害を与える可能性が高い化学物質や有害廃棄物への対処方策といえる。

クリーン化として，有害化学物質の使用回避を主たる原則において技術開発や政策展開を進めているのが「グリーンケミストリー」で，人体と環境に害の少ない反応物・生成物にする，機能が同じなら毒性のなるべく小さい物質をつくる，などの原則が定められている。クリーン方策である廃棄物発生回避／有害性回避技術が適用できる場面ではその展開が望ましいが，それが不可能な場合やより確実な管理を求める場合，第2のサイクル，第3のコントロールを考えねばならない。サイクル・コントロールの基本的要素技術としては，分離／回収／再利用技術，あるいは分解／安定化／固化といったプロセス技術がある。有害廃棄物を対象とする場合，分離回収利用，無害化，安定化という順序で対策を考えることとなる。まずは分離回収利用が可能となるような設計や再利用を考えた後は，廃製品や廃棄物の有害特性を消去できる無害化を優先することとなる。焼却，溶融といった熱化学処理，化学処理等の本質的な性状転換が図れる無害化プロセスが重要な技術となる。

(酒井伸一)

グリーンツーリズム
green tourism

ヨーロッパで発祥したアグリツーリズムをモデルとした「都市と農村の交流」のこと。農山漁村地域において自然，文化，人々との交流を楽しむ滞在型の余暇活動であるが，近年，スローフード，スローライフや自然や生き物とのふれあいを目的に，従来からのふるさと祭りなどのイベントに参加するものから，農業体験や農村や農業を通じた自然体験まで，都市と農山漁村との交流一般を幅広く指し示すようになった。1994（平成6）年，「農山漁村滞在型余暇活動のための基盤整備の促進に関する法律」（農山漁村余暇法）が制定され，農林水産省が支援に乗り出している。

(関 智子)

グリーン電力
green power

グリーン電力とは，**温室効果ガス**や有害ガスの排出が少なく，環境への負荷が小さい**再生可能エネルギー**によって発電された電力。エネルギー源としては，風力，太陽光，地熱，波力，水力，バイオマスなどがある。日本のような**化石燃料**を外国からの輸入に頼る国でも，相当部分を国産でまかなえる電力である。グリーン電力の利用を広げていく仕組みとし

て，グリーン電力証書が誕生した。グリーン電力の有する地球温暖化防止や地域活性化などの付加価値を評価して証券化し，市場での取引ができるようにしたものである。

(冨田俊幸)

グリーンニューディール
A Green New Deal / The Green New Deal

グリーンニューディールグループが2008年に発表し，新経済財団(NEF, New Economics Foundation) により出版されている報告書 (*A Green New Deal*)，もしくはその内容に沿った政策 (The Green New Deal)。

前者の報告書の正式名称は『グリーンニューディール：信用危機・気候変動・原油価格高騰の3大危機を解決するための政策集』であり，**地球温暖化**，世界金融危機，石油資源枯渇に対する一連の政策提言の概要と，金融と租税の再構築，および**再生可能エネルギー**資源に対する積極的な財政出動の提言で構成されている。

後者は，1930年代の世界恐慌下の米国で，大型公共事業や大規模雇用を進めたニューディール政策によって経済が漸次回復していったという経験に依拠し，それを援用して2008年のリーマンショックを発端とした経済危機を乗り越え，かつ地球温暖化対策や環境関連事業に投資することを進めようとしたもので，米国のオバマ大統領によって戦略的に立案された一連の政策を指す。市場への政府の介入も経済政策も限定的にとどめるという古典的な自由主義的経済政策を否定し，政府が市場経済に積極的に関与するという立場を基本的に採用しており，大規模な財政支出が想定されることがこの政策の特色である。

再生可能エネルギーや地球温暖化対策に公共投資することで，新たな雇用や経済成長を生み出そうとするこのグリーンニューディール政策には注目が集まっており，世界各国でもグリーンニューディールの考えに基づく政策や振興策が検討もしくは推進されている。

(高橋正弘)

グリーンピース
Greenpeace

代表的な国際環境NGO。1971年に米国の核実験に船を出して抗議した人々から発足。名称は環境（グリーン）と平和（ピース）を守る意。本部はアムステルダム，世界40か国で活動。グリーンピースジャパンは1989年設立。企業や政府から一切寄付を受けず，世界で約280万人，日本で約5千人の個人サポーターがいる。方針は非暴力直接行動・政治的中立・財政的独立で，環境破壊の現場で抗議するのも特徴。ネスレに熱帯雨林破壊につながるパーム油の使用を止めさせたり，パナソニックのノンフロン冷蔵庫発売を後押ししたりした。福島第一原発事故以降は脱原発と自然エネルギーの普及に力を注いでいる。

(中野民夫)

グリーンランド
Greenland

グリーンランドは大西洋北部に位置するデンマーク領の世界最大の島。面積の約80%，173万 km^2 を氷床が覆っていたが，近年，北極圏とグリーンランドの氷床が急速に融け出していることが各方面から報告されている。NASAの2012年の観測によるとグリーンランドでは氷床表面の97%で融解現象が起きているという。2002年から2006年の間には，1年間に約248km^3の氷が融け出したといわれ，この融解水量は海面を0.5mm上昇させる量に相当する。グリーンランド沖では，海水が冷却されて氷がつくられることで塩分濃度の高い海水ができ，それが深層に沈み，地球規模の深層海流となっている。グリーンランドの氷床の急速な融解は，淡水の流入量が増すことでこの循環系を止め，地球規模での**気候変動**に影響する可能性も指摘されている。

(中村洋介)

クロスカリキュラム
cross-curriculum

クロスカリキュラムとは，ある特定の主題やテーマについて，複数の教科や科目の内容を相互に関連づけて学習する**カリキュラム**で

ある。こうしたクロスカリキュラムでは、それぞれの教科や科目の学習内容や特性、教育方法、独自性を生かしつつ、ある主題に関するそれぞれの教科からのアプローチを充実させて、児童生徒の学習効果を向上させることをねらいとしている。また、複数の教科で、同時並行的に類似したテーマについて相互に連携しながら学習を進めることもクロスカリキュラムという。こうしたクロスカリキュラムの発想は、イギリスでは1988年に定められた教育改革法によって公教育に明確に位置づけられた。

日本においては、既存の教科は比較的固定的で、新規の教科を生み出すことは難しい。だが、昨今では、環境、情報、国際、人権、平和など、広い視点から総合的に学ぶ学習課題が増えている。そのため、クロスカリキュラムは、従来の教科・科目の枠組みでは学びきれないような特定の社会的問題に対して、教科・科目の枠を越えて横断的・総合的に学習する方法として重要である。環境教育においても、クロスカリキュラムの発想を取り入れて、各教科・科目が独自性を保ちつつ、環境や自然、環境問題をテーマに学習することができる。　　　　　　　　　（今村光章）

⇨ 教科横断的学習

グローバリゼーション
globalization

グローバリゼーションは、経済的グローバル化や、情報や規格のグローバル化など政治、社会、文化までも含んでおり、多義性を有している。直訳をすると「世界の地球規模化」であり、政治、社会、経済、文化の境界や障壁がなくなることで、社会全体の同質化と格差の拡大が同時に進行することを意味する。対の概念として、ローカリゼーション（地域回帰）がある。

グローバリゼーションが進展した時代は、冷戦体制が崩壊した1980年代末であるといわれ、その概念が一般的に使用されだしたのは1990年代に入ってからである。それは政治・軍事や社会・文化などあらゆる領域に及ぶものであり、何よりも経済的グローバリゼーションであった。

経済的グローバリゼーションは、国際通貨基金（IMF）や世界銀行そして世界貿易機構（WTO）といった国際機関と先進諸国を席巻した市場主義的（新自由主義的）政策とともに、旧社会主義諸国や新興諸国の市場経済化によって促進されてきた。経済的グローバリゼーションとは世界の、そして人間生活のあらゆる領域の市場化（商品・貨幣世界化）であるといえる。グローバリゼーションの時代において、自然資源や産業・生活廃棄物のように企業活動や生活から「外部化」し自らの責任範囲外のものとして従来調達・処理してきたものも「内部化」していかなければならない。地球全体として、環境問題が問われなければならず、1992年の**国連環境開発会議**（地球サミット）以降、世界共通の課題として広く理解されてきている。一方、**貧困**ゆえの生存競争的自然破壊や、多国籍企業に見られるような諸企業による自然収奪の諸事実が明らかにされ、根本には社会構造の問題があり、支配・被支配関係に基づく構造的な暴力が環境破壊の原因であることが指摘された。先進諸国でも格差・貧困問題が深刻となるにしたがって、「貧困・社会的排除問題」が社会政策の対象と考えられるようになってきた。地球レベルで考えられなければならない問題はこれまで「地球的問題群」と呼ばれてきているが、グローバリゼーション時代の代表例は、地球レベルの「環境問題」と、人権・貧困・開発問題が深く絡み合った「貧困・社会的排除問題」であるといえよう。両者は、危険社会化と格差社会化、富の過剰と貧困の蓄積の相互規定的対立を深刻化させてきたグローバリゼーションの結果である。いずれも、各国にとどまらず「世界システム」のあり方、特に先進国と発展途上国との深刻な矛盾・対立を伴うもので、今日の地球的な「双子の問題」として同時に取り組むことが求められている。

2002年の持続可能な開発に関する世界首脳会議（WSSD、ヨハネスブルグサミット）では、首脳の政治的意思を示す文書「持続可能な開発に関するヨハネスブルグ宣言」が採択

された。ヨハネスブルグ宣言では，グローバリゼーションのもとで開発，貧困，環境問題を強く関連づけて取り組む決意が語られており，従来の自然と自然科学に基づく環境教育から，貧困や開発，社会的排除問題をも深く結びつけた環境教育として向き合う重要性を提示しているといえよう。　　　　（佐藤真久）

グローブ計画
➡ GLOBE（グローブ）プログラム

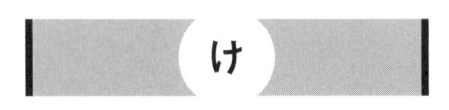

け

景観
landscape

景観とは，ある一定の地域の自然の様子と，そこで暮らし，活動する人々によってつくられた建造物や土地利用など，人間の営為により生み出されたその地域全体の姿を視覚的にとらえたものをいう。人間は周囲の自然環境の制約を受けつつも，それを克服，改変しながら景観を生み出してきたと考えられるため，景観にはその地域で生活する人々の価値観が投影されている。

景観の主たる構成要素により自然景観，文化景観，歴史景観などに分類される。とりわけ文化景観は，地域に住む人々の時間と経験によって育まれ，適切な維持管理は良好な景観を保つことになる。一方，高度経済成長期，バブル経済期を経て地域の開発による土地利用が変化したことで，都市および農村の景観は一変した。1966年には飛鳥，奈良，京都，鎌倉などの古都に歴史的風土特別保存地区が，1975年には城下町，宿場町，門前町などに伝統的建造物群保存地区が設定されたが，一部の地域に限定されていた。それに対し，近年，地域の自然景観，文化景観，歴史景観を保存・修復し，あるいは地域資源の活用，都市再開発，国選定の重要文化的景観や世界遺産への登録運動などまちづくりや地域おこしに活かそうとする動きが高まっている。

2004年6月に公布された景観法は，「日本の都市，農山漁村等における良好な景観の形成を促進するため，景観計画の策定その他の施策を総合的に講ずることにより，美しく風格のある国土の形成，潤いのある豊かな生活環境の創造及び個性的で活力ある地域社会の実現」（第1条）を目的としている。景観を直接規制するものではなく，景観行政団体が景観に関する計画や条例を作る際の法制度となっている。このような法整備は進んだが，少子高齢化の進行に伴う耕作放棄地の増加や里山の荒廃などが大きな問題となっている。相続者がほかの地域へ流出してしまっていることなども，景観保全と有効な土地利用を阻んでいる。良好な景観を維持する上でも，大胆な施策が必要となっている。　　（元木理寿）

経済的手法
economic measure

環境問題の解決を目指す社会的・政策的方法には，大別して**規制的手法**と経済的手法とがある。規制的手法は，政府部門などによる監督・統制によって有害物質の排出等を直接に管理監督し，その排出を一定基準以下に抑えようとするもので，それに対して経済的手法は，市場メカニズムや財政メカニズムを利用して環境の保全を図ろうとする。

経済的手法は，最小の費用で環境破壊を抑制し，長期的には環境改善のための技術革新を促進させる点で，一般に規制的手法よりも優れているが，日本ではこれまで，水銀中毒や気管支ぜんそくといった健康被害が甚大であったため，特定の環境汚染物質の排出を直接かつ確実に抑制することのできる規制的手法の方が重視された。しかし，問題が特定の排出源ではなく，広範囲かつ多様な人々の活動によって引き起こされる**地球温暖化**のような問題の解決に当たっては，経済的手法を導入し，個人や企業に環境問題の解決へと誘導するインセンティブを与えることが不可欠である。

経済的手法には，産業団体による汚染物質削減のための自主的な宣言や，政府と産業団体が協定を結ぶことによって目標を定め汚染物質を削減しようとする自主的アプローチと，

制度によって確実な実行を保障する強制的アプローチがある。強制的アプローチはさらに，**課徴金制度**，補助金制度，**デポジット制度**，**排出量取引制度**の4つに分かれる。「課徴金制度」は汚染物質の排出や利用に対して料金を課すことによって資源の過剰利用を抑制しようとするもので，「環境税」も同様の目的をもつ手法である。「補助金制度」は環境汚染を少なくしたり，環境資源を回復する活動を財政的に支援し奨励する制度である。デポジット制度はこれらの課徴金と補助金の特長を組み合わせようとするものである。また排出量取引制度とは，汚染物質の許容排出量をあらかじめ決めて割り当てておき，市場を通じて売買しようとするもので，直接規制と市場メカニズムの利用の両方の長所を備えている。 〔水山光春〕

経団連自然保護協議会
Keidanren Committee on Nature Conservation

日本経済団体連合会（経団連）の特別委員会の一つで，基金を通じて **NGO** の自然保護活動を支援する組織。経団連は**国連環境開発会議（地球サミット）**前年の1991年に「経団連地球環境憲章」を発表し，1992年には経団連自然保護基金運営協議会を設立して自然保護活動の支援に乗り出した。同協議会が後に現在の名称に変わった。2010年までの10年間の NGO 支援件数は636件，支援金額は16億4,000万円である。協議会は2003年に「自然保護宣言」，2009年に「生物多様性宣言」を発表し，自然保護や生物多様性の分野で産業界を牽引する役割を果たしている。 〔藤田 香〕

下水処理
sewage treatment

下水処理は，人間の生活や事業活動に伴って生じた下水（汚水）を浄化する操作である。主に家庭の台所，ふろ場等からの生活関連雑排水や工場・事業場から排出される下水中には，多くの有機物が含まれ，身近な生活環境の悪化や公共用水域の水質汚濁をもたらす。また，下水中には種々の病原菌が生存し，感染症発生の危険性もあることから，処理して衛生的で安全な水として放流する必要がある。一般に下水は，下水道を通って下水処理場で浄化される。下水処理場は下水道の汚水を浄化し，河川，湖沼，海域へ放流する施設である。2012年現在，日本の下水道の普及率は全国平均で約75.8%である。下水処理場における水処理工程には，物理的処理，化学的処理，生物学的処理があり，通常これらの処理を組み合わせた処理が行われる。具体的には，沈殿池に至るまでに行う固形物等を物理的に分離・除去する一次処理，活性汚泥法といわれる微生物等を利用して有機物の90〜95%を生物学的に酸化分解して除去する二次処理である。さらに二次処理で除去できず，**赤潮**やアオコの原因とされる窒素やリン等を除去する**三次（あるいは高度）処理**が行われる。高度処理された処理水は，水資源の有効活用のため中水（道）として，公園の池や水辺づくり，水洗トイレの洗浄水にも使われる。

身近な公共施設である下水処理場は，家庭や学校から排出される下水が，どのような経路で処理場まで届き，そして処理されるのかを目の当たりに観察することができるので，小・中学生の社会見学先となることが多い。また200mL（コップ一杯）のてんぷら油を川や海に安全に返すためには約60kL（浴槽300杯分）もの水が必要である等，節水以外にも環境への負荷を軽減させるためふだんの生活の中で何ができるかを考えたり，日常生活に密着した視点で学習できる貴重な場となっている。下水処理に多くの電力が使用されていることにも目を向けさせるとよい。

〔坂井宏光・矢野正孝〕

ゲリラ豪雨
guerrilla rainstorm／unexpectable rainstorm

気象学的には明確な定義づけはなされていないが，梅雨前線などに伴う集中豪雨とは異なり，巨大な積乱雲の発生に伴う予測困難で局地的な集中豪雨をゲリラ豪雨と称するようになった。近年，この現象により1時間当たり100mmを超える降雨が観測される場合がある。都市下水は50〜60mm/hを超えると対応しきれない状況にあることから，都市型洪

水を発生させている。
　ゲリラ豪雨が多発する原因として、地球温暖化による海水温の上昇や都市部のヒートアイランド現象が指摘されている。　（元木理寿）

限界集落
genkai-shūraku／marginal village

〔定義〕65歳以上の高齢者が住民の半数以上を占め、社会的共同生活の維持が困難になっている集落。

〔限界集落化のプロセス〕まず、進学や就職等の理由から若年層や後継ぎ世帯が流出し残った世帯が高齢化する。その結果、地域の共同体機能が低下し、社会的共同生活の維持が困難になる。寄り合い回数の減少など、自治活動や地域に残った高齢者の相互交流も乏しくなり、独居老人は孤立化し、やがて生活維持が困難になる。このような過程を経て生まれた限界集落では、耕作放棄地の増加など農林地の荒廃が進み、かつてあった里山の「人間と自然の関係」が崩れ、様々な問題が起きている。一例を挙げれば、かつては里山に人の手が入ることで野生生物との境界領域がつくられていた。しかし、そのような境界領域の里山が荒廃し環境の変化もあいまって、人里にクマやイノシシなどが出没する例が増えていることなどがある。

〔現状〕2010年に行われた総務省調査によれば、全国に限界集落は10,091あり、「10年以内に消滅」もしくは「いずれ消滅」するという懸念をもっている集落は2,796に達している。

〔限界集落という概念の問題点〕限界集落という用語は、山村の実態調査からそこで暮らす人々の生活が困難になっている危機的状況を告発した鋭い問題提起であった。一方で、「限界集落」がやがて消えゆく集落であるととらえられ、経済合理主義的な考え方をする立場から「その地域を維持する財政コストを考えれば、条件不利な地域に住むのではなく近隣自治体や都市等にまとまって移住した方がよい」と主張する者もいる。しかしながら、65歳以上が過半数を占めていても、集落機能が低下していない集落もある。子ども世帯が比較的近隣に居住している場合やある程度の年齢になったら集落にUターンしてきて人口が減らない集落など、「65歳以上が過半数の集落」「やがて消えゆく集落」という概念ではとらえきれない多様な実態がある。また、限界集落と呼ばれる地域に暮らす人の大部分は「ここで暮らし続けたい」と考えている。そのため「限界集落」という響きに違和感を表明する声もあり、高齢者も地域に参画する「生涯現役集落」として積極的に呼び変えようという試みもある。

〔広がる類似現象〕かつては中山間地域で見られていた限界集落であるが、近年平地農村でも同じような過程が見られ始めている。また、都市部でも高度経済成長期につくられた団地において、子ども世帯が移住し残った居住者が高齢化した結果、自治活動などが困難な状態になった「限界団地」の問題も生じている。いずれにせよ、偏った人口構成による地域の荒廃という開発問題としてとらえられる。
（野田　恵）

『限界を越えて』
Beyond the Limits

　ドネラ・メドウズ（Meadows, Donella H.）らが、持続可能な社会を築くための産業構造システム変革や一般市民に何ができるかなどを前向きな視点で論じた1992年刊の著作。本書は1972年に刊行された*The Limits to Growth*（邦訳『成長の限界』）の続編という性格をもつ。ローマクラブが研究者に委託し、人類の経済成長が人口爆発、環境汚染、天然資源の枯渇といった自らの生存を脅かす元凶となっていることに警鐘を鳴らした『成長の限界』は、世界中で29の言語に翻訳され900万部余り売れ世界に衝撃を与えた。その20年後、地球はさらに限界に近づいたか否かをその研究メンバーだったドネラ・メドウズ、デニス・メドウズ（Meadows, Dennis L.）、ヨルゲン・ランダース（Randers, Jørgen）らが、今度はローマクラブの委託を受けずに自ら検証した書が『限界を超えて』である。　（桝井靖之）

原子力安全委員会
Nuclear Safety Commission

1974年原子力船「むつ」の放射線漏れ事故を契機に，1978年原子力基本法を一部改正し，原子力安全確保の企画・審議・決定のため総理府（現内閣府）に設置された機関。2011年の福島第一原発事故を機に，2012年9月に廃止，原子力規制委員会へ統合された。

中立・独立の立場で原子力安全規制を担当したが，規制行政庁（経済産業省原子力安全・保安院，文部科学省等）と違って業者を直接規制できず，東日本大震災のような緊急事態でも原子力災害対策本部長への助言の役割しかできないことから，廃止・統合された。

(木村玲欧)

原子力規制委員会
Nuclear Regulation Authority

2011年の福島第一原発事故をきっかけに，2012年9月に発足した環境省の外局。国家行政組織法第3条に基づく独立行政委員会であり内閣からの独立性が高い。委員会の事務局として原子力規制庁が設置されている。

原子力安全委員会，原子力安全・保安院を統合し，また文部科学省と国土交通省に分かれていた原子力の安全規制等に関する事務を一元化することで，縦割り行政の弊害を撤廃し，原子力利用の安全確保・強化のための対策を作ったり見直しを図ったりすることが目的である。

(木村玲欧)

原子力発電
nuclear power generation

〔定義〕広義では**核融合**反応も含むが，狭義では**ウラン**燃料の**核分裂**反応による熱により蒸気を生成して**火力発電**と同様に電気を生み出すシステム。ウラン235に中性子を照射すると核分裂が生じ，2個以上の別の原子（核分裂生成物）と熱が発生する。この熱を冷却材で吸収し蒸気を発生させる。冷却材には軽水，二酸化炭素，ナトリウムなどが用いられているが，日本の主流は，通常の水を利用した軽水炉である。冷却材に液体ナトリウムを利用する原子炉が高速増殖炉もんじゅである。

〔仕組み〕原子炉で使用する燃料は，核分裂しやすいウラン235を3～5％，核分裂しないウラン238を95～97％の割合で混合し，ペレット状にし，ジルコニウムで被覆されている。これを燃料棒という。燃料棒は多数集合され燃料集合体を形成する。これを収納している容器が原子炉圧力容器（RPV）である。RPVの外側に原子炉格納容器（PCV）があり，それらを建屋が内包している。ペレット，燃料被覆管，RPV，PCV，および建屋を従来は「5重の壁」と称していた。

〔課題〕核分裂生成物は非常に不安定な物質で，自然崩壊して安定した物質になろうとする過程でアルファ線，ベータ線，ガンマー線などの放射線を放出する。第一の課題は，もし事故で放射性物質が環境に放出された場合，時間的空間的被害の巨大さだけでなく，「種の保存に関わる脅威」という本質的欠点を有していることである。第二には核反応により半減期が約24,000年のプルトニウム239が**放射性廃棄物**として生成され，この物質は当面処理管理が不可能とみなされている。なお，出力100万kWの発電所は，1日当たり広島型原爆3個分の放射性廃棄物を出している。

(渡辺敦雄)

原子力ムラ
genshiryoku-mura (nuclear village: nuclear-power development interests)

原子力発電に関わる利害関係を共にする電力会社を中心とした政治家・官僚・研究者の強固な共同体を批判的に表現した言葉。福島第一原発事故（2011年）を契機に，日本への原子力発電の導入・展開・維持に特別な利益をもつ政財官学の人々の存在が注目され，「原子力ムラ」という表現が一般的に使われるようになった。原子力発電および最終処分場の誘致や立地によって，電源三法等による多額の補助金を受け取って財政を賄う地方自治体関係者も，「原子力ムラ」の住人と考えることができるであろう。

(朝岡幸彦)

原生自然(ウィルダネス)
wilderness

人間の諸活動による直接的痕跡の見られない土地(場所)をいう。米国の自然保護黎明期に、保護の対象になった自然環境。エマソン(Emerson, R.W.)やソローらの超越主義思想から影響を受けたミューアは「原生自然こそ人間の精神形成に欠かせないもの」と述べ、動植物だけでなく岩や水などの自然物も神的なものととらえた。西部開拓が進む中、イエローストーンやヨセミテなどの原生自然は開発に任せるべきでないとする自然保護運動の高まりもあって、国が保護する「国立公園」が1872年に世界で初めて制度化された。近年は、原生自然を利用してきた先住民族の権利が自然保護上のテーマとなっている。

(金田正人)

原生林
primeval forest／virgin forest

人工造林されず、埋蔵種子の発芽に始まる生態遷移によって成立している森林を天然林といい、その中で長期にわたって伐採をほとんど受けていない森林を原生林という。過去にわたって伐採をまったく受けていない森林は原始林と呼ばれるが、その面積は世界的にも限られる。天然林、特に低緯度地帯の原生林はその地域の森林に古来から生育・生息していた生物種の多くを現在まで引き継いでおり、生物多様性の高い貴重な生態系として、保全上特に重視される。

(金田正人)

原体験
original experience

ある人間のものの見方や考え方、価値観や行動様式に影響を与えたと考えられる幼少期の頃の体験のことを指す。環境教育の分野では、心理的精神的にネガティブな記憶という意味ではなく、成年に至るまでの子ども期のポジティブな自然体験として限定的に使われることがある。原体験はまた、意図的／計画的に教育によって個人に与えられるものではなく、無意図的／偶発的にある人が体験し、それを将来のある時点で振り返ることができるようになって、意味づけられるものである。

原体験は大きく二つに分けられる。一つは、五感を用いて、触ったり味わったりしたという体験である。例えば、視覚としては、心の中の原風景として残っている場合がある。もう一つは、身体を通じて自然にふれあった体験を指す。川で泳いだり、森で遊んだり、里山で走り回ったりした経験を指す。

原体験は他者によって追体験できず、五感を使う経験と身体の経験が有機的に結びつくとも限らない。しかし、こうした原体験が基盤となって、自然を守りたい気持ちや環境を保全しようとする行動に結びついたりする場合もある。また、自然に関する原体験が濃厚であれば、そうでない場合よりも、環境教育の効果が高くなることも考えられるだろう。原体験を意図して持ち込むことはできないが、自然に関する原体験や原風景が消失しつつあることは環境教育にとっては大きな課題である。

(今村光章)

原発と環境教育
nuclear power generation and environmental education

〔原発に対する環境教育としての論点〕原子力発電(原発)に対して環境教育としてどのように考えるべきかについては、いくつかの主要な切り口(論点)が存在する。

第一に、人間、あるいは人間を含む生物を取り巻く環境への影響という論点がある。2011年3月に発生した福島第一原発事故によって、人々は放射能汚染の脅威を再認識させられた。原発の「安全神話」は崩壊し、今後も「想定外の自然災害などによる原発事故は起こりうる」との認識が広がっている。放射能汚染による人間社会および自然環境への影響を考えると、原発依存からの脱却が重要な課題であり、脱原発を可能にする再生可能エネルギーへのシフトや省エネルギーについての教育の普及および実践が、環境教育の果たすべき重要な役割といえる。

第二に、「持続可能な社会の構築」という観点から原発をどうとらえるかという論点がある。原発の普及・拡大そのものが社会の持

続可能性の脅威ともなるという懸念も大きいが，当面の深刻な地球環境問題である**エネルギー資源**枯渇および**地球温暖化**においては，原発は電力供給のための**化石燃料**の使用を抑制するとともに，発電時に**二酸化炭素**を排出しないので地球温暖化の進行を遅らせていることも指摘できる。

　第三に，原発の稼働に伴う廃棄物の問題をどのように考えるかという論点がある。核分裂反応によって生成されるプルトニウム239は半減期約24,000年の極めて危険な物質である。燃料としてこのプルトニウム239を使用しようとする高速増殖炉が行き詰まっている現時点では，このプルトニウム239を含む**放射性廃棄物**には約10万年の安全管理という重い課題が存在する。そのほかの大量の低レベル放射性廃棄物とともに，原発の稼働に伴って増大する廃棄物問題の対策や処理の負担は，結局次世代以降の人々に託すことにならざるをえず，「**世代間の公正**」という点から大きな問題である。

　上記の3点にまたがるそのほかの重大な論点として，原発を標的としたテロ攻撃や，原爆への転用が容易なプルトニウムの略奪といった問題もある。これらも今後の原発推進の是非を検討する中で，視野に入れておく必要がある。

〔**環境教育関係者と原発**〕原発事故の危険性や原発施設の脆弱性を指摘する意見は，特に1979年の**スリーマイル島原発事故**以降，さかんに出されてきた。しかし，環境問題に対して最も敏感に反応してきたはずの環境教育関係者が，ひとたび事故が起これば環境に多大な影響を与える原発問題に対して積極的に発言してきたわけではない。教育に関わる立場の者が，賛否の分かれる問題に対して価値中立であるべきであるという意識が働いた可能性もある。

　福島第一原発事故以降，放射能汚染への対応，地域の再生・復興，省資源や省エネルギーの実践，未来のエネルギー選択など，持続可能な社会の構築に向けて環境教育が取り組むべき課題は拡大しており，環境教育関係者の役割や環境教育関連学会に対する期待も大きい。そのような中で，教育に関わる立場の者として，原発という賛否の分かれる社会的な問題に対して価値中立的な態度をとるべきか，それとも積極的に発言すべきかについては，避けることのできない大きな選択となろう。

（諏訪哲郎）

原風景
archetypal scene

　幼少時代の**原体験**から形成される様々なイメージのうち，風景のかたちをとっているもの。人工的な風景であることもあるが，一般的に取り上げられるのは昔ながらの懐かしい自然の風景である場合が多い。抱いている原風景が，個人の思想や感性に影響を与えることもある。日本人にとっての原風景としては**里山**がよく引き合いに出されるが，気候や植生・文化の異なる外国の人々はまたそれぞれ異なった原風景を抱いている。原風景は，ある地域の風景が近代化によって変化する以前の懐かしい（共有された）風景という意味でも用いられ，それが郷愁を呼び覚まし，地域生態系の保全に取り組む際の原動力となる場合もある。

（溝田浩二）

こ

ゴア，アルバート
Gore, Albert Arnold Jr.

　米国第45代クリントン政権下の副大統領（任期1993-2001）であるとともに，著名な環境問題の啓発者（1948-）。アル・ゴアと称されることが多い。2006年全米で公開され第79回アカデミー賞最優秀長編ドキュメンタリー賞・最優秀歌曲賞を受賞したドキュメンタリー映画「不都合な真実」に出演，また同名の書『不都合な真実』を2006年に出版し，2007年ノーベル平和賞を受賞。『不都合な真実』は，温暖化により瀕死の状況にある地球の現状について解き明かし，人々に暮らし方や考え方の変更が必要だという「不都合な真実」への理解を迫るものである。同書に対し

ては、いくつかのデータへの異論が存在するが、今日その警告に耳を傾ける必要性が指摘されている。

(桝井靖之)

合意形成
consensus building

合意形成とは、利害関係者の異なる意見を一致させようとする行為を指す。

合意に関する議論には、合意の場をどのように設定するかの「手法」に関するものと、合意という実態をどうつくるかの「内容」に関するものがある。

前者としては近年、多様な主体が対等な立場で参加し、単一の主体（主に政府）だけでは解決できない課題に協働して取り組む「円卓会議」や、専門家ではない一般の人々からなるグループ（市民パネル）が専門家と対話しながら合意の形成を図り、最終的にグループの意見を取りまとめて公の場で発表する「コンセンサス会議」などが注目されている。

一方、後者の内容に関する議論は、何らかの「扱いにくい」社会的・道徳的問題に関して人々の間で意見が分かれており、もはや「道徳的真理」には依拠できない問題に対して、議論を通して合意の内容を一つ一つ積み上げていこうとするものである。すなわち、合意を事実的側面と価値的側面に分けるならば、そこで合意の対象となるのは、すでに事実に関する検討を終えて後、なお残された価値的な側面についての合意である。そこでは、「合意の重なり」「合意の手続き」「合意の制約」「合意のコスト」の4つが主な対象となる。

「合意の重なり」とは、「すべての問題にわたってすべてのレベルで、人々の見解が鋭く対立している」わけではないとの前提のもとに、合意の深さと広がりの両面から合意の重なりについての妥協点を見いだそうとするものである。「合意の手続き」は、論点の設定、情報の提供、議論のスタイル、および結果の処理に関するもので、「合意の制約」は合意後の行為が合意にどの程度制約を受けるかに関するものである。「合意のコスト」とは、合意を単なるアリバイづくりにしてしまわないために、あらかじめ合意にかける手間と時間についての合意をしておこうというものである。

なお、内容に関する究極の合意は「合意できなかったことに合意する」である。

(水山光春)

公害
kogai / pollution

工場の建設や操業、公共事業、自動車や飛行機、電車の運転など、企業等の活動によって、地域住民の健康や生活に予期せぬ被害を発生させてしまうことを公害「おおやけの害」という。初めから被害が予想される可能性があったものは犯罪であり、「私の害」ともいうべきもので、公害とは区別される。

公害は産業化社会の進展とともに発生するようになり、日本では**足尾鉱毒事件**、**水俣病**をはじめとする**四大公害**などがあり、海外でもロンドンのスモッグ、ロスアンゼルスの光化学スモッグなどが知られている。

日本では特に戦後、公害（健康）被害を軽視し、経済発展を優先する政策がとられたことから、大きな公害被害を生むこととなった。四大公害のほか、1960年代、1970年代には「列島総汚染」といわれるほど国中が**大気汚染**、**水質汚濁**に見舞われた。

静岡県の田子の浦では製紙工場からのヘドロが海を埋め尽くし、硫化水素ガスが発生するようになっていた。魚が大量に死に、漁業ができなくなった。東京を流れる多摩川は「死の川」と呼ばれ、洗剤の泡が立ち込め、いたるところに廃油がべったりとつき、悪臭に満ちていた。

1970年7月18日、東京都杉並区の東京立正高校のグラウンドで遊んでいた生徒が呼吸困難になり体育館にいた生徒など計43人が病院に入院した。この日は都内や埼玉県で約6,000人が目の痛みなどを訴えた。これが日本で初めて**光化学スモッグ**が確認された事件である。これ以前は東京から遠く離れたところでの公害事件だったが、光化学スモッグは東京の中央部で発生したため政府に与えた衝撃は大きかった。

こうした事態を無視できなくなった政府は1970年7月、内閣直属の中央公害対策本部を

設置し、わずか3か月で14件の公害関連法案を作成し、12月に成立させた。さらに当時の佐藤栄作首相は公害行政を一元化するため、翌1971年7月に環境庁を設置した。環境庁の発足とともに、公害裁判の影響などから公害対策は急速に進展し、1980年代からは新たに地球環境問題が人類にとっての大きな課題と認識されるようになった。
〔岡島成行〕

公害教育
pollution education／*kogai* education

〔語義〕公害教育とは、激甚であった日本の公害の発生を起点として、日本独自の教育として成立した教育運動および教育思潮であって、**自然保護教育**と並ぶ日本の環境教育の重要な源流の一つである。
〔公害教育の誕生〕1950年代末から1970年代にかけての高度経済成長期には、いわゆる**四大公害**と呼ばれる**水俣病、イタイイタイ病、新潟水俣病、四日市ぜんそく（四日市公害）**などで、多数の健康被害者が出て、社会問題として深刻化していった。それら以外にも局所的に様々な公害問題が発生していった。それらの公害発生地では様々な公害反対運動が展開されたが、その公害反対運動の中で醸成されてきたのが公害教育である。

公害反対運動は、単に公害に対する反対の姿勢を表明するだけでなく、公害という事象がどのようなものなのか、そしてどこに原因があり何をしなければならないものなのか、などについて、公害の被害者側に寄り添って調査し整理した理解を、学習会などを通じて広めていくという活動が行われた。そういった具体的な学習の展開を公害教育の誕生と見ることができる。
〔公害教育の展開〕各地で公害反対の活動を担った人々の中には学校の教員もいたが、当時は学習指導要領の中で「公害」を指導するような記述はなく、当然教科書にも公害関連の記述がない状況であった。そのような状況で、公害教育は公害が激甚であった地域や公害問題に深く関与する教員によって、まず現場での教育実践として開始された。そして、1964年に東京都小中学校公害対策研究会が結成さ

れ、1967年には**全国小中学校公害対策研究会**が誕生した。公害という学習課題が学習指導要領に載るようになったのは、1971年版の学習指導要領からである。それ以降学校教育の中で制度化されることになった。このことをもって、日本の環境教育の歴史の中で制度化されたものは公害教育が最初であり、環境教育の主要な源流であると考えることができる。なお、全国小中学校公害対策研究会は今日の**全国小中学校環境教育研究会**の前身でもある。

著名な公害教育実践としては、沼津・三島地区におけるコンビナート誘致反対運動の中で展開された一連の住民学習、四日市市における学校教育における公害教育の自主編成の取り組み、そして熊本県の中学校教師である田中裕一による水俣病に関する公害教育実践、などが挙げられる。これら以外にも、例えば当時の日教組による教育研究集会には公害教育実践のレポートが多数提出されていて、各地で様々な公害教育が行われていた。

また、公害の影響をより軽微にするという視点に立った「公害に負けない体力づくり」（四日市塩浜小学校）などのような、緊急避難的な健康教育的な公害教育実践も登場した。
〔課題〕四大公害に関する裁判がおおむね終結し、マスメディアで取り上げられる機会が減少するにつれて、公害教育はすでに終わった、もしくは廃れた教育実践となったという意識の広がりもみられる。しかし、公害に関する学習は今日の学校教育の中に連綿と続いている。そして再び公害を発生させない、もしくは公害のような悲惨な問題は二度と起こさせないなどといった高いモニタリング意識を市民がもてるような教育活動は、公害教育の延長線上に位置づけられるべきものである。それゆえに公害教育は現在の環境教育の実践を考える上で、たいへん重要かつ貴重なものとして今なお高い価値をもつものである。
〔高橋正弘〕

公害対策基本法
Environmental Pollution Prevention Act

国、地方公共団体、事業者の公害防止に関する責務を明らかにし、公害防止に関する施

策の基本的な方向性を示した法律。公害対策基本法（1967年）は大気汚染，水質汚濁，騒音，振動，地盤沈下，悪臭，土壌汚染（1970年改正で追加）を典型7公害と定義している。これにより個別法の制定，**環境基準**の設定，個別の規制措置，特定地域における公害防止計画の作成，被害者救済制度の確立等が規定されたが，**環境基本法**（1993年）の制定に伴い廃止，統合された。 （秦　範子）

光化学スモッグ
photochemical smog

大気中に光化学オキシダントやエアロゾルが滞留する現象を指す。光化学オキシダントとは，**窒素酸化物**や炭化水素などが紫外線により光化学反応を起こして生成するオゾンなどの物質の総称で，高濃度になると空気に白くもやがかかる。また，目への刺激や頭痛など人体に健康被害を及ぼす。1945年に米国・ロサンゼルスで初めて観測された。日本では1970年に東京で観測され，その後，都市部を中心として次々に観測された。現在は工場や自動車から発生する窒素酸化物削減の対策が進み，原因物質自体は減少傾向にある。日本における新たな光化学スモッグの原因として，中国からの大気汚染物質の飛来などが指摘されている。 （望月由紀子）

光合成
photosynthesis

緑色植物，光合成細菌など，光化学反応系および炭素固定経路をもつ生物が，クロロフィルなどの色素で光エネルギーを捕捉して化学エネルギーに転換（この過程で水が分解され，酸素が放出される）し，**二酸化炭素**を材料に炭水化物を合成する生化学反応。光化学反応系および炭素固定経路における反応はそれぞれ，明反応と暗反応と呼ばれる。光合成は生態系における一次生産を担い，**生態ピラミッド**を最下部で支えるとともに，二酸化炭素の固定，酸素の放出で地球の大気を安定化させている。光合成を人為的に実現した「人工光合成」の研究も進められており，これが植物よりも効率的で管理しやすい光合成を行

うようになれば，世界が直面するエネルギー問題や**地球温暖化**問題，食糧問題の解決に道が開かれるであろう。 （溝田浩二）

黄砂
yellow dust

ゴビ砂漠やタクラマカン砂漠等の中国北西部やモンゴル等の砂漠域，黄土地帯の乾燥地域から強風により数千メートルの高度に舞い上がった砂塵（黄砂粒）が，広範囲に飛散，浮遊しつつ降下する現象。黄砂は，上空の偏西風に乗って春の時期に日本列島に飛来し，時には空が黄褐色に煙る。人間や家畜等が，黄砂を吸い込んで，呼吸器疾患等，健康に悪影響を与えることがある。さらに，巻き上げられた砂塵が雲の形成を促し，太陽光を吸収して気候へ影響することもある。一方で，陸域の生物やプランクトンの生育に必要なミネラル分を含んでおり，黄砂は土地を肥やす効果がある。また黄砂中の炭酸カルシウム成分が酸性物質を中和し，**酸性雨**の被害を減少させているとの指摘もある。近年，黄砂が飛来する回数や粒子の量は増加傾向にあり，被害地域が拡大している。その原因と考えられる東アジア内陸部での砂漠化は，森林の減少や**地球温暖化**による土地の乾燥のほかに，過放牧，不適切な灌漑による塩分の蓄積や耕地拡大等，農耕や牧畜のあり方と密接に関係している。従来，自然現象とされていた黄砂現象は，今では経済開発の拡大に伴う現地の人々の生産様式の変化と深く関わる人為的な広域環境問題とみなされている。（坂井宏光・矢野正孝）

耕作放棄地
abandoned arable land

耕作放棄地とは，過去1年以上耕作されず，特別な手立てを講じなければ将来的にも耕作される可能性がないと見込まれる農地を指す。同様の用語として農地法で用いられている遊休農地があるが，遊休農地が農地の状況そのものを表現した用語であるのに対して，耕作放棄地は耕作する主体に注目した用語といえる。現在の日本で問題となっている中山間地を中心とした耕作放棄地の拡大は，耕作の担

い手が高齢化したり後継者がいないことが最大の要因である。また，耕作放棄地の発生原因として，安価な農産品が輸入されることなどによる農産物価格の低迷も指摘されている。

耕作放棄地にカヤやススキが生い茂ることで，シカやイノシシなどの野生獣が近隣農地に近づきやすくなり，獣害も一層深刻となっている。有効な対策が講じられない限り，中山間地の農地は耕作放棄地で埋め尽くされかねない状況である。

このような耕作放棄地対策として，農林水産省は2009年に農地法を改正して，所有者不明の耕作放棄地について補償金を供託することで利用できるようにしたり（第43条），多様な耕作主体の参入を促すために農地の貸借の規制を緩和（第3条第3項）したりしている。また，耕作放棄地の再生利用のための支援策も講じられており，その中には市民農園や教育ファームといった農業体験施設の整備も掲げられている。

しかし，これらの施策によっても，急激に進行しつつある耕作放棄地に歯止めをかけることは困難で，さらなる抜本的な対策がなされる必要がある。 （諏訪哲郎）

甲状腺保護剤
stable iodine tablet

安定ヨウ素剤やヨウ素剤ともいい，放射性ではないヨウ化カリウムの製剤である。首の前面にある甲状腺は，甲状腺ホルモンなどをつくる器官であり，ヨウ素が集積される。原発事故などで放出された放射性ヨウ素131は，半減するには約8日を要する。これが呼吸や飲食によって体内に取り込まれると，その一部は甲状腺に集積される。**放射線**を放出するため，内部被曝による甲状腺がんや甲状腺機能低下症などを引き起こす原因となる。そこで，放射性ヨウ素が体内に入る前あるいは直後に，本剤を服用することで，新たな放射性ヨウ素が体内に取り込まれるのを防ぐのに効果的とされる。ただし副作用の可能性もあるので，医療関係者や災害対策本部の判断・指導のもとで服用するのが原則である。 （福井智紀）

洪水
flood

河川の流量や水位が通常より急激に増加し，河道から氾濫すること。災害の有無と無関係に，単に平常時よりも河川が増水する現象を指すこともある。集中豪雨や台風などによる降雨によって生じることが多く，河川の水が堤防を越えたり，堤防を破って氾濫したりする場合もある。河川敷の地形や河川流路を大きく変え，あふれた水が周辺の低地に位置する家屋・農地・道路などに被害をもたらす。また，積雪が短期間で融けて一度に流れ出すことで水かさが増し，大水となって周辺地域に災害をもたらすこともある。このため堤防などの構造物によるほか，ダムの建設，水路の改修などによる洪水対策が行われている。近年東京では地下に巨大な調節池をつくり，豪雨時に水を貯め，川の水が減少した後に排水するなどの対策を行っている。

世界的に森林伐採や低湿地が開発されたことや，地表面のほとんどが舗装や建築物に覆われて地表面の保水機能が低下したことも洪水が増えている原因といわれている。それに加え，**地球温暖化**に伴う**海面上昇**はゼロメートル地帯を拡大させ，水災害に対する土地の脆弱性をも高めている。 （元木理寿）

合成洗剤
synthetic detergent

石油や油脂を原料として化学的に合成された界面活性剤を主成分とする洗剤を指す。石鹸と同様に洗浄の目的で使用される。石鹸に比べて生分解性が悪く，リンを含有する合成洗剤の混じった生活排水が河川に流入して水質を悪化させたり，湖沼の**富栄養化**をもたらすことが1960年代から指摘されてきた。その後，合成洗剤の生分解性の改良や，無リン化が進んだ。1970年代から現在まで，石鹸を推進する活動を熱心に行う団体が多く存在する一方で，生分解性の違いを疑問視する声や石鹸使用の方が水の使用量が多いと指摘する声もある。ただし，合成洗剤に含まれる界面活性剤は石鹸に比べてはるかに毒性が高いため，魚類への影響は否定できない。合成洗剤を取

り巻く問題は生活に密接な関係があり，環境学習の題材に使われることも多い。

(望月由紀子)

公正貿易 ➡ フェアトレード

コウノトリ
Oriental stork

コウノトリ目コウノトリ科の鳥類。学名 *Ciconia boyciana*。全長約110～115cm，翼開長160～200cmの大型の水鳥。羽色は白と黒。河川や湖沼，湿地等の開けた水辺周辺に生息し，マツなどの樹上に営巣する。明治期以前は普通に見られる留鳥だったが，生息環境の悪化や乱獲により日本での繁殖個体群は絶滅。東アジア全体でも絶滅の危機に瀕している。1980年代より人工繁殖，2005年より兵庫県豊岡市で再野生化のため試験放鳥が開始された。自然との共生を目指す地域再生の象徴的存在とされる。国指定特別天然記念物。欧州のコウノトリはシュバシコウという別種の鳥。

(畠山雅子)

後発発展途上国
least developed countries

発展途上国の中でも国連によって認定された特に発展の遅れた貧しい国のことを指し，LDC あるいは最貧国と呼ばれる国々である。国連の認定は，当該国の同意を前提とし，国連開発計画委員会（CDP）が定めた基準に基づいて行われ，3年に一度見直される。CDPの基準は，①一人当たりの GNI（国民総所得），②栄養不足人口の割合，5歳以下乳幼児死亡率，中等教育就学率，成人識字率，③外的ショックからの経済的脆弱性，である。2012年の時点で世界48か国が，その認定を受けており，そのうち33か国がアフリカにある。国土に占める耕作可能面積の比率が低いというような自然条件に恵まれない国々もあるが，内乱や隣国との戦争などで政治的に不安定であったり，経済活動や国際交流にも大きな制約のある国々も多い。

なお，developing country の訳語として文部科学省は学習指導要領等において「発展途上国」を用いているが，外務省は「開発途上国」を用いている。同様に，この後発発展途上国も，外務省は後発開発途上国という訳語を用いている。

(斉藤雅洋)

枯渇性資源
exhaustible resource

枯渇性資源とは，地球上に限られた量しか存在せず，資源を利用することによって資源量が枯渇していく資源のことである。再生不能資源，非再生資源とも呼ぶ。石油や石炭などの化石燃料や金属・鉱物は，地球上に有限に存在する枯渇性資源である。一方で木材や薪炭のように太陽エネルギーによって繰り返し生産できる資源を再生可能資源，または非枯渇性資源と呼んでいる。枯渇性資源でも鉱物の可採年数は，年間生産量および確認埋蔵量が鉱物の種類によって大きく異なり，数十年とされているものもあれば，数十万年分の埋蔵が確認されている鉱物もある。(冨田俊幸)

五感
five senses

人間は外界の物事を把握するために，目や耳，鼻，舌，手足（皮膚）といった身体の5つの諸器官を用いる。そのため，視覚，聴覚，嗅覚，味覚，触覚（皮膚感覚）といった人間が外界の刺激を感じることができるような身体に備わった基本的な5種類の感覚のことを五感という。五感以外にあるとされるものを直観する能力として第六感，ないしは，勘やインスピレーションもあるとされる。第六感という言葉は，五感を超えるもので，物事の本質をつかむ心の働きのことを指している。人には5つの感覚と知覚しか存在しないわけではない。受容する情報の種類によって，運動感覚，平衡感覚，内臓感覚の三つを加えることもある。

高度情報化社会の日常においては，私たちは，主として視覚と聴覚を使って物事を知覚し，認識する。文字や映像の情報から，思考に及ぶ手がかりを得て，判断し，行動することが多い。当然，人間は嗅覚や味覚も使うことが多いが，それらを研ぎ澄ますことはなか

なか難しい。
　環境教育は、「環境の中の教育」としての位置づけももち、自然体験教育も一つの軸となっている。こうした、自然とのふれあい体験の中で、五感を使って自然を感じることは非常に大切な学びである。自然とふれあうためのプログラムや教育方法は多々あるが、例えば、**ネイチャーゲーム**では、五感を使って自然を感じる教材やプログラムが多数用意されている。感受性の豊かな幼少期から青年期にかけて、こうした五感を磨き、自然とのふれあいを体全体で楽しむことも環境教育においては重要である。
　なお、近年の学校現場では「五感」とともに、「諸感覚」という言葉を使うことも多い。
〈今村光章〉

国際エネルギー機関（IEA）
International Energy Agency

　1973～74年の第1次**石油危機**を契機に、石油の安定供給と需給構造を確立することを目的に設立された。現在は28の加盟国により、①バランスの取れたエネルギー政策立案、②エネルギー安全保障、経済発展と環境保護、③代替エネルギー開発の国際間協働に基づくエネルギー供給量と需要の改善、④エネルギーに関する調査や統計調査、などを行っている。近年価格競争力において代替エネルギーが化石エネルギーを上回るなどの評価も発表している。課題は中国、インド、ロシアなどエネルギー大国でありながら非加盟の国々との協働調整である。
〈渡辺敦雄〉

国際原子力機関（IAEA）
International Atomic Energy Agency

　国際原子力機関は、1957年米国主導により「原子力の平和利用を促進し、軍事転用されないための保障措置（**原子力発電**を軍事目的に利用しないことの確認）の実施」を目的として設立された国際機関である。現在加盟国は144か国。総会、理事会、事務局で構成され、日本は創立当初から指定理事国である。イラン・北朝鮮は保障措置に基づく「査察」を拒否している。原子力発電に対しては基本的に推進の立場にあるが、地震に関する指針では原発立地に関し「地震を起こす断層につられて動き、地盤をずらす断層も注意が必要」としていることは重要である。
〈渡辺敦雄〉

国際自然保護連合（IUCN）
International Union for Conservation of Nature

　1948年に創設された世界で最初の地球規模の環境団体で、構成員は200以上の政府組織ならびに900以上の非政府組織。世界最大規模の専門的な保全ネットワークを構築している。事務局はスイスのグランにある。1948年設立時は IUPN（International Union for Protection of Nature）であったが、1956年に IUPN から IUCN に変更された。
　最大の目的は、**生物多様性**の保全にある。この目的を達成するために、IUCN は絶滅の恐れのある種に関するレッドリストを作成している。保全のための10のカテゴリー（絶滅（EX）、野生絶滅（EW）、絶滅寸前（CR）、絶滅危機（EN）、危急（VU）、保全対策依存（CD）、準絶滅危惧（NT）、軽度懸念（LC）、データ不足（DD）、未評価（NE））を定め、地元レベルから各国間をまたぐ保全活動を世界中で展開している。これらはすべて生物多様性の保全ならびに持続可能な自然資源の管理に主眼を置いている。また、教育コミュニケーション委員会、環境経済社会政策委員会、環境法委員会、生態系管理委員会、種保存委員会、世界保護地域委員会の6つの専門委員会を有する。委員会には、様々な領域から1万人を超える専門家がボランティアとして活躍し、世界中の自然資源の状態を査定し、保全問題に関するノウハウや政策上の助言を提供している。
〈髙橋宏之〉

国際標準化機構 ➡ ISO

国際理解教育
education for international understanding

　国際理解教育とは、世界の人々が国境を越えて相互の国や文化を理解し、相互に人権を尊重して協力し、世界の平和を実現することを目指した教育である。

第二次世界大戦後，世界の教育の復興と普及拡大を使命としたユネスコを中心に，平和教育，各国理解，**人権教育**，国連理解を柱とした「国際理解教育」が提唱され，展開されてきた。例えばユネスコは1953年より「ユネスコ協同学校運動（現在は**ユネスコスクール**）」という取り組みを推進し，全世界の学校で国際理解教育の普及を図った。

しかし1970年代以降の国際情勢の変化と複雑化に伴い，地球規模的な課題が顕在化する中で，国際理解教育自体もその役割を大きく変えてきた。1974年の第18回ユネスコ総会で採択された「国際理解，国際協力および国際平和のための教育並びに人権および基本的自由についての教育に関する勧告」により，開発，人口，環境などの「人類の主要課題」が国際理解教育の内容に加わっていった。

日本では1989年にNPO・国際理解教育センター（ERIC）が設立され，1991年に日本国際理解教育学会が誕生した。さらに1998（平成10）年告示の学習指導要領改訂で2002年度から始まった総合的な学習の時間では「国際理解」が取り上げるべき課題として例示された。

国際理解教育と類似した教育に開発教育がある。国際理解教育が学校教育において児童生徒の他国・他文化の理解を中心に実践されてきたのに対し，**開発教育**は国際社会における**南北問題**の解決を目指す視点から，主体的な参加を重視した教育として，社会教育の場を中心として実践されてきた。しかし，今後学校と社会を隔てる壁が低くなることによって，両者の重なり合う部分が拡大すると見込まれる。

なお，文部科学省は2006年度から「国際理解教育」とともに「国際教育」という用語を用いているが，そこには他国や多文化の理解からさらに一歩進んで，国際社会において主体的に行動できる人材の育成を目標とする姿勢が示されている。　　　　　　　（高橋正弘）

国際 NGO 条約 ➡ オルタナティブ条約

国民総幸福量（GNH）
Gross National Happiness

国民の幸福度を示す指標。1972年にブータンの前国王ジグミ・シンゲ・ワンチュク（Wangchuck, Jigme Singye）が「国民総幸福量（GNH）は国民総生産（GNP）よりも重要である」とし，国の基本方針として提唱した。GNHは物質的な豊かさとはまったく別の国民生活の評価基準として注目される。ブータン政府は，①持続可能で公平な社会経済開発，②環境保護，③文化の推進，④よき統治という4つの柱のもと，心理的な幸福など9分野につき72の指標を設定し，2年ごとに調査している。幸福感は国や文化によって異なるが，自然環境など基本的価値には共通点が多い。　　　　　　　　　　（村上紗央里）

国立環境研究所
National Institute for Environmental Studies

茨城県つくば市にある環境省所管の独立行政法人。1974年に設立された国立公害研究所が1990年に全面改組され，現在の名称となった。環境研究と環境情報の収集・整理・提供が主な業務で，2012年現在，重点研究として①**地球温暖化**など地球環境問題へ対応，②**廃棄物**の総合管理と環境低負荷・循環型社会の構築，③化学物質等の環境リスクの評価と管理，④多様な自然環境の保全と持続可能な利用，⑤都市域の環境対策，⑥開発途上国の環境問題，⑦環境問題の解明と対策のための監視観測，に取り組んでいる。得られた成果と情報を環境教育的な見地で広報することも重要な任務であり，研究成果はホームページや刊行物で随時公表されている。　　　（戸田耿介）

国立教育政策研究所
National Institute for Education Policy Research

文部科学省所管の研究機関。略称は国研。1949年に国立教育研究所として創設され，2001年に行政と一体となった専門的な調査研究と助言・支援機能の充実を図るために現在の組織に改編・改称された。教育に関する総合的な研究機関であり，教育政策の企画・立案に資する有意義な知見を集約・提示し，国

内の教育機関および団体への助言・指導を行っている。2007年に同研究所の教育課程研究センターが，国際的動向を踏まえて『環境教育指導資料（小学校編）』を発刊した。

（関　智子）

国立公園・国定公園
national park・quasi-national park

　国立公園は，日本を代表する優れた自然の風景地の保護とその利用の増進を図ることにより国民の保健，休養，教化に役立てること，および公園内の生物多様性を確保することを目的に自然公園法（1957年制定）に基づき環境大臣が指定したもので，2012年現在全国で30か所ある。また，これに準ずる優れた風景地は国定公園として全国で56か所が指定され，都道府県知事が管理している。日本の自然公園の特色は国有地や公有地以外の私有地も公園として指定する制度で，公園内で農林水産業やその他の産業活動を一定の条件下で許容している。そのため保護管理上，様々な課題を抱えているが，優れた自然景観地を国民すべての共有財産として保護・利用する観点からは現実的な制度といえる。公園内での無秩序な開発や利用を防ぐために規制および事業計画がある。自然環境の重要度に応じて特別保護地区，第1～3種特別地域，海域公園地区，普通地域を定めて規制し，事業計画では自然環境の復元や危険防止のための保護施設計画，適正な利用を進めるための利用施設計画を定めている。各公園の主要拠点にはビジターセンターがあり，**レンジャーやパークボランティア**による自然解説等を利用して，優れた自然の中でその驚異や仕組みを学ぶことができる。

（戸田耿介）

国立青少年教育振興機構
National Institution for Youth Education

　文部科学省所管の独立行政法人。2006年に国立オリンピック記念青少年総合センターと全国13か所の国立青年の家，全国14か所の国立少年自然の家の3法人が統合されて発足した国立の青少年教育センター。青少年の健全育成を目的とし体験活動の機会を提供するとともに，研修支援，青少年教育に関する調査研究，子どもゆめ基金の運営，青少年団体等の助成，支援などを行っている。2011年に青少年教育研究センターを設置。また，民間団体と共同で自然体験の指導者養成認定制度を行っている。

（関　智子）

国連開発計画（UNDP）
United Nations Development Programme

　1966年に設立された，発展途上国・地域の経済・社会的発展のために開発課題解決を支援する国連の専門機関。「持続可能な人間開発」を基本理念に掲げ，開発プログラムの策定，管理，資金援助などを行う。**貧困緩和**，**民主的ガバナンス**，**危機の予防と復興**，**環境保全**と**持続可能な開発**が活動の重点項目。現在は2015年までの達成目標として，8項目からなる**ミレニアム開発目標**が最重点課題として付加されている。報告書である『人間開発報告書』では，毎年テーマを設けて開発への提言を行う。下部組織として国連資本開発基金（UNCDF），国連ボランティア（UNV）がある。

（畠山雅子）

国連環境開発会議（地球サミット）
United Nations Conference on Environment and Development(UNCED)

　〔概要〕1972年6月に国際社会としては初の環境問題を議論する会議として**国連人間環境会議**がスウェーデンのストックホルムで開催された。国連環境開発会議はストックホルム会議の20周年を機に，1992年6月にブラジルのリオデジャネイロで開催された首脳レベルの国際会議である。地球サミットあるいはリオサミットと呼ばれることもある。人類共通の課題である地球環境の保全と**持続可能な開発**の実現のための具体的な方策が話し合われた。100余か国からの元首または首相を含め約180か国が参加した。また，NGOや企業，地方公共団体からも多数が参加した。

　この会議で，持続可能な開発に向けた地球規模での新たな**パートナーシップ**の構築に向けた「環境と開発に関するリオデジャネイロ宣言（リオ宣言）」やこの宣言の諸原則を実

施するための「アジェンダ21」そして「森林原則声明」が合意された。また，別途協議が続けられていた「気候変動枠組条約」と「生物多様性条約」への署名が開始された。

「リオ宣言」では，1972年の国連人間環境会議で採択された人間環境宣言（ストックホルム宣言）を再確認し，1987年のブルントラント委員会報告書『われら共通の未来』で提起された「持続可能な開発（sustainable development）」の概念を基本とすることを確認している。また，「アジェンダ21」は，21世紀に向けて持続可能な開発を実現するための具体的な行動計画で，人口問題，砂漠化の防止，大気汚染防止，居住などの幅広いテーマが盛り込まれている。

「気候変動枠組条約」は155か国が署名して採択された。これは，先進国と途上国の間に共通だが差異ある責任を認識しながら，温室効果ガス等の排出抑制や吸収源保全などにより，温室効果ガス等の排出を1990年の水準に回帰させ，濃度を安定化させることを目的としている。また「生物の多様性に関する条約（生物多様性条約）」も採択された。この条約は，生物の多様性を包括的に保全するとともに，生物資源を持続的に利用するための国際的な枠組みであり，遺伝資源から生ずる利益の公正かつ衡平な配分も目的としている。そのほか「すべての種類の森林の経営，保全及び持続可能な開発に関する世界的合意のための法的拘束力のない権威ある原則（森林原則）」が声明のかたちで発表された。森林の保全・回復および持続可能な経営に向けた各国の努力や国際協力などについて協議し，森林関係では初めての世界的な合意文書になる。自国資源に対する利用制限を危惧する途上国などの反対も多く，条約等の締結には至らなかった。

〔環境教育〕環境教育に関しては，アジェンダ21の「第36章 教育，意識啓発及び訓練の推進」において扱われている。その第3節で「教育は持続可能な開発を推進し，環境と開発の問題に対処する市民の能力を高めるうえで不可欠である」と述べられている。さらにその後段で，「教育はまた，持続可能な開発にそった環境および倫理上の意識，価値と態度，そして技法と行動様式を達成するために不可欠である」と記されている。アジェンダ21にはしばしば「環境教育と開発教育」という用語が使用され，2002年のヨハネスブルグサミットで採択された「**持続可能な開発のための教育（ESD）**」の概念のルーツともなっている。

〔日本への影響〕日本では，1992年7月から**環境基本法**の制定に向けた検討が開始され，翌93年11月に成立している。1994年には**環境基本計画**が策定された。各地方自治体はローカルアジェンダ21の策定に取り組み，2002年2月末現在でローカルアジェンダ21を策定した自治体は，47都道府県，196市町村（政令指定都市を含む）に上った（名称は，環境基本計画，環境行動計画，地球環境保全計画等）。文部省（当時）は，地球サミットに前後して『**環境教育指導資料**』（中学校・高等学校編，1991年。小学校編，1992年。事例編，1995年）を発行して，学校教育における環境教育の推進を図った。これにより日本において環境教育が，ほとんどすべての学校で実施されることとなった。

〔評価〕地球サミット開催から10年後の2002年に「持続可能な開発に関する世界首脳会議」（ヨハネスブルグサミット）が開催され，評価が行われた。1997年に地球温暖化に関する**京都議定書**が採択される，など国際的な議論の枠組みが整ったことについては評価された。しかし，森林の減少，砂漠化の拡大，飲料水などの水不足，生物多様性の減少など，地球環境をめぐる状況は悪化し，特に経済のグローバリゼーションの急速な進行により，世界規模での貧富の格差の拡大と，伝統的な生活文化や環境の破壊が報告されている。

(田中治彦)

国連環境計画（UNEP）
United Nations Environment Programme

国連環境計画（UNEP）は，1972年の**国連人間環境会議**の勧告を受け，同年の国連総会決議に基づき設立された，環境を専門的に扱う国連の一機関である。その本部はケニア・

ナイロビに置かれており，発展途上国に本部を置いた最初の国連機関でもある。

UNEPは，環境に関する国連諸機関の活動を調整し，国際協力を促進していくことを任務としている。具体的には，環境分野における国際協力の推進や政策的指針の提供，環境の状況の監視・評価，知見や情報の収集・提供，途上国の環境対策支援などが挙げられる。

UNEPの取り扱う環境問題は多岐にわたるが，近年は，①気候変動，②災害と紛争（に起因する環境問題），③生態系の管理，④環境ガバナンス，⑤有害（化学）物質・有害廃棄物，⑥資源効率性・持続可能な生産と消費，の6つを組織横断的な優先課題として掲げている。

これまでUNEPは，1997年以降報告書『地球環境概況』（GEO : Global Environment Outlook）の作成・公表など，科学的調査とモニタリングの実施により地球環境問題への警笛を鳴らし，オゾン層保護条約や生物多様性条約など，多くの多数国間環境条約の成立に大きな貢献をしてきた。

UNEPは環境教育の分野でも1975年にユネスコとともに，ベオグラードの国際環境教育ワークショップを主催し，国際環境教育プログラム（IEEP）を開始するなど，大きな実績を残している。さらに，世界自然保護基金（WWF），国際自然保護連合（IUCN）とともに，1980年には『世界保全戦略』で持続可能な開発の概念を提起し，1991年には『新・世界保全戦略』で環境と開発の統合の重要性を強調したことも特筆される。

なお，2012年の国連持続可能な開発会議の成果文書では，国連組織内におけるUNEPの役割強化の必要性が謳われており，今後の課題となっている。 （奥田直久）

国連教育科学文化機関 ➡ ユネスコ

国連持続可能な開発会議（リオ＋20）
United Nations Conference on Sustainable Development

2012年6月にブラジルのリオデジャネイロで開催された国連主催の会合。1992年の国連環境開発会議（地球サミット，リオサミット）から20年目であることから「リオ＋20」とも呼ばれる。過去最大の188か国と3オブザーバー，計44,000人が参加し，持続可能な開発を達成する上で重要な手段とされる「グリーン経済」を主軸に議論がなされた。本会合の成果文書では，環境教育ではなくESD（持続可能な開発のための教育）という言葉が用いられ，学校教育のみならず学校外教育におけるESDの推進や国連「持続可能な開発のための教育の10年」の終了年以降の継続的推進などが盛り込まれた。また国連「ミレニアム開発目標（MDGs）」の後継として国連「持続可能な開発目標（SDGs）」も決定された。
（阿部 治）

国連持続可能な開発のための教育の10年
➡ 持続可能な開発のための教育の10年

国連食糧農業機関（FAO）
Food and Agriculture Organization of the United Nations

1945年に世界経済の発展および人類の飢餓からの解放を目的として設立された国連の専門機関。主要施策として①世界各国国民の栄養水準および生活水準の向上，②食糧および農産物の生産および流通の改善，③農村住民の生活条件の改善，がある。また，原発事故や農薬などによる食品汚染や食料の安全保障，鳥インフルエンザやＯ蹄疫などの動植物の検疫問題，農牧業による環境破壊など，世界の食糧，農業に関する様々な問題の調査分析を実施し，他の国際機関とも協力して技術支援等を行っている。2012年10月現在191か国および欧州連合が加盟している。 （野村 卓）

国連世界食糧計画（WFP）
United Nations World Food Programme

ローマに本部を置く国連の食糧支援機関。自然災害，紛争，慢性的貧困，農業基盤の不整備，HIV／エイズ，乱開発による環境破壊，世界的な経済危機などにより，世界では飢餓が発生している。2010～2012年の間に世界ではおよそ8人に1人が飢餓に苦しんでいると

いわれている。国連世界食糧計画(WFP)は、このような飢餓と貧困の撲滅を目的にして、1961年に国連総会と**国連食糧農業機関(FAO)**の決議により創設が決定され、1963年から活動を開始している。WFPは6つの連絡事務所と6つの地域事務所のほか、世界各地に約80の現地事務所を設置しており、日本事務所は1996年に横浜市に開設されている。

活動の中心は、食糧欠乏国への食糧援助や、気象災害などの被災国に対して緊急援助を行い、当該国の経済および社会の開発を促進することである。その活動資金は、各国政府からの任意拠出金と民間企業や団体、個人からの募金等に依存していて、総支出の9割以上は食糧の購入や輸送など、食糧配給の受給者のために支出されている。日本には、WFPを支援するために国連WFP協会という認定NPO法人が設立されており、ここが日本におけるWFPの公式支援窓口となっている。国連WFP協会は、日本国内において世界の飢餓問題やWFPの食糧支援活動に関する情報発信を行い、多くの人々が参加できる支援の方法と機会を広く提供し、日本社会からの物心両面の貢献が格段に高まることを団体の目的としている。

(髙橋正弘)

国連人間環境会議
United Nations Conference on the Human Environment

人間環境の悪化を防ぎ、かけがえのない地球を守るために開催された国連の会議である。この会議は、「かけがえのない地球」(the Only One Earth)をスローガンとして、1972年6月5~16日、スウェーデンのストックホルムで開催された。一般にストックホルム会議と呼ばれている。ストックホルム会議を最初として、10年に1回、人間環境に関する国際会議が開催されている。すなわち1982年の**ナイロビ会議**(国連環境計画管理理事会特別会合)、1992年の**国連環境開発会議**(通称:地球サミット、ブラジルのリオデジャネイロ)、2002年の持続可能な開発に関する世界首脳会議(通称:**ヨハネスブルグサミット**、南アフリカのヨハネスブルグ)、2012年の国連持続可能な開発会議(通称:リオ+20、ブラジルのリオデジャネイロ)である。

ストックホルム会議は、144か国の代表と国連の専門機関等の代表、1,300人以上が参加する大規模な会議であった。日本からは大石武一環境庁長官(当時)が出席し、代表演説を行った。大石長官が、代表演説において毎年6月5日からの1週間を世界環境週間とすることを提唱したことから、日本とセネガルの共同提案によって6月5日を「世界環境の日」とすることが決められた。日本国内では、**環境基本法**により6月5日を「**環境の日**」とすることが定められているほか、毎年6月を中心とした約1か月間を環境月間としている。

ストックホルム会議には大きく三つの背景があった。第1は、1950年代、60年代の経済発展、とりわけ先進国における技術革新とそれに伴う工業生産の拡大によって、排出ガス、廃水、廃棄物が増大し、人類の生存基盤である人間環境が悪化してきたことである。第2は、地球を一つの宇宙船にたとえ、地球上のすべての人々が**宇宙船地球号**の乗組員として、限りある資源の利用や人間環境の保護に協同して取り組まなくてはならないとの考え方である。第3は、人口の増大、栄養の不足、住宅や教育施設の不足、自然災害、疾病、**貧困**といった課題を抱えている発展途上国における生活環境の改善、環境問題の解決である。

会議の成果は**人間環境宣言**と行動計画(勧告)にまとめられた。人間環境宣言の前文では、「今日周囲の環境を変革する人間の力は、賢明に用いるならば、すべての人々に開発の恩恵と生活の質を向上させる機会をもたらすことができる。誤って、または不注意に用いるならば、同じ力は、人間と人間環境に対しはかりしれない害をもたらすことにもなる」(前文第3項)として、科学技術が人間の幸福に寄与すると同時に、人間環境の悪化を招くおそれのあることを述べている。そして、「われわれは歴史の転回点に到達した。いまやわれわれは世界中で、環境への影響に一層の思慮深い注意を払いながら、行動をしなければならない。無知、無関心であるならば、われわれは、われわれの生命と福祉が依存す

る地球上の環境に対し、重大かつ取り返しのつかない害を与えることになる。逆に十分な知識と賢明な行動をもってするならば、われわれ、われわれ自身と子孫のため、人類の必要と希望にそった環境で、より良い生活を達成することができる」（前文第6項）とし、人類の生存と発展にとって、人間環境を考慮することの必要性を唱えている。

環境教育に関しては、人間環境宣言第19項と行動計画（勧告）第96項に記され、これらが国際的な環境教育推進の契機となった。

行動計画（勧告）第96項では、「次に述べる国際的な計画を樹立するため必要な対策を立てることを勧告する。対象となるのは環境に関する教育であり、あらゆるレベルの教育機関および直接一般大衆とくに農山漁村および都市の一般青少年および成人に対するもので、環境を守るため各自が行う身近な簡単な手段について教育することを目的とし、各分野を総合したアプローチによる教育である」と述べている。

（市川智史）

国連ミレニアムサミット
United Nations Millennium Summit

2000年9月6日より8日まで、ニューヨークの国連本部で開催された国連加盟国首脳会合。1998年12月17日の国連総会決議で、第55回国連総会をミレニアム総会と命名し、その冒頭に「国連ミレニアムサミット」を開催することが決定されたことによる。

ミレニアムサミットでは、「21世紀における国連の役割」を包括テーマとし、貧困・開発、紛争、環境問題、国連強化等の具体的な検討課題について、147の国家元首を含む189の国連加盟国代表らが討議した。

この首脳会合では、21世紀の国際社会の目標として、より安全で豊かな世界づくりへの協力を約束する「国連ミレニアム宣言」が採択された。全8章と32項からなる「ミレニアム宣言」には、平和と安全、開発と貧困撲滅、共有の環境の保護、人権とよい統治（グッドガバナンス）、弱者の保護、アフリカの特別なニーズなどが課題として掲げられ、21世紀の国連の役割に関する明確な方向性が提示されている。

さらに、1990年代に開催された主要な国際会議やサミットでの開発目標を、2015年を達成期限とする8つの目標にまとめた「**ミレニアム開発目標**」(Millennium Development Goals; MDGs) が採択され、「ミレニアム宣言」と並んで、このサミットの大きな成果とされる。

（吉川まみ）

コージェネレーション
co-generation／combined heat and power

大型の**火力発電**所では大量の水を沸騰させて高温・高圧の蒸気でタービンを回し発電しているが、その際に発生する熱は活用されず捨てられており、燃料がもっているエネルギーの一部しか利用できていない。コージェネレーションは、電気と熱の両方を利用することで総合的なエネルギーの効率を向上させる方法で、「熱電併給（発電）」とも呼ばれている。

従来の発電施設のエネルギー効率は40％程度であるが、コージェネレーションであれば、電気エネルギーが20〜45％、熱エネルギーが30〜60％で、総合すると75〜80％に向上する。

コージェネレーションの基本的な方法は、発電用のガスエンジン、ディーゼルエンジンで発電し、廃熱を利用して暖房や給湯に使用する、あるいは、吸収冷温水機によって、冷水に変換するシステムである。熱は遠方まで運べないため、熱の消費施設に近いところにコージェネレーションの施設は設置される。

都市ガスによるコージェネレーションのシステムも普及し始めている。ガスエンジンによる発電と冷房・暖房・給湯・蒸気として同時に利用できるシステムで、10kW未満の小型の製品から1,000kWを超える製品まである。そのため、飲食店・福祉施設から、病院・ショッピングセンター・地域冷暖房まで幅広く利用できる。

ガスタービンと蒸気タービンを組み合わせたコンバインドサイクル発電もコージェネレーションの一種である。

家庭向けの**燃料電池**によるコージェネレーションシステムもある。この燃料電池は、天

然ガス（あるいは LP ガス）から取り出した水素を利用して発電し、発電の際に発生する熱を給湯や暖房に利用するシステムである。

バイオマスを利用したコージェネレーションでは、**化石燃料**を使用しないので、二酸化炭素の排出を大幅に削減できる。北欧では、温暖化対策の手段として、地域の発電施設で木質バイオマスを利用して発電し、その熱を地域全体の暖房・給湯に活用している。

欧州に比べて日本のほとんどの地域は温暖であり、暖房の期間が短く、温水利用が限られるため、コージェネレーションシステムによるエネルギー利用の度合いは、比較的低くなるが、廃熱と熱需要をマッチングさせる住宅づくり・都市づくりができればコージェネレーションの技術が一層活かされることになる。

(田浦健朗)

古紙回収
paper recycling

読み終わった新聞紙、不要となったコピー用紙などを、トイレットペーパーや雑誌などに再生利用するために回収することを「古紙回収」という。以前は古紙問屋による「ちり紙交換」事業として、軽トラックなどで戸別回収していたが、近年は自治体による回収、子ども会などの地域単位やオフィスなどの職場単位での回収が増えている。回収した古紙の再生利用が製紙原料の確保、森林資源の維持、廃棄物の減量などに寄与するという環境意識の高まりから、古紙回収率（紙・板紙の消費量に占める回収量の割合）は、2005年に7割を超え、その後も上昇を続けている。

(花田眞理子)

国家の破綻
collapse of nation state

〔語義〕国家が破綻した状況というのは、歴史的には、戦争や侵略などによってある国が存続できなくなったり国そのものが消滅してしまったりしたことを指す。近代化した国家では、財政の問題によって国家が破綻することもありうる、といわれている。ただし、現実としてどのような状態になったときに国家が破綻した、といえるかについては、様々な研究分野からの言説が混在している状況で、整理は難しい。

古代から中世、近世にかけては大小様々な国家が誕生しては消えており、消滅した際にはその国家が破綻した、ということがいえる。1990年代初頭にソ連邦が崩壊し、ソ連邦に参加していた各共和国が市場経済国へと移行していったことも、近年に発生した国家破綻の一例である。現象としては政権の移譲という形式をとったが、結果としてはそれまでの経済体制の完全なる変更が行われ、そもそも巨大国として存続することが中断されたことで、国家の破綻が発生したととらえることができる。またそれよりも古い時期であるが第一次世界大戦後のドイツでは、戦後賠償の支払いによって急激なインフレが発生し、国家経済が破綻した結果、それを批判し対外拡大を訴えたナチスが台頭して政権を奪取している。この場合、ドイツという国家自体は破綻していないものの、財政の問題によって別の政権に移行した、という意味では国家が破綻した一例と考えることができる。

〔課題〕環境問題によって国家が破綻するということは、これまで現実の事例はなかったが、今後の発生の可能性が指摘されている。例えば太平洋諸国の一つである**ツバル**は、**地球温暖化**の進行に伴う**海面上昇**によってその国土がいずれ水没してしまう可能性が高く、その場合には国民はツバル以外の国に移住せざるをえなくなる。事実オーストラリアなどはツバル国民の受け入れを段階的に行っており、いずれツバルという国は地球温暖化によって破綻することが予測されている。

ほかにも国内の環境問題の悪化によっていわゆる環境難民が増加し、それが国外に流出していくという可能性も指摘されている。難民の受け入れが周辺国にとって容易でない場合は、環境安全保障の問題も発生してくるため、このような問題は多国間での事前の管理体制をとることが必要となってくる。

環境が原因で国家が破綻する、というシナリオは、財政によって国家が破綻するのと同じレベルであって、今後、発生予測とそれへ

の対応を考えていかなければならない問題である。　　　　　　　　　　　　（高橋正弘）

固定価格買い取り制度（FIT）
feed-in tariff

　固定価格買い取り制度とは、**再生可能エネルギー発電設備**の建設運営にかかる費用を、発電収入によってまかなえるように電気の買い取り価格を法律によって定める政策をいう。買い取りの対象や価格，期間などは，国によって異なる。フィードインタリフ（略称：FIT）とも呼ばれる。多くの国や地域でも導入が進んでおり，デンマークやドイツ，スペインなどをはじめ，約90の国と地域で導入され実績を上げている。
　日本でも，2011年8月の国会で固定価格買い取り制度をベースとする「電気事業者による再生可能エネルギー電気の調達に関する特別措置法（以下，再エネ特措法）」が成立し，2012年7月1日から電力会社への一定価格，一定期間の再エネ電力の買い取りの義務づけが始まった。
　初年度となる2012年度の買い取り価格と買い取り期間は，それぞれの発電手段ごとのリスクを考慮に入れ，リスクが高いほど内部収益率（IRR）が高くなるように定められている。買い取り価格は，普及状況や設備価格の動向を見ながら毎年見直しを行う。また，買い取りの期間については，10kW以下の太陽光発電を除いて15年または20年という，法定耐用年数を基礎とした期間が設定された。一定期間が保証されたことで，事業者にとっては長期にわたり安定的な収入が予想しやすくなり，投資への安全性を高めるこがきるようになる。これによって国内での再生可能エネルギービジネスへの投資が加速することが予測される。
　電気事業者が買い取りに要した費用は，使用電力に比例した再生可能エネルギー賦課金によって賄うことになっている。　（豊田陽介）

コーディネーター
coordinator

　服飾業界では，色や柄がおのおのの部分でそろっていない服装やアクセサリー，装飾品などの各部分を，配色や統一感などを考えて全体が調和のとれるものにするコーディネート（coordinate）という考え方があった。コーディネーターはそこから派生した用語であり，本来は服飾業界で，コーディネートする人物を指す言葉である。
　昨今では，服飾業界のみならず，インテリア，医療，経営，マスコミなど，複雑化した多様な業界の中で，相互のコミュニケーションや仕事，組織や仕組みなどが円滑に機能するよう調整する役目を果たす人や，企画推進などの責任者のことを指すようになった。
　環境教育活動を実践する場合，学校や地域社会，**NPO**などの諸団体，行政機関をはじめ，組織を超えて人と人をつなぐ役割を果たす人が求められる。あるプロジェクトを推進したり環境に関する会議をもったりする場合，所属集団や立場，考え方が異なる人々のパイプ役になり，時としてすれ違う考え方をうまくすり合わせて調整しなければならないことが多い。そういった場合，パイプ役や調整役としてコーディネーターが活躍する。
　同様の用語にファシリテーターがある。ファシリテーターは，**ワークショップ**や会議，プロジェクトなどで，プログラムを円滑に進めるための役割を果たすものであり，主としてあるプログラムの進行過程で活躍する。それに対して，コーディネーターは，そのようなプロジェクトの事前の段階から役割を果たすことが多い。もちろん，会議中の進行役にもコーディネーターという用語を用いることもあり，この場合，司会者，進行係，ないしは調整役という意味である。　　　（今村光章）

こどもエコクラブ
Junior Eco-Club

　「こどもエコクラブ」は，1995年，環境庁（当時）がスタートさせた子どもたちの環境保全活動や環境学習を支援する事業。活動や学習を通じて子どもたちが自ら考え，行動できる人材育成や，活動の輪を広げることを目的に行っている。大人（サポーター）と3歳から高校生までの子ども（メンバー）で構成

されたグループ（形態は問わない）を環境省に登録する制度で，「子どもたちの，子どもたちによる，子どもたちのための環境活動」という理念のもとで活動する。ウェブ上や1年間のレポート（模造紙大の壁新聞）による情報・意見交換が行われてきた。

2011年に行政刷新会議が行った事業仕分けで，成果不透明を理由に「廃止」とされたが，事業の受託団体である㈶日本環境協会は，子どもたちへのサポートは重要という認識のもと，環境省の後援や企業等の協力を受けて運営を継続している。

（冨田俊幸）

コーネル，ジョセフ
Cornell, Joseph

米国のナチュラリスト（1950－）。1979年に出版した *Sharing Nature with Children*（邦訳『ネイチャーゲーム1』）は15か国語に翻訳されている。さらに『ネイチャーゲーム2，3，4』を出版している。コーネルは自然の認識において，フローラーニングと呼ぶ4段階（熱意をよびおこす，感覚をとぎすます，自然を直接体験する，感動をわかちあう）の流れとともに，「いつも受け身でいよう」「教えるよりも体験し，わかちあおう」などからなる「シェアリングネイチャーの6原則」を提示した。

（関 智子）

ごみ学
garbology

ごみに関する政策や活動，技術を調整し具体的な案を有機的に結合することを目的として提唱された新しい学問。「ごみ」のgarbageと「学問」の-logyを合成してガボロジー（garbology）ともいわれる。ごみの問題は法学，経済学，社会学，医学，農学，水産学，理学，家政学，工学といった多くの学術分野に関連している学際的な問題である。また製品や物資の流れ全体を見渡しても資源調達，製造，流通，消費，廃棄のどの分野にも関連し，関わる個人や企業，行政などすべてを包括する総合的な問題であることから，**循環型社会**形成の中心的な課題であると考えることができる。

（荘司孝志）

ごみ処理
waste management

一般に，ごみ処理と称する場合の「ごみ」は固形状の一般廃棄物をいう。一般廃棄物には，固形状である「ごみ」と液状である「し尿」「生活雑排水」があるが，ごみ処理と称する場合のごみには，液状のものを含まないことが多い。ごみを排出場所で分けると，家庭から排出されるごみ（家庭系一般廃棄物，家庭ごみ，生活系ごみなどと呼ぶ）と事業所などから排出される**産業廃棄物**以外のごみ（事業系一般廃棄物，事業所ごみなどと呼ぶ）に分かれる。

ごみ処理の方法としては，集めて最終処分（埋立）地に運ぶという方式が歴史的には長く採られていたが，衛生状態を良好に維持すること，最終処分量を減らすことを目的として，焼却処理が行われることも多くなった。焼却を進めるためには，粗大ごみなどは小さく破砕しなければならない。また，金属，ガラスなどの資源も多く含まれているので，それらの回収も行われている。さらに，生ごみなどは，堆肥やエネルギー資源の原料として活用できる。ただし，資源回収をした後も残渣が残るので，それらは埋め立てを行う，もしくは焼却処理を行うこととなる。焼却する場合も焼却排熱を利用して，電力や蒸気，温水などが回収利用されるようになっている。

（酒井伸一）

ごみの分別
waste separation

〔語義〕家庭や職場で不要になった「ごみ」を捨てる際に，再使用できるものや資源として利用できるものを，廃棄後の用途や種類別に分けて排出することを「ごみの分別」という。目的は，**廃棄物削減**による最終処分場の延命化や，再生資源の有効活用促進による天然資源の使用量削減などである。また，ごみの分別は日常生活の中で取り組めることから，環境配慮型のライフスタイルの定着や社会全体の環境意識の向上につながるものとして，学校や地域における環境教育の大きなテーマの一つとなっている。

〔日本におけるごみの分別の展開〕江戸時代以前の日本では，価値のない不要物として扱われるごみは少なく，物資の種類ごとに流通市場が成立していたため，ごみも資源として循環利用されてきた。例えば着物は，商店，市，行商などで広く古着が扱われ，着用するうちに破れたり汚れたりしても，すぐに捨てることなく，子ども用着物，夜着，産着，おむつ，雑巾というようにとことん使い尽くし，最後に焚きつけの燃料とされた。そして灰になった後も，肥料や釉薬，洗剤など多様な用途があったために，灰の市や行商などを通じて流通した。つまり，不要物の種類ごとの市場が存在していたため，自ずと分別回収が行われていたといえる。明治以降，コレラなどの感染症予防といった公衆衛生の観点から，焼却処理が廃棄物対策の柱となったが，同時に鉄屑や古紙，糞尿などいくつかの種類のごみは戸別回収などによって循環利用されていた。戦後，高度経済成長期の大量生産大量消費型経済発展が大量廃棄物問題を引き起こした。特に大都市では最終処分地のひっ迫や焼却施設をめぐる公害問題の発生などから廃棄物問題が「ごみ戦争」と呼ばれてクローズアップされるようになる。そこでごみ減量化の一環として，また有害廃棄物の処理問題などから，1976年に広島市でごみの5分別収集が開始されて以来，行政回収においてもごみの形態や種類別に回収日を設定する分別回収が行われるようになった。分別方法は地域によって異なっているが，国が循環型社会形成のための**3R推進政策**を打ち出したこともあって，近年では分別の種類が細分化される傾向にある。また駅や街頭のごみ箱も「燃えるごみ」「燃えないごみ」の分別設置，あるいは「缶・瓶」「新聞・雑誌」「ペットボトル」「その他」の種類別設置が広まるなど，ごみの排出時の分別が社会的に定着してきている。
〔課題〕ごみの分別はあくまでも排出時の取り組みである。いくら分別を進めても，不要物は買わないなどのごみの発生を抑制する取り組みや再使用の取り組みを同時に推進しなければ，廃棄物量の抑制や**循環型社会**の構築は実現できない。　　　　　　（花田眞理子）

ごみ発電 ➡ 廃棄物発電

コミュニケーション能力
communication skills

〔語義と背景〕コミュニケーションは，情報を発信し合い受け取り合う行為であり，コミュニケーション能力とは，そうしたコミュニケーションを円滑に行うことのできる能力や技術である。

トビリシ勧告（1977年）において，環境教育の目標カテゴリーの一つに「技能：個人と社会集団が，環境問題を明確に捉え解決する技能を身につけるのを助けること」（勧告2の2）が示された。この技能の一つがコミュニケーション能力である。

民主党政権下において文部科学省内に発足したコミュニケーション教育推進会議が2011年8月に発表した審議経過報告では，コミュニケーション能力が求められる時代背景を，「グローバル化が一層進み多様な価値観，正解のない課題，経験したことのない課題を解決していかなければならない『多文化共生』の時代にあって，子どもたちには，積極的な『開かれた個』（自己を確立しつつ，他者を受容し，多様な価値観をもつ人々と共に思考し，協力・協働しながら課題を解決し，新たな価値を生み出しながら社会に貢献することができる個人）であることが求められる」としている。そして，コミュニケーション能力を，「いろいろな価値観や背景をもつ人々による集団において，相互関係を深め，共感しながら，人間関係やチームワークを形成し，正解のない課題や経験したことのない問題について，対話をして情報を共有し，自ら深く考え，相互に考えを伝え，深め合いつつ**合意形成・課題解決する能力**」ととらえている。

〔コミュニケーション能力育成の重要性〕コミュニケーション能力を学校教育において育むためには，①自分とは異なる他者を認識し，理解すること，②他者認識を通して自己の存在を見つめ，思考すること，③集団を形成し，他者との協調，協働が図られる活動を行うこと，④対話やディスカッション，身体表現等を活動に取り入れつつ正解のない課題に取り

組むこと，などの要素で構成された機会や活動の場を意図的，計画的に設定する必要があるとしている。

中央環境審議会答申「これからの環境教育・環境学習―**持続可能な社会を目指して**―」(1999)では，持続可能な社会の実現に向けた環境教育・環境学習で扱う領域，テーマを人間と自然との関わりに関するものと，人間と人間との関わりに関するものに大別し，後者の中で社会づくりに必要なコミュニケーションの問題を取り上げ，その実例として，企業におけるISO14001等の**環境マネジメントシステム**の構築や環境報告書の作成，企業内の環境教育や関係者との環境コミュニケーションの取り組みを示した。

環境保全活動・環境教育推進法についての「基本的な方針」(2004)では，コミュニケーション能力についての言及はないが，**環境教育等促進法**についての「基本的な方針」(2012)では環境教育が育むべき能力である「未来を創る力」の一つとして，意思疎通する力（コミュニケーション能力）が，また環境教育に求められる要素として，「知識の一方通行に終始させるのではなく，協働経験を通じた双方向型のコミュニケーションによって，学習に参加する者から気付きを『引き出す』こと」の重要性が示された。さらにこの基本方針で強調されている「環境行政への民間団体の参加及び協働取組の推進」に関連して，「協働取組の参加主体同士のコミュニケーションを円滑化し，相互理解と信頼醸成を図るためには，国や地方公共団体を含めた各参加主体が，それぞれが有する情報を公開すること」の重要性も示されている。

一方，2007年刊行の『**環境教育指導資料（小学校編）**』では，国語科の目標と環境教育との関連についての記述の中で「環境問題についての各自の立場の共通性や相違をお互いに尊重し合いながら明確な意見にまとめようとしたり，書き上げた報告書を他者と交流したりするコミュニケーション能力などを高めること」の重要性が示されている。また，総合的な学習の時間と環境教育との関連としても「コミュニケーションの力」の育成の重視

が示されている。

今後の課題として，コミュニケーション能力を育てるためには学校が地域社会と一層連携しながら地域課題に取り組む姿勢を明確に打ち出すことも重要である。 （降旗信一）

コミュニティ
community

共同体のこと。一定の地域に居住し，共に属している意識をもち，しばしば利害が共通である人々の集団を指すことが多く，この場合は地域共同体と同義である。広義には，必ずしも居住地には関係なく興味・関心・利害など何らかの共通性をもつ人々の集まりをいう。人に限らず，組織や国の連合体を指すこともある。インターネットの発達に伴い，コミュニティに関して地理的な条件が占める割合は減っており，国境を越えることもあり，さらには実社会ではなく仮想社会における集団も発生している。

ドイツの社会学者テンニース（Tönnies, Ferdinand）は，人間のコミュニティを血縁・地縁などを中心とした共同体＝ゲマインシャフト（独 Gemeinschaft）と，目的の実現を目指す社会ないし協会＝ゲゼルシャフト（独 Gesellschaft）に分け，近代化に伴い，ゲマインシャフトからゲゼルシャフトへと移行するとした。実際のコミュニティはゲマインシャフト的な性格とゲゼルシャフト的な性格を併せもつと理解されている。現代日本においてもムラ社会と比喩的にいわれるように，どんな組織であっても，ゲマインシャフト的な性格が根強く残っていることが多い。

コミュニティは教育が行われる場でもあり，義務教育段階の子どもの行動範囲をゆるやかなつながりのコミュニティとみなすことができる。学校で子どもが過ごす時間は，1年を通して考えれば2割程度にすぎず，それ以外の時間はそれぞれの家庭とコミュニティで過ごしており，教育におけるコミュニティの果たすべき役割は小さくない。さらに社会改革を考えれば，コミュニティは教育が変革する対象として想定される。学校とコミュニティ（地域社会）の関係およびそこでの教育をめ

ぐっては様々な議論・提案がある。

なお，文部科学省は2004年度より，保護者や地域住民などから構成される学校運営協議会が学校運営の基本方針を承認したり，教育活動などについて意見を述べるコミュニティスクールの普及を進めており，指定校数は1,183校（2012年4月現在）に増えている。

（林 浩二）

コモンズ
commons

コモンズとは，特定の地域の人々が共有地を持続的に共同利用する制度である。共有地を利用できるメンバーが限定されるローカルコモンズと，メンバーが限定されないグローバルコモンズに分けられる。前者には，**里山**や森林，川，海，**湿地**などがあり，後者には南極大陸や海洋，宇宙などがある。さらに，ローカルコモンズは利用のためのルールが決められている厳しいローカルコモンズとルールがゆるやかないしは存在しないゆるやかなローカルコモンズに分けられる。日本の伝統的なコモンズである入会（いりあい）は，厳しいルールのあるローカルコモンズの代表例である。なお，コモンズという用語は，「共有地，入会地」などの土地そのものや，そこにある何らかの「資源」，あるいは「利用権」などの権利に対しても用いられることがある。

伝統的に共有地の利用・管理は地域住民に限られていたが，広範な市民の関わりが生まれ，共有地は，幅広い年齢層を対象とした自然観察会や体験型環境教育プログラムなどの身近な自然の中での地域環境教育の仕組みとしての意義をもつようになってきている。また，共有地の自然環境保全や環境教育にボランティアとして関わっている市民に対しては，共有地の自然に関する知識を深め，専門家や他のボランティアとのネットワークを構築する生涯学習の機会を提供している。（斉藤雅洋）

コモンズの悲劇
the Tragedy of the Commons

多数の者が自由に利用できる共有資源は必然的に資源の濫用とその結果としての荒廃を招いてしまうという考えを指す。1968年，米国の生物学者のハーディンが，学術誌『サイエンス』に発表した論説のタイトルに由来する。

標題はたとえ話から採られている。自由に利用できる牧場（コモンズ）で，個人が自らの利益の拡大をねらって放牧する牛の頭数を増やすという，そのかぎりにおいては合理的な決定が，他の個人も同様の決定を行うために，全体としては過放牧による牧場の荒廃（悲劇）を引き起こすというものである。

個人がそれぞれの利益を追求すると，アダム・スミスが『国富論』（1776年）で提示した「見えざる手」は働かず，社会全体の利益を損ねることになるという。これを防ぐには，汚染物質排出規制，繁華街の路上駐車有料化，産児制限などのような「利害関係者の多数が互いに合意した，相互を縛る強制力」を働かせ，自由を制限していく必要があると論じている。現代の地球環境問題の構図もコモンズの悲劇にたとえられるものが多く，国際的な規則でそれを防ぐ試みが行われている。二酸化炭素排出量削減目標を設定して，地球温暖化問題に対処しようとする取り組みはその一例である。

（井上有一）

固有種
endemic species

ある国や地域（島や湖なども該当する）にだけ分布している生物の種のことを固有種という。例えば，ニホンザルは，日本国外には分布していないので日本固有種である。固有種とは逆に全世界的に分布している種を汎世界種（cosmopolitan species）という。固有種は，限られた地域で長い時間の間に祖先種から別の種へと変化（地理的種分化）したものが，他の地域に分布拡大をしないまま残ったケースと，過去により広い地域にわたって分布していたものが，特定地域の個体群を残して絶滅したケースとがある。移動性に乏しい生物の場合，島嶼や，山脈で分断された盆地，隔離された深い湖などで新しい固有種が形成されやすい。固有種は分布が限られる分，環境変動による絶滅の確率が高いので，**生物**

多様性の保全上重要である。固有種が多く分布していながら，人間活動による生息地悪化により種の絶滅速度の高い地域は「**生物多様性ホットスポット**」と呼ばれ，マダガスカル，フィリピン諸島，ニューカレドニアなどと並んで，日本もそれに含まれている。日本の生物相の固有種の比率は，維管束植物35％，哺乳類51％，爬虫類44％，両生類76％であり，その中には**絶滅危惧種**も多く含まれる。環境教育を進める際には，特定の固有種に着目させることで，より具体的な課題意識を芽生えさせることができよう。 (生方秀紀)

コラボレーション
collaboration

異なる立場の人によって行われる協力・連携・共同作業のこと。コラボと略称され，相互触発によって得られる創造的な意味や成果をも示す。製品開発，まちづくり，芸術，経営，情報などの分野で使われることが多い。cooperation, partnership ともほぼ同義。

環境教育や環境保全活動では，行政や企業など異なるセクターとのコラボによって，成果を上げる事例が多い。例えば子どもたちへの生物多様性教育，若者の作業体験による森林環境教育，市民向け環境講座や放送番組制作等では，NPO，企業，行政等複数の団体がセクターを超えてコラボし，プログラム開発や環境教育の実践を行っている。(村上紗央里)

コルボーン，テオ
Colborn, Theo

米国の動物学者（1927- ）。1993年より世界自然保護基金（WWF）の科学顧問を務める。内分泌かく乱物質の専門家で，1996年共著『*奪われし未来*』（*Our Stolen Future*）で著名となり，2000年ブループラネット賞を受賞した。若い頃からの野鳥観察に関心を寄せ環境保護運動に強く引かれ取り組む。51歳にして大学院生となり修士号・博士号を取得。その前後から化学物質による環境汚染とがん発生の関連を調べるうちに「**内分泌かく乱物質**」という未知なる真相に突き当たり，『奪われし未来』を通してそれを世界に知らしめた。 (桝井靖之)

コンパクトシティ
compact city

都市中心部の空洞化や郊外の無秩序な開発に対して，中心部に様々な機能を集め，持続可能な都市を実現する都市政策モデル。1990年代に欧州各国で始まり，生活の質と利便性の向上，環境・資源・エネルギー問題の解決，歴史・文化の保全，交流の促進，安らぎの創出などをコンパクトシティに求めている。

コンパクトシティを標榜する富山市では，2006年度から路面電車LRT（Light Rail Transit）を導入し，自動車の流れを抑え，渋滞や排ガスを減らした。LRTは高齢者，車椅子やベビーカーを使う人にとっても乗り降りしやすいため，街の活性化に繋がり，都心回帰も始まっている。 (村上紗央里)

コンプライアンス
compliance

人や組織が法律や内規等の取り決め等に従って行動すること。コンプライアンスとは「法令遵守」が原義であるが，法律を守れば非倫理的な行動であっても許されるという解釈に陥らないために，人や組織の社会的責任も問われている。食品の産地や品質表示の偽装問題，賞味期限切れの食品の販売等，企業のコンプライアンス違反に関連した事件はあとを絶たない。教育機関では学生・生徒に対する体罰やハラスメントの防止や，個人情報の漏えい防止，校外活動やクラブ活動中の安全管理等のコンプライアンスも求められる。
(秦　範子)

コンポスト
compost

一般的に，有機物が微生物等によって分解された堆肥や肥料，有機資材の総称である。これに対し，植物系有機物を自然に発酵させたものを堆肥，微生物などを用いながら人為的に急速に分解させたものをコンポストと，区別する場合もある。コンポスト化に伴う分解（発酵）には一次発酵と二次発酵があり，

一次発酵では発熱反応が起こり急速に分解が進むが，二次発酵ではゆるやかな分解になる。発酵過程をスムーズに行うために，水分調整，切り返し，破砕をていねいに行う必要がある。

学校の給食残渣や家庭の生ごみを利用して堆肥等を作ろうとする場合，コンポストの名称が多く使用される。これら堆肥や有機資材を作ることを「コンポスト化（堆肥化）」と呼ぶ。持続可能な社会に向けた「生ごみ」の処理法として，市民や自治体等で普及・啓発が進んでいる。また，小中学校では，環境教育の中に落ち葉を用いた堆肥作りが取り入れられることが多い。

〔野村 卓〕

さ

サイエンスコミュニケーション
science communication

科学や科学者と一般市民が対話することをサイエンスコミュニケーション，または科学コミュニケーションという。私たちは日進月歩で発展し続ける科学技術による恩恵を受けて日々暮らしている。しかし現代における専門化，高度化する科学技術を正しく理解することは，その特定分野の専門家以外には困難なものとなっている。そこで，高度な科学技術の内容への興味・関心を市民が高めることと，専門家が双方向性のコミュニケーションによってわかりやすく伝えることの両方が必要となってくる。サイエンスカフェ，さらにはコンセンサス会議のような政策決定に関わるプロセスもサイエンスコミュニケーションの一手法である。科学技術に関する専門家と一般の人との間に立って，両者をつなぐ人は，サイエンスコミュニケーターという。

〔冨田俊幸〕

災害廃棄物（処理）
disaster waste（management）

災害は，地震や津波，台風，洪水，火山爆発，火災などの様々な原因で生じるが，災害によってもたらされる多量の災害廃棄物（がれきとも呼ばれる）対策が大きな課題となる。災害の原因や地域社会の産業形態，建築物密度などにより，災害によって発生する環境問題や廃棄物問題の質や拡がりは様々であり，個別の災害によって生じる環境への影響や**廃棄物**の性格も大きく異なるため，その一般化は甚だ困難である。地震や津波などの結果として発生する災害廃棄物の組成には，①建築物の倒壊に由来する廃木材やコンクリートがら，瓦など，②廃家電製品や様々な家財，③自然由来の草木類，④大型構造物，⑤堆積物（土砂，底質汚泥など），⑥廃自動車や廃船舶，⑦有害廃棄物（アスベスト，農薬類，PCBなど），⑧避難所のごみ，⑨感染性廃棄物やヒト，動物の遺体，などの類型が考えられる。それぞれの組成に対しては，**リサイクル**の可能性を考えつつ，適正な処理処分方法を検討，実行していかねばならない。

世界では，21世紀初頭のみでも，2004年のインド洋津波，2005年のハリケーン・カトリーナ，2008年の四川地震，そして2011年の**東日本大震災**などの大災害が発生している。東日本大震災に伴う廃棄物の発生量は，政府の公式発表で約2,500万トンと報告された。その後，海洋への流出分が約480万トンあることが報告されている。また，海底などから巻き上げられて堆積した物を含めれば4,000万トン以上となる可能性があるが，これは日本全体の1年間の一般廃棄物の発生量に匹敵する量である。阪神淡路大震災では，約1,500万トンであったので，それを上回る廃棄物発生となっている。2008年の四川地震では約2,000万トン，2004年のインド洋津波では1,000万 m^3（インドネシアのみ）の災害廃棄物が発生したことが報告されており，こうした大規模災害では数千万トンの廃棄物発生を覚悟しなければならない。

災害廃棄物処理の基本方針としては，①公衆衛生の確保や有害廃棄物対応を念頭におき，緊急の処理・処分を行うこと，②水環境や生活環境に配慮した暫定の仮置き場を定め，一定の分別を行うこと，③復旧・復興における資源活用につながるリサイクルを視野に入れること，④震災廃棄物リサイクルへの地域雇

用と広域連携を推進すること，がある。第1の公衆衛生対策については，有機性腐敗物への対応を優先し，これらを市中と往来から速やかに排除，もしくは腐敗を遅らせる措置(石灰散布など)をとる必要がある。有害廃棄物(医療系廃棄物，アスベスト，PCB等)については，その所在の確認から，それぞれの適正処理に努めることとなる。第2の仮置き場については，廃棄物集積地を早急に決め，腐敗物(底泥等で汚れたものも含む)，可燃物，不燃物，がれき，有害廃棄物を分別保管する。火災を防ぐため大きい山は作らず，水や土壌の汚染を引き起こさないように留意する。被災現場からのがれき撤去をスムーズに進めるためには，この仮置き場や集積所の役割は非常に大きい。どの地域であれ，災害発生に備えてあらかじめ仮置き場の場所の選定や廃棄物輸送の動線などを定めておかねばならない。

災害廃棄物は，その撤去を急ぐことに関心が向きがちとなるが，処分場の浪費や貴重な資源再利用のためにはリサイクルの可能性を，最初から模索しておくことも大切である。コンクリートがらなどを復旧・復興段階でリサイクル活用，木屑は発電利用などにより化石資源を代替することなどが考えられる。

(酒井伸一)

再資源化 ➡ リサイクル

再使用 ➡ リユース

再生可能エネルギー
renewable energy

再生可能エネルギーは，利用しても自然界の作用で常に充足・再生されるために減少しないエネルギーで，太陽光，太陽熱，風力，水力，潮力，波力，**バイオマス**，温度差，地熱などがある。石炭，石油，天然ガスあるいは原子力のように利用することによって総量が減少する枯渇性資源から得るエネルギーの対になる概念である。上記の太陽光以下の再生可能エネルギーは，月の引力に起因する潮力と，地中のマグマに由来する地熱を除くと，元をただすと太陽の熱核融合反応によるものである。したがって，その源となる太陽の水素が枯渇すれば太陽からのエネルギーの充足・再生はなくなるが，太陽の寿命はまだ50～100億年はあると考えられているので，枯渇は考慮されていない。同様に地熱も徐々に宇宙空間に熱が発散されて地球の内部が冷却され，地熱を利用できなくなる時がやがて来るが，これも限りない未来のことで考慮外とされている。

再生可能エネルギーとほぼ同様の概念で自然エネルギーという用語も使われている。例えば，ソフトバンクのCEO孫正義が立ち上げた「自然エネルギー財団」の英文呼称は"Japan Renewable(再生可能)Energy Foundation"とされている。自然エネルギーが使われる場合は，太陽光，風力，水力など自然界にもともと存在するという点に重きが置かれ，再生可能エネルギーについては，資源が減少しないことに重きが置かれる傾向が見られる。また，「新エネルギー・産業技術総合開発機構（NEDO）」や「新エネルギー財団（NEF）」に見られるように「新エネルギー」という用語もある。従来の化石燃料や原子力より新しく登場したエネルギーという意味であるが，「エネルギー」そのものだけでなく，**燃料電池**のようなエネルギーに関わる新技術や，エネルギーの利用や貯蔵等の新システムにまで広げた概念として用いられている。ただし，「新エネルギーの利用等の促進に関する特別措置法」に基づいて政令で定められている|新エネルギー」は再生可能エネルギーに限定されている。

枯渇性資源から得られるエネルギーは，現時点では最も安価なエネルギー資源であったとしても，資源の減少に伴って価格が上昇するので，コストダウンの著しい再生可能エネルギーと逆転するのはそれほど遠い将来のことではない。

コストダウンと脱化石燃料，脱原発の風潮，さらには様々な補助金などの追い風を受け，再生可能エネルギーの生産の伸びは著しく，**太陽光発電**や**風力発電**については，この数年指数関数的な拡大を示している。日本でも，2012年9月に決定された「革新的エネルギ

ー・環境戦略」において，再生可能エネルギーを今後の基盤エネルギーとして位置づけている。しかし，太陽光発電も風力発電も発電量が日照や風力に大きく左右され，既存の火力発電や水力発電，原子力発電に比べて不安定である。この不安定な電力が既存の送電網に大量に流入すると，供給電力の電圧が不安定になるなどの不都合が生じる可能性がある。この問題を回避するには，大量の電力をいったん蓄電池に貯蔵した後，一定の電力を送電網に流す方法があるが，蓄電池のコストが高いため，それに替わる**スマートグリッド**といわれる新しい送電網システムの導入が必要とされている。しかし，多くの電気機器には電圧調整回路が内蔵されていることから，新しい送電網システムの導入の必要性についても異論がある。
　　　　　　　　　　　　　　（諏訪哲郎）

再生不能資源 ➡ 枯渇性資源

栽培教育 ➡ 飼育教育・栽培教育

栽培漁業
farming fishery／sea farming

育てながら捕るという栽培的なプロセスを経て放流し，捕獲する漁業の生産体系。1963年に水産庁によってつくられた新語で，回遊性魚介類の増殖に限定して使われる。魚を水槽やいけすで育て，出荷できる大きさになるまで人間が管理する養殖漁業と違い，卵から稚魚になるまでの期間を人間が育て，その魚介類が成長するのに適した海に放流し，自然の海で成長したものを漁獲する。捕る一方の漁業のあり方から，再生産する漁業として注目を浴びた。事業としての経済的自立は，放流魚の回収率の高さと高価格の魚種確保にかかっているとの指摘もある。
　　　　　　　　　　　　　　（大島順子）

「サウンドマップ」
"Sound Map"

ネイチャーゲームの手法の一つで，周囲から聞こえてくる音に耳を傾けてカードに自分のイメージを書き込み，音を地図で表現するアクティビティ。サウンドマップの作成を通して，聴覚を研ぎ澄まして一つひとつの音を味わい，多種多様な音に囲まれていることに気づくことができる。さらに，参加者同士でサウンドマップを共有することにより，他者理解にもつながることが期待される。
　　　　　　　　　　　　　　（溝田浩二）

サステナビリティ ➡ 持続可能性

サステナビリティレポート
　　➡ 環境報告書

里海
satoumi

里海とは，人手が加わったことによって，生物生産性と**生物多様性**が高くなった沿岸海域のことである。環境省では，里海を「人間の手で陸域と沿岸域が一体的・総合的に管理されることにより，物質循環機能が適切に維持され，高い生産性と生物多様性の保全が図られるとともに，人々の暮らしや伝統文化と深く関わり，人と自然が共生する沿岸海域」と定義している。里海は，海中林である藻場や沿岸の魚付林あるいは**干潟**が存在し，豊かな栄養塩のもとで持続可能な漁業生産が行われてきた場であった。しかし，川・海の**水質汚濁**，人工構造物の増加，漁業の大規模化，漁業従事者数の著しい減少，漁村の衰退などにより沿岸海域と人々の生業の空間が乖離するようになってきており，従来の里海の維持が困難になっている地域もある。

従来の沿岸の漁業は，多様な生物と複合的な生態系の中で育まれ，漁業者と自然とが長年の間，共生してきた自然－人間系であった。この自然－人間系が衰退し，その結果漁業生産，周辺の開発，流入河川や沿岸の水質などのバランスが失われれば，沿岸海域の生物相は貧弱になり，沿岸の生態系がかく乱される。

豊かな生物生産性と生物多様性や地域の食文化の維持には漁民の伝統的な知恵は欠かせない。漁民は，古くから上流の山地の荒廃地に植林をして川・海の水質の保全に努め，豊かな食文化も育まれてきた。このような里海を呼び戻すために，里海でのエコツアーの中

に食文化を通じた地域の伝統文化を伝える試みもなされている。　　　　　　　（中村洋介）

里山
satoyama

〔語義〕里山は、狭義には、人里近くに存在する二次林や二次草地を指す。その場合、その周囲にある農地、集落、水辺などと併せた二次自然地域は里地として区別される。しかし環境省は「里地里山」とひとまとめにして「原生的な自然と都市との中間に位置し、集落とそれを取り巻く二次林、それらと混在する農地、ため池、草原などで構成される地域であり、農林業などに伴うさまざま人間の働きかけを通じて環境が形成・維持されてきたもの」と定義している。「里山」や「里地」について議論する場合は、その言葉の示す内容をあらかじめ確認しておく必要がある。

〔里山の現状と課題〕里山は本来、農村集落の人々が近くの森から農地の肥料となる落ち葉や燃料としての薪等を採取しながら森の手入れを行い、地域内の資源を循環的に利用することによって作られてきた景観である。こうした人と自然との共生の営みにより、自然環境は劣化することなく維持され、生物多様性に富む二次的自然を創出してきた。しかし、高度経済成長に伴う化学肥料の普及や燃料革命、農山村の衰退等によって、以前のような資源の循環的利用は行われてなくなり、人と自然との共生の場としての里山の機能は失われつつある。

里山の機能を維持するためには、市民等による新たな利活用の取り組みが不可欠といわれている。近年、里山の価値を見直し、生物多様性を維持しながら地域の自然資源を合理的に利用・管理し、人間と自然との持続可能な関係を再構築しようとする取り組みが始まっている。環境省と国連大学が中心となって進めている「SATOYAMAイニシアティブ」もその一つである。　　　　　　　（比屋根 哲）

砂漠化
desertification

〔語義〕砂漠化は極乾燥地域の周辺にあたる乾燥、半乾燥および乾燥半湿潤地域において、土壌が本来もつ植物を育む能力が失われていく現象をいうが、1992年にリオデジャネイロで行われた国連環境開発会議で、「乾燥、半乾燥および乾燥半湿潤地域における**気候変動**及び人間活動を含む様々な要素に起因する土地の劣化」であると定義された。砂漠化が懸念される地域は、サハラ砂漠の南縁にあたるサヘル地帯のほかにも、中国、中東、中央アジア、北アフリカ、北米、南米など世界各地にある。

〔砂漠化の現象と原因〕土地の劣化の具体的な現象の一つに、土壌の侵食が挙げられる。表層の土壌は水を適度に含むことができる一方で、余分の水を排除する機能をもっている。こうした機能をもつ表層の土壌が雨や風によって侵食を受けると、土壌の保水機能は低下し植生の減少につながる。燃料になる薪の採取や家畜の**過放牧**、および過剰な耕作は、土壌を直接雨や風にさらす機会を増大させるなど、人間活動による砂漠化の主要な要因である。

乾燥地域の土壌における水は、下方から上方に移動する傾向にあり、土壌中の塩類濃度は湿潤地域に比べて相対的に高い。こうした場所での灌漑農業は土壌中の塩類濃度をさらに高めることにつながり、場合によっては土壌表面に白い塩類が析出することになり、植物の生育が極端に低下する。不適切な灌漑農業によって乾燥地帯の土壌の塩類化が進んで土地が劣化し、それが文明の衰退を招いたという事例は少なくない。チグリス・ユーフラテス川流域の土壌の塩類化はその例としてよく引き合いに出される。

長期間にわたって植生が消失することも砂漠化の現象である。これは過放牧や過耕作、また燃料となる樹木の過剰採取が原因である。耕作した後は休閑し土地を休ませることが乾燥地帯では重要になるが、人口増加が進んでいることもあり、土地を休ませるといった余裕がない。もともと降水量が少なく草の生産量も低いため、こうした土地に過剰の家畜を放牧することは、植生を貧弱にさせる。そして、わずかに生産される灌木も薪として採取

されると，長期にわたって植生が消失していくこととなる。

砂漠化の現象は社会経済的状況と密接につながっている。乾燥，半乾燥および乾燥半湿潤地域で，貧困や人口増加という社会的問題を抱えている場合，燃料や食料確保のために耕作地・放牧地や薪採取の場所が拡大される。こうした人間活動は，砂漠化の面積を広げ，耕作・牧畜に不適な土地を拡大することになり，貧困を助長する。このように貧困・人口増加と砂漠化の悪循環が課題となっている。

このような砂漠化の進行と干ばつに対処するために，1994年に砂漠化対処条約が採択され，砂漠化と干ばつの影響を緩和するために十分な資源を配分すること，またその対応に当たって住民の参加を促すことが締約国に求められることになり，その対応が急がれている。

(樋口利彦)

サーマルリサイクル
thermal recycling

廃棄物を単に焼却処理するだけでなく，焼却の際に発生する熱エネルギーを発電や温水として回収・利用すること。欧米では早くから行われていたが，日本では1970年以降，清掃工場等で排熱利用が普及してきた。現在，サーマルリサイクルには，容器包装リサイクル法で認められた油化，ガス化のほかにごみ焼却熱利用，ごみ焼却発電，ごみ固形燃料化等がある。2000（平成12）年に成立した循環型社会形成推進基本法では，廃棄物・リサイクル対策の優先順位として，サーマルリサイクルは，廃棄物の発生量を抑制するリデュースやリユース，廃棄物を再資源化するマテリアルリサイクルやケミカルリサイクルの下位にあった。2006（平成18）年の容器包装リサイクル法の改正で廃プラスチック類を可燃ごみとして収集，焼却し，熱エネルギーを回収することが認められ，自治体の見直しが進んだ。しかし，廃プラスチック類を燃料として活用する場合，塩化ビニル製品等からのダイオキシン類の発生が問題となった。その後，塩化ビニルの分別法，ダイオキシン類や煤塵等の環境中への排出を抑制する技術の確立により，サーマルリサイクルへの移行が着実に進んでいる。

(坂井宏光・矢野正孝)

参加型学習
participatory learning

〔参加の意味するもの（二つの参加）〕一般に，教育における「参加」には，実際の「社会への参加」と「学習・授業への参加」の二つがある。前者は「直接的参加」，後者は「間接的参加」と言い換えうる。環境教育における参加もこれら二つのカテゴリーから論じられることが多い。なかでも前者は国際的な環境教育の流れと関連するもので，その根拠はベオグラード憲章（1975）に求められる。憲章は，環境教育の目標を6つの段階（気づき・知識・態度・技能・評価能力・参加）で示し，その最後に「参加」を位置づけた。この6段階からなる環境教育の目標やプロセスは，今日もなお日本の環境教育を目標面から考える際の基礎となっている。

憲章は「参加」の目標について，次のように述べている。

「参加：環境問題の解決に向けて適切な行動を確実にとれるように，環境問題に対する責任感と緊迫感を深めるのを助けること」

このとらえ方は，「知識の取得や理解にとどまらず，自ら行動できる人材を育むことが大切」とする日本の環境教育の方針（「環境保全の意欲の増進及び環境教育の推進に関する基本的な方針」2004年9月閣議決定）とも合致している。

学習のプロセスから見ると，この場合の「参加」は図の(A)に当たる。

```
                                    (A)
気づき→知識→態度→技能→評価能力→参加
       ↑     ↑    ↑    ↑         ↑
      参加  参加 参加 参加      参加(B)
```
図 環境教育における参加

ここでは，「参加」という行為が，学習者の外側にある環境や環境問題およびその解決と密接に結びついており，参加すること自体が社会的な意味をもっている。

一方，学習・授業への参加は「手段」としての参加ともいえるもので，上の6段階の最

終段階のみならず，学習のあらゆる場面(B)に当てはまる。すなわち，行為としての参加の社会的意味よりも，学習者自身が環境に関わってどのような気づき，知識，態度，技能や評価能力を身につけたかを重視する。

つまるところ，参加型学習には，間接的参加に直接的参加も加えてより広くとらえようとするもの(広義)と，直接的参加は「参加」として峻別し，間接的参加のみを「参加型」としてとらえるもの(狭義)がある。

〔理論的背景としての体験学習〕広義・狭義いずれの立場をとるにせよ，共にいわゆる学習論としての「**体験学習**」に依拠している点では共通している。体験学習論の背景には，情報化やグローバル化，価値観の多様化など，変化の激しい社会にあっては，注入することを通して知識の量を増大させようとする受動的・教養主義的な学習よりも，学習者自らが活動を通して主体的・積極的に学ぶことにより，その人自身の態度・行動の変容を促すことの方がより重要で意味がある，とする経験主義的な学習観がある。

〔参加の能動性〕体験学習とともに，参加型学習を特徴づける重要な概念に，学習者の対象への関わり方としての「能動性」がある。体験学習は，学習者が学習に能動的であってこそ効果を発揮する。能動性の指標としてはハートの「参画のはしご」が有名である。ハートは，大人と一緒に活動する子どもの「自発性」と「協同性」を8段階に区分した。ハートの「参画のはしご」は，参加の質の違いのみならず，参加型学習がともすれば陥りやすい課題(参照：「参画のはしご」の中の「非参画」)を示すものとして，意味ある判定基準となっている。

〔実社会に二方向から迫る参加型学習〕実社会への直接的参加ができるようになるための，間接的で模擬的な「参加型学習」には二つのアプローチがある。一つは，教室と実社会を分かつとともに，教室へ社会をもってくるものであり，今一つは，教室や学習の場そのものを社会と見なすものである。前者の典型はシミュレーションゲームや外部講師の招聘であり，後者の典型は構成員同士の討議やブレインストーミングである。

前者の場合，社会や社会の問題の構造やエッセンスが抽象化され模倣化され，あたかも学習者が社会の中にいるかのような擬似的状況がつくり出される。教室に関係者を外部講師として招く場合も同様で，いわば外部の社会や問題が人のかたちをして教室にやってくる。

一方，後者の討議やブレインストーミングの場合には，教室そのものがすでに社会であるので，討議への積極的な参加とともに，そこでの発言には市民社会の構成員としての責任や自覚が求められる。また，教師-生徒，班長-班員など構成員相互の関係は，権力-服従，権利-義務などの政治的関係として反省的に吟味されることになる。　　　(水山光春)

⇨体験学習法，学習の循環過程

参画のはしご
participatory ladder

「参画のはしご」は，ハートが *Children's Participation* (1997, 邦訳『子どもの参画』萌文社，2000年) の中で，「大人と一緒に何かのプロジェクトで活動する子どもの自発性と協同性の度合いがいろいろある」ことを説明するために比喩的に用いた概念である。

行政に対する市民参加の度合いについては，アーンスタイン(Ahnstain, Sherry R.)が1969年に発表した論文(A Ladder of Citizen Participation)の中で，単なる「世論操作(manipulation)」のレベルから「市民の管理(citizen control)」のレベルまでを8段階のはしごで示している。

一方，ハートの問題意識は，成長する子どもの能力に合わせて大人はどうすれば一緒に活動できるかにあった。そのために，ハートは，アーンスタインの提示したはしごを少し修正して，子どもと大人の協働のレベルを次の8段階で示している。

①操り参画
②お飾り参画
③形だけの子どもの参画
④仕事は割り当てられるが，情報が与えられる参画の仕方＝「社会的動員」

⑤子どもが大人から意見を求められ，情報を与えられる
⑥大人がしかけ，子どもが一緒に決定する
⑦子どもが主体的に取りかかり，子どもが指揮する
⑧子どもが主体的に取りかかり，大人と一緒に決定する

これらの8段階のうち，ハートは④～⑧を「参画」，①～③を「非参画」とした。さらにハートは，このはしごについて次のように補足する。「はしごの上段にいくほど，子どもが主体的にかかわる程度が大きいことを示す。しかし，これは子どもたちが必ずしもいつも彼らの能力を出し切った状態で活動すべきであるということを意味しているのではない。これらの数字は，むしろ大人のファシリテーターが，子どもたちのグループが自分たちの選んだどのレベルでも活動できるような状況を作り出せるようにするためのものである。(中略) 大事なことは1～3のレベルを避けることである」。

なお，ここではparticipationを「参画」と訳しているが，これは積極的主体的に関わっている意味内容をもつものを「参画」とし，それ以外を「参加」とする訳者（IPA日本支部）の考えに基づいている。
(水山光春)

産業廃棄物
industrial waste

産業廃棄物は，事業活動に伴って排出される**廃棄物**で，政令によって20種類に分類されている。すなわち，燃えがら，汚泥，廃油，廃酸，廃アルカリ，廃プラスチック類，紙くず，木くず，繊維くず，動植物残渣，ゴムくず，金属くず，ガラスおよび陶磁器くず，鉱さい，コンクリートくずなど，動物糞尿，動物の死体，ばいじん，その他産業廃棄物処理物である。産業廃棄物には，有効利用可能な資源であるもの，処理すれば資源になるもの，また有害な物質を含むものなどがある。最終処分場への負荷を減らすために，大量に発生する石炭灰やコンクリートくずなどの有効利用すべき産業廃棄物を「指定副産物」としている。また産業廃棄物の最終処分に当たっては，施設基準をもつ3種類の処分場に分類し，それぞれに搬入してもよい廃棄物を指定している。

一般廃棄物の処理は市町村の責任によって行われるが，産業廃棄物の処理は事業者の責任となる。産業廃棄物の多くは産業廃棄物処理業者によって中間処理（汚泥の脱水や木くずの焼却など）や最終処分（埋め立て）される。産業廃棄物の排出者責任を明確にし，不適正処分が行われないように，マニフェスト（産業廃棄物管理票）によって，最終的に事業者に処理されたことを確認させる仕組みになっている。

産業廃棄物の発生量は全国で約3.9億トン(2009年度) に上っており，一般廃棄物の発生量約4.5千万トンに比べて約9倍になる。1975年の約2億トンに対して，1990年には約2倍の約4億トンに増加し，その後20年以上にわたり増減はほとんどない。発生量の多い業種は，電気・ガス・熱供給・水道業が約1億トンと最も多く，農業，建設業がそれぞれ7～8千万トン程度，発生させている。約4億トン発生する産業廃棄物のうち，約2割は直接再生利用され，数パーセントは直接埋め立てられ，残りは中間処理される。中間処理の過程で約4割が減量化され，処理後，さらに有効利用される物が約3割となり，最終的な再生利用量は約2億トンと，発生量のほぼ半分になっている。最終処分量は中間処理残さを含めると，約1.3千万トンであり，この量は一般廃棄物の最終処分量約700万トンに比べて約2倍となるが，10年間で約4分の1に減少している。
(酒井伸一)

サンクチュアリ
sanctuary

野生生物の生息地の保全を目的として確保された区域のこと。国や地域によってその呼称や実態は多岐にわたり，設置の目的や生息する野生生物の保護レベル，周辺環境によっても様々である。一般に絶滅のおそれのある生物の個体群が，生息地の消失や分断化，乱獲などによって著しく減少した後に設置されることが多い。日本では，1981年に**日本野鳥**

の会が北海道苫小牧市との協定で開設した「ウトナイ湖サンクチュアリ」が、日本最初のサンクチュアリとして知られる。ネイチャーセンターや自然観察路などの施設をもち、環境教育の場として積極的に活用されているケースもある。　　　　　　　　（溝田浩二）

サンゴ礁
coral reef

サンゴ礁とは，熱帯，亜熱帯の沿岸に，造礁サンゴの群落によって作り出された地形。その形成過程に応じて，サンゴ礁は裾礁（きょしょう），堡礁（ほしょう），環礁（かんしょう）の3種類に分類される。噴火や隆起によって生まれた島のまわりを取り巻くように発達したサンゴ礁を裾礁，島の沈降に伴って島から少し離れた沿岸に発達したものを堡礁，島が海面下に沈降しサンゴ礁のみが環状に連なったものを環礁と呼ぶ。沖縄島のサンゴ礁は裾礁，グレートバリアリーフは堡礁，環礁の例としてはビキニ環礁，南大東島・北大東島などが挙げられる。

サンゴ礁には，外洋に面して波を受ける礁嶺，その内側に広がる波の静かな礁池などがあり，沖縄ではそれぞれピー（ピシ），イノーと呼んでいる。ピーは，造礁サンゴ，海藻類のほか，クマノミをはじめとする様々な生物の生息地となっており，イノーはエビ，カニ類の生息地となる海草藻場が広がっている。またサンゴ礁に注ぐ，河川の河口部にはマングローブが発達し，アナジャコや貝類の生息地となっている。

近年，サンゴ礁は赤土の流入，オニヒトデによる捕食，海水温上昇による白化現象，開発に伴う埋め立てなどによって，危機に瀕しており，その状態をモニタリングするリーフチェックなどのプログラムが行われている。
　　　　　　　　　　　　　　（吉田正人）

酸性雨
acid rain／acid precipitation

〔語義〕化石燃料の燃焼などによって大気に排出される硫黄酸化物（SOx）や窒素酸化物（NOx）などの大気汚染物質が，雨に溶け込んで降ってくる現象をいう。現在では，「湿性沈着」といったpH5.6以下の酸性の強い霧や雪（雨も含めて湿性沈着という）や，「乾性沈着」という晴天日でも大気から直接沈着するガス状または粒子状（エアロゾル）も併せて指している。酸性雨の被害が最初に報告されたのは，1960年代のヨーロッパである。その後，ドイツのシュヴァルツヴァルトなどで豊かな森が酸性雨によって枯れたり衰弱して葉を落とす被害が拡大したことで，酸性雨の脅威が世界に広く知られるようになった。

〔被害〕酸性の強い雨が降ることによって，川や湖などの水質が酸性化し水中の生物や植物の生態に影響を与える。また，酸性雨によって，土壌の成分が変わり，樹木や植物が枯れやすくなる等の影響もある。さらに，コンクリートや大理石を溶かしたり，銅にサビを発生させたり，建造物を劣化させる。

〔日本での調査〕日本においては，1983年に環境庁（当時）が第1次酸性雨対策調査を開始し，その後，2000年までに4次にわたる酸性雨モニタリングを行ってきた。これらの調査では，土壌・植生および陸水の長期継続的なモニタリングを実施し，酸性雨による陸水，土壌・植生生態系への影響について総合調査がなされてきた。これ以降は，酸性雨長期モニタリング計画に基づいた酸性雨モニタリングが行われている。

〔国際問題〕酸性雨の原因となる汚染物質は，汚染物質が排出される地域と酸性雨として降る地域の距離が離れ，国境を超えることも珍しくない。そのため，酸性雨の問題解決には，周辺関係諸国と連携して，汚染物質の観測やモニタリングを行う必要がある。ヨーロッパでは，1979年，国連欧州経済委員会により，長距離越境大気汚染に関する条約が締結された。この条約に基づき，酸性雨の共同監視，硫黄酸化物や窒素酸化物の排出量削減等の具体的措置が進められてきた。　　（早渕百合子）

三陸大津波
Sanriku Tsunamis

三陸地方では，869（貞観11）年5月26日に発生した貞観地震津波をはじめとして，地

震津波の記録が数多く残されている。江戸初期から末期までの約260年間に記録されているだけでも20回以上の地震津波に襲われており，近代に入っても，1896（明治29）年6月15日の明治三陸大津波，1933（昭和8）年3月3日の昭和三陸大津波，そして，1960（昭和35）年5月23日の**チリ地震津波**と，わずか60年あまりの間に3回の大津波が襲っている。2011（平成23）年3月11日に三陸沖で発生した東北地方太平洋沖大地震による巨大津波で，多くの人命が奪われたことは記憶に新しい。

(溝田浩二)

残留性有機汚染物質（POPs）
persistent organic pollutants

残留性有機汚染物質（POPs）とは，環境中で分解されにくく，生物に蓄積されやすく，かつ毒性が強いといった性質をもった化学物質の総称をいう。1992年の**国連環境開発会議（地球サミット）**で地球規模での汚染が指摘され，**ポリ塩化ビフェニル（PCB）**，ジクロロジフェニルトリクロロエタン（**DDT**）などのPOPsに関する国際条約が，2001年に「残留性有機汚染物質に関するストックホルム条約」として採択された。日本は2002年に加盟している。条約採択時にはクロルデン，DDT，トキサフェン，ヘキサクロロベンゼン，PCB，アルドリン，ディルドリン，エンドリン，ヘプタクロル，マイレックス，**ダイオキシン類**，ジベンゾフラン類の12物質が対象となった。DDTやトキサフェンなどに対しては製造・使用・輸出入の禁止，ダイオキシン類，ジベンゾフラン類などの非意図的副生成物に対しては，排出目録（インベントリ）の作成を行い，国別の年間排出量の削減に技術的に利用できる最善技術の活用や排出基準の設定を求めている。金属精錬工程やごみ焼却などで発生するダイオキシン類の排出削減は，この枠組みで規制されている。2011年には新たなPOPsとして，ポリブロモジフェニルエーテル（テトラ，ペンタ，ヘキサ，ヘプタ体），クロルデコン，ヘキサブロモビフェニル，リンデン（γ-HCH），α，β-ヘキサクロロシクロヘキサン，ペルフルオロオクタンスルホン酸（PFOS）とその塩，ペルフルオロオクタンスルホン酸フルオリド（PFOSF），ペンタクロロベンゼンが追加された。今後，新たなPOPsを生み出さない努力とこれまでに製造・使用されてきたPOPs，とりわけPCBや埋設された農薬類の適正処理を進めていくことが求められている。

(酒井伸一)

残留農薬
residual agricultural chemicals

農畜産物や土壌などに残留している**農薬**のこと。分解速度は化学合成物質の性質や土壌・微生物の状況，移行性は地形や降水量で異なり，残留の期間や場所が変わる。悪影響が明らかなものを規制するネガティブリスト制度では，新たな薬品への対応が後追いになるため，2006年にポジティブリスト制度が施行され，残留基準がなくても農薬・動物用医薬品・飼料添加物などが一律基準（0.01ppm）以上検出された食品については流通が原則禁止になった。

(金田正人)

し

飼育教育・栽培教育
animal breeding education・plant growing education

〔**語義**〕動物の飼育と植物の栽培を通して豊かな人間性を育む教育。2008（平成20）年に改訂された新学習指導要領において，子どもたちの豊かな人間性を育むため，自然や生き物へ親しみをもち，それらを大切にするとともに，生命を尊重する心情や態度を養う教育として飼育教育・栽培教育という併記した用語が導入された。

新学習指導要領によって，学校教育現場では**生活科**や理科等において動物や植物を教材として取り上げる指導がより一層進められることになった。

〔**飼育教育・栽培教育の展開と実践**〕新学習指導要領では，総則に基礎的な知識や技能を確実に習得させ，その知識や技能を児童生徒が主体的な力で自らの生活に活用できるようにす

るための思考力・判断力・表現力の育成が提唱された。これら主体的に学習できる態度を養成するために言語活動や体験活動を重視することになった。

小学校の生活科においては、「動物を飼ったり植物を育てたりして、それらの育つ場所、変化や成長の様子に関心を持ち、また、それらは生命を持っていることや成長していることに気づき、生き物への親しみを持ち、大切にする」と規定され、新規に「継続的な飼育、栽培を行うようにすること」が規定された。この「継続的な飼育」は、「専門的な知識をもった地域の専門家や獣医師などの多くの支援者と連携して、よりよい体験を与える環境を整える」ことが必要とされている。

また、小学校・理科では「身近な動物や植物を探したり育てたりして、季節ごとの動物の活動や植物の成長を調べる」と規定され、特別活動や総合的な学習の時間、道徳などで、動物の飼育や植物の栽培が取り扱われることになった。

さらに、中学校・技術家庭科の技術分野においては、「生物育成に関する技術」が必修化され、これに伴い技術教員は地域の環境条件に合わせて、栽培や飼育に関する多様な指導を行うことが求められるようになった。

〔飼育教育・栽培教育の課題〕新学習指導要領により生活科・理科・道徳などを連結し、継続的な実施を目指して展開される飼育教育・栽培教育であるが、これらを扱う領域は学校でこれまで行われてきた農業体験学習などと内容や方法が重複する。このため飼育教育・栽培教育と名うつ実践においても、内容を検証すると農業体験学習などを置き換えているだけの事例も散見される。

農業体験学習などは、これまで社会科（農業、畜産理解）や道徳との連携に重点を置き、それぞれ個別の体験をつなぎあわせることによって教育的意義を提唱してきた。これに対して飼育教育・栽培教育は理科、生活科、道徳との連携に重点を置き、継続的な実施を通した教育的意義が提唱されたことを踏まえる必要がある。
　　　　　　　　　　　　　　（野村　卓）

シエラクラブ
Sierra Club

米国で最も古く規模の大きな自然保護団体。ミューアが1892年にサンフランシスコで設立し、1914年に亡くなるまで会長を務めた。現在の会員数は130万人。シエラクラブはミッションとして、地球の野生の場所を探検し、楽しみ、保護すること、地球の生態系と自然に対する責任ある利用を実践し推進すること、自然環境と人的環境の質を守りかつ回復するために人間性を教育して獲得すること、これらの目的を達成するためにあらゆる合法的な手段を用いること、を掲げている。シエラクラブは議員へのロビー活動や司法への訴訟、キャンペーンを用いた一般市民への普及啓発、自然観察会など、現在につながる自然保護団体の活動手法を確立してきた。　　（金田正人）

シェールガス・オイルシェール
shale gas・oil shale

シェールガスとは頁岩（シェール）に貯留されている天然ガスをいう。北米、南米、中国、オーストラリアなど世界の広範囲に分布し、埋蔵量は極めて多い。天然ガスは一般的に砂岩に貯留されたものを採掘しており、頁岩中のものは採算が合わずほとんど採掘されていなかった。近年、地下の頁岩層を高圧水流で破砕し天然ガスを回収する技術が確立したことで、米国で商業生産が本格化している。その供給量とコスト面から地政学的にエネルギーのパワーバランスを変えるとの見方もあり、「シェールガス革命」とも呼ばれた。

ところが採掘には大量の水を使用することと、地下の頁岩層を破砕することによる地盤沈下、排水による環境破壊の懸念が強く、フランスでは開発を禁止する法案も可決されている。また発表されている埋蔵量についても疑問視する見方があり、非在来型の天然ガス資源として大きな期待を寄せられながら、問題も大きいことが指摘されている。

一方オイルシェールは、有機化合物である油母（ケロジェン）を含む頁岩を指し、油母頁岩とも呼ばれる。工業的な処理によって、オイルシェールに含まれる炭化水素を液体状

またはガス状で回収し，燃料化することができる。埋蔵量はシェールガスと同様に極めて多く，原油の埋蔵量に匹敵すると推定する専門家もいる。世界中に分布しており，エストニアではオイルシェールをそのまま燃料として燃やして利用している。

いずれも採算性から開発されてこなかった**化石燃料**であり，在来型化石燃料の生産ピークが過ぎたことで，資源利用の技術開発が進んでいる。開発や採掘にはこれまでにない環境破壊が伴い，地球温暖化への影響も甚大と見るべきである。　　　　　　　　（森 高一）

紫外線
　　ultraviolet rays

紫外線（UV）は，可視光線のスペクトルが紫色の外側に現れる電磁波の総称。波長は可視光線（720～380nm；nmはナノメートルで，1nmは1mの10億分の1）より短く，X線より長い400～10nmである。紫外線の有用な作用として殺菌消毒，体内でビタミンDの生合成等がある。近年，フロン等によるオゾン層の破壊により，環境中にUV-A（400-315nm）やUV-B（315-280nm）等の有害紫外線量が増加し，白内障や皮膚がんが増加する等，健康被害ばかりでなく，生態系への悪影響も指摘されている。（坂井宏光・矢野正孝）

資源ごみ
　　recyclable waste／recyclable garbage

資源ごみとは，回収，運搬，処理の能力や技術，また採算の点で**リサイクル**など再資源化が可能なごみのこと。以前は多くの自治体が家庭からでるごみを「可燃ごみ」「不燃ごみ」「粗大ごみ」の三つに分別し，焼却，埋め立てを行っていた。しかし，最終的なごみ処分場の収容能力が限界に達し，新しい埋め立て候補地がなかなか見つからない状況が生じたため，捨てられるごみの中から資源となるものを回収し再資源化することによりごみの総量を削減しようとしたものである。現在，資源ごみと呼ばれるものは主に，アルミ缶，スチール缶，瓶，電池，ペットボトル，古紙，段ボール，布などがあるが，回収の方法や種類は自治体により異なっている。また，地域の小売店などで白色の食品トレイ，牛乳の紙パック等を回収しているところもある。環境意識の向上に伴ってごみの分別が進み，再資源化が可能なごみが増えており，そのことが資源循環率を上昇させている。

とはいえ，資源ごみは回収しても採算が合わなければ結局ごみに戻る可能性がある。また再資源化できるごみは有価物となるため，近年では集積所から勝手に持ち出し換金するなど新たな問題も生じている。資源ごみについては，企業の拡大生産者責任，消費者の排出者責任，リサイクル時のエネルギー・資源の再投入など考えなければばらない問題が多い。　　　　　　　　　　　　（荘司孝志）

資源民族主義
　　resource nationalism

資源民族主義（資源ナショナリズム）とは，資源を有する国が資源の開発において開発施設を国有化するなどの手段で外国資本を排除し，自らがその支配をしようとする思想や動きをいう。その内容は，1962年の国連における「天然資源に対する恒久主権の権利」の宣言の中に見ることができる。すなわち，①天然資源は保有国に属し，資源保有国の国民的発展と福祉のために用いられるべきこと，②資源開発に従事する外国資本の活動について，資源保有国が種々の条件・規制を課すことができること，③資源開発により得られた利益は，投資側と受入国側との協定に従って配分されねばならないこと，である。

資源民族主義は，1960年のOPEC（石油輸出国機構）の設立によって国際的な動きへと高まりを見せた。それまで先進工業諸国の石油会社が原油の生産量や価格を設定し，産油国である発展途上国は石油の輸出による利益を十分に得られずにいた。それに対し，OPECは先進国の石油会社を国有化し，原油価格決定権を奪回するという，産油諸国による共同行動をとったのである。資源民族主義は，天然資源の価格引き上げ，採掘規制などを先進国との外交交渉の手段とし，発展途上国の交渉力を高めたが，1980年代に入ると，先進国

ではエネルギー政策の転換やOPEC諸国以外からの原油供給先を開拓し、資源民族主義の動きは衰退していくこととなった。(斉藤雅洋)

自己開示
self disclosure

対人関係において、自分にはわかっているが、相手に隠している、または隠れている私についての情報（考え、気持ち、意見、特徴等）を率直にあるがままに伝えること。自己開示された受け手は相手に開示された情報と同程度の情報を開示するといわれている。自己開示は、人間関係をつくったり、維持したり、またその関係を通じて自己の成長を促す機能があるとされる。自己開示が相互に行われるようになると、そのグループの中に受容的で自由な雰囲気が醸し出され、信頼関係が深まり、コミュニケーションがさらに活性化する。そうした中で、自分の考えや態度が明確になったり、それまでに思いもつかなかったことに気づかされたりする。

環境教育をはじめ様々な領域で、学習者の自発的な態度や行動、価値観を育む手段として**体験学習法**が用いられるが、自己開示は学習促進の上で重要な役割を果たしている。

自己開示を妨げるものとして、その場に受け入れてもらえない、場違いではないかという恐怖心や不信があるといわれる。学習の場のデザインやファシリテートに当たり、その点に十分配慮する必要がある。　(川島憲志)
⇨ジョハリの窓

地震
earthquake

〔**語義**〕一般に、地震とは大地が震動する自然現象全般を指す。しかし、原因の中には核実験のような人為的なものもある。人体に感じる地震を有感地震と呼ぶが、体感できないような微小な無感地震も頻繁に発生している。

〔**地震の種類**〕海洋プレートと大陸プレートの境界などで発生する「プレート間地震」やプレート内部で発生する「プレート内地震」、火山活動に伴って発生する「火山性地震」などがある。地震は地下の岩盤に加わる様々な力によって生じたひずみが、急激な変形運動によって解放される際に起こる。

〔**地震の大きさと被害**〕地震の大きさを表す尺度としては、**震度**と**マグニチュード**がよく用いられる。震度は各観測地点における大地の揺れの大きさを示す。したがって、地盤にもよるが、一般的には地震の発生地点である震源から離れるに従って、同心円状に震度は小さくなる。一方のマグニチュードは、地震で解放されたエネルギーの規模や断層の大きさなどを表す指標である。地震のエネルギーとマグニチュードは対数関係になっているため、マグニチュードが2増えるとエネルギーは1,000倍になる。このように、震度やマグニチュードは自然現象の規模を表したものであり、これらの数値が直ちに災害規模の大きさを示すとは限らない。

〔**地震の頻度**〕日本およびその周辺で起こる有感地震、すなわち震度1以上の地震は年間に1,000～1,500回程度あるとされ、マグニチュード7以上の大地震も過去100年を平均すると1年に1回程度の発生頻度といわれている。また、人体に感じられない無感地震も含めると、1年に10万回以上の地震が発生している。

〔**地震予知**〕地震予知とは、「場所」「規模」「時刻」を発生前に判断するという確度の高い地震予測のことである。しかし、この3要素のうちのいずれか一つが曖昧になると、短期的な防災行動には役立たない。また、その地震がどの程度の深さを震源とするかによっても被害状況は大きく異なるため、現時点で警報を発令できるほどの確度の高い地震予知は非常に困難なことである。特にマグニチュード6.5クラスの直下型地震は、日本の場合どこでも発生する可能性があるため、日本地震学会も「この程度の大きさの地震の予知は現状ではほとんど不可能」としている。しかし、地震調査研究推進本部が算定している「宮城沖でマグニチュード7.5前後の地震が2020年末までに発生する確率が約80％」というような「長期予測」は、曖昧な情報ではあるが長期的な防災計画の策定には有用である。

(能條 歩)

システムシンキング
system thinking

合意形成のツールの一つ。様々な要素が絡み合う複雑な問題の解決に寄与するために，因果関係をループ状の循環の構造（システム）で示すことで，全体像や隠れたメカニズムに視野を広げ，解決策や根本的な問題点を明らかにする手法。参加者は個々の要素が周囲に与える影響，時間の経過を含めた変化，副作用を勘案し，複雑性を受けとめることができる。米国の経済学者ピーター・センゲ（Senge, Peter M.）が，「学習する組織」を実現する基本訓練にこのシステムシンキングを位置づけた。
（金田正人）

自然エネルギー ➡ 再生可能エネルギー

自然学校
nature school

自然観察，自然体験など自然を舞台とした環境教育，理科教育，アウトドア活動などを教える学校。国公立の自然体験施設とは違って，参加者からの受講料や宿泊料で運営している。自然が豊かな山や海の校舎（といっても廃校やログハウスのような建物が多い）に地域の自然や文化を熟知したスタッフがいて，来訪者に様々な遊び，自然と向き合う技術，地域の自然・文化・歴史，伝統芸能などを教えている。

2011年の**日本環境教育フォーラム**（JEEF）の調査では日本には約3,700の自然学校が存在している。以前実施した調査では子ども対象の自然学校が多かったが，成人，シニアを対象とした活動も徐々に増えており，今後さらに発展する可能性がある。しかし，経営規模はまだ小さく，1人，2人で運営している自然学校が圧倒的に多い。国や地方自治体による許認可制度がないため，誰でもすぐに設立できる反面，指導力の不足や危機管理などの面で課題が残っている。

日本では1980年代初め，木風舎，動物農場（現ホールアース自然学校），国際自然大学校，キープ協会環境教育事業部，野外教育研究所IOEなど現在も活動している自然学校がこの時期，一斉に立ち上がった。当初は苦しい経営状況が続いたが，当事者の努力で徐々に社会的認知が進んだ。1987年9月，「自然を舞台にした環境教育」というスローガンのもとに全国の主な自然学校の設立者らが山梨県・清里に集結し，JEEFの前身である**清里フォーラム**を開いた。この会議を契機に自然学校は横のつながりを強め，視野の広い活動を展開するようになった。自然学校の設立者らはその後，**日本環境教育学会**の設立に協力し，また，2000年の**自然体験活動推進協議会**（CONE）設立の主要メンバーとして活動した。

自然学校は1990年代までは自分たちの経営を軌道に乗せることに力を注いでいたが，ある程度安定してくると，地域の活性化に目を向けるようになった。多くの自然学校は自然が豊かなところ，すなわち**過疎**地域にあったため，過疎化が進む状況をまのあたりにし，過疎を食い止めるための自分たちの役割を意識するようになった。

例えば，長野県の人口2,000人ほどの山村・泰阜村にあるグリーンウッド自然体験教育センターは自然学校運営で年間1億円以上の売上を得ており，村で第4位の産業（2005年）となっている。自然環境を資源とした自然学校の活動は，過疎化を防ぐ有力なツールになっているといえる。

三重県・大台町にある大杉谷自然学校は大台ケ原の谷深く入った過疎地にあり，地域の人口300人弱のうち70％が65歳以上の超高齢社会である。**限界集落**といわれて久しいが，大杉谷自然学校には6人の若者が常駐して活動している。大台町と連携した古民家の改修事業を軸に20人の若者が定住を始めるなど，過疎を防ぎ，地域の伝統文化を守ろうとしている。

多くの自然学校が類似の状況にあり，地域活性化を事業目標の一つに組み入れている自然学校が増えている。こうした動きが中心となっている自然学校群を第二世代自然学校と呼ぶことができる。経営の安定を第一にしていた創業期の第一世代に対する第二世代ということである。

また，2011年の東日本大震災を機に，震災

復興の動きの一つに自然学校の新たな方向が見え始めている。ESD（持続可能な開発のための教育）の普及とともに、地域社会と環境教育が重要視されるようになったことから「震災復興の原動力としての自然学校」が唱えられ始めた。震災後、自然学校の関係者はいち早く現地入りし、RQ市民災害支援センターを立ち上げ、1年以上にわたって現地での支援活動を続けた。その経験から、学校、行政、地域社会、ボランティアなどの中心となって地域復興を実践する自然学校を意識するようになった。こうした動きを第三世代自然学校と呼ぶことができる。

自然を舞台に子どもたちを教育する第一世代から過疎地域の振興を手がける第二世代、そして、過疎に限らず様々な地域の活性化を視野に入れた第三世代と、自然学校の役割も時代を追って変化している。

日本における自然学校のひな形となったのは米国の（各種）自然体験施設であるといわれている。アメリカには自然学校という名称は少ないが、outdoor and recreation という範疇で、自然を舞台にした様々な教育活動が非常に盛んであり、歴史も古い。建国以来の伝統として野外活動、野外教育が盛んであるという背景とともに、教育者であり哲学者であるデューイなどが指摘する体験教育に対する確固たる思想がある。1960年代以降、連邦政府による基盤整備が行われ、その上で民間の自然体験活動が多様に展開されている。

日本における自然学校の設立者の多くは米国における活動にふれ、刺激を受けている。自然学校の多くが年俸契約であったり、他の自然学校に移籍することに抵抗がないなど、日本社会特有の雇用形態とは異質な面をもっているのも米国からの影響といえる。

日本でも自然学校が活発に活動するようになってきたが、日米の自然学校の経営規模を比較すると、日本は米国にはまだ及ばない。自然学校の社会的役割が増大しているにもかかわらず、指導者育成も制度化されていないなど問題点が指摘されている。

2012年度には文部科学省が「青少年の体験活動について」という見解を示した。その中では、今後重要視するべき活動として**自然体験活動**が挙げられている。また、自然体験活動推進協議会と独立行政法人**国立青少年教育振興機構**が共同で新たな自然体験活動の指導者育成に着手している。こうした動きに連動して様々な課題が解決されていけば、将来、自然学校はさらに活性化すると期待できる。

（岡島成行）

自然学校宣言
Declaration for Nature School

1996年、東京で行われた社団法人**日本環境教育フォーラム**（JEEF）主催のシンポジウムの名称であるとともに、同年に発刊された**自然学校**の基本理念をまとめた研究報告書のタイトルでもある。JEEFによるこれらの事業は、当時の日本においてなじみの薄かった自然学校という概念を一般に伝える契機となった。シンポジウムでは、カナダの自然学校経営者の講演や日本の自然学校関係者によるパネルディスカッションが行われ、自然学校の果たすべき課題と可能性、自然学校の専門家組織としてのJEEFの役割をアピールする場となった。

（関 智子）

自然環境保全法
Nature Conservation Law

自然環境の保全が特に必要な区域などについて、自然公園法その他の法律と併せて適切な保全を総合的に推進するために1972（昭和47）年に制定された法律。生態系保護の観点から**原生自然環境保全地域**、自然環境保全地域、都道府県自然環境保全地域の三つの保護地域の選定・指定・規制などが規定されている。2009年の法改正時には、「生物多様性の確保」の明記、海域の保全施策の推進、生態系維持回復事業の創設などが自然公園法と同時に追加された。指定保護区面積が全体的に小さい上、他の法律によって指定された地域を重ねて指定できず、体系的な保全計画を立てることが難しいことなどが問題点として挙げられる。

（小島 望）

自然観察
nature observation

　主に野外において，自然の観察を通じて，自然から学ぶことをねらいとした活動の総称。

　学校教育においては，明治以来，理科教育が児童生徒向けの科学教育であると位置づけられ，自然に関する教育も，主に教室内で教科書を使って行われていた。1941（昭和16）年に文部省が国民学校の教師用教科書として発行した「自然の観察」は，それまでの小学校の理科教育が知識伝授型であった反省に立ち，教師が児童を野外に連れ出し，自然を観察することに重点を置いた画期的なものであった。しかし，戦時下の国民学校で使用された教科書は，戦後，GHQの指示により焼却処分され，2009年に復刻されるまで，研究者以外が目にすることは少なかった。

　国民学校における「自然の観察」が見直されるようになったのは，1992年に小学校低学年に「**生活科**」が，2000年から小学校3年生以上に「**総合的な学習の時間**」が導入されたことが背景にある。生活科における指導目標には，①自分と社会（人々や地域）とのかかわり，②自分と自然とのかかわり，③活動・表現技法の修得，が指導目標として掲げられ，8つの指導内容の中に，自然の観察，生き物の飼育栽培が挙げられている。総合的な学習の時間には，学校の実態に応じて，国際理解，情報，環境，福祉・健康などの横断的・総合的な課題が例として挙げられ，「自然体験，ボランティアなどの社会体験，ものづくり・生産活動などの体験活動，観察・実験，見学・調査，発表・討論などの学習活動」を積極的に取り入れるとされている。

　大学教育においては，東京高等師範学校，東京教育大学の教授を務め，後に都留文科大学の学長となった下泉重吉が，1950年代に小中学校教師向けの理科教育指導書を著すとともに，**自然保護教育**の理念をまとめ，「教育の場は大自然に求め，教育の方法は自然の事実の観察をもとにした帰納的学習でなければならない」と述べている。下泉の自然観察を基礎とした科学教育の理念は，東京高等師範学校に学び高校教諭として三浦半島自然保護の会の自然観察会を始めた金田平，東京教育大学に学び筑波大学附属盲学校長を務めた青柳昌宏にも影響を与えた。さらに，金田，青柳，柴田（後述）らの活動は，1978年の**日本自然保護協会**の自然観察指導員講習会の創設につながっていく。

　生涯教育における自然観察会は，昆虫採集・植物採集といった理科教育の野外活動へのアンチテーゼとして，また地域の自然保護活動の手段として開始された。1955年に金田平や柴田敏隆が開始した，三浦半島自然保護の会は，当時，地域の植物を根こそぎ採集するような採集会が多い中で，「名前を知らなければ親しめない，名前を知るには採集が必要だ」とする分類学に偏った自然観察に対して，**生態学**を基礎として「採集せずに生物のくらしを観察する」ことを提唱した。高度経済成長期（1955〜1973）には，自然保護運動から様々な自然観察会が誕生する。1967年に東京湾の干潟の埋め立てに対して，学生たちが探鳥会や署名活動を行い，行徳湿地を残した新浜を守る会の活動はその一つである。この活動に参加した学生たちは，その後，野鳥観察舎，博物館などの社会教育施設において，自然観察会を地域の自然を守るための環境教育として発展させた。行徳野鳥観察舎における蓮尾純子らの環境教育活動，平塚市立博物館における浜口哲一らの地域の自然調査を通した環境教育などである。

　これらの自然観察の指導者たちの教育理念に共通するのは，①生物を採集して標本を作るよりも，生物の行動や暮らしを観察する，②個々の生物の名前にこだわるよりも，自然の仕組み（生態系）に目を向ける，③「観察」という言葉から見ることに偏りがちだが，五感を使って自然を感じ取る，④自然観察の結果を，地域の自然保護や回復に結びつける，⑤自然観察を個人の趣味としてとどめるのではなく，自然観察会として多くの人々に普及する，という点であろう。これらの教育理念は，いまや学校教育，生涯教育を問わず，環境教育として自然観察を指導する人々の共通理解となったといえよう。

（吉田正人）

「自然観察ビンゴ」
"Nature Watching Bingo"

自然観察や自然体験活動を楽しく実施できるようにビンゴゲームの手法を取り入れゲーム性を高めたアクティビティ。自然を観察する強い動機づけになり、モチベーションを持続する上でも効果的である。

1980年代半ば頃、平塚博物館元館長の浜口哲一が「自然観察ビンゴ」を開発・紹介したのを契機に自然探検（発見）ビンゴ、フィールドビンゴ、バードビンゴなど様々に応用されている。「（浜口式）自然観察ビンゴ」は、A5〜A4くらいの紙いっぱいに描かれた縦3横3のマス目の、それぞれのマス目の中に小さな正方形と円を記入した紙を用意し、1枚ずつ参加者に配る。参加者には小さな四角の中に1から9までの数字を自由に配置して書いてもらう。指導者は1番から順番に設問を出し、参加者はそれぞれの番号のマス目に解答を書く。一つ一つの設問後に解説をして答えを示し、正解した人はその番号のマス目の小さな円にチェックする。この作業を続け、縦横斜めにいくつビンゴができたかを競いつつ自然観察を楽しむ。ビンゴゲームではビンゴが一列揃った時に「ビンゴ！」と叫んで終了となるが、自然観察ビンゴの場合は最終的に何個ビンゴができたかを競う。

この活動は勝ち負けを競うものではないので、勝負の区切りをつけた後、自然解説を通してのメッセージをきちんと伝えることが大切である。

また、ある番号を「今日の欠番」として出題しないことで、自然に詳しい人のみが勝利しないように工夫し、ゲームとしての偶然性を高めつつ、平等性を保つこともできる。設問の内容は自然に関する知識を問うのではなく、観察したり体験したりすることで発見したり感じたりできるような内容にするとよい。個人解答でなく、グループで解答させるなど様々な応用が可能である。 （小林　毅）

自然欠損障害
nature deficit disorder

リチャード・ルーブ（Louv, Richard）が2005年に出版した Last Child in the Woods（邦訳『あなたの子どもには自然が足りない』春日井晶子訳）の中で提唱した、子どもが自然から遮断されることによって精神的・身体的問題が起きているとする概念。ルーブは全米で取材を行い、コンピューターゲームやテレビの影響、公共地の管理強化、誘拐への恐怖などで、地域でも家庭でも自然の中での遊びが消えつつあることを指摘した。また学校でも、テスト結果を過度に重視する教育改革によって、野外活動の機会が失われてしまっていることを明らかにした。そして、それが子どもの肥満などの身体的問題、抑うつ傾向などの精神的問題を惹起し、さらには自然への親しみを欠くことにより環境問題を助長しかねないことを警告している。また自然と子どもたちを再び結びつける方策をとるよう主張している。この考え方は、環境教育の必要性を示すキーワードとして広く流通すると同時に、NCLI（No Child Left Inside：子どもを屋内に閉じこめないための初等中等教育法）制定運動の旗印となり、メリーランド州、コネティカット州などいくつかの州の環境教育政策の根拠とされるなど社会に与えた影響も大きい。 （荻原　彰）

自然公園法
Natural Parks Law

自然風景地の保護と利用の促進を図ることを目的として1957（昭和32）年に制定された法律。自然公園は、国立公園、国定公園、都道府県立自然公園の3種類からなる。特に**国立公園・国定公園**内は、特別地域と普通地域に大別でき、前者はさらに第1、2、3種特別地域と特別保護地区、海域公園地区の5つに区分され、区分に応じて動植物の捕獲や採取、土地利用が制限されている。問題点として、①保護よりも利用が、生物多様性保全よりも景観が、優先されている、②特別保護地区と特別地域以外では規制らしい規制がない、③観光客の過剰利用に十分な対策が講じられていない、④公園内に民有地や林野庁が持つ土地が多くあり、環境省との調整が難しい、などが挙げられる。

2011年の福島第一原発事故後の再生可能エネルギーの需要増大への期待が高まる中で，環境省は国立公園・国定公園内において，**地熱発電**の促進のために，小規模で影響が小さな地熱開発や既存の温泉水利用に対する規制を緩和する方針を打ち出している。（小島 望）

自然災害
  natural disaster

 暴風雨，**洪水**，**地震**，**津波**，噴火，土石流，雪崩などによって国土，生命・身体，財産などが影響・被害を受けること。自然現象が生じただけでは災害とはいわず，人間社会に影響・被害が出た場合に災害という。

 災害は，災害対策基本法において「暴風，竜巻，豪雨，豪雪，洪水，高潮，地震，津波，噴火その他の異常な自然現象又は大規模な火事若しくは爆発その他その及ぼす被害の程度においてこれらに類する政令で定める原因により生ずる被害」と定義しており，自然災害と人為的災害とに区分される。しかし，高度で複雑な社会基盤をもつ現代社会において，自然災害をきっかけに人為的な要因によって発生する二次災害など，両者の境界はあいまいになってきている。

 自然災害を教育現場で取り扱う際には，自然現象の理解にとどまらず，人間社会の防災力と災害現象の理解，**地球温暖化**による風水害等の甚大化，災害に対する予防策・抑止策や発生時の対応策・軽減策の理解といった総合的な学習が必要である。（木村玲欧）

自然再生
  nature restoration

 経済成長がもたらした負の遺産の一つが自然環境の劣化である。この負の遺産からの回復を目指す活動が自然再生である。2002年に制定された「自然再生推進法」では自然再生を「過去に損なわれた自然環境を取り戻すために，関係行政機関，関係地方公共団体，地域住民，NGO・NPO，専門家などの地域の多様な主体が参加して自然環境の保全，再生，創出等を行うこと」としている。

 特に水辺環境の悪化は著しく，そこを棲みかあるいは餌場とする鳥類，魚類，両生類などの動物たちは大きな影響を受け種類や数を減らしてきた。**干潟**や**湿地**の干拓による工場団地建設や農地拡大，防災や水資源開発のための河川改修，ダム建設などによって渡り鳥の採餌場が失われ，あるいはアユやサケなどの魚が川と海の行き来を妨げられてきた。さらに上流から河口への土砂の供給が途絶えるなど，様々な悪影響が現れている。これらの現象は人為が自然の再生や循環能力を超えた過度の利用や改変の結果であり，生物多様性の減少や自然災害のかたちで人間の生存基盤を危うくしている。

 一方，欧米では20世紀末から開発行為により劣化した自然環境を再生する施策が体系的，大規模に行われるようになり国際的な潮流をつくってきた。日本でも公共工事に自然復元の視点が取り入れられ，河川の近自然工法，エコロード，**ビオトープ**づくりなど環境共生型事業も進められるようになっている。環境保護団体と行政との関係も対立の時代から協議の時代を経て，共に行動する協働の時代へと移り変わってきた。

 このような時代の流れを受けて自然再生の法的な枠組みとして2002（平成14）年に制定された「自然再生推進法」では，基本理念として①**生物多様性**の確保，②地域の多様な主体の参加と連携，③科学的な知見に基づく実施，④順応的な進め方，⑤自然環境学習の推進，が挙げられている。同法に基づく自然再生事業の事例は釧路湿原の湿原再生，大台ヶ原の森林再生，沖縄石西礁湖の**サンゴ礁**再生ほか2012年までに全国24か所で自然再生協議会を基盤に事業が進められている。しかし，この法律の枠組みだけが自然再生事業ではなく全国各地で地方公共団体やNPOにより草の根的に行われている多くの事業は，地域の自然再生で大きな力を発揮しつつある。

 50年，100年と長期にわたる自然再生においては，次世代に目標や手法をしっかりと伝えていくことが重要である。そのため自然観察会や自然再生事業への参加などを通して子どもたちを含め地域住民全体がその地域の自然を学び自然再生の意義を理解していくこと

が大切であり、教育関係者との協力は欠かせない。具体例としては兵庫県の**コウノトリ野生復帰作戦**での農家と近隣小学校との田んぼ学習や長野県諏訪湖自然復元に見られる日独環境セミナーによる町ぐるみの運動などが代表的なものといえる。　　　　　　　（戸田耿介）

自然セラピー
nature therapy

　自然環境が人にもたらすリラックス効果を利用する心身の療法。予防医学的効果を目的としている点に特徴がある。具体的な例として、森林セラピーやアロマセラピーなどがある。人が自然環境にふれることにより、ストレス状態が緩和されることは、近年、生理学的・医学的データの裏づけが得られるようになった。自然セラピーの測定指標には、唾液中のストレスホルモン、自律神経活動、収縮期・拡張期血圧、心拍数などの身体的な指標と、森林内フィトンチッド、温湿度、照度、風速、マイナス・プラスイオンなどの環境的な指標が用いられている。　　　　（関 智子）

自然体験活動
nature experience activities／experiential learning activity in natural environment

〔定義と歴史〕自然体験活動の定義としては、1996年、文部省（当時）の研究会が「青少年の野外教育の充実について（報告）」の中で示した「自然の中で、自然を活用して行われる各種活動であり、具体的には、キャンプ、ハイキング、スキー、カヌーといった野外活動、動植物や星の観察といった自然・環境学習活動、自然物を使った工作や自然の中での音楽会といった文化・芸術活動などを含んだ総合的な活動」という定義が広く知られている。

　野外教育としての自然体験活動は近代国家が形成された明治期の登山や、さらに修験道などにもその片鱗が見られる。1961年制定の「スポーツ振興法」（現「スポーツ基本法」）において「野外活動」が位置づけられるなど、戦後の比較的早い時期から、「国民の心身の健全な発達」のためのスポーツとしての野外活動を推進する政策がとられ、キャンプやスカウト、ユースホステル運動などの青少年団体や国立青年の家・少年自然の家などの青少年教育施設が主要な担い手や場となって発展してきた。

　一方、**自然保護教育**における自然体験活動は自然環境の保全を重視するという立場をとりながら、戦前の野鳥保護運動や自然公園制度などを源流としている。主に1970年代以降、**日本自然保護協会**による自然観察指導員制度や日本ナチュラリスト協会による子ども対象の自然観察会、そして**日本野鳥の会**を中心とした探鳥会、バードウォッチング運動などとして発展してきた。

　さらに学校教育においては、子どもの関心や感性を大切にし、子どもが自然に親しむ中でその観察を行い、科学的に考える力の育成を図ろうとする意図のもとに理科学習の基礎をなすものとして戦前から「自然の観察」が実践されてきた。こうした科学的思考を培う基礎としての自然観察・自然体験は、戦後の学習指導要領の中でも、「自然に主体的にはたらきかける子どもの姿」を重視しながら継承されてきた。

〔展開〕自然体験活動の今日的展開の一つは1996年の日本環境教育フォーラムの呼びかけによる「**自然学校宣言**」を契機とする**自然学校運動**としての展開である。1996年に76校だった自然学校は、2010年に実施された全国自然学校調査では約3,700校に達している。

　さらに、「水辺の楽校」「たんぼの学校」「森のようちえん」「子ども農山漁村交流プロジェクト」といった地域の自然環境保全運動と結びついた自然体験活動の実践が始まっている。こうした実践は、河川法改正（1997年）を契機とする河川環境教育の推進、食料・農業・農村基本法制定（1999年）による農地の多面的機能の発揮、学校教育法・社会教育法改正（2001年）による自然体験活動の奨励・充実といった政策の後押しを受けて広がっている。

　一方、学校教育においては2007年に改訂された『環境教育指導資料（小学校編）』で環境教育の指導の方針として、活動や体験を重視し、自然や社会の中での体験を通じて、環

境に対する豊かな感受性，環境に関する見方や考え方，環境に働きかける実践力を育成することが示されており，小学校新学習指導要領（2008年）でも改正**教育基本法**（2006年）で新設された「生命や自然の尊重，環境の保全」という教育の目標を踏まえた「自然の事物・現象についての実感を伴った理解」が明記されるなど，体験的な学びの重要性が強調されている。

また，**環境教育等促進法**（2011年）では，2003年制定の**環境保全活動・環境教育推進法**に引き続き，「環境保全活動，環境保全の意欲の増進及び環境教育は，森林，田園，公園，河川，湖沼，海岸，海洋等における自然体験活動その他の体験活動を通じて環境の保全についての理解と関心を深めること」など環境教育における自然体験活動の重要性が明示されている。

（降旗信一）

自然体験活動推進協議会
Conference for Outdoor & Nature Experiences

自然体験活動を普及させることを目的に，青少年団体や自然学校経営者らが2000年5月に設立したNPO法人。通称コーン（CONE）。1999年，文部省（当時）の支援を得て発足した「自然体験活動指導者研究会」がCONE設立の契機となった。研究会には日本を代表する90以上の自然体験関連団体が参加し，指導者の育成や安全の確保，団体相互の意思疎通を図ることなどを決めた。設立後，CONEは独自の指導者養成認定制度を確立し，さらに新たに独立行政法人国立青少年教育振興機構と合同で自然体験活動の指導者育成に着手している。2012年度末で283団体が加盟している。

（関 智子）

自然の価値
value of nature

自然の価値とは，自然の中に見いだされる何らかの価値である。例えば資源的価値，美的価値，レクリエーション資源としての価値など人間の有用性から見いだされる価値や，あるいは人間からは独立した自然それ自体の内在的価値などが挙げられる。前者の人間にとっての価値に基づいて自然と人間の関係を考える立場は環境思想や**環境倫理**における人間中心主義，後者の自然それ自体の価値を認める立場は自然中心主義と呼ばれる。自然中心主義は，自然とは目的そのものであり，人間の利益や評価から独立した価値や尊厳をもっているとみなす「自然の内在的価値」をその根拠としている。しかし，どの範囲までの自然に対して内在的価値を認めるのか，また自然の内在的価値を人間の価値意識からまったく独立しているものとみなすことができるかは，自然中心主義者の中でも見解が分かれている。

（李 舜志）

自然の権利
rights of nature

自然の権利とは，**自然の価値**を直接的に承認し，自然物に法的主体としての地位を承認する試みにおいて提唱されている概念である。自然を擬人化し人間と同等の権利があると主張するものではなく，自然権の及ぶ法的・倫理的射程を拡大することで，自然物や生態系と深い関わりをもつ人間の責務を主張するものである。1970年代の米国において，リベラリズムの影響を受けた従来の自然保護思想の動向を象徴するかたちで登場したといわれ，感情に訴えるのではなく，理性的に議論を積み重ねることで自然と人間の関係を改善しようとする一つの試みである。

ナッシュ（Nash, Roderick）は，*Rights of Nature*（1989，邦訳『自然の権利』）で，「道徳には人間と自然との関係が含められるべき」であると主張し，「倫理学は人間の専有物であるという考え方から，人間以外の動物，植物，岩石さらには自然，環境にまでといった分野にまで拡張すべき」と説いている。人間という限られた集団の「自然権（natural rights）」から「自然全体の権利」へと進展してきていると説明している。ナッシュは，こういった考え方は日本など東洋では受け入れやすいと述べ，日本的なアニミズムとの関連についても言及している。しかし，この点に関しては厳密に比較検討されておらず，日米双方からの研究が今後必要となってくるであ

ろう。　　　　　　　（李 舜志・岡島成行）

自然の浄化能力
self-purification of nature system／biological purification

　河川，湖沼，沿岸などにおいて，窒素やリンなどを含む有機物を，**食物連鎖**を通じて，無機物に分解する能力のこと。生物遺骸などの比較的大きな有機物は，カニなどのデトリタスフィーダー（生物遺骸食者）によって分解される。プランクトンなどの比較的小さな有機物は，二枚貝・アナジャコなどのフィルターフィーダー（濾過食者）によって取り込まれる。さらに微細な有機物は，ゴカイ，アナジャコの巣内の壁面などに付着したバクテリアによって分解される。このような食物連鎖を通じた浄化能力は，千葉県の調査によれば三番瀬の**干潟**・浅瀬1,500ha が，13万人分の下水処理場の能力に匹敵すると試算された。
　しかし，自然の浄化能力にも限界がある。食物連鎖によっては，有機物が他の生物に取り込まれただけであり，カニや貝が渡り鳥に捕食されたり，漁獲されたりして，**生態系**外に持ち出されない限り，同じ生態系内にとどまることになる。食物連鎖によって無機物に分解された後も，窒素，リンは溶出して，新たな**富栄養化**の原因となる。さらに，食物連鎖による分解が可能な量以上の有機物が流入すると，酸素が消費し尽くされて，嫌気的状態となり，有機物は腐敗臭を発するようになる。底質が嫌気的状態になると，底層にたまった貧酸素水塊が上昇し，青潮となって貝類などを全滅させ，自然の浄化能力を奪うという悪循環が発生することになる。　（古田正人）

自然物の当事者適格
standing for natural objects／legal rights for natural objects

　訴訟の当事者（原告または被告）となるには，法的主体性が認められ，かつ，利害関係のような案件との関係が認定される必要があり，これらの条件を満たした場合に当事者適格があるとされる。
　自然の権利運動では，自然物に内在的価値とそれゆえの法的主体性，さらには当事者適格が認定されることで，人間が代理人となって自然物を原告とした訴訟を起こすことを目指している。これには，自然物の生存権（自然の権利）の社会的認定を進めることと，生息地や環境の保全を進めるための戦略的側面という二つの意味がある。
　この「自然物の当事者適格」を認定する議論の端緒はクリストファー・ストーン（Stone, Christopher）の論文「樹木の当事者適格―自然物の法的適格について」（1972年）であるが，その後米国の絶滅危惧種法（1973年）では，緊急度の高い自然保護訴訟における原告適格制限が撤廃され，原告適格の議論なしに市民が訴訟を起こせるようになった。
　一方，日本の法令にはこのような規定がないため，アマミノクロウサギを原告とする奄美大島のゴルフ場建設の許可取り消しを求める訴訟などがなされたが，原告適格が認められないための控訴棄却が続いている。
（立澤史郎）

自然保護官　➡ レンジャー

自然保護教育
conservation education

　日本における**環境教育**の発展段階において，公害問題からスタートした**公害教育**と，自然保護問題からスタートした自然保護教育の，二つの大きな流れがあった。公害教育，自然保護教育といった枠組みが取り払われ，環境教育という言葉が主流になった今でも，自然保護を目的とした教育であることを強調する場合には，自然保護教育という言葉が用いられる。
　1970年に米国において環境教育法が成立し，環境教育という言葉が一般化する前は，自然保護教育が最も一般的な用語であった。例えば，1948年に設立された**国際自然保護連合**（IUCN）の教育活動は，自然保護教育（conservation education）と呼ばれ，1949年には「自然保護教育の基礎技術―学校，大学，社会教育の場で」が開催されている。1957年には**日本自然保護協会**が，文部大臣に「自然保

護教育に関する陳情書」を提出している。1966年に日本で開催された第11回太平洋学術会議では、「自然保護教育の推進」に関する決議が採択されている。現在でも、米国森林局（US Forest Service）や国際動物園教育者連合（IZE）は"conservation education"を用いている。環境教育という広義の言葉よりも、"conservation education"の方が、生物多様性の保全や自然資源の持続可能な利用というニュアンスが伝わりやすいという判断があるようである。

第11回太平洋学術会議（1966年）で、自然保護部会のオーガナイザーを務めた東京教育大学教授（当時）の下泉重吉は、自然保護教育の原理を①自然を保護する心は、自然の美を感受することから始まる、そして生涯自然の美を求める習慣を作る、②自然の仕組み―調和―を探求する、③生命畏敬、生命尊重の心を基礎とする、④生物進化の事実を中心とした、生態系進化の概念を導入する、⑤教育の場は大自然の中に求め、教育の方法は自然の事実の観察をもとにした帰納的学習でなければならない、⑥自然及び自然資源を賢明に利用する方法を探求する、の6つにまとめている。

ここに示されているように、環境教育が、人間が主体となり人間を取り巻く環境を問題とするのに対して、自然保護教育では、自然を愛し、畏れ、観察し、学び、賢明な利用を行う謙虚な姿勢が求められている。環境教育に比べて、自然と人間の関係のあるべき関係に重点を置いた教育であるといえる。

1970年代になると、自然保護教育は、全国に広がる自然破壊の波に対して、自然保護の裾野を広げるという目的をもって、自然保護団体によって強力に推進されるようになる。1972年には日本自然保護協会の機関誌『自然保護』において、自然保護教育が特集される。1974年に同協会が開催した自然保護セミナーは、「自然保護教育・その実践の道を求めて」と題するものであり、「親しむ、知る、守る」のスローガンのもとに、自然保護教育とは情緒や知識のみならず、行動や態度へと結びつけるものであるという方向性が示された。このようなセミナーでの検討を経て、1978年には自然保護教育のリーダーを育成することを目的とした自然観察指導員講習会が開催されるようになった。ここで、自然保護教育の牽引役を果たしたのが、下泉重吉の薫陶を受けた金田平や青柳昌宏等であった。

自然教育、自然保護教育、環境教育の関係を整理すると、以下のようになる。自然教育は、自然の中における（in）、自然に関する（about）教育ではあるが、必ずしも自然のために（for）行動をとることまでは求めていない。自然保護教育は、「親しむ、知る、守る」というスローガンに見るように、自然に関する情緒や知識のみならず、自然を守る行動に結びつける意図をもっていることに違いがある。環境教育では、自然の中で（in）、自然について（about）、自然のために（for）という三つの手法があり、発達段階に応じて実践することが求められる。また、1975年に採択されたベオグラード憲章においては、①気づき、②知識、③態度、④技能、⑤評価能力、⑥参加という6つの教育目標が掲げられている。環境教育には、自然教育の目標である親しむ、知るだけではなく、具体的に守る行動に結びつける意図があり、自然保護教育と環境教育は目標を共有するものであることがわかる。

このようなことから、2000年には日本自然保護協会の自然観察指導員においても、自然保護教育のみならず環境教育という用語が使われるようになった。自然保護教育は、環境教育の一分野であり、主に自然の中における教育活動を通して、生物多様性や生態系に関する知識のみならず、自然を守る態度や行動をとることができる人を育てることを目指した教育である。

（吉田正人）

自然保護憲章
Charter of Nature Conservation

1974年、学術団体・自然保護団体・婦人団体・行政機関・産業労働団体・議員など各界149団体で組織された自然保護憲章制定国民会議が自然保護に関する国民的指標として制定した憲章。1960年代の高度経済成長に伴う自然破壊の歴史と自然保護に関する国民の強

い関心を背景としている。その内容は、「最重要課題として自然環境の保全を認識すること」「すぐれた景観や学術的価値の高い自然の保護を行うこと」「幼少期からの自然保護教育の継続と徹底につとめること」など9つの条文から構成されており、今日まで日本の自然保護活動および環境教育の普及推進における公的指針となっている。
(関 智子)

持続可能性
sustainability

持続可能性(サステナビリティ)は、将来にわたって持続できるかどうかを表す概念である。人間活動が、環境破壊や資源の枯渇を招くとともに、**大量生産・大量消費**の文明が有限な地球との関係において将来的に成り立つのかという観点から生まれたものである。経済や社会など人間活動全般に用いられるが、環境問題やエネルギー問題について使用されることが多い。この概念を幅広く社会問題に広げたのが「**持続可能な開発**」である。
(冨田俊幸)

持続可能な開発
sustainable development

持続可能性についての模索と実践は、1972年にストックホルムで開催された国連人間環境会議における「**人間環境宣言**」や、林業や漁業における地球資源制約に関する考え方などに見られるが、「持続可能な開発」という概念が初めて打ち出されたのは、1980年に**国際自然保護連合、世界自然保護基金**(WWF、当時は世界野生生物基金)、**国連環境計画**の三者が取りまとめた『**世界保全戦略**』である。1987年のブルントラント委員会(環境と開発に関する世界委員会)の報告 Our Common Future(『**われら共通の未来**』)では、「将来の世代のニーズを満たす能力を損なうことなく、現在の世代のニーズを満たすような開発」と定義している。本概念は、環境と開発を互いに反するものではなく共存しうるものとしてとらえ、地球資源制約のもとで、環境保全と開発の両立が重要であるという考えに立つものである。「持続可能な発展」とも訳される。「持続可能な開発」という概念については、1992年の**国連環境開発会議**(地球サミット)、1997年の国連環境開発特別総会や、1990年代中後半に開催されたテーマ別の国際会議においても議論がなされた。2002年の持続可能な開発に関する世界首脳会議(**ヨハネスブルグサミット**)では、首脳の政治的意思を示す文書「持続可能な開発に関するヨハネスブルグ宣言」が採択された。日本も本概念の影響を受けており、第57・58回国連総会(2002-2003年)における国連「**持続可能な開発のための教育の10年**」に関する決議案の提出や、ヨハネスブルグ実施計画に基づく「循環型社会形成推進基本計画」の策定(2003年)などを推進してきている。

「持続可能な開発」という概念は、環境教育にも影響を及ぼしている。従来の環境教育に人口問題や開発問題との関連の中でとらえる視点が付加されるようになり、1992年の「環境・人口・開発に関する教育的取組」(EPD)の創出や、後の1990年後半に見られる「持続可能な開発のための教育(ESD)」などの持続可能性と教育に関する議論に影響をもたらしている。1997年の「環境と社会に関する国際会議」における宣言(テサロニキ宣言)では、環境教育を「環境と持続可能性のための教育」と表現してもかまわないと表現しているが、その内実は、開発、民主主義、人権、平和、文化的多様性を含むものとなっており、その後の環境教育の実践において幅広い枠組みを提示するものであった。2002年に採択されたヨハネスブルグ宣言では、グローバリゼーションのもとで開発、貧困、環境問題を強く関連づけて取り組む決意が語られ、貧困や開発、社会的排除問題をも深く結びつけた環境教育として向き合う重要性を提示している。2012年に開催された**国連持続可能な開発会議**(リオ+20)では、「持続可能な開発目標」の重要性が指摘された。2015年のミレニアム開発目標終了に伴う、ポスト2015国際開発アジェンダにおいても、本概念はますます重要性が増しているといえる。(佐藤真久)

持続可能な開発に関する世界首脳会議
　➡ ヨハネスブルグサミット

持続可能な開発のための教育 ➡ ESD

持続可能な開発のための教育の10年（DESD）
　Decade of Education for Sustainable Development

2002年の第57回国連総会において，2005年から2014年までの10年間を国連「持続可能な開発のための教育の10年」とすることが，日本の提案によって決議された。

その主導機関に指名されたユネスコは，国連諸機関，各国政府，市民社会組織，NGO，専門家との協議を経て，2005年にDESDの国際実施計画（IIS：International Implementation Scheme）を策定し，第59回国連総会で承認された。このIISでは，DESDの全体目標を「持続可能な開発の原則，価値観，実践を教育と学習のあらゆる側面に組み込んでいくこと」と規定し，その成功のためには国家，準国家（地方・コミュニティ），地域，国際の各レベルと，政府，市民社会とNGO，民間部門の各領域が，責任あるパートナーシップを結んでDESDに参加することを求めている。ユネスコは，このIISが示す枠組みに基づいて，世界の様々な地域と国家がDESDの計画や戦略的なアプローチ，具体的な行程表を策定することを提唱した。

これを受けて，日本政府はDESD関係省庁連絡会議を内閣に設置し，**ESD**（持続可能な開発のための教育）を総合的かつ効果的に推進するための日本実施計画を2006年に策定した。本計画では，国内の各地域において様々な主体が連携しつつ，それぞれの地域の文化，産業，自然，歴史などを踏まえた持続可能な地域づくりを行うことが求められている。日本では，10年間の初期段階において，ESDの普及啓発，各地域での実践，高等教育機関の取り組みへの支援を重点的に行ってきた。例えば環境省では，①地方公共団体や教育機関，NPO等への普及啓発，②ESDのモデル事業の全国14地域での実施，③企業活動などのグリーン化に取り組む環境人材の育成，などの事業に取り組んできた。また，文部科学省では，①2008年改訂の学習指導要領への「持続可能な社会の構築」の文言の導入，②教育振興基本計画におけるESDの普及・推進の位置づけ，などの施策を策定した。

関連省庁会議は，2009年にDESDの前半5年間の中間総括を行い，日本の実施計画の一部を改訂した。そこでは，一部の地域での意欲的なESDの取り組みが見られる一方で，その言葉自体が十分に認知されなかったとの評価を踏まえ，①ESDの普及促進をさらに加速させ「見える化」「つながる化」を推進する，②ユネスコスクールをESDの推進拠点として加盟校の増加とネットワーク化を図る，③「新しい公共」概念との関係性を明記する，との内容が盛り込まれた。他方で，2011年3月11日に発生した東日本大震災と原子力発電所の事故は，DESDの実施のあり方に大きな影響を及ぼし，その経験を基にした教訓や復興についての考え方を生かしたESDの取り組みが新たに模索され始めた。具体的には，気候変動による自然災害への対応，大規模な地震・津波に対する防災のあり方，被災した地域の自然・文化・産業の復興などを，日本独自のESDとして世界に発信することが求められている。

DESDの近年の動向として，①多様な主体が連携し地域の特質を生かしながらESDを実践してきたこと，②ユネスコスクール加盟校がESD実践の拠点となってきたこと，③企業の社会的責任（**CSR**）の一環としてESDに取り組む企業が増加したこと，などが挙げられる。DESD終了後に，各国および日本で取り組まれてきたESDがどのように継承され，発展していくかが注目される。〈小玉敏也〉

持続可能な開発目標（SDGs）
　Sustainable Development Goals

持続可能な開発目標（SDGs）は，ミレニアム開発目標（MDGs：2000年）の実施期間が終了する2015年以降の，**持続可能な開発**達成に向けた新たな国際目標である。2012年6月に，ブラジルのリオデジャネイロで開催された「国連持続可能な開発会議（リオ＋20）」

において，SDGsの設定に向けた検討プロセスを開始するという合意がなされた。MDGsの開始以降の持続可能な開発に関する状況の変化や課題の多様化等を踏まえ，MDGsとの関連性や継続性，さらに「アジェンダ21」（1992年）および「ヨハネスブルグ実施計画」（2002年）に基づき，既存のコミットメント，フレームワークおよび国際法と整合した目標設定が求められている。

SDGsは，持続可能な開発の達成のために経済的，社会的，環境的側面を統合するとともに，それらの相関関係を認識することを基調として，グローバルな**グリーン経済**の基盤を構築することが期待されている。SDGsのターゲットと指標の設定には，各国の状況・能力・優先事項を考慮することや科学的根拠に基づき検討することが重視され，SDGsの適性，妥当性および実効性を高めるための配慮がなされている。

また，SDGsの検討プロセスに関しては，包括的かつ透明性を確保した政府間交渉プロセスにおいて，地理的バランスの衡平に考慮するとともに，市民社会や科学界，国連システムからの**ステークホルダー**および専門家の参画を確保しながら具体的内容の検討が進められる。2013年9月の第68回国連総会で提案がなされ，最終的な策定に向けたさらなる議論が行われる。　　　　　　　　（早川有香）

持続可能な社会
sustainable society

持続可能な社会は，社会の今日的なあり方と今後の方向性を指し示す「**持続可能性**」の高い社会である。「持続可能性」は，「**持続可能な開発**」（sustainable development）をめぐる議論の中で共有化されてきた概念である。

1972年の**国連人間環境会議**で表面化した「環境」と「開発」をめぐる主に北側諸国と南側諸国との対立構造の中で，こうした矛盾・対立を乗り越える試みとして，「持続可能な開発」という用語が登場した。その後，国連における様々な委員会において協議や交渉が重ねられた結果，持続可能な開発の概念の議論が深まり，その成果は，1992年のリオデジャネイロにおける**国連環境開発会議**（地球サミット）で合意された40章にわたる地球環境行動計画「**アジェンダ21**」にまとめられた。

1999年12月の**中央環境審議会**答申「これからの環境教育・環境学習―持続可能な社会をめざして―」では，環境教育・環境学習をいわゆる「環境のための教育・学習」という枠から，「持続可能な社会の実現のための教育・学習」にまで広げてとらえるべきとして，その対象には，環境のみならず，社会，経済などをはじめとする極めて幅広い分野，内容を包含するものと指摘している。

また，**環境保全活動・環境教育推進法**（2003年）では，「持続可能な社会」を「健全で恵み豊かな環境を維持しつつ，環境への負荷の少ない健全な経済の発展を図りながら持続的に発展することができる社会（第1条）」と定義した上で，こうした社会を構築する上での基本理念を定めることや，国民，民間団体等，国および地方公共団体の責務を明らかにすることなどを目的としており，この「持続可能な社会」の考え方はその後の**環境教育等促進法**（2011年）でも引き継がれている。また，2008年改訂の学習指導要領では「持続可能な社会の構築」という文言が導入されている。　　　　　　　　　　　（降旗信一）

シックハウス症候群
sick house syndrome／sick building syndrome

厚生省のシックハウス問題に関する検討会は，「住宅の高気密化や化学物質を放散する建材・内装材の使用等により，新築・改築後の住宅やビルにおいて，化学物質による室内空気汚染等により，居住者の様々な体調不良が生じている。症状が多様で，症状発生の仕組みをはじめ，未解明な部分が多く，様々な複合要因が考えられることから，シックハウス症候群と呼ばれる」と説明している。

1990年代初めから被害が多発し，社会問題化した。「原因の住居を離れれば，症状が消失する」のが，シックハウス症候群であり，「その住居を離れても，その他の化学物質に過敏に反応するようになる」のが，**化学物質過敏症**である。

原因物質としては，建材の接着剤中のホルムアルデヒドやクロルピリホス等の薬物，シロアリ駆除剤，トルエン等の塗料中の有機溶剤等の揮発性有機化合物（VOC）があり，13物質について室内環境大気リスク指針値が示されている。建築基準法ではホルムアルデヒドとクロルピリホスのみが規制されている。

特に，学校の新築・改築校舎で，児童生徒が発症する場合が多く，シックスクール症候群と呼ばれ，学校保健法の学校環境衛生基準で6物質の測定が義務づけられている。

（中地重晴）

実習生制度 ➡ インターンシップ

湿地・湿原
wetlands・moor

表面水で覆われる沼沢地など水分が飽和状態にある土地を湿地といい，排水が悪いと植物が繁茂しこれを湿原と呼んでいる。**ラムサール条約**では，湿地は流水か滞水か，あるいは淡水か汽水か塩水かを問わない極めて広い概念で示されており，河川，湖沼，湿原，湿地，泥炭地，**干潟**や塩湿地，**マングローブ林**，**サンゴ礁**などに加え，人工的な水路，水田，ため池，ダム湖なども含んでいる。また，湿地は陸域と水域の推移帯（エコトーン）という特性をもち，環境条件が連続的に変化する地域でもある。開発優先の時代にあっては，湿地は役に立たない不毛の地のイメージがもたれ，多くが農地や工業用地などに改変されてきた。近年，湿地が**生物多様性**を支える場として，また環境保全上も重要な環境であることが認められ，国際的にもその保全と賢明な利用が重視されつつある。

低地湿原は基本的に二つのタイプに分けられる。一つは湖沼などが植物遺体や土砂の堆積により次第に浅くなってできたもので，**尾瀬ヶ原**が代表的である。もう一つは河川の氾濫などで水はけの悪い土地ができ，ここに植物遺体が堆積して湿原になったもので，**釧路湿原**に代表される。寒冷地方や熱帯地域の一部では植物遺体の分解が進まず泥炭層となって堆積しており，大量の炭素が蓄積されている。湿原はその環境に適応した特異な動植物にとって重要な生息地である。日本では，明治以降，面積にして約7割の湿地が開発によって消滅している。

（戸田耿介）

シティズンシップ教育
citizenship education

近代的シティズンシップ教育発祥地の一つであるイギリスの教育技能省によれば，シティズンシップ教育は，「子どもたちが知的で思慮深く，責任感を有する市民となることを手助けするために，現代民主主義社会を支える市民的資質としての知識とスキルと価値を，自らの人生や学校や近隣，さらにはより広いコミュニティに積極的に関わることを通して学ぶ教育」と定義されている。

このおおよその学習プロセスを順に示すと，①その根本には理念としての公正さやデモクラシー，行為の結果の予測としての責任感，意識としての他者への思慮深さなどがあり，②それらを背景にデモクラシーを実現するための知識の獲得，スキルや価値の学習が行われ，③これらはコミュニティの場での参加や活動として実践される。④実践は，行為の結果に対する責任感や他者への配慮としてフィードバックされ，循環する。これら一連の循環を通して，子どもたちは社会的な有能感を身につけていく。

シティズンシップ教育のもう一つの側面に，「社会的・道徳的責任」「政治的リテラシー」「コミュニティへの関わり」の三つの基本要素(ストランド)がある。これらは「政治的リテラシー」を中心にして相互に深く結びつく。そして，知的市民性（informed citizenship）を形成するのみならず，知的市民性をもとにした「コミュニティへの関わり」によって，能動的市民性（active citizenship）を育成する。この能動的市民性の育成を通した社会的有能感の形成が，シティズンシップ教育の最終のゴールである。近年，環境や持続可能性とシティズンシップ教育の関連が注目を集めているが，つまるところ環境のためのシティズンシップ教育とは，環境を通した知的シティズンシップを能動的シティズンシップに変

換し，さらには環境についての社会的な有能感を育成する教育を意味する。

環境シティズンシップの教育はまた，個人の自由と共同体が目指す共通善との関連から，「権利，義務，参加，アイデンティティ」の4つの構成要素の関係として論じられることが多い。すなわち，自由主義的な理論は環境についての「権利と義務」を，共同体主義的な理論は環境への「参加とアイデンティティ」を強調する。前者はシティズンシップを個人と国家との権利・義務関係であり，個人の利益を擁護し最大化するための政治的領域における機能としてとらえようとする（形式的理解）。一方後者は，市民社会への実際的参加やアイデンティティの持ちようを重視し，他者と協力して共通善を達成しようとすることに価値を見いだす（実質的理解）。近代的シティズンシップの理解は，形式的理解から実質的理解へと移行しつつあるが，環境教育におけるシティズンシップの役割に注目する**北米環境教育学会**の環境教育ガイドライン等においても，両者の関係はいまだ曖昧であり，今後の研究が待たれている。 （水山光春）

地盤沈下
land subsidence / ground subsidence

地盤沈下とは建物などの基礎を支える地面が，当初の高さに比べて沈下すること。地盤沈下には，地殻変動による地盤の「沈降」，未固結な堆積物から地下水や天然ガス・石油などが取り除かれることで起こる「収縮」や「陥没」，さらには周辺の海面の上昇による「相対的な沈下」などがある。人為的な原因の場合は環境基本法に示される「典型7公害」のうちの一つとされ，一度沈下した地盤はもとの高さに回復することはないため，他の6公害が対策を講ずることによって回復するのと比べると，不可逆的という意味でより深刻な環境破壊といえる。なお，地殻変動や液状化現象などにより自然に発生する地盤沈下は公害には含めない。

発生する被害には，建造物や地下埋設物であるガス管や水道管などの破損や水害などが挙げられる。また，沈下には広域的な場合と局地的な場合があり，局地的な場合には場所によって沈下量が異なる不等沈下（不同沈下）や周辺の地盤沈下により，建造物が地盤から飛び出したような状態になる抜け上がりなどが発生する。不等沈下の例はイタリアのピサの斜塔が有名であるが，道路が波うったり家が傾いたりするなど，局地的な被害であっても生活に支障をきたし，埋設物が被害を受けると修復には時間もかかる。 （能條 歩）

指標生物
indicator organism

その生物種の存在の有無が**生態系**における特定の物理化学的・生物的環境条件あるいはそれらの組み合わせをよく反映している場合，その生物種を指標生物として，環境保全における**モニタリング**や環境教育のために利用することができる。生物のそれぞれの種は，生態系の中で温度，湿度，光，酸素濃度，土壌粒子サイズ，といった物理化学的環境条件，餌となる生物の入手可能性，競争種，天敵の存在といった生物的環境条件の強弱・高低の変動の中で一定の限界内においてのみ生存でき，また定住・繁殖できる。この生息可能限界幅の狭い生物種は環境の変化に鋭敏に反応して死亡や移出のかたちで個体数が減少した

表 環境省による水質階級と指標生物（2012）

水質階級	指標生物
I きれいな水	ナミウズムシ，サワガニ，ヒラタカゲロウ類，カワゲラ類，ヘビトンボ，ナガレトビケラ類，ヤマトビケラ類，ブユ類，アミカ類，ヨコエビ類
II ややきれいな水	カワニナ，コオニヤンマ，コガタシマトビケラ類，オオシマトビケラ，ヒラタドロムシ類，ゲンジボタル，ヤマトシジミ*，イシマキガイ*
III きたない水	タニシ類，シマイシビル，ミズカマキリ，ミズムシ
IV とてもきたない水	サカマキガイ，エラミミズ，アメリカザリガニ，ユスリカ類，チョウバエ類，イソコツブムシ類*，ニホンドロソコエビ*

*は汽水域，他はすべて淡水域。

り，増殖や移入により増加したりするので指標生物に適する。例えば，河川が産業廃水や生活廃水で汚染されると，きれいな水にしか棲めない生物種は個体数が減少して見つけにくくなり，汚れた水を好む生物種が増加する。参考例として，環境省による水質階級と指標生物の一覧表を掲げる。環境教育で川の汚れを調べる際には，簡易分析（パックテストなど）で水質を調べたり，汲み上げた水の濁り具合を観察する方法のほかに，タモ網などで川底や川岸の小動物を採集し，それらを図鑑や資料で名前を調べて，この表と照らし合わせて水質階級を調べることで，どのような生き物が棲める環境であるかを実感できる。これら以外にも，地衣類やカイガラムシなどが大気汚染の指標生物として，また，ナガサキアゲハ，クマゼミなどが温暖化の指標生物として利用できる。

(生方秀紀)

シーベルト (Sv)
Sievert

放射性物質が発する**放射能**の強さを表すベクレルに対して，放射能を受ける量を表す単位がシーベルト(Sv)である。日常生活で受ける放射線の量を表す際には，千分の1であるミリシーベルト(mSv)や，100万分の1であるマイクロシーベルト(μSv)を使うことがほとんどである。自然界から受ける一人当たりの自然放射線量は世界平均で年間2.4mSvである。人体への影響が顕著に見られるのは，100mSv以上の被曝であると考えられている。外部被曝や内部被曝といった被曝の様態の違いや放射線の種類が違っても，シーベルトという単位で表すことで，影響の大きさが比較できる。

(冨田俊幸)

シミュレーション
simulation

現実世界の構造を単純化し，実際に起こる環境問題などについて，教材や道具を使って模擬的に体験する学習活動をいう。模擬的にある役割を演じる**ロールプレイ**も類似した方法であり，シミュレーションを用いた学習の中に含まれる。学校教育では環境教育，国際理解教育，社会科教育などの分野で取り組まれており，環境教育では例えば，**ネイチャーゲーム**やプロジェクトWETなどのプログラムにも取り入れられている。参加者は主体的に活動に取り組むことができ，意思決定や判断の思考過程を頭に描くことで現実を実感できる長所がある。

(中村洋介)

市民共同発電所
citizens' co-owned renewable energy power plant / citizens' renewable energy project

再生可能エネルギーは，市民所有が可能で地域の資源を地域に還元できるという特色がある。この特色を活かすために，市民が資金を出し合って共同で設置する再生可能エネルギーによる発電設備が市民共同発電所である。

ドイツやデンマークでは，市民が地域のための発電施設として設置することで，再生可能エネルギー普及の原動力となってきた。日本では，太陽光発電の市民共同発電所が1994年に宮崎で開始され，1997年頃から全国各地に広がり始めた。収益事業として成り立たないことから「寄付」による設置が多かったが，NPOや地域組織，パートナーシップ組織によって様々な工夫が行われ，地域通貨や廃品回収資金，建設協力金などを活用して市民共同発電所が広まった。太陽光以外にも，風力発電・小水力発電等の市民共同発電所も設置されている。

これまでは再生可能エネルギーを普及させる政策があまり導入されてこなかったため，市民共同発電所の普及数には限界があった。しかし，「電気事業者による再生可能エネルギー電気の調達に関する特別措置法」が2012年7月に施行されたことにより，新しい形態の市民共同発電所づくりの取り組みも進んでいる。

(田浦健朗)

市民参加
citizen participation / public involvement

自治体あるいは国の行政や立法，司法のプロセスに地域住民やそれ以外の市民が関わること。また，市民やNPOが行政とは別に主体的に行う公益的活動のこと。市民参画とも

いう。

国連環境開発会議（地球サミット）の成果の一つ「環境と開発に関するリオ宣言」（1992年）の第10原則は，環境問題を適切に扱うためには関心あるすべての市民が参加すること，環境関連情報を適切に入手し，意志決定過程に参加する機会をもつこと，さらに司法や行政手続きへの効果的なアクセスを保障することを述べた。これは市民参加を，環境に関する情報への，政策決定への，および司法へのアクセス権として規定するものである（参照：オーフス条約）。

市民参加は一般の首長選挙，代議員選挙を補う性格をもつ。加えて，中央集権から地方分権が進むほどに，自治体の独自に計画できる範囲が広がり，市民参加の可能性が増す。その意味で日本においては，地方分権一括法（2000年）と NPO 法（1998年）の制定は市民参加に期を画したといえる。タウンミーティングやパブリックコメント，公募の市民も加わる審議会や協議会など，様々な手法が存在するが，市民参加としての評価・検証をしつつ制度を改良していく必要がある。市民性教育は市民参加のための教育であり，持続可能な地域をつくる最も重要な要件の一つと考えられる。

(林 浩二)

地元学
jimotogaku

1990年代から各地に広まった。住民を主体とする地域再生のための取り組み手法。類語に「地域学」があるが，地元学は「地域」よりも範囲の狭い，生活文化圏を共有する「地元」を単位と考え，地元に学び，地元と住民の内在する力を引き出して地域づくりに役立てようとするもの。住民への「聞き取り」，地域資源の掘り起こしである「あるもの探し」，基礎的な地域調べ「水のゆくえ」「地図づくり」などを通じて，地元の価値の再発見と創造を行う。吉本哲郎の提唱による熊本県水俣地域の再生の取り組み，結城登美雄の提唱による宮城県旧宮城町の取り組みなどが知られる。

(畠山雅子)

社会関係資本
social capital

ソーシャルキャピタルの訳。米国の政治学者パットナム（Putnam, Robert D.）は著書 *Making Democracy Work*（1993，邦訳『哲学する民主主義―伝統と改革の市民的構造―』）で，「人々の協調行動を活発にすることによって社会の効率性を改善できる，信頼，規範，ネットワークといった社会組織」のもつ価値を社会関係資本ととらえて注目を集めた。市民活動の活発な地域ほど社会関係資本は豊かであるとされ，それが政策効果を高め，社会の経済発展に大きな影響を与えるという。道路，上下水道，公共施設などハードとしての社会資本とは別に，社会関係資本は人々の生活満足度を高め，優れた人・財・情報を呼び込み，地域社会の発展に寄与していく。地域で環境教育を進める場合にも不可欠といえる。

(村上紗央里)

社会起業家
social entrepreneur

環境，社会的弱者支援，教育，地域活性化など様々な社会問題の解決のため，新しいビジネスを起業し取り組む人のこと。利潤ではなく社会ニーズによって動機づけられていること，そして革新的な活動やサービスを開発していることが特徴である。起業の後，継続した社会的ビジネスへと発展するケースや，既存の企業経営者が社会的なビジネスを展開していくものも含め，「社会企業家」という呼称が用いられることも多い。社会起業家によって立ち上げられる事業体は「**社会的企業**」と呼ばれる。

米国では大学のビジネススクールにおいて社会起業家養成のプログラム設置が盛んである。主な例としてはハーバード大学の Social Enterprise Initiatives，スタンフォード大学の Center for Social Innovation などが挙げられる。日本でも近年，社会起業家は「新しい公共」の担い手として注目されており，多くの社会起業家養成プログラムやコンペなどが行われている。

世界を代表する社会起業家としてはノーベ

ル平和賞を受賞したムハマド・ユヌス（Yunus, Muhammad）が挙げられる。ユヌスはバングラデシュの経済学者で，貧困者向けの少額融資を行う金融機関「グラミン銀行」の創設者・経営者である。また歴史上の社会起業家としては，協同組合を生み出したロバート・オーウェン（Owen, Robert）らがいる。日本においても，奈良時代の僧で，近畿地方を中心に貯水池建設や架橋など多くの社会事業を行った行基や，鎌倉時代の僧で，病人や貧者の救済，公衆衛生の普及に尽くした忍性などは，社会起業家の先達といえる。　　（西村仁志）

社会教育
adult and community education

〔定義と歴史〕社会教育法第2条は社会教育を「学校教育法に基づき，学校の教育課程として行われる教育活動を除き，主として青少年及び成人に対して行われる組織的な教育活動（体育及びレクリエーションの活動を含む。）をいう」と定義している。

社会教育は戦後日本社会という時代状況のもとで発展した独自な概念である。英語のcommunity education や adult education とは必ずしも一致しない。

教育基本法（1947年制定，2006年改正）を受けて，1949年に制定された社会教育法は，その定義に変更はないものの30回以上の改正によって時代状況や政策動向を敏感に反映してきた。また，ユネスコ等の国際機関の影響を受けながらも，社会教育の現場から社会教育の理念や制度のあり方について多くの実践的な提起がなされてきた。

〔社会教育施設〕社会教育法では，公民館や動植物園を含む博物館および図書館を社会教育施設として規定している。社会教育法を中心として，図書館法（1950年），博物館法（1951年），スポーツ振興法（1961年，現在はスポーツ基本法）などの社会教育関連法令が整備されている。

〔社会教育法と制度の特徴〕社会教育法には，総則のほかに，社会教育専門職員制度（社会教育主事），社会教育関係団体，社会教育委員，公民館，学校施設の利用，通信教育など，日本の社会教育制度を担保する重要な規定が多い。この社会教育法と社会教育法に基づく制度には，以下のような特筆すべき特徴がある。

① 社会教育に関する国および地方公共団体の任務を明らかにした法律であること。多様な形で自由になされるべき国民の社会教育活動を行政は規制することなく，活動の機運がおのずから醸成されることを主な役割とした。この考え方は，特に社会教育関係団体と教育委員会の関係，一般行政機関との関係に関する規定に明示されている。

② 専門職員と専門委員制度をもつこと。学校の教員免許と同様に，社会教育主事養成課程を大学等に置いて社会教育専門職の資格を付与し，社会教育主事を各教育委員会に置くことが定められている。また，社会教育諸計画を立案し，諮問に答え，研究調査を行う社会教育委員を委嘱して，教育委員会に助言する社会教育委員の会議を置くこととしている。

③ 「公民館」という日本独自の教育機関をもつこと。地域学習センター（CLC）の役割が国際的に注目される中で，公民館の歴史と特徴には特筆すべきものがある。とりわけ，市町村を設置者とする「市町村中心主義」や非営利で政治的・宗教的な中立を明示した運営方針，専門職員（社会教育主事）の配置，公民館運営審議会の設置など，日本の地域教育機関として大きな役割を果たしてきた。

〔生涯学習と市場化政策〕臨時教育審議会（臨教審）の教育改革に関する第2次答申（1986年）において「生涯学習体系への移行」が明示されたことを一つの契機として，学校教育を含む教育体系の再編を「生涯学習」概念によってとらえようとする動きが定着した。しかし，生涯学習の振興のための施策の推進体制等の整備に関する法律（生涯学習振興法，1990年制定）に象徴されるように，その後のいわゆる生涯学習政策が社会教育・地域教育の市場化政策としての側面をもつことにも注目しなければならない。

とりわけ，地方自治法の改正（2003年）に

よって導入された指定管理者制度のもとで、社会教育施設のほぼ4分の1（2008年）が民間事業者等に管理を委託されており、行政改革と民営化政策が公的社会教育のあり方を大きく変えようとしている。　　　（朝岡幸彦）

社会的企業
social enterprise

環境、社会的弱者支援、教育、地域活性化など様々な社会問題の解決を目的として、営利事業活動に取り組む事業体のこと。ソーシャルビジネスとも呼ばれる。社会問題の解決を目的とするところでは非営利公益組織（NPO）と共通であるが、寄付や会費、助成金・補助金、無償労働ではなく、受益者負担のビジネスとしてサービスを提供することで社会問題の解決を目指す。

社会的企業の実践や議論が活発化してきた背景としては、社会における行政、市民、企業の役割や「営利／非営利」をめぐる大きな変化が挙げられる。まず従来の公共（政府）セクターでは扱いきれない問題が増えてきたことである。地球環境問題や南北問題など一国の政府では対応が難しく、また一方で、地域の社会的弱者のためのきめ細かな支援など、行政には不向きな問題も多数存在する。また市民（NPO）セクターでは、活動の継続性の担保や雇用を生み出すために営利ビジネスの可能性が注目されてきた。そして市場（企業）セクターでは、企業の社会的責任（CSR）の範囲が大きく拡大するとともに、自ら本業として社会問題の解決に乗り出すビジネスも登場し、営利／非営利の境界、市民／企業の境界は曖昧化の傾向を見せている。そのためNPO法人等の非営利法人の形態をとるもの、株式会社など営利法人の形態をとるものなど形態は様々である。

代表的な例として、海外においては農村女性のための小規模金融サービス「グラミン銀行」（バングラデシュ）、街頭での雑誌販売を通じてホームレスの生活自立支援を行う「ビッグ・イシュー」、日本では病児の在宅一時保育のサービスを行う「NPO法人フローレンス」、耕作放棄地を活用した体験農園をビジネス化した「株式会社マイファーム」などが挙げられる。このほかにも飲食、物販、再生可能エネルギーなど、社会的企業の展開領域は幅広く拡がり続けている。　（西村仁志）

社会的ジレンマ
social dilemma

社会的ジレンマとは、個人的合理性と社会的合理性が乖離している状態を指す。社会的ジレンマの原型として、しばしば米国の生物学者であるハーディンの「コモンズの悲劇」が挙げられる。それは一定のコモンズ（共有地）において家畜を飼育している牧夫の集団のうちの一人が、自らの利得の増大のため家畜数を増大させることによって過剰放牧となり、その損失が全体に分散されるため、結果的に共有地の荒廃を招き、共倒れする、といったものである。環境保護における困難も、自らの直接的利益を最大化する合理的行為が、集合財の荒廃を招くといった事態であることが多い。　　　　　　　　　　（李　舜志）

社会的責任投資（SRI）
socially responsible investment／socially responsible investing

社会的責任を果たしている企業かどうかを判断基準に加えて投資することを社会的責任投資（SRI）という。従来は企業の財務状況だけを投資基準にしていたが、環境や雇用、人権、福祉など社会への配慮があるかを加味して投資するもの。配慮に欠けた企業は、不祥事を起こしたり、環境を汚染したりするリスクが高いため、投資対象から外すという投資家が増えている。なお、経済性、環境適合性、社会適合性で評価の高い企業の株式を組み込んだ投資信託のことをSRIファンドという。　　　　　　　　　　（藤田　香）

シャッター通り
deteriorating shop street

昼間の時間帯にシャッターが下りた商店や事務所が立ち並ぶ様子、すなわち廃業や休業店舗が目立つ衰退した商店街や町並みの状態を指して用いられる。1990年頃から地方都市

の中心市街地において顕著に見られるようになった。都市郊外への大型複合商業施設の出店や，中心市街地の百貨店の閉店，商店経営者の高齢化，後継者難など様々な要因がある。マイカーを持たない高齢者等が「買い物難民」化したり，地域の治安の悪化にもつながる。対策として，商店街組合やまちづくり会社等による空き店舗の経営者募集，公共スペースとしての再利用などが取り組まれている。

（西村仁志）

獣害
animal damage

野生の獣類（哺乳類）が直接的に引き起こす人間および人間生活に対する損失・損害のこと。主に農林水産資源の摂食（食害）や損壊などの経済的被害を指すことが多いが，ほかに人体への直接的危害（身体被害），衛生面での悪影響（人畜共通伝染病など），所有物（ペット，車など）の損壊，家庭菜園・庭木などの摂食や糞・鳴き声などによる生活被害なども獣害に含まれる。また，例えばニホンジカによる生物相や地形などの改変を「生態系被害」と定義し，獣害の一類型とすることもある。

日本における野生獣類による農作物被害の額は総計186億円（平成22年度）に達するが，その8割近くはニホンジカとニホンイノシシによるものである。被害額や被害量の算定は，「被害」の定義や基準設定の難しさと相まって難しく，それが被害対策の進展を阻んでいる面もある。

一般に獣害対策は，「被害防除」（柵や網による摂食回避など，個体行動レベルの管理），「個体数調整」（有害捕獲による採食圧の軽減など，個体群レベルの管理），「生息地管理」（植生管理による個体群密度や摂食機会の低減，生態系レベルの管理），の三つの対策を併せ効率よく行うことが必要とされる。

日本では，「鳥獣の保護及び狩猟の適正化に関する法律」や「鳥獣被害防止特措法」など，鳥獣害対策の法制化が進んでいるが，生息地管理による対策はほとんど行われていない。しかし，高度成長時代に進められた全国的な生息地改変（過度な開発，大面積皆伐や単一樹種の一斉造林など）が野生動物の分布や密度を著しく変動させたことを考えれば，今後は生態系復元を含めた長期的・広域的な対策も必要である。

野生動物と人間の生活圏（行動圏）が重複・隣接するかぎりにおいて，獣害のリスクはゼロにはならない。また，「生物多様性の保全」や「野生生物との共生」という課題を地域レベルで実現する上でも，獣害は避けて通れない問題であり，野生動物に対する地域社会の考え方やつきあい方の歴史（地域文化）が強く反映される問題でもある。それゆえ，獣害問題においては，自然科学だけでなく，社会科学および人文科学的側面からの対策も不可欠であり，野生生物管理の人間社会的側面の研究が強く求められている。

その意味で，獣害を単に「被害」でなく，自然環境と人間社会の「軋轢」としてとらえる見方が普及しつつある。

（立澤史郎）

参 農林水産省『鳥獣被害対策の現状と課題』(2012)

重金属汚染
heavy metal pollution

人の健康や生物に悪影響を及ぼす重金属で水質や土壌が悪化することをいう。公害問題として，メチル水銀が**水俣病**，カドミウムが**イタイイタイ病**の原因物質となり，大きな被害をもたらした。人為的な発生源としては工場排水が代表的であるが，休廃止鉱山廃水による水田汚染が原因となったカドミウム米のようなものもある。排水基準，水質環境基準が定められている重金属としては，水銀，カドミウム，ひ素，六価クロム，鉛，セレンがある。排水基準には鉄やマンガン，銅などが加わる。土壌汚染対策法では溶出量と含有量の基準値が定められている。

（中地重晴）

囚人のジレンマ
prisoner's dilemma

有名なゲーム理論の一つ。各人が自己利益を考えて選択した合理的戦略が，各人にとっては最良の結果をもたらさないことを示すモ

デルで，1950年にランドコーポレーションのフラッド (Flood, Merrill Meeks) とドレシャー (Dresher, Melvin) が立案した。タッカー (Tucker, Albert William) がこれを囚人らの自白に置き換えて説明し，それを「囚人のジレンマ」と命名して有名になった。二人の容疑者が，十分な証拠もなく拘束され別々に取り調べられる時，両者とも黙秘を通せば1年の服役ですむが，どちらかが司法取引に応じて共犯証言をすればその者は無罪となり，黙秘を続けたもう一人は3年の服役となる。両者がそろって自白すれば起訴は免れないが情状酌量により2年の刑となる。この場合，相手の最良の選択は自白だという推理が成り立ち，結局両者ともに自白を選び2年の服役となる。このように互いが協力し黙秘することが両者最善の選択であるとわかっていても，相手の利己的行動を想像すると本来は容易なはずのその最善策にどうしても踏み切れず，ジレンマを抱えこむことになる。環境汚染などの問題も，真意がわからない競争相手が存在するがゆえに，最善の選択は選択されず，ジレンマのうちに当事者に悪い結果をもたらすことが考えられる。　　　　　(桝井靖之)

受益者負担原則
beneficiary-pays principle

　実際に利益を享受する主体がその経済的負担をすべきであるという考え方。環境の分野では公害の時代から「汚染者負担原則」が確立してきたが，さらに近年，生物多様性保全の観点で**生態系サービス**から実際に利益を享受する主体がその経済的負担をすべきだという考えが重視されるようになってきた。具体的には生態系サービスの経済的評価を行い，生物多様性保全のための資金調達と配分の仕組みを確立させるということである。受益者による生態系サービスへの支払い(**PES**) や，開発の代償として自然再生を実施する**生物多様性オフセット**などの仕組みが導入されつつある。　　　　　(西村仁志)

種間の公正
interspecies equity

　生物多様性の保全により，地球上に存在する人間を含むすべての種が，多様性を確保され種の保存が図られなければならないという考え方。人間は，人間以外の生物(種)の生存に対しても大きな責任をもっている。人間と自然，人間と人間以外の生物との関係を問い直し，人や社会の基盤である生態系を基に持続可能性を考えることが重要である。そのためには，これまで人間活動が生物多様性を減少させ，生物多様性による恵みを喪失している現状を認識し，物質循環，食物網などの生態系システムを視野に入れた社会システムへの転換の可能性を探る必要がある。(冨田俊幸)
⇨ 世代間(の)公正，世代内(の)公正

種の保存
species preservation／species conservation

　日本語でいう種の保存とは，英語の species preservation と species conservation の両方の意味で使われている。preservation (保存) といった場合には，最小限の管理で，できるかぎりもとの状態に保つことを意味し，一方，conservation (保全) といった場合には，資源の持続可能な存続のために人間が介入して管理することが必要であるというニュアンスが含まれる。したがって，最近では「種の保全」という表現を用いることが増えてきた。つまり，種の保全といった場合には，野生動植物の生息地やそこに生息する動植物種を持続可能なかたちで存続させること，あるいは，可能なかぎり，自然の生態系と生息地の中で長期的に種の個体群を守ることを意味する。種の保全を図る上で最も適切なのは，動植物が自然の生息環境下で生存し続けることであって，これを「(生息)域内保全」と呼ぶ。しかし，**絶滅危惧種**の中には人間によるかく乱の増大により，域内保全が必ずしもよい選択とはいえないものも存在する。その場合，自然の生息環境から離し，動物園や植物園などで保全を図る場合がある。これを「(生息)域外保全」と呼ぶ。現代の保全活動においては，総合的な保全戦略の一環として

域内保全と域外保全を相互補完的にとらえることが重要である。　　　　　　　　（高橋宏之）
⇨ 保全・保存・保護・再生

シュヴァルツヴァルト
Schwarzwald

ドイツの南西端、ほぼ南北に150kmを超えて帯状に延びる山地、森林地帯。「黒い森（Black Forest）」の意。多くは原生ではないもののヨーロッパトウヒ等の針葉樹で広く覆われ、1980年代前半までに森林の半分が酸性雨の大きな被害を受けたが、今日では、豊かな自然景観や農山村文化を楽しむリクリエーションの場となっている。この森林地帯の近くにある古都がフライブルク（Freiburg im Breisgau）である。環境意識の高さや自然エネルギーの利用、環境負荷の小さな公共交通システムなどから、先進的な「環境首都」として知られる。　　　　　　　　　　（井上有一）

樹木医（樹医）
tree surgeon

「樹木医」とは、樹木の診断・治療を実施し、樹木の保護に関する知識の普及や指導を行う専門家である。1991年に林野庁の国庫補助事業の一環として発足した国家資格であったが、2001年、財団法人日本緑化センターが認定試験を実施する民間資格へ移行した。自然保護分野の資格として難易度の高い資格の一つであり、職業とすることも可能である。

一方「樹医」は、当初から民間資格であり、日本樹医会、樹木・環境ネットワーク協会などが認定している。いずれも、樹木を貴重な資源ととらえ、樹木保護を目的として全国に活動の輪を広げている。　　　（望月由紀子）

循環型社会
sound material-cycle society（SMS）／recycling society

循環型社会とは①廃棄物等の発生抑制、②循環資源の循環的な利用および、③適正な処分、が確保されることによって、天然資源の消費を抑制し、環境への負荷ができるかぎり低減される社会と定義されている。2000年に成立した循環型社会形成推進基本法で定められているものであるが、同法における廃棄物対策の優先順位は、①発生抑制、②再使用、③再生利用、④排熱回収、⑤適正処分であり、循環型社会が必ずしもリサイクル（再生利用）優先社会ではないことに注意を要する。この優先順位は、この順位によらないことが環境負荷の低減に有効であるときには適用されないので、個別の特殊事情に柔軟に適応すべきである。循環型社会の形成を総合的かつ計画的に推進させる循環基本計画の策定が行われ、定期的な見直しがなされており、数値目標が**物質フロー指標**と取り組み指標についてそれぞれ定められている。物質フローの指標は、日本のものの流れの「入り口」「循環」「出口」の3種に着目し、それぞれ資源生産性、循環利用率、最終処分量の指標が定められている。「資源生産性」は、天然資源等投入量当たりの国内総生産（GDP）と定義し、2000年の約25万円／トンから2015年に約42万円／トンとすることを目標としてきた。産業や人々の生活がいかに物を有効利用しているかを総合的に表す指標であり、リサイクルや廃棄物発生が経済活動と密接不可分であることから、物の流れの入り口である資源利用と経済指標を結合させた指標を採用したことの意義は大きい。「循環利用率」は天然資源等投入量と循環利用量の合計に対する循環利用量の割合として定義されているが、同期間で約10％から14〜15％に上昇させること、「最終処分量」は年間5,600万トンから2,300万トンと半減以下にすることを目標としてきた。こうした指標を、国のマクロ指標として設定した日本の取り組みは世界から注目されている。

役割分担については、廃棄物を出す国民や事業者がそれらのリサイクルや処分に責任をもつという「排出者責任」と、生産者が自ら生産する製品などについて使用され廃棄物となった後まで一定の責任を負う「**拡大生産者責任**」の考え方がとられている。世界が協調して相互の便益を高めながら、環境と経済の両立した循環型社会づくりを進めることが、人類共通の課題となっているとの認識から、3Rイニシアティブという国際的な取り組み

も進められている。3Rイニシアティブを通じて、国際的な循環型社会を構築するためには、①まず、各国の国内で循環型社会を構築するとともに、②廃棄物の不法な輸出入を防止する取り組みを充実・強化し、③その上で循環資源の輸出入の円滑化を図ることが必要である、という基本的順序がある。こうして既存の環境や貿易上の義務・枠組みと整合性のとれた形で、再生利用・再生産のための物品・原料や再生利用・再生産された製品を活用でき、よりクリーンで効率的な技術が国際的に利用する際の障がいを低減することができる。

循環型社会は、**低炭素社会**とともに持続可能な社会像の一つで、環境や資源、廃棄物などから見た持続性のある社会を目指す考え方ともいえる。持続可能性の概念は、国連の「環境と開発に関する世界委員会(通称、**ブルントラント委員会**)」が1987年の報告書で「**持続可能な開発**(sustainable development)」というキーワードを盛り込んで以来、広く使用されている。この報告書では「持続可能な開発とは、将来世代がそのニーズを充たす能力を損なうことなく、現在世代のニーズを充たす開発である」と整理している。よって、持続可能な社会とは、将来世代がそのニーズを充たす能力を損なうことなく、現在世代のニーズを充たす社会といえる。すなわち、有限な地球資源と人間の生活が両立できる社会であり、現在地球上で生活する世代と将来の世代とが衡平に開発の恩恵を受けられる社会ということになる。循環型社会の推進は、**温室効果ガス**の削減として低炭素社会の実現につながる側面が多く、また資源消費の削減や廃棄物発生の抑制につながる。循環型社会と低炭素社会との統合的展開の方向としては、温室効果ガスの排出量もできる限り削減するとともに、吸収作用を保全・強化することで、**地球温暖化**にも対応しうる社会でもある。エネルギー需給に関わる社会経済構造転換を進め、脱化石燃料化を図り、資源保全と廃棄物処分抑制を図るため、日々の暮らし、物作り、地域づくりに向けた諸対策を、国際連携や経済的手法を用いて、推進していく必要がある。

温室効果の抑制や資源消費、廃棄物発生の削減は、3Rを基本とした循環型社会形成に加えて、エネルギー・資源利用の高効率化や再生可能資源利用を基盤とする社会形成の方向を加えて達成できる。エネルギー・資源利用の高効率化は様々な省エネルギーによる取り組みが代表的なものである。また、**枯渇性資源**である化石資源への依存を下げ、**バイオマス**などの再生可能資源利用を基盤とする社会への技術やシステムを創っていくことも求められる。なお、複数の効果にトレードオフ(あちらを立てれば、こちらが立たずという状況)があれば、ライフサイクルベースでの得失を見極めていかねばならない。(酒井伸一)

省エネルギー
energy saving

現代の社会は大量のエネルギーを使用することによって産業活動、社会活動が成り立っている。なかでも**化石燃料**に依存する割合が多く、その資源の枯渇性や環境への悪影響から、使用量を節約することが求められている。省エネルギーは、より少ないエネルギーで同じ効果を得る工夫や活動である。

日本では、戦後の経済成長、工業化に伴いエネルギー消費量が増大してきたが、二度の石油ショックを契機に「省エネ」という考えが広がった。この時、脱石油依存を進めたが、その後も、**大量生産・大量消費・大量廃棄**による経済成長が進められ、一次エネルギー使用量は増加してきた。しかしながら、化石燃料の枯渇が現実的になり、地球温暖化の問題も深刻化する状況で、再度省エネの必要性が高まった。

1979年に施行された「エネルギーの使用の合理化に関する法律」(通称「省エネ法」)の強化により、自動車や電化製品等のエネルギー使用機器の効率は改善しているが、機器の大型化や多機能化によって、エネルギー使用量・電気使用量が増えてきた。

2011年3月11日の東京電力**福島第一原発事故**により、電力不足のリスクが現実になり、社会での省エネや節電に対する認識の広がりから、取り組みも定着しつつある。(田浦健朗)

生涯学習
lifelong learning

　一人ひとりが充実した人生にするために，生涯を通じて行う主体的な学習活動。1981年の中央教育審議会答申では，「人々が自己の充実・啓発や生活の向上のために，自発的意思に基づいて行うことを基本とし，必要に応じて自己に適した手段・方法を選んで，生涯を通じて行う学習」と定義。国際的には，ユネスコのポール・ラングラン（Lengrand, Paul）が1965年に初めて提唱した。
　日本では，1980年代後半から生涯学習政策が本格化し，1990年に生涯学習振興法が制定された。急速な少子高齢化に伴い，福祉・企業・地域社会・家族などの見直しが図られる中，心の豊かさや生きがいのための学習需要が増している。2006年に改正された教育基本法では，初めて「生涯学習の理念」という条文が設けられた。なお**社会教育**は，社会教育法（1949年）で学校教育を除いた組織的な教育活動として規定されている。　（関 智子）

小水力発電
small hydroelectric generation

　ダムを使わず，河川や水路などに設置した水車などを用いてタービンを回して行う発電。再生可能エネルギーを利用した発電の一つ。
　水力発電には大きく分けて，ダム式発電と水路式発電の二つがある。このうち水路式発電は，流れ込み式発電とも呼ばれ，河川をせき止めるのではなく河川に取水堰を設けて，そこから取水した水をゆるやかな勾配の導水路で水槽まで導き，落差を得て発電する方法である。この方法は，規模も小さく発電に使った水もすぐに川に戻されるなど，川に対する環境負荷を小さくすることができる。一般的に小水力，マイクロ水力という場合は，この水路式発電の方法をとっている場合が多い。日本での「新エネルギー利用等の促進に関する特別措置法」では，小水力発電は「水路式で出力1,000kW以下のもの」と限定している。
　小水力発電は，河川水だけでなく既存の農業用水利施設や上水道施設等でも利用可能で，潜在的な利用可能量は大きいと考えられる。

一級河川，二級河川，準用河川に小水力発電所を設置する場合には，河川法に基づき出力の大小にかかわらず水利権の取得が必要となる。所定の手続きを経て，河川管理者による水利用の許可申請が下りるまでには相当な時間がかかる場合も少なくない。　（豊田陽介）

使用済み核燃料
spent nuclear fuel

　〔定義〕通常の軽水炉ではウラン235の濃度を約3～5％に濃縮した二酸化ウランを燃料ペレットにして使用している。この燃料に中性子を照射し核分裂を起こすことで熱を取り出す。核分裂が生じた後の燃料を使用済み核燃料と呼ぶ。原子炉では定期検査時に全燃料の4分の1ずつの使用済み核燃料を新燃料に交換し4年間使用する。狭義には原子炉から取り出され，燃料として使用終了した燃料を使用済み核燃料と定義している。
　〔組成〕初期装荷ウラン1トン当たりの使用済み燃料の成分は，加圧水型原子炉の場合，概略ウラン940kg，プルトニウム（Pu-239ほか）12kg，その他の核分裂生成物46kgである。Pu-239を燃料の一部に使用するプルサーマル炉でなくても，初期装荷時には存在しないPu-239が原子炉で生成し必ず含まれる。
　〔問題点〕100万kWの発電所で一年間に広島型原爆約1,000個分の**放射能**を有する使用済み核燃料が生じる。**核燃料サイクル**の見通しが立たない現時点で最大の問題は半減期24,000年のPu-239の保管管理である。天然ウラン鉱なみに放射能濃度が減少するまでには約10万年必要であり，岩塩層のない日本では事実上管理不可能と推定される。したがって使用済み核燃料は2012年末時点では再処理せずそのまま発電所で管理されている。　（渡辺敦雄）

小氷期
Little Ice Age

　過去千年の間で世界的に気温が低下した寒冷期を小氷期というが，14世紀半ばから19世紀半ばの間という長い期間をとらえる意見もあれば，16世紀半ばから19世紀半ばという比較的短い期間とする主張もある。17世紀の絵

画には近年は凍結することのないバルト海やバルト海にそそぐ河川・運河などが凍りつく風景が描かれており，各地で氷河が範囲を広げ，海水面が低下したことが知られている。日本でも江戸時代はこの小氷期の時期に相当し，長期にわたる冷害にたびたび見舞われ，寛永の大飢饉，天明の大飢饉などが起きている。しかし，**気候変動に関する政府間パネル**（IPCC）の第1次評価報告書（1990年）によれば，小氷期と称されるものの，北半球における気温低下は今日に比べて1℃未満にとどまっていたと推定されている。　　　（元木理寿）

情報開示
disclosure of information

利害関係者が適正な判断を下せるように情報が公開されること。環境省の環境報告書ガイドラインや環境会計ガイドラインが公表されたことで，環境への負荷と配慮に関する情報開示が活発になってきた。公共財である環境を利用し，結果として環境に負荷を発生させてきた企業や組織には，環境をどのように利用し負荷を発生させたか，環境に対する配慮の取り組みや成果などを，社会に対して明確に説明する責任がある。環境経営は企業の生き残り戦略の一つでもあり，どのような情報開示をすればステークホルダーに理解と評価が得られるかは重要課題となっている。企業の情報開示とともに，行政部門の一層の情報開示も望まれる。　　　　　（金田正人）

静脈産業
recycling industry

産業を，生物の血液循環にたとえ，生産を動脈，廃棄物処理やリサイクルなどを静脈（逆生産）とみなした場合の静脈側の産業。製品などに使われる物質が循環していることで，社会の持続可能性があることを示した言葉である。廃棄物処理は生産・消費の終着点で表舞台の後片づけ役と位置づけられてきた。しかし，廃棄物処理施設不足，**廃棄物**による汚染が深刻化するに従い，廃棄物処理も産業の一部とする必要が生じてきた。廃棄物は汚染源だが，同時に資源でもあり，生産に当たっても後に再資源化することを前提に取り組まれるようになってきている。　（金田正人）

食育
food education

食育とは，食文化を継承し健全な食生活ができるように育む取り組み。現代の食と健康の課題は深刻な状態にあることから2005年に食育基本法が制定され，「食育」という言葉が国民に広く知られるようになった。しかし，これらの問題を改善しようという食育運動は食育基本法成立以前から展開されていた。

食育の語源は，明治の陸軍軍医（漢方医）であった石塚左玄が提示したことに始まる。明治期の近代栄養学が炭水化物，脂肪，蛋白質の適切な摂取によって健康・身体を語る傾向があったのに対し，石塚は，貝原益軒の著した『養生訓』（1712年）などの影響を受け，ミネラルの摂取に重点を置く食養法を提示した。また，報知新聞社の村井弦斎によって『食道楽』という小説が連載（1903年1月から1年間）され，この中で村井は「小児には徳育よりも，智育よりも，体育よりも，食育が先。体育，徳育の根元も食育にある」と指摘した。しかし食育は社会にははとんど広まらず，次第に忘れ去られていった。

近年になってメタボリック症候群，やせすぎ，食生活習慣の乱れ，体力低下，あるいは朝食をとらない子ども，夕食をファストフードで済ます家族などの問題が明らかとなり，再び，食生活改善および健康増進の機会として，食育運動に注目が集まった。2005年に議員立法によって食育基本法が成立し，同法では様々な体験を通して，「食」に関する基本的な知識や「食」を選択する力を習得させ，豊かな食生活が実践できる人間の育成が掲げられた。特に，学校教育では正しい食生活の自覚をはじめ，礼儀作法などの習得や伝統的な食文化への理解，農業理解などにつながる総合的な学習への広がりが期待されている。

（野村 卓）

植生
vegetation

ある場所に生育している植物の集団を植生という。植生には，現在，そこに見られる植生（現存植生），人為の影響を受ける前の植生（原生植生）等に分類される。植生の分布には，温帯林，暖温帯林，亜熱帯林等，植生の水平的広がりによって区分される水平分布と，同じ地域でも標高が高くなるにつれて植生が変化する垂直分布がある。植生に類似した用語に植物群落があるが，植生がその場所の全体像をとらえて区分されるのに対し，植物群落は同一場所に生育している植物群を何らかの規準によって区分し，類別性をもたせた場合に用いられる。 (比屋根 哲)

食の安全
food safety

〔食の安全と環境教育〕食という言葉は食べ物（食物）と食べる行為（食事）を合わせた概念である。食事は食物の消費であるが消費の前段階には生産があるので，食の安全は食物そのものの安全と，食物の生産および消費過程の安全に分けて考えることができる。

　安全とは危険や危害が排除されている状態や危険や危害から解放されている状態，あるいは被害を受ける可能性がない状態を指す。したがって食の安全とは食物そのものや，食物の生産および消費過程において生産や消費に関与する主体が危険のない状態あるいは被害を受ける可能性のない状態を指す。また近年，食の関連産業が多様化し，食物の生産と消費の間の加工や流通過程が複雑化していることから，これらの過程における安全にも同じように注目する必要がある。

　特に環境教育という文脈で食の安全を考える際には，私たち人間は自然生態系の一員として食物連鎖の頂点に位置し，生命維持や体内構成に欠かせない食べ物を自然生態系から得ているという認識が重要である。食物は私たちの生命活動の質に深く関わる環境要素であることから，鈴木善次は食の生産から消費までに関わる人間環境すべてを食環境と呼んで，食環境教育の重要性を説いている。

〔食の安全をめぐる問題〕食の安全をめぐって過去に起きた大きな社会問題には，**イタイイタイ病**や**水俣病**，また近年では2001年に確認された **BSE**（牛海綿状脳症）などがある。遺伝子組み換え食品については，日本では一部の消費者による反対運動があるものの，総じて見ればあまり大きな論争は起きていないが，ヨーロッパなどでは安全性や環境への影響などについて論争や抗議行動がなされている。**福島第一原発事故**による食物の放射能汚染については，将来にわたる影響を危惧する指摘もある。

　将来的に世界人口が増加するにもかかわらず，食料生産の大幅な増加は見込めないばかりか気候変動の影響で食料生産が不確実な中で，人口に必要十分な食料を確保するという国家レベルでの食料安全保障（food security）の課題もある。

　国や自治体，専門家らによる食の安全をめぐる**リスクコミュニケーション**が施策として推進されており，専門家と非専門家との対話の場が設けられたり，インターネット上で情報提供がなされている。また，食育においても食の安全に関する科学的なリテラシーを育てることが求められている。 (石川聡子)

食農教育
education through food and farming

〔食農教育の理念〕食農教育とは，食べ物の「生産」から「加工」「流通」そして「消費」へと進む一連の過程に関する教育である。

　日本環境教育学会誌『環境教育』は2004年10月に「食と農をめぐる環境教育」を特集した。その特集では，「食農教育」の成立の経緯として，食の疎外，農の外部化という今日の日本における食と農をめぐる基本的な問題が取り上げられている。そこで取り上げられた「食の疎外」とは，例えば，子どもが親と共に食事をする機会が減少したことにより，見て，まねることができないというような問題である。また親に叱られることもないため，主食と副食の交互食べができないこと，子どもの食事の変化に起因するアレルギーや成人病（食習慣病）の幼年化とそれに伴う子ども

の活力低下,さらに食品の大量廃棄問題や食料自給率の低下など,食をめぐる社会的・心理的病理現象が増大しているという問題である。また「農の外部化」とは農産物の自由化が進むと同時に,食の基本知識が後退し,食のつながりへの無関心が進行することや,加工食品や外食の利用増大によって生産者の顔の見えない食品の割合が増大しているというような問題である。

このようないわば食と農をめぐる深刻な状況に対し,あらためて食と農を表裏一体の取り組みとして見直そうというのが食農教育の取り組みである。上記の特集では,食農教育の本質は「環境保全の農業と生命維持の食生活とが融合した人間の生き方を追い求めるところにある」としている。

〔食育基本法の制定と食農教育の課題〕食農教育は民間教育運動として展開されてきたが,2005年に制定された食育基本法は食育に関する基本理念を定めるとともに,食に関する体験活動と食育推進活動の実践の重要性を示した。この法制定に伴い「市民一人ひとりの食育の土台づくりの推進」「食に関する交流・体験活動の推進」など,食育推進計画を制定する自治体が増えている。

食農教育の課題としては,食料生産の場である農業との関連について明確な位置づけが示されていないことが挙げられる。食育基本法には「教育関係者及び農林漁業者等の責務(第11条)」「生産者と消費者の交流の促進,環境と調和のとれた農林漁業の活性化等(第23条)」などが示されているが,小中学校の学習指導要領(2008年)では食育,安全に関する学習を充実させることが示されているのみで,食育と「農」との関連やその扱いについては明確に示されていない。

食と農に関する教育については,「食農教育」「農業体験学習」「食教育」「食育」など様々な用語があるが,「食農教育」は,もともとは地域において一体化されていた農(生産)と食(消費)が近代化・資本主義化の流れの中で次第に分離され疎外されてきた状況に対し,あらためて食と農を表裏一体のものとして結びつけることにより持続可能な社会のあり方と教育の方向性を見いだそうとする点に特徴がある。食農教育についての今後の課題は,学校教育および社会教育・生涯学習において,学習者相互の発達と成長を目指した協働の学習のあり方を確立することであろう。

(降旗信一)

食品添加物
food additives

食品衛生法では「添加物とは,食品の製造の過程において又は食品の加工若しくは保存の目的で,食品に添加,混和,浸潤その他の方法によって使用する物」とされていて,食塩や砂糖のように天然物由来で摂取量の多いものや残留農薬などは対象とはならない。主なものとして,人の嗜好を満足させるもの(L-グルタミン酸ナトリウム等),食品の変質・変敗を防止するもの(ソルビン酸等),製造に必要なもの(カラメル等),品質改良・品質保持に必要なもの(レシチン等),食品の栄養強化に必要なもの(粉末ビタミンA等)のほか,ガムベース等の食品の基礎原料となるものがある。

食品添加物は食品衛生法第10条により,原則として,厚生労働大臣が定めたもの以外の製造,輸入,使用,販売等は禁止されており,この指定の対象には,化学的合成品だけでなく天然物も含まれる。また,第11条では,食品添加物の規格や基準が定められている。規格とは,食品添加物の純度や成分について最低限遵守すべき項目を示したものであり,安定した製品を確保するため定められている。基準とは,食品添加物をどのような食品に,どのくらいまで加えてもよいかということを示したものであり,過剰摂取による影響が生じないよう,食品添加物の品目ごとあるいは対象となる食品ごとに定められている。

(原田智代)

植物園
botanical garden

植物園は,様々な植物を収集し,それらを保存あるいは育成・栽培し,一般向けに展示する施設である。生きた植物だけを扱う施設

をイメージしやすいが，押し葉標本などの資料を収集・展示したり，図書などの文献を収集・公開することもある。また，独自の調査や研究を手がけていることもある。絶滅危惧種の植物やその種子などを収集・保存あるいは育成・栽培することによって，種の保存や生物多様性の保全にも寄与している。植物園が扱う植物は，特定の分類群の植物が中心であったり，世界中の種を網羅的に扱うものなど，収集方針や施設規模によって多様である。その施設や構成も温室を含む屋内施設を中心としたものや，自然園などの屋外施設を中心としたもの，それらを複合したものなど，多様である。娯楽を主目的とした民間のものから，研究を主目的とした大学附属植物園まで，運営主体・設置目的も多様である。

植物園では，植物の観察や解説によって，様々な知識を得ることができる。さらに，たくさんの植物に囲まれる自然体験の機会としても利用できる。植物園側が，教育的な事業を積極的に実施している場合もある。したがって植物園は，環境教育を推進するための重要な社会教育施設として位置づけられる。

（福井智紀）

植物工場
plant factory

植物の生育に影響を与える光，温度，二酸化炭素，栄養分，水分等の非生物的環境要因を制御して植物の栽培を行う施設。植物工場には人工光源を用いて室内で栽培を行う「完全人工光型」と自然光を基本として温室等で栽培を行う「太陽光利用型」がある。現時点では栽培が比較的容易で，収量が安定したレタス類やハーブ等の葉菜類の栽培が多い。

植物工場は，①季節や天候に左右されず，安定的な供給が可能であること，②非農地や栽培不適地における農業生産が可能であること，③「完全人工光型」の施設では，虫や異物の混入が少ないこと，等の利点がある。近年の食の安全に関する問題は消費者の意識を高め，安心，安全な食材を求める消費者が増えている。そのため，今後は農薬を使用せずに生産できる植物工場に消費者の関心が向かうと予想される。しかし，既存施設と比較して植物工場の生産設備にかかる初期投資額は莫大で，光熱費，水道料金等ランニングコストも高額となるため，付加価値の高い農産物の生産に限定される。初期投資額を抑え，省エネルギー化を図ることが今後の植物工場普及に向けた最大の課題となる。

（秦 範子）

食物連鎖・食物網
food chain・food web

生態系の中で，生物の種間に成立している，「食う−食われる」の関係の連鎖を食物連鎖という。また，食物連鎖が複合して網目状となったものを食物網という。多くの場合，一つの種の生物は複数の種の生物を餌として食い，複数の種の捕食者に食われるので，また動物も植物も食う雑食動物もいるので，食物連鎖は一本鎖ではなく，複雑な網目状を呈する。このことから，「食う−食われる」の関係の全体像を表す場合には，「食物網」を使うことが多い。

食物連鎖は，生態系における物質循環・エネルギー流の主要な経路となっている。生態系の中で，栄養を最初に作り出す独立栄養生物は，太陽光のエネルギーを葉緑素でとらえて，水と二酸化炭素から炭水化物を作り出している緑色植物である。これら第一次生産者である植物を第一次消費者である植食動物が食い，その植食動物を第二次消費者である肉食動物（捕食者）が食い，さらに上位捕食者へと連鎖する。「食う−食われる」関係には，生きているものを食う関係である「生食食物連鎖」のほかに，生物の遺体や老廃物を食う「腐食食物連鎖」，生物から排出された溶存態有機物をバクテリアが生物吸収し，そのバクテリアを原生生物や動物プランクトンが食う「微生物食物連鎖」などがある。「腐食連鎖」は生態系において，分解者を通して無機物へと還流する経路であり，物質循環における重要な役割を果たしている。

食物連鎖を通した農薬の生物濃縮による生態系の破壊と健康被害は，レイチェル・カーソンの『沈黙の春』（1962年）で指摘されていたが，その時期，日本では水銀，カドミウ

ムの生物濃縮がもたらす公害病である**水俣病**や**イタイイタイ病**が蔓延しつつあった。

食物連鎖は生態系の説明の中で，概念化されて扱われることが多いが，実際の生物群集では，動物の種ごとに（厳密にいえば，同じ種でも年齢段階や地理的条件で異なる），餌とする種の組み合わせが異なる。そのため，地理的に異なる場所では，生態系が類似していたとしても，群集を構成する種の組み合わせも微妙に異なり，それに応じて食物連鎖も異なったものとなる。生態系の中で，植物がどのような立地に生育するか，動物が何を餌とするかが，それぞれの種の生態的地位を決定する主要因である。したがって，種レベルの生物多様性が高い生態系（例えば，**熱帯雨林**，**サンゴ礁**）では複雑な食物網が成立している。生態系において，環境汚染や乱獲，**外来種**による食害や餌をめぐる競争に敗れるなどして，生物の種が絶滅するケースが多く存在する。種の絶滅が次々と起こると，生態系における生産構造は機能し続けたとしても，食物網のつなぎ目が一つ一つはころんでいくことになり，最後には突然その生態系全体が機能不全になる時が訪れる。これは飛行機のパーツをつなぎ合わせるリベットが一つ一つ脱落していき，最後に飛行できなくなり墜落することに譬えられる（リベット仮説）。人類による生態系汚染・破壊への戒めとすべき譬えである。　　　　　　　　　（生方秀紀）

食料自給率
food self-sufficiency ratio

国内で消費される食料が国内の農業生産でどの程度まかなえているかを表す指標。品目別自給率，総合食料自給率，飼料自給率がある。

品目別自給率は各品目における自給率を重量ベースで算出するもので，日本の2011（平成23）年度の米の自給率は96％，小麦11％，ダイズ７％などである。総合食料自給率は食料全体における自給率を表す指標で，供給熱量（カロリー）ベースと生産額ベースの２通りの算出方法がある。

日本の食料自給率は戦後以降低下の一途をたどり，近年40％近くにまで落ち込んだことを受けて，農林水産省が2008年からFOOD ACTION NIPPONという国民運動を展開しているが，この説明に用いている40％という数字はカロリーベースの自給率である。しかし，生産額ベースの自給率を見ると，2011年度は66％で，近年両者の差が開いてきている。それには次の三つの理由がある。

野菜全体の自給率は8割程度で生産額ベースの自給率は高いが，全体的に野菜は低カロリーであるためカロリーベースの自給率は低くなる。牛肉やサクランボのような国産の高価な品目が反映されるため生産額ベースの自給率は高くなる。カロリーベース自給率の計算では国産の畜産物に輸入飼料を与えるとその畜産物は輸入品と見なされカロリー自給率は下がる。

自給率のどれが正しいというものではなく，何を表現するかの違いである。

1999年に食料・農業・農村基本法が制定され，法の理念に即した施策を計画的に実現するための食料・農業・農村基本計画が5年ごとに見直され，策定されている。この計画では食料自給率を政策目標として掲げており，2000年からこれまでに3回基本計画が策定されたが，そのつど設定されたカロリーベースの食料自給率の目標値はこれまで一度も達成されていない。　　　　　　　　（石川聡子）

食料のグローバル化
globalization of food

農水産物の生産から消費者に食品が届くまでのフードシステムのグローバル化が1980年代半ばから進み，食料をめぐる社会的，文化的，経済的活動が地球規模で行われるようになった。国や地域の境界を越えて世界中から仕入れた安価な原材料で食料を生産し，地球上のどこでも誰もが同じサービスを得て同等のものを食することができる。

こうした変化の背景には農産物の価格を市場原理に委ねる新自由主義的な農業政策がある。1970年代から農業・食料分野で資本の多国籍化が進行中であったところに80年代に米国で農業不況が起こり，折からの経済のグロ

ーバル化の波を受けて**アグリビジネス**は生産・輸出拠点をグローバル化した。米国のアグリビジネスは欧州およびカナダのアグリビジネスと相互に進出し合い、その他南米諸国やアジア諸国にも進出した。日本のアグリビジネスも少し遅れて世界に進出している。

ハリエット・フリードマン（Friedman, Harriet）は世界規模での食料の生産・消費体制について、フードレジームという新たな概念を用いて歴史的に説明している。第1次レジームは第二次世界大戦前の大英帝国を基軸とする農産物貿易体制であり、砂糖、茶、コーヒーなどの大規模な**モノカルチャー**のプランテーション経営が始まった。戦後の米国を基軸とする第2次レジームでは、支配的な政治経済大国となった米国が国内の農業政策と国際ルールの両立を強く求め、それまで食料自給が高かった発展途上国は農業を近代化する代わりに米国の余剰小麦を輸入、消費するという食料依存の構造がつくられた。

1980年代以降の第3次レジームでは多国籍アグリビジネスが主導的役割を果たしている。多国籍企業の海外投資により工業的な農業・食料生産を行うブラジルやタイなど新興農業国が輸出競争力を備え、第2次レジームを崩壊に向かわせる。

現在は第2次から第3次レジームへの移行期で、グローバルなアグリビジネスへの対抗として食文化の伝統やローカリゼーション、生産者と消費者の身近な関係性の重視などの動きが顕現化している。**グローバリゼーション**への抵抗では1999年の「シアトルの闘い」と呼ばれたWTOへの反対運動が知られており、ローカリゼーションの志向ではイタリアで1980年代半ばに始まった**スローフード運動**や**地産地消**の動きなどがある。1993年には国際的な小農民運動の組織ビアカンペシーナ（Via Campesina：スペイン語で「農民の道」の意味）が立ち上がり、70か国の中小規模の生産者が地域の伝統や文化に根ざし、地元の資源を活かした持続可能な農業を目指して連帯・協力している。

近年多国籍企業にもローカリゼーションの重視に向けた変化が見られ、コカコーラ社が「地域で考え地域で行動し、市民社会のモデルとしてふるまうブランドの確立」を掲げるなど、消費者の関心への対応が迫られている。

〔石川聡子〕

除染
decontamination (of radioactive substances)

除染とは汚染物質を取り除くことをいうが、**福島第一原発事故**以降は、もっぱら放射性物質の付着した物質から放射性物質を除去することをいうようになっている。ここでも放射性物質の除染に限定して述べる。

気体および液体の除染は、放射性物質が金属イオンであることを利用し、ゼオライトなど多孔質無機物に物理吸着させて放射性物質を除去する。固体の除染は高圧水洗浄で液体に放射性物質を移動させ、その液体をさらに除染することを繰り返す。放射性物質を吸着させた多孔質無機物は高濃度に濃縮し保管する。

除染作業を行うことで、小中学校などの校庭の土中の**放射能**濃度を低減し、児童生徒の年間被ばく線量を1 mSv以下にすることは可能である。また発電所内の高線量地域、例えば部屋の壁面、配管の内外部、床などを作業員の被ばく低減を図る目的で除染することも可能である。

しかし、除染はある物質に付着していた放射性物質を別の物質に移動させて濃縮しているにすぎず、放射性物質を消滅させているわけではない。逆に、高圧水洗浄に用いた水が海水に流出するなど除染による放射性物質の拡散も懸念される。

〔渡辺敦雄〕

除草剤耐性
herbicide resistance

植物がもつ特定の除草剤には枯れない性質。この性質をもつ品種は、従来の交配と選抜ではなく**遺伝子組み換え**でつくられる。ダイズやトウモロコシ、ナタネなどで行われている。作物の成長後も除草剤が使えるため、作業軽減になる。遺伝子組み換え生物による生物多様性への悪影響を防ぐカルタヘナ法の第1種（拡散を防止せず使用）に該当する。農薬メ

ーカーが種子会社を買収し特許を持ち市場を独占しているため，農家の自家採種や，交雑の実態調査も特許侵害として認められないという問題が起きている。 (金田正人)

ジョハリの窓
Johari Windows

サンフランシスコ州立大学の心理学者ジョセフ・ラフト（Luft, Joseph）とU.C.L.Aのハリー・インガム（Ingham, Harry）が1955年に提唱した「対人関係における気づきの図解式モデル」。発案者2人の名前を組み合わせ「ジョハリの窓」と呼ばれる。

個人が他者と対人関係にある時，図にあるような4つの窓（領域）を持っていること，そしてそれらの領域が相互の開かれたコミュニケーション（**自己開示，フィードバック**）により変化するとし，その過程を対人関係・自己変革のプロセスとしてわかりやすく図解したものである。

人が関わり合って共に成長することを促す体験学習や，信頼関係を築き，課題を達成していく協働の場のメカニズムを説明する有効な理論である。 (川島憲志)

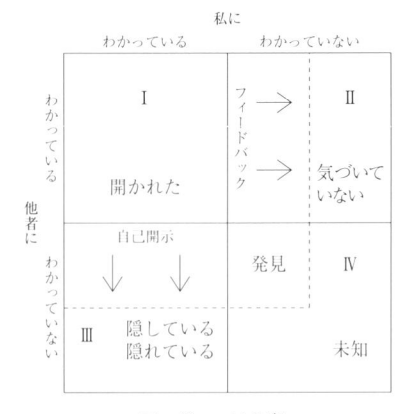

図 ジョハリの窓
I（私も他者もわかっている）
II（私はわかっていないが他者はわかっている）
III（私はわかっているが他者はわかっていない）
IV（私も他者もわかっていない）

白神山地
Shirakami Mountains

青森県の南西部から秋田県北西部にかけて広がる約13万haの山岳地帯。人為的影響をほとんど受けていないブナの**原生林**が世界最大級の規模で分布していることにより，1993年，屋久島とともに日本で初めてユネスコ世界遺産（自然遺産）に登録された。1978年，白神山地の核心部を縦断するスーパー林道建設計画が発表されたが，秋田県の二ツ森まで完成したところで，両県の住民や自然保護団体からの反対運動が起こり，林道計画は中止となった。以後，白神山地では開発は凍結，現状のまま保全されることになった。白神山地が初めて記述に現れるのは，19世紀初頭の菅江真澄の日記『菅江真澄遊覧記』（平凡社，2000年）である。 (関 智子)

調べ学習
inquiry-based learning

わからないことやはっきりしないことなどを，人に聞いたり，本を読んだり，実物を見たりなどをして確かめる学習のことをいう。この学習は，学習者自身が問題意識をもって，何をどのように調べ学ぶのか，という学習者自身の自主的判断が求められることに特徴があり，学習者自身の自主性や協同性などが要求される。

指導者には，学習者が問題を生み出す段階，問題を深化発展させる段階，調べたことを伝える段階などで，インストラクター的な関わり方，コーディネーター的な関わり方，ファシリテーター的な関わり方などの関わり方の工夫が求められる。特に環境教育においては課題と方法を検討した上で，インターネットによる情報収集もよいが，可能なかぎり，現地調査など直接的な情報収集から学ぶことが望ましい。 (大森 享)

白保サンゴ礁
Shiraho Reef

沖縄県石垣島東部の白保集落の海岸に沿う南北約10km，幅約1kmの**サンゴ礁**。サンゴ礁はサンゴをはじめ，魚や貝，海藻やウミガ

メ等，様々な生き物たちが生息する生物多様性の豊かな自然環境で，白保の住民たちは海岸の目の前に広がるサンゴ礁から海の恵みを受けて生活をしてきた。1979年にこの海域を埋め立て，新石垣空港を建設する計画が発表され，地元住民を中心に自然保護団体の反対運動が活発になった。このことがきっかけとなって世界最大級といわれるアオサンゴの群落等，白保海域のサンゴ礁の貴重性が明らかになり，その保護が注目されるようになった。1989年にはこの海域埋め立て案は撤回され，空港は陸上での建設に決まったが，空港建設工事に伴う赤土流出等による自然環境への影響が懸念されていた。新石垣空港は2013年に完成した。　　　　　　　　　　（大島順子）

知床
Shiretoko

北海道東北部に位置する知床半島とその周辺海域を指す。針広混交林に覆われた山岳生態系と流氷と暖流が織りなす豊かな海洋生態系とが一体化して，絶滅危惧種や固有種を含む特徴的な生物相を有することから，2005年にユネスコ**世界遺産**（自然遺産）に登録された。**原生林**に近い植生が残るこの地域は，「知床国有林伐採」への反対運動や「しれとこ100平方メートル運動」などの自然保護運動が活発に展開された。当時の自然保護運動は，後の「森林生態系保護地域」指定の際に，当初の伐採予定地が含まれることに繋がり，世界遺産登録の実現の遠因となった。遺産指定後も，サケ・マス類の遡上を阻む50基以上の砂防ダムの存在や，観光客とヒグマとの人身事故への懸念など課題が多い。　　（小島　望）

シンガー，ピーター
Singer, Peter

オーストラリア生まれの哲学者，倫理学者（1946-）。功利主義の立場から「利益に対する平等な配慮」の原理を説く。シンガーの主張する**動物解放論**は動物の権利擁護論ではなく，苦痛を感じる能力をもつと確信できる動物については，危害に対する便益の割合を平等に考慮されるべき存在であるとする。種が異なることを根拠に人間の利益のみを優先することは「種差別」に当たるとし，その不当さを訴える。1975年に初版が出版された代表的著作 *Animal Liberation*（邦訳『動物の解放』）では動物実験と工場畜産を批判している。シンガーは，安楽死や中絶の問題をめぐる生命倫理，グローバリゼーションの中での貧困や国際関係，そして食の倫理など，幅広い領域での積極的な発言でも知られている。

（畠山雅子）

新型インフルエンザ
novel influenza

新型インフルエンザについて，感染症の予防及び感染症の患者に対する医療に関する法律（感染症法）は，「新たに人から人に伝染する能力を有することとなったウイルスを病原体とするインフルエンザであって，一般に国民が当該感染症に対する免疫を獲得していないことから，当該感染症の全国的かつ急速なまん延により国民の生命及び健康に重大な影響を与えるおそれがあると認められるものをいう」と定義している。つまり，通常の季節性インフルエンザと異なる新しいタイプのインフルエンザウイルスを原因とし，パンデミック（世界的大流行）を引き起こす可能性の高いものである。

パンデミックは，1918年のスペインインフルエンザ（スペインかぜ），1957年のアジアインフルエンザ（アジアかぜ），1968年の香港インフルエンザ（香港かぜ）など，これまでにも数回みられたが，これらは，弱毒性のインフルエンザであった。現在危惧されている新型インフルエンザは，鳥（カモ類）を起源とするH5N1型などの強毒性の高病原性鳥インフルエンザである。従来は，**鳥インフルエンザ**ウイルスは直接ヒトへは感染しないと考えられていたが，近年，H5N1型ウイルスなどのヒトへの感染が確認されている。現状ではまだ，効率的にヒトに感染する能力は獲得していないが，今後，鳥からヒト，あるいはヒトからヒトへと効率的に感染する能力を有した場合，ほとんどのヒトが免疫を獲得していないために新たなパンデミックが生じ，

多くの人命が損なわれたり社会や経済に大混乱を引き起こすおそれがある。

2013年春、中国でH7N9型の鳥インフルエンザへの感染患者が発生したことが、WHO（世界保健機関）より公表された。その後、WHOおよび中国CDC（疾病対策予防センター）の公表する感染患者と死亡者は急増した。

〔福井智紀〕

人権教育
human rights education

世界人権宣言（1948年）は「すべての人間は、生れながらにして自由であり、かつ、尊厳と権利とについて平等である」と定め、その後の人権条約や各国の国内法の基礎となった。国連「人権教育のための10年（1995-2004年）」をうけて、日本政府も国内行動計画を策定し、人権擁護施策推進法（1996-2000年の時限立法）を経て、人権教育及び人権啓発の推進に関する法律（人権教育・啓発推進法、2000年）が制定された。

この法律は、人権教育を「人権尊重の精神の涵養を目的とする教育活動」と定義し、「国民が、その発達段階に応じ、人権尊重の理念に対する理解を深め、これを体得することができるよう」に求めている。そして、国が基本計画を策定して、国会に年次報告をするように定めた（2002年策定、2011年改定）。この基本計画における個別の人権課題として、女性（ジェンダー）、子ども、高齢者、障がい者、同和問題、アイヌの人々、外国人、HIV感染者・ハンセン病患者等、刑を終えて出所した人、犯罪被害者等、インターネットによる人権侵害、北朝鮮当局による拉致被害者等が列挙されている。

〔朝岡幸彦〕

人口問題
population problem

〔語義〕人口問題とは人口の変動に伴う様々な問題で、日本をはじめとする先進諸国の場合は少子化による将来人口の減少と高齢化に伴う様々な問題が現在の人口問題である。しかし、世界全体では、2011年に70億人を突破した世界人口が、2050年には93億人に達すると予測されており、この人口増加に伴う食糧・水・資源の需給や都市部の過密、環境負荷の増大等がより大きな問題といえる。

〔日本の人口問題〕国立社会保障・人口問題研究所の推計では、2005年に1億2,777万人であった日本の人口は、このままの推移をたどると2055年には8,933万人、2105年には4,459万人に減少すると見込まれている。また、65歳以上の高齢者の比率は2005年の20.2％から2055年には40.5％に倍増すると予想されている。現時点でも高齢化は地方の中山間地や離島で著しく、人口の50％以上が65歳以上の高齢者となっている集落は、2006年では7,878であったが、2010年には10,019と急速に増加した。このような集落では冠婚葬祭や共有地の管理などの共同体の機能維持が困難になっており、空き家や耕作放棄地が目立ち、山林も手入れがなされぬまま放置されていることが多い。高齢化は都市部でも急速に進行しており、高齢者の介護・福祉の担い手不足が予測されている。

〔世界の人口問題〕世界の人口は人類が狩猟採集生活から農耕・牧畜という食料生産をするようになって増加傾向が始まったが、ゆっくりした増加であった。しかし、産業革命をきっかけに始まった工業化社会の進展とともに人口増加は加速し、1900年に約16億人であった世界人口が100年後の2000年には約61億人に達した。この爆発的な人口増の背景には工業化とともに、都市化、食料生産技術の向上、そして健康・医療の進展などがある。動物種としては個体数の増大はその種の繁栄を意味しており、人類が獲得した文化・文明の偉大な成果と見ることも可能である。しかし、個々の人々の生活の質を問題にした場合、この人口増は必ずしも喜べるものではない。国連食糧農業機関（FAO）と世界食糧計画（WFP）は2010年の栄養不足の状態にある飢餓人口を9億2,500万人と推定しており、国連人間居住計画（UN-HABITAT）の推計では世界のスラム人口は約12億人に達している。

これまでの人口増に対応した食料増産は、多収量品種の導入とともに地下水を利用した灌漑に多くを依存してきた。しかし、世界各

地で地下水位の低下が報告されており，灌漑用水の確保というネックのために今後の食料増産は厳しいとの見方も高まっている。世界の人々が1年間に消費している資源と排出している廃棄物の量は，すでに地球が1年間に供給しうる資源や浄化しうる廃棄物の量を大幅に上回っている。今後さらに人口が増加することは，地球環境への負荷を増大させることになり，人々の生活の質を一層低下させるおそれがある。

(諏訪哲郎)

人工林
planted forest

天然林または自然林の対語で，森林の更新を人の手で行う人工造林によって作られた林のこと。天然更新を利用して管理された林も含まれる。日本では，主に経済的価値のあるスギやヒノキなどの樹種について，人が播種や挿し木，苗木の植栽などを行い，樹木の世代交代（造林）を図り，品質が均一で建材としての木材供給に適した樹木群が育てられている。都市公園などに人工的に作られた林は，人工林には含めないのが普通である。単一樹種が植栽された同齢林である場合が多く，階層構造も単純であることから，一般的に人工林内では生物多様性が低い。

(溝田浩二)

新国際経済秩序（NIEO）
New International Economic Order

第二次世界大戦後の南北問題は先進国が発展途上国を経済的に支配する構造に原因があり，新国際経済秩序とは，こうした国際経済構造を是正していくために，1970年代に発展途上国側から主張された新たな経済体制である。1974年の国連の第6回特別総会で「新国際経済秩序樹立に関する宣言」として採択された。発展途上国側の主張には二つの柱があり，一つは自国の天然資源に対する主権を確立して経済的な自立を達成すること（資源民族主義），もう一つは農産物等の平等な交易条件の確立であった。

(斉藤雅洋)

震災復興
earthquake disaster reconstruction

大規模な地震災害が発生した後，社会的に被災地の復興を行うこと。以下，東日本大震災に対する震災復興について記す。

2011年3月11日に発生した東日本大震災は，マグニチュード9.0という巨大地震であっただけでなく，広く太平洋沿岸への大津波を伴い，加えて発生した東京電力福島第一原発事故により未曾有の大被害をもたらした。死者・行方不明者は12都道県で1万8,550人（2013年3月11日時点），全壊家屋が10都県で約13万棟，半壊家屋が13都道県で約26万棟に及んだ。特に津波被害は甚大で，居住地域の高台への移転など，復興には大きな困難を伴っている。原発事故による被災地については，放射能汚染という長期の対策を要し，地震被害とは切り離してとらえる必要がある。

国は，震災から約1か月後の4月14日に民間有識者を中心とした復興構想会議を組織，6月24日には東日本大震災復興基本法が公布・施行され，内閣に総理大臣を本部長とする東日本大震災復興対策本部が発足し，復興担当大臣が任命された。復興庁は2012年2月10日に発足し，これを引き継いだ。政府は2011年度に3回の補正予算を組み，震災復興関連に総額15.5兆円を計上している。1923年の関東大震災では，当時の金額で7億円（現在の貨幣価値で約21兆円）の予算を費やし，東京は約6年で新たな都市に復興している。震災直後の救援活動が収まると，岩手県，宮城県，福島県など被災した自治体では復興計画を策定し，具体的な復興事業を本格化させていった。

岩手県は2011年8月に「岩手県東日本大震災津波復興計画」を策定。宮城県では同10月に「宮城県震災復興計画」を策定。復旧期（3年），再生期（4年），発展期（3年）と設定し事業活動をまとめた。福島県は同8月に「福島県復興ビジョン」を，同12月に「原発に依存しない持続可能な社会づくり」を掲げて「福島県復興計画（第1次）」を策定した。国，県の復興計画策定に引き続いて，市町村でも復興計画策定が進められた。津波被

害のあった青森県から千葉県までの沿岸地域43市町で、それぞれ復興計画もしくは復興ビジョンを策定した。東日本大震災復興対策本部によれば「復興を担う行政主体は、住民に最も身近で地域の特性を理解している市町村が基本となるもの」としている。

行政による震災復興計画の策定と事業執行だけではなく、復興には企業や民間による地道な取り組みが欠かせない。被災地域での事業の再開やインフラ再整備など、民間によるところが大きい。支援団体や企業、ボランティアの働きも大きな支えとなった。

一方、原発事故の被災地復興では、国による避難地域の指定、一部の除染活動、東京電力による賠償などが進められている。しかし、山林も含めた全地域の**除染**は不可能で、被災者の健康被害の把握と対応、**放射性廃棄物**の処理、原発の廃炉作業など、復興を始める以前の問題が山積している。原発事故がいかに回復困難な大きな被害をもたらすものか、ここから多くのことを学ぶ必要がある。

(森　高一)

震度
seismic intensity scale

震度とは、ある地点における地震の揺れの大きさを表した指標である。震度階級、震度階ともいう。世界では地域により定義の異なる震度階級がいくつかあり、日本では気象庁震度階級が使われている。一般に、震源から遠い観測地点ほど震度は小さくなるなど、地震のエネルギーの規模を表す**マグニチュード**とは異なる尺度である。以前は気象台職員の体感および周囲の状況から震度を推定していたが、兵庫県南部地震などの経験から1996年以降計測震度計により自動的に観測している。震度は「震度0～7」までであるが、震度5と震度6は強弱の2段階があり合計10階級となっている。

(冨田俊幸)

森林インストラクター
Forest Instructor

一般の森林利用者に対して、森林や林業についての知識や情報を与え、森林を通したや野外活動の指導を行う人。一般社団法人全国森林レクリエーション協会が資格の認定を行っている。1991年から実施されており、2005年には**環境保全活動・環境教育推進法**の「人材認定事業」に登録されている。資格取得者を会員とする「全国森林インストラクター会」は、2012年には会員数1,500人を超えた。子どもの環境学習のサポート、森林整備活動の実施、一般市民への林業体験の提供など様々な活動が全国各地で展開されている。

(望月由紀子)

森林環境教育
forest environmental education

1999（平成11）年2月の中央森林審議会答申「今後の森林の新たな利用の方向～21世紀型森林文化と新たな社会の創造～」において初めて登場した用語で、2002（平成14）年度版『森林・林業白書』では、「森林内での様々な活動体験等を通じて、人々の生活や環境と森林との関係について理解と関心を深める」ものと定義されている。林野庁が中心となって推進している取り組みであり、森林や林業に対する国民の理解を促進しながら、教育分野との連携によって子どもたちの「生きる力」を育成し、人と森林とが共生する社会を実現させる役割が期待されている。「森林教育」「森林・林業教育」等の呼称もほぼ同じ意味で使われている。

(溝田浩二)

森林環境税
forest environment tax

地方自治体が、森林の恩恵を受ける住民から森林整備事業に対するする費用負担として徴収する法定外目的税。**生態系サービス保全**のための資金確保メカニズム「PES（生態系サービスへの支払い）」の具体策の一つとされる。法定外目的税は、地方税法にない税目を自治体が一定の目的のために条例で定めて徴収する税である。税収で、水源涵養、土砂災害防止、二酸化炭素吸収、生物の生息場所、レクリエーションの場など森林がもつ機能を維持回復させる。2003年の高知県を皮切りに各地で導入され、県民税に500円程度上乗せ

し基金を設ける例が多い。　　（金田正人）

森林破壊
deforestation

〔語義〕一般に，森林それ自体がもつ回復力を超えて樹木の伐採等により森林が劣化・減少・消滅することをいう。森林破壊の主な原因には，木材利用による大量の森林伐採，焼畑による**原生林**の消失，放牧地や大規模農地の開発，**酸性雨**による森林の劣化等が考えられる。国連食糧農業機関（FAO）による世界森林資源評価（2010年）によれば，最近10年間に他の土地への転用または自然要因によって消失した森林は，年間約1,300万haで，2000年以降いくつかの国や地域で大規模な植林事業が行われたことにより森林の減少速度は低下傾向にあるが，依然として憂慮すべき水準にある。地球的規模での森林破壊の進行は，森林による二酸化炭素の固定能力の低下を引き起こし**地球温暖化**への影響をはじめ，森林の保水力の低下，土砂の流失，**生態系**の不安定化等，環境への様々な影響が指摘されている。

〔森林破壊と林業〕林業は，森林の樹木を伐採する産業であることから森林破壊の元凶とみなされることがある。しかし，資源略奪的な森林伐採と持続可能な林業経営のもとで行われる森林伐採とは区別して考える必要がある。元来，林業は森林を維持しながら森林資源を獲得する持続可能な森林経営のもとで行われるべきものであるが，市場経済が進展する中で森林の成長量を上回る略奪的な森林伐採が行われるようになった。日本では，第二次世界大戦後の木材の需要の増大と好景気を背景に，大面積の皆伐作業（一定範囲のすべての樹木を伐採する収穫作業）が各地で進められた。皆伐跡地にはスギ，カラマツ等の針葉樹が造林されたが，単一樹種による大規模造林地は**生物多様性**に乏しく，気象異変による被害や病虫害に対して脆弱で成林するまでに至らないケースも多かった。また，成林したところでも近年では木材価格の低迷や林業労働者の減少と高齢化によって間伐等の手入れが行き届かないところが増え，森林の劣化が問題になっている。

〔森林認証制度〕持続可能な森林経営は，現実の市場経済のもとではその実現が困難なことから，これを支援する仕組みが必要である。森林認証制度は，独立した第三者機関が一定の基準等を基に持続可能な森林経営が行われている森林または経営組織などを認証し，それらの森林から生産された木材・木材製品に認証機関のロゴマーク等のラベルをつけることによって消費者の選択的な購買を促し，持続可能な森林経営を支援する取り組みである。世界には多くの認証機関があり，日本ではFSC（森林管理協議会）や日本独自のSGEC（緑の循環認証会議）によって認証された森林が多い。しかし，その規模は2011年現在で約120万ha（森林面積の約5％）とされ，世界でも認証森林は森林面積の1割に満たないことから，森林認証制度は十分な効果が期待できるまでには至っていない。　　（比屋根 哲）

す

水質汚濁
water pollution／water contamination

生活排水，産業排水，農業排水，水産養殖場，流域・沿岸工事などにより，湖沼，河川，海域などの水が汚染されること。大気汚染，土壌汚染などと異なり，地表水の汚染は汚濁が同義語で使われ「水質汚濁」という。これは，水は濁った状態で汚染がしばしばあるためである。しかし，毒性のある物質による水汚染は水質汚染と表現すべきであると主張する研究者もいる。

水質汚濁は，その原因物質から次のように区分できる。

①重金属，合成有機化合物など，直接あるいは水生生物に濃縮された後，間接的に人体に害を及ぼす毒性物質による汚染。現在は産業排水中の規制があるため，不慮の事故以外はこれら毒性物質による汚染は少ない。類似した汚染として酸・アルカリ性液の排水によるものがある。流出した場合は，上

水道に甚大な影響を与えることや水生生物が死にいたることがある。
②**農薬**，**界面活性剤**，ポリ塩化ビフェニル類などによる汚染。合成化学物質は排水中の濃度が低いことや，**生物濃縮**などを経て間接的に人体被害を及ぼすものもあるため影響解析が難しい。
③産業や家庭から流出する油汚染。食用油の排出規制と難分解油分の処理が課題である。
④食品産業や家庭から排水される多量の有機物を含む有機物汚染。貧酸素になった水域や黒変した底泥からは悪臭を伴う硫化水素やメタンが発生することがある。
⑤水生植物にとって栄養源となる物質の過剰な流入負荷による**富栄養化**現象。**赤潮**やアオコの発生，水草の異常繁茂，深層水の貧酸素化などが生じる。富栄養化防止対策が課題である。
⑥**外来種**による水域生態系のかく乱，濁水が水生生物などに与える影響，水域に投棄されたごみ問題など種々の環境問題も水質汚濁に影響を及ぼす因子といえる。人間の社会生活の影響という観点から，企業活動やライフスタイルを見直す契機となる場合も多い。　　　　　　　　　　　　（三田村緒佐武）
⇨ BOD，COD

水素社会
hydrogen society

現代社会は**化石燃料**の燃焼によるエネルギーに依存しているが，化石燃料には資源の有限性と，**地球温暖化**を進める二酸化炭素の排出という問題が付随する。化石燃料に代わるエネルギー源へのシフトが求められており，その候補が水素を利用したエネルギーである。水素社会とはエネルギーの基盤を水素に置く社会という意味である。

水素と酸素の反応により発電する**燃料電池**をベースに，交通分野も含めた社会インフラが描かれる。太陽光発電の昼間の過剰電力により水を電気分解して水素を生産できるという点でも，再生可能エネルギーとの親和性が高い。ただし普及可能な燃料電池の開発，水素の製造と安全な供給システムの整備など，現状では大きな課題がある。　　　（森　高一）

水力発電
hydroelectricity／hydroelectric generation

水力発電は，水の力のエネルギーを利用して，ダムにせき止めた水や河川から流れ込む水を高い所から低い所へ落下させ，水が流れ落ちる勢いにより水車を回転させて電気を起こす発電方法である。発生する電気は，水の量が多いほど，また流れ落ちる高さ（落差）が大きいほど増える。水力発電は単位出力当たりのコストが安く，他の自然エネルギーによる発電に比べて出力の安定性や負荷変動に対する追従性においても優れている。電力消費の少ない夜間にダムに水を汲み上げて昼間のピーク時に発電する揚水式発電も活用されている。一方では，ダム建設による環境破壊も深刻な問題である。近年は，出力は小さいが大規模なダム建設を伴わない**小水力発電**施設の設置が活発化している。　　　（冨田俊幸）

スウェーデンの環境教育
environmental education in Sweden

〔スウェーデン人と自然〕スウェーデンには古くから「自然享受権」の概念があり，野外生活や自然を楽しむことは人々の権利であるとされている。人々は古くから森の散歩，ベリーやきのこ摘みなどを楽しみ，野外生活を推進する市民活動や，幼児や子どもを対象とした野外教育活動なども盛んである。

〔環境教育の歴史〕スウェーデンの現代的環境教育は，工業化や都市化による大気汚染や水質汚濁などの自然環境破壊が社会問題化した1960年代に広まっていった。当初は，自然保護NGO・NPOなどの市民活動により，市民や子どもたちへの自然保護に関する啓発活動が行われた。その後は，中央政府の政治主導によるイニシアティブにより教育政策において環境教育および**ESD**（持続可能な開発のための教育）政策が策定された。1970年代には学校の学習指導要領に環境保全に関する学習内容が盛り込まれた。1980年代後半から1990年代半ばにかけては，国内外において環境と**持続可能**な**開発**をめぐる議論が高まり，

環境省が創設され，環境大臣が誕生した。さらに環境党が台頭し，国会で議席を獲得した。この流れを受け，1990年の学校法の一部改正で，環境の尊重を謳う文言が盛り込まれた。1994年の学習指導要領では，持続可能な社会に導く環境学習の尊重の重要性が規定された。

〔**民主主義**〕スウェーデンでは，学習者の身近な環境と地球規模の環境に対する責任と姿勢を身につける環境学習とともに，持続可能な社会づくりにつながる社会の機能，生活様式，働き方を踏まえた学習内容や方法が重視されている。これは，同国の民主主義の価値観に基づいており，スウェーデンの環境教育およびESDの基本理念であるといえる。

〔**学校の環境教育**〕スウェーデンの学校教育実施主体は主にコミューン（市町村に当たる自治体）である。コミューンは学校法および学習指導要領に則り，地域の実情や環境に見合った「学校計画」を策定する。各学校における具体的教育活動は，学校長ないし各担当教師の責任で実施される。目標を達成するための教材選びや授業の進め方の大部分は教師の裁量に任されている。各学校は，学校計画に基づき，地域のNGO・NPO等と協力して，地域の環境や文化，歴史に合わせた多様な環境教育やESDを実践している。

〔**地域間国際協力**〕スウェーデンは酸性雨など国境を越えた環境問題に直面した経験から，環境問題の解決と持続可能な社会づくりには国際協力が不可欠であると考えている。そのため，環境教育やESD分野においても，バルト海沿岸地域諸国との協力をリードしてきた。その結果として，同地域のESDに関する教育計画である「バルト海沿岸諸国教育アジェンダ21」が策定され，地域全体で環境教育とESDの普及が進められている。

（佐々木晃子）

スターンレビュー
Stern Review

〔**語義**〕気候変動問題に関して経済学の視点からまとめられた報告書で，英国財務大臣の依頼で，経済学者ニコラス・スターン（Stern, Nicholas，元世界銀行チーフエコノミスト）が中心となり作成され，2006年発表された。報告書の正式名は*The Economics of Climate Change*（『気候変動の経済学』）であるが，作成者名が付され，「スターンレビュー」と呼ばれている。

〔**内容**〕報告書では経済学の手法や考え方を用いて，気候変動の影響による経済的なコスト，温室効果ガスの排出削減対策で必要になるコスト，さらに排出削減対策によってもたらされる便益について分析されている。報告書の前半では，気候変動に伴う経済的影響の知見を評価し，温室効果ガスを安定化させるために必要なコストを検討している。後半では，低炭素経済への移行や気候変動の影響に適応する政策課題を検討している。報告書では，早期の強固な対策によってもたらされる便益は対策を講じなかった場合の被害額を大きく上回る，と結論づけており，英国だけではなく世界の気候変動政策に影響を与えるものであった。

（早渕百合子）

ステークホルダー
stakeholder

特定の事象あるいは問題についての利害をもつ関係者のこと。例えば一つの環境問題が発生したときには，その当事者として行政，企業，消費者，投資家，労働者，地域住民，NGO・NPO，医療機関，教育機関など，社会の様々な立場にある組織や個人が利害に関係することとなる。また問題の解決を進めていく際には，それぞれが主体となって相互の意思疎通や意思決定，合意形成を進めるプロセスが重要となる。各都市や地域では，地球温暖化対策，ごみの減量化，地域交通システム，自然環境管理など様々な問題・課題に対しステークホルダー会議がもたれるようになっている。

（村上紗央里）

ストックホルム会議 ➡ 国連人間環境会議

ストックホルム宣言 ➡ 人間環境宣言

ストリートチルドレン
street children

街頭にいる子どもや青少年で，街頭を常住のすみかにしていて，適切に保護されていない者。発展途上国の都市部の貧困を象徴する存在として注目されており，世界中に約3,000万人から1億7,000万人いると推測されているが，正確な数値は不明である。子どもたちが街頭で暮らし始める背景には，**貧困**や児童虐待，家庭崩壊などがあり，家族や社会から保護されることなく，独力で生きていくために靴磨きのほか，窃盗や売春などの逸脱した行為に手を染める青少年があとを絶たない。　　　　　　　　　　　（斉藤雅洋）

スマートグリッド
smart grid

次世代送電網といわれ，情報通信技術を活用して電力の流れを供給側・需要側の両方から制御し，最適化できる送電網。「賢い（スマート）」と「電力網（グリッド）」を合わせた造語である。もともと，米国の脆弱な送配電網を情報技術によって低コストで安全に運用する手法を模索する過程で生まれた構想である。オバマ政権がグリーンニューディール**政策**の柱として打ち出したことから，一躍注目を浴びることとなった。

スマートグリッドでは，消費電力などの情報を電力会社にリアルタイムに転送する機能をもった「スマートメーター」を家庭やビルなどに設置することで詳細な電力消費量を把握することが可能になる。これにより正確な消費量予測が行えるようになり，無駄のない電力供給が可能になる。また，電力系統に太陽光発電や風力発電などの発電量に変動のある電源を接続する場合にも，発電量を予測し，地域の消費量予測と照らし合わせて電力量が不足する場合には，他から電力を調達したり，需要家に節電を呼びかけたり，逆に発電量に余剰がある場合は，蓄電池などに溜めておくことで電力供給の安定化を図ることができるようになることから，**再生可能エネルギー**普及に必要な技術ととらえられている。
　　　　　　　　　　　　　　　（豊田陽介）

スマートハウス
smart house

エネルギー消費量抑制を目的として家電機器，給湯器，太陽光発電，燃料電池，蓄電池等を一元的に管理する家庭用エネルギー管理システム（HEMS：home energy management system）を実装する次世代型住宅。家庭内のエネルギー使用を最適化するとともに，各戸に分散する家電機器，発電機，蓄電池等を通信ネットワークに結合し，余剰電力等の情報交換によって地域でエネルギーをシェアする仕組みが構築可能である。自律分散型エネルギーシステムの社会的基盤として今後進展が期待される。　　　　　　　　　　（秦　範子）

スマートメーター
smart meter

電力供給者と需要者を通信ネットワークでつなぎ，電力等の使用量の自動計測に加え，エネルギー使用状況のリアルタイム表示や家電機器，設備機器等のエネルギー管理を行うことができる計量器。小型の風力発電や太陽光発電等，小規模な再生可能エネルギーを利用した電力を送配電網に取り入れる際のコントロールや，スマートグリッドの整備においても不可欠となる。電力会社等と顧客との間のリアルタイムでのデータ管理により，遠隔操作・停止，情報発信による空調温度の設定や運転停止等，最大需要の抑制につながる。一方でエネルギー使用状況の「見える化」により**省エネルギー**意識が啓発され，効率的な電気利用等，主体的な省エネ行動が促進される。セキュリティ対策や健康管理等への利用も可能。　　　　　　　　　　　（秦　範子）

スモッグ　➡　大気汚染

スラム
slum

都市の**貧困**層が居住する過密化した地区のことで，スラム街，貧民街ともいう。都市部の労働市場から弾き出された失業者や母子家庭，両親を亡くした孤児が，街外れの未開発の地域に無秩序に住み着くことでスラムが形

成される。上下水道の整備やごみ処理などにかかる公共サービスが受けられず、不衛生な環境の中での生活を余儀なくされる。薬物やアルコールの依存症、犯罪者等の比率も高い。子どもたちは栄養失調により抵抗力がないため伝染病にかかりやすく、常に生命の危険にさらされている。先進国のほとんどの大都市にもスラムはあるが、とりわけ発展途上国に多くのスラムが形成されている。その背景には、特に20世紀後半以降の急速な都市人口率の上昇がある。 〈斉藤雅洋〉

3R（スリーアール）
environmental three Rs

〔語義〕廃棄物の最終処分場のひっ迫や、将来的な天然資源・鉱物資源の枯渇などの問題に対処するため、資源を効率的に利用し、できるかぎりごみを出さず、やむをえず出るごみは資源として再び利用するという取り組みを、廃棄物の「発生抑制（reduce：リデュース）」、「再使用（reuse：リユース）」、「再生利用（recycle：リサイクル）」のそれぞれの頭文字から「3R（スリーアール、さんあーる）」という。経済と環境の両立を目指す**循環型社会**の構築のための基本的な考え方である。1999年の産業構造審議会における報告書『循環型経済システムの構築に向けて』（循環経済ビジョン）で、従来のリサイクル対策を拡大した「3R」の取り組みが必要であると提言された。これを受けて、2000年には「循環型社会形成推進基本法」や「資源有効利用促進法」など関連諸法の制定や改正が行われ、廃棄物に関する法体系が整備されることとなった。そこでは従来のリサイクル（廃棄物の原材料としての再利用）対策の強化に加えて、廃棄物の発生抑制（リデュース）対策と廃棄物の部品等としての再使用（リユース）対策が本格的に導入され、廃棄物処理は①リデュース②リユース③リサイクル④サーマルリサイクル⑤適正処分の優先順位で行われるべきとされた。

なお、日本における「読み書きそろばん」に相当する基礎学力を、欧米では3Rs（reading, writing, arithmetic）と表現することが知られているが、日本の環境学習においても廃棄物削減の3Rを基本的な知識として身につけることが期待される。

〔展開〕3Rの取り組みは、行政や市民団体による様々な啓発活動や、事業者や業界団体の宣伝広告活動などを通じて社会に浸透し、国内の物資フロー指標である「資源生産性」と「循環利用率」の向上、「廃棄物最終処分量」の削減はある程度順調に進んでいる。ただし、循環型社会に向けた国民の行動のうち、再使用可能な容器の購入や再生原料で作られた製品の購入などライフスタイルの変革が求められる取り組み率はまだ低い。3Rをさらに推進するためには、取り組みの成果が見える仕組みや、地域循環圏の高度化が必要である。そして静脈産業など循環型社会ビジネスによる国内経済の活性化と、発展途上国も巻き込んだ地球規模の循環型社会の構築を目指すことが求められている。

〔国際的な取り組み〕3Rを通じて循環型社会の構築を国際的に推進するに当たっては、まず、各国内で廃棄物の適正処理および3Rの推進によって循環型社会を構築し、同時に、廃棄物等の不法輸出入防止に取り組んだ上で、国内循環の補完として、循環資源の輸出入の円滑化を図るべきというのが日本の政府・行政の考えである。近年、発展途上国において、先進国などからの産業廃棄物を中心とした不適正な処理作業での健康被害や環境汚染が問題になっている。また途上国の経済発展は、地球規模で進む資源問題や廃棄物問題に対する脅威となっており、国際的な廃棄物システムの整備が求められている。そこで2009年には日本の提唱によって「アジア3R推進フォーラム」が設立され、途上国への技術支援だけでなく、3Rに関する政策対話の推進や情報共有、ネットワークづくりを通じた3R施策推進の支援も進められることになった。また先進国間でも「3Rイニシアティブ」が合意され、2008年の環境大臣会合では、各国における3R施策の優先的実行、途上国を含めた国際的な循環型社会の構築、人材育成や能力開発に向けた途上国との連携という三つの目標が「神戸3R行動計画」としてまとめら

れている。(花田眞理子)

スリーマイル島原発事故
Three Mile Island Accident

〔概要〕1979年3月28日、スリーマイル島(TMI)発電所2号炉(ペンシルバニア州、加圧水型原子炉、電気出力95.9万kW、1978年営業開始)において発生した当時としては商業炉史上最悪の事故。

運転中に制御用空気系機器故障により給水ポンプおよびタービンのトリップ(蒸気供給弁の閉鎖)が発生し原子炉は緊急停止した。しかし、自動的に閉鎖されるべき加圧器逃し弁が開いたままになり、冷却材喪失事故が生じた。3時間半後の再冠水までに約半分の炉心が溶融し、原子炉圧力容器の計装案内管も損傷した。事故後16時間後に発生した水素の一部を格納容器内に放出して事故は収束した。

〔事故の原因と影響〕この事故は直接的には「運転員の誤操作」と結論できるが、それ以前に給水系の故障9件、主蒸気安全弁開固着1件、緊急用炉心冷却装置の作動事故4件(うち1件は手動)などの事故・故障があったことを踏まえると機械事故が原因でもある。

放射性物質の放出量については、放射性希ガス約9.25×10^{16}Bq(ヨウ素131は約5.55×10^{11}Bq)と推定された。水素爆発が生じた形跡はなく、原子炉格納容器が役立ち、ヨウ素放出を少なくしたといわれている。この事故で日本でも過酷事故対策が図られたはずであったが、**福島第一原発事故**で露見したように不十分であったことが判明した。(渡辺敦雄)

スローフード
Slow Food

スローフードは世界的に進行するファストフード依存への危機感から1980年代にイタリアで発祥した社会運動である。1989年に最初の国際会議がパリで開かれて以来世界的な運動となり、現在、国際スローフード協会には132か所、約10万人の会員がいる。同協会は「おいしい、きれい、ただしい(Buono, Pulito e Giusto)」を三つの基本原則として掲げ、地域の中で伝統的に作られてきた美食、環境や生命を脅かさない食料生産、生産者に対する公正な評価がなされることを求めている。(村上紗央里)

スローライフ
slow living

産業社会を支配する速さ優先の価値観に押し流されることなく、自分自身のペースを大切にし、心豊かなゆったりした生き方を実現しようとする思想、あるいはそのライフスタイルを指す。言葉の上では、1986年にイタリアで始まったスローフードの運動を起源とするスローの思想・運動の中に位置づけられる。「ゆっくりとした時間の流れ」だけではなく、「関係の豊かさ」がキーワードとなる。この「関係の豊かさ」という点では、地域の自然や身近な人々との関わりの中で、物の所有や他者の支配に基づくものとは別の満足や豊かさが意識的に求められる。(井上有一)

せ

生活科
living environment studies

1989(平成元)年の**学習指導要領**の改訂で、小学校1、2年生の理科・社会科が廃止され、新たに設置された教科。1992年度から全国の小学校で実施された。

同要領では、生活科の目標は、「具体的な活動や体験を通して、自分と身近な人々、社会及び自然とのかかわりに関心をもち、自分自身や自分の生活について考えさせるとともに、その過程において生活上必要な習慣や技能を身につけさせ、自立への基礎を養う」とされており、児童の生活圏を学習の対象や場にして直接体験を重視した学習活動を展開することを目指している。

『環境教育指導資料(小学校編)』(1992年)は、「生活科では児童自身が環境の構成者であり、また、そこにおける生活者であるという立場から環境に関心をもち、(中略)身の回りにある環境をもう一度見直し新たに働き

かけていくことを大切にしている」と述べている。

　幼児期から小学校低学年の環境教育は，身近な自然や社会，そして人との関わりを十分にもつことが基盤となる。**総合的な学習の時間**がない小学校低学年では，生活科が環境教育の中心的な役割を担っている。　（飯沼慶一）

生活排水
　　　waste water／household drainage

　日常生活に伴う炊事，洗濯，風呂，洗面などに使用された排水を生活雑排水と呼ぶ。これにし尿排水を加えたものを生活排水と呼ぶ。生活水準の向上に伴い一人当たりの生活用水の使用量も増加し，日本では現在1日当たり約300Lに達している。内訳はトイレ（28％），風呂（24％），炊事（23％），洗濯（16％），洗面その他（9％）であり，飲み水や食事ではなく，洗浄に大部分を使っていることがわかる。また，食生活の変化に伴い肉類，乳製品，油脂類などの消費量が増加し，台所から排水される汚染物質も増加した。河川などの水質汚濁の度合いは主にBOD（生物化学的酸素要求量）やCOD（化学的酸素要求量），浮遊物質量等により示される。東京湾，伊勢湾，瀬戸内海などの調査では，生活排水による汚濁が産業排水による汚濁と同等，あるいはそれ以上であることがわかり，工場等における排水の排出規制を行っていた**水質汚濁防止法**に生活排水対策も加えられた（1990年）。生活排水は窒素，リン化合物などの含有率が高いという特徴もある。家庭の調理くず，廃食用油，洗剤を適正に使用することでBOD, CODの負荷量が20～30％削減できることが確認されている。下水道の整備，浄化槽の設置はもちろんであるが，生活排水についての配慮も重要である。　　　　　　（荘司孝志）

生態学
　　　ecology

〔語義と由来〕生物および生物群集と環境との関わりおよび相互作用について研究する学問分野。なお，ここでいう環境には，温度，湿度，光，水のような物理的環境と，他の生物や生物群集による生物的環境の両方がある。英語ではecologyだが，日本では片仮名表記のエコロジーとは違った語感で受け取られている。一般には，「生態学」は学問の分野を指す語として，「エコロジー」は環境問題や自然保護を想起させる日常用語として使用されている。これは，生態学がecologyの訳語として明治期に創案され定着していったのに対して，環境意識の高まった1960～1970年代に，エコロジーという新たな訳語が生態学とは切り離されて「再輸入」されたためと思われる。ecologyは，ドイツの生物学者エルンスト・ヘッケル（Haeckel, E.）が1866年に使用し（ドイツ語ではÖkologie），語源とされるギリシャ語のoikosからは，ecologyだけでなくeconomy（経済）という語も派生している。

　本項では，専ら学問の分野を指す語としての「生態学」について述べ，環境問題や自然保護を想起させる日常用語としての「エコロジー」については，「エコロジー」の項に譲る。

〔**生態学の多様性**〕分子生物学のようなミクロな生物学に比べて，一般にマクロなレベルでかつ野外で研究する生物学としてイメージされやすいが，分子生物学の手法を取り入れた分子生態学という分野もあり，研究手法や形態は様々である。動物の行動に焦点を当てる行動生態学，生理機能と環境との関係に焦点をあてる生理生態学，個体群に焦点を当てる個体群生態学，生物群集に焦点を当てる群集生態学，**生態系**に焦点を当てる生態系生態学，生物の進化に焦点を当てる進化生態学など，マクロなレベルでもいくつかの分野が存在する。対象とする場所に着目して，海洋生態学，森林生態学，都市生態学のように区分する場合もある。さらに，生態系と生物多様性の保全を目的とした保全生態学という分野もある。

　一般論としては，還元的な手法を用いつつ高度に細分化した科学の他分野に比べて，生態学は生態系や地球環境を総合的にとらえる視点を有している。例えば，生態学における重要な概念であり，学校教育の理科でも詳細に扱われる**食物連鎖・食物網**，物質循環，**遷移**，

生態系などは，生物や生物群集と環境との相互作用をマクロな視点から総合的にとらえたものである。環境教育においても，環境を総合的にとらえる視点の科学的基礎として，生態学における基本概念の理解は不可欠である。
〔生態学の影響〕生態学は，数量的分析手法なども駆使して自然の仕組みを解明していく中で，生態系の成り立ちといった一般の人々の理解にも広く重要な影響を及ぼしてきた。あくまで客観性を旨とする科学であるが，そこに，自然環境に対する人間の行為（自然破壊，環境汚染，資源枯渇）により，その反作用として望ましからぬ結果が人間の世界にもたらされるという理解が問題意識として鮮明に示されることもある。

20世紀だけを取り上げてみても，森林の濫伐や産業廃棄物の大量投棄といった行為の帰結として引き起こされる環境問題との関連で，数々の重要な成果が生み出された。今日では強い影響力をもつ「持続可能な開発」概念にしても，初代米国林野局長を務めた林学の専門家ピンショー（Pinchot, G.）の資源保全（コンサベーション）思想に続く100年あまりの発展の歴史は，生態学の成果なしに考えられるものではない。これは経済的収益（自然からもたらされる便益）を長期にわたり確保するために，自然資源の濫用を避け，その科学的・合理的利用を図ろうとする考え方である。

〔人文・社会領域の生態学〕「生態学」の語は，自然科学だけでなく人文科学や社会科学の領域でも，研究分野の名称として使われることがある。例えば，人類生態学／人間生態学（human ecology）は，定義が確立されているわけではないが，人間社会と自然環境との相互関係を主たる研究対象とする学問である。狭義の生態学の概念や知見が取り込まれ，社会学，経済学，政治学，地理学，人類学，心理学，哲学，倫理学などの研究が融合する学際分野となっている。「生態学」の名を冠する研究分野が生物学の枠を超えて拡張されているわけであるが，これら広義の生態学においても，「相互関係の重視」や「総合的把握」といった志向性は，狭義の生態学の場合と変わることなく保たれている。

なお，「生態」という語は，自然界で生物が生きている様子にとどまらず，様々な社会関係の中で動き回る人間の様子，さらには，生物以外の存在のあり方を表現することにも，比喩的に使われている（例えば，「流行語の生態」）。同じことが「生態学」にも起こっており，確立された学問としてではなく，そのような広義の「生態」を対象とする考察といった意味での用法も見られる（例えば，「幼稚園児の生態学」「イマジネーションの生態学」）。

(井上有一・福井智紀)

生態系
ecosystem

〔語義〕任意の地域に生育・生息しているすべての種の生物をひっくるめて生物群集という。この生物群集と非生物的環境（土壌，水，大気，エネルギーなど）とが相互に複雑な作用を及ぼし合っているシステムを生態系という。イギリスのタンズリー（Tansley, A.G.）が1935年に定義した。生態系の主要な機能は，物質循環とエネルギーの流動であり，これは生物群集を構成する生物間に成立する**食物連鎖・食物網**を通して有機物が移動することによって営まれている。

〔エネルギーの流れ〕生態系の中でこの有機物を最初に無機物から生産するのは，太陽光のエネルギーを利用して水と二酸化炭素から炭水化物を合成（光合成）する緑色植物である。緑色植物のように自ら合成した有機物を使って成長し，またその有機物を分解して必要に応じてエネルギーを取り出す（＝呼吸）生物は独立栄養生物といい，生態系の栄養段階では第一次生産者の役割を果たしている。それに対して動物や菌など他の生物から栄養を取り込むだけの生物を従属栄養生物という。従属栄養生物のうち，草食動物は第一次消費者，それを食う肉食動物は第二次消費者である。肉食動物の中でも猛禽類やオオカミなどは栄養段階の最上位を占める。生態系が重金属などで汚染された場合，上位の捕食者になるほど生物濃縮され，生存や繁殖に悪影響が出やすい。また，捕食者（例，オオカミ）が絶滅させられたことにより草食動物（例，シカ）

の個体数が増加して特定の植物を食い尽くす例，あるいは外来種である家畜（ヤギなど）が捕食者のいない島に放たれることにより，やはり植物を食い尽くす例は人間の行為が生態系のバランスを失わせるものである。

　従属栄養生物のうち，動植物の遺体や老廃物などを栄養にしている土壌動物や菌類，細菌は分解者と呼ばれる。これら分解者の食物連鎖により，最終的に有機物は再びもとの無機物へと還っていく。分解者は，このように目立たない生き物たちであるが，生態系の中における物質循環（特に炭素，窒素，リンの循環）の中で重要な役割を果たしている。

　一方，エネルギーは生態系の中で循環するのではなく，第一次生産者が太陽光のエネルギーを生態系の食物連鎖に取り込んだ後は，消費者，分解者の間で一方向に流れていく過程で，それぞれの生物の呼吸により大気中（あるいは水中）に大部分が熱エネルギーとして放出され，生態系から出て行く。

〔**物質生産**〕生態系で緑色植物が光合成によって体内に生成する有機物（第一次総生産量）のうち一部は呼吸により無機物に戻るが，残りの分（第一次純生産量）は体成長に使われる。これは食物連鎖を通して上位栄養段階の動物あるいは分解者のエネルギー源，細胞材料へと転用されていく。生態系の単位面積当たりの単位時間（通常，1年間）当たりの純生産量の推定値が得られているが，森林タイプ別では熱帯多雨林＞温帯常緑樹林＞北方針葉樹林となっている。現存量（ある時間断面で測定した生物体量の合計）も同じ順になっている。熱帯雨林のこの高い生産性は，そこにおける**生物多様性**が高いことの要因の一つとなっている。生態系の純生産量は降水量に大きく依存している。例えば，森林の純生産量は年降水量が500mm以下では降水量とほぼ比例する。砂漠化等の環境変化により降水量が低下した生態系では植物の生産量も減少することになり，それに依存している動物や微生物も棲みづらくなる。

〔**窒素循環**〕大気中に大量に存在する窒素ガスは生物が利用できない不活性窒素であるが，これを生物が吸収しやすい反応性窒素（アンモニア，硝酸等）へと固定した合成肥料の大量使用，共生細菌が窒素固定を行うマメ科植物の大量作付けにより，地球表面の反応性窒素量は100年間で3倍にも増加している。すなわち，大量に施肥がなされている農村地域や食料消費が集中する都市地域の下流水域で**富栄養化**が進んでいる。富栄養化は海洋生態系に**赤潮**の，湖沼生態系にアオコの大量発生をもたらし，魚類をはじめ水生生物の大量死といった生態系の悪化や，悪臭の発生などの環境問題を引き起こす。

〔**生態系における炭素循環**〕炭素は大気中では大部分，**二酸化炭素**として存在し，そのかたちで海洋との間で出入りがある。この二酸化炭素は緑色植物の光合成により有機炭素に転換され，食物連鎖を通して生態系の中を流転し，その間の呼吸や死体の分解を通して再び二酸化炭素として大気中や海洋中に放出される。このように炭素も生態系の中で循環している。百万年から2億年前の生物遺体が地中で熱や圧力の作用で変化して形成された石油・石炭・天然ガスなどの化石燃料を人類が採掘して燃焼させることで，産業革命以来，大気中の二酸化炭素濃度が増大し，地球温暖化の一因となっている。森林も二酸化炭素の長期固定の役割を果たしており，人間活動による大量の森林伐採も，大気中の二酸化炭素濃度の増大に加担している。

〔**リンの循環**〕リンも生物体を構成する元素として重要不可欠なものである。炭素や窒素と異なり，大気中に含まれないので，岩石から溶出したリンが植物に吸収されて食物連鎖に組み込まれるほか，水系を通して海洋へと流れ下る。海洋に流出したリンの一部を陸域に還流させているのが，海鳥の糞や河川に回帰するサケ類である。このサケを熊などが食い，糞をすることで陸上生態系にリンが補給される。人類は作物生産を高めるために，海鳥の糞が石灰石と反応して形成されたリン鉱石を大量に採掘し，化学肥料やその他の工業原料にしている。リンを含む肥料や農薬などの大量使用により，これらが河川に流出し，赤潮の発生などの生態系悪化を引き起こす。リン鉱石は有限の資源であり，生態系の保全や持

続可能な社会を実現するためには、その使用を最小限にとどめるとともに、下水や土壌からのリンの回収技術の開発も求められている。

(生方秀紀)

生態系管理
ecosystem management

希少種や絶滅危惧種の保護・保全、鳥獣害対策、水や大気など非生物要因の保全・管理など、生態系の各要素の管理を、個々の対象だけでなく、統合的、生態学的な観点から進める方策のこと。この方針はエコシステムアプローチ ecosystem approach と呼ばれ、生物多様性条約においては、特に土地資源、水資源、生物資源の統合的管理のための戦略と定義される。条約の主目的である「保全」「持続可能な利用」「遺伝資源利用による利益の公正で公平な配分」を実現するための有効な手段として「エコシステムアプローチ原則」が2000年に採択されている。

生態系管理には、予測の不確実性や価値観の多様性を前提とした「順応的管理」の発想、自然と人間社会の持続的モニタリング、多様なステークホルダーの合議(熟議)による合意形成プロセスなどが不可欠である。それゆえ短期的にはコストが大きいが、中長期的には多数の個別政策を進めるより低コストとなる。

なお、過去の土木工学的管理のイメージなどから、人間が自然を「管理」することへの批判もあるが、自然と人間社会の「調整」を行っていると見た方が実際的である。(立澤史郎)

生態系サービス
ecosystem service

人類が生態系から享受している様々な便益のことを生態系サービスという。この用語は、国連「ミレニアム生態系評価」報告書(2006年)で用いられてから広く普及しつつある。

「ミレニアム生態系評価」では、生態系サービスを、①供給サービス、②調整サービス、③文化的サービス、④基盤サービスの4つに分類している。いずれのサービスも、それぞれ人類の福利(安全、豊かな生活の基本資材、健康、社会的な絆、選択と行動の自由)に役立っている。

①供給サービス(provisioning services)：人間の生活に重要な資源を供給するサービスを指す。食料、淡水、木材、繊維、燃料、有用生体物質(医薬品、化粧品などに利用される生化学物資)、遺伝子資源などが含まれる。

②調整サービス(regulating services)：生態系プロセスがもつ調整機能から享受する便益である。大気成分の調節、洪水の調節、土壌侵食抑制、水の浄化、病害虫の抑制、疾病の抑制、花粉媒介などが含まれる。農業では農薬で害虫を抑えようとして環境や作物を汚染しているが、自然生態系では害虫は天敵によって大発生が抑制されている。また、森林伐採やダム建設、都市化などの生態系破壊はマラリア、住血吸虫症、デング熱などの感染症を増加させている。

③文化的サービス(cultural services)：精神的な質の向上、知的発達、内省、娯楽、審美的な経験を通して生態系から享受する非物質的な便益である。文化的多様性、精神的・宗教的価値、知識体系、教育的価値、インスピレーション、審美的価値、社会的価値、文化的遺産価値、娯楽とエコツーリズムなどが含まれる。

④基盤サービス(supporting services)：他の三つのサービスの供給を支える基盤となるサービスのことをいう。土壌形成、光合成、一次生産(緑色植物の光合成による有機物生産)、栄養塩循環、水循環などが含まれる。

「ミレニアム生態系評価」により、過去50年ほどの間に悪化した生態系サービスとして、漁獲、淡水の供給、廃棄物の処理と無害化、水の浄化、自然災害からの防護、大気質の調節、地域的・局地的気候調節、土壌侵食の抑制、精神的充足、審美的享受の15項目がリストされている。一方、向上したサービスは、穀物生産、畜産、養殖漁業、世界的規模の気候調節の4つだけである。これら生態系サービスの悪化の原因の主なものは「生態系」の項目で取り上げている。

生態系サービスという概念は生態系のもたらす人類への便益を数え上げ、それを構造化

して示している点で，環境教育にも有用である。しかし，生態系サービスが維持できさえすればよいという人類への便益のみの観点で考えると，目につかないところで生息している無名・無数の生物種の絶滅や生態系の機能の変質が人類に検出できないレベルの環境汚染を見過ごしてしまうおそれがある。人類にとっての価値とは別の生物多様性の内在的価値にも目を向ける環境教育が求められる。

(生方秀紀)

生態系中心主義
ecocentrism

生態系中心主義は，近代の人間中心主義的な倫理を批判し，倫理の対象を人間だけでなく動植物などの自然へと拡大することを志向する，20世紀後半から台頭してきた生命中心主義の一潮流である。米国の生態学者である**レオポルド**の提唱する「**土地倫理**」に基づき，人間や動物の中の個別の生命を倫理的対象とするのではなく，自然生態系全体の保存を主張する。食物連鎖などの機能系に反するものでないかぎり，個別の生命の保護は問題とされず，反対に生態系の保護のためには人間の排除も辞さない構えをとるために，エコファシズム的な思想と批判されることもある。

(李 舜志)

生態難民 ➡ 環境難民

生態ピラミッド
ecological pyramid

生態ピラミッドは，イギリスの生態学者であるエルトン (Elton, C.S.) により1927年に提唱された概念である。**生態系**を構成する生物群集は，**食物連鎖**における位置によって生産者，消費者，分解者に分けられる。生産者は，光合成を行うことで無機物から有機物を生産する能力のある生物で，陸上生態系では主に大型の維管束植物（種子植物とシダ植物），水界生態系では水草，海草，植物プランクトン，藻類などの光合成細菌などがそれに当たる。

消費者は，他の生物を食べたり寄生することで栄養を摂取する動物・一部の植物（食虫植物）を指す。このうち植物を食べる動物を第一次消費者，植物食の動物を食べる生物を第二次消費者，その動物をさらに食べる動物を第三次消費者…，n 次消費者と呼ぶ。分解者は，土壌動物や菌類，微生物などで，生産者や消費者の遺骸や排泄物などを栄養源とした腐生連鎖を通して最終的に有機物を，水，二酸化炭素，栄養塩などの無機物へと分解する。こうして，生態系の中では，炭素，窒素，リンその他の元素が循環して生態系の機能を支えている。このような一連の食物連鎖におけるそれぞれの段階を栄養段階といい，通常，生物群集はいくつかの栄養段階を含む。

生態系を構成するそれぞれの生物の機能は，個体数だけでなく生物の量でもとらえる必要がある。それが単位面積当たりの重量である現存量（生体量，生物体量）である。生物は水を多く含むので，現存量は一般に乾燥重量が用いられる。また，生態系をエネルギーの流れの視点でとらえると，太陽光のような無機エネルギーを取り込み，有機物を生産する独立栄養生物（生産者）と，それらが固定したエネルギーに依存する従属栄養生物（消費者）がある。

生態ピラミッドとは，「個体数」「生体量（生物体量・現存量）」「エネルギー」が生産者から一次消費者，二次消費者と栄養段階を上がるごとに減少し，ピラミッド型を呈することを指す。これは栄養段階を上がるごとに，エネルギーが各栄養段階で呼吸等により熱エネルギーとして空間に放出されるためである。その結果，エネルギーが少なくなり，個体数・現存量がますます少なくなる。

現存量のピラミッドはいつでも上に向かってすぼまるのではなく，しばしば逆転することがある。例えば，湖沼のプランクトンの現存量よりもそれを食べる魚の現存量が上回る場合がある。これはプランクトンの寿命が魚に比べて短かく，生産速度が早いため，少ない現存量でも魚を十分養えるからである。また，個体数のピラミッドも１本のエノキの葉を食べる多くのゴマダラチョウの幼虫などのように，樹木と昆虫との関係で逆転する場合

もある。

環境教育において，生態ピラミッドは，生態系が食物連鎖でつながり，高次消費者（捕食者）が生産者や低次消費者によって支えられていることを，学習者に直感的に認識させるよい教材である。身の回りの田んぼや森林，池や川などの生態ピラミッドについて学習者に観察させたり，考えさせることで，生態系についての認識を深めることができよう。

(湊 秋作)

『成長の限界』
The Limits to Growth

ローマクラブから委託され，米国マサチューセッツ工科大学のデニス・メドウズ (Meadows, Dennis L.) らが中心となって1972年に発表した報告書。ローマクラブとは，世界の科学者や経済人などが集まって地球上の資源の枯渇など人類に差し迫る危機に対処するために設立されたシンクタンクである。報告書は，このままのペースで世界人口が増加し，工業化が進めば，地球の資源は枯渇し，環境汚染は地球の許容の範囲を超え，100年以内に人類の成長は限界に達すると警告した。しかし，人類が早めに行動を開始すれば，持続可能な生態学的かつ経済的な安定を得られるという結論も打ち出した。

こうした結論は，マサチューセッツ工科大学のジェイ・フォレスターらが開発したシミュレーション技術であるシステムダイナミクスの手法で導き出された。人類が地球の生態系が許容できる以上の消費を続ければ，2030年までに世界の経済は破綻し，人口の急減が起きる可能性があると予測している。

(藤田 香)

政府開発援助（ODA）
official development assistance

先進国の政府機関または国際機関が，発展途上国の経済・社会の発展や福祉の向上を目的に行う技術支援や資金協力のこと。政府開発援助は，二国間援助と多国間援助に分けられる。二国間援助は，①先進国が自国の技術・知識・経験を生かし，発展途上国の社会・経済の開発の担い手となる人材の育成を行う「技術協力」，②発展途上国に必要な資金を低金利かつ返済期間の長い条件で，発展途上国の発展への取り組みを支援する「有償資金協力」，③発展途上国に返済義務を課さないで，経済社会開発のために必要な資金を贈与する「無償資金協力」，の三つと，ボランティア派遣などである。多国間支援は，先進国が国連開発計画，国連人口基金，国連児童基金，世界銀行，国際開発協会，アジア開発銀行などの国際機関に資金を拠出または出資することで，発展途上国に対し間接的な形で援助をしている。

ODAは，途上国の社会的弱者のエンパワーメント，住民の生活改善，環境問題の解決などのために支援をしている。しかし，援助受入国の政策，開発計画に関わることが難しく，支援の効果が十分に得られていない状況がある。

(シュレスタ マニタ)

生物化学的酸素要求量 ➡ BOD

生物多様性
biodiversity

〔定義〕生物多様性は「陸上，海洋，陸水の各生態系における生物の間，およびそれらの生物を成員とする生態学的複合体の間の変異性をさし，種内，種間および生態系の多様性を含む」と定義されている（国連環境開発会議，1992）。biodiversityの用語は，1986年に米国で開かれた生物多様性についての全米フォーラムを準備する中でローゼン (Rosen, W.G.) によって造語されたもので，それ以前はbiological diversityの用語が用いられていた。

〔意味内容〕生物の遺伝子にはまれに突然変異が起きるが，その遺伝子が個体の適応度（生存確率など）を低下させないで次世代に引き継がれるならば，その種の集団内に保存され，その種の「遺伝的多様性」の増加に貢献する。「種の多様性」は生物進化に伴う種分化により増大し，種の絶滅により減少する。異なる環境には異なる種の組み合わせからなる生態系が成立し，「生態系の多様性」を生み出す。生態系内部で生物同士は種内，種間の相互関

係を通した複雑かつ精緻なつながりをもち，相互依存的に分かちがたく結びついている。

生物多様性の保全は，単に構成要素の多様性を保全するだけでなく，このように長い歴史的年代を通して形成された精緻な相互関係によるバランスの上に成り立っている地球上の生物の総体そのものを，貴重な自然遺産として未来に向けて大切に維持していくという意味合いをもつ。

〔地球上の種の多様性〕生物学において種は，互いに交配可能な生物個体全体の集合と定義され，異なる種に属する個体同士は生殖的に隔離されている。2010年に積算された種の数は生物分類学者が記載したものだけでも約175万種に達している。その内訳（概数）は，脊椎動物が6.2万種，無脊椎動物が130.5万種（うち，昆虫が100万種），植物が32.1万種（うち，顕花植物が28.2万種），その他（地衣類，菌類，褐藻類）が5.2万種である。これ以外に原生生物や細菌類があり，これらには種の定義があてはまらない場合も多いが，多数の遺伝的系統に分化している。未発見・未記載の種を含め，地球上にどれだけの種が存在するかの推定がしばしば試みられている。例えばアーウィン（Erwin, T.）らは**熱帯雨林**の一つの種の木から得られた甲虫の種数を基に，その樹種だけを利用する甲虫の割合，世界の熱帯林の樹種数，節足動物の中で甲虫が占める割合などから計算して，世界の節足動物の現存数として3,000万種と推定した。またモーラ（Mora, C.）らは，生物の系統樹（分類の系図）の枝の分かれ方に規則性があることを利用して真核生物の種の数を870万種と推定した。このように推定には幅があるが，地球上には1,000万種を超える生物が現存していることは間違いない。

〔生物多様性の減少〕地球上で種分化によって新しい種が生まれる一方で，地殻や気候の変動などで滅びる種がある。現在の地球では人類による生息地の破壊，環境汚染，乱獲，**外来種**によるかく乱などが原因で多くの種の絶滅が起きており，人類による生態系改変は種を絶滅に追い込む要因の一つにつけ加わった。ウィルソンは熱帯林に500万種の生物がいたとして，そのうちの分布域が限られる約半数の種は，熱帯林の面積が毎年0.7%の速度で失われるならば毎年0.35%ずつ絶滅していくと推定した。これは人類出現以前の絶滅速度すなわち年間0.001〜0.0001%（海産動物化石記録の解析に基づく）の100倍から1,000倍のオーダーである。この急速な種の大量消失がこのまま続けば，6,500万年前の恐竜大絶滅を含む地球史上5回の種の大量絶滅に匹敵する地球史上の大事件となる。

〔生物多様性の価値〕生物多様性の価値の分類の例を以下に掲げる。

① 使用価値：現在までに人類によって経済的に価値のあるものとして使用されてきているもの

② 直接的使用価値：生態系から生物資源を収穫し，直接使用する人にとっての価値

③ 消費的使用価値：市場を通さず地域で直接消費される生物資源の価値（例：山菜，岩魚，薪）

④ 生産的使用価値：市場を通して売買され消費者にわたる生物資源の価値（例：木材，毛皮，マグロ）

⑤ 間接的使用価値：人間が直接収穫したり，損傷する対象ではなく，**生態系サービス機能**の恩恵から現在および将来にわたって人類が享受する経済的価値（例：水の浄化，土壌の被覆）

⑥ 潜在的利用価値：将来の人類社会に経済的利益をもたらす可能性を有していることを指す（例：医薬品や食料源）

⑦ 存在価値：**野生生物**や自然に対して人間が感じる精神的価値（例：畏敬の念，審美性，はかなさ，特異性）

環境教育においては，自然体験によって感覚的・身体的に自然の豊かさ・不思議さを認識させるだけでなく，現世代・将来世代にとっての価値，さらには人類が存在しなかったとしても，自然物が固有にそなえている価値を認識させることも大切である。　　（生方秀紀）

生物多様性オフセット
　　biodiversity offset

開発によって改変，消失する野生生物の生

息地や生態系の損失に対して，それを代償するかたちで近隣に同等な生息地や生態系を復元，創造する政策手法。開発による生態系へのマイナスの影響を，生物多様性オフセットによるプラスの影響により相殺することで，当該地域全体として可能なかぎりその損失を緩和しようとするものである。「代償ミティゲーション（緩和）」と呼ばれることもある。似て非なる生態系の復元にすぎず，開発行為を助長する免罪符の役割を果たすものとの見方もある。この仕組みは米国で始まり，現在ではEU，オセアニア，北米，南米などに広がり50か国以上で制度化されているが，日本ではまだ制度化されていない。　　　　(溝田浩二)

生物多様性条約
Convention on Biological Diversity

生物多様性の保全と持続可能な利用に関する国際条約。生物多様性条約の策定作業は1980年代後半に開始され，1992年リオデジャネイロでの**国連環境開発会議**（地球サミット）を契機に採択され，翌1993年に発効した。この当時，個別課題に対処する国際条約（ラムサール条約やワシントン条約等）はすでに発効していたが，地球規模での種の絶滅や**生態系の破壊**等の問題が深刻化しており，既存の条約を補完する包括的な枠組みとして策定されたものである。

生物多様性条約は目的として，①生物多様性の保全，②その構成要素の持続可能な利用，③遺伝資源の利用から生ずる利益の公正かつ衡平な配分（**ABS**），の三つを掲げている。2012年末現在，192か国とEUが加盟しているが，米国はABSが目的に含まれるため，自国のバイオテクノロジー産業に影響が及ぶことを懸念して未締約である。

生物多様性条約の下で議論される課題は保護地域や海洋生態系，外来種といった保全技術的なものから，伝統的知識，ビジネス，資金メカニズムといった社会的なものまで多岐にわたり，国際的な動向を踏まえて拡大してきている。

生物多様性条約の締約国会議（**COP**）は，おおむね2年に1回開催されている。2010年には日本がその議長国となり，名古屋市で第10回会議（COP10）が開催された。COP10では，生物多様性に関する新たな世界目標である「戦略計画2011-2020（**愛知目標**）」や，「ABSに関する名古屋議定書」が採択されるなど，着実な成果を上げた。COP10以降，条約の最大課題は愛知目標の達成であり，国連総会でも2011～2020年の10年間を国際社会の様々なセクターが連携して生物多様性に取り組む「国連生物多様性の10年」と定めた。

また生物多様性条約では，各締約国に関連施策の推進のため，生物多様性に関する国家戦略・計画の策定を求めている。日本でも，1995年の最初の策定以降，数次の改訂を行ってきたが，2012年，愛知目標を踏まえて改訂を行い，「生物多様性国家戦略2012-2020」を閣議決定した。　　　　(奥田直久)

生物多様性バンク
biodiversity bank

開発事業者に代わって第三者がまとまった生物多様性のオフセット用地を確保し，生態系の復元，創造といった**生物多様性オフセット**をまとめて行う仕組み。その成果はクレジット化され，第三者は生物多様性オフセットを義務づけられた開発事業者に市場で販売し，利益を得ることができる。米国，カナダ，ドイツ，オーストラリアですでに導入されており，イギリス，フランス，マレーシアではパイロットプロジェクトとして実施されている。**生物多様性**と**生態系サービス**を支え，報酬を支払う新しい市場を構築する手法であると主張されている。一方で，開発行為を助長する免罪符の役割を果たすものだとの見方もある。　　　　(溝田浩二)

生物多様性ホットスポット
biodiversity hotspot

生物多様性ホットスポットは，地球規模で見たときに生物多様性が相対的に高く，**絶滅危惧種**が多く生息する，保全上のプライオリティーの高い地域のことである。1988年にイギリスの環境学者ノーマン・マイヤーズ（Myers, Norman）が，世界の熱帯林のうち，

生息する種数および固有種の数が例外的に多く、熱帯林の開発による生息条件の悪化のスピードが極端に高い10地域（マダガスカル、ブラジル大西洋岸、エクアドル西部など）をホットスポットと呼んだのが始まりである。

その一つ、マダガスカルは、かつては6万2千平方キロメートルの天然林を有し、6千種（その82%の4,900種が固有種）の植物が生育していた。しかし、1987年までに天然林面積は6分の1に減少し、2,450種が絶滅あるいは絶滅危惧に追い込まれた。森林減少の原因は、森林伐採、焼畑であり、これらの背景には人口増加と貧困があった。

世界各地に分散していた生態系保全の努力をこのような地域に集中することで、地球の生物多様性保全が効率化するとされた。その後、日本列島をはじめ新たなホットスポットがマイヤーズとコンサベーションインターナショナルによって追加され、2012年現在、熱帯林以外（温帯林、砂漠など）も含め34地域になっている。この34地域は、いずれも1,500種以上の維管束植物の固有種をもち、人間活動によって70%以上の原生植生が消失している。34地域すべてを合わせても地球上の陸地面積の2.3%にすぎないが、世界の50%の維管束植物種と42%の陸上脊椎動物種が存在し、絶滅が危惧されている哺乳類や鳥類、両生類の75%が生息している。ホットスポットの保全においては国際的枠組みのもとでの国、地方自治体、NGO・NPOの役割が大きいが、地域レベルでは住民・市民レベルでの取り組みが重要である。また、日本を含む先進国の経済活動・消費行動が間接的に途上国のホットスポットの悪化の一翼を担っていることにも目を向け、地球規模で考え、行動を促す環境教育が必要である。　　　　（生方秀紀）

生物濃縮・生物蓄積
biological concentration・bioaccumulation

ある種の有害化学的物質（**ダイオキシン、PCB、DDT**など）や重金属あるいは放射性物質が、生態系の生産者、消費者等と食物連鎖を経ていく中で、生物体内に濃縮しながら蓄積されていく現象のことである。厳密にいえば、生物濃縮は媒体から生物への移行の過程での濃縮を、生物蓄積は、これに食物連鎖を加えた過程での濃縮・蓄積を指す。生物濃縮を起こす物質は、体内で分解されにくく、また脂溶性であったりタンパク質との結合親和性が高かったりするために体外に排出されないで体の組織内で蓄積されやすい。そのため、食物連鎖の上位に進むほどその物質は濃縮されていく。微量ではまったく毒性を示さない物質でも、このように生態系の中で濃縮されていくために、人間を含む生態系の上位消費者の体内での毒性が格段に高くなる。

これまで農薬散布や工業廃水などの人間活動などにより環境に放出された有害な物質が高次消費者や人体に蓄積し、多大な影響を及ぼした事例が数多く知られている。

1949年、カリフォルニア州のクリア湖周辺のユスリカを駆除するため殺虫剤として0.02ppmのDDD（ジクロロ-ジフェニル-ジクロロエタン）が使用された。DDDの散布は定期的に実施され、1954年に多数のクビナガカイツブリの死体が発見された。その原因を調査する過程で、採取された検体のDDD濃度は、プランクトンで3ppm、小型の魚で10ppm、捕食性の魚で1,500ppm、そして、魚を食べるカイツブリの体脂肪では1,600ppmであった。このケースでは、DDDに約8万倍の生物濃縮が起こっていたことになる。また、一部の陸上生態系では農薬の生物濃縮により、猛禽類の卵の殻が薄くなり、孵化率・雛の生存率が低下する現象も頻発している。

レイチェル・カーソン著の『沈黙の春』(1962年)がDDTなどの生物濃縮問題を論じ、環境問題に警鐘を鳴らしたことはよく知られている。

日本で環境教育が始まる契機となった大きな要因の一つが公害であり、四大公害の一つが水俣病である。熊本県水俣市のチッソ（当時は新日本窒素）水俣工場において、アセトアルデヒドの製造工程で使用された有機水銀が自然界に流された。有機水銀は、食物連鎖を経る中で生物濃縮され、高濃度となった魚介類を食べた人々が水俣病を発症した。

人類が新しい化学物質を作り出したり環境中に放出することで、このような生態系破壊や人間の健康を損なうことがあるので、十分配慮する必要がある。 　　　　　　（湊　秋作）

生命中心主義
biocentrism

生命中心主義とは、近代の**人間中心主義**的な倫理を、人間という種を優先する種差別主義と批判し、動物、植物、土地などあまねく生命にも人間にとっての有用性から独立した価値を認め、その上で人間の生命に対するあるべき関わりを主張する立場を指す。倫理的対象ととらえられる範囲やその基準は論者によって様々である。例えば快楽や苦しみを感じるか否かによって倫理的対象の範囲を定める立場や、あるいは水、土壌、動物、植物などを含む「土地共同体」を倫理的対象としてとらえ、それに対する義務の実現こそが人間の生命に対するあるべき関わり方だ、とする立場などがある。 　　　　　（李　舜志）

生命倫理
bioethics

生命倫理とは、1960年代に米国で誕生した概念である。bioethicsの訳語であり、主に生命科学や医学・医療の領域における倫理的な問いや考え方を指す。生命や死だけでなく、性、健康・病気、人権、動物など、対象とされる領域・概念は多岐にわたっている。取り扱われる事例として、人工妊娠中絶、安楽死、実験動物の扱いなどが挙げられる。生命といった事象に対して新たな倫理を要請されるようになった背景として、近代的な知を支えていた数学・物理学に基礎を置く普遍的な自然観・生命観への批判、また20世紀以降における臓器移植や生殖補助医療などの医学の発達や、クローン技術や受精卵を利用して作られ、様々な組織に分化する能力があるES細胞の研究の進展などが挙げられる。 　　（李　舜志）

世界遺産
World Heritage

1972年、ユネスコ総会で採択された「世界の文化遺産及び自然遺産の保護に関する条約（Convention Concerning the Protection of the World Cultural and Natural Heritage)」の第11条2項に規定された「世界遺産一覧表（世界遺産リスト）」に記載された文化遺産または自然遺産のことを指す。世界遺産条約は、1960年代にダム建設によって水没の危機に瀕したヌビアのアブシンベル神殿などの遺跡を国際協力によって守った経験から生まれた条約であり、人類にとって共通の価値をもった文化遺産、自然遺産を国際協力によって守ることを目的としている。

世界遺産リストは、1972年が世界初の国立公園であるイエローストーン国立公園設立100年であることを記念して、1971年に米国と**国際自然保護連合**（IUCN）が提案した「世界遺産トラスト」が起源となっている。一方、世界遺産リストのうち、自然災害、紛争などによって危機にさらされ、保存のための修復が必要とされる遺産を、「危険にさらされている世界遺産一覧表（危機遺産リスト）」に記載する（第11条4項）という条項は、1971年にユネスコと国際記念物遺跡会議（ICOMOS）が提案した「普遍的な価値を持つ記念工作物、建造物群、遺跡の保護に関する条約案」に由来している。

世界遺産条約の加盟国は、自国の領土内にあるすべての文化遺産及び自然遺産を保護、将来の世代に伝える義務を有するが、そのうち、すべての人類にとって「顕著な普遍的な価値」をもつ文化遺産、自然遺産を世界遺産リストに推薦することを求められる。この表現もまた、米国、IUCNの世界遺産トラストの条件である「人類にとっての顕著な関心と価値」と、ユネスコ、ICOMOSの条約案にある「普遍的価値を持った記念工作物、建造物群、遺跡」の二つを合わせた概念である。

世界遺産リストに記載されるためには、顕著な普遍的価値を証明する10の登録基準（表を参照）のうち、一つ以上に合致し、自然遺産であれば完全性、文化遺産であれば真実性と完全性の条件を満たすこと、国内法によって保全されていることが必要条件となる。

10の登録基準のうち、i～viが文化遺産、

vii～xが自然遺産に関係する基準であり，文化遺産と自然遺産の基準の合計二つ以上を満たすものを複合遺産と呼ぶ。例えば，日本の文化遺産のうち，白川郷・五箇山は，特定の文化を特徴づける伝統的居住形態・土地利用形態という基準vを満たし，広島の平和記念碑（原爆ドーム）は，顕著な普遍的価値を有する出来事，思想，信仰等に関連するものという基準viを満たしていると判断された。

自然遺産では，**屋久島**，**白神山地**，**知床**，**小笠原諸島**のいずれもが，生態学的生物学的過程を代表する顕著な見本という基準ixを満たしている。これ以外に屋久島は，類例を見ない自然美・美的重要性をもった自然現象という基準vii，知床は，絶滅のおそれのある種を含む生物多様性の野生状態における保全に最も重要な生息生育地という基準xを満たしていると評価された。

なお，観光開発による遺産価値の低下や地域住民とのトラブルなど，世界遺産登録され，観光開発が進むことによって，世界遺産本来の保全の精神とかけ離れてしまっていると指摘されているものもある。　　　　（吉田正人）

世界環境の日
World Environment Day

1972年にストックホルムで**国連人間環境会議**が開催されたことを記念し，日本政府の提案を受けて国連は開催日の6月5日を「世界環境の日」と定めた。国連環境計画（UNEP）では「世界環境の日」に合わせて毎年テーマを発表している。国内では1973～1990年には6月5日からの1週間を環境週間とし，さらに1991年から6月を環境月間として，環境省，関係省庁，自治体，企業，市民団体等で環境教育関連のセミナー等普及啓発イベントが全国各地で開催される。**環境基本法**（1993年）第10条で6月5日を「環境の日」と定めている。　　　　　　　　　　　（秦 範子）

世界自然保護基金（WWF）
World Wide Fund for Nature

自然環境保全を目的とする世界最大規模のNGO。本部はスイスにあり，50か国以上の国々に拠点を置く。1961年に**国際自然保護連合（IUCN）**の資金調達のための補完機関として世界野生生物基金（World Wildlife Fund）の名称で設立され，1986年に現在の名称に改称。日本法人は1971年に設立され，現在は公益財団法人世界自然保護基金ジャパン。世界の生物多様性保護，再生可能な自然資源の持続的利用，環境汚染と浪費的消費の削減を目的とし，世界各地で比較的穏健な活動を広範囲に展開している。代表的な事業としては，トラなど絶滅危惧動物の保護活動，象牙などの違法な貿易の監視，FSC（森林認証制度）やMSC（漁業認証制度）など農林水産物の国際的なエコ認証制度の推進などがある。（畠山雅子）

表　世界遺産のクライテリア（登録基準）

(i)	人間の創造的才能を表す傑作（エジプトのピラミッド，万里の長城，法隆寺，姫路城，厳島神社）
(ii)	建築，科学技術，記念碑，都市計画，景観設計の発展に重要な影響を与え，ある期間にわたるある文化圏内での価値観の交流を示すもの（ローマ歴史地区，古都奈良の文化財，古都京都の文化財）
(iii)	ある文化的伝統または文明の存在を伝承する物証として無二の存在（アンコールの遺跡群，琉球王国のグスクと関連遺産群）
(iv)	歴史上の重要な段階を物語る建築物群あるいは景観を代表する顕著な見本（アントニオ・ガウディの作品群，古都奈良の文化財，古都京都の文化財）
(v)	特定の文化を特徴づける伝統的居住形態・土地利用形態（アルベロベッロのトゥルッリ，安徽省南部の古村落～西逓・宏村，白川郷・五箇山の合掌造り集落）
(vi)	顕著な普遍的価値を有する出来事，思想，信仰等に関連するもの（広島の平和記念碑：原爆ドーム，紀伊山地の霊場と参詣道）
(vii)	類例を見ない自然美・美的重要性を持った自然現象（九寨溝，屋久島）
(viii)	地球の歴史の主要な段階を代表する顕著な見本（ハワイ火山国立公園）
(ix)	生態学的生物学的過程を代表する顕著な見本（屋久島，白神山地，知床，小笠原諸島）
(x)	絶滅のおそれのある種を含む生物多様性の野生状態における保全に最も重要な生息生育地（知床，ジャイアントパンダ保護区群）

世界食料サミット
World Food Summit

1996年、イタリア・ローマで**国連食糧農業機関（FAO）**に加盟する国々が参加し、発展途上国における飢餓問題や先進国と発展途上国における食糧需給バランスの不均衡などについて議論が行われた国際会議のこと。

このサミットでは「世界食糧安全保障に関するローマ宣言」が採択された。宣言に盛り込まれた、全世界で当時8億人に上った栄養不足人口を2015年までに半減させるとの目標に関して、2002年に世界食料サミット5年後会合が開催され、飢餓問題や食糧不均衡問題に関して実施状況を振り返り、今後の確実な取り組みに向けた政治的意思の再確認が行われた。5年後会合では、発展途上国から先進国に対して**ODA**増額や市場開放、農業補助金撤廃、債務削減などの要求が提示され、先進国からは発展途上国に対してODA増額計画（EUなど）、関税減免、発展途上国での統治安定化、バイオテクノロジーの有用性説明（米国）が示された。日本は発展途上国の自助努力を前提に、ODAの有効活用、アフリカ米に適したネリカ米の開発支援や発展途上国からの輸入促進策等を提示した。しかし、現状では2015年に栄養不足人口を半減させるのは困難と見られている。　　　　　　（野村 卓）

世界人権会議
World Conference on Human Rights

1948年に採択された世界人権宣言の有効性を確認するため、1968年の国際人権会議（イラン・テヘラン）に続き、1993年にオーストリアのウィーンで開催された国連主催の大規模会議。冷戦崩壊後の民族紛争の激化、南北経済格差の拡大を背景に、人権の普遍性の確認と人権機構の整備が主要議題であった。人権の普遍性に関しては、自由権と社会権の不可分性、人権と開発などの相互依存性などが合意されたが、同時に普遍性を否定し文化的文脈の中で人権をとらえるというアジア的人権論が登場する契機ともなった。会合の結果、ウィーン宣言および行動計画が採択され、国連人権高等弁務官が設置された。その後、ウィーン宣言を受けて、1994年の国連総会で「人権教育のための国連10年（1994-2004年）」行動計画が策定された。　（野口扶美子）

『世界保全戦略』
World Conservation Strategy

1980年に**国際自然保護連合（IUCN）**が**国連環境計画（UNEP）**、**世界野生生物基金**（1986年以降は世界自然保護基金、WWF）の協力を得て公刊した政策提言書、「持続可能な開発のための生物資源保全」という副題をもつ。

ピンショーの資源保全（コンサベーション）思想を忠実に継承し、資源を枯渇させることなく人類がその恩恵を受け続けるための「賢明な利用（wise use）」を実現するために、どのような理解や取り組みが必要か、国家や国際社会は何をしなければならないか、といった指針を示している。資源の有限性や未来世代の必要といった鍵となる概念への言及もみられ、「持続可能な開発」という考え方を世界に広めるきっかけとなった。

その後、「**持続可能な開発**」概念のもと、環境と開発に関する世界委員会（通称：ブルントラント委員会）報告書『**われら共通の未来**』（1987年）が公にされ、**国連環境開発会議**（地球サミット、1992年）が開催された。1991年には、同じ三つの組織により『地球を大切に ─ 持続可能に生きるための戦略』が公表されている。ここでは、生の質的な豊かさが強調され、新しい倫理や価値への転換の必要が唱えられるなど、環境教育に関連する重要な記述が多く見られる。　　（井上有一）

世界水フォーラム
World Water Forum（WWF）

水問題にかかわる諸問題（飲料水、水質汚濁、水資源、洪水など）を解決するために、学識経験者、技術者、NGO・NPO、国連機関、政府関係者等が参加して「国連水の日」の3月に3年間隔で開催されている世界会議。国連主催の会議ではないが、各国の政府関係者が参加して世界の水問題とその政策に影響を与えている。一方で、世界水会議が運営して

いる世界水フォーラムは民間化志向が強いため、淡水資源をめぐる国際的な緊張関係を生じさせると一部の市民団体から運営に対しての批判がある。

第1回会議はモロッコのマラケシュで1997年に開催された。21世紀における世界の水と生命と環境に関するビジョンを次回会議で議論することになった。第2回会議はオランダのハーグで2000年に開催され、「生態系機能の評価」「灌漑農業の拡大抑制」「貯水量の増加」「水の生産性向上」「技術革新の支援」「水資源管理の改革」「流域における国際協力」などが取り組むべき課題として提案された。第3回会議は日本の京都、大阪、滋賀で2003年に開催された。「水と食料」「水と貧困」などの課題が討議された。そして「琵琶湖・淀川流域からのメッセージ」が閣僚級国際会議から発表された。第4回会議はメキシコのメキシコシティで2006年に開催された。「水問題解決のための地域行動」が議論された。第5回会議はトルコのイスタンブールで2009年に開催された。「水問題解決のための架け橋」を主要テーマとして討議された。第6回会議はフランスのマルセイユで2012年に開催された。会議は「テーマプロセス」「地域プロセス」「政治プロセス」「住民参加プロセス」で構成された。　　　　〔三田村緒佐武〕

積雪
snow layer／snowfall

気象庁の定義では、固形の降水が積もったものを積雪としている。降雪直後の積雪は軽いが、積雪は時間の経過とともに次第に固まり、同時に重くなる。なお、新雪の密度は0.3g/cm^{3}以下である。

降雪量が多い地域では自分の家や周辺地域の除雪・排雪は重労働であるとともに、それらの地域では高齢化率が高まっており、雪処理は大きな課題となっている。

2013年2月には青森県酢ヶ湯温泉でアメダス全観測地点史上最高の積雪量512cmを記録している。　　　　　　　　〔元木理寿〕

石炭
coal

〔語義〕石炭は、地中に埋まった古代の植物が高温高圧下で酸素や水素が減少して炭素の割合が高くなり、褐色ないし黒色の個体になったものの総称で、実際に古代の植物を確認できることもある化石燃料である。石炭は「燃える石」として古くから燃料に用いられてきたが、特に18世紀の産業革命以後、最も重要なエネルギー源として、人類の工業文明を支えてきた。20世紀半ばのエネルギー革命によって、首位の座を石油に明け渡したが、2010年時点でもなお一次エネルギー供給の約40％を占める重要なエネルギー源である。特に製鉄においては、石炭は不可欠である。石油の可採年数が50数年とされているのに対し、石炭の可採年数は100年以上である。

〔石炭と環境問題〕石炭は、天然ガスや石油といった他の化石燃料に比べて炭素の割合が多いだけに、燃焼時に生み出す熱量に対する二酸化炭素排出量が多く、地球温暖化にとっては好ましくない燃料である。また、脱硫装置のない燃焼機関で使用されることが多いため大気汚染や酸性雨の原因をつくってきた。歴史的には19世紀のイギリスにおける大気汚染は劣悪で、炭鉱と製鉄所が集中したミッドランズ西部地方のバーミンガム市一帯はブラックカントリー（黒郷）の異名が与えられた。

中国は今日も一次供給エネルギーの約3分の2を石炭に依存しており、石炭に由来する大気汚染が深刻である。近年、中国の再生可能エネルギー開発は著しく、石炭に依存する割合は減少してきているが、高度経済成長を続ける中国はエネルギー消費も急増しており、消費量では石炭も増加している。硫黄分の除去の難しい石炭の大量燃焼と、自動車の急増で、中国の大気中の微小粒子状物質PM2.5増大による健康被害の懸念が広がっている。中国における膨大な石炭燃焼は、大気汚染とともに大気中のCO$_2$濃度の上昇に大きく加担している。中国自身の対応とともに国際的な協力も求められている。　　　　〔諏訪哲郎〕

石炭液化
caol liquefaction／coal to liquids(CTL)

石炭ガスを貯蔵や輸送の便がよいように液化したもの。石炭は，石油や天然ガスに比べ，燃焼時の二酸化炭素排出量や硫黄・灰分等の不純物が多く，貯蔵・輸送面でも不便である。しかし，単位熱量当たりの価格が安く，埋蔵量が多いという利点がある。そのため，石油，天然ガス等の代替燃料とする技術が開発されてきた。石炭は，水素の含有率が低く，炭素分が多いため，まず，高温・高圧下で低分子に分解したり水素を添加して，メタン・水素を主成分とする可燃性の気体とする。それをさらに加圧することで石炭ガスが液化される。

〈坂井宏光・矢野正孝〉

石油
petroleum

[語義]石油は，地中に存在するか，地中から採掘された炭化水素（炭素原子と水素原子の化合物の総称）を主成分とする液状の油(oil)。精製される前の原油（crude oil）を指す場合（例えば，石油埋蔵量）もあれば，家庭においてガソリンと区別して灯油を指す場合（例えば，石油クリーンヒーター）もあるが，通常は，原油と原油から精製されたガソリンや軽油，重油などの液状物質の総称として用いられている。

石油は**エネルギー資源**として現代の人間社会を支える原動力となっており，20世紀以降の社会はしばしば石油文明社会とも称されている。重要な資源であるがゆえに，その確保・開発をめぐって様々な国際問題を生み出す要因にもなっている。また，石油の燃焼によって生じるCO_2は**地球温暖化**をもたらし，石油に含まれる硫黄や窒素が燃焼に伴って**硫黄酸化物**（SOx）や**窒素酸化物**（NOx）を排出し，酸性雨の原因になるなど，環境への負荷を増大させる要因ともなっている。

[由来と埋蔵量]石油は数百万年以上にわたって生物が生成してきた有機化合物が遺骸として堆積層に埋没し，高温高圧下で液体や気体の炭化水素に変わっていって岩盤内に貯留されたと考えられている。それゆえ**石炭**とともに**化石燃料**の代表とみなされている。しかし，生物起源ではなく，地球という惑星の誕生時に大量の炭化水素が存在し，岩石よりも軽い炭化水素が地表近くに集まってきたという説も存在する。生物起源説に立てば，石油は採掘して消費を続ければやがては枯渇することになる。それに対し，生物起源ではなく地球内部から徐々に浮上してくるものであれば，枯渇ははるか先のことになる。

資源としての石油について，埋蔵量を年間消費量で割った可採年数がしばしば話題になる。1970年末の石油の可採年数は約35年といわれていたが，2010年末の可採年数はサンドオイルを含めると約55.6年と算定されており，この40年間で20年以上伸びている。1970年の年間消費量が約170億バレルであったのに対し，2010年の年間消費量は約300億バレルであるので，毎年膨大な採掘をしながらも，埋蔵量はこの間に約2.8倍に増加したことになる。これは新たな石油埋蔵が発見されたという部分もあるが，「石油は本当は無尽蔵にあるのだ」という誤解をしないために，埋蔵量の定義を正確に認識しておく必要がある。可採年数に用いられる埋蔵量は経済**可採埋蔵量**ともいい，その時点の石油市価で採算の取れる埋蔵量に限定されている。したがって，埋蔵は確認されていても採算が合わないことから埋蔵量に含まれなかったものが石油価格の上昇や採掘技術の向上で採算が取れるようになれば，新たに埋蔵量に含まれるようになる。

[埋蔵の偏在と国際問題]石油の埋蔵は地域的な偏りが大きい。中東のペルシャ湾沿岸地域からアフリカ北部，カスピ海周辺地域，北海，アラスカ，メキシコ湾岸，ベネズエラ，インドネシアなどが今日確認されている主な石油埋蔵地域である。石油はもっとも重要なエネルギー源であり，経済発展に不可欠な要素でもあるため，石油生産国は国際紛争の火種になりやすい。もし中東で石油が生産されなかったら，欧米による介入ははるかに少ないであろうし，中東戦争も起こっていなかったかもしれない。

[石油と環境]化石燃料である石油の燃焼は，地球温暖化などの原因となっている。世界全

体の一次エネルギー供給の比率の推移をみると，1970年には石油・石炭・天然ガスの化石燃料が約86％を占め，化石燃料の50％強が石油であった。2010年には化石燃料の比率が約82％にまで低下し，化石燃料に占める石油の割合も40％強にまで低下している。しかし，この40年間に一次エネルギー供給量は約3倍に増えているので，石油の消費が減ったわけではなく，石油の一次エネルギー供給量は2.3倍になっており，地球温暖化の原因としては依然として大きな比率を占めている。石油消費量の最も多い米国が2010年の1年間に消費した石油は8億5千万トンという膨大な量で，国民一人当たり3トン弱である。先進諸国の一人当たり石油消費量は，省エネ技術等の浸透や省エネ生活への意識改革もあり，わずかに下降傾向にある。しかし，新興諸国における自動車の普及が著しいため，今後とも石油消費量は増え続け，**温室効果ガス**の排出量もさらに増え続けると予想される。

早期の脱石油文明への移行が求められている。

（諏訪哲郎）

石油危機 ➡ オイルショック

世代間（の）公正
<small>intergenerational equity</small>

現代世代と将来世代の間の公正のこと。現代世代が環境資源を使い尽くしたり，環境を汚染してしまうと，将来世代に大きな損失をもたらす。場合によっては将来世代の生存も脅かしかねない。世代間公正あるいは世代間倫理と呼ばれるこの問題は，環境問題の出現によって，より一層強く認識されるようになった。子どもを将来世代の代表と考え，参画の機会を保証しようとする考え方もある。

世代間公正の問題は直感的に理解しやすいが，理論的には問題も多い。例えば，意見表明ができない将来世代の権利を現代世代は推測するしかない。しかし技術革新などにより，現在必要とされるものが将来は不要な資源となるかもしれないし，その逆も考えられる。

また，現代社会には**南北問題**のように大きな不公平がある。開発によってそれを是正することが将来世代の利益に反する場合，現代世代の権利は将来世代のために制限されうるのかといった疑問も出てくる。世代間公正は重要な観点であるが，世代内公正と併せて考えなければ，現在貧困にあえぐ人々を見捨てる議論になってしまうことに十分注意したい。

（野田 恵）

⇨ 種間の公正

世代内（の）公正
<small>intragenerational equity</small>

世代間の公正に対し，現在生きている人々の間の社会的な公正のこと。環境問題をすべての人間が加害者であるように論じるものもいるが，現実には，環境資源の利用による受益者と環境破壊の被害者が異なるという問題があり，構造的な不平等が存在する。すなわち環境資源の活用は，多くの場合エリート層が享受し，環境破壊の被害は社会的弱者と生物的弱者にのしかかる。ここでいう社会的弱者とは，発展途上国，先住民族などのマイノリティ，低所得者層，女性などが挙げられる。生物的弱者とは，高齢者や幼い子ども，胎児などを指す。水俣病の例を見れば，海の浄化機能という環境資源を利用し，海洋を汚染し利益を上げた企業と，胎児性水俣病のように被害を受けた人々の層が異なっていることがわかる。

人口比で20％の先進国の人間が，80％の資源を消費しているといわれる。この先進工業国と発展途上国の経済格差（**南北問題**）も世代内の格差である。自由貿易を背景にした資源の収奪や公害輸出の例は多数ある。換金作物の単一栽培は，途上国の飢餓を拡大させた。多国籍企業による遺伝子資源の独占的利用も問題となっている。このような問題の是正を目指す世代内公正の追求は，持続可能な社会の実現において不可欠であるといえる。

（野田 恵）

節水
<small>water saving</small>

水資源は有限であり，地球上の**水**のうち，淡水はわずか2.5％しかない。一方で世界人

口は増え続けており，世界各地で水不足，水質汚濁が深刻化すると予測されている。この資源を持続的に利用するには，節水を含む適切な水資源の管理が必要である。

日本の場合，生活用水の一人当たりの使用量は平均約300Lで，トイレ，風呂での水使用が多い。資源の節約の観点から日本でも水の使用においても節約意識が高まりつつあり，水の流しっぱなしを避けるなど各家庭において工夫がなされるようになっている。最近では，節水型の便器や洗濯機が開発され，設備・機器の更新によって節水できるようになっている。水の利用に伴って，ダムからの取水，給水のための送水ポンプの稼働，浄水場における浄水の際にも大量の電気が使用されることから，節水は省エネ活動にもつながる。

(田浦健朗)

絶滅危惧種
threatened species

地球上で，人類活動によって野生生物の生息条件が悪化し，生物種の絶滅が繰り返されている。**国際自然保護連合（IUCN）**では，1966年に地球規模での生物種の保全状況の包括的な目録であるレッドデータリストを作成し，「レッドデータブック」として公表した。このリストに掲げられた生物種を一括して「絶滅危惧種」（広義）と呼ぶ。絶滅危惧種（広義）は，絶滅のリスクの強弱に応じて，絶滅，絶滅危惧（狭義），危急，希少にランク分けされた。その後，ランクによってはさらに細分化されて現在に至っている。IUCNのレッドデータリストの見直しは数年ごとに行われており，日本を含む世界各国，それに地方自治体レベルでもレッドデータの作成・公表がなされている。レッドデータブックでは選定された種について，形態，生態，分布，環境選好性，生息状況，絶滅・個体数減少の要因，保全対策などの情報が添えられる。環境省のレッドデータリストのカテゴリーとその定義は表4の通りであり，IUCNのそれとほぼ対応する。ランクへの振り分けは，分類群ごとの専門家グループにより，個体数減少率，出現範囲面積，生息地面積，現存個体数，絶滅確率などの定量的基準と，生息条件，採集圧，交雑可能種の進入といった定性的条件を併用して行われる。絶滅危惧種（広義）は，人間活動によって引き起こされている生物多様性の全体的な劣化から見れば氷山の一角にすぎないが，これ以上絶滅を起こさないための警鐘として，環境教育においても，これを切り口に問題解決の道を探ることができよう。

(生方秀紀)

表 絶滅危惧種のカテゴリー
(環境省1997＆2007年版)

カテゴリー(略称)	定義 該当種の例(哺乳類，鳥類)
絶滅 (EX)	日本ではすでに絶滅したと考えられる種　ニホンオオカミ，リュウキュウカラスバト
野生絶滅(EW)	飼育・栽培下でのみ存続している種　トキ
絶滅危惧IA類 (CR)	ごく近い将来における野生での絶滅の危険性が極めて高いもの　ニホンカワウソ，コウノトリ
絶滅危惧IB類 (EN)	近い将来における野生での絶滅の危険性が高いもの　アマミノクロウサギ，クマタカ，ニホンウナギ
絶滅危惧II類 (VU)	絶滅の危険が増大している種　トウキョウトガリネズミ，タンチョウ
準絶滅危惧 (NT)	存続基盤が脆弱な種　ホンドオコジョ，ハイタカ
情報不足(DD)	評価するだけの情報が不足している種　オオアブラコウモリ，エゾライチョウ
絶滅のおそれのある地域個体群 (LP)	地域的に孤立している個体群で，絶滅のおそれが高いもの　四国山地のツキノワグマ，青森県のカンムリカイツブリ

セマングム干拓事業
Saemangeum Tideland Reclamation Project

セマングム干拓事業は，韓国の全羅北道西部にある**干潟**を干拓する国策事業である。33kmの堤防を築造して，40,100haの海水域

を埋め立て，28,300haは農地として11,800haは淡水湖を作る目的で着手された。しかし，複雑な政治的・社会的背景の変化によって事業目的は何度も変更されている。現在，堤防は完成しているが，埋め立て地の利用計画はいまだ定まらず，地方行政と中央政府との意見対立が続いている。干拓反対運動として住民やNGOなどが行った「セマングム三歩一拝運動」は，韓国国民の環境意識向上に寄与した社会運動であった。
(元 鍾彬)

セリーズ原則
CERES Principles

企業の環境問題への対応基準を定めた倫理原則。1989年，アラスカ沖で大型タンカー，エクソン・バルディーズ号の座礁による原油流出事故が契機となり，企業の環境倫理原則が求められるようになったことから考えられたもので，当初はバルディーズ原則とされた。その後，米国の環境保全を推進する投資家グループのセリーズ（CERES：Coalition for Environmentally Responsible Economies）が，企業の環境保全10原則を公表し，この原則への同意表明の有無を，投資対象選別の判断に加えた。これによって環境倫理にもとづいた企業活動の重要性の認識が広がり，企業の環境情報の公開を進めることになったことから，セリーズ原則の名称が定着した。10原則では，自然環境保全や省資源・省エネルギー，企業の環境責任として安全な技術の採用や商品提供，損害賠償責任，年次報告など情報公開，環境担当役員の設置などが掲げられている。
(村上紗央里)

セルフガイド
self-guide

室内展示や野外解説板のように人を介さない解説の中でも，指導者なしで自力で自然体験や観察ができるようにセルフサービス方式にしたシステムをセルフガイドと呼ぶ。印刷物とトレイル沿い（室内では展示）に設置した番号杭（札）がセットになった方式がよく用いられている。印刷物にはトレイルのコースマップ（展示配置マップ），番号の位置，各番号の位置に関連した解説を表記する。解説のタイプには，素材の説明や見方のヒントを示すもの（説明型），質問形式のもの（Q&A型やワークシートタイプ），体験活動を促すもの（体験型）などがある。近年では野外においてQRコード（二次元バーコード）を用いて携帯電話で検索する方式，室内ではオーディオガイド方式も頻繁に活用されている。セルフガイドのメリットには，利用者が好きな時間に利用できる，持ち帰りできる，多くの人に対応できる，人件費がかからないなどがあるが，デメリットとして参加者に合わせた対応が難しい，参加者の質問や反応にリアルタイムに対応できない等がある。セルフガイドを繰り返し利用しようとする場合には，メンテナンスやリニューアルが不可欠である。
(小林 毅)

ゼロエミッション
zero emission

産業活動から排出されるすべての**廃棄物**を他の産業の資源として活用することで，最終的に廃棄される物を一切出さない資源循環型の生産を目指す考え方。具体的には，生産工程で出る廃棄物のすべてをリサイクルしたり，原材料を有効に使って製品を製造することで廃棄物の発生量を減らしたりする。**リサイクル**や原材料の有効利用は，廃棄物処理や発電に伴って発生する**温室効果ガス**の削減も期待できる。国際標準化機構(**ISO**)が発行した環境管理の国際規格ISO14001の普及や埋め立て処分費用の上昇により，企業では，工場のゼロエミッションを目指す動きが進んでいる。

なお，英語圏では，zero emissionは排気ガスを出さないエンジンや自動車に関して用いられることが多い。
(冨田俊幸)

遷移
succession

ある場所に植生に覆われていない土地があった場合，次々と発芽・生育する植物が加わり，植物群落の構成種が長い年月を経て変化していくことを生物学用語で遷移という。遷移には火山の溶岩上等，もともと生物がいな

いところから始まる一次遷移と、火災等で植物群落が焼失した後に埋土種子が発芽し再生することから始まる二次遷移がある。森林の遷移は、最初に成立する草本植物群落にマツ等の陽樹が進入して繁茂し、最終的にはブナ等の陰樹林に移行して極相に達するといわれている。

一方、里山と呼ばれる集落周辺の森林の場合、薪炭用など樹木の伐採、山菜やきのこ、堆肥となる落ち葉など林産物の採取といった人間の働きかけにより遷移をコントロールし、人にとって有用な環境を維持してきた。近年増大する人の手の入らない里山では、自然林の環境とは異なりながらも再び遷移が進みつつある。 (比屋根 哲)

全国小中学校環境教育研究会
Environmental Education Teachers Association

1975年に「全国小中学校公害対策研究会」を改称して誕生した小中学校の教職員により構成される研究会。「児童生徒に、よりよい豊かな環境を創造する資質や能力を身につけさせるための環境教育の実践を行う。また、研修・情報交換により会員の資質向上を図る」ことを目的として活動を進めている。毎年研究主題を定め、全国研究大会を開催している。2012年度の研究主題「持続可能な社会づくりのための環境教育の推進―環境教育によって育む学力と環境保全意欲―」にも表れているように、今日求められている学力の育成に環境教育が有効であることを、教育実践を通して示そうとしている。 (大森 享)

全国小中学校公害対策研究会
Pollution Education Teachers Association

1964年に東京都小中学校公害対策研究会、1967年に全国小中学校公害対策研究会(1975年全国小中学校環境教育研究会と改称)が発足している。東京都江東区、品川区、大田区、江戸川区、神奈川県川崎市、横浜市、三重県四日市、大阪府大阪市西淀、北九州市等の公害激甚地の校長らが会員となった研究会である。研究会機関誌『碧い空』を発行し、被害状況や対策等の情報を発信した。民間の研究会ではあるが文部省(当時)や教育委員会の指導・助成を受ける研究会であったので、「民官の教育研究団体」と称された。

この研究会の活動を端的に表したのが、『碧い空を子どもに―児童・生徒の公害への訴えより』で、1970年2月に公刊され、一般書店に並んだ日本で最初の公害教育の実践報告書ともいえる。その「はしがき」で公害激甚地の学校の実態から公害防止工事実施を行政に要請してきた研究会の活動について述べ、子どもの身に寄り添い、公害に苦しむ子どもたちの実態を広く知らせる活動を行い、子どもたちの健康・生活・学習の保障を訴えている。

公害に対する大人社会の責任を自覚し「‥無限の可能性をひめたこの子らを、人災のために苦しめてはならぬ‥」という教師としての立場と決意を述べている。 (大森 享)

先住民族
indigenous peoples

国家あるいは地域の枠組みにおいて、多数派を占める民族の到来以前からその地域に住む人々を一般的に指し、国際機関では、①植民地化や国家形成前からの歴史的継続性、②土地や周囲の自然資源との強いつながり、③固有の社会・経済・政治制度、言語、文化、信念、④こうした特徴を未来の世代に継承する意志、をもつ人々ととらえている。定義が政策上否定的に利用されることがあり、国連は定義条項に入れていない。植民地化や国家形成プロセスで政治・社会・経済の中心から排除され、弱者の立場にある。開発計画への参画や自然資源のアクセスが認められないことも多く、2007年の先住民族の権利に関する国連宣言により、その権利擁護が訴えられている。一方、生物多様性条約第8(j)条にもあるとおり、先住民族の知恵や知識が、地域の持続可能性を守ってきたという歴史がある。 (野口扶美子)

『センス・オブ・ワンダー』
The Sense of Wonder

米国の海洋生物学者、レイチェル・カーソ

ンが，姪の息子ロジャーと北米メイン州の森や海辺を「探検」し，雨の森や夜の海を眺めた体験を基に書いたエッセイ。1950年代に雑誌に掲載されたエッセイ "Help Your Child to Wonder" が，カーソンの死後 The Sense of Wonder として1965年に刊行された。

センス・オブ・ワンダーとは，子どもたちが生まれながらにしてもっている「神秘さや不思議さに目を見はる感性」であり，この感性を大人になってももち続けることが，環境問題を克服し，自然との共存という生き方を見いだす人間形成につながるというのが本書のメッセージである。「生まれつきそなわっている子どもの『センス・オブ・ワンダー』をいつも新鮮にたもちつづけるためには，わたしたちが住んでいる世界のよろこび，感激，神秘などを子どもといっしょに再発見し，感動を分かち合ってくれる大人が，すくなくともひとり，そばにいる必要があります。(上遠恵子訳)」という本書の記述は自然を感じ取る環境教育の重要性を示している。本書により，自然体験学習が農薬や汚染による公害問題に対する環境教育と同様に重要であるとの認識が広がり，カーソンのもう一つの代表的著作『沈黙の春』(Silent Spring, 1962年)とともに，1970年の米国環境教育法の成立に大きな影響を与えた。　　　　　(降旗信一)

戦争と環境
　　war and environment

[語義]多くの生物種を，さらにはそれらの生息・生育地を地上から一瞬にして消滅させる，あるいは致命的な打撃を与える最も凶悪かつ破壊的な行為が「戦争」であることは間違いない。被害は戦時中だけにとどまらない。武器製造時の天然資源の多大な浪費をはじめ，兵器の試験使用や整備不良による汚染物質の流出，軍事基地の設置による周辺地域への影響など，武装状態を維持しているだけで環境に対して多大な悪影響を与えている。軍事活動は環境保全とまったく相容れない，対極に位置するものといえる。

[米軍基地建設による自然破壊]軍事基地は軍事拠点という性質上，軍事標的となる可能性が高く，周辺一帯はその被害に巻き込まれる危険に常時さらされているといってよい。騒音・振動に加え，事故による燃料や重金属などの流出，生物化学兵器などの危険な汚染物質漏れによる被害によって，基地周辺の住民や自然は常に脅かされ，かつ実害を受けている。それらに関する情報の大部分は軍事機密として秘匿あるいは隠匿されるために対処の遅れを招き，問題をより一層深刻なものとしている。

基地建設が周辺環境に与える影響についても無視できない。例えば日本政府と米国政府が辺野古に計画している米軍飛行場建設のために，サンゴ礁が埋め立てられると同時に，天然記念物および絶滅危惧種に指定され，現在50頭未満とされるジュゴンの重要な生息地も破壊されてしまう懸念がある。沖縄防衛局が行ったアセスメントは，調査そのものがジュゴンやサンゴに悪影響を及ぼすだけでなく，環境アセスメント法に基づかない違法性の疑いの強いものであった。直接兵器を使用することによる影響だけでなく，軍事関連施設が建設されることによって直接的間接的に地域住民や自然が脅かされている。

[イラク戦争と油汚染]1991年に起こったイラク戦争では，クェートの石油基地の破壊によって1,000万バレル以上の原油がペルシャ湾に流れ，約650kmにもわたって海岸線が汚染された。沿岸部のマングローブやサンゴ礁の一部は死滅し，魚介類をはじめ，ジュゴン，クジラ，カワウソ，ウミガメ，海鳥など一帯に生息する生物は壊滅的な被害を受けた。被害は油汚染だけでなく，油田の炎上に伴ってばい煙や有害ガスなどの発生による大気汚染が重なり，さらに拡大，深刻な環境被害がもたらされた。一帯の生態系がもとに戻るようになるまでどれほどの長い年月がかかるのか見当もつかないほどであるという。

[ベトナム戦争と枯葉剤による被害]ベトナム戦争時に使用された枯葉剤の散布量は米国国務省が詳細な情報を開示しないために明確な数値はわかっていないが，南ベトナムを中心に7,200万Lが250万ha以上に散布されたと推定されている。その結果，広範囲にわたる植

生の徹底的な破壊によって野生生物は壊滅的な被害を受け，現在も地域の農林水産業は回復していない。さらに，枯葉剤によって汚染された水や食物を摂取した住民の流産，奇形や先天異常などの異常出産がいまだに続いており，深い傷跡を残している。

〔戦争の矛先にあるもの〕戦争の狂気の矛先は人間同士だけではなく，争いにまったく関係のない野生動物にも向けられる。無差別にありとあらゆる生命が犠牲になり，原状回復が極めて困難となるということがすべての戦争行為に共通している。人も自然も未来をも，すべてを奪うものが戦争なのである。

(小島 望)

全米環境教育法
National Environmental Education Act 1990

〔語義〕1990年に成立した，米国の**環境教育**の振興を目的とした法律。連邦政府による環境教育への支援を規定しており，所管官庁は**アメリカ合衆国環境保護庁**（Environmental Protection Agency，以下 EPA とする）である。1970年環境教育法（教育省所管）とは別の法律。1996年に失効しているが，議会による予算措置は継続しており，実質的には存続している。

〔法の内容〕法の主な内容は次のとおりである。第2条では議会の環境教育への認識が述べられ，第4条では環境教育課（現在は広報・環境教育課）の設置を定めている。第5条は，環境教育の専門家のための教育プログラムの開発・普及とそれに関連した活動の促進を目的とし，高等教育機関および非営利機関またはこれらの機関が共同して構成するコンソーシアムに対する補助金の支出を規定している。第6条は，環境教育カリキュラムの開発・普及等を支援する補助金の支出を規定している。第5条では機関に対して補助金が支給されるが，第6条ではプロジェクトに対して補助金が支給される。第7条は大学生を対象にした**インターンシップ**と現職教員を対象にしたフェローシップについて規定している。プログラムに参加する教師や学生は，EPA などの連邦機関に勤務し，環境問題の専門家とともに働く。第8条は教育，文学，メディア，自然資源管理のそれぞれについて業績のあった者の表彰制度と，高校生以下の若者に授与される「若者のための大統領環境賞」について規定している。第10条は全米環境教育研修財団について規定している。この財団は資金の一部として公的資金を受け取るが，EPA からは独立した非営利の機関である。

〔法の効果〕本法律に基づいて実際に連邦から支出された金額は，毎年，700万ドルから800万ドル程度であり，限られた資金規模ではあるが，米国の環境教育の発展に大きな役割を果たしてきた。第5条補助金は実質的には環境教育の指導者たちの合議体にその使途を委ねており，2012年現在，コーネル大学が EPA と委託契約を締結し，プログラムを執行している。これまで，環境教育スタンダード作成など環境教育界のニーズを的確に把握した資金運営を行ってきた。第6条補助金は，海外領土を含む全米にくまなく配分され，2011年までに約3,500件，5,400万ドルの支出が行われ，各地の環境教育を下支えする役割を果たしてきた。しかし，2013年度予算方針では，EPA 全体の大規模な予算削減に伴い，環境教育予算は削除されてしまった。環境教育界の激しい反発の中，今後のオバマ政権の対応が注目される。

日本でも**環境教育等促進法（環境保全活動・環境教育推進法の改正法）**が2012年10月1日に施行された。本法は恒久法であり，また文部科学省・環境省が共同で主管官庁になっていることが米国と異なる。伝統的に中央省庁の影響力が強い日本では，法律の運用次第によっては，全米環境教育法を超えるような効果を生む可能性がある。

(荻原 彰)

戦略的環境アセスメント
strategic environmental assessment

従来の「**環境アセスメント**」は，一般的に環境への著しい影響のおそれのある事業について，その実施段階において環境影響の予測と評価を行うものであった。これに対し，「戦略的環境アセスメント（SEA）」とは，個別の事業実施に先立つ施策の策定・計画段階

（戦略的な意思決定の段階）で，環境への影響の予測と評価を行い，その意思決定に反映させようとするアセスメントのことをいう。従来の環境アセスメントとは異なり，政策（policy），計画（plan），プログラム（program）の「3つのP」を対象としているものであり，早い段階からより広範な環境配慮を行うことができる仕組みである。

日本では，2002年頃より公共事業のSEAに関連する提言やガイドラインが策定されてきたが，2008年には国土交通省として「公共事業の構想段階における計画策定プロセスガイドライン」を策定し，その中では環境面を含む様々な観点から判断を行う計画策定プロセスの標準的な考え方が示されている。環境省でも2007年に「戦略的環境アセスメント導入ガイドライン」を策定し，事業の位置・規模等の検討段階におけるSEAについて共通的な手続・評価方法等の指針を示している。

一方，地方自治体では，2002年に埼玉県が「戦略的環境影響評価実施要綱」を策定したのをはじめとして，2012年現在6都県市でSEAの概念を含む条例・要綱が作られている。

こうした流れの中で，2011年には「環境影響評価法」が改正され，方法書作成前の手続きとして，「配慮書」を作成する手続きが法制化された。しかし，この改正でも事業の検討段階より上位の，計画や政策の策定段階での環境配慮の手続きは含まれておらず，今後の課題となっている。

（奥田直久）

そ

騒音
noise

不快と感じる音の総称で，健康や生活環境に影響を与えるもの。環境省の「平成22年度（2010年度）騒音規制法施行状況調査」によると苦情件数が最も多かった騒音の発生源は工場・事業場，建設作業である。**公害対策基本法**（1967年）では騒音を公害と規定し，騒音規制法（1968年）では工場・事業場における事業活動や建設工事に伴う騒音の規制，そして自動車騒音については環境基準に基づく許容限度を定めている。これに対し，航空機騒音や新幹線騒音は別途環境基準が設定されている。特に航空機騒音については民間飛行場周辺に限らず，自衛隊機や米軍機の離発着による騒音問題が発生しており，社会問題となっている。

このほか近隣騒音として商店，飲食店等の営業騒音や街頭放送，街頭宣伝車等の拡声器騒音がある。これらに対し騒音規制法によって，地方公共団体は営業時間等を制限することができる。しかし，局所的に発生する近隣騒音は深刻な問題を引き起こしかねない。特に生活騒音は話し声，ドアの開閉音，音響機器，ペットの鳴き声等がトラブルの原因となっているが，騒音と感じるかどうかの判断は被害者の主観によるところが大きい。

（秦 範子）

雑木林
coppice forest

スギやヒノキ等の単一種が植樹されたような**人工林**でなく，広葉樹を中心に様々な樹種で構成される森林。人の利用により維持されている半自然（二次的自然）の植物群落の一つ。薪炭林はその代表で，薪や炭として利用するために20〜30年ごとに伐採を繰り返したことで，萌芽再生力が強いコナラ，クヌギ，クマシデなどの樹種が卓越した森林となった。雑木林は里山環境の一部で，狭義の**里山**の意味で使われる場合もある。薪炭や用材のために適度に間伐され，落ち葉は肥料として使われ，また林床の山菜，きのこ，林縁のつるなども利用されるため，林床の明るい林となった。そうした環境はカタクリ，ギンランなどの植物や，ギフチョウ，オオムラサキ，ミドリシジミなどの蝶の仲間など多くの生物が生息地として依存している。

しかし，20世紀半ば以降，薪炭から**化石燃料**へのエネルギー転換があり，また化学肥料の普及により雑木林からの堆肥採取が減少し，雑木林の役割が衰退し放置されていった結果，植生は変化していった。さらに1980年代後半

のバブル景気で土地が投機対象になるとゴルフ場などへの転換が進み，雑木林の生物の多くが絶滅を危惧されるようになった。雑木林の保全には，継続的な管理が必要で，多様な森林資源を利用する伝統的な知恵の伝承が重要である。

〈金田正人〉

総合的な学習の時間
period for integrated studies

1998年の学習指導要領の改訂において導入された，児童生徒が自発的総合的に課題学習を行う時間。小中学校の場合2002年から，また高等学校では2003年から実施されている。

〔目標と内容〕2008年改訂の学習指導要領では，総合的な学習の時間の目標を，「横断的・総合的な学習や探究的な学習を通して，自ら課題を見付け，自ら学び，自ら考え，主体的に判断し，よりよく問題を解決する資質や能力を育成するとともに，学び方やものの考え方を身につけ，問題の解決や探究活動に主体的，創造的，協同的に取り組む態度を育て，自己の生き方を考えることができるようにする」としている。この目標を踏まえ，各学校は具体的な目標や内容を定めることになる。

学習指導要領では，横断的・総合的な課題についての学習活動，児童や生徒の興味・関心に基づく学習活動，地域や学校の特色に応じた学習活動などが行われることが大切であるとし，横断的・総合的な課題についての学習活動に，国際理解，情報，環境，福祉・健康が事例として挙げられている。総合的な学習の時間には教科書はないので，学校や地域の特色，また児童や生徒の実態に応じた学校独自のカリキュラムを作成する必要がある。学校独自に教材を開発し，指導計画をつくり，児童生徒による主体的・創造的・協同的な探究活動へと導いていくことになる。

環境に関する学習テーマ自体が横断的・総合的であることから，総合的な学習の時間のテーマに選ばれることが多い。自然や身近な日常生活は，環境という視点で強いつながりがあり，総合的な学習の時間でそうしたつながりを意識しながら，各教科での学びを統合し，意義ある探究学習へと発展させたい。例えば，水に関連して小学校の理科と社会科では，次のような教育内容がある。第5学年理科においては様々な物質が水に溶解することを学び，第4学年社会科で上水や下水の処理について見学や調査を行い，第5学年社会科で国土の環境保全では水源涵養機能をもつ森林のことや公害防止を学ぶ。教科でのこうした知識を総合的な学習の時間で統合し，問題解決能力を育成することが大切となる。教科で学んだことを関連づけながら，地域の河川や水辺，もしくは水源地に出かけ探究学習を行うことで，環境に対する多様な見方，環境をよりよい方向に変えていく能力を育むことができる。そして問題の解決に主体的，創造的，協同的に取り組む態度を身につけさせることが，総合的な学習の時間のポイントになる。

〔方法〕総合的な学習の時間では，自然体験やボランティア活動，生産活動，観察・実験，見学や調査，そしてプレゼンテーションなどの学習方法が推奨されている。従来から環境教育においても，自然や文化に関する体験を行ったり，他者と協同して調査・分析をしたり，ディスカッションをしたり，また協力して発表したりする学習が重視されてきた。そうした点で，環境教育の実践においても総合的な学習の時間で推奨される教育方法は有効である。

また地域の社会教育施設やその他関連団体との連携，地域にある素材や学習環境の活用などの工夫も必要になる。地域環境に詳しい地域の専門家を招き，意欲的に環境や環境問題に取り組んでいる人と関わる中で学習者の問題意識を高め，児童生徒による具体的な課題を見いださせるような留意も大切である。

〔評価と課題〕総合的な学習の時間が始まった当初は，教員側に取り上げる課題の選定や授業の進め方などに戸惑いがみられたが，時間の経過とともに，様々な興味深い取り組みの事例も増え，学校教育の中に定着していった。特に，地域の人たちの協力を得ながら進められることも多く，総合的な学習の時間が学校と地域の壁を低くしたという評価もある。しかし，学級担任制をとる小学校と違って，教

科担任制をとる中学校や高校では，時間割を変更する自由度が低いなどの理由もあって，総合的な学習の時間のねらいに沿った授業が十分に行えていないという指摘もあった。

他方で，総合的な学習の時間の発足とほぼ同じ時期に**学力低下論争**が活発になり，1998年の学習指導要領の改訂で導入された完全週5日制とともに，総合的な学習の時間も批判の対象にされた。そして2008年改訂の学習指導要領では，主要教科の授業時間数増加などのあおりと基礎・基本の学力重視の方向性の影響を受け，総合的な学習の時間の時間数は約3分の2に短縮された。このことによって，学校教育における環境教育が後退するのではないかと危惧する人も多い。しかし，他方で21世紀に求められる新しい能力として注目されている**キーコンピテンシー**を身につける上では，横断的・総合的な課題に対して児童生徒が主体的に取り組む機会の多い総合的な学習の時間や環境教育をより一層充実させる必要があるという指摘もある。

（樋口利彦・諏訪哲朗）

ソーシャルエコロジー
social ecology

多義的であり，学術的には，経済学，社会学，心理学，都市・地域計画学，教育政策学などと関係しつつ，人間と自然環境・社会環境との関係を対象とする研究分野の名称となっている。また，ドイツ「**緑の党**」の原則（綱領）にも見られるような，地域社会の自己決定や社会的公正を重視しつつ自然環境との調和を図ろうとする思想や運動の名称としても使われる。

米国の思想家ブクチン（Bookchin, Murray）の主張，そしてそこから派生した考え方や運動もこの名称で呼ばれる。これは，人間を自然との深い関係でとらえながらも，その独自の「社会的な意識」に着目し，「人間による自然の支配」の根源に「人間による人間の支配」があるとして，中央集権の権力構造，階層的な社会構造を打破しなければ，問題は何も解決しないと主張する。ここで「支配」とは，経済的支配だけでなく，性差別や家父長的支配，官僚支配，少数者の抑圧から南北格差までを含む広い概念である。社会の構造的批判に乏しい環境主義を体制に取り込まれたものとして否定し，反核運動や**エコフェミニズム**には支持できる要素を見いだし，平等主義，共同体的価値や相互扶助の重視，協同組合運動を通じて社会変革を図るエコアナキズムでもある。

（井上有一）

ソーラーシステム ➡ 太陽光発電

ソロー，ヘンリー
Thoreau, Henry David

米国の探検家，思想家，作家（1817－1862）。ハーバード大学卒業後，家業の鉛筆製造業などに取り組んだがうまくいかず，マサチューセッツ州コンコードにあるウォールデン湖畔に自力で小屋を建て，2年2か月，独りで生活した。この体験を基に書かれたのが『ウォールデン―**森の生活**』（1854年）である。エマソン（Emerson, Ralph W.）のエッセイ『自然』（1836年）とともに，それまでの米国人の自然に対する考え方を大きく変えた。「暗黒の森は切り開き，文明の光を当てることは善である」という開拓以来の暗黙の了解に対し「自然は開拓の対象というだけではなく，自然そのものにも存在意義があり，価値を見出すべき」と主張した。

そのほか，『コンコード川とメリマック川の一週間』（1849年），『メインの森』（1864年），『コッド岬』（1865年）など数多くの作品を残した。彼の著作はその後，長く読み継がれ，現在でも自然保護の古典としての地位を保っている。東洋哲学を学んだこともあって，自然と人間との関係や人の生き方について，無常観が漂う。

また，ソローは奴隷制度に抗議するため，税金の支払いを拒否して投獄された。その時に著した『市民政府への反抗（市民的不服従）』（1849年）は，後にマハトマ・ガンディーのインド独立運動やキング牧師の市民権運動などに大きな影響を与えた。

（岡島成行）

た

ダイアローグ
dialogue

〔対話と会話と議論〕人々が話し合うこと。対話。きちんと向き合い、率直に話し合う中で、互いの理解を深めたり、何かに気づいたり、共に新しいことを創り出したりしていくこと。

類似の言葉で、「会話」は特に目的やテーマがあるわけではないが、人間関係を良好にしたり情報を得たりするのに役立つ話し合いで、「おしゃべり」に近い。これに対して、ダイアローグないし対話は、ある目的やテーマについて、きちんと向き合って話し合うこと。また「ディスカッション（議論）」が、もともと互いの異なる意見を出し合い結論を導くものであるのに対して、ダイアローグは率直な意見のやりとりの中で新たな意味を共に生み出す創造的な行為である。

〔集い合い問い合うことが力〕話し合うことは、言葉を獲得した人類にとって古来からの営みであり、それによって人々は様々な困難を乗り越え、文明や文化を発展させてきた。現代のように様々な問題が複雑に絡み合い簡単な正解などない混迷の時代には、人々が孤立しないで集い合い、臆せずに話し合い、すぐに答えが出なくても一歩一歩前に進んでいくことが大切である。

日本でも最近になって、上からの一方的な指導や教育ではなく、関わっている当事者自身が参加し話し合うことを重視する傾向も出てきた。行政や市民が協働する市民参加のまちづくりや、企業などでは様々な組織の変革のためのワークショップが盛んになった。国連などの国際会議や企業のCSR（企業の社会的責任）の場では、多様な利害関係者が一緒に話し合うマルチステークホルダーダイアローグも一般化してきた。

日本語で「対話」というと、「対」という漢字のニュアンスから「二人で行う話し合い」という意味で理解している人も多いが、ダイアローグは二人に限らず何人でも複数の人々で行うものである。『ダイアローグ』（1996年）の著者デヴィッド・ボーム（Bohm, David J.）によると、"dia"は「～を通して」という意味で「2」とは関係がない。また、"log"は「意味，言葉」が原意で、"dialog(ue)"は、「意味の流れ」を意味するという。ただ、意味の流れの中で新たなものを共に生み出す創造的な対話にするためには、おのおのが自分の意見にこだわりすぎず、自分の想定を保留して、他の人々の話に素直に耳を傾けることが必要。そうすることで初めて、それぞれに未知の世界が開かれていく。

環境問題やまちづくりなど**持続可能な社会**づくりに向けて、行政・企業・NPO・市民などセクターを超えた協働が求められているが、多様な意見や考え方を出し合い、複雑な利害を調整していくためには、粘り強いダイアローグの積み重ねが重要である。　　（中野民夫）

ダイオキシン
dioxin

塩素を含むものを燃やすと生成する物質で200種類以上存在する。ダイオキシン類対策特別措置法（1999年制定）では、PCDD（ポリ塩化ジベンゾパラジオキシン）、PCDF（ポリ塩化ジベンゾフラン）にコプラナーPCBを含めて「ダイオキシン類」と定義している。ベトナム戦争でダイオキシンを含む除草剤が散布され、発がん性や生殖毒性などが顕在化した。他にも諸外国でダイオキシンによる健康被害が生じており、1996年に日本のごみ焼却施設から高濃度ダイオキシンが検出されると、またたくまに社会問題に発展した。1999年にダイオキシン類対策特別措置法が制定され、ごみ焼却炉の改善などが進み、現在では、大気の環境基準はほぼ100％達成されている。

（望月由紀子）

大気
air／atmosphere

地球の表面を覆っている層状の気体のことをいう。現在の大気の構成は窒素78.1％、酸素20.9％、アルゴン0.93％、二酸化炭素0.04％。大気には、地表からの赤外線放射を吸収し、

地表や大気の温度を押し上げる温室効果がある。この大気からの放射を吸収することが，地表の温度が平均15℃に保たれている一因である。また，大気が循環することで低緯度地帯と高緯度地帯の温度差を緩和し，さらに，海水面から水蒸気を運ぶ水循環とも相まって陸地に降雨をもたらしている。

地球を取り巻く大気の厚さは500kmにも及んでおり，地上から約15kmまでを対流圏，対流圏の上空約50kmの高さには成層圏がある。生物に有害な紫外線の多くは成層圏にあるオゾン層により吸収される。しかし，南極大陸の上空の成層圏においてオゾン濃度の低下が観測された。一方，人間活動の活発化に伴い産業構造の変化や化石燃料の消費によって大気汚染が広がり，健康被害もみられるようになっている。

〈元木理寿〉

大気汚染
air pollution

〔語義と原因〕火山の噴火など，**自然災害**によるものも含むが，多くは自動車の排気ガスや工場の排煙など人間の活動によって排出される汚染物質が大気中に充満し，空気が汚れてしまうことをいう。ひどくなるとぜんそくなどの健康被害を引き起こす。主な汚染物質には**硫黄酸化物**(SOx)，**窒素酸化物**(NOx)，浮遊粒子状物質(SPM)，光化学オキシダントなどが挙げられる。

大気汚染は公害対策基本法で定められている典型7公害の一つである。公害健康被害補償法による大気汚染の公害指定地域は東京，愛知，大阪，福岡など10都道府県にまたがり，太平洋ベルト地帯に集中する。

明治以後，近代工業の発展とともに工場から排出されるばい煙による公害が問題となり始めた。最も早く工業化が進んだ阪神工業地帯では1932年に日本で初めてばい煙防止規制（大阪府）が発令されている。しかしその後，日中戦争へと突入する中で，ばい煙規制も影を潜めていた。戦後は重化学工業への転換と高度経済成長に伴い，太平洋ベルト地帯に沿って新たな大気汚染が広がり，呼吸器障がい患者が多数出るようになるなど事態は深刻化していった。

大気汚染の主な原因物質であるSOxやNOxなどの刺激物は鼻や気管支の線毛を破壊し，炎症を引き起こす。その結果，病原菌やウイルスが簡単に体内に入り，深刻な呼吸器障がいを発生させる。これによって気管支ぜんそく，慢性気管支炎，肺気腫，ぜんそく性気管支炎などの病気を引き起こす。

〔大気汚染と裁判〕**四日市公害**に対する四日市裁判（1967年提訴，1972年勝訴）が契機となり，1973年に公害健康被害補償法が成立して患者への救済が始められるようになった。しかし，公害被害者は原因企業の責任を追及するため，1975年の千葉川鉄公害裁判を皮切りに，大阪西淀川，川崎，倉敷，尼崎，名古屋南部，東京と全国で公害裁判が行われ，2007年の東京大気汚染裁判和解まで32年間にわたって争いが続いた。この裁判では企業責任だけでなく，環境行政や道路対策のあり方についても問われた。西淀川大気汚染公害裁判や倉敷大気汚染公害裁判の原告であった公害患者は，その和解金の一部で地域再生のための組織（あおぞら財団，1996年設立／みずしま財団，2000年設立など）をつくり，公害の経験を伝えるための語り部の支援や，資料整理，国内外からの研修受け入れなどを行っている。

大気汚染に関する環境教育としては，二酸化窒素を測る「カプセル測定」の手法を取り入れて，子どもたち自らの手でデータを集めて考える実践などが行われている。

工場の排煙に対する規制が始まったことで，硫黄酸化物は削減されてきたが，自動車の排気ガスについては規制が遅れた上，自動車が増加したこともあって，二酸化窒素や浮遊粒子状物質(SPM)の発生抑制が課題となっている。近年はSPMの一つであり，呼吸器に健康被害を及ぼすといわれる**PM2.5**（直径$2.5\mu m$以下の超微粒子）の環境基準が2009年に定められ，環境省においては2013年には専門家会議報告として注意喚起のための暫定的指針が決められるなどその対策が始まっている。

〈高田 研〉

待機電力
standby electricity

多くの電気機器は，使用していない時でもわずかな電力が消費されている。この電力を「待機電力」または「待機時消費電力」という。待機電力は，リモコンでオンにした時にすぐに稼働させる機能や，時計やメモリーを稼働させる機能のために，常に微弱電力を流すことで発生する。待機電力が消費電力に占める割合は，平均的な家庭で約6％に上り，ガス温水器，エアコン，電話器などの割合が多い。

省エネルギー化を進めるための技術進歩によって，機器自体の待機電力は大幅に少なくなっており，消費電力に占める割合も低下傾向にある。 〔田浦健朗〕

体験学習
experiential learning

〔語義〕教育の場面で行われる，自然や人，事物との直接的な経験の機会，観察・調査・見学・飼育・勤労などを取り入れた学習全般のことを指す。「体験教育」とも呼ばれる。学校教育の場合，体験を子どもの能力の発展のために，ある企図をもって行われる教育活動のことである。

ボルノー(Bollnow, O.F.)によれば，「経験」（独：Erfahrung）や「体験」は，旅（独：Fahren）・遍歴・彷徨することが語源であり，故郷を去って見知らぬ異郷に「旅をする」状況のことであるという。そして「経験は決して安全な場所からは生じない。予想しないものに自分をさらさなければならない」とする。この経験を理性とつないで教育理念としたのがデューイの「経験主義教育」である。戦後の日本では無着成恭の「山びこ学校」などの優れた実践があるが，高度経済成長の背景の中で経験主義教育の実践は減っていった。

総合的な学習の時間が2002年度から始まると，教室から出て身近な自然環境や社会環境に関わる体験から問題をとらえ，集団で考える問題解決的学習として，新たなステージでの実践がなされるようになった。体験学習は，集団での相互行為の過程から人間関係についても学ぶ「心の教育」の手段としても重要な意味をもつようになった。

〔展開〕生涯学習審議会（当時，現在は中央教育審議会に統合）は1999年に発表した中間報告『生活体験，自然体験が日本の子どもの心を育む』の中で，体験活動を重視する論拠として1998年に行った「子どもの体験活動等に関するアンケート調査」の結果，を挙げている。そこでは子どもたちが「生活体験」「お手伝い」「自然体験」をしていることと，「道徳観・正義感」が身についていることとの間に高い相関の傾向が見られることが示されている。そして「子どもたちの生きる力は，さまざまな体験や活動を通して，子どもたちが主体的に考え，試行錯誤しながら自ら解決策を見いだして行くプロセスにおいてこそ育まれるもの」と答申した。さらに答申では，「子どもたちが，社会的または自然的な環境との間で，また，一緒に目的に向かう仲間との間で，やりとりする**プロセス**から学ぶことが重要である」とも述べている。体験活動はプラモデルを組み立てるように順序だてられたものであってはならず，そこには失敗や挫折による失望や発見の喜び，達成感など様々な感動が求められていると言い換えることもできるであろう。

このような答申を受けて，2001（平成13）年に改正された学校教育法は，第31条で「教育指導を行うに当たり，児童の体験的な学習活動，特にボランティア活動など社会奉仕体験活動，**自然体験活動**その他の体験活動の充実に努める」と記し，学校教育における体験学習の重視を打ち出した。

〔課題〕現行の教員養成課程の中では，体験学習を体験的に学ぶ課程が十分ではなく，教育現場においてもそれに対応した教員研修が不十分である。パッケージ化された体験学習の書籍が書店に並び，一定時間で完了するように仕組まれたアクティビティ（ゲームと呼ばない）は，実施すると一定の経験を獲得できるように作り込まれている。しかし，ボルノーのいう「経験」の原点に立ち戻るならば，学校という装置を越えて，地域の自然や社会の中に参加しながら問題を考える教育が重要

である。教員自身もまた予期せぬことに遭遇し，問題解決の当事者となる覚悟が必要となる。
　　　　　　　　　　　　　　　　（高田 研）

体験学習法
Experiential Learning Method

〔語義〕グループでの協働関係を通してこれを達成するために考えられた4つのステップからなる循環型の学習方法を「体験学習法」と呼ぶ。

　よく知られる循環型の学習方法は，人間関係のトレーニングで用いられる，①Do(経験，experiencing)→②Look(指摘，identifying)→③Think(分析，analyzing)→④PlanまたはGrow(仮説化，hypothesizing)という円環の図で説明される。①「経験」とはグループの中で起こったことで，全員が共有しうる学習素材すべてのこと，②「指摘」とはプロセス(関係的過程)を省みること，そして主要な学習素材として焦点化すること，③「分析」とはその背景を流れるものを考察すること，④「仮説化」とは今後どのようなことが起こりうるか，どのような変革が可能なのかを一般化することで，この循環が新たな状況に適用され，再び検証されていく。

　この「体験学習の過程」と呼ばれていた循環型の学習方法を，自然体験活動の推進のために文部省（現文部科学省）が専門家を招集して作った体験学習法調査研究会が2000年に「体験学習法」と言い換えて以来，「体験学習法」という用語は，研究者によって循環の図に多少の相違はあるものの，円環のプロセスをもった経験主体の学習方法を指すようになった。

〔経緯〕体験学習法の起点となるグループダイナミクスの研究は，教育者，教育学者等によって1930年代に始められた。それはフロイト(Freud, S.)の集団心理学やモレノ(Moreno, J.)のロールプレイ，教育におけるデューイの経験主義教育の方法を具体化することにあった。その後1945年，社会心理学者であるレヴィン(Lewin, Kurt)によってグループセッションによる人間関係の再教育研究が行われた。1947年にはNTL（National Training Laboratory)が米国で設立され，その人間関係トレーニングのプログラム「Tグループ(training groups)」が生まれる。1950年代に入るとこの考え方は産業界におけるリーダーシップのトレーニングとして世界的に拡大し，学校をはじめ，社会の様々な教育の場にその考え方が浸透していった。1960年代以後はグループカウンセリング（エンカウンターグループ)の可能性に注目していたロジャーズも加わり，セラピー的アプローチも加味されていった。この人間関係トレーニングは日本おいても産業界から教育現場までの幅広い分野の研修の場で盛んに行われた。この「Tグループ」において柳原光が紹介したのが「体験学習の過程」である。

〔課題〕文部省（当時）生涯学習局は1997年から2002年まで「野外教育企画担当者セミナー」を全国で開催し，体験学習法の普及を図った。この研修によって全国の国公立青少年教育施設職員（ほとんどは小中高教員)，民間教育事業者に「体験学習法」の考え方と手法が広がった。学校教育へは近年この野外教育を通じて普及した。今後，学校での自然体験学習に「体験学習法」を普及させていくためには，教員のファシリテーション技術修得が必要となる。
　　　　　　　　　　　　　　　　（高田 研）

台風
typhoon

　北西太平洋や南シナ海の熱帯や亜熱帯の海洋上で発生する熱帯低気圧のことをいう。気象庁では，赤道から北緯60度，東経100度から180度間の領域（北西太平洋域）に存在し，低気圧内の最大風速が17.2m/s以上になったものを台風という。同種の熱帯低気圧としては，北東太平洋域，北大西洋域で発生するハリケーン，インド洋，南太平洋で発生するサイクロンなどがある。

　台風が接近すると，風速25m/s以上の暴風や，50mm/hを超えるような非常に激しい雨が断続的に降るため，多くの被害をもたらす。強風により家屋や農作物への被害，送電線の切断などが発生する。大雨は，豪雨だけでなく長時間の雨により河川の氾濫や土砂崩れを

引き起こすこともある。1950年代には，台風により死者・行方不明者が1,000名を超えることもあったが，近年台風の監視技術や災害対策が進み，人的被害は大きく減少している。

今後，地球温暖化が進行すると，地球全体で熱帯低気圧の発生数は減少するといわれるが，相対的に大規模化することが予想されている。

(元木理寿)

「タイムライン」
"Timeline"

NPO開発教育協会が基本アクティビティとしている活動の一つ。過去から現在あるいは現在から未来というある時間の枠を大きな紙に想定し，その紙の時間軸に沿って社会の出来事や自分の経験を並べて書き出し俯瞰しながら，書き出したものを材料に数人で考えたり，話し合ったりする活動。

過去から現在への軸では，現在の状況が過去の何に起因しているかを考えることができるし，現在から未来への軸では，目指すべき未来に向かって，自分たちにこれから何ができるかを考えることもできる。

このアクティビティは，現在の社会や自分自身が過去との連続性の中にあることに気づき，現在の自分の行動や選択が未来の社会にどのような影響を与えるのかをイメージさせ，未来世代に対する責任感を高めることをねらいとしている。

(斉藤雅洋)

太陽光発電
photovoltaic power generation

半導体のような光起電力効果をもつ物質を用いた太陽電池によって太陽光エネルギーを直接電力に変換する発電方式。ソーラー発電とも呼ばれ，**風力発電**とともに**再生可能エネルギーを利用した発電方式**の双璧である。発電量が天候に左右される一方，電力需要の多い昼間に発電するという利点もある。

物質に光を当てることで電位差が生じて電流が流れる光起電力効果は，1839年にアレクサンドル・ベクレル（Becquerel, Alexandre Edmont，**放射能**の発見者であるアンリ・ベクレルの父）。放射能量の単位・ベクレル(Bq)はアンリ・ベクレルにちなむ）によって発見された。太陽電池の材料としては多様なものが開発されているが，実用化が進んでいるのはシリコン系と，銅やガリウム，インジウムなどを素材とする化合物系。シリコン系も単結晶型，多結晶型，アモルファス（非晶質）シリコン系に分けられる。実用化されている太陽電池のエネルギー変換効率は30％未満であるが，利用波長の異なる化合物系の太陽電池を複数積み重ねた化合物多接合型太陽電池では40％以上の変換効率を実現している。

化石燃料の価格高騰や将来の枯渇，原子力発電の事故や放射性廃棄物，使用済み燃料の処理問題の未解決等から再生可能エネルギーの開発が進んでいるが，太陽電池の生産量も太陽光発電による発電量も急増している。太陽電池は2008年時点で1W当たり約4米ドル以上であった平均価格が2012年には1W当たり1米ドル以下に低下している。太陽電池価格の低下に伴って発電量の増加も著しく，太陽光発電システムの累計設置容量は，2008年末の約15ギガWが2012年末には100ギガW以上に増えている。

日本における太陽光発電は，2004年までは発電量でも太陽電池生産量でも世界一であったが，その後の太陽光発電施設に対する補助金打ち切り等で伸び悩み，発電量ではドイツに，また太陽電池や太陽光パネルの生産では中国にトップの座を明け渡した。それでも，補助金の復活，**福島第一原発事故**以降の再生可能エネルギー志向，そして2012年からスタートした再生エネルギーの**固定価格買い取り制度**によって，今後急速に増設が進むと予想されている。

ドイツなどで再生可能エネルギーの買い取り制度による財政負担が過剰になり，買い取り価格の引き下げや買い取り対象の累計設置容量に上限を設ける動きがある。これらはこれまでの急速に普及してきた太陽光発電にブレーキをかけると見る向きもある。しかし，太陽電池の価格低下による設置価格の低下と，集中的エネルギーシステムから分散型エネルギーシステムへの転換を考慮すると，太陽光発電施設の設置がさらに拡大し，化石燃料に

よる発電や原子力発電に代替する可能性は現実味を帯びてきている。

なお，類似した用語として太陽熱発電がある。レンズや反射鏡等を用いて太陽の熱エネルギーを集め，その熱で水を沸騰させ蒸気タービンを回転させて発電する発電方式である。

(諏訪哲郎)

大量生産・大量消費・大量廃棄
mass production, mass consumption and mass disposal

〔語義〕「大量生産・大量消費・大量廃棄」は，大量の資源やエネルギーを投入して工場で製品を大量に生産し，大量の広告宣伝によって消費者の購買意欲を刺激して必要以上の消費を促し，その結果として大量の廃棄物を生み出している現代の社会経済システムを表現したものである。今日求められている持続可能な，**循環型社会**を阻むものという意味で批判的に用いられることが多い。

〔環境への影響〕今日，私たちの社会は経済成長が大幅に進み，大量消費の都市型の生活様式が一般化している。魅力的な商品があふれ，お金さえ払えば何でも購入でき，古くなったものはどんどんと捨ててしまう社会である。このような社会は便利な一面があると同時に環境に様々な影響を与えている。

大量生産・大量消費・大量廃棄型の社会経済システムが環境に与える影響の中でも最も大きいものは資源の大量消費である。物を生産するためには，自然界から様々な資源を採取し，大量のエネルギーを消費する。地球上にある鉱物資源や**化石燃料**などの再生不可能な資源は，このままのペースで消費し続けると，あと数十年から数百年で枯渇する。水資源，森林資源，生物資源等の再生可能な資源も減少ないし絶滅の危機的状況が迫っている。この問題は，リサイクル技術や代替エネルギー，代価物で償える問題ではなく，今日の産業形態は持続不可能であるといえよう。

石油の大量消費などによる**地球温暖化**の問題は緊急な課題である。地球規模の**気候変動**は，このままでは沿岸地域，南北両極の氷，島嶼国家等の消滅の危機を引き起こす。また，工場で生産され日常的に使用されている数万種類以上の工業化学物質には人体への副作用が指摘されており，危険な化学物質や汚染物質は日々排出され続けて今や地球上のあらゆるところに存在している。

自らの「豊かさ」を目指すこの社会経済システムは，結果として国家間の経済格差を生み出し「貧しさ」を同時に生み出すシステムでもある。

〔**いびつな消費形態**〕この大量生産・大量消費・大量廃棄は，それぞれ独立しているわけではない。大量消費を前提にすることで大量生産は成立するのである。大量に生産された製品を消費させるために，マーケティング技術を高度に発展させてきた経緯がある。今日では製品の製造費より，その需要を生み出すためにかかるマーケティング費用の方が大きな比重を占めている業種も少なくない。本来のマーケティングの考え方からはずれ，需要を過剰に喚起し，市場に過剰な刺激を与え，消費者に浪費を強制する戦略として製品の「計画的陳腐化」が行われているとの指摘もある。製品のモデルチェンジを早めることで，新製品が次々と市場に出回る状況を作り出し，消費者の欲望をかき立て商品を販売することを目指すという経済のあり方は，資源枯渇の問題や廃棄物の問題を助長させる行為といえよう。

大量廃棄は，大量消費の結果として起こるものと考えられてきたが，今日では好不況の消費動向に左右されず起こっている。これは，すでに私たちの消費形態がその場限りの使い捨てや，耐久性より便利さや新しさを求めるかたちに変化していることを示し，廃棄を前提とした消費にかたちが変化しているとの指摘もある。

〔**持続可能な社会に戻すには**〕しかし，豊かな時代といわれ，身の回りに大量に商品があふれている社会は，世界の中で見ればほんの一握りの先進国にしかない。しかも，そのような生活様式を途上国に住む人たちが今まさに目指そうとしている。ほんの一握りの富裕国が世界の70％ものエネルギーを使用し，80％もの資源を消費することで，このような生活

様式を手に入れていることを考えれば、途上国の人が望むこのような生活様式を手に入れるには地球が何個あっても足りなくなり、持続不可能といわざるをえない。

この「消費」に関しては先進国の「消費削減」を推し進めるかたちでの合意はできていない。物質的な豊かさや様々な利便性を実現するために経済成長を目指すことが議題の中心となり、資源に関する問題や廃棄物の問題、汚染物質の問題などについては、消費を減らすのではなく、環境効率の向上で対処しようとしている。持続可能な消費の定義においても、目指す方向は「消費の削減」や「消費の抑制」ではなく、「消費の形態や効率を変える」方向であると表現され、解釈の余地を残す結果となっている。

このような社会経済システムが形づくられてまだ100年もたっていない。それにもかかわらず、この大量生産・大量消費・大量廃棄型の産業社会がもたらしたものは、自然環境へ与えた影響だけにとどまらず、人々の生活の変化、労働環境の変化、家族関係の変化など、社会全体をも大きく変化させた。21世紀の私たちの社会をどのように持続可能なものにしていくのか、そのために今後どのような社会をつくっていかなくてはならないかは、私たちにとって重要な課題である。　(荘司孝志)

大量絶滅
mass extinction

一つの種が地球上から完全にいなくなってしまうことを「種の絶滅」、多くの種の絶滅が、ある一定時期に集中して生じることを「大量絶滅」という。地球が誕生してから約40億年の間に起こった5回に及ぶこれまでの大量絶滅は、**異常気象**や地殻変動、巨大隕石の衝突による影響が原因と考えられている。しかし、第6回目といわれる近年の大量絶滅の99％は人間によって引き起こされており、これまでの絶滅の原因とはまったく異質であることに注意したい。現在の絶滅速度は1時間に約3種で、自然に絶滅する速度の1,000～1万倍といわれており、大規模な自然破壊や生息・生育環境の悪化が急激に進んでいることを如実に示している。現時点で約1万7,300種もの生物が絶滅の危機に瀕していると報告されている。

生物は長い時間をかけて他者との関わりをもちながら進化してきたことから、ある種が絶滅すると、その種と関わりをもつ別の種もまた時間を同じくしながら、あるいは時間を前後しながら絶滅への道をたどる可能性がある。さらに関わりをもつ種の絶滅の連鎖が続けば生態系全体に深刻な影響が広がることは必至といえる。同じ地球上に住む生き物である私たちにとっても今日進行している種の大量絶滅と無関係ではいられない。　(小島 望)

台湾の環境教育
environmental education in Taiwan

〔概要〕台湾における環境教育は、「現段階の環境保護綱領」が施行されたこと、行政院環境保護署が新設され、その中に環境教育の専門担当部門が設立されたことなどから、1987年に開始されたといわれている。

学校における環境教育は、主に教育部と行政院環境保護署が中心となって展開している。この代表的な事例として「台湾サステイナブルキャンパスプログラム（台湾永続校園計画）」を挙げることができる。このプログラムは、既存の学校施設を環境配慮型に改修し、学校内での環境教育に活用することを目的としたものである。

環境教育NGOの活動も活発に行われており、特に学校や企業などが行う環境教育の活動に対する業務委託を受けたり、助言を行ったりする事例が多く見られる。

〔近年の展開〕2008年以降、台湾政府は「省エネルギー・CO_2排出量削（節能減碳）」を重点施策の一つとして掲げており、これに関わる環境教育を新たに展開している。前述した「台湾サステイナブルキャンパスプログラム」にもこの視点は加えられており、学校における**再生可能エネルギー施設の設置**などを進めている。

また行政院における18年間の審議の後、環境教育法が2010年6月5日に制定・公布され、一年後に施行された。この環境教育法では各

段階の学校関係者(児童生徒・学生・教職員)、政府関係機関や公営企業などの職員に対して、毎年4時間環境教育科目の受講を義務づけており、国を挙げて環境教育を推進する姿勢を強めている。

他の行政機関でも環境教育に力を入れるようになっており、行政院農業委員会林務局が中心となって18の国家森林遊楽区のうち、8か所に自然教育センターを設置し、インタープリターを配置するなどしている。(萩原 豪)

「タウンウォッチング」
"Town Watching"

景観形成から、建築、街のトレンドを探すマーケティングまで、特定の目的のために何らかの視点を定め、街路を歩いて観察する行為を指す。1986年に赤瀬川原平らによって設立された路上観察学会は、街にある見慣れた景観やモノが本来の意味を超えて芸術に昇華されていくおもしろさを伝えた。1990年に博報堂から出された『タウンウォッチング』は、探偵のように歩く(探偵型)、鳥瞰的に観る(ガリバー型)、定点で観察する(彦星型)に整理している。

環境教育においても身近な環境について体験的に考えるための有効な教育方法、あるいはアクティビティとして、「タウンウォッチング」は1980年代から数多く実践されてきた。主に子どもたちへの教育活動として始まった取り組みであったが、企業の環境教育としても取り入れられるようになっている。

バリエーションとしては部屋一杯に拡大した住宅地図(ビッグマップ)に多くの人が情報を書き込み、その情報を探してまちを歩く「ガリバー地図」や、俳句を詠みながら歩くことで、日本の四季の感覚を取り戻す手法などがある。(高田 研)

確かな学力
solid academic ability

2008年改訂の学習指導要領の基本方針にある重要な教育政策の一つ。そこでは、基礎的・基本的な知識・技能を「習得」し、それを「活用」して課題解決のための思考力、判断力、表現力等の能力を育むものとしている。また、各教科で獲得した諸能力を総合的な学習の時間における探究活動で生かすこと、あらゆる学習活動の基盤となる言語活動を充実することを、学力の内容として規定している。この「習得→活用→探究」という学習構造論は、近年のOECD(経済開発協力機構)のDeSeCoプロジェクトが提案したキーコンピテンシーを踏まえたものであり、同機構が実施するPISA(生徒の学習到達度調査)への積極的な対応が背景にある。この学力を充実させるために、各学校では授業時間数が増加され、反復練習による基本的事項の徹底、国語科を中心とした言語能力の重視、家庭学習における学習習慣の確立等に取り組むことが求められている。しかしこの政策に対しては、芸術系教科や総合的な学習の時間、特別活動の軽視を招くという批判もある。特に、総合的な学習の時間を中心として取り組まれてきた環境教育が、その時間数減少によって後退する可能性も否定できない。したがって、環境教育が「確かな学力」の育成にも貢献できることを実証できるような研究や実践が、今後強く求められるであろう。(小玉敏也)

脱原発
denuclearization (in power generation) / nuclear power phase out

[語義]脱原発は、原子力発電を撤廃すること、あるいは電力供給を原子力に依存している状況から脱することやそのための活動を指す。日本では2011年3月11日に起きた福島第一原発事故をきっかけに運動として広がった。脱原発の類義語として「反原発」「卒原発」「禁原発」などがあり、いずれも原子力発電からの撤退を意味するが、「核廃絶」を含む原子力全般の撤廃を含む「反核」の流れをうけるのが「反原発」、原子力発電からの段階的な撤退と新しいエネルギーに順次切り替える含意をもつのが「卒原発」、原発事故後にいったん停止させた原発の再稼働を禁止し即時廃炉にする含意があるのが「禁原発」、などと使い分けがされている。

[国内の経緯]日本の原子力発電は、1955年に

原子力基本法が成立して以来、国策として推進され、2010年末時点で54基の原子力発電所が建設された。1999年9月の**東海村臨界事故**、2000年11月の静岡県**浜岡原発**の配管破断事故、2002年8月の東京電力によるトラブル隠し、2007年の中越沖地震時の**柏崎・刈羽原発**における変圧器からの出火などが続いたが、大規模な脱原発運動にはつながらなかった。逆に、原子力立地地域振興特別措置法（2000年）や原子力立国計画を掲げた新・国家エネルギー戦略（2003年）を経て、2010年のエネルギー基本計画の改定では、原子力による電力供給を2030年までに50%以上とすることを目標にするなど、原子力推進姿勢が強化されてきた。

福島第一原発事故後、全国の原発は、浜岡原発に対する政府からの停止要請や順次定期点検のために止められ、2012年5月5日に泊原発3号炉の停止で一時すべての原発が停止した。脱原発運動は、福島原発事故後に各地で盛んに行われるようになったが、すべての原発の停止から再稼働を阻止するための「官邸前抗議デモ」は過去に例がないほど大規模になった。2012年6月に政府が大飯原発3・4号炉の運転を決定する前後では10万人を超える市民が集まり、大きな話題となった。また、官邸前だけではなく、全国各地の主要都市や電力会社前などでも、脱原発デモが連動して行われるようになった。

事故後、民主党政権下で、政府はエネルギー政策の見直しの議論を進めてきたが、2012年7月からエネルギー政策に関する国民的議論で約1か月間のパブリックコメントを募集したところ89,124件の意見が集まり、その9割が原発ゼロを求め、8割は即時ゼロを求める意見であった。その後、9月にまとめた「革新的エネルギー・環境戦略」には、「原発に依存しない社会の実現」が盛り込まれ、原発推進政策から脱原発政策へと大きく舵切りした。また、2012年9月には衆議院議員で超党派議員により「脱原発基本法案」が提出されたが、その後の衆議院解散により廃案となった。

〔外国の動向〕デンマークは、石油ショックの後に国民的議論を経て、脱化石燃料・脱原発の政策を進めてきている。チェルノブイリ原発事故（1986年4月26日）の後、各国で「脱原発」の声が高まった。その後、スウェーデン議会で原発を段階的に廃止する法案が可決、ドイツ政府と電力業界による脱原発の合意などにつながった。福島原発の事故後、あらためて脱原発を政治的に決定する動きが出ていて、アイルランド、ドイツ、イタリア、オーストラリア、オーストリア、スイス、ギリシャ、ニュージーランド、ノルウェー、ポルトガル、マレーシア、ラトビアなどが、脱原発の立場をとっている。特にイタリアおよびスイスは国民投票で脱原発を決定したことが注目される。

（桃井貴子）

竜巻
tornado

発達した積乱雲や積雲などの対流雲の底からロート状や柱状に垂れ下がる雲を伴って発生する激しい空気の渦巻き。台風や寒気の流入で局地的に大気が不安定になると多く発生するが、詳しいメカニズムはわかっていない。秒速100m以上にもなる上昇気流によって、人や家畜のほかに自動車や船や家屋を巻き上げることがある。被害は、長さ数km、幅数十〜数百mの狭い範囲に集中し、過去に発生した竜巻の中には時速約90km（秒速25m）で移動したものもある。

米国ではしばしば竜巻による被害が報告されるが、日本でも2012年5月6日に茨城県および栃木県において複数の竜巻が発生し、死者1名、2,000棟を超える住家等の全半壊などの被害が発生した。日本で発生する竜巻（海上竜巻を除く）は、年平均13個で、台風シーズンの9月に最も多く確認されているが、季節を問わず台風・寒冷前線・低気圧などに伴い発生する。

気象庁は2008年、有効期間が発表から1時間という非常に短い「竜巻注意情報」を新設し、「積乱雲の下で発生する竜巻、ダウンバースト等による激しい突風が発生しやすい気象状況になった」と判断された場合に発表している。特に、子ども・高齢者を含む屋外活動、高所・クレーン・足場等での作業など、安全確保に時間を要する場合には、早めに頑

丈な建物内へ移動し、屋内においても1階で窓から離れて身を守るといった安全確保行動が求められ、防災教育の重要な学習項目である。　　　　　　　　　　　　　　（木村玲欧）

田中正造
Tanaka, Shozo

栃木県出身の政治家（1841－1913）。日本初の公害事件として名高い**足尾銅山鉱毒事件**の解決に生涯をかけて奔走した。1890年に渡良瀬川で起こった大洪水によって足尾銅山から鉱毒が流出した現場を視察して以来、国会で被害の甚大さを訴えるなど解決に全力を傾けるも問題解決には至らず、1901年には衆議院議員を辞職、天皇直訴を決行した。明治政府が推し進める中央集権化に対して、住民自治の復活を掲げその活動に生涯を捧げた。田中が遺した「真ノ文明ハ　山ヲ荒ラサズ　川ヲ荒ラサズ　村ヲ破ラズ　人ヲ殺サザルベシ」という言葉は、東日本大震災による原発事故以後、再評価されている。　　　　　（溝田浩二）

棚田
rice terrace

傾斜が比較的急な山地の一部を開墾し、段々畑のように小規模な水田を斜面に造成した稲作地のこと。山地から流れ出す水を蓄えることで、洪水防止、水源の涵養、多様な動植物の生息空間や美しい景観の提供など、様々な役割を果たしている。棚田によって育まれ受け継がれてきた人の文化と生物多様性は、持続可能な人と自然環境とのあり方を示唆している。しかし、経済効率重視の風潮や担い手の減少などにより棚田の荒廃化が進み、現在では存亡の危機に直面している。農林水産省では、棚田の維持・保全の取り組みを積極的に評価し、農業・農村の発展を図ることを目的として「日本の棚田百選」を認定している。フィリピンのバナウエの世界最大規模の棚田は世界遺産に登録されている。
　　　　　　　　　　　　　　（溝田浩二）

ダム（問題）
dam (problem)

大規模ダムの多くは高度経済成長以降に、電力や水源の確保、水害防止、地域振興を目的に造られ、高さ15m以上の完成済みのものだけで日本国内に2,500基以上あるといわれている。これらのダムの建設は上記の目的を果たす一方で、①上流部での河床上昇による水害と下流部での流量の減少や河床低下、②土砂供給の減少による海岸侵食、③大量の砂防ダム群建設の悪循環、④野生生物の生息地の破壊、⑤住民の移住による地域の歴史や文化の喪失、などの多くの弊害を河川環境や人間社会にもたらしている。

このような弊害が極めて大きいにもかかわらず建設が強行される背景には、ダム建設に伴う利権構造や政官財学の癒着がある。

近年、コンクリートで造られたダムではない「緑のダム」、すなわち山林がもつ貯水機能や洪水緩和機能、浄水機能などの効果が評価されつつある。2001年に当時の田中康夫長野県知事による「脱ダム宣言」は日本全国のダム計画に大きな影響を与え、計画を断念するダムが相次いでいる。熊本県の荒瀬ダムが国内で初めて撤去されることになるなど、ダム建設を根本から見直すべき時代となっている。　　　　　　　　　　　　　　（小島　望）

単一栽培　➡　モノカルチャー

炭素中立　➡　カーボンニュートラル

田んぼの学校
learning in paddy field

田んぼの学校とは、水田や水路、溜め池、里山などの**生物多様性**や**文化的多様性**を生かした遊びと学びを中心とする活動を学校に見立てたものである。

田んぼを中心とした空間における環境教育そのものということができる。裸足になって田んぼの温かいところを探したり、稲刈り後の田んぼで切り株を投げ合うことで心と体を解放させたり、トンボの翅や足の構造の観察から生きる仕組みを学ばせるなど、多様な活

動が可能である。

田んぼは，アジアだけでなく，アフリカ・ヨーロッパ・中央アジア・アメリカ・中米・オーストラリアなどにあり，「食料供給の基地」，自然のダムとしての「保水機能」，環境変動を和らげる「気温緩衝機能」など多様な役割がある。また，**里山**環境を構成する要素であり「循環型地域社会の要」でもある。アジア各地で田んぼにまつわる祭りや行事・言葉・芸能が伝えられてきたように「文化のゆりかご」や自然観を醸成する場でもある。日本の田んぼには4,700種以上の生物が生息するように，豊かな生物多様性を保全する役割も担っている。さらに，収穫された米で「**食農教育**」も展開できる場であり，新緑の田から秋の黄金色の景色は「癒しの場」としての機能も果たしている。

（湊 秋作）

タンポポ調査
Dandelion Survey

身近なタンポポを環境指標とした種類・分布の調査。市民自らが地域を調べる運動として1974年に大阪で始まった。身近な生きもの調査と外来生物調査のさきがけ。市街地の拡大につれ，里山的環境に分布していたカントウタンポポなどの在来種が減少し，セイヨウタンポポなどの外来種の分布が拡大した過程が明らかにされた。2010年には西日本19府県で実施されたほか，全国の市民団体等に広まっている。1990年代に在来種と外来種の雑種が確認され，花粉や種子を DNA 解析するなど発展しながら継続されている。

（金田正人）

ち

地域再生
regional revitalization

地域という用語は多義的であるが，地域再生という場合の「地域」は，社会や経済の破壊と衰退が起きてしまった空間（または関係性）ととらえることができる。2005年に制定された地域再生法では，地域再生を「地方公共団体が行う自主的かつ自立的な取組による地域経済の活性化，地域における雇用機会の創出その他の地域の活力の再生」と規定しており，地域経済の活性化と雇用の創出を柱とする地域の活力の再生が構想されている。地域再生法が制定され，内閣に「地域再生本部」が設置（2003年，後に「地域活性化統合本部」と改称）されたのには，中山間地域を中心に，**過疎化**，高齢化が進み，人口の50％以上が65歳以上で，共同体活動の維持が困難になっている，いわゆる「**限界集落**」が急増しているというような背景がある。

環境教育においては，地域の破壊や衰退の要因として，都市化・過疎化や少子高齢化のみならず，自然環境の破壊または減少が注目される。そうした地域で失われた豊かな自然，社会的な結びつき，地域経済の活力などを再び取り戻し，さらにそうした基盤に基づく持続可能な**地域づくり**を実現しようとする営みが地域再生である。

地域再生における環境教育の事例として水俣地元学が知られる。**水俣病**問題と正面から向き合った吉本哲郎は，地域再生のためには，「地域の持っている力，人の持っている力を引き出し，あるものを新しく組み合わせ，ものづくり，生活づくり，地域づくりに役立てていく」ことが大事であると提唱している。

一方，最近の自然および社会・経済の大規模な破壊の事例に**東日本大震災**，**福島第一原発事故**がある。こうした大災害を含めた地域の破壊・衰退・疲弊に対する「復元力（リジリアンス）」を高めるために，環境保全の問題と社会的排除の問題とを関連づけながら地域の再生・復元のあり方を考えることが必要とされている。

（降旗信一）

地域づくり
community development

地域とは，自然環境およびその上に成立した共同体を基盤とする社会集団の総体である。

明治以来，日本は急速な近代化を進めるため中央政府に強力な権限を集中させてきた。地方自治は日本国憲法によってその制度が位置づけられ，それに伴い，1947年4月に地方

自治法が制定された。その趣旨は，国から独立した地方自治体を認め，その自治体の自らの権限と責任において地域の行政を処理するという「団体自治」と，地方における行政を行う場合にその自治体の住民の意思と責任に基づいて行政を行うという「住民自治」の二つの原則からなる。

戦後高度成長期の「地域づくり」は，このような「地方自治」の理念をもちながらも，「地域間の均衡ある発展」を目指した全国総合開発計画（1962年）にみられるように全国均一の発展ビジョンのもとに取り組まれ，この経済成長優先の地域開発政策の中で公害や大規模な自然破壊が発生した。1990年代以降の低成長時代に入り，各地域の個性や特徴を活かした「まちづくり」「地域づくり」が注目されるようになる。さらに1992年の**国連環境開発会議**で「持続可能な開発」が提唱され，1993年に環境基本法が制定されたことなどを背景に「地球にやさしい町宣言（1991年，山形県朝日町）」「環境文化都市構想（1996年，長野県飯田市）」などの環境と調和したまちづくり，地域づくりの構想が各地域の発展のビジョンとして位置づけられるようになった。

なお，地方自治法は1995年に制定された地方分権推進法を受けて1999年に大改正がなされ，地方分権の枠組みができ，住民自治が進むことが期待されている。

こうした「まちづくり」「地域づくり」の構想の中で，環境に関わる学習や実践が様々な役割を果たしている。東京都荒川区では小学校プールのヤゴを子どもたちが採集した後，「トンボ探検隊」として区内を回り，公園づくりのあり方について住民や区公園緑化課から聞き取り調査し，その成果が，河川公園計画に反映された。長野県飯田市では，ギフチョウが暮らせる里山は自分たちにとっても暮らしやすい環境であることを理解してもらう学習が学校と公民館の連携事業として展開され，「環境文化都市」という飯田市の基本理念に反映された。

このように環境教育を「自分たちの暮らす地域をどう創造していくか」という地域づくりに向けた学習の各段階の中で展開することが可能である。特に**東日本大震災**以降，地域づくりに向けた環境教育の役割として，自然環境のみならず経済，社会の視点を含めた総合的な視野が求められている。 （降旗信一）

チェルノブイリ原発事故
Chernobyl disaster

[事故の概要] 1986年4月26日1時23分にソ連邦（現：ウクライナ）のチェルノブイリ原子力発電所4号炉（ウクライナの首都キエフ市から北方約110km，電気出力100万kW：1983年運転開始。ソ連邦独自の開発による黒鉛減速沸騰軽水圧力管型の4つの原子炉の一つ）で起きた原子力事故。4月25日から保守点検中の4号炉で，外部電源喪失時に非常用発電系統としてタービン発電機の回転慣性エネルギーを所内電源に使用する実験中に制御不能に陥った。炉心融解後，水蒸気爆発を起こし，原子炉および建屋が爆発で破壊された。**福島第一原発事故**の爆発である水素爆発に比較して爆発力が桁違いに大きく，多くの放射性物質が大気圏に放出され，影響は地球規模に及び日本の雨中からも放能が検出された。**放射能の環境への放出量は6,000PBq（＝6000×10^{15}Bq，燃料192トンの約4％，福島第一原発事故の約6倍，広島型原爆の約500発分）**と推定され，国際原子力事象評価尺度（INES）で福島第一原発事故と同様のレベル7に分類される事故である。爆発後60万人の事故処理作業者（ウクライナ，ロシアおよびベラルーシの消防士，警察官，および専門家など）が救援活動に参加した。事故直後建設された石棺は老朽化が進行し，現在，100年もつといわれるアーチ型の新しい石棺（幅257m×高さ108m×奥行150m）を建設中である。なお，事故後運転が継続されていた1号炉～3号炉はすでに閉鎖されている。

[事故の原因] 冷却材が喪失されると核反応が停止する日本の商業炉に採用されている原子炉構造と異なり，黒鉛減速沸騰軽水圧力管型原子炉は低出力時に反応が加速される傾向があり，核暴走事故の可能性があるとされてきた。この炉では70万kW以下の運転は禁止されていたが，現場判断で試験では20万kWで

実験が決行された。しかし，出力が低下しすぎて原子炉緊急停止が予想された。そのため原子炉保護信号を無効化し，出力維持のため制御棒が引き抜かれた。原子炉出力増加のため，緊急停止を行ったが，出力増加を防げず出力暴走に至った。1度目の爆発は燃料と水蒸気による水蒸気爆発，2度目は水ジルコニウム反応による水素爆発と推定されている。さらに黒鉛の火災が発生し放射性物質を大気中に巻き上げることになった。結論として，以下の問題点が指摘されている。①運転員への教育が不十分だった。②特殊な運転を行ったために事態を予測できなかった。③実験が予定通りに行われなかったにもかかわらず強行した。④実験のために安全装置（非常用炉心冷却装置を含む重要な安全装置）をすべて解除した上で，実験を開始した。

〔事故の影響〕27日には原発から3kmのプリピチャ市およびヤノフ村住民避難を実施，原発周辺で約16万人が避難した。ウクライナでは75集落，9万人が避難した（2000年国連報告書）。原発から30km圏内は今でも立ち入り禁止である。1986年5月8日の閣僚会議令により，キエフ州管轄の9年制一般教育学校（日本の小中学校相当）の全生徒およびキエフ市管轄の一般教育学校生徒の約24万人が疎開した。5月6日まで環境への放出が続き，ロシア各地で葉野菜，食肉，魚などの食品から多量の放射性物質が検出された。5月3日には日本の雨水中から放射性物質が確認された。急性放射線障がい者は134人，約1か月後の死亡者は30名とされている。 〔渡辺敦雄〕

地球温暖化
global warming

〔語義〕地球表面の大気下層で平均気温が上昇する現象のことをいう。近年では，**温室効果ガス**の大気中濃度の上昇によって引き起こされたと考えられる気温上昇について，地球環境問題の文脈で地球温暖化の用語が使われることが多い。

〔温暖化のメカニズム〕太陽放射に対するアルベド（反射率）は地球の場合0.30である。つまり，太陽から地球に入射してきた太陽放射のうち，約30％は反射され，約70％が地球に入ってくる。また，地球からも地球放射として赤外線が放射されるが，大気中の水蒸気や**二酸化炭素**等は赤外放射を吸収する。地表面からの赤外放射の一部を水蒸気，二酸化炭素等が吸収し，地表面を温める仕組みを温室効果という。二酸化炭素等の温室効果をもつ気体の大気中濃度が上がると温室効果が強まり，海水温や大気下層の気温が上昇する。これが一般的な地球温暖化のメカニズムである。

〔影響および被害〕地球温暖化による影響として，自然環境への影響と社会経済への影響がある。自然環境への影響としては，IPCC第4次評価報告書によると，温暖化による気温，海水温，海面の上昇，**異常気象**の増加，生態系や植生の変化等が挙げられる。また，自然環境への影響だけではなく，社会環境への影響として，食糧生産や水資源，社会生活や産業，健康への影響が指摘されている。つまり，気温や生態系の影響から農作物の収穫減少による食糧不足や，不安定な降水や乾燥化の進行による水不足，気温上昇に伴う猛暑日や感染症の増加は人の健康に影響する。さらに，地球温暖化の進行による被害や影響は，一部の地域や国だけではなく，広範な地域での影響も多い。実際，どの程度地球温暖化が進んでいるかを評価する値として，IPCC第4次評価報告書では，世界の平均気温が100年間（1906年～2005年）で0.74℃上昇したと報告している。また，世界の海面水位は20世紀の100年間で17cm上昇したとされている。そのほか，積雪面積の減少や山岳氷河の融け出し，一方では乾燥や干ばつ，熱帯低気圧の強度の増加なども地球温暖化の影響として挙げられる。

〔国際的な取り組み〕地球温暖化を防止するための国際的な取り組みとして，国連**気候変動枠組条約**が1992年に採択された。条約の目的は大気中の温室効果ガス濃度の安定化を明記しているが，濃度をどのくらいのppmで安定化させるのか，いつまでに行うのかといった具体的なことが明記されてはいない。気候変動枠組条約の目的を遂行するために，より具体的に取り組みを規定したのが**京都議定書**

であり，1997年に採択された．京都議定書は，地球温暖化の原因として考えられている人為的な温室効果ガスの削減約束を先進国に義務づけたものであり，各国の削減幅（%）と基準年，削減の約束期間が定められている．京都議定書の削減対象の主要な温室効果ガスとして二酸化炭素があり，近年，二酸化炭素削減が温暖化防止策として定着しつつある．地球温暖化問題の取り組みは，二酸化炭素排出量削減の取り組みと同義でいわれるようになっている．

〈早渕百合子〉

地球環境基金
Japan Fund for Global Environment

1993年に国と民間が拠出して創設された民間の環境保全活動への支援事業．民間団体の役割が注目されるようになってきていた1992年，日本政府はリオデジャネイロで開催された**国連環境開発会議**（地球サミット）で民間の環境保全活動に資金的支援の仕組みの整備を表明，環境庁（当時）が中心となって環境事業団を設立した．NGO・NPOの環境保全活動等に対し，年間150～300件，総額4億5千万～8億円の助成をするとともに，環境NGO・NPOの活動を振興するための事業を行っている．現在は，後継組織の独立行政法人環境保全再生機構が運営する．

〈金田正人〉

地球環境ファシリティ（GEF）
Global Environment Facility

国際的環境問題と国家の持続可能な開発に取り組むために，生物多様性や，**気候変動**，国際的水問題，**土地の劣化**，**オゾン層の破壊**，**残留性有機汚染物質**に関わる地球環境の向上を図るプロジェクトを対象に，途上国に対し無償で資金を提供する公的基金で，この目的の基金としては世界最大である．1991年にパイロットフェーズが発足し，1994年に正式スタートした．先進国が資金を拠出し，国連開発計画，国連環境計画，世界銀行などの国際機関がGEFの資金を活用して，プロジェクトを実施している．

〈長濱和代〉

『地球規模生物多様性概況』
Global Biodiversity Outlook（GBO）

生物多様性条約（CBD）事務局が，条約の履行・効果の実状を把握し，政策に活かすため，地球規模の**生物多様性**保全の概況を評価した報告書．これまでに，第1版（2001年），第2版（2006年），第3版（2010年）が公開されている．

第3版となるGBO3では，いわゆる「2010年目標」の達成状況の評価がなされ，21の個別目標のうち，「地球規模で達成された」ものはなく，「一定の前進はあった」が14項目，「大きな前進があった」は4項目であった．「前進がなかった」と評価されたのは，「生物資源の非持続的消費または生物多様性に影響を与える消費の減少」「貧困層の持続可能な生活や地元の食料安全保障等を支える生物資源の維持」「伝統的な知識・工夫・慣行の保護」の3項目であった．「2010年までに貧困緩和と地球上すべての生物の便益のために，地球，地域，国家レベルで，生物多様性の現在の損失速度を顕著に減少させる」という2010年目標は達成されていないと総評し，生物多様性の劇的な損失とそれに伴う広範な**生態系サービス**の劣化が生じる危険性を指摘している．

一方でGBO3は，これ以上生息・生育地を損なうことなく気候変動と食料需要増大の双方に対処できる可能性を指摘し，外来種対策が進展したことも評価しており，国際・国家・地域の各レベルでの包括的かつ適切な政策の実施を求めている．

GBOの特徴は，「生物多様性の減少は生態系サービスの減少を通じて社会的不平等を拡大する」という生物多様性条約の基本認識に則り，自然科学的な評価にとどまらず，社会経済や文化的側面も評価の対象としているところにあり，生物保全や生物資源利用に関する社会科学的視点を得られる点で，優れた資料となる．

〈立澤史郎〉

『地球交響曲―ガイアシンフォニー』
Gaia Symphony

映画監督の龍村仁によるドキュメンタリー

ちきゆ

映画シリーズ。イギリスの生物物理学者ラヴロック（Lovelock, James E.）の唱える**ガイア仮説**、「地球はそれ自体がひとつの生命体である」とみなしてよいという考え方に基づいて、数名の出演者への「地球の中の私、私の中の地球」をテーマとしたインタビューと、出演者に関連する自然環境の美しい映像によって構成されている。1992年公開の「地球交響曲第一番」以来、「地球交響曲第七番」（2010年）まで7作品が製作・公開されており、草の根の自主上映を中心とした上映活動だけで、これまでに延べ240万人に上る観客を動員している。　　　　　　　　　　　　（西村仁志）

地球サミット ➡ 国連環境開発会議

地球の日 ➡ アースデイ

地産地消
local production for local consumption／
Chisan-chisho

地域で生産された主として農産物を地域で消費することである。JAグループが各地で展開する農産物販売所や道の駅などで販売される。GATT・ウルグアイラウンドによる関税引き下げ圧力や日米交渉により農産物の輸入自由化が促進され、1990年代に安い農産物が大量に市場に出回る状況が生まれた。しかし、安いが安全性に問題があるという認識が広まり、他方で本物志向が求められるようになり、安全で安心できる高品質な国内農産物の購入を呼びかけることで、地産地消の流れができた。

エネルギーの節約による二酸化炭素排出抑制の機運も生まれてきた。遠い地域からの農産物の輸送は、大量の燃料が必要になり、エネルギーを削減する**フードマイレージ**の視点からも地産地消が考えられるようになった。

地産地消は消費者にとって旬の食べ物、鮮度がよいものが食べられるだけでなく、地域にとっては経済活性化をもたらす。また、農水産物を販売するだけでなく、その地域を訪れる人々に地域の食材を使った料理を提供することで地域の伝統的な食文化を維持でき、地域への愛着も深まり、地域の人と消費者の交流につながる。　　　　　　　　（檀村久子）

知識基盤社会
knowledge-based society

知識基盤社会は、多様な定義や同義語があるが、知的資本が経済的成功の最重要決定要因であるとする知識主導型資本主義の文脈から、高度に情報化、国際化、グローバル化が進展する社会をいうことが多い。1960～70年代、社会学者、経済学らによる脱工業化社会に関する議論の中で、この概念の萌芽が見られた。1980～90年代には、トフラー（Toffler, Alvin）やドラッカー（Drucker, Peter F.）らがおのおのの著書の中で知識基盤社会について言及した。

欧州連合（EU）によって提起された2000年から10年間の中核的社会経済プロジェクト「リスボン戦略」では、21世紀における人的資源の重要性に対する認識が示され、知識基盤社会へ向けた改革を打ち出して、今日のEUの高等教育政策に多大な影響を与えた。OECDやユネスコでも、教育機関を知識基盤社会の主要な活動主体ととらえたコンピテンシーや教育政策の策定を重視している。
　　　　　　　　　　　　　　　（吉川まみ）

窒素酸化物（NOx）
nitrogen oxide

窒素の酸化物の総称。亜酸化窒素（一酸化二窒素：N_2O）や一酸化窒素（NO）、二酸化窒素（NO_2）などがあり、化学式からNOxと記される。自然由来の有機物が微生物等により分解、酸化されて生成される場合と、人為的な焼却に伴って付随的に大気が温められて生成される場合、石炭の燃焼に伴って不純物として石炭に混じっている窒素成分から生成される場合がある。

四日市ぜんそくなどの公害病や大気汚染の原因物質として呼吸器に悪影響を及ぼすほか、**酸性雨**および光化学オキシダントの原因物質である。環境基準が定められるとともに、大気汚染防止法で排出が規制されている。自動車からの排出が課題である。　　（中地重晴）

地熱発電
geothermal power generation

　火山地帯などの地下の熱水や蒸気を利用してタービンを回す発電方法。通常，井戸から自噴している熱水や蒸気を利用する。

　地熱発電では地下のマグマ溜まりの熱によって加熱・生成された天然の水蒸気を取り出し，汽水分離器で分離された蒸気によってタービンで発電する。発電に使用した蒸気は復水器で温水とし，冷却塔で冷やされた後，地下に戻される。日本の地熱発電のほとんどが，このシングルフラッシュ方式である。このほか，蒸気を分離した後の熱水を減圧し，そこで得られた蒸気をタービンに投入し出力を向上させるダブルフラッシュ方式，発電に利用した蒸気を地下に戻さず大気放出する背圧式発電，さらに低温でも沸騰する二次媒体（アンモニア等）を使ったバイナリー発電方式がある。バイナリー発電では，従来のシングル・ダブルフラッシュ方式では利用できない80～100℃の低温熱水による発電が可能になる。

　地熱発電は，地熱という**再生可能エネルギー**を活用した発電であるため，運転に際して二酸化炭素を排出せず，燃料の枯渇や高騰の心配が少ない。また，天候，季節，昼夜によらず安定した発電量を得られる。その一方で，地熱発電の探査・開発には一定の期間と多大な費用を必要とする上，探査した結果地熱利用がかなわない場合もあったり，火山性の自然災害に遭遇しやすいというリスクがある。

　日本では候補地となりうる場所の多くが国立公園や国定公園に指定されていたり，温泉観光地となっていてその開発に対して理解が得にくい等の事情から，火山も多く，地熱開発の技術水準も高いもののいまだ十分に普及はしていない。実際に東京電力が1999年に八丈島で3,300kWの地熱発電を運転開始して以来，国内での開発は途絶えていた。しかし，固定価格買い取り制度の対象となったことや，併せて国（環境省）が2012年から地元の同意など条件つきで保護エリア内の掘削を容認したことなどによって再度注目を集めている。最近では温泉地で湯けむりや温泉水を利用した，小規模な地熱発電の開発・実証も始まっている。

　日本にある地熱発電の設備容量は，およそ53万kWで世界第8位である。立地上，火山の多い東北地方や九州地方の一部に集中している。日本最大の地熱発電所は，大分県九重町にある九州電力の八丁原地熱発電所で約11万kWの発電能力をもつ。世界的には米国特にカリフォルニア，フィリピン，インドネシア，メキシコ，イタリアなどでの利用が盛んである。

〈豊田陽介〉

中央環境審議会
Central Environment Council

　環境基本法に基づいて1993年に設置されたが，環境省が発足する中央省庁の再編に伴い，自然環境保全審議会・瀬戸内海環境保全審議会を統合し，2001年に新たに中央環境審議会として設置された。環境大臣の諮問機関であり，日本の環境政策に関する重要な事案について審議し，答申を行う。審議会のもとに総合政策，廃棄物・リサイクル，**循環型社会計画**，環境保健，石綿健康被害判定，地球環境，大気環境，騒音振動，水環境，土壌農薬，瀬戸内海，自然環境，野生生物，動物愛護の計14の部会と，**21世紀環境立国戦略特別部会**があり，さらに各部会には具体的な審査や提言を策定する小委員会や専門委員会が置かれている。喫緊の課題として**東日本大震災後**のエネルギー政策なども，中央環境審議会で議論している。

〈関　智子〉

中国の環境教育
environmental education in China

　中国は1978年から始まった改革開放路線のもとで30年以上にわたって著しい経済成長を遂げ，今や世界最大の工業国となっている。しかし，利益優先の工業化の結果として有害**廃棄物**，**水質汚濁**，**大気汚染**，**酸性雨**などの環境問題が深刻となり，また，急激な経済成長・生活水準向上に伴って，ごみ問題，交通渋滞，排気ガス，**騒音**，食品汚染なども大きな課題となっている。それらに加え，さらに水不足，**砂漠化**，**黄砂**，森林劣化などが加わ

り，中国は環境危機大国といわれている。それだけに，環境教育の普及によるこれらの環境問題への取り組みが強く望まれる。

中国の環境教育の特色の一つは，高等教育から始まった点である。1972年の**国連人間環境会議**後，北京大学をはじめとする主要大学に環境保護専攻が開設されて，環境保護の専門要員が養成されていった。90年代になると環境教育が徐々に中等教育段階にも浸透していったが，科学的な要素の色濃い学習内容であった。今日では自然体験や持続可能な社会を重視する環境教育も広がってきているが，環境問題を科学的に分析して政策に反映させていくタイプの環境教育も依然活発である。

小中学校における環境教育を活気づけたのは，1996年12月に公布された「全国環境宣伝教育行動綱要（1996~2010）」であった。そこには活動科の時間に環境保護活動を実行し，全国的に「緑色学校」を作るようにという指示が盛り込まれていた。2003年には「中小学生環境教育専題教育大綱」「中小学生環境教育指南（試行）」を相次いで発表し，すべての学校で環境教育の時間を設けて環境に関するテーマ学習をすることや，環境に対する知識・態度・価値観を育むことを求めた。このような国家的な環境教育推進施策のもとで，学校環境教育は急速に普及しつつあるが，農村地域での実施は遅れがちである。

中国には3,000以上の環境NGOがあるといわれており，汚染問題やごみ問題等での関与を強めている。それとともに，地域密着型の環境NGOが地域社会や学校における環境教育の浸透・推進に大きな役割を果たし始めている。ただし，環境NGOの活動は現時点では都市部と環境問題が顕著な地域に限定されがちで，より広範囲に影響力をもつことが今後の課題であろう。

（諏訪哲郎）

潮汐発電
tidal power generation

潮の干満（潮汐）による潮流という**再生可能エネルギー**を利用した発電で潮力発電ともいう。干満の差が大きい湾を堤防で仕切り，湾の内側（貯水池水位）と外側（海水位）の落差の大きい時間帯にその落差を利用して水車タービンを回して発電することから低落差の水力発電の一種ともいえる。発電方式によって，海水位と貯水池水位の落差を利用する一方向発電方式，干潮時および満潮時のいずれの場合にも発電が可能な二方向発電方式，二つの貯水池の落差を利用する二貯水池方式の三つに分類される。

日本では潮位の差が小さく，大規模な潮汐発電所の設置に適した箇所がないために経済性の面から普及が進んでいない。国外では，フランス北西部サンマロ湾河口のランス発電所が24万kWの発電機を備え，1967年から30年以上にわたって商業用として大きな事故もなく稼働している。このほか，外国の潮汐発電所としては，カナダのアンナポリス発電所，中国浙江省・江厦の潮汐発電所のほか，韓国，イギリス，米国，ロシア，インド，オーストラリアなどの潮汐エネルギーに恵まれた国々でパイロットプラントが建設されている。

（豊田陽介）

直下型地震
epicentral earthquake

直下型地震とは，ある場所の真下の地下浅部で発生する地震を指すが，メカニズム等を示す学術用語ではなく，マスメディアを中心に被害状況の視座から使用されており，通常は都市部において大きな被害をもたらす地震を指す。「都市直下型地震」などの用例で使用されることも多い。震源断層が海域にある場合や，地表から40km程度離れている場合でも「直下型地震」として扱われていることがあり，防災上の観点からは意義のある用語であるとしても，使用例には拡大解釈的な場合が多いので注意を要する。

（能條 歩）

チリ地震津波
1960 Chilean Earthquake and Tsunami

南米チリにおいて1960（昭和35）年5月23日の日本時間午前4時11分に発生したマグニチュード9.5という世界最大規模の大地震により引き起こされた**津波**。**地震**発生から約22時間半後の5月24日未明に最大6.3mにも及

ぶ津波が三陸海岸を中心に襲来し、死者142名、負傷者855名、建物被害46,000棟、罹災者147,898名、罹災世帯31,120世帯、船舶被害2,428隻など甚大な被害を出した。日本とチリは約17,500km離れており、津波は時速約780kmで太平洋を渡ってきた計算になる。チリ地震津波は、地球のほぼ裏側という遠く離れた地域で発生した地震であっても大きな津波被害を及ぼすという自然の脅威と、適切な防災・減災対策の必要性を示唆している。

(溝田浩二)

『沈黙の春』
Silent Spring

1962年に出版されたレイチェル・カーソンの著書で、20か国以上で翻訳された世界的ベストセラー。日本では1964年に『生と死の妙薬』(のちに改題)として出版された。当時、全米で大量散布されていた農薬が、人体汚染と環境汚染をもたらす危険を告発し、環境意識を高め、その後の環境運動を喚起した。

本文の一部が、雑誌 The New Yorker に掲載されると大きな反響を呼び、化学会社や農薬会社からの攻撃や、大論争が起きたが、後にDDTの全面使用禁止につながった。農薬以外にも放射性物質による生物への長期的な影響に言及するなど先駆的な著書である。

(村上紗央里)

つ

使い捨て商品
disposable products

使い捨て商品は、1回または数回の使用後廃棄することを前提とした商品である。よく知られる商品として使い捨てカイロ、紙コップなどの使い捨て食器、ホテルの歯ブラシ、飲食店の割り箸など多数存在する。商品を使用後に捨てることができる便利さ、気軽さや安価な点が消費者心理をとらえた。使い捨て商品が出現したのは、大量生産の手法が開発され、安価に製造できるようになったからである。使い捨て商品は設計段階から構造が簡略化され、耐久性や修理の必要性を考えないために、低コストで生産できる。利便性では、例えば使い捨て食器では使用後洗う水や流しも不要で、人手も要らない。大規模な催しやファストフード店などでは大量の食器が使用されるため、紙コップや紙皿など使い捨ての容器が使用されがちである。しかし、近年はスポーツ観戦などの場ではリユース食器の使用が進み、また、洗剤の詰め替えパッケージも一般的になっている。

使い捨て商品は**大量生産・大量消費・大量廃棄社会**の代名詞でもある。大量に使用された後の廃棄物処理と資源の有限性の問題、また結果的に増大する社会的コストの面から見直しがされている。大量の廃棄物の処分方法や費用の問題から「循環型社会形成推進基本法」をはじめ**循環型社会**の構築が目指されている。政府は**環境基本計画**で、廃棄物の発生抑制、使用済み製品の再使用、マテリアルリサイクル(物質回収)、マテリアルリサイクルが技術的に困難な場合はサーマルリサイクル(熱回収)という優先順位を明示している。

使い捨てカメラは1980年代に大ヒット商品になり1990年代までその名称で呼ばれていたが、実際には現像所に出すと回収され、部品ごとに分解してレンズなど再使用可能な部品は製品に組み込まれ、他は素材として**リサイクル**されるという循環生産システムを行っている。

設計段階からリサイクルを考えて環境に配慮する考え方は最終的には、物を売るのではなく機能を売るという「サービサイジング」の考え方に行き着く。

(横村久子)

津波
tsunami

〔語義〕津波とは**地震・噴火・地すべり**などによって、海水が大規模に移動する現象である。通常の波とは異なり、沖合では被害が少なく、港(津)などの沿岸では大きな高波となって押し寄せることから大きな被害をもたらす。"tsunami"は1960年代後半から学術用語として国際的に用いられてきたが、2004年のスマ

トラ沖地震の報道をきっかけに各国言語でもこの現象を"tsunami"と呼称するようになった。

〔被害〕一般に，津波は震源が浅い地震で多く発生し，おおむね100kmより深い震源の地震では津波は発生しないとされている。ただし，地震の規模や体感する揺れの大きさと津波の大きさは必ずしも比例しないので，十分注意する必要がある。1960年の**チリ地震津波**のように，地震発生から22時間半も経過した後に最大6mもの津波が日本に到達して142名もの死者を出した事例もある。また，陸域への遡上距離や波高は海岸地形によって大きな違いが生じるため，同じ津波であっても，波の到達する向きや海底の深浅により近隣でも被害状況は一様ではない。特に，リアス式海岸のように内陸に向かって狭くなっているような地形のところでは，沿岸域だけでなく，内陸部にも被害が及ぶ場合がある。日本は，地震や火山噴火などの津波を誘発する自然現象が頻繁に発生する条件にある割に防災教育が十分でないことや，根拠の乏しい言い伝えや思い込み，災害につながる自然現象の過小評価や想定の不備，行政任せの災害対策などのため，避難が遅れて犠牲者が出ることが多かった。近年では，2011年3月11日の東日本大震災の教訓から，津波に関する様々な改善策が検討されており，例えば気象庁ではM8を超える大地震が発生して津波が予想される場合，約3分以内に発せられる第1報の警報を「大津波警報」と「津波警報」とに変更し，直ちに個人単位での避難行動につながるような情報提供を工夫するなどしている。

(能條　歩)

ツバル
Tuvalu

南太平洋上のポリネシア地域にある陸地面積約26km²，平均海抜2m以下の9つの環礁からなる島国。人口約9,800人（2011年）で首都フナフティ（Funafuti）に約半数が住む。海抜が低いことから**海面上昇**や**気候変動**などの温暖化の影響を受けやすく，水没が懸念される国として，世界的に注目を集めている。

イモ類，ココナッツ等の農業，養豚や養鶏，漁業で自給自足的な生活が成り立っている。すでに海水温度上昇等による**サンゴ礁**の被害，海岸侵食，サイクロンの巨大化による被害，輸入品による廃棄物処理の問題等，様々な環境問題に直面している。

(大島順子)

て

低炭素社会
low carbon society

地球温暖化を防止し，**持続可能な社会・経済**を構築するための社会のあり方として，「低炭素社会」という用語が使用されている。英国の「エネルギー白書」(2003年)で，低炭素経済 (low carbon economy) という語が使用され，日本では，2007年頃から，それに相当する語として低炭素社会が使用され始めた。

化石燃料への依存度を減らし，地球温暖化の原因となる二酸化炭素排出が極めて少ない低炭素社会は，①**再生可能エネルギー**の割合が大幅に増加し，②電気や熱利用に伴う CO_2 排出が大きく削減され，③まちそのものがコンパクトで移動も最小で利便性が高く，④産業・ビジネス活動においてもエネルギー使用量が少ない，などを追及することによって実現される。

低炭素社会の実現には，適切な政策導入や投資，あるいは最新の技術を投入するとともに，ライフスタイル，価値観の転換や，既存の権益を打破するような大きな変革が求められる。

(田浦健朗)

ティッピングポイント
tipping point

水が入ったコップを傾けていくと，ある時点（ティッピングポイント）でコップは倒れ，水が一気にこぼれる。これと同じように，社会事象のわずかな変化がある閾値を越えると伝染病のように急速に広まることに用いられる言葉である。マルコム・グラッドウェル (Gladwell, Malcolm) 著*The Tipping Point*が

米国でベストセラーになったのを契機として一般にも広まった。現在では生態系についても，じわじわと進行する変化がある限度を超えるとまったく新しい状態へと飛躍するような状況，あるいはその限界を越えると生態系の回復が困難になるような場合が存在する，というような意味で使われるようになっている。

〔溝田浩二〕

ディープエコロジー
deep ecology

〔二つのアプローチ〕同じ環境問題への取り組みであっても，①環境汚染・資源枯渇といった目に見える問題に対し，主に対症療法的に技術的対応を試み，先進地域の住民の物質的豊かさの維持・向上を図るというものと，②政治や経済の構造の深いところ，さらには社会の主流を占める考え方や価値観といったところにまで，問題の根源を求め，根底的なところから変革を図ろうというものとがある。

1973年，エコロジー哲学（eco-philosophy）の構築を進めていたネス（Naess, A.）は，前年の研究会議での報告要旨を論文として公表し，前者を「浅いエコロジー運動」，後者を「深いエコロジー運動」と呼んで，これらを峻別した。同様の区別については以前から論じられていたが，「ディープエコロジー運動（the deep ecology movement）」という造語が使われたことで，この用語が定着することになった。

〔主張〕ネスは，今日支配的な社会のあり方や価値観を「当たり前のこと」として疑問をもつことなく従順に受け入れるのではなく，主体的に問題をとらえ，よく考え，深く問いかけていくこと（deep questioning）が不可欠と考える。そして，広がりを犠牲にして運動の先鋭化を目指すのではなく，例えば，宗教的信条や社会的出自の違いにかかわりなく，多様な背景をもつ人々が等しく支持できる基本事項を合意していくかたちでの運動の広がりを望んだ。

ディープエコロジー運動の関心は，多様性，自治，分権，共生，反差別などの原則に関わる広がりをもつもので，生命自体やその多様性の尊重，人口を減らす，また人間の自然界への介入を減らす必要，社会の仕組みや生活のあり方に関わる見方や考え方を変えていく必要などの合意ができないかと，ネスは考える。ディープエコロジーには，自然保護，社会正義，精神的なつながりといったそれぞれに異なるテーマに重点を置く多様な思想や取り組みがみられ，環境教育にも強い影響を与えてきた。

〔井上有一〕

ディベート
debate

ディベートは日本語では「討論」「論争」などと訳される。特定のテーマ（論題）に対して肯定側，否定側に分かれて一定のルールのもとで議論し，勝敗をつける。テーマについて各自が自由に意見を出し合う議論（ディスカッション）とは区別される。教育ディベートにおいては，論争の勝ち負けを争うことよりも，肯定・否定の二つの立場に分かれて議論を尽くすことでテーマへの理解を深めるプロセスが重視される。肯定側と否定側は任意に分けられることが多く，自分がもっている意見とは異なる立場で論争に加わることがある。そのことが異なった立場をより深く理解することになり，また自身の考えを論理的に強化することにもつながる。

ディベートのルールはいくつかあるが，全国中学・高校ディベート選手権（通称「ディベート甲子園」，全国教室ディベート連盟主催）の高校生の部では次のようなルールを採用している。①肯定側立論6分，②否定側質疑3分，③否定側立論6分，④肯定側質疑3分，⑤否定側第1反駁4分，⑥肯定側第1反駁4分，⑦否定側第2反駁4分，⑧肯定側第2反駁4分。それぞれのスピーチの間には1〜2分の作戦タイムがある。ほかにも，それぞれの立論を2回ずつ行う形式や，反駁の後に結論のスピーチを1回ずつ入れるルールもある。なお，ディベート甲子園では「質疑」と表現しているが，正確には「反対尋問」であり，相手のデータの不備や論理の矛盾をついて自分の側のポイントを稼ぐための質問である。

審判は専門家が行う場合もあるが，聴衆者が投票や挙手で勝ち負けを決めることもある。ディベートにおいては，一般の聴衆に対してどれだけ説得力をもって議論ができたかが問われている。社会においては，法廷，国会，国連などで専門的ディベートが行われていて，その準備としても教育ディベートは有益である。特に，日本社会においては結論を明確にするような議論が伝統的に好まれなかったこともあり，国際社会で活躍するには必須のものということもできる。 (田中治彦)

テイラー，ポール
Taylor, Paul W.

米国の哲学者で，ニューヨーク市立大学ブルックリン校名誉教授。著書に *Respect for Nature: A Theory of Environmental Ethics* (1986，邦訳『自然の尊重』)などがある。環境倫理学のタイプを人間相互間の利害への配慮に基づく環境倫理である「人間中心主義」と，人間が地球上の動植物の偉大な生命共同体の同等なメンバーとして自然の尊重に基づく環境倫理である「生命中心主義」とに分けると，テイラーは後者の立場に立つ。しかし「生命中心主義」に従うと，動植物の利用も必要最小限に限られてしまうなど私たちの生活様式は大幅な変更を迫られる。したがって提唱したテイラー自身でさえ，実現困難だと認めていた。 (桝井靖之)

テサロニキ会議
Thessaloniki Conference

ユネスコとギリシャ政府の主催で，1997年12月8〜12日にギリシャのテサロニキで開かれた「環境と社会に関する国際会議：持続可能性のための教育とパブリックアウェアネス(意識啓発)」と題する国際会議。開催地名からテサロニキ会議と呼ばれている。

ユネスコ主催の環境教育に関する主要な国際会議は，1977年の「環境教育政府間会議」(通称トビリシ会議)以降，10年に1回開催されており，テサロニキ会議は1987年の「環境教育・訓練に関する国際会議」(通称モスクワ会議)に次ぐ3回目の会議である。会議は84か国から約1,200人の専門家が集まる大規模なものであった。

環境教育の歴史から見て，この会議の最大の意義は，環境教育が目指す方向を社会全体の**持続可能性**の向上，言い換えれば「**持続可能な社会の実現**」としたことである。つまり，環境教育は，環境問題の解決に向かうだけではなく，より幅広く，地球環境に影響を及ぼすグローバルな課題，例えば貧困，人口，人権，平和といった課題の解決を目指し，社会全体を持続可能なものに変えていこうとの方向性を明確化したことである。このことは，会議で採択されたテサロニキ宣言の第10項，11項に記されている。

第10項では，「持続可能性に向けた教育全体の再方向づけは，すべての国のあらゆるレベルの学校教育・学校外教育が含まれている。持続可能性という概念は，環境だけではなく，貧困・人口・健康・食料の確保・民主主義・人権・平和をも包含するものである。最終的には，持続可能性は道徳的・倫理的規範であり，そこには尊重すべき**文化的多様性**や伝統的知識が内在している」とされている。つまり，持続可能性という概念には，幅広く，地球環境に影響を及ぼすグローバルな課題の解決が含まれており，一人ひとりの知識，価値観，行動の変革が基盤であることが述べられている。

また，第11項では，「環境教育は今日までトビリシ環境教育政府間会議の勧告の枠組みのもとで発展し，その後アジェンダ21や，他の主要な国連会議で議論されるようなグローバルな問題を幅広く取り上げながら進化し，持続可能性のための教育としても扱われてきた。このことから，環境教育を『環境と持続可能性のための教育』と表現してもかまわないといえる」とされ，環境教育が目指す方向は持続可能な社会の実現であることが明示された。

持続可能性のための教育との位置づけ，または持続可能な社会の実現との方向性は，**国連「持続可能な開発のための教育の10年(DESD)」**につながるとともに，日本においては1999年の**中央環境審議会**答申「これから

の環境教育・環境学習—持続可能な社会をめざして—」の基調となった。 (市川智史)

デポジット制度
deposit system

製品価格に上乗せして製品や容器などの預託金を支払い，使用後にその製品や容器などを返却すると預託金が返却される仕組みを「デポジット制度」あるいは「デポジット制」という。主な目的は，使用済みの容器などの回収を進めることにより，廃棄物の削減や容器の再使用（リユース）・再生利用（リサイクル）を通じて，容器製造のための原料やエネルギー消費および廃棄物処理のための環境負荷を削減するとともに，ポイ捨てによるごみの増大を減らすことである。

日本ではビール瓶や醬油・酒などの一升瓶など，再利用可能な容器（リターナブル容器という）の回収が行われてきたが，手軽なペットボトルや缶容器の普及により，リターナブル容器の比率は下がってきた。最近ではイベントや施設での飲食器のデポジット制度の取り組みが広がっている。世界で初めて飲料容器のデポジットを制度化したのは米国オレゴン州（1972年）である。ドイツでは1991年の「包装廃棄物政令」で制定した基準よりもリサイクル率が下回っているとして，2003年に政令を改正し，使い捨て容器の比率が高まってきた飲料容器について強制的にデポジット課金を実施した結果，リサイクル率が基準を上回るようになった。このようにデポジット制度による容器回収率向上の効果は実証されている。 (花田眞理子)

デューイ，ジョン
Dewey, John

米国の哲学者，教育学者，社会思想家（1859-1952）。米国プラグマティズムを代表する思想家であり，進歩主義教育，経験主義教育と呼ばれる斬新な教育を実践したことでも知られる。主な著作に『民主主義と教育』（1916年），『哲学の改造』（1920年）などがある。教育という営みにおいて超越的で固定的な価値や理想を措定するのではなく，人間と環境との不断の相互作用から成長や経験のあり方を導き出さなければならないと主張した。人間と環境とを切り離すのでなく，一つの生命過程としてとらえるデューイの生命観は，環境教育に多大な影響を及ぼしている。 (李 舜志)

展示
display

展示とは，一般には，美術品・商品などを並べて一般に公開することとされている。環境教育においては，教育目的の達成や学習者の興味関心を促すために，それぞれの環境教育の目的に応じて，生き物の標本や様々なメッセージを含む教材が展示される。

展示する場所や想定される学習者によって，その展示内容も変化する。例えば，学校の教室展示では，クラスに所属する児童生徒が主な対象者となり，展示物は，彼らが調べ学習などで作成したプレゼンテーションの資料などが採用される。また，ある地域の施設展示では，その地域の動物の剝製やごみ処理システムの模式図などの展示が想定される。

展示物の内容は，教育や企画の目的に応じて，物，ポスター，映像，音声など様々な媒体が考えられる。例えば，メダカやフナなど地域の生き物を，水槽に入れて生きたまま展示することもできる。

展示の方法にも，様々なアイディアが考えられる。国別，地域別の展示や学習者が自分で動かし，触ることのできるハンズオンと呼ばれる体験型の展示などもある。ある昆虫展示施設では，蝶を広いドームに放し飼いにして，入館者は間近に生態の様子を観察できる。このような自然に近い生態系を復元して展示することを「生態展示」という。また生き物のそれぞれの種がもっている特徴的な行動を引き出して展示することを「行動展示」という。 (岳野公人)

電磁波
electromagnetic wave

電気が流れるときに生ずる電場と磁場の変化によって形成される波で，真空の空間でも

伝達される。周波数（Hz：波が1秒間に往復する回数）により電磁波の種類が変わる。周波数の高いものから順に，**放射線**（ガンマ線，X線など），光の仲間（紫外線，可視光線，赤外線），そして電波（携帯電話，TVやラジオ放送など）に分けられている。携帯電話や高圧線による低周波の電磁波が健康被害を及ぼすと指摘されているが，2011年国際がん研究機関（IARC）は，携帯電話から出る電磁波により脳腫瘍を引き起こす危険度が増すおそれがあると報告した。　　　（冨田俊幸）

天然ガス
natural gas

地中から天然状態で産出されるガスのことであるが，一般には不燃ガスや不純物を除去した炭化水素ガスを指す。**メタン**，エタン，ブタンを主成分とする。**石油**採掘の際に一緒に出てくることが多いが，単独に天然ガス田から採掘されることも多い。石油や**石炭**に比べて燃焼した時の二酸化炭素の排出量が少ないことから，環境負荷の少ないエネルギーとして利用されている。欧米では気体の状態でのパイプライン輸送が主流であるが，日本では通常はガスを液化して液化天然ガス（LNG）の形で輸送・備蓄して，利用している。主な用途は燃料や都市ガス・化学工業原料などである。可採年数は約60年と推算されている。
　　　　　　　　　　　　　　（冨田俊幸）

天然記念物
natural monument

文化財保護法に基づき，動物，植物，地質鉱物の中から学術上価値の高いものが「天然記念物」として指定され，特に重要なものについては「特別天然記念物」として指定される。国が指定するほか，自治体も条例に基づいて天然記念物を指定することができる。

問題点として，①学術上価値の高いものに限定され，生物多様性の観点や絶滅のおそれの有無については考慮されていない，②保護管理体制が不十分である，③自治体の働きかけによる指定作業がはかどっていない，などが挙げられる。
　　　　　　　　　　　　　　（小島　望）

電力自由化
electricity liberalization

参入が大きく制限されている電力供給事業に競争原理を導入する制度改正のこと。欧米では発電・送電・配電の分離が広く実施され，多くの国では電力自由化に際して**再生可能エネルギー**の普及・促進の制度も導入されている。日本では電気事業法が1995年に改正されて以降，大口の需要家を対象に部分的な自由化が進められた。2005年の法改正によって，今では50kW，6,000ボルト以上の高圧契約を行っている需要家にまで対象が広がっている。対象となる需要家は，地域独占の電力会社（以下，電力会社とする）以外の電気事業者（特定電気事業者）からも電気を購入することができる。しかし自由化の対象になっている65％の需要家のうち，実際に地域外の電気事業者と契約しているのは2％にすぎない。電力会社と特定電気事業者の間で対等な競争を行うためのルールがないこと，送電線の使用料が割高であること，電力需給の不一致が生じた場合に罰金が課されること，などが新規の特定電気事業者の参入を難しくしている。

これまでの一部自由化の結果，日本では電気料金を下げることだけが重視され，新規参入者・電力会社とも燃料価格の安い石炭火力発電を増やしたため，二酸化炭素の大量排出につながっている。そういったことからも電力自由化に当たっては，市場を開放するだけでなく，電力会社と特定電気事業者の公平で公正な競争を促し，環境面にも配慮したルール作り（規制）が求められる。

2011年3月の**東日本大震災**を契機に，これまでの電力供給システムの持続可能性についての疑問から電力システム改革が検討されるようになってきた。2012年の7月には，経済産業省の電力システム改革専門委員会が「電力システム改革の基本方針」についてまとめた。この中では小売全面自由化（地域独占の撤廃），発電の全面自由化（卸規制の撤廃），**発送電分離**（送配電部門の中立化）について検討を進めていくことになっている。（豊田陽介）

ドイツの環境教育
environmental education in Germany

〔環境教育の進展〕ドイツの環境教育の歴史は大きく三つに分けられる。1960年から1980年代は自然破壊、地球資源枯渇を中心にした自然科学系教育に重点を置いた時代であった。これは当時の日本が水俣病や四日市公害などの公害が問題化し、公害列島といわれた時期と重なる。ドイツ連邦政府は1971年に環境を意識して、環境にやさしい行動をすること、環境を復元し保護することを教育の目標として打ち出した。また、ドイツ連邦自然保護法が1976年に制定された。この法律のもとで、企業や政府、市民が一体になって自然の復元と保護に取り組み、多様な生物種と共存する社会をつくろうとした。このような流れの中でドイツの環境教育が環境破壊の現状を知る教育から社会変革に向けての教育へと移っていった。

1980年から1990年代は自然科学系教育のみではなく、政治・社会・経済的要素を加えた新しい環境教育を発展させるべきだとした時代になった。そして、1990年代から現代までは、1992年に国連が主催しブラジルのリオデジャネイロで開催された国際会議での宣言が環境教育の主軸となっている。この会議では、「持続可能な開発」(将来の世代の欲求を満たしつつ、現在の世代の欲求も満足させるような開発)について各国、関連国際機関が共同宣言を行った。ドイツではこの内容を具体的に実現するために、アジェンダ21を重要な環境教育の目的の一つとして教育が進められている。「持続可能な開発」を受けて自然科学・社会科学双方から問題解決策を導くために、環境と開発の両方を可能にするべく教育が重視された。その教育の中で大切になっているのは身の回りで起こっている様々な環境問題を意識し、その問題を具体的に解決していくための方法を探り、最も有効な行動をどのように起こしていくか、そして未来の世代に悪影響を与えない持続可能な社会をどうつくっていくかについてである。

〔学校教育における環境教育〕特に「環境」という教科はないが、小学校から高校までの各学年の各教科に対応した環境教育が行われている。「身近な生き物をしらべよう」「ごみはどのように処分されているか」「空気や水がなぜ汚染されたか」等のテーマで小学校低学年から環境について学び、中学校・高等学校では生態系や土壌や、森林の働き等は「生物」の教科で、酸性雨による森林枯死、その他の大気汚染物質による影響については「化学」の教科で、エネルギーについては「物理」の教科で扱っている。

「外国語」では地球温暖化の記事などを教材にしている。小学校前の幼児の環境教育についても重要視されていて、森の幼稚園に代表される自然体験と野外遊びは、園児の健康で豊かな感受性を育て、集中力が高まるという報告がなされている。ドイツ最大の環境自然保護連盟BUNDなどによる学校以外の環境教育施設もドイツ全体で600か所を超える。これらの施設では児童生徒の五感を重視する野外体験学習、教師や保育士へよりよい環境教育を行うための講座、一般市民への自然観察会や環境講座が行われ、ドイツの環境教育の質を高めている。
(塩瀬 治)

トウェイン、マーク
Twain, Mark

マーク・トウェインは、米国の作家(1835-1910)。主な著書に『トム・ソーヤの冒険』(1876年)、『ハックルベリー・フィンの冒険』(1885年)などがある。ミズーリ州のミシシッピ川に面した小さな村で育ち、ミシシッピ川をはじめとする大自然をこよなく愛していたことが知られている。作品も物質文明への不信感や嫌悪感を吐露したものや、一方で大自然を舞台に生き生きとした少年を描いたものが多い。自然回帰を志向する物語は、一部の環境保護運動に影響を与えた。
(李 舜志)

東海村臨界事故
Tokaimura nuclear accident

茨城県那珂郡東海村にある核燃料加工施設，住友金属鉱山の子会社ジェー・シー・オー（JCO）で1999年9月30日に起きた原子力事故（臨界事故）のこと。臨界事故とは原子炉以外の場所で核分裂連鎖反応が起きて大量の放射線や熱が放出される事故で，日本国内では初めて事故による被曝での死亡者を出した。核燃料をつくるウラン燃料加工棟で，ゆるやかな核分裂による臨界状態が事故発生から約20時間にわたって続いた。作業員が重度の被曝をし，2名が亡くなった。他の施設の従業員や駆けつけた消防署員，周辺住民など，663名も被曝した。事故の原因として，燃料加工工程におけるずさんな作業管理が指摘され，JCOおよび責任者に有罪判決が下された。 〈冨田俊幸〉

動物園
zoo／zoological garden

〔語義〕現代の動物園とは，生きた動物を収集し，動物福祉に配慮しながら，科学的な視点で飼育展示を行い，教育的配慮のもとに，一定期間，一般市民の利用に供し，その教養，調査研究，レクリエーション等に寄与するために必要な事業を行い，あわせて動物に関する調査研究を進め，種の保全に貢献することを目的とする施設，といえる。動物園はズー（zoo）と呼ばれるが，これはzoological gardenあるいはzoological parkの略である。「動物学」に裏づけされた施設であることが原義である。現代の動物園に大きな影響を与えたのは，1828年に開園したロンドン動物園である。ロンドン動物学協会によって設立され，動物学の振興・発展を目的に掲げた最初の動物園でもあった。

現在，日本には公益社団法人日本動物園水族館協会（JAZA）に加盟している動物園は86施設，水族館は64施設を数え（2013年5月1日現在），世界でも有数の動物園大国となっている。

〔動物園の役割〕従来から，動物園は①教育の場，②レクリエーションの場，③研究の場，④自然保護の場であるといわれてきた（加えて⑤自然認識の場を唱える場合もある）。現在ではこの4つ（あるいは5つ）の社会的機能をもとに，①絶滅の恐れのある動物種の保全，ならびに②環境教育（環境学習）の推進を二つの大きな目的としている。国際的な動物園組織である世界動物園水族館協会（WAZA）は，1993年に『世界動物園保全戦略』を打ち出し，さらに発展させたかたちで2005年には『世界動物園水族館保全戦略』（WAZACS）を刊行した。WAZACSでは絶滅のおそれのある生物種の生息域外繁殖，研究，**社会教育**，生物種や個体群を生息域内で支援することなど幅広い活動を動物園が実施できると述べている。

〔種の保全への取り組み〕世界各国の動物園は，地域ごとに連携して種の保全へ向けた繁殖計画を立てている。例えば，北米動物園水族館協会（AZA）では「種保存計画」（SSP）が，欧州動物園水族館協会（EAZA）では「欧州絶滅危惧種計画」（EEP）が策定・実施されている。JAZAでは1988年に「種保存委員会」を発足させ，飼育下希少動物の繁殖を図るため，種の保存計画を策定した。2012年現在，種保存委員会は生物多様性委員会に再編され，ニシゴリラ，ユキヒョウ，フンボルトペンギン，オオサンショウウオなど143種を対象に国内血統登録事業を行っている（このうち国産の動物ではニホンカモシカ，ニホンコウノトリ，タンチョウ，マナヅル，ナベヅルの5種が国際血統登録種である）。

〔環境教育の推進〕現代の動物園は，環境学習プログラムを通じて環境保全に対する来園者や一般市民の態度・行動の変容を促そうとしている。国際動物園教育担当者協会（IZEA）は，隔年で国際会議を開き，世界各地で行われている動物園教育の実践報告を交換し合うとともに，WAZAや**国際自然保護連合**（IUCN）と協力し，生物多様性の保全や持続可能な開発のための教育の推進に力を注いでいる。種の保全といった活動は一つの動物園で完遂できるものではなく，また，環境保全に向けた動物園教育も世界各国の動物園と協力・協働していくことによって，より豊かで質の高い

プログラムを開発することができる。

日本では，1975年に日本動物園教育研究会（現，日本動物園水族館教育研究会）が設立され，動物園教育の発展に寄与し続けている。動物園が保全・繁殖を推進する上での研究や教育に力を注いでいることは一般的に十分知られてはいない。今後は，いかに研究や教育活動に関する情報発信をしていくかが，これからの動物園の鍵であり，課題ともいえる。

(髙橋宏之)

動物介在教育
animal assisted education

動物介在教育とは，文字通り「動物を教育の場に介在させた教育」を意味し，動物介在療法（animal assisted therapy：AAT）や動物介在活動（animal assisted activity：AAA）から派生した教育活動である。AATの一環としてAAE（animal assisted education）が実施されている場合もある。

現在のところ，家庭よりも学校や動物園などの専門的な「教育の場」で行われることが前提となっている。例えば，幼稚園や小学校などの教育施設でウサギなどの動物を飼育したり，動物保護センターなどの職員やボランティアが幼稚園や小学校を訪れ，連れてきた動物を活用し，動物愛護や動物との接し方について教える事例がある。動物園では教育専門の部署を配置するところが増えてきており，飼育係やエデュケーターと呼ばれる専門職員が展示動物に対するレクチャーを行ったり，自然環境や**生物多様性**の保全の重要性を実際の動物を目の前にしながら伝えている。子ども動物園のような専門的な場所でテンジクネズミなどの小動物やヤギ，ヒツジ，ウシ，ウマなどの家畜を活用し，「ふれあい教室」を実施しているところも少なくない。

生きた動物を介して命の大切さを伝える意味でも，動物介在教育は現代社会において，より重要性をおびる。今後は，さらなる普及と，その教育効果の評価方法を確立することが課題である。

(髙橋宏之)

動物解放論
animal liberation

動物は人類から課せられる苦痛や搾取から解放されるべきとする考え方，もしくはその実践を目指す社会運動の総称。多くの場合，動物が利益や快楽を訴求または享受する権利をもつという「**動物の権利**」の発想に立つ。

ただし，狭義の動物解放論は，功利主義の立場に立つ。種差別批判を展開したピーター・シンガーのように功利主義の立場に立ち，人権問題とは独立した内在的権利が動物に認められるべきとするトム・レーガン(Regan, Tom)らの動物の権利論とは区別される。苦痛の客観的評価の可能性が論点になることが多いが，前者の場合は知性などのヒエラルキーを動物に認めることになる。

動物解放論の議論や活動では，狩猟や毛皮産業，動物実験，近代畜産業（工場畜産）などが具体的対象となることが多く，一部では施設破壊など非合法行為を伴う解放活動も行われてきた。このため動物解放論全体が批判を受けることも多いが，一方で動物解放論は，動物実験の基準化をはじめ，動物産業における動物福祉（アニマルウェルフェア）や環境エンリッチメントの発想の浸透など，社会成熟の動因にもなっている。

(立澤史郎)

動物の権利
animal rights

広く動物が主体的に生をまっとうすることを権利として認める考え方，もしくはその普及や制度化を目指す社会運動。

実際には，家畜などの産業動物や実験動物に対象を限定するものから，野生動物を広く対象とするものまで，また，殺傷や利用そのものを否定する立場から苦痛の軽減を目指す立場まで，対象や目的は様々である。ただし，あくまで生命愛護を優先する立場（狭義の動物愛護）や，動物の利用を否定しない動物福祉の立場とは，権利という社会的概念の確立や法制化を第一に目指す点で異なる。

一般にいわれる動物の権利概念には理論的に二つの立場がある。一つはトム・レーガン(Regan, Tom)に代表される，人間社会の差別

問題とは独立に内在的価値として幸福・快楽を訴求・享受する権利を認める狭義の動物の権利概念であり，生命・自然中心主義の系譜に連なる。他方は，ピーター・シンガーに代表される，功利主義の立場から種差別批判を展開する動物解放論である。

なお，自然の権利という概念は，個体や種だけでなく生物相や生態系全体にも主体性を認める点では動物の権利の拡張概念といえるが，日本では生息地保全の論拠や訴訟戦略として展開されている面が強い。 （立澤史郎）

トキ
Japanese crested ibis

ペリカン目トキ科の留鳥。学名は*Nipponia nippon*。後頭部に冠羽をもち，尾羽や翼の一部にみられる朱鷺色と呼ばれる独特の薄紅色が特徴的である。生息環境の破壊や悪化，乱獲などによって数を減らし，繁殖が試みられたにもかかわらず最後の1羽が2003年に死亡し，国内のトキは事実上「絶滅」した。しかしその後，中国から贈呈されたり貸与されたトキによって繁殖事業が継続され，現在では放鳥を行うまでに数が回復した。トキが生息できる環境の確保や復元には長い年月や労力，資金が必要となるため，既に野生で絶滅した種に対してよりも，現在絶滅の危惧に瀕している種の保護が優先的に行われるべきであるとの意見，あるいは無理に増やさずに自然破壊への反省のシンボルとすべきだったという意見もある。 （小島 望）

都市鉱山
urban mine

都市に集められ，あるいはごみとして排出された家電製品や携帯電話，コンピュータなどに含まれる金，銀，インジウムその他の希少金属（レアメタル）を鉱山に見立てたもの。1988年に東北大学の南條道夫らによって都市鉱山中の希少金属の再利用が提唱された。

産業界による自主回収や，先進自治体による回収が始まっているが，一方で海外に流出しているケースも見られる。地下資源の枯渇と価格高騰，高品質の資源確保の観点などから，消費者の意識啓発をはじめ，適切な回収や処理の方法を確立することが課題となっている。 （村上紗央里）

土壌
soil

〔土壌とその機能〕土壌は，岩石の風化物（岩石破砕物）や，風成や水成によって形成された粘土や砂の堆積物（火山灰や黄土，また河川の営力によって上流から運ばれてきた土砂等）をもとに，気候，地形，生物，時間の因子が加わることによって形成された地表の自然物である。

自然状態の土壌の断面を観察すると，いちばん下に岩石等の破砕物の層が，その上には粒子が細かくなり粘土が認められる土の層が，そして表層には粘土と有機物を含んだ黒い土壌層が見られる。土壌が植物生産を支え食糧生産の場となりうるのは，土壌に植物の養分や水が保持されているからである。土壌の粘土や有機物に保持されている養分は，植物の根によって吸収され植物の生長に利用される。農業という作物生産の場では土壌中の養分が足りない場合，堆肥などを用いて補っている。

植物の成長には水が不可欠であり，土壌中の水がその供給源となる。土壌中の水は，主に有機物や粘土でつくられた団粒構造の多様な孔隙に保持されている。サイズが異なる様々な孔隙が土壌中にあることが重要で，多様な孔隙をもった土壌は，水も空気も保持する機能をもち，植物に水と空気（植物根の呼吸）を安定して供給する。土壌中の水や空気は植物のみならず土壌動物や微生物の生命活動にも必須となる。

落葉・落枝などの有機物の分解は土壌中に生息する動物や微生物によって行われるので，土壌は陸域における有機物分解の舞台である。また陸域の窒素固定や脱窒素の過程も土壌の微生物によってなされるなど，土壌は陸域における物質循環の中心的役割を担っている。

〔土壌に関する環境問題〕土壌の侵食や塩類化，砂漠化，土壌の酸性化，有害物質による土壌汚染，地球温暖化物質の生成や発生などが，土壌に関連した環境問題である。土壌が水や

風に直接さらされると、表層の土壌が侵食を受けやすくなり、肥沃な表層の土壌が失われ、植物生産力の低下につながる。また、乾燥・半乾燥地域において灌漑による農業生産を長年行っていると、それが原因で土壌表層に塩類が集積し、土地の生産力を低下させる。こうした現象を土壌の塩類化という。乾燥、半乾燥および乾燥半湿潤地域での土壌侵食や塩類化は砂漠化をもたらすと見なされており、その対策が急がれている。有害物質による土壌汚染は従来から大きな公害問題であり、神通川流域の水田におけるカドミウム汚染は、甚大な人的被害を及ぼした。今日では、農用地における汚染とともに、市街地域での有害物質の汚染も問題になっている。さらには、**東日本大震災に伴う福島第一原発事故**により放出された放射性物質が土壌に蓄積し、その除染が問題になっている。

〔**土壌に関する環境学習**〕土壌を取り入れた教材の開発には、土壌が植物生長にとって重要な環境要素であるという視点や、土壌がもつ物質循環の機能を導入することが大切となる。小学校や中学校の理科、特別活動また総合的な学習の時間を活用して、学校内の花壇や農園で植物や作物・野菜を育てる機会は多い。土壌の状態によっては、植物の生長が旺盛であったり、一方では貧弱であったりする事例を見る。理由は様々なケースが考えられるが、水や養分が要因になっていることがある。堆肥など養分を補給した場合と、そうでない土壌では、土壌中の養分が異なるので生育も違う。礫や小石が多く土壌の保水や養分供給の能力が低いことが、生育の差になっていることもある。

　土壌の物質循環の機能も環境教育の教材として活用されている。森における落葉、落枝の分解には土壌中の動物や微生物が関わっていること、土壌が生態系での食物連鎖の場であることを理解させることが大切である。土壌中には多様な生き物が生息し、上記の物質循環を支えている。土壌中の多様な生き物の存在を知ることや、有機物分解に対する土壌生物の効果を確かめる学習は大切である。

(樋口利彦)

土壌汚染
soil pollution／soil contamination

〔**土壌汚染とは**〕水銀、鉛、カドミウム、ヒ素などの有害な重金属等、および**農薬**、PCB、油などの有機化学物質が土壌に蓄積し、人の健康被害や農作物の収量減をもたらし、さらに自然環境に影響を及ぼすことをいう。

　公害問題が指摘された時から、大気汚染や水質汚濁とともに、土壌汚染は公害病を引き起こし、環境汚染の問題の一つとして懸念されてきた。水質汚濁は水田への汚濁につながること、また土壌汚染は地下水にも影響を及ぼすということもあり、水と土壌は密接につながっている。

〔**重金属を含む物質による汚染**〕水銀、鉛、カドミウム、ヒ素などの有害な重金属等は、人体に蓄積した場合、水俣病やイタイイタイ病のような深刻な公害病を引き起こす。こうした重金属を含む物質による土壌汚染は、明治維新以降に顕著になってきた。明治維新後の経済力の強化は鉱工業の振興を促し、銅生産の拠点であった足尾銅山は振興を支えた。しかし足尾銅山の精錬過程で、銅、ヒ素、鉛、亜鉛、カドミウムといった重金属等を含む鉱山排水が渡良瀬川下流域に流れ込み、下流域の水田が広く汚染される事件が起きた。いわゆる足尾鉱毒事件である。この問題は日本の公害問題の原点であるといわれる。また、富山県神通川流域には、鉱山からのカドミウムを含む排水により、農地の土壌汚染を引き起こし、その汚染米を原因とするイタイイタイ病が発生し、甚大な人的被害をもたらした。このように、鉱山からの重金属を含む有害物質は農地を広く汚染し、食べ物を介して人間の健康に害を及ぼしてきた。

〔**様々な原因による土壌汚染**〕鉱山からの汚染のみならず、市街地における重金属や揮発性有機化合物等の有害物質汚染が、工場や事業所の跡地再開発などによって顕在化していることが、土壌汚染の今日的特徴であり、その対策は重要な課題となっている。また、2011年3月に起きた**東日本大震災**に伴った**福島第一原発事故**は、放射性物質を拡散させ、土壌の表層部分にそれが蓄積した。その除染が大

としよ

〔土壌汚染に関する知識の普及〕 本来自然界にはない、もしくは非常に低濃度であった有害物質を自然界に拡散しないような仕組みや人間の行動が重要な課題になる。日常の家庭生活にも、農薬、電池など有害物質を含む用品が多く使用されていることから、有害物質による環境汚染やその管理に関する教育の普及が必要になっている。　　　　　　　（樋口利彦）

土壌流出
soil runoff

地表の土壌が水流や強風によって侵食され、他の場所に移動してしまうこと。砂漠や寒冷地を除いた地域では、地表面を植被が覆うことで、表土は水や風の侵食から守られている。しかし、耕作や森林伐採などで植被がなくなると、風雨による表土の侵食が進み、団粒構造が発達した表土が流出する。その結果、表土の下位にある未生成な土壌層や岩盤が地表面に露出し、植物の定着が困難となる。

米国中部の穀倉地帯では、急斜面での耕作や収穫し終えた植被のない小麦畑に暴風が吹きつけ、表土が侵食される現象が生じた。また、沖縄県や鹿児島県奄美地方では、台風や豪雨により表土である赤土が流出するため農地へ大きな影響を与える。また、流出した赤土により海底の**サンゴ礁**を死滅させる事例もみられる。日本では1cmの深さの土壌を形成するのに100年程度かかるといわれる。その土壌を数年で流出させてしまう地域も見られる。　　　　　　　　　　　（中村洋介）

土石流
debris flow

集中豪雨、融雪、**地震**などによって山地斜面で崩壊が生じ、崩壊土砂が多量に水分を含んで流れ下る現象である。山地の侵食と同時に発生する土砂の流下と堆積により人的災害になることもある。山地を流れる河川や谷で発生し、特に火山噴出物に覆われた地域は容易に土砂の崩壊と流出を繰り返すので、土石流が発生しやすい。また、森林伐採による裸地や根系の浅い木々の育林地では豪雨による土砂崩壊が発生しやすい。人為的な改変によって土石流が発生する場合もあり、江戸時代には河川上流部の山林での禁伐や取締りが行われ、各地で植林が行われてきた。（中村洋介）

土地倫理
land ethic

米国の生態学者であり著述家である**レオポルド**が1949年に出版した *A Sand County Almanac*（新島義昭訳『野生のうたが聞こえる』）で使用した概念。米国などのキリスト教圏では自然と人間は区別され、人間の方が自然より高い位置にいると解釈されることが普通だったが、レオポルドは「人間は自然の一部である」ことを科学者の立場から明確に述べたことで知られている。生命共同体の健全な機能を主張した土地倫理の考え方は、多くの環境問題に統一的視点を提供しており、米国からさらにヨーロッパにも波及し、後の**環境倫理**、環境思想の形成に大きな影響を与えた。　　　　　　　　　　　（関　智子）

トビリシ会議
International Conference on Environmental Education in Tbilisi

1977年10月、ソ連邦（当時、現グルジア）のトビリシで開催された環境教育政府間会議のことで、通称がトビリシ会議。この会議でその後の世界の環境教育に大きな影響を与えたトビリシ宣言およびトビリシ勧告が採択された。

トビリシ会議以前にベオグラードで国際環境教育ワークショップが行われ、ベオグラード憲章が作成されているが、このベオグラード会議はトビリシの予備会議という性格のものであり、正式の環境教育政府間会議はトビリシが初めてである。

会議はユネスコが**国連環境計画**（UNEP）と協力して開催し、西側先進国、東側諸国、発展途上国の計68か国代表（2国はオブザーバー参加）と8つの国連機関、三つの政府間組織、20の国際NGOが参加した大規模な会議で、当初、東西対立、先進国と途上国の対立による難航が懸念されたが、最終的に全会

一致でトビリシ宣言・トビリシ勧告が採択された。環境教育における国際協力や環境教育を振興するための国内戦略についても意見交換が行われ，一般報告では，貧困との戦いと環境保全を対立させてとらえるべきではないこと，科学的・技術的な要素だけでなく社会的・文化的な要素を考慮すべきこと，マスメディアを含むあらゆる教育の場で環境教育が行われるべきこと等が確認された。　(荻原　彰)

トビリシ宣言・トビリシ勧告
Tbilisi Declaration・Tbilisi Recommendation

1977年にソ連邦（当時，現グルジア）トビリシで開催された環境教育政府間会議（トビリシ会議）において採択された宣言および勧告。権威ある国際的な環境教育の枠組みが初めて作成されたという意味で世界の環境教育に与えた影響は極めて大きい。1992年の**国連環境開発会議**，1997年の**テサロニキ会議**でも，環境教育がトビリシ勧告の枠組みの中で発展してきたことが確認されている。

〔トビリシ宣言〕トビリシ宣言はトビリシ会議に出席した各国政府の共通認識を示すものである。この宣言では，環境教育が生涯教育であり，どの年齢でも，学校教育・学校外教育を問わず，あらゆる教育の中で取り組まれるべきとし，環境教育の普遍性を述べている。また，現代社会の主要な問題への理解，倫理的価値への配慮，環境保全と生活の改善のために必要な実践的スキル，よりよい明日をつくり出すための責任感と献身，といった資質を教育の目指すべき目標として掲げ，教育手法としては，広範な学際的基盤の上に立った全体論的（ホリスティック）なアプローチ，問題解決の過程を通した教育を推奨している。またこのような教育を実現するため，各国政府の教育政策における環境教育への配慮と国際協力を求めている。

〔勧告〕トビリシ勧告はトビリシ宣言を具体化したもので，環境教育について41の勧告が行われている。各勧告は環境教育の役割，目的，指導原理についての勧告（勧告1～5），国家レベルの環境教育推進戦略についての勧告（6，7），環境教育の対象を述べた勧告（8～11），環境教育の内容と手法についての勧告（12～16），教師教育について述べた勧告（17，18），教材についての勧告（19），メディアなどを通した情報の普及についての勧告（20），研究の促進についての勧告（21），国際協力についての勧告（22～41）別にまとめられている。

〔宣言および勧告の意義〕宣言および勧告の意義は個別的政策の勧告よりも，環境教育の目標領域，対象，指導原理といったその後の世界の環境教育の方向性を決める枠組みを創出したことにある。宣言では環境教育の対象を，すべての人を対象にした教育であることを明確にしている。また勧告中に12の指導原理が示され，その中で環境を美的側面や道徳的側面も含め，包括的にとらえること，アプローチにおいて学際的であること，学習者に意思決定の機会を与えること，環境に対する感受性の育成をすべての年齢，とりわけ年少期に重視すること，環境問題の複雑性に鑑み，批判的思考と問題解決技能の育成が必要であること，実践的・直接的体験の重視といった現代の環境教育の基本となっている考え方を先駆的に示している。目標領域として示された5つの領域の概要は以下のとおり。

①気づき：環境と環境問題への気づきと感受性，②知識：環境に関連した様々な経験と環境および環境問題についての基礎知識，③態度：環境への気づかいと環境のための価値観，環境の改善と保護に積極的に参加する動機づけ，④技能：環境問題を確認し解決していくための技能，⑤参加：環境問題の解決に向けて積極的に参加していくこと。　(荻原　彰)

鳥インフルエンザ
avian influenza

A型インフルエンザウイルスの感染による鳥類の疾病。水禽類では腸管にインフルエンザウイルスが存在していることも多いが，それらのほとんどは病原性のないウイルスである。日本においては鶏や七面鳥に対する病原性の強さによって，高病原性鳥インフルエンザ，低病原性鳥インフルエンザ，鳥インフルエンザに分けられる。

ウイルスは生きた細胞内でしか増殖できず、宿主域は限られる。しかし、人の終末細気管支と肺胞上皮には鳥インフルエンザウイルスに対する受容体があること、インフルエンザウイルスは遺伝的に安定ではなく、家禽、家畜などに伝播し感染を繰り返すうちにウイルス性状が変異していく能力があることなどから、鳥インフルエンザウイルスの人への感染が報告されている。感染源は感染した鳥の排泄物や体液、羽毛であるため、感染した家禽や野鳥に直接接触したり、これらの飛沫を吸引したりする可能性のある場合は、感染のリスクも高まる。感染予防のためには、発生国等で生体販売を行っている市場等にむやみに立ち入らない、国内でも不用意な鳥との接触を避ける、もし触れた場合には速やかな手洗い、うがいを実施するなどが挙げられる。

(朝倉卓也)

⇨ 新型インフルエンザ

トリハロメタン
trihalomethane

メタンの三つの水素原子がフッ素、塩素、臭素、ヨウ素などのハロゲン元素で置換された化合物の総称である。消毒副生成物として水道水の浄水過程で生成されるため、水道水質基準値が定められている。上水道の浄水場では、給水管内で細菌などが増殖しないよう、浄水処理後、塩素で消毒(滅菌処理)する。その際、塩素と原水中の有機物が反応して、クロロホルム、ジクロロブロモメタン、クロロジブロモメタン、ブロモホルムが生成される。これらは発がん性があり、1980年代に日本国内で社会問題となった。淀川の下流域のように、下水道の放流水が流入する地点より下流で取水する上水道では、トリハロメタン濃度が高くなるため、オゾンと活性炭による高度処理が行われている。

(中地重晴)

トレーサビリティ
traceability

トレーサビリティとは、流通における生産者情報等の生産履歴の追跡可能性、およびその伝達の仕組みのことをいう。伝達される情報の範囲は生産段階から消費、廃棄の段階までの情報に及び、食の安全・安心を担保する重要な仕組みの一つである。日本ではBSE問題により2004年から「牛の個体識別のための情報の管理及び伝達に関する特別措置法」(牛肉トレーサビリティ法)が施行され、2008年には事故米不正転売事件によって、米や米の加工品に対してトレーサビリティの導入が義務化された。

(野村 卓)

トレードオフ
trade-off

トレードオフとは、与えられた状況下で成果を上げるために片方を重視すれば他方を犠牲にせざるをえないという関係を指すものである。つまり、ある面においてプラスとなることをしようとすると、別の様々な面において悪影響が現れてくるという関係である。

発展途上国では、森林の保護と住民生活の安定とが、トレードオフの関係になることもある。森林の自由な利用を禁止する政策は地域の森林破壊の問題を解決する。しかし、このような政策は薪が日常的に主な生活燃料である地域住民の生活を困難にしてしまう。逆に、いつでも、誰でも薪の採集ができるような自由な森林利用政策にしてしまうと森林破壊が深刻になる。このような二つの政策目標の間の関係をトレードオフという。

農薬の使用をめぐっても環境保全と食料生産とがトレードオフの関係にある。食料生産に農薬を使用しないことは食の安全性や環境保全の観点から好ましいことである。一方で、農薬を使用することは農作物の収量増加や見た目での品質向上、農家の労働量軽減などの観点から必要とされる。トレードオフの関係は現実社会の様々な場面に存在している。

(シュレスタ マニタ)

な

「ナイトハイク」
"Night Hike"

人工の音や光が届かない夜の森を散策し，暗闇に息づく野生動物や自然の気配を**五感**で感じ取ることを目的とした環境教育**アクティビティ**。暗闇の中では視覚が制限されるため，聴覚や嗅覚，触覚が敏感に働き，夜の森にあふれている自然からのメッセージを全身で受けとめやすい。光にあふれた現代社会では夜の暗闇を体験する機会がほとんどないため，五感を研ぎ澄まして，闇の中で静かに自分自身や仲間，自然と向き合う時間は，貴重な体験となる。自然への畏敬の念や冒険心，注意力，大胆さ，冷静さなどの涵養も期待される。

〈溝田浩二〉

内発的発展
endogenous development

内発的発展とは，各地域固有の資源をベースとして，地域の伝統や文化に基づき，地域住民の主導により進められる発展パターンを指す。すべての社会は前近代状況から近代的な状況へと発展するという考えに立ち，後進地域は先進地域と接触することにより引き上げられる，とする近代化論に対抗するものである。

「内発的発展」の理論は，1970年代半ばに鶴見和子らにより提唱された。鶴見は，日本近代化の時期に**南方熊楠**や柳田國男らの思想家が，欧米を模範とする近代化ではなく，日本の伝統的な思想の上に立つ多様な発展方向を示唆していたことを明らかにした。こうした議論はその後ユネスコ等の国際機関の研究プロジェクトにも入り，その成果は今日の現代的な発展理論の基盤となっている。

近代化論は，①歴史発展の根本要因として自らの利益を最大化することを常に目指す経済人・営利人を置き，②歴史の直線的・一元的発展段階（前近代段階から近代的成長，さらに大量生産・大量消費といった発展段階）を想定し，③この発展を資本の蓄積によるものとして，④国家・企業を資本蓄積のアクターと考える。これらの前提のもとで，後進国は先進国に学びつつ，開発・発展の軌道に入るという議論である。

これに対して内発的発展では，①歴史の発展は常に一元的なものではなく，むしろ多元的であると考え，②単に経済人・営利人ではなく，多面的な人間発展を重視し，③経済的発展と同時に文化的・社会的発展に注意を払い，④発展アクターとして国家・企業と並んで非営利的な市民社会の役割を重要と考える。

近代化論に対して，内発的発展論は三つの関わりをもつ。第1は，対抗的側面であり「外」からの圧力に対して，自己の独自性，伝統や文化の重要性を強調する。第2は，相互触発的側面であり，「外」からの圧力を主体的に受けとめながら，自己変革により外との関わり合いを維持しつつ，主体的な発展を実現していく。1990年代よりアジア諸国では，外部からの援助ではなく，住民の主体的な参加による「参加型開発」が提唱されているが，それはこの範疇に入る。第3は，従属的側面である。すなわち，「外」からの圧力に対して，自己をその圧力に沿い，開き変えていきながら，「外」の力を利用して自己の活路を見いだしていく。小国がしばしばこの立場をとる。

〈田中治彦〉

内分泌かく乱化学物質　➡　環境ホルモン

ナイロビ会議
Nairobi Conference／'Stockholm Plus Ten' Conference

正式名称は「国連環境計画（UNEP）管理理事会特別会合」。1982年5月，105か国，70人以上の環境大臣が出席して，ケニアの首都ナイロビで開催された。1972年の「**国連人間環境会議**」（通称ストックホルム会議）後10周年を記念して開かれたこの会議では，ストックホルム会議で採択された「環境国際行動計画」の10年間の実施状況レヴューおよび以後10年間のUNEPの行動計画の検討がなされ，「ナイロビ宣言」や「1982年の環境：回

顧と展望」などが採択された。

ナイロビ会議では，経済成長と環境の両立，浪費的大量消費の制限，人間・資源・環境・開発の相互関連性と相互補強的総合政策の必要，各国の相互依存と地域的国際協力の必要，生物圏内の相互関係，環境開発及び管理計画の柔軟性，環境許容量の考慮についての7つの認識が確認された。環境と開発をめぐる論議についての先進国と途上国共通の土俵が初めてつくられたことでも，この会議は高く評価されている。

また後に，『われら共通の未来』(Our Common Future, 1987年）を刊行し，「持続可能な開発」の概念を世界に広く流布させるきっかけとなった「環境と開発に関する世界委員会」（通称ブルントラント委員会）は，日本がこのナイロビ会議において，環境問題について高い見地からの提言を行う委員会の設置を提案したことによる。 〔吉川まみ〕

中西悟堂
Nakanishi, Godo

僧侶，作家(1895-1984)。主著に『愛鳥自伝』などがある。1934年に「**日本野鳥の会**」を設立。当時，野鳥は狩猟や食肉の対象か，籠飼いにして鳴き声を楽しむ存在であった。中西はこうした習慣を改め，「野の鳥は野に」と自然の中で鳥を見て楽しむことを提唱した。会の設立とともに会誌『野鳥』を刊行。当初は「やちょう」よりも「のどり」と読む人が多かった。1944年，戦争の影響により休刊したが，戦後，1947年に復刊。休止状態の日本野鳥の会を再開。その後は，カスミ網禁止の法制化や**サンクチュアリ**の設置など，自然保護や野鳥保護活動に尽力した。 〔髙橋宏之〕

長良川河口堰
Nagaragawa Estuary Barrage

三重県長良川の河口から5.4km上流に国土交通省および水資源機構によって治水および水道，工業用水を目的に建設された堰堤。台風時などの高潮を防ぐために塩水の遡上を防止する可動堰を設けており総延長661m，堰高8.2m，建設費は約1,500億円を要した。

建設に当たっては，利水や治水面から推進する住民や行政に対して漁業や生態系への悪影響を懸念する市民運動が起こり，建設の是非を巡って論争が起きた。計画から22年の歳月をかけて1994年に竣工し運用を始めたが，河口の底質などに変化が生じている。生物では汽水域に住むヤマトシジミが河口堰上流では激減，アユやサツキマスといった川と海を行き来する魚種も減少傾向にある。そのため，河口の漁業は大きな影響を受けた。建設に当たっては環境面だけでなく公共事業の必要性や建設費の対費用効果，河川行政の意思決定のあり方などの問題提起をすることとなった。河口堰の運用に当たってはアユの遡上や降下に配慮したゲート操作などきめ細かい運用もされている。洪水防止や利水面では一定の成果を上げているが，生物の生息・生育環境の観点からは評価が分かれている。環境学習の視点からは防災と環境保全，経済的効果など複雑な絡み合いを考えるモデル的な事例として活用できよう。 〔戸田耿介〕

ナショナルカリキュラム
national curriculum

ナショナルカリキュラムとは国が定める全国共通の教育課程のことで，日本では**学習指導要領**がこれに当たる。現在，世界の多くの国がナショナルカリキュラムを定めているが，ここでは環境教育との関連の深い英国（イングランド）のナショナルカリキュラムを取り上げ，環境教育との関わりについて紹介する。

1988年7月，英国は「教育改革法」を成立させ，大規模な教育改革に着手した。その成果の一つが同国初のナショナルカリキュラムの設定で，全国の公立学校の児童生徒が学ぶべき内容を法律で規定した。その中では，必修教科としての中核教科として数学・国語・理科が，基礎教科として歴史・地理・技術・音楽・美術・体育が指定された。また，このほかに教科ではないクロスカリキュラー課題が設定された。「課題」は特質，技能，テーマから構成され，「環境教育」は，「経済・産業理解」「職業教育とガイダンス」「健康教育」「**シティズンシップ教育**」とともに，5

つのクロスカリキュラーテーマのうちの一つとなった。これらのテーマ間の関係について，ナショナルカリキュラム評議会（NCC）のカリキュラムガイダンスは，「環境教育は他のテーマとも密接に結びついており，読者はそのことを心に留めておいてもらいたい」と述べている。また，クロスカリキュラーテーマとしての環境教育の目的として，①環境を保護し改善するために必要な知識，価値，態度，参加と技能を獲得するための機会を提供する，②子どもたちが環境について，物理，地理，生物，社会学，経済，政治，技術，歴史，美学，倫理，精神等，様々な学術的視点から調べ，説明するように励ます，③環境についての子どもたちの関心や興味を触発し，環境問題の解決に向けての能動的な参加を促す，の三つを挙げている。

この目的に基づいて，ガイダンスは11の知識，6つの技能，5つの態度を定めるとともに，カリキュラムの全体を通した構成要素として，①環境についての（about）教育（知識），②環境のための（for）教育（価値，態度，積極的な活動），③環境の中で（in），もしくは環境を通しての（through）教育，の三つを挙げている。

以上に示した英国ナショナルカリキュラムにおける環境教育の特徴は，①環境教育は独立した教科ではなく，あくまでも複数の教科の学習内容を教科間で相互に関連づけるものであること，②環境教育の三つの要素とそれらのつながりを強調することによって，環境を身近にとらえるとともに，環境に関する認識形成や資質育成と行動とのバランスのとれたものにすることを目指していること，③他の教科や活動を含む学校教育の全体と密接な関わりをもっていること，の三つである。

ナショナルカリキュラムはその後，2000年，2008年と2回改訂され，その間に環境教育のクロスカリキュラーテーマとしての特別扱いはなくなった。このことは，それだけ環境教育がナショナルカリキュラムにしっかりと根づいたことを示している。　　　　　（水山光春）

『ナショナルジオグラフィック』
National Geographic

地理の普及のために，電話を発明したグラハム・ベルらが関わり，1888年に米国で設立したのがナショナルジオグラフィック協会で，その機関誌が『ナショナルジオグラフィック』である。冒険・探検をはじめ，科学，歴史，文化などの研究を支援し，ペルーのマチュピチュ遺跡や沈没したタイタニック号の発見につながった。本部は米国ワシントン。優れた写真と映像に定評があり，近年はテレビなど動画にも力を入れている。雑誌は翻訳版も含め世界で約850万人が購読している。

（藤田　香）

ナショナルトラスト
National Trust

歴史的建造物や景勝地を買い取ったり寄付してもらうことで永久に保護管理することを目的とする英国の環境保護団体。1894年設立。正式名称は the National Trust for Places of Historic Interest or Natural Beauty（歴史的名所や自然的景勝地のためのナショナルトラスト）。ピーターラビットの登場する童話の作家ビアトリクス・ポター（Potter, Helen Beatrix）が湖水地方の土地をナショナルトラストに寄付したことで日本でも広く知られるようになった。活動理念そのものを「ナショナルトラスト」と呼ぶこともある。　（関　智子）

ナチュラリスト
naturalist

naturalist は，かつて「自然誌研究者」「博物学者」と訳されており，自然研究者を指す言葉であった。しかし，近年は，特定の職業や資格ではなく，自然愛好家，自然保護に関心をもつ人，自然を研究しようとする人などを指すことが多く，幅広く使われている。米国において自然保護の父，国立公園の父と呼ばれたミューアはナチュラリストとして後世に名を残している。現代の日本では，代表的なナチュラリストとして，C.W.ニコルが知られている。その他，プロのナチュラリストを名乗り，自然案内等を職業とする者も存在

する。自然観察を行う市民団体でナチュラリストという言葉を使っているケースもあり，使い方は多様である。　　　　（望月由紀子）

ナッシュ，ロデリック
Nash, Roderick F.

ナッシュは，米国の**環境倫理**，環境史学者。主な著作に『原生自然とアメリカ人の精神』(1967年)，『自然の権利―環境倫理の文明史』(1989年)などがある。環境運動・環境管理・環境史・環境教育の分野では優れた実践的指導者として社会的評価も高い。今日の基本的人権思想の基礎となっている，「人間のみが保持する自然権(natural rights)」が，**自然の権利**(rights of nature)として自然へと拡張される過程を，19世紀米国の奴隷解放運動から動物愛護運動や環境保護運動への思想史的変遷と重ね合わることによって示し，環境思想の新しい方向性を打ち出した。　　（李　舜志）

ナノテクノロジー
nanotechnology

ナノメートルという単位で物を作る，または物を取り扱う技術のこと。ナノとは10億分の1を示す接頭辞で，ナノメートルとは1メートルの10億分の1の長さ。この超微細な世界での技術，ナノテクノロジーが21世紀の最重要技術といわれている。例えば，ナノメートル単位でLSI（集積回路）の中に配線やトランジスタを作ることが目指されている。

従来の技術ではできなかった装置の小型化・省エネ化や希望する物質を分子レベルで設計することが可能となり，ナノテクノロジーを応用した環境分野での技術開発にも期待がもたれている。そのために環境省は2003年度より環境ナノテクノロジープロジェクトをスタートさせた。国レベルでのこのプロジェクトでは，自然環境や生活環境全体への視点に立ち，①環境汚染のレベルを認識するシステム開発などを目指す「環境の認識」，②人工的に作られた物質などの有害性を評価する技術開発を目指す「環境の管理」，③汚染された環境を回復するための技術開発を目指す「環境の改善」，④**化石燃料**に頼らない新たなエネルギーを可能とする技術開発を目指す「環境・エネルギー問題への対応」，を課題としている。

他方で，ナノテクノロジーの発展については，健康や環境に対するリスクや社会的・倫理的な問題が潜んでいるという指摘もある。
　　　　　　　　　　　　　　　（桝井靖之）

南海トラフ
Nankai Trough

駿河湾沖から四国沖にかけて延びる長さ約700km，深さ約4,000mの海溝状の地形のことを南海トラフという。フィリピン海プレートがユーラシアプレートの下に沈み込むところに位置し，その沈み込みのひずみによる南海，東南海，東海の三つの震源域がある。単独ではマグニチュード8クラス，三つの**地震**が連動するとマグニチュード9クラスの地震が発生するといわれる。

国の中央防災会議の作業部会「南海トラフ巨大地震対策検討ワーキンググループ」は2012年8月に第1次，2013年3月に第2次の南海トラフ巨大地震に伴う被害想定を公表した。そこでは，最悪の場合，合計死者数は約32万3,000人，被害額は国家予算の2倍超の計220兆円，被災する可能性のある人口は6,800万人に上るとされている。

南海トラフでは100〜250年の間隔で巨大地震が発生しており，紀州地方の伝承である「稲むらの火」は南海地震による津波災害を継承する物語として知られる。今後発生の可能性がある巨大地震を想定し，津波などの地震災害に対する防災，減災対策が必要である。同ワーキンググループは「正しく恐れて」，冷静に受けとめ，効果的な防災対策を講じることで，その被害を8割方減じることができるとしている。なお，この想定には原発事故の発生は考慮されていない。　　（中村洋介）

南北問題
north-south divide／north-south dichotomy

1959年，イギリスのロイズ銀行の頭取であったフランクス（Francs, Oliver）はイデオロギーと軍事の対立である東西問題に比肩する

重要課題として，地球上の北側に位置する先進工業国と南側に位置する発展途上国（developing countries，開発途上国ともいう）との大きな経済格差を南北問題と呼んだ。南北問題は，戦後次々に政治的独立を達成したアジアやアフリカの新興国が，植民地時代の従属的な経済関係によって，すぐには経済的自立を達成することができなかったことに起因する。

1961年からは「国連開発の10年」が開始されて，発展途上国全体のGNP（国民総生産）の年平均成長率を60年代末までに少なくとも5％に引き上げることが具体的な目標として設定された。そのためには先進国から途上国へ大規模な資金と技術の移転が必要であるとされた。国連開発の10年は，国連が南北問題に主体的に取り組むことを表明した点で画期的であり，西側先進国がこぞって国際協力に参加する機運を生み出した。

1964年に国連貿易開発会議（UNCTAD）が開かれて，ラテンアメリカ諸国も加えて独自のグループ（G77）を結成し，自らを発展途上国ないしは第三世界と称するようになった。この会議では貿易と援助を通じて国際協力を進めることが合意された。1971年に始まった「国連第2次開発の10年」では，（第1次）国連開発の10年計画が途上国内部の貧富の格差を拡大させたとして，**貧困層の最低限の生活**レベル（BHN=Basic Human Needs）を引き上げる戦略がとられた。

また，国連開発の10年によっても，先進国と途上国の経済格差は縮まらず，むしろ拡大したことに途上国側は不満をもっていた。1970年代には2度の**オイルショック**を契機として，天然資源に対する経済主権の確立を求めて「**新国際経済秩序**（NIEO）」が提唱された。しかし，その後発展途上国から経済的に発展した新興工業地域（NIES）や，逆に取り残された**後発発展途上国**（LLDC）などが出現してきたため，途上国も多様化し結束力も弱まり，南北問題という用語の妥当性について疑問が出された。

ところが1980年代の後半から環境問題が国際舞台で議論されるようになると，いったん団結を失った途上国側が再び結びつきを強め，先進工業国側と対立する場面が増えた。先進国側は，環境破壊の原因は急激な人口増加と環境管理の不備などにあるとして，途上国側の人口抑制と適切な環境管理を求めた。これに対して途上国側は，環境問題の危機は先進国側の資源の浪費と不公正な貿易による貧困の増大などの要因によるのであり，主な責任は先進国側にあると主張する。そして，先進国側の資源の浪費の抑制，公正な貿易システムの構築，途上国の発展のための援助の増額を要求している。

（田中治彦）

新潟水俣病
Niigata Minamata disease

阿賀野川上流の昭和電工鹿瀬工場から流された廃水中のメチル水銀によって汚染された川魚を常食としていた流域住民に多発した中毒症。先に熊本県水俣市で発症した**水俣病**の問題解決が遅れたために同様の中毒が発生した経緯から，第二水俣病とも呼ばれている。中毒症状は劇症型から感覚障がい，運動失調，外からは判断できない不全型まで多岐にわたる。裁判は**四大公害**裁判の先陣を切って，1967年6月に昭和電工を相手にする提訴で始まり，1971年に原告の全面勝訴で終わった。

阿賀野川は福島県に源を発し，田園地帯を流れて日本海に出る。上流から下流まで，流域の人々は川で獲れる魚を常食としていた。阿賀野川上流の新潟県鹿瀬町に昭和電工の前身となる昭和肥料が設立され，1936年よりアセトアルデヒドの生産を開始する。その後昭和電工と社名を変え，1957年にはアセトアルデヒドの増産体制に入り，1963年には阿賀野川の下流地域に有機水銀中毒症患者が散見され始める。1965年，新潟大学教授椿忠雄は入院していた患者の診察から有機水銀中毒が発生していることを県に報告する。これが新潟水俣病の始まりである。

被害者を支援する組織が結成され，1967年

に昭和電工を相手に提訴し，新潟水俣病第一次訴訟が始まった。新潟でも熊本水俣病と同様に農薬原因説がもち出され，裁判は引き延ばされたが，裁判所は1968年に企業が熊本水俣病の原因がメチル水銀にあり，昭和電工にも同じ危険があることを知っていながら排出した過失を認め，原告の勝訴となった。昭和電工は1964年まで操業を続け，1965年1月に鹿瀬工場での生産を停止している。

その後，未認定患者等による企業と国を訴えた第2次訴訟（1967〜1995）は，長い裁判を経て，原告は「苦渋の和解」を受け入れる。2001年水俣病関西訴訟で大阪高裁が水俣病を認めたことから新たに3次（2007〜係争中），4次（2009〜2011）と訴訟が続く。2011年3月に4次訴訟原告との間に和解が成立し，これにより新潟水俣病裁判は一つの局面を越えた。

新潟県は発生当初より新潟水俣病の問題に積極的に取り組んできたが，1995年には県立の公害資料館を建設し，資料の保存や公害経験を伝える事業を始めた。長引く裁判で人々は分断され，地域の偏見や差別による傷は癒えていない。県は現在「阿賀野川流域地域フィールドミュージアム」事業を始め，人々の「もやいなおし」を図っている。　　　（髙田　研）

二酸化炭素（CO_2）
carbon dioxide

二酸化炭素は，炭素を含む物質が燃焼することによって発生する。通常は気体で，温室効果があり，人為起源の原因としては，地球温暖化に与える影響は最も大きい。人類が使用するエネルギーの多くが化石資源であり，地中に固定されている炭素を取り出して，燃焼させることで発生する二酸化炭素は，大気中の濃度を高め，産業革命以前は，二酸化炭素の濃度は，約280ppmで安定していたが，2011年には390ppm程度にまで上昇している。二酸化炭素そのものには毒性はなく，日常，炭酸飲料や消火剤などの発泡ガス，冷却用ドライアイスとして利用されている。（田浦健朗）

21世紀環境立国戦略
Becoming a Leading Environmental Nation Strategy in the 21st Century

2007年の初め，翌年の北海道洞爺湖サミット（主要国首脳会議）を見すえた内閣総理大臣施政方針演説で，「国内外挙げて取り組むべき環境政策の方向を明示し，今後の世界の枠組み作りへ我が国として貢献する上での指針として21世紀環境立国戦略を策定する」方針が打ち出された。これをうけて，中央環境審議会に「21世紀環境立国戦略特別部会」が設置され，各界各層に対する意見聴取を経て「提言」が取りまとめられた。「21世紀環境立国戦略」は，この提言を踏まえ，2007年6月に閣議決定されたものである。

戦略では，地球環境問題には温暖化のみならず資源浪費や生態系の危機など多くの課題があることを指摘しつつ，**低炭素社会**，**循環型社会**，自然共生社会づくりの各取り組みを，統合的に進めることで，**持続可能な社会**を目指すことを提示している。

また，日本の「強み」である「自然共生の智慧や伝統」「世界最先端の環境・エネルギー技術」「公害克服の経験」「意欲と能力溢れる豊富な人材」などを原動力とし，幅広い関係者が一致協力して環境から拓く経済成長・地域活性化を実現する「環境立国」の創造を提案。それを「日本モデル」として，アジア，そして世界へ発信することで，その発展と繁栄に貢献するとしている。

さらに「環境立国・日本」を実現する上で重点的に着手すべき8つの戦略を示している。そこでは，気候変動問題の克服（長期戦略の提唱等），3Rを通じた持続可能な資源循環（東アジア循環型社会ビジョンの策定等），生物多様性の保全（世界に向けたSATOYAMAイニシアティブの提案等）など分野ごとの戦略のほか，自然の恵みを活かした活力ある地域づくり（環境保全型農業の推進等），環境に関わる人づくり（21世紀環境教育プランの展開等）など横断的な戦略も提示されている。

（奥田直久）

ニホンオオカミ
Japanese wolf

日本の本州，四国，九州に生息していたイヌ目イヌ科の動物。学名は *Canis lupus hodophilax*。ハイイロオオカミの一亜種とする説と，独立種とする説がある。大きさは中型の日本犬ほどで，北海道に生息していたエゾオオカミより小型。明治の初めまでは数多く生息していたが，1905年に奈良県で捕殺されたのを最後に絶滅したとされている。絶滅の原因としては人による駆除，家畜の伝染病，生息地や餌動物の減少などが考えられている。**食物連鎖**の上位に位置したニホンオオカミの絶滅は，現在のイノシシやニホンジカの増加の一因とされている。現存する剥製は4体で，国内では国立科学博物館，東京大学農学部，和歌山県立自然博物館に所蔵されている。

(朝倉卓也)

日本学術会議
Science Council of Japan

日本学術会議法（1948年）に規定され，内閣総理大臣所轄のもと，政府から独立して職務を行う「特別な機関」の一つとして1949年に設置された。その職務は，①科学に関する重要事項を審議し，その実現を図ること，②科学に関する研究の連絡を図り，その能率を向上させること，である。現在の所管は内閣府。人文・社会科学，生命科学，理学・工学のすべての分野約84万人の科学者を代表する機関であり，210人の会員と約2,000人の連携会員によって運営されている。分野別委員会の中には環境学委員会環境思想・環境教育分科会があり，「学校教育を中心とした環境教育の充実に向けて」（2008年），「高等教育における環境教育の充実に向けて」（2011年）などの提言を行っている。

(関 智子)

『日本型環境教育の提案』
Proposal for Japan's environmental education

環境教育に関わる人たちの交流・情報共有の場として開催された清里環境教育フォーラムの，第1回（1987年，名称は**清里フォーラム**）から第5回（1991年）までの成果をまとめた書籍。社団法人**日本環境教育フォーラム**編著（小学館，1992年初版，2000年改訂新版）。

自然教育，野外教育，環境教育に取り組む様々な立場のフォーラム参加者が執筆し，プログラム，施設の建設・運営，指導者の養成など，日本の社会・風土に合った自然体験型環境教育の事例とノウハウを掲載している。出版当時，国内には類書が存在せず，具体的計画・立案・実施のための実践的手引書として評価された。

(畠山雅子)

日本環境教育学会
Japanese Society of Environmental Education

〔設立経過と概要〕日本環境教育学会は，大学，学校，社会教育施設，環境保護団体，行政などの関係者や個人によって，1990年5月に設立された。東京学芸大学に事務局があった環境教育研究会のメンバーが中心になって学会設立の世話人会が1988年に立ち上がり，1989年5月に設立準備実行委員会が設置され，学会設立に向けた規約や学会活動内容等が議論された。設立に賛同した呼びかけ人は400人以上に上り，30の賛同団体の協力を得て，翌1990年の第1回大会および学会創立に至った。初代の会長には生態学者の**沼田眞**が就任した。2012年8月段階の会員数は約1,400人である。

学会創立に向けた趣旨書に「環境教育に関わる理論と実践を集め紹介し，批判・検討をし，過去の実績の上に新たな研究と実践を積み上げ，普及をはかる情報センターとして，また，研究や実践を発表し，評価を受ける場として，学会の存在は不可欠」と述べられているように，学会設立当時から，年次大会の開催，学会誌やニュースレターの発行は重要な事業であった。現在，年1回の大会開催のほか，時代の要請に応じたシンポジウムを適宜開催するとともに，定期刊行物として学会誌「環境教育」を年3回，および環境教育ニュースレターを年4回発行している。

〔環境教育の学際性〕日本環境教育学会は，環境教育の分野・領域を広くとらえている。学会設立の趣意書では，「環境は自然科学のみならず人文・社会科学も関係してきます。環境汚染や公害問題，自然保護はもとより，歴

史的環境、衣食住にかかわる生活環境、地域やコミュニティも環境教育が扱う範囲」であり、「野外教育は環境教育の重要な部分となるでしょう。また、人間の成長過程と自然との関係など、教育学、心理学、医学などが関わる必要もあるでしょう」と述べられている。設立大会から11回の大会までの大会発表のキーワードを分析した結果からも会員が扱う環境教育の対象、内容、テーマが広いことが明らかになっている。　　　　　　（樋口利彦）

日本環境教育フォーラム（JEEF）
Japan Environmental Education Forum

自然体験を軸とした広範囲な環境教育への取り組みを展開する公益社団法人。1987年に開かれた清里環境教育フォーラムの実行委員会が母体となって設立し、1997年に「自然学校の普及」「環境教育の普及」「途上国の環境教育支援」を目的に法人化された。年1回、環境教育に関わる人たちの情報交換・交流の場である清里ミーティングを主催するほか、自然学校指導者養成講座、GEMS（体験を通した科学・数学・環境学習カリキュラム）普及プロジェクト、環境教育に関わるセミナー等の実施やツール開発等を実施。行政・企業とも連携し国内外で環境教育の普及事業を行っている。　　　　　　　　（畠山雅子）

日本自然保護協会（NACS-J）
Nature Conservation Society of Japan

1949年に設立された「尾瀬保存期成同盟」を前身とする自然保護団体。1951年に日本自然保護協会と改称。戦後間もない頃、発電所建設によってダムに沈もうとしていた尾瀬を守る活動をきっかけとし、以来、尾瀬・知床・白神山地などをはじめ、日本全土にわたる森・里山・川・海辺の生態系・野生動植物などの保護を通じ生物多様性を守る役割を果たしてきた。また自然の仕組みを生かした社会づくりを目標とし、法律や条約への働きかけ、専門ネットワークによる科学的な調査研究、持続可能な社会づくりのためのモデル事業の実施などを行っている。2012年現在の会員数は、37,153人。　　　　　（関 智子）

日本の環境教育
environmental education in Japan

〔源流〕環境教育という用語が日本の教育現場でよく使用されようになるのは、『環境教育指導資料』（1991年、文部省（現文部科学省）編集発行）が刊行されて以降であるが、環境教育の源流といわれる教育運動は1960年代から存在していた。その教育運動とは環境保護や保全を主要なねらいにしている自然保護教育と公害教育である。自然保護教育は、自然物の採取や採集に対する問題意識から、「自然をとらない・持ち帰らない」といった視点で自然を観察し、自然の仕組みを伝え、自然保護の態度や技量を育成するというねらいをもっていた。また、公害教育では、激甚な公害に対して、その汚染の実態を理解するための調査活動や科学的究明に住民や学校の教師が参加し、公害に関する市民教育や学校の授業開発が行われた。上記の二つの潮流のほかにも、地域の環境をうまく活用した教育実践も1960年代や70年代に報告されており、地域の自然や文化、歴史をテーマとしてそれらを体験する教育実践も環境教育の性格をもっていた。

ベオグラードで開催された環境教育国際ワークショップ（1975年）以降、日本でも環境教育の定義、進め方、学習の留意点などが検討され始めた。全国小中学校環境教育研究会や東京学芸大学を中心とした環境教育研究会が1970年代にスタートし、環境教育という用語が専門家の間では注目されるようになった。1970年代の後半に改訂された学習指導要領では、公害とその対策、森林の働きなどの単元が設定され、環境教育の内容が学校にも少しずつ浸透した。

〔1980～90年代の変化〕1980年代になると、オゾン層の破壊、砂漠化、気候変動（地球温暖化）、酸性雨、野生生物の減少、海洋汚染等の広域の環境問題が顕在化した。環境問題の根源的な原因に人々の生活や行動が関わっており、環境問題の根本的な解決には、大量生産・大量消費・大量廃棄を持続可能な方向に変えていくことが必要になった。そうした背景もあり、「持続可能な開発」の概念が1980

年の『世界保全戦略』で提案され、その後も環境保全の潮流は1992年の**国連環境開発会議**（通称：地球サミット）の開催に進展した。そこで採択された**アジェンダ21**の第36章では、環境に関する教育の重要性が指摘された。

文部省（現文部科学省）により、前述した『環境教育指導資料（中学校・高等学校編）』が1991年に、そして『同（小学校編）』が1992年に編集・発行された。そこでは、環境教育の目的を、「環境問題に関心をもち、環境に対する人間の責任と役割を理解し、環境保全に参加する態度及び環境問題を解決するための能力を育成することにある」と定義している。また学習者の発達段階に応じた展開の必要性が指摘され、幼児・児童期においては、自然とのふれあいの機会を増やし、感受性を刺激し、発達に伴って子どもの関心と生活体験を軸に問題解決の能力を育成することが大切であると述べている。

この時期には学校のみならず民間の動きも進んだ。大学教員等の研究者から学校教育関係者、行政関係者、また環境保全団体のスタッフなどにより、1990年に**日本環境教育学会**が設立された。このほかにも、環境教育や自然体験学習に関連する様々な民間団体が設立されていくことになった。

〔**総合的な学習の時間の創設**〕1990年代以降、環境教育が現代的教育課題の一つとして位置づけられ、学校では各教科、道徳、特別活動の教育実践を通じて、環境に関する教育が進められた。その後、2002年の**総合的な学習の時間**の創設に伴い、環境に関する探究的な教育実践がさらに充実し、学習者が地域において課題を発見するという問題解決学習の機会が増えた。環境についての教育内容をもつ教科や、実践的な教育が行われる特別活動と、この総合的な学習の時間を連携させることで、学習者の環境に関する知識・考え方・思考力・判断力が育成されていくものとみられる。

学校における環境教育のねらいは、2006年に発行された『環境教育指導資料（小学校編）』（国立教育政策研究所教育課程研究センター編）に整理されている。そこでは「環境に対する豊かな感受性の育成」「環境に関する見方や考え方の育成」「環境に働きかける実践力の育成」が示されている。

2000年以降はもう一つの特徴として、持続可能な開発のための教育（ESD）の概念の広がりがある。2002年の国連持続可能な開発世界首脳会議（ヨハネスブルグサミット）において、国連「**持続可能な開発のための教育の10年（DESD）**」が提起されたのをうけ、日本でもNPO法人「持続可能な開発のための教育の10年推進会議（ESD-J）」が設立された。

〔樋口利彦〕

ニホンミツバチ
Japanese honey bee

ハチ目ミツバチ科の昆虫。学名 *Apis cerana japonica*。本州以南（琉球列島を除く）に広く分布する日本固有種のミツバチ。樹洞や、屋根裏、床下、墓の中などに営巣する。天敵であるオオスズメバチの攻撃に対して、多数で押し包み高温で蒸し殺す蜂球という対抗手段をもつ。樹洞の減少や農薬の影響などで生息数の減少が懸念される一方、住宅地や都市部にも進出しているため、住民からの駆除依頼も多い。現在日本ではセイヨウミツバチによる大規模養蜂が普及しているが、かつては農家が里山の境界に少数の巣箱を設置してニホンミツバチの野生群を誘引する養蜂が主流であった。依然この伝統的養蜂を行う地域は少数ながらあり、また、近年個人でニホンミツバチの養蜂を行う人も増えてきている。

〔畠山雅子〕

日本野鳥の会
Wild Bird Society of Japan (WBSJ)

「自然にあるがままの野鳥に接して楽しむ機会を設け、また野鳥に関する科学的な知識及びその適正な保護思想を普及することにより、国民の間に自然尊重の精神を培い、もって人間性豊かな社会の発展に資すること」（定款第3条）を目的とする自然保護団体。1934年創立で、会員数は4万人を超えており、自然保護団体としては日本で最も多い。会員による各地での探鳥会のほか、野鳥保護区の制定、保全のための調査・研究、自然観察教

材の作成,自然観察施設を置く全国各地の「サンクチュアリ」の運営などを行っている。諫早湾干拓工事や三番瀬埋め立て計画などの国策に反対する提言も数多く行っており,日本の自然保護に大きな影響を与えている。

(望月由紀子)

⇨ 中西悟堂

人間環境宣言
Declaration on the Human Environment／Declaration of the United Nations Conference on the Human Environment

1972年に「かけがえのない地球」をスローガンとして,スウェーデンのストックホルムにおいて国連人間環境会議(ストックホルム会議)が開催された。人間環境宣言は,その会議において採択された宣言である。

人間環境宣言は,6項目の前文と26項目の原則からなる。前文において「われわれは歴史の転回点に到達した。いまやわれわれは世界中で,環境への影響に一層の思慮深い注意を払いながら,行動をしなければならない」(第6項)との言葉で,工業生産の拡大を主因とする人間環境の悪化に警鐘を鳴らし,人類の発展方向の転換を唱えている。

環境教育に関しては,原則第19項(教育)において「環境問題についての若い世代と成人に対する教育は — 恵まれない人々に十分に配慮して行うものとし — 個人,企業及び地域社会が環境を保護向上するよう,その考え方を啓発し,責任ある行動をとるための基盤を拡げるのに必須のものである」とされ,その必要性が明記された。

また,同じくストックホルム会議で採択された行動計画(勧告)の第96項と合わせて,国際的な環境教育推進の契機とされている。

(市川智史)

人間中心主義
anthropocentrism

人間中心主義は,環境思想や環境倫理においては,人間を自然よりも優位におく立場,自然を人間の生活の手段や資源とみなす立場を指す。このような立場においては,自然を保護することは人間自身のためであり,自然に対する直接的な義務によるのではないとみなされる。また自然を有用性からだけでなく,健康上,精神文化上の価値などによって評価する「緩和された人間中心主義」「賢明な人間中心主義」と呼ばれる立場もある。思想の淵源は,自然と人間を分離した有史以前にまで遡るといわれる。産業革命や自然科学における様々なイノベーションを経た20世紀において,自然は人間にとって完全に支配可能なものとして表象され,その結果公害や大気汚染など,様々な問題を引き起こすこととなった。対立する立場として生命中心主義,非人間中心主義などが挙げられる。

(李 舜志)

人間の基本的ニーズ(BHN)
basic human needs

人間の基本的ニーズとは,衣食住や医療,教育,安全性など,人間としての生活を営む上で最低限必要とされる基本的な欲求のことである。第二次世界大戦後の復興に向けた援助の中で,経済成長だけでは貧困削減を実現するには十分でなかった。そのため,1970年代からBHNの充足を目指した開発戦略の転換が図られた。つまり,BHNの充足を目指した新たな開発戦略は,経済成長の恩恵を社会の上層部が一人占めするのではなく,貧困層への所得再配分を強調した戦略であった。

国際的な動きとして,1974年に世界銀行がロバート・マクナマラ総裁のもとで,BHNの充足を目指す開発戦略を打ち出した。そこでは,所得や生産手段などのより公正な分配が開発を促進するための要素であるとし,貧困層の多い地域への重点的な配分を唱えている。さらにILO(国際労働機関)もまた,1972年の報告書や1976年の世界雇用会議で雇用促進の重要性と政策目標としてBHN充足の必要性を提唱した。その後OECDにも採用され,日本をはじめとする主要援助国や援助機関にとってBHNの充足は重点分野となった。

(斉藤雅洋)

人間非中心主義 ➡ 非人間中心主義

ぬ

沼田　眞
Numata, Makoto

茨城県出身の生態学者（1917–2001）。千葉大学理学部教授，千葉県立中央博物館館長を歴任。植物生態学から自然保護，都市生態系の研究など幅広く活動し，現地調査と理論の両面で多くの業績を残した。主著に『生態学方法論』（1953年）がある。日本環境教育学会初代会長（1990–2001）をはじめ，日本生態学会，日本植物学会，日本自然保護協会など多くの役員を歴任した。国連環境計画グローバル500賞などを受賞している。　（溝田浩二）

ね

ネイチャーガイド ➡ インタープリター

ネイチャーゲーム
Nature Game

1979年に米国のコーネルによって考案された自然とふれあうアクティビティを集めたプログラム。日本では日本シェアリングネイチャー協会が普及活動および指導者養成を行っている。原題は*Sharing Nature with Children*で，1986年に日本語で出版された際に「ネイチャーゲーム」と訳された。米国にはそれまでにも「ストランドウォーク」など自然の特性を活かした活動を楽しいアクティビティにする動きはあったが，コーネルが磨き上げたアクティビティ群は，自然とのつながりを認識したり，体験を通して気づいたことをわかちあうことの重要性を無意識に気づかせる内容になっている。また，それまでの自然観察会が知識の習得を目的にしていたのに対し，体験を重視し，誰でも楽しめ，指導もできるものにしたことが普及の契機となった。子どもたちの心理状態に合わせた学びの流れが示されていることも特徴的で，楽しい–観察–体験–感動をわかちあう，という4つの段階のフローラーニングで構成されている。指導する場合には，活動すること自体が目的となったり，楽しいだけのゲームになってしまわないようにする注意が大切である。
　（小林　毅）

ネイチャーセンター
nature center

ビジターセンターと同じように，自然公園の中心的な施設をネイチャーセンターと呼んでいることが多い。日本では北海道のウトナイ湖に**日本野鳥の会**が1981年に建てたネイチャーセンターが，自然観察や環境教育の機能をもった最初のネイチャーセンターといわれている。その後，自然観察の拠点施設として全国に作られた。機能は同じであるが，国立公園にある施設はビジターセンターと呼ばれ，それ以外の公園ではネイチャーセンターという名称がつけられていった。また，最近では民間のアウトドアスポーツの拠点施設や，そこで実施している環境保護活動自体をネイチャーセンターと呼んでいるところもある。

最近，米国で地域に根ざしたネイチャーセンターが注目されている。米国の場合，ネイチャーセンターは環境教育活動を行っている自然エリアという意味で使われており，国や自治体が設置したものと，市民による地域に根ざしたネイチャーセンターの2種類がある。そこでは，自然観察だけではなく，趣味の集まりやカウンセリングの場としても使われており，自然の中にあるコミュニティーセンターといった趣をもつ，まさにESDの拠点施設となっている。
　（山本幹彦）

ネイチャートレイル
nature trail

自然の中に設置されている遊歩道のこと。邦訳は，「自然歩道」「自然研究路」「自然散策路」「自然探勝路」など。ネイチャートレイルは，**インタープリター**（自然解説者）が自然についての指導をするガイドウォークを行う場所として使われたり，**セルフガイド**，野外解説板などを用いたノンパーソナルインタ

ープリテーション（間接解説）の場として活用される。ネイチャートレイルのコース設定に当たっては，魅力的な自然のポイントや環境教育的に意味がある場所を経由するようにしたり，利用者の興味を持続させたりドキドキワクワクさせる意図をもって道幅を変化させるなどのシナリオを考えるとよい。自然解説を行う際に有効な道幅を確保したり，部分的に膨らみ（トレイルとは別のスペース）を設置したりする工夫もできる。利用者としては，コース設定のシナリオを想像したり，路面の構造や指導標，四阿（あずまや），野外テーブル，ベンチ，展望所，トイレなどの付帯施設が自然にやさしい仕組みになっているかどうかを楽しむこともできる。　　　　（小林　毅）

ネス，アルネ
Naess, Arne

「ディープエコロジー運動」の造語で知られるノルウェーの哲学者(1912－2009)。1970年代以降の「平和・正義・人権」研究に基づくエコロジー哲学分野での業績で有名であるが，経験意味論，科学論，コミュニケーション理論，スピノザ論，懐疑論，ゲシュタルト存在論など，その研究対象は多岐にわたる。音楽や登山でも才能を発揮し，自然を愛し，人間は誰もが尊重されるべきとするその姿勢ゆえに，広く敬愛された。　　　　（井上有一）

熱帯雨林
tropical rainforest

主に中央アフリカ，中央・南アメリカ，東南アジアといった赤道付近の降水量の多い地帯に分布する森林。熱帯雨林（熱帯多雨林）は，年平均気温が25℃以上と比較的高く安定し，年間降水量が2,000mm以上のところに成立し，樹種が豊富で様々な樹高の木々から構成されているのが特徴である。地表の7％にすぎないこの熱帯雨林が地上で最も**生物多様性**に富んでおり，地球上の半分以上の生物種が生息している。商業伐採，ゴムやコーヒー，アブラヤシなどのプランテーションや牧場開発，近年の焼畑農業の拡大などによって熱帯雨林は急速に減少している。熱帯雨林は一度伐採すると土壌が流出し，もとの大きな森林に戻りにくいだけに，その保護は極めて重要である。　　　　（小島　望）

燃料電池
fuel cell

水の電気分解とは逆反応で，水素と酸素の電気化学的反応($2H_2 + O_2 \rightarrow 2H_2O$)により電力を取り出す装置。化学エネルギーの変換過程で，熱エネルギーや運動エネルギーの形態を経ず，直接電気エネルギーに変換する。そのため，発電効率が高く，単位重量当たりの電気容量はリチウム電池の約10倍といわれる。通常，燃料電池は，負極活物質となる充填可能な水素と正極活物質となる空気中の酸素等を常温または高温下で供給・反応させることにより継続的に電力を取り出す。燃料電池は，電気化学反応や電解質の種類によって，宇宙開発用に実用化されたアルカリ電解質型燃料電池や電力用に開発されたリン酸型燃料電池のほかに，融解炭酸塩型燃料電池，固体電解質型燃料電池等いくつかのタイプがある。

現在，開発の主流は，高分子膜を電解質とする固体高分子型燃料電池で，室温で作動し，小型化も可能なので，ノートパソコン等の携帯機器をはじめ，家庭用発電機，電気自動車，電車等，小型・大型を問わず多くの用途が期待される。特に燃料電池を搭載して発電した電力でモーターを駆動して走る燃料電池自動車への期待が高い。エネルギー効率が高い上に，騒音や振動も少なく，発電時に水が排出されるだけで，他の電気自動車と同じく環境負荷の低いクリーンな次世代自動車といえる。燃料の水素を圧縮タンクに高圧充填して搭載するものが一般的であるが，車上でメタノールやガソリン等から水素を生成し，これを利用する改質型燃料電池自動車も開発されている。

燃料電池を普及させるための最も大きな課題は，コストである。購入時の初期コストと使用期間にかかるランニングコストが高いため，普及を妨げている。さらに耐久性・発電効率の向上や電解質の長寿命化等の技術的課題に加え，政策的にも燃料である水素の製造

方法や供給インフラ整備等の課題がある。

(坂井宏光・矢野正孝)

の

農薬
pesticide

〔語義〕農薬は，農業の合理化や効率化を図るためや，農作物に被害を及ぼす病害虫や雑草などの防除を行うために使用される薬剤の総称である。日本では，農薬を取り締まる農薬取締法が1948年に制定された。この法律によると「農薬」とは「農作物（樹木及び農林産物を含む。）を害する菌，線虫，ダニ，昆虫，鼠その他の動植物又はウイルスの防除に用いられる殺菌剤，殺虫剤その他の薬剤及び農作物等の生理機能の増進又は抑制に用いられる植物成長調整剤，発芽抑制剤その他の薬剤」とされている。

〔分類〕農薬取締法では，化学的，人工的に生成されるもの以外に，自然界に存在する天敵やアイガモなどの生物，人為的に生成される自然由来の酢なども農薬含めており，以下の三つに分類している。

① 登録農薬：所定の毒性試験結果などを提出して農林水産大臣の登録を受けたもの。例：殺菌剤として硫酸銅と生石灰から生成するボルドー液
② 特定農薬：農薬登録の必要がないほど安全性が明らかなもので農林水産大臣が指定したもの。アイガモや天敵などは生物農薬ともいわれ，特定農薬に分類される。
③ 無登録農薬：登録農薬でも，特定農薬でもないもので，使用も販売も禁止されている。

1948年制定の農薬取締法は，残留基準の定めのない農薬に関して何ら規制のないネガティブリスト方式が採用されていたが，2002年に一定の残留基準を設けるポジティブリスト方式に改正された。

〔課題〕登録農薬の中にも，散布によって害虫に殺虫剤抵抗性を獲得させたり，天敵減少や害虫の産卵増加などを引き起こすものがあるので，同系の農薬の連続使用は控える必要がある。また農薬の多用は生態系の物質循環力の低下や地力低下を引き起こすこともある。

(野村 卓)

野焼き
field burning

草地を維持し継続的に利用するため，毎年春先等に，野山に火を入れる作業を野焼き（または山焼き）という。草地は茅葺き屋根に使用するカヤやススキなどの採取や家畜の放牧等に利用されるが，日本ではこれを放置すると植生が森林等に変化し，継続的に草地として利用できなくなるところが多い。そのため，定期的に火を入れることで遷移を中断し，草地の資源を維持・管理することが，古くから農山村住民の共同作業として行われてきた。野焼きには，灌木類の除去，土壌の改良，害虫の駆除等に効果があると考えられている。

他方で，廃棄物の野外焼却に対しても「野焼き」という言葉が使われる。樹脂類を含む廃棄物の焼却がダイオキシンの発生原因となることから，廃棄物の野焼きは「廃棄物の処理及び清掃に関する法律」によって禁止されている。また，剪定した樹木や落ち葉についてもばい煙や悪臭になることから，自治体によっては「野焼き」禁止の対象としている。なお，学校のゴミ焼却炉についても文部科学省は，1997（平成9）年に原則として使用しないようにという通知を各都道府県教育委員会等に出している。

(比屋根 哲)

は

排煙脱硫
flue-gas desulfurization

大気汚染や酸性雨等，化石燃料中に存在する硫黄分による被害を防ぐには，化石燃料そのものから硫黄分を除去する以外に，硫黄分を含んだ燃料の燃焼後，その排ガス中の**硫黄酸化物**（大部分が亜硫酸ガス SO_2）を除去する方法があり，これを排煙脱硫法という。硫

黄含有率が高い中東産石油に依存する日本では、1968年の大気汚染防止法制定以降、1960年代から1970年代にかけて排煙脱硫装置の設置が着実に進展し、早期に硫黄酸化物の**環境基準**（SO_2の環境基準：日平均値が0.04ppm以下で、かつ1時間値が0.1ppm以下）を達成した。排煙脱硫法には、硫黄酸化物の吸着剤として、アルカリ溶液などを用いる湿式法、石膏スラリーなどを用いる半乾式法（スプレイドライヤー法）、活性炭を用いる乾式法がある。日本では湿式法が大半を占めるが、効率的な脱硫が可能な反面、設備・運転コストが高い。近年技術革新により、高性能、かつ**省エネルギー**・小型化が進み、設備・運転コストの大幅な節減が実現した。一方で途上国では、このような公害防止設備を設置せずに操業し、大気汚染が深刻な地域が多い。そこで、日本は途上国の環境改善や**越境汚染**を防止する意味で、途上国へのプラント輸出や技術供与を行い、結果的に地球環境保全に大きく貢献している。

（坂井宏光・矢野正孝）

バイオエタノール
bioethanol

生物由来の燃料の一つ。植物に含まれる糖を発酵・蒸留させて作るアルコールの一種で、ガソリンの代替として用いられる。トウモロコシなどの澱粉系や、サトウキビの搾りかすや木材・古紙などのセルロース系がある。バイオエタノールは生長時に二酸化炭素を吸収している植物に由来するため、その燃焼によって大気中の**二酸化炭素**量を増やさない点から、エネルギー源としての将来性が期待されている。他方で、トウモロコシ起源の澱粉系の場合、製造等に伴うCO_2排出量がガソリンの燃焼より多くなる場合もあるとの分析結果もあり、食糧生産との競合も指摘されている。

（豊田陽介）

バイオディーゼル燃料 ➡ BDF

バイオテクノロジー
biotechnology

広義には生物が有する機能を利用して人類に有用なものをもたらす技術を意味し、古くから存在する発酵、醸造、品種改良等にもあてはまる。しかし、現代の先端技術としての「バイオテクノロジー」は1973年の遺伝子組み換え技術の開発以降に生み出されたいわゆる「バイオサイエンス」を基盤とした技術である。ジャガイモ・ナタネ・ダイズなどの**遺伝子組み換え作物**やバイオ医薬品、バイオ化粧品のほか、胚培養技術を応用した雑種の新野菜（ハクランほか）、またバイオ農薬（弱毒ウイルス・作物用ワクチン・害虫の天敵である病原微生物・昆虫フェロモン）や生体物質の反応を利用した「バイオセンサー」等がある。遺伝子組み換え技術は、種を越えた遺伝子（DNA）の組み換えを可能にしたことから、従来希少であった生物由来物質の大量生産や、自然界では起こりえない遺伝子の組み合わせをもった「新種」の生産等の産業的なメリットがあり、急速に利用が拡大した。しかし、遺伝子組み換え生物には生態系のかく乱をもたらす危惧や健康被害への不安も存在する。**生物多様性条約**締約国会議の議論を経て、2000年には遺伝子組み換え生物等の国境を越える移動に関する手続き等を定めた「バイオセーフティに関する**カルタヘナ議定書**」（2003年9月発効）が採択された。

（原田智代）

バイオマス
biomass

バイオマスは、生物（bio）と資源量（mass）を合わせた生態学の用語から派生し、「生物由来の資源」の意味で使用されている。人類が長年利用してきている薪や木炭は典型的なバイオマスである。最近は、**再生可能エネルギー**の一つとして位置づけられ、木質バイオマスの熱・電気としての利用、液体バイオ燃料の利用が一般的に知られている。

バイオマスには、食品廃材や下水汚泥、生ごみなどの廃棄物資源と、稲藁や林地残材などの未利用資源がある。利用方法も多様で、エネルギー利用のほかに、繊維や建材としての素材利用、家畜の資料、肥料、薬用など多様な形態がある。

（田浦健朗）

バイオミミクリ
biomimicry

　生命・命を意味する「バイオ」と模倣・擬態を意味する「ミミクリ」の二つの単語を合わせた造語で、自然界や生物の英知を模すこと。社会の問題の解決と環境負荷低減を実現していく科学技術としても応用されている。

　身近な自然から学ぶ技術開発の歴史は長いが、バイオミミクリという考え方は新しい視点から自然や生物の能力を参考にしようというものであり、「生き物の形態や動きを真似る」「生き物が物を作るプロセスを学ぶ」「自然の生態系全体をまねる」の三つの分野に分けることができる。「生き物の形態を真似る」では蛾の複眼がほとんど光を反射しない特徴を模した無反射フィルム、「生き物が物を作るプロセスを学ぶ」では植物の葉の光合成に基づいた効率のよい太陽電池、「自然の生態系全体をまねる」では森林などの生態系を街自体に置き換えた、可能な限り物質が循環する街づくり、などが例として挙げられる。人間が社会の問題を持続可能なかたちで解決していくためには、生態学的な基準をもった社会づくりが必要とされており、自然から搾取する時代から学ぶ時代に移行しつつあることを物語っている。バイオミミクリの考え方が取り入れられている分野は多岐にわたり、工学や科学だけでなく、医療、エネルギーの分野でも研究が進められている。　　（朝倉卓也）

バイオリージョナリズム
bioregionalism

〔語義〕地形、土壌、風土、生物相などの自然の特徴や、その土地の特徴ゆえに生まれた人間の文化・生活様式などによって決定される、一定のまとまりある地理的領域（＝生命地域：bioregion）の中に、自治・分権、自助・自立に基づく持続可能な地域社会を築いていこうとする思想、ならびに関連する取り組みを指す。生命地域は多くの場合、分水嶺で囲まれた河川の流域に重なる。「生命地域主義」が訳語として一般的であるが、それゆえ、「流域の思想」（詩人・山尾三省による）などとも呼ばれる。

〔展開〕1970年代前半、北米で取り組みが始められ、物質的にも精神的にも地域の土地に生活を再び根づかせる「リインハビテーション（re-inhabitation）」などの主張も展開され、広がりをもつ運動となった。その過程では、ピーター・バーグ（Berg, P.）が設立し、サンフランシスコに拠点をもつプラネット・ドラム協会（Planet Drum Foundation）が重要な役割を果たした。生態学や地理学の知識に基づき、生命地域の境界や環境容量を無視した大量生産・輸送・消費・廃棄に特徴づけられる工業社会のあり方（工業化された大規模近代農業を含む）を批判的にみて、人間の身の丈にあった（human scale）地域経済や多様性を尊重した地域文化を築こうとする草の根のエコロジー運動である。なお、ここで生み出された概念や考え方は、その一部が流域資源管理といった地域計画学などの分野にも応用されている。

〔環境教育〕生活用水はどこから来ているのかを問うことから始め、生命地域のマップづくりを通じて自らの生活が域内のどのような資源により持続的に支えられうるかといったことを見いだしていくワークショップなど、環境教育の取り組みとしても重要である。都市部への応用であるグリーンシティプログラムも、地域に根ざす参加型・実践型の取り組みから主体的に持続可能な共生社会を構想していくという点で成果を上げている。（井上有一）

排気ガス
exhaust gas

　ある種の燃焼過程を経て放出された気体で、車のエンジンや工場、発電所等での天然ガスやガソリン、ディーゼル燃料、石炭等の燃料の燃焼により放出される。これら気体のほとんどは無害であるが、一部の気体は有害の可能性がある。有害物質としては一酸化炭素、炭化水素等が挙げられ、大気汚染物質とみなされている。国は、1968年に大気汚染防止法を制定して排出ガスを規制し、排出ガス基準の策定によって有害物質の排気を規制している。　　　　　　　　　　　（長濱和代）

廃棄物
waste

廃棄物とは，ごみ，粗大ごみ，燃えがら，汚泥，ふん尿，廃油，廃酸，廃アルカリ，動物の死体その他の汚物又は不要物であって，固形状又は液状のもの（放射性物質及びこれによって汚染された物を除く）と法で定義されている。日本では，廃棄物は図のとおりに分類されている。一般廃棄物と**産業廃棄物**に分けられており，一般廃棄物は「産業廃棄物以外の廃棄物」と定義されている。産業廃棄物は政令によって燃えがらや汚泥など20種類に分類されている。廃棄物の中には，爆発性や有害性があって，他の廃棄物と区別して収集・運搬し，適正処理を行わなければならない「特別管理廃棄物」がある。

不要物とは，占有者が自ら利用し，または他人に有償で売却することができないために不要となった物をいい，不要物が廃棄物に該当するか否かは，最高裁判例で，その物の性状，排出の状況，通常の取り扱い形態，取引価値の有無および占有者の意思等を総合的に勘案して判断するとされている。この中で，有償は重要な判断の一つとなるが，通常の財の取引では物の流れとお金の流れが逆方向になるのに対し，不要物の取引においてはそれらが同じ方向になる傾向が見られる。この現象は逆有償と呼ばれ，廃棄物の該当性判断の重要な一要素とされる。

一方，2000年に成立した循環型社会形成推進基本法では，循環資源は「廃棄物等のうち有用なもの」と定義された。「有用なもの」とは，循環的な利用が可能なものおよびその可能性があるものを含んでいることとされ，現時点で処分され未利用のものでも循環資源と呼ぶことは可能である。つまり，再生資源と中古品を合わせたものを循環資源とし，再生資源は，マテリアルリサイクル（物質回収）やケミカルリサイクル（化学回収），熱回収などのかたちで再利用される資源で，有価物，無価物の双方を含むもの，中古品は，製品そのままのかたちで再使用（**リユース**）

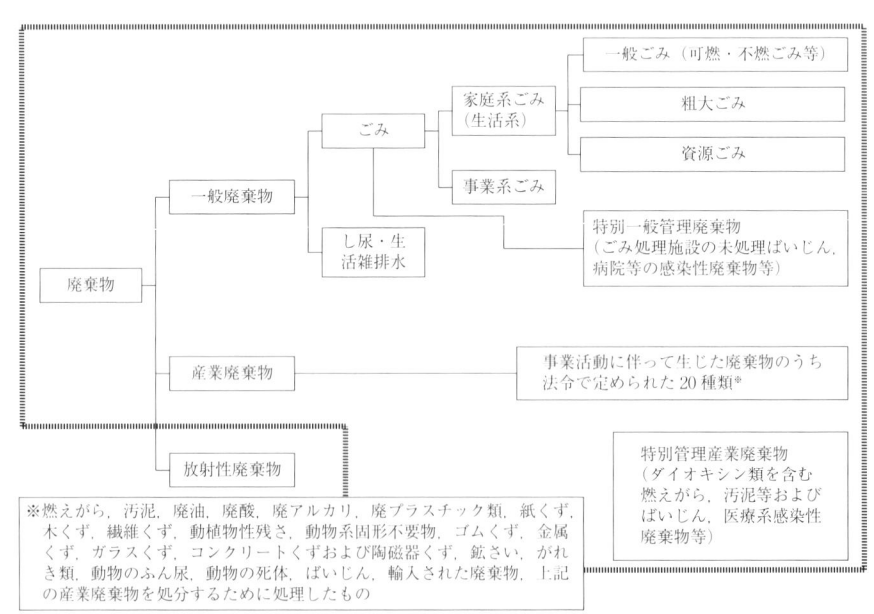

図　廃棄物の種類（廃棄物処理の対象は点線の枠内）

※燃えがら，汚泥，廃油，廃酸，廃アルカリ，廃プラスチック類，紙くず，木くず，繊維くず，動植物性残さ，動物系固形不要物，ゴムくず，金属くず，ガラスくず，コンクリートくずおよび陶磁器くず，鉱さい，がれき類，動物のふん尿，動物の死体，ばいじん，輸入された廃棄物，上記の産業廃棄物を処分するために処理したもの

されるいったん使用済みとされた製品である。

一般廃棄物には，固形状である「ごみ」と液状である「し尿」「生活雑排水」がある。ごみを排出場所で分けると，家庭から排出されるごみ（家庭系一般廃棄物，家庭ごみ，生活系ごみなどと呼ぶ）と事業所などから排出される産業廃棄物以外のごみ（事業系一般廃棄物，事業所ごみなどと呼ぶ）に分かれる。こうした分類は，形状や排出場所ごとに，正確な統計を把握し，各主体が廃棄物処理に関わる方法を知るために重要である。一般廃棄物の処理は市町村の管轄自治事務であり，市町村は一般廃棄物処理計画に従って，自ら直接，または委託によって区域内の一般廃棄物を収集・運搬し，処分しなければならない。2010年度におけるごみ総排出量は4,536万トン，一人1日当たりのごみ排出量は約1kgで，ごみの総排出量は2000年度をピークに減少傾向にある。

（酒井伸一）

廃棄物発電
waste power generation

廃棄物を燃焼するときに発生する高温燃焼ガスによりボイラーで蒸気を作り，蒸気タービンで発電機を回すことで発電をおこなうシステム。ごみ発電ともよばれる。また，発電した後の排熱は，周辺地域の冷暖房や温水として有効活用することもできる。通常ならば捨てられる熱を有効利用できる反面，廃棄物発電を行うためにはある程度まとまったごみを必要とするため，本来減らすべき廃棄物の排出を前提にしているという問題がある。発電効率は11％程度で，通常の火力発電の4分の1程度である。

（豊田陽介）

排出量取引制度
emissions trading

〔概要〕国や企業などにあらかじめ割り振られた環境汚染物質の排出量について，過不足分を売買することで全体の排出量を抑制しようという制度。排出権取引制度ともいう。

排出量取引制度は，米国で酸性雨対策の一環として，硫黄酸化物（SOx）の排出抑制を目的に，発電所に排出枠を設けて，過不足分を取引できる制度として，1990年に開始されたのが初めての本格的な導入例である。この制度導入の結果，目標を上回るSOxの削減を達成すると同時に，排出削減のための費用も50％以上軽減できたことが報告されている。

〔国際排出量取引制度〕この成果を受けて，米国が京都議定書の交渉において，同様の制度の導入を提案した。その結果，京都議定書に国際排出量取引制度が定められた。これは，京都議定書の第一約束期間に排出削減が義務づけられた国が目標達成のため補助的に利用できる制度である。例えば，日本が国内での削減に取り組んだ上で，排出枠（基準年の排出量である126,100万トンCO_2換算から6％差し引いた量の5年分592,800万トンCO_2換算）を超えることが予想される際に，排出枠に余裕がある国から購入することができるようになっている。取引のために，①各国の自国での削減量，②各国の吸収源活動による吸収量，③クリーン開発メカニズム事業による削減量，④共同実施による削減量，の4種類から「炭素クレジット」が発生する。このクレジットが市場あるいは当事国同士で取引される。ロシア・東欧などにホットエアーと呼ばれる対策を施さなくても余っている排出枠があることで，先進国全体の削減が進まない要因になるという問題が第一約束期間ではあったが，第二約束期間への繰り越しには制限がかかった。

〔国内・域内排出量取引制度〕地球温暖化防止のための，地域内・国内での排出量取引制度として，EU域内でキャップ&トレード型排出取引制度が2005年1月に導入された。この制度では，発電所，石油精製所，製鉄・セメント工場など二酸化炭素の大量排出施設を対象として，排出枠を定めて，削減を進めている。この制度は，削減のための費用が各主体ごとに異なる場合に，地域・国全体で最小のコストで削減が行われるという効果がある。また，削減から発生した炭素クレジットを販売することができ，削減を進める動機づけにもなる。一方で，排出枠をどのように設定するかが課題である。排出枠の設定には，全体の上限を設けて対象施設・事業所に割り当て

るキャップ＆トレード方式と，対策を実施しない場合を基準とするベースライン＆クレジット方式がある。キャップ＆トレードの割当方法にも，前年あるいは複数年の実績を基準とする方式や，オークションで排出枠を購入する方式がある。

　いずれの方式にしても，ゆるやかな排出上限を設定すると，対象企業・事業所は排出削減が不要になり，逆に厳しすぎれば，削減を放棄することにもなる。また，全体の排出上限がゆるいと，排出枠の売り手が多くなり，取引の市場価格が低下してしまうという課題がある。

〔今後の展望〕この制度に対して「自然のものである二酸化炭素を価格化して市場取引の対象にすることはよくない」という批判があるが，これは排出量の取引のみに着目していることから生じる誤解である。地球の環境容量は有限であり，CO_2排出許容量も有限であることから，「キャップ（上限）」を設けることが必要不可欠であり，その中で効果を高めるために取引をするということがこの制度の本質である。

　キャップ＆トレード型の排出量取引制度そのものは完璧な制度ではなく，その対策のみでは限界があるが，大規模な排出事業者が削減するための効果的で現状に即した制度である。国内では東京都が排出量取引制度を導入済みであるが，国レベルでもEUの制度等と整合性のあるキャップ＆トレード型排出量取引制度の早急な導入が求められる。（田浦健朗）

廃食用油
waste edible oil／waste cooking oil

　てんぷらなどで使用された後の食用油。自動車や船舶のバイオディーゼル燃料（BDF：軽油代替燃料）として再利用される。化石燃料を使用した場合に排出される二酸化炭素は大気圏の二酸化炭素濃度を上昇させるが，トウモロコシや菜種などで作られた廃食用油の燃焼で排出される二酸化炭素は，もともと植物が大気から吸収し，固定されたものであるので，大気中に温室効果のある二酸化炭素を増やさないクリーンエネルギーとみなされる。京都市のようにごみ収集車や公営バスの燃料に使用する自治体もある。　　　　（中村洋介）

ハイブリッドカー
hybrid car／hybrid vehicle

　異なる二つ以上の動力源を組み合わせた自動車のことを指す。一般的には，内燃機関と電動機を備えた自動車のことをいう。ガソリンエンジンと電気モーターを組み合わせることでガソリンの消費を抑えることができ，燃費を飛躍的に向上させることが可能となった。ブレーキ時に失われていた動力エネルギーを電気エネルギーに変換する回生ブレーキ機能によって生み出された電気エネルギーをバッテリーに蓄電し，内燃機関の燃費効率が低い低速走行時の動力または補助として使うことで燃費効率を高めている。　　　（山本　元）

はいまわる経験主義
crawling empiricism

〔語義〕子どもの主体性を無視し，教育内容を伝達・注入的に教え込む戦前の教育に対する反省から，アメリカ経験主義教育論を理論的基礎に，戦後日本の新教育の中に問題解決学習を中心とする経験主義教育が登場した。しかし，この経験主義教育は，デューイの経験主義教育理論を十分学ぶことなく，探究的，社会的な経験になっていないことが多かったことから，系統的学習論の復活を求める人々から，単に同じレベルを動き回るだけという意味で，「はいまわる経験主義」という批判的な表現がなされた。

〔経験〕授業の中心を教師と教科書から児童生徒に移した新教育では，児童生徒の経験によって学びを組織し，発達を促す教育が目指された。デューイは，教育を「経験の再構成」として定義したが，その経験とは道具を用いた活動を通した社会との相互作用であり，経験のふりかえりに基づいて経験を能動的に再構成する活動を意味している。

〔環境教育と経験〕間接経験による情報が蔓延する現代社会の中では，五感を使った経験，火・水・土などに関わる経験，木登り・草花遊びなどの経験，暗さ・空腹などの経験，野

生生物と関わる経験など，環境教育が重視してきた直接経験のもつ意味は大きい。しかし，それらの経験が「はいまわる経験主義」に陥らないようにするためには，デューイが示した探究的，社会的な「経験」のもつ教育的意義を深め，継承し，学習者が先行経験を踏まえて発展させるという「経験の組織化」と，学習者自身が経験から学んだことを話し合い，感想文等を書いて振り返るという「経験の言語化」が重要である。　　　　　　（大森 享）

博物館
museum

〔定義〕博物館の国際組織ICOM（国際博物館会議）の最新の規約（2007年）では，「博物館は，社会とその発展に寄与し，一般に公開され，教育・研究・楽しみを目的として，人間とその環境の有形・無形の遺産（heritage）を，取得・保存・研究・交流（コミュニケート）・展示する非営利で常設の機関である」と定義している。博物館が何を取り扱うのかについて，従来の博物館においては，資料や標本を軸に置くことが一般的であった。しかし，最新の定義で「物的資料」に代わって「有形および無形の遺産」となったことで，博物館が取り扱うべき範囲が，博物館という建物や展示ケースに収まる物品に限られることなく，「無形」の音楽や演劇・祭りや習俗・民具の製作技術などにまで広がった。

もともと日本の文化財保護制度においては，1950年の文化財保護法制定時に，無形の文化財の重要性を認識して世界に先がけて保護の対象としていた。冒頭に紹介した博物館の最新の定義で「無形の遺産」が含まれたことの認知が不十分で，世界の諸制度にまだ反映されていないが，これから徐々に浸透していくと予想される。

〔博物館の種別〕それぞれの館が取り扱う専門分野によって，歴史博物館・民俗資料館・自然史（または自然誌）博物館・科学館・美術館・動物園・水族館・植物園などと様々に呼ばれるが，これらのいずれもが博物館である。自然系と人文系分野を併せて扱う館を総合博物館と呼ぶこともある。博物館の建屋に納まらないものを現地で，または移築して屋外で保存ならびに展示するものは，野外博物館などとも呼ばれ，**エコミュージアム**などとともに，先の定義に従えば博物館の一形態と位置づけられよう。

〔**日本における博物館の現在**〕博物館法（1951年制定）では，資料が「質量ともに国民の教育，学術及び文化の発展に寄与するにたるもの」であることや，職員，建物や土地の広さ，開館日数等の要件を満たし，都道府県教育委員会に登録された博物館を登録博物館と呼び，登録博物館ではないが，それに相当する施設として文部科学大臣や教育委員会の指定を受けた博物館を博物館相当施設と呼ぶ。これら以外の多くの関連する施設について，同法は特に規定をもたない。一定の要件を満たす施設が教育施設調査の対象とされ，博物館類似施設と呼ばれる。文部科学省の2011年の社会教育調査によれば，登録博物館913，博物館相当施設349，博物館類似施設4,491であり，登録博物館に博物館相当施設を加えても，全「博物館」の2割にすぎない。

設置・運営主体で見ると，国立館は現在，いずれも独立行政法人（または国立大学法人等）が運営している。公立（＝自治体立）館は，教育委員会や首長部局が直接運営するものに加え，指定管理者制度によって民間企業，NPO等を含む各種団体によって運営されるものもある。ほかに大学等学校法人，財団法人などの公益的な団体が所有・運営するもの，民間企業が直接運営しているものなど，所有・運営の形態は様々である。

〔**機能**〕博物館に共通する基本的な機能として，資料（の収集・整理・保存），研究，教育（展示・交流などを含む）という三つの柱を考えると理解しやすい。「資料」はその博物館が取り扱う分野によって異なり，今後は無形遺産も含むことが期待される。博物館においてこれらの役割を中心的に担う専門職員が博物館学芸員である。

日本の社会教育の法体系では，博物館は公民館（その専門職員は社会教育主事）・図書館（その専門職員は図書館司書）等とともに社会教育機関の一つと位置づけられている。

文書館（または公文書館，専門職員はアーキビスト）を加えて4種の機関の連携を模索する活動も起きている。地域の博物館に期待される役割として，地域の過去と現状についての情報を蓄積し，誰もがアクセスしやすいように整理・保存・公開すること，市民やNPO等の学習・探求する意欲に応え，また学校教育に協力すること等が挙げられる。これら社会教育施設の諸活動に市民の力を生かすことも，市民の社会参画の点から注目されている。　　　　　　　　　　　　　（林 浩二）

ハザードマップ
hazard map

主に**地震**・噴火・洪水・**津波**・土砂災害などの**自然災害**により発生する被害を予測し，危険域を想定して作成する地図。災害予測図ともいう。

想定する災害の原因により，それぞれ異なるハザードマップの作成が必要となる。2000（平成12）年の有珠山噴火の際には，行政と住民と研究者が連携し，ハザードマップ作りを含めた日常的な防災への取り組みを強化した結果，「人的被害ゼロ」という画期的な成果を生んだ。近年では全国的にも防災意識が高まり，被害の範囲や程度の予測のみではなく，避難経路や避難場所を明示したハザードマップが準備されるようになってきている。なお，「ハザードマップに危険域として示されなかった部分は安全である」という誤った解釈から，逆に防災意識を低下させる結果が生じ，災害時の避難行動が妨げられる可能性があることにも注意が必要である。（能條 歩）

バズセッション
buzz session

参加型の学びの場で講義を聞いた後や全体会の後で，周囲に座る数人が集まり，講義や全体会の感想や疑問や意見などを自由に話し合う時間のこと。バズとは，ハチが出すブンブンという音のことで，会場内が「ハチの巣をつついたような」にぎやかな状態になることから名づけられた。

講義の場合，数分のバズセッションの後に，各グループから講師への質問を出してもらうという方法を取ることもあるが，そのような成果物を求めない場合もある。講義への質問をこの方法で取ると質の高い質問が出ることが多い。講義後すぐに質問を促してもまったく出ないか，あるいは質問という機会を借りて延々持論を述べるという困った状況にもなったりするが，それを避けることもできる。

最初から講義→バズセッション→質疑応答を想定して，机の配置をアイランド型にする場合もある。固定の机と椅子の会場の場合でも，奇数列の人が後ろを振り返ることで，4〜6人程度のグループをつくる方法もある。

参加型ではなく普通の授業や講演の機会でも，このバズセッションは有効に機能させることができる。仮にそこで話されたことが講演内容から多少ずれていたとしても，その場で話したいことを数人で共有でき，受講者のストレスは軽減され，結果的に「よい講義だった」という評価を得ることもできる。一方的に情報を流し込んで満足するような講演者には向かない方法でもある。　　　（川嶋 直）

パスモア，ジョン
Passmore, John

オーストラリアの哲学者（1914-2004）。主な著書に『自然に対する人間の責任』（1974年），『哲学の小さな学校』（1985年）などがある。人間が自然を保護するのは，人間が自然に対して直接的な義務を負っているからではなく，未来世代に負荷や不利益を受け渡さないためであるとし，適度な自然の利用を主張する「賢明な人間中心主義」の立場をとる。環境問題の原因を西洋文明に見ているものの，それに代わる新しい倫理を模索するため神秘的な自然観や東洋思想などに可能性を見いだすのではなく，あくまでもキリスト教やギリシャ哲学由来の西洋における伝統的倫理の徹底を主張する。　　　　　　　　　（李 舜志）

バーゼル条約
Basel Convention on the Control of Transboundary Movements of Hazardous Wastes and Their Disposal

有害廃棄物の国境を越える移動およびその

処分の規制に関する条約。1980年代に海外からアフリカや一部の途上国への有害廃棄物の越境移動に対処するため，1989年にスイスのバーゼルにおいて採択され，1992年に発効した。この条約の目的は，有害廃棄物の悪影響から私たちの健康と環境を守ることである。本条約では，「有害廃棄物」と家庭用のごみや焼却灰などの「その他の廃棄物」に対して，広く適用されている。日本では1992年に「特定有害廃棄物等の輸出入等の規制に関する法律（バーゼル法）」が制定され，水銀等の有害廃棄物が規定の対象となった。　　（長濱和代）

バーチャルリアリティ
virtual reality

〔語義〕日本語では「仮想現実」と訳されることが多い。日本語の仮想からは，「作りもの」という印象を受けるが，本来"virtual"は「実質的な」という意味である。つまり，現実とは異なるが実質的に現実と同じ機能をもつもの，あるいは現実の本質をもつものが"virtual"であり，バーチャルリアリティは，現実的感覚を人工的に再現したものである。
〔展開〕1980年代初め頃から，多様な領域において，「等身大で3次元空間を相互作用的に扱うことができる」ことを目指す研究が行われていた。1990年にマサチューセッツ工科大学の呼びかけで，それまで相互に交流のなかった近接分野の研究者が集まった。これを機に，「バーチャルリアリティ」という用語が定着し，研究も加速することとなった。

バーチャルリアリティの特徴的な点は「三次元の空間性」「リアルタイムの相互作用性」「自己投射性」の三つである。三次元の空間性とは，3D映画のようにコンピュータによって立体的な視覚・聴覚空間が広がっていることである。ただし，実際には厳密な三次元の空間性がなくても，三次元的な描写がなされているものも含めている。「リアルタイムの相互作用性」とは，コンピュータの作り上げた人工空間において，リアルタイムに環境との自由な相互作用ができることを意味する。例えば，別の角度からものを見たり，物体の後ろに回り込んだり，物体に触れて別の場所に動かすといった操作ができることである。そして「自己投射性」とは，自分がコンピュータの作った環境に入り込んだような状態であることを意味する。

ゲームのような娯楽，パイロットの操縦訓練のような教育，医療分野への応用のほか，人間が立ち入れない場所でのロボット操作にも利用されている。環境教育では，直接訪れることが難しい自然環境を体験するなどの応用が期待できる。

一方で，バーチャルリアリティはある目的をもって人為的に作り出されたものであるため，自然の色彩が加工されていたり，現実のもつ冗長性が欠けている点に注意が必要である。また，幼少期にバーチャルリアリティと長時間接することが，自然に対する感性などの発達を阻害するという指摘もなされている。ルーブ（Louv, R）は『**あなたの子どもには自然が足りない**』の中で，子どもたちの自然体験不足が多様な問題を引き起こしていることを指摘しているが，自然体験不足の背後には電子機器を通したバーチャルリアティとの長時間の接触もある。　　（野田　恵）

白化現象
coral bleaching, albinism

サンゴと共生する褐虫藻がいなくなり，ポリプの基部に接する外骨格が透けて白く見える現象。温度変化に敏感なサンゴにとって適正な海水温度域は23〜29℃と非常に狭く，その上限温度から1〜2℃の上昇が続くと体内の共生藻類である褐虫藻が放出される。褐虫藻から得られる**光合成生産物**がないこの状態が続くと，サンゴは長期間生存することができずに死に至る。このような現象が近年世界中で頻発しており，その要因の一つとして**地球温暖化**による海水温上昇が挙げられている。これ以外にも，塩分濃度の変化，海水の酸性化，河川からの土砂や除草剤など化学物質の流入などの様々な要因が指摘されている。サンゴ礁は海洋生態系の中でも生物多様性が高いことで知られており，その保全に向けてこれらの要因を制御していく必要がある。

なお，「白化現象」という用語は，植物が

栄養不足，大気汚染，除草剤などで白化することや，動物がメラニンの欠乏で白化することにも用いられる。
(小島 望)

発がん性物質
carcinogen

人間や動物にがんを生じさせる可能性がある物質で，直接的にがんを引き起こすわけではないが，その発生を促進または悪化させる物質を指す。化学物質や放射性物質，ある種のウイルス等の発がん性物質は，遺伝子に作用して危険な変異を起こしたり，細胞分裂の割合を増加させたりする。またいくつかの発がん性物質はがんの進行を促す。がんの発症原因は多様であるが，国際がん研究機関では，**ダイオキシン類**などの発がん性物質や生活環境等について，発がん性リスクの一覧を公表しており，たばこの煙や食品，感染等を重要な因子として挙げている。
(長濱和代)

バックキャスティング
backcasting

〔語義と背景〕バックキャスティングとは，未来のあるべき姿（ゴールあるいはビジョン）を先に描き出し，その未来の時点から現時点を振り返って，今何をすべきかを考え具体化していくことである。backcast を直訳すると「後ろに視線を投げかける」で，forecast（前に視線を投げかける＝予測する）と対になる概念であるが，適切な日本語訳がないため，バックキャスティングというカタカナ表記が一般化している。現在の趨勢に基づいて「今，何ができるか」を考えて未来の姿を描くフォアキャスティングの考え方が革新性や創造性を抑圧し，「それは無理」「不可能」と結論づけてしまいがちになるという反省から，「今，何ができるか」はいったん脇に置いて，理想的な未来のあるべき姿を実現するために今どのような取り組みをすべきかを考え，実行していこうというバックキャスティングの考え方が登場した。このような考え方が登場した背景には，現在の趨勢の延長上では，持続可能な未来が描き出せない，という認識が広く浸透してきたことがある

環境の分野では，スウェーデンの環境NGO で，ロベール（Robèrt, Karl-Henrik）が1989年に設立したナチュラルステップが，バックキャスティングを持続可能な発展に向けての戦略的なアプローチの中核の一つに位置づけたことが，バックキャスティングという考え方が広がるきっかけになった。

〔温暖化対策の事例〕バックキャスティングの考え方は，解決策を見いだせない様々な環境問題に対する有効な戦略的なアプローチとみなされているが，とりわけ温暖化問題では重視されている。

地球温暖化に対しては，1997年に採択された京都議定書で先進国における温室効果ガスの削減率を各国別に定め，共同で達成することが定められた。しかし，2011年に排出量が最も多かった中国（29％）には削減義務はなく，2番目に多いアメリカ合衆国は（16％）は議定書から離脱しており，国際エネルギー機関によると**化石燃料の燃焼**による**二酸化炭素**排出量は2011年に316億トンで過去最高となっている。現在の地球は年間31億炭素トンの二酸化炭素を吸収しているが，人類は化石燃料を燃やして年間72億炭素トンの二酸化炭素を大気中に放出しており，毎年その数字は増え続けている。つまり現状を出発点とし，各国の経済状況等を考慮して各国の努力目標を決めても，進行する温暖化をとどめることは不可能なのである。

そこで，地球が吸収できる量以上の二酸化炭素を大気中に放出しない，というあるべき姿（ゴール）を設定し，それを実現するためにどうしなければいけないかというバックキャスティングの考え方が重要となる。上記の72億炭素トンと31億炭素トンという数字からは約60％の削減が必要ということになり，それをどう実現するかという，これまでとはまったく違った発想が求められることになる。

〔限界と可能性〕**福島第一原発事故**以後も，日本の経済界は電力の安定供給という観点から原発の再稼働を求めている。また，温暖化の進行を防ぐためにも火力発電への依存度を高めるべきではない，したがって原発を再稼働すべきであるという考えも根強く存在する。

このような考え方は，フォアキャスティングの考え方で，現実的で妥当なものといえるかもしれない。逆に，バックキャスティングの考え方を導入しても，夢物語に終わって何ら解決に至らないという限界にぶつかる可能性も大きい。しかし，例えば既存の土地所有権や水利権にメスを入れて分散型の**再生可能エネルギー**開発を進め，水素エネルギー社会を切り開くなど，バックキャスティングによって創造的な課題解決策が新たに生まれてくる可能性も十分にありうる。
〔諏訪哲郎〕

パックテスト
Simplified Chemical Analysis Products for Water Quality

「パックテスト」は，試薬入りの小さなポリエチレン製のチューブで，中に水を入れて反応させ，色の変化から測定対象の濃度を判定する簡易な水質検査に使われる。㈱共立理化学研究所の登録商標であり，もとは排水検査や飲料水管理用として開発された。手軽な水質調査方法であるため，市民の環境保護活動や子ども向けの学習に使われることも多い。測定できる項目は多岐にわたるが，水質汚濁の指標として化学的酸素要求量（**COD**）がよく使われている。毎年，全国各地の河川で一斉にCODなどを測定する一般市民参加型の「身近な水環境の全国一斉調査」が実施されている。
〔望月由紀子〕

発送電分離
separation of electricity distribution and generation

発送電分離とは，電力会社の発電事業と送電事業を分離することである。現在日本の電力供給は，発電・送電・配電（売電）を，電力会社がほぼ一貫して独占する「垂直統合」の形になっている。また，エリアごとに配電を東京電力などの各電力会社が「地域独占」している。発送電分離は，この地域独占・垂直統合を解体して，発電会社と送電会社，配電会社の三つに分離し，発電・配電部門への参入を自由化することにある。

発送電分離のメリットとしては，新規事業者の参入で競争が生まれ，電気料金値下げにつながることである。一方デメリットとしては，電力会社が効率を重視しすぎるため電力の安定供給への不安が挙げられている。

発送電分離には，「会計分離」「法的分離」「機能分離」「所有権分離」の4つの段階がある。「会計分離」では，電力会社の中の発電部門と送電部門で会計を別々に行わせることで，送電網の利用料の算定などをある程度透明化できるようになる。「法的分離」では，発電部門と送電部門を法的に別会社とすることで，送電会社がすべての発電会社を公平に扱うようになることが期待できる。「機能分離」では，送電網の所有は各電力会社にあるが，その運用を独立した主体に任せることで，公正で透明な運用が期待できる。「所有権分離」では，送電網を資本関係のない別会社が所有することで，公正で中立な機能を果たすことが期待できる。

発送電分離によって送電網が開放され，現在の電力会社のエリアを越えて送電が可能になれば，電力の融通を行うことで，日本全体で**再生可能エネルギー**電力を受け入れることが可能となる。再生可能エネルギー普及のためにも必要な条件として発送電分離が期待されている。
〔豊田陽介〕

バッファーゾーン
buffer zone

緩衝地域とも呼ばれる。生物群集および生態系が厳密に保護される「コア地域」のまわりを取り囲み，薪の採集などの伝統的な人間活動や，環境に大きな負荷を与えない研究・**モニタリング**は許容されると考えられている地域。バッファーゾーンの外側には小規模農業，自然資源の採集といった活動が許容される「移行地域」が取り囲む。このゾーニングによって地域住民は自然資源を長期にわたり持続可能なかたちで利用でき，保全と利用とが両立する妥協点の糸口となっている。バッファーゾーンの考え方は国立公園や世界遺産の設定にも採用されている。
〔髙橋宏之〕

ハーディン，ギャレット
Hardin, Garrett

米国の生物学者（1915-2003）。1968年に『サイエンス』誌に寄稿した論文「コモンズの悲劇（The Tragedy of the Commons）」で有名になった。同論文は，自由に利用できるコモンズ（共有資源）が，好き勝手に使用されることによりかえって誰もが望まない使用不可に追い込まれるという環境上の悲劇的帰結を指摘する。それは難民キャンプでの水の濫用などに顕著であるが，私たちはさらに地球環境規模でも考えなければなるまい。つまりは地球の資源は有限であるにもかかわらず，人類の気まぐれで好き勝手な成長は地球規模で荒廃をもたらす。この悲劇は，ローマクラブ『成長の限界』（1972年）により科学的にシュミレーションされ，現実的なものとなっていった。1974年に提唱した資源分配についての悲劇的比喩「救命艇の倫理」も有名。

（桝井靖之）

バードストライク
bird strike

鳥類が構造物に衝突する事故のことをいう。航空機をはじめ鉄道，自動車，高層ビル，送電線や送電鉄塔，**風力発電**の風車などに衝突する事故が起きている。特に風力発電でのバードストライクは，年間報告件数は少ないものの，トビ，オジロワシなどの猛禽類やカモメ，カラスなどの衝突事故が確認されている。個体数の少ない大型希少猛禽類では，1羽の死亡が地域個体群の維持に影響を与えかねないことから問題視されている。バードストライクを回避するためには，風力発電所の出力の大小に関係なく十分な環境影響調査を行い，渡りの経路や希少種の生息地を避けた設置が求められる。

（豊田陽介）

パートナーシップ
partnership

行政・NPO・企業・大学など，立場の異なる主体が，それぞれの得意分野を活かしながら連携し，共通の目的を達成するために，相互に協力する関係。日本では，「協働」と表現している。環境団体と行政や企業とのパートナーシップにより，環境教育が実践されるなど，その重要性は高まっている。環境省は，環境パートナーシップ促進を目的として，国連大学と共同で地球環境パートナーシッププラザ（GEOC）を運営したり，また地方環境パートナーシップオフィス（EPO）を全国に設置するなど，環境活動のネットワーク化を推進している。

（村上紗央里）

ハート，ロジャー
Hart, Roger A.

米国の環境心理学者（1950-）。*Children's Participation : the theory and practice of involving young citizens in community development and environmental care*（1997，邦訳『子どもの参画―コミュニティづくりと環境ケアへの参画のための理論と実際―』）の著者。持続可能な地域環境づくりには，個々の市民が環境のことを考えて積極的に行動し，その生活様式，生産と消費のパターンを根本的に変えることが必要と主張している。そして，子どもを地域環境づくりに参画させる環境教育が重要であるとし，環境教育を段階別に図解した子どもたちの「**参画のはしご**」で方法論を示した。ハートの影響により，子どもの**参加型学習**が「参画」にまで深められる工夫も教育現場で行われている。

（桝井靖之）

パブリックアウェアネス（意識啓発）
public awareness

意識啓発と翻訳される。一般に，行政の関係者や研究者，その道の専門家などが広く世間に知らせたいことがある場合，新聞・テレビ・インターネット，その他のメディアを用いたり，広報活動や講演，会議，集会などを開催したりして，その問題についての認識度を高めることとされる。

防災や防犯，障がい者関係，男女共同参画，国際理解など，様々な部門で，意識啓発がなされている。環境教育においても，多くの意識啓発がなされるが，地球温暖化や酸性雨など地球環境問題などの大きな問題については，

身近にかつ実感をもってその問題を認識することが困難な状況にある。とりわけ一般市民がこうした環境問題を考えるには一つの契機が必要となる。このような場合に，鍵を握るのは，比較的長期間にわたって，広く多くの市民を対象として，その問題の存在を知らしめ，できれば，それについてコミュニケーションを行うことである。こうした意味で，意識啓発は環境教育にとって非常に重要な役割を果たすといえるであろう。パブリックアウェアネスの重要性は，1997年のテサロニキ会議で採択された「テサロニキ宣言」で強調された。 〔今村光章〕

パブリックコメント
public comment

パブリックコメントとは，行政機関等が施策の立案などを行う際に広く市民から意見を求めることを指す。そこで提供・表明された意見がパブリックコメントの原義である。行政手続法の改正（2005年）によって第6章「意見公募手続等」が設けられ，内閣が命令等を定めるに当たって事前に「意見公募手続」を経ることが義務化された。実際のパブリックコメントには同法による意見公募と，同法によらない「任意の意見募集」がある。同法は地方自治体には適用されず，努力規定にとどまるため，多くの自治体は同趣旨の条例・要綱を独自に設けている。地方自治体で行われる場合は意見数がゼロということも少なくないが，中央省庁が行うもので，特に市民の関心が高い事案については意見が殺到することもある。意見の多寡が必ずしも行政の意思決定を左右するというわけではなく，また意見を受けて原案が大幅に修正されることも少ないため，意見を聞いたという行政のアリバイづくりとする見方も根強い。 〔小島 望〕

浜岡原発
Hamaoka nuclear power plant

〔概要〕静岡県御前崎市に建設された中部電力の沸騰水型原子力発電所。1号機は1976年に，5号機は2005年に営業運転を開始した。2012年末現在は1号機および2号機は廃炉が決定し，3～5号機は2011年5月以降運転停止中である。原子炉格納容器に関し3号機，4号機および5号機はそれぞれ事故を起こした福島第一原発に採用されていたMark Ⅰの改良型およびMark Ⅲ型を採用している。

〔立地に関する課題〕原子炉立地指針では原子炉は活断層上には設置できない。しかし，本原発は断層上に立地しており，その断層が活断層か否かで見解が分かれている。**福島第一原発事故**以降，南海トラフ地震によって浜岡原発が事故を起こした場合，その影響が首都圏に及ぶという意味で，世界で最も危険な原発であるとの見解がある。

〔福島第一原発事故への対応〕中部電力の想定する南海トラフ地震による津波の高さは15mであり現在建設中の防波堤は海抜18mである。しかし現時点の政府想定は19m（防波堤必要高さ25m）である。すべての建屋内外浸水および溢水対策は津波の高さ18mを前提にしている点が課題である。全電源喪失時の電源として海抜40mの地点に空冷ガスタービン発電機（出力20万kW）も建設中である。最終ヒートシンクである海水冷却機能喪失時の除熱機能確保対策として，取水口のネットワーク化，空冷式熱交換器設置，水源の多様化などがある。しかし，現対策は福島原発で破綻した単一故障基準に基づく対策であり，南海トラフ地震という同一の現象で冗長性，独立性のある機器がすべて機能不全となる共通原因故障基準を充足していない点や，すべてが津波対策であって振動時間200秒の耐震設計および断層対策に不備があることが重要な課題として指摘されている。 〔渡辺敦雄〕

パームオイル
palm oil

パームオイルは，主にマレーシアやインドネシアなど東南アジアのプランテーションで栽培されるアブラヤシ（oil palm）から生産される天然の植物性油脂である。日本では，洗剤や石鹸などの原料として使われることが多く，パームオイルを使った製品は天然素材からなる環境配慮型のイメージがある。一方で，生産地においては，乱開発による**熱帯雨**

林の減少や先住民族の生活環境破壊，低賃金労働や児童労働など多くの問題がある。パームオイルは，こうした生産国と消費国，途上国と先進国，地主と小作人など，国内外における多種多様な問題が相互につながりあった複合的な問題群を象徴している。　　（吉川まみ）

波力発電
wave power generation

再生可能エネルギーである海洋の波の力を利用した発電方法。一般的に波が上下する力で空気の流れを作り，この空気の流れでタービンを回して発電する。ほかに波の上下動をジャイロにより回転運動に変換する方式などがある。北大西洋，北太平洋，南米の南岸，南豪州の海域に大きな波力エネルギーが存在するといわれ，日本では，日本海側や太平洋岸の福島，茨城，千葉沖の波力エネルギーが大きいと試算されている。日本でも既に実用化され，灯台やブイなどの電源供給に一部利用されているが，まだコストが高く発電事業化には至っていない。　　　　　（豊田陽介）

バルディーズ号事件
Exxon Valdez Oil Spill

1989年3月24日，米国エクソン社（現エクソンモービル社）のタンカー「バルディーズ号」がアラスカ沿岸で座礁し，積荷の原油約42,000kLを流失させた事件。4つの国立公園・国立野生生物保護区などを含む1,800km以上の海岸線への被害から，海上での最大級の環境破壊とされる。対応の遅さにより，海鳥・海獣・魚類などに被害が広がったが，水産資源を除く事故前のデータがほとんどなく補償の論争が続いた。これを機に，米国の環境保全を推進する投資家グループのセリーズ（CERES）が，企業が環境問題への対応について守るべき倫理原則を示し，当初はバルディーズ原則と呼ばれたが，後にセリーズ原則の名称が定着した。また，翌1990年には「油による汚染に係る準備，対応及び協力に関する国際条約」（OPRC条約）が締結された。
（金田正人）

ハンガーフォード，ハロルド
Hungerford, Harold R.

ハンガーフォードは，南イリノイ大学の名誉教授で，科学教育と環境教育のセクションで教鞭をとった米国の環境教育学者。トビリシ勧告文の内容を基礎にして，環境教育のカリキュラム開発を行った。環境教育におけるカリキュラム開発の目標水準を，①生態的基礎（十分な生態的知識），②環境問題や環境問題に関する価値観についての概念的な認識（人間活動の環境への影響や代替的な解決法に関することなど），③環境問題の調査や解決の評価に関する知識や技量の発達，④ポジティブな環境活動に必要となる技量の発達，の4つに設定した。
（樋口利彦）

阪神淡路大震災
Great Hanshin-Awaji Earthquake

1995年1月17日午前5時46分に発生した兵庫県南部地震に起因する大災害。地震の震源は淡路島の深さ16km，規模はマグニチュード7.3。六甲・淡路断層帯の一部である野島断層（活断層）がずれたことによって発生した直下型地震である。日本観測史上初の震度7を記録。

2005年末の消防庁データでは死者6,434人，行方不明3人，負傷者43,792人。焼損床面積834,663m²，全半壊戸数512,882棟と戦後最悪の事態となった。約2万人が生き埋めとなり，80％は自力脱出または家族・隣人による救助，5％が消防団，公的救助（警察・消防・自衛隊）は15％であった。

1月25日，避難所数は1,239か所で避難者数319,638人。小中学校では収容しきれず，大学や集会所，民間施設，公園ではテント村も開設された。並行して仮設住宅の建設が進められたが，用地不足のために，職場に通うことのできない遠隔地の仮設住宅には空き家が目立った。仮設住宅はピーク時47,911世帯，3年間運用された。1998年から県は，住宅復興3年計画をもとに，125,000戸の住宅を2年間で供給。また，被災地の土地区画整理事業も進んだが，帰還率は低く，神戸市長田区では50％を切る地区もあった。

被災地に駆けつけたボランティアは延べ130万人。震災の危機に際して，行政や公的な指示待ち型組織は適切な対応ができなかった。この震災時の経験から，社会的基盤としてのボランティア活動の重要性が認識され，個々の市民の社会参加から，市民運動，公的システムまでを含めた大きな変化が起こった。このことから1995年は「ボランティア元年」と呼ばれ，後の NPO 法制定のきっかけとなった。

この大震災をきっかけに災害時に公助には限界があり，自助・共助で何とかせねばならないという認識が広まり，全国で自主防災組織の結成が進んだ（組織率は，1995年43.1%→2006年66.9%）

こうした地縁型組織と災害救助，見守り，復興支援といったテーマ型のNPO 活動は，互いに補完し合うことで，地域防災力を高めている。災害ボランティアのあり方は，ボランティア文化が，日本社会に根づいていくための試金石といえる。　　　　　　　（髙田 研）

ハンズオン展示
hands-on exhibition

ハンズオンとは「直接手で触れるもの」という意味。ハンズオン展示とは，博物館や科学館などの「触ってはいけません」というこれまでの展示の手法ではなく，「触れて，感じて，体験して」学んでいく体験学習的な展示の手法をいう。

「聞いたことは，忘れる。見たものは，覚える。やったことは，理解する。」この古くからの言い伝えが，ボストンにあるチルドレンズミュージアムの入り口に掲げられている。ハンズオンという言葉は博物館で使われることが多く，ガラスケースに入れられた展示物を見たり，説明を聞いたりするだけではなく，直接触れて（ハンズオン），体験することで理解していく手法として使われている。ボストンチルドレンズミュージアムは，ハンズオン展示を手がけた米国で初めての子ども博物館として有名である。子どもたちは展示物を自由に手にすることができ，つかんだり，引っ張ったりしながら五感で認識し，工夫しながらそのものを理解していく。この体験からの学びと，そのものとの対話的な関わり（interactive な手法）を重視した教育手法を特徴としている。

日本でも1990年代に入って紹介されるようになり，科学館や自然公園にあるビジターセンター，動物園や水族館といった施設にハンズオン展示が取り入れられるようになってきた。　　　　　　　　　　　　　（山本幹彦）

パンデミック
pandemic

感染症が世界的に，あるいは複数の国にまたがって広範囲にわたって流行することで，世界的大流行とも訳される。語源はギリシャ語のpan（すべて）＋demos（人々）。歴史的には，14世紀のヨーロッパで全人口の3割が死亡した黒死病（ペスト）のほか，天然痘，マラリア，コレラなどの大流行の記録が残っている。

近年，パンデミックは，インフルエンザ・パンデミックと同義に使われることがある。1918～1919年に世界で2,300万人が死亡したスペインかぜ，1957年のアジアかぜ，1968年の香港かぜがあり，2009年の新型インフルエンザ（H1N1）では世界保健機関（WHO）がパンデミック宣言を発表した。また，高病原性鳥インフルエンザは，ウイルスの突然変異による人から人への感染が危険視され，重症急性呼吸器症候群（SARS）などと併せてパンデミックの恐れがある感染症としてWHOが警戒している。

新型インフルエンザによるパンデミックへの対策として，ワクチン開発のほか，日本では厚生労働省が「新型インフルエンザ対策行動計画・ガイドライン」を発表・改訂し，地方自治体も行動計画を策定している。しかし，個人・家庭・地域の事前の予防・事後の拡大防止が最も有効な手段であり，免疫力の低い子どもは，学校などで組織的・体系的に予防・防止法を学習することが重要である。

（木村玲欧）

ビオトープ
biotope

〔語義〕ビオトープ（独：Biotop）あるいはバイオトープ（英：biotope）は，生物群集の生息空間を示す言葉である．生物空間，生物生息空間という意味で，語源はギリシャ語のbios（命）＋topos（場所）である．

日本でよく使われるビオトープは人工ビオトープの意味合いを強くもつが，ドイツで100年以上前から用いられている本来の意味は自然に存在する生息空間である．陸上には森林，草原，河川など多様な**生態系**がある．そしてそれぞれの生態系には，その場に適合し昔から生活して子孫を残してきた多数の生物種からなる生物群集がある．ビオトープはこの生物群集を包みこんでいる空間的環境を意味している．

ホタルや**メダカ**のビオトープなどのように，特定の生物だけの生息環境の意味でビオトープという用語が用いられることも多いが，メダカやホタルが種を維持するためには餌となったり共生したりする他の生物たちとの関係が不可欠である．そのためにはまとまった生物群集のある生息環境が必要だというのがビオトープの考え方である．ただし，一概に生物群集といってもどの生物種に着目するかによってビオトープのスケールは異なる．例えば特定の小さい池をビオトープととらえた場合，メダカやフナのようにその中だけで個体群が維持されている生物種に対しては妥当であるが，トンボやカエルなどの生物種は池だけでなく森林や草原をも生息空間としているので，それらを含めたものとしてビオトープをとらえる必要がある．

〔ドイツのビオトープ〕人工ビオトープが盛んになったのもやはりドイツで，1976年に制定されたドイツ連邦自然保護法に基づいて，企業，政府，市民が一体となって森や林，池等を整備したビオトープづくりが展開されてきている．これが日本にも紹介され，普及するに至った．

ドイツでは1970年代に酸性雨や開発により自然環境が破壊された際にビオトープの考え方を基に自然復元工事が行われた．例えば直線コンクリート三面ばりの工事がなされた河川をもう一度，開発前の自然地形に戻した例がある．すなわち，この河川のコンクリートをはがし，工事以前の植生地図を基に植林し，河川を蛇行させ，元の自然河川に近い状態に戻した（近自然工法）．このような自然復元工事が連邦自然保護法に基づいて盛んに行われ，開発工事以前にその地に生息していた野生生物が再び戻った事例が多く知られている．未来に生きる子どもたちのためにも生き物と共存する社会をつくるという連邦自然保護法には，経済成長至上主義社会ではなく，生物と共生していく持続可能な社会を目指そうという理念が記されている．そのようなドイツの社会変革への志向のシンボルとなるキーワードとしてもビオトープは用いられた．

〔日本での展開〕日本では1990年代から環境共生の理念が重要視され，公共事業の多自然型川づくりや近自然工法によって環境に対する影響を軽減する工事方法が行われた．また，地域に残されていた**里山**をビオトープとして見直し，それを保全する活動が全国各地で繰り広げられた．

なお，管理不全その他の理由でビオトープが荒れ果ててしまっている例も少なくない．そのようなこともあって公益財団法人・日本生態系協会は，「ビオトープ管理士」資格試験を実施して，ビオトープの適切な計画・施工・管理の普及啓発を行っている．（塩瀬 治）
⇨ 学校ビオトープ

東日本大震災
2011 Great East Japan Earthquake

〔**地震と津波による被害**〕2011年3月11日14時46分に，牡鹿半島の東南東130km付近の三陸沖の深さ24kmを震源とするマグニチュード9.0の**地震**が発生した．地震の規模は観測史上国内最大規模であり，震源域も岩手県沖から茨城県沖（長さ約450km，幅約200km）と広域にわたるものであった．この地震によ

り宮城県北部で震度7を観測したほか，宮城県南部から関東北部にかけて震度6強，岩手県および福島県内陸部と関東南部で震度6弱の大きな揺れが観測された。

この海溝型地震によって，震源の直上において海底が水平方向に約24m移動し，垂直方向に約3m隆起したことから，大規模な**津波**が発生した。記録されている最大潮位は9.3m（福島県相馬市）に及び，遡上高は観測史上最大の40.5m（岩手県宮古市）に達した。

気象庁は，この地震を「平成23年（2011年）東北地方太平洋沖地震」と命名した。また，政府は東日本全域にわたる大規模な地震・津波・原発事故の複合大災害であることから「東日本大震災」と呼ぶこととした（2011年4月1日閣議了解）。

この地震および津波による死者・行方不明者は12都道県で1万8,550人（2013年3月11日時点）、全壊家屋が10都県で約13万棟，半壊家屋が13都道県で約26万棟に及んだ。また，約2万4,000haに及ぶ農地が流失・冠水して，がれき・へどろ等の堆積や塩水の侵入による被害を受けた。液状化による住宅被害も，9都県で約2万7,000件発生した。死者の92％が津波による溺死。そして，8％が津波による溺死を免れながら，直後の寒波と暖房手段の欠如による低体温症などで亡くなっている。

さらに，岩手・宮城・福島の3県だけで1,880万トンに達する**災害廃棄物**（がれき）をめぐって政府は特別措置法を制定して国が処理できる制度をつくったものの，被災県外への持ち出しと処理に対する根強い反対があり，処理・処分は遅れた。

［**福島第一原発事故**］東日本大震災の発生により，東京電力**福島第一原発事故**で運転中の1号機から3号機までのすべてが自動停止したものの，続く津波の襲来によるタービンの浸水や外部送電施設の倒壊等で15時42分には全電源喪失の状態に至った。同日16時36分に1，2号機が非常用炉心冷却装置による注水不能の状態に，13日早朝には3号機も原子炉冷却機能喪失，1号機から4号機までの使用済燃料プールの冷却も困難となった。

その結果，12日午後に1号機，14日午前に3号機，15日朝に2号機と4号機で水素爆発と思われる爆発が発生した。この事故は発電所内施設の損傷にとどまらず，大量の放射性物質が外部へと放出される事態へと進展した。原子力安全・保安院は最終的に，この事故を国際原子力・放射線事象評価尺度（INES）においてレベル7（広範囲な影響を伴う事故）であると**国際原子力機関**（IAEA）に通報している。同時に，福島第二原子力発電所においても，原子炉冷却材漏えい，原子炉除熱機能喪失，圧力抑制機能喪失などの事故（レベル3）が発生していた。

内閣総理大臣は，3月11日に東京電力および保安院等からの通報をもとに原子力緊急事態宣言を発し，「平成23年（2011年）福島第一原発事故に係る原子力災害対策本部（後に福島第二原発を含む）」および現地対策本部を設置し（原子力災害対策特別措置法の施行後初めて），自衛隊の部隊等の派遣を要請した。その後，避難区域の設定や農産物等の出荷制限などの指示が出された。

4月22日に福島第一原発から半径20km圏内を「警戒区域」（約7万8,000人居住）に指定し，緊急対応に従事する者以外の立ち入りを原則として禁止した。また，事故発生から年間積算線量が20mSvに達するおそれのある地域を「計画的避難区域」（約1万人居住）に指定し，おおむね1か月を目途に区域外に避難することを求めた。同時に原発から半径20kmから30km圏内の区域を「緊急避難準備区域」（約5万8,500人居住）とした。その結果，福島第二原発から8km圏内の避難者を合わせて，福島県の避難者は約9万9,000人（2011年5月30日現在）に達した。

福島第一原発事故による放射性物質の放出・拡散は避難区域以外の地域にも放射能汚染問題を引き起こし，福島県の一部地域はもとより，東北地方南部から関東地方にかけた東日本の広い範囲で高い**放射線量**が検出された。被災地では，薪ストーブや稲藁などの消却灰から高濃度の放射線量が検出され，再生可能なエネルギーとしての森林資源の活用にも大きな損害を与えた。放射能汚染問題は，とりわけ農林水産業で生計を立てている人々

へ計り知れないダメージを与えた。

〔被災者・避難者への支援〕地震・津波および原発事故による避難者の総数は、被害の大きかった岩手県・宮城県・福島県の3県を中心に約47万人（2012年3月14日時点）に上った。震災から1年半経過した時点で、各県内の仮設住宅や公営住宅・民間住宅等の借上住宅で生活している人が約34万人、県外に避難している人も2011年末時点で福島県から約6万2,000人、宮城県から8,400人、岩手県から約1,600人いる。

震災直後から被災者・避難者への救援・復旧・支援に、多くの市民がボランティアとして駆けつけた。岩手・宮城・福島3県の災害ボランティアセンターを経由した人だけでも震災以後1年間で延べ100万人以上が参加しており、NGO・NPO等のルートで参加した人を含めるとさらに多くの市民がボランティア活動に加わったと思われる。

当初は、主として災害救援活動に従事するNGO・NPO等のボランティアが、被災者の救援や被災地の情報の把握に大きな役割を果たした。その後、次第にそれ以外のNGO・NPO等や一般市民のボランティア活動も広がり、避難所での炊き出しや泥の除去、片づけから仮設住宅等への引っ越し支援や買物の代行、生活環境の改善支援や見守り活動、交流の場づくりなどのコミュニティ支援へと多様化している。

〔東日本大震災後の環境教育〕日本環境教育学会ではこの原発事故に対して授業案『原発事故のはなし』（2011年）を作成したり、特別分科会「原発と環境教育」を連続して企画し、なぜこうした事故を引き起こしてしまったのか、これからどのようにすべきなのかを深めてきた。おそらく東日本大震災（2011年3月）とその後の福島第一原発事故は、日本の環境教育のあり方に大きな転換をもたらすに違いない。

しかし、3.11以後の日本が直面している状況は一過性のものではない。被災地には防潮堤建設の問題や放射能の問題がとりわけ大きな問題として残っている。特に放射能からは逃れられない現状を正しく認識をし、逃れられない現状にどう対処していくかは全国民の問題である。

（朝岡幸彦）

干潟
tidal flat

干潟とは、満潮時には海水下になり、干潮時には海面上に現れる沿岸の平坦な地をいう。潮流によって運搬されてくる砂泥の長年にわたる堆積によって波の弱い平坦なところに発達する。

干潟は潮流の流れや波の強さ、干満の差、堆積する物質の粒子の大きさによって、①粒子が細かな泥干潟（砂の比率は30％以内）、②粒子が大きい砂干潟（砂の比率は70％以上）、そして③砂と泥の比率がほぼ同じくらいの混合干潟の三つの類型に分かれる。これら干潟の類型によって、そこに生きる生物の種も多様である。泥の多い干潟には、ヤマトオサガニ・アナジャコ・ゴカイ類が生息し、砂干潟にはシオフキ・アサリ・マテガイなどが生息している。

干潟は海と陸地の境界地でもあり、それぞれが異なった**生態系**を構成するとともに、相互を行き来する生物も生息しており、陸地から栄養分が流入するため生物種は多様である。また、魚類の産卵場にもなっている。一日2回陸地となる干潟は、水鳥にとっては休憩地であるとともに食料倉庫でもある。先史時代の人々が食料として採取した貝を食べた後の殻が積もって作られた堆積層の遺跡（貝塚）が多く見られるのも干潟の周囲である。貝殻を使った工芸品や生活用品も多く存在している。このように干潟は多種多様な生き物を育むとともに、人々の生活と文化を支える役割をしてきたといえる。しかし、干潟は水深が浅いという利点から農業用地や工業用地、ごみの処分地として埋め立てられてきた。その結果、生き物たちの貴重な生息地が減少し、沿岸地域の伝統的な生活文化も破壊されてきた。最近になって干潟のもつ水質の浄化や**生物多様性**の維持といった価値が再認識され、名古屋の藤前干潟や千葉の谷津干潟などに見られるように干潟を保全する動きが活発化している。

（元 鍾彬）

ピークオイル
peak oil

石油の生産量が頂点に達し，供給減退の時期に入ること。埋蔵量の約半分を生産した時点がピークで，その後生産量は減退に向かうということである。シェル石油に勤務していた構造地質学者のマリオン・キング・ハバート（Hubbert, Marion King）は，石油の生産量は時間の推移と左右対称の釣り鐘型の曲線を示し，埋蔵量の約半分が生産された時に生産のピークを示すという論文を1956年に発表した。この曲線のことを「ハバート曲線」という。ハバートは，米国の石油生産をこの曲線で分析して，ピークが1970年にくると予測をしていた。その予測通り米国のアラスカ・ハワイを除く48州の石油生産量は1971年に頂点に達し，減少に転じる時期に入った。世界の石油生産国のいくつかは，すでに急低下を経験している。ハバート曲線の考え方は，全世界の石油生産量にも同様に適用できるとされており，ハバート曲線は地球上の他の多くの有限資源に関しても役に立つといわれている。

専門家によってピークオイルの時期の予測は異なっている。欧米では，2000年前後から原油価格が高騰し，ピークオイルの時期が迫ってきていると議論されている。また，国際エネルギー機関（IEA）は石油生産のピークが2030年以降と予測している。

（シュレスタ マニタ）

ビジターセンター
visitor center

国立公園などの中心施設で，インフォメーションセンターとしての役割だけではなく，その場の自然の特徴をメッセージとして訪れた人へ伝える役割も併せもつ。施設の中心は展示であり，写真やポスター，ジオラマ，ハンズオン展示等を組み合わせ，その自然の特徴を伝える工夫がされている。視聴覚室を備えているところも多く，四季の移り変わりなど，ふだん見ることができない視点からの情報を提供している。会議室やレクチャー室を設けているところも多く，インタープリターのガイドにより多くの催しが行われている。また，売店を備えているところも多く，施設の運営にとって重要な要素となっている。

日本ではビジターセンターと同じ役割の施設を「自然ふれあい館」や「自然ふれあいセンター」「ネイチャーセンター」などと呼んでいる。これらの施設は運営面では指定管理制度を取り入れ，公設民営のスタイルとして，NPO法人や財団法人などが運営しているところが多い。

（山本幹彦）

非政府組織 ➡ NGO・NPO

日高敏隆
Hidaka, Toshitaka

生物学者（1930-2009）。コンラート・ローレンツ（Lorenz, Konrad Z.）らが開拓した動物行動学を日本に紹介し，同時に最新の生物学的知見や動物の不思議さを多くの著書等を通してわかりやすく魅力的に解説した。その薫陶を受けた者は，大学から小学校までの学校関係者，行政関係者，音楽家，芸術家，市民など多分野で活躍している。日本人の自然への興味・関心を引き起こした貢献者の一人である。京都大学理学部教授，滋賀県立大学学長，総合地球環境学研究所所長を歴任した。

（湊 秋作）

ヒートアイランド
heat island

ヒートアイランド（heat island＝熱の島）とは，都市域が周辺よりも気温が高温となる現象をいう。気温の分布図を描くと，高温域が都市を中心に島のような同心円状の閉曲線を描くことからそう呼ばれた。また，都市と周辺地域との気温差は都市の気温上昇によって大きくなっており，都市内外の気温差をヒートアイランド強度という。このような現象は，日中よりも日の出直前の日最低気温出現時の頃が最も顕著にみられる。

ヒートアイランド現象の形成要因として，まず都市域において人工排熱が周辺郊外地域よりも大きいことが挙げられる。都市域では人口が集中し，それに伴い住宅，産業活動，

自動車などから排出される熱量が膨大になるためである。次に，都市域では宅地化，都市化によって，緑地に替わって建物や道路の面積が増えるなど，都市表面の構造が人工化したことが挙げられる。地表面のコンクリート化やアスファルト化が進み，その表面温度は下がりにくく夜間になっても周囲の大気を加熱し続けることになる。これらに加えて水域が減少していることも大きく影響している。中小河川の改修，暗渠化によって水面積が減少し，蒸発による気化熱の効果が弱まっている。また，都市域の緑地の減少は，都市の気候だけでなく，植物の開花時期の変化や昆虫や鳥などの減少など，生態系にも影響を及ぼし始めている。近年では，とりわけ都市部において，真夏日や熱帯夜の日数が増えており，暑さが原因で熱中症などにかかる人も増加傾向にある。屋上緑化や壁面緑化等の改善策への取り組みも徐々に始まっている。(元木理寿)

非人間中心主義
non-anthropocentrism

非人間中心主義は，世界の中心に人間を置き，人間を自然より優位な立場に置く**人間中心主義**を否定し，人間以外の存在にも本質的な価値を見いだす立場である。自然中心主義，あるいは生命中心主義ともいわれる。人間非中心主義という言い方もなされる。非人間中心主義は，「人間中心主義 vs 非人間中心主義」論争において，次第に明確化されていった。20世紀初頭の米国における**ピンショー**と**ミューア**の論争にその出発点が見いだされる。サンフランシスコ郊外のダム建設をめぐり，ピンショーは，浪費の防止や多くの人のための天然資源の開発のみ許可すべきことを自然保護の原則とし，人間の経済的利益の確保に基づいた自然の保全（conservation）を主張した。それに対して，ミューアは，19世紀のロマン主義的自然観やキリスト教的創造主による被造物としての自然をあるがままに保存（preservation）しようとした。その後，非人間中心主義として，レオポルトの「**土地倫理**」やネスの「**ディープエコロジー**」が展開され，自然が「道具的（instrumental）」価値ではなく「内在的（intrinsic）」価値を有するものとして論じられた。そのような自然に対する考察の深まりの中で，**環境倫理**学もまた展開されていった。シンガーらの「動物の権利論」も主張された。非人間中心主義は，自然を全体として見るか，個体として見るかによって，その主張には幅がある。

今日の環境倫理学では，人間中心主義と非人間中心主義の二項対立を超え，人間と自然との関わりの中に自然保護の現実的可能性を見いだす視点が提起されている。(桝井靖之)

批判的思考（クリティカルシンキング）
critical thinking

当然視されているものの見方と考え方を根底から再考する思考方法。世間で当たり前とされていることが，本当に当たり前かどうかを深く広く考え直す思考力を指す。情報に関することと，結論に関することの二つがある。

高度情報化社会においては，他者によって加工された膨大な情報が，テレビや新聞・雑誌，あるいは，インターネット上に掲げられている。また，世間で通用しているような一般的な情報と結論が数多くある。そこではまず，根拠があいまいで偏りのある膨大な量の情報を鵜呑みにせずに，情報源の精査を含め，それが真実であるかどうかを自分自身で確かめようとする態度が必要である。このように，情報の真贋を見極める態度が批判的思考の基盤にある。

だが，情報や結論を最初から否定し，ある種の結論を支える根拠に対して疑義を差し挟むことではない。各自の方法で事実や情報を確認し，精査し，総合的かつ客観的に，また多面的かつ深く掘り下げて，論理構造や論理の一貫性と整合性を考え，結論に対して深く思考する力が批判的思考力である。

こうした批判的思考を学校教育の中で育むためには，まずは各教科の中で，直接的かつ明示的に，批判的思考のスキルを教える方法がある。次に一つの課題学習，例えば公害などについて，学習者自身が多様な情報を対比させながら正しい情報を選択する作業で思考力を鍛える方法もある。さらには，現在の複

雑な社会問題に，例えばエネルギー問題や原子力について，情報収集も含めてどのように扱うかを討論する方法もある。

環境教育においては，すでに当たり前とされてきたことへの疑問が，次なる学習を生むことが多い。情報に関して，「それは本当か」という疑問をもつとともに，当然視されている結論に疑義を抱き，合理的に考える能力が必要である。単に知識を受け身的に学ぶだけでなく，学習者が主体となって知識を分析したり統合したりして，情報や知識，当然視されている結論そのものの妥当性を吟味できるようになることが，こうした批判的思考能力を育てる教育の目標であろう。　（今村光章）

標本
sample／specimen

標本とは，一般に，観察・調査・研究を行うために，全体の中から取り出したある一部分のことをいう。さらに，調査や研究目的の区分から，標本はサンプル（sample）とスペシメン（specimen）に分けられる。

サンプルとは集団や物質の中から，それを代表するものとして取り出し，調査の対象とする一部分の標本のことを示す。標本を作成することをサンプリングまたは標本化と呼ぶ。昆虫採集による標本などは，これに含まれる。

スペシメンとは鉱物，生物，化石などの全体（個体，群体など）または一部（組織，細胞など）を，繰り返し観察し，データが取得できるように保存処置を講じた標本をいう。生物実験に用いられるマウスの細胞などはこちらに含まれる。

環境教育においても，観察や調査は重要な教育活動である。標本は，その教育活動を充実させるための具体的な教材となる。指導者の講話よりも，昆虫や岩石の標本などは，自然環境への興味・関心を促す教材となる場合も多い。里山を散策しながら落ち葉を採集して，学習者が自分自身の標本を作るなどの教育プログラムもある。

近年は，情報技術の発達により，貴重な標本もデジタル情報として保存することができ，標本のデータベースを簡易に整備することもできる。しかし，デジタル情報が氾濫してくるなか，学習の質を高めるためには，実物の標本に触れることは，今後ますます重要になってくる。また，貴重な標本でなくとも，施設の目的によっては，その地域特有の生物などを標本として展示することも重要である。
　（岳野公人）

漂流・漂着ごみ
drifting garbage／marine debris

国内外の陸上，河川，海上（船舶等）等を発生源とし，海上を漂流しているごみ，および各地の海岸に漂着したごみ。外国由来の漂着ごみは，海流の関係で日本海沿岸の西日本に多く見られ，その大半は中国，韓国等から来ている。内容的には流木や漁具と並んで多いのがペットボトル，発泡スチロールをはじめとするプラスチックごみである。一方，**東日本大震災**時の大津波による大量の流失物が漂流ごみとなって太平洋をわたり北米大陸西岸に漂着している。

これら漂流・漂着ごみは，景観の悪化以外に，生態系を含む海岸環境の悪化，防護や環境浄化等の海岸機能の低下をもたらすだけでなく，近年では，船舶の安全航行の妨げから漁業被害まで広く及んでいる。また分解しにくいプラスチック類を餌と見誤って食す，あるいは廃棄された漁網や釣り糸に絡まるなど，海洋生物以外の海鳥等への悪影響も懸念されている。

環境省は漂着ごみの実態把握とともに，効率的かつ効果的な回収・処理方法を検討する目的で，2007（平成19）年から「漂流・漂着ごみ国内削減方式モデル調査」を実施している。2009（平成21）年には，海岸における良好な景観および環境を保全するため，海岸漂着物の円滑な処理および発生の抑制を図ることを目的に，「美しく豊かな自然を保護するための海岸における良好な景観及び環境の保全に係る海岸漂着物等の処理等の推進に関する法律」（海岸漂着物処理推進法）が公布・施行された。

漂着ごみが多く見られる地域では，NPOや子どもたちが，環境体験学習の一環として

ごみの種類調査や回収作業を行っているところがある。中には，回収されたポリ容器等に書かれたハングルや中国語の簡体字を通して，東アジアの人々の暮らしや文化を共有する教材として活用している学校もある。

〈坂井宏光・矢野正孝〉

琵琶湖
Lake Biwa

滋賀県にある日本で最も大きい淡水湖。面積670km²で，滋賀県の面積の約6分の1を占める。数多くの固有種が生息し，また，独特な漁法が発達した生物学的にも文化的にも貴重な場所である。琵琶湖は，戦後の高度経済成長に伴い，**水質汚濁**，**外来種**の繁殖などの様々な問題に直面してきた。1970年代には本格的な市民活動が始まり，その成果として1979年には有リン合成洗剤の使用を禁止する**富栄養化**防止条例が滋賀県で制定された。市民活動は全国に伝播し，国の公害対策に拍車をかけたが，現在も琵琶湖が抱える問題は解決したとはいえない状況である。市民活動が現在も活発に行われ，子どもたちの環境学習も盛んである。

〈望月由紀子〉

貧困
poverty

貧困の撲滅は人類社会の最大のテーマといってもよい。2000年の国連総会で採択された開発分野での21世紀初頭の国際的な目標である国連「**ミレニアム開発目標（MDGs）**」では「極度の貧困と飢餓の撲滅」が第一目標に掲げられている。ここでは，貧困ラインとして「一日1米ドル以下の生活」が設定されて，1990年に比べて2015年にこの人口比率を半減させることが具体的な目標となっている。世界銀行も一日1.25ドル未満の生活を「絶対的貧困」として定義し，2011年現在，世界の約12億人の人々が貧困ライン以下で暮らしていると報告している。

これらは米ドルという貨幣価値に換算して貧困を測る手法である。しかし，これでは日本のような先進国に住む人々はすべて貧困ではないことになってしまう。そこで，「相対的貧困」という考え方が導入されている。「相対的貧困」率とは，各国の平均的な所得水準（正確には等価可処分所得の中央値）の半分の額の所得に満たない人々の割合を指す。これによると日本の相対的貧困率は15.7％（2007年）であり，先進国といわれるOECD加盟国の中では米国に次ぐ高い比率となっている。

以上は貧困をモノやお金の欠乏状態である，とする説明であるが，これに対して，社会の仕組みによって人間らしい生活を「剥奪」された状態ととらえ直す動きがある。例えば，ノーベル経済学賞をとったインドのアマルティア・セン（Sen, Amartya）は，貧困を「人間としての潜在能力が剥奪された状態」と説明している。また，長くラテンアメリカやアジアで開発協力に従事してきたジョン・フリードマン（Friedmann, John）は，貧困を「構造的な力の剥奪」状態であるとして「力の剥奪モデル」を提示した。このモデルでは貧困を所得に加えて，生計手段，教育，情報，社会ネットワーク，社会組織，生活空間，余剰時間の8つの指標で測る。これらにアクセスする機会を奪われている状態を貧困と定義する。こうした考えに立てば，貧困から脱却するには単に物やお金を援助するのでは不十分であり，剥奪された力（パワー）を取り戻すことが大切である。そのプロセスが**エンパワーメント**であるとされる。

貧困と環境との関係では「貧困と環境破壊の悪循環論」がある。すなわち，貧困が原因となり人口増加を引き起こし，それが森林伐採を促進する。その結果，自然災害が起こりやすくなり，人命や農地が奪われて貧困を促進する，というような関係である。しかし，貧困と環境破壊との間には複合的な要因が重なり合っているので，単純化して説明したり，貧困者に環境破壊の原因を押しつけることに対しては批判がある。

〈田中治彦〉

ピンショー，ギフォード
Pinchot, Gifford.

米国の政治家であり，米国最初の専門的林学者（1865－1946）。20世紀初頭，米国のヨ

セミテ国立公園内のヘッチヘッチーダムの建設をめぐり，自然保護を訴えるミューアとの間で交わされた保存－保全論争が有名である。ピンショーにおける「保全」とは，公共の利益の増進のため，自然資源を無節操に利用するのではなく，合理的・計画的に自然資源を管理することを意味する。その自然保護思想は，自然それ自体の価値を尊重し，自然資源を手つかずのまま「保存」することを主張するミューアとは異なり，功利主義的な側面をもつ。　　　　　　　　　　　（李　舜志）
⇨ 保全・保存・保護・再生

ふ

ファシリテーター
facilitator

人々が集まって学んだり話し合ったりする時に，一人ひとりを尊重し，その場を円滑に進行促進する役割の人。会議，**ワークショップ**，授業，組織の変革，長期のプロジェクトなど，様々な分野・規模で，参加者が主体となる参加型の場をつくり，効果的な対話や学び，共創や協働を促進する役割をもつ。日本では2000年代前後から多様な分野で広がった。もともとの英語の動詞 "facilitate" は，「促進する」「(事を) 容易にする」という意味。この「促進する」という意味からは，物事の展開を促し，どんどんはかどらせていく方向が，また「容易にする」という意味からは，無理のない**プロセス**で緊張や摩擦を解きながら安心して事が進むようにする方向が，読み取れる。

参加者主体の場をつくる支援者がファシリテーターであり，内容は参加者がつくり，ファシリテーターはプロセスを管理する。事前によく考えて段取りを組むが，現場ではそこで起こっていることを大切に扱う臨機応変な姿勢が不可欠である。また，ファシリテーターが過度な介入や誘導をすると，参加者に依存心が生まれ，参加者の主体性が育まれないことも起こりうる。やりすぎない自然なファシリテーションが大切である。　　　（中野民夫）

フィードバック
feedback

〔語義〕分野によって意味するものが多様であるが，環境教育では人間関係における情報の相互交換プロセスであり，「私にはわかっていない私」を伝えてもらう行為を指す。このことにより，ジョハリの窓でいわれる「気づいていない窓」「未知の窓」が広がり，自身の新たな発見や成長を得ることができる。

〔目的〕フィードバックは個人やグループ，関係の成長のために行われる。環境教育に導入されているのは，以下を促すことが期待されているからである。

①学習者の成長：環境教育は持続可能な社会実現のために主体的に行動できる人を育てることを目的とする。それゆえ，学習者の行動化につながるフィードバックが必要である。

②指導者の成長：指導者には絶えず自身の活動をふりかえり，次の実践に活かす内省的実践家の視点が不可欠である。そのために必要な他者からの指摘がフィードバックである。

③学習者同士，学習者と指導者の関係の成長：持続可能な社会実現のためには一人ひとりの成長だけでなく，お互いやグループの成長が必要である。フィードバックは相手の成長だけでなく，自身を含めたグループや関係を成長させることもできる。

④環境教育プログラムの成長：活動終了後に学習者や指導者仲間から受けるフィードバックによって環境教育プログラムを改善することができる。

〔留意点〕効果的なフィードバックのためには以下の留意点を押さえておきたい。
①うわべだけの情報交換とならないように，信頼関係に基づいて行う。②相手の鏡となって情報を提供することを意識し，「あなたは…」でなく「私は…」のメッセージで伝えること。メッセージは評価的ではなく，記述的（例：私には…と映っていた）であることで相手も受容しやすくなる。③必要なタイミン

ングで，必要な内容を伝えること。④多くの人から受けること。　　　　　　　　（増田直広）

フィールドワーク
fieldwork

〔語義〕狭義には研究対象となる人々や地域を訪れ，対象を直接観察したり対象者や関係者へインタビューしたりする調査手法のことであり，研究によっては数日から数年にわたることもある。環境教育では上記だけでなくプログラム作成のための資源調査，プログラムとしての自然体験活動など野外での活動全般をフィールドワークと呼ぶ。

〔学術研究として〕環境教育がテーマとしている持続可能な社会，自然と人とのつながり，人と人とのつながりなどを調査研究する手法としてフィールドワークは有効である。文献やインターネット，メディアなどの間接情報では得にくい，複雑かつ見えにくいつながりや情報を入手できるからである。

また，環境教育の資源となる自然や文化，社会への理解を深めるためにもフィールドワークは欠かせない調査手法である。対象は動植物，生態，地形，歴史，文化，伝統芸能，地域社会，人物など多岐にわたり，これらの研究が環境教育実践の基盤となる。

〔資源調査として〕環境教育プログラムを作成するためのプロセスの一つに資源調査がある。実施場所の自然やテーマにつながる文化や人的な資源を調査することにより，地域性や季節性を活かしたプログラムを作ることができる。また，野外での環境教育プログラムでは安全確保のためにも，フィールドの下見や実地踏査，トイレや雨天避難場所の確認も欠かせない。

〔プログラムとして〕野外での環境教育活動そのものもフィールドワークである。学術研究としてのフィールドワークにならって実施するタウンウォッチングや自然調査活動などはもちろん，**自然体験活動**，農業体験活動，社会体験活動など多様な環境教育プログラムがフィールドワークとして展開されている。また，環境教育指導者養成事業においても，プログラム体験やプログラム作成のための資源調査などフィールドワークが活用されている。
　　　　　　　　　　　　　　　　　（増田直広）

風土論
fudo theory／theory of climate and culture

〔語義〕風土は，地形や気候等の客観的自然条件とその土地の文化や人々の気質など主観的・心理的条件の両者ないしは，いずれか一方を意味する。土地柄，地域の個性という文脈でも使われる。風土論とは，そのような風土について論じたもの。以下，代表的な風土論について述べる。

〔和辻哲郎の風土論〕風土を哲学的タームにしたのは和辻哲郎の『風土』（1935年）であり，現代の風土論は賛否両論を含めここを出発点にしている。和辻は，風土を「ある土地の気候，地質，地味，地形，景観等の総称」と定義し「人間存在の型」「自己了解の仕方」であるという。例えば，私たちが「さわやかな朝」を迎えるとき，空気が「さわやか」であるのは，私たち自身がさわやかであることにほかならない。そして「気持ちのいい朝ですね」というあいさつで，そのさわやかさを他の人々と共同に感じる。ここでいう「さわやかさ」は「もの」でも，「ものの性質」でも単なる「私たちの心的状態」でもなく，存在のあり方である。つまり，風土は人間にとって外側にある客観的存在ではなく，人間は他の人々とともに風土の中に生きており，風土によって自己を知り表現する。このように和辻の風土論は，人間と自然を分離する近代の二元論に対する批判的意義をもつものとして積極的に評価される。他方で，和辻は風土をモンスーン型（東アジア），砂漠型（中東），牧場型（西欧）の三つに類型化した。しかし，この類型化は非実証的であることやナショナリズムを補強するイデオロギー的性格をもつ点など問題点も多い。

〔ベルクの風土論〕和辻の課題の克服を目指し発展させたのが，『風土の日本』（1988年）や『風土としての地球』（1994年）としてまとめられているオギュスタン・ベルク（Berque, Augustin）の風土論である。ベルクは風土を「社会の自然と空間に対する関係」と定義す

る。この定義は、自然を元素記号の集合ではなく、社会との関係で特定の広がりと内容をもつもの、すなわち空間的にとらえるという意味をもつ。また、ベルクは異質な項が異質なままで通じ合い作用し合って一つの現実をつくる「通態」という概念を提起し、風土構成の過程を説明した。また環境の危機を風土の危機としてとらえる必要性も指摘した。

〔**風土論の意義とその後の展開**〕環境倫理では人間中心主義対自然中心主義の論争を経て、「人間か、自然か」の二項対立ではなく、「**人間と自然のかかわりのあり方**」がどのようにあるべきか、ということが問題の焦点となった。また、欧米発の「環境倫理学」がキリスト教的自然観を背景にした「特殊な・ローカルな」思想であることが明らかになった。ここから、地域に根ざした多様な「人と自然のかかわりのあり方」が重要な位置づけをもつようになる。さらに、**原生自然**だけでなく里山のような人間化された自然の保護も実践上重要になってきた。以上のような理論的・実践的背景から、自然と人間の相互作用を理論的に解明する「風土」というキーワードが重要性をもつようになった。環境教育においても、環境教育の地域性が重視される時「風土論」の蓄積は見落とすことができない知見を与えてくれるといえる。

(野田 恵)

風力発電
wind power generation

風の力を利用して風車を回し、発電機を用いて運動エネルギーを電気エネルギーに変換する発電システム。電磁誘導の法則を利用した発電機による発電という点では**水力発電**、**原子力発電**と原理的に同じである。**化石燃料**による温暖化や資源の枯渇、脱原発志向の中で**再生可能エネルギー**が注目を集めているが、風力発電は**太陽光発電**とともに再生可能エネルギー利用の双璧である。風力発電設備の設置は、工期が3～4ヶ月と比較的短く、導入しやすいという特徴がある。2011年末の世界全体の累積発電容量は約240ギガWで、太陽光発電の約70ギガWを大きく上回っている。

オランダの風車に見られるように、低湿地の海水を汲み上げたり、地下水を汲み上げて灌漑用水として利用したり、あるいは杵を上下させて穀物を脱穀・精白したりという風力の利用は、古くから行われていたが、風力を用いた発電は、1887年にイギリスのブライス (Blyth, James) が初めて成功させたとされている。ブライスの風力発電機は、どの方向からの風にも対応できる垂直軸風車であった。しかし、偏西風地帯に位置するヨーロッパでは西風の確率が高いことから、その後開発が進められたのはブレード（羽根）を西向きにすえた水平軸風車であった。ヨーロッパで風力発電設備の大型化や効率化を牽引したのはデンマークで、同国のヴェスタス社は2011年の世界シェアの12.7％を誇る世界最大の風力発電機メーカーである。ちなみにヴェスタス社が開発した最大の風力発電機はブレードの直径が164メートル、定格出力7MW（福島第一原発2号機の約100分の1の出力）である。現在、デンマークでは国内電力供給の約20％が風力発電によるもので、2050年までにその比率を50％にまで高めることを目標に掲げている。

近年は中国における風力発電設備の新規導入が著しく、2004年以降ほぼ毎年前年比2倍の成長を続け、累積導入量では2010年には米国を抜いて世界一となっている。2011年時点で風力発電機メーカーの世界の上位10社の中に中国のメーカーが4社を占めている。

日本は台風の襲来などもあり、恒常的な風向きや安定した風力を得にくいという自然条件もあって、世界全体の1％ほどのシェアを占めるにすぎない。日本の風力発電低迷の背景にあるもう一つの要因として、送電網の大部分を所有している大手電力会社が、風力発電の電力買い入れによって供給電力の安定性が損なわれる等の理由で、新たな風力発電による電力の受け入れを制限してきたこともある。しかし、福島第一原発事故以降、比較的安定した西風を受ける東北地方から北海道の日本海沿岸や山岳部を中心に新たな風力発電機の設置が活発化し始めている。

風力発電はクリーンなエネルギーといわれながらも、様々な問題が指摘されている。第

一に，低周波・超低周波が周辺住民に健康被害を与えるという指摘である。第二に，鳥類が風力発電のブレードに衝突するバードストライクの問題がある。第一の問題に対してはブレードの断面を厚くするなどの改良で騒音は大幅に低下しているが，設置に当たっては民家からの距離を確保する必要がある。第二の問題については，確率的に極めて低い数値であることから，鳥類に大きな脅威を及ぼさないという意見もあるが，事前に調査して鳥の群れの通過域を避けて設置するという配慮は必要である。

(諏訪哲郎)

フェアトレード
fair trade

フェアトレードとは「公正な貿易」を意味するが，国際フェアトレード協会は「貧困のない公正な社会をつくるための，対話と透明性，互いの敬意に基づいた貿易のパートナーシップ」のことであると説明している。

第2次世界大戦後に誕生したフェアトレードの世界貿易の全体に占める割合はまだわずかではあるものの，21世紀になってからの成長にはめざましいものがある。現在，フェアトレードの理念の実現を目指して，世界で様々なフェアトレード団体が活動している。とりわけ1990年代に始まったラベル認証は，フェアトレードの普及・拡大に大きな効果をもたらした。また，その過程で，それまで各国でバラバラに行われていた認証の仕組みも，1997年に国際フェアトレード認証機構(FLO)という国際組織のもとに統一されることになり，フェアトレードラベルを，フェアトレード規準を満たした製品に張ってもよいことになった。そこでのフェアトレード規準は以下の通りである。

○取引の公平規準：買い取り最低価格の保証，割増し（プレミアム）の支払い，長期的な安定した取引，必要経費の前払い
○社会的規準：安全な労働環境，民主的な運営，労働者の人権尊重，地域の社会発展，児童労働・強制労働の禁止
○環境的規準：農薬・薬品の使用に関する規定，環境にやさしい農業，有機栽培の奨励，遺伝子組み換え作物（GMO）の禁止

FLOのフェアトレード規準の特徴は，生産コストをまかない，かつ経済的・社会的・環境的に持続可能な生産と生活を支える「フェアトレード最低価格」と，生産地域の社会発展のための資金「フェアトレードプレミアム」を生産者に保証する点にある。したがってフェアトレードは，リカード（Ricardo, David）の比較生産費に基づく「自由貿易」とは異なるもう一つのアプローチであり，生産者（団体）と輸入者（会社）ができるかぎり中間介在者を減らして直接的な関係を結ぶことにより，情報の非対称性を克服しようとする試みであるといえる。いわば国際貿易に関する「市場の失敗」を補う活動といえるが，他方，①フェアトレード規準を達成できるのは，一部の教育水準が十分に高い優良農民であり，最も貧しい農民はさらなる疎外へと追いやられる，②フェアトレードラベルは巨大多国籍企業の市場参入を許すとともに，かえって彼らの立場を有利にしている，というような批判もある（ボリス，J.P.『コーヒー，カカオ，コメ，綿花，コショウの暗黒物語』作品社，2005）。これらの課題を克服するには，より生産者の側に立った視点が求められる。

(水山光春)

富栄養化
eutrophication

主に湖沼などの閉鎖性水域で見られる現象で，水中の窒素やリンなどの栄養塩類濃度が高められ，栄養分過多の状態になることをいう。生活排水や工場排水，農業排水が大量に流入することにより起こる。富栄養化は植物プランクトンが異常増殖し，青緑色の藻類が水面を覆い尽くすアオコや，赤潮の発生を引き起こす。1970年代以降，琵琶湖，霞ヶ浦，諏訪湖など全国各地の湖沼で富栄養化が急激に進んだ。有リン合成洗剤の使用禁止などの対策がされてきたが，水の出入りが少なく汚濁物質が蓄積しやすい閉鎖性水域の水質改善には長期間を要するため，依然として問題になっている。

(望月由紀子)

「フォトランゲージ」
"Photo Language"

写真や絵から読み取れる情報を言語として抽出していく手法。提示された写真をめぐって，イメージをふくらませたり，想像力を働かせたり，連想したことを表現する。手法としては，写真についての意見や感想を述べ合うほかにも，写真に表題をつけたり，登場人物のセリフを考えて吹き出しをつける，などの学習活動がある。これにより，自己表現やコミュニケーションの能力を高めたり，グループづくりを行うことを目指している。写真を使用して行うので，若い人や恥ずかしがり屋の人，あるいは言語に障がいのある人にとって，表現がしやすくなるという利点もある。

多くの情報を一方的に提供されるのではなく，一枚の写真の中から多くの情報を引き出していくという活動を行うため，好奇心や想像力が喚起される。テーマへの興味を高めることにつながるので，学習活動の導入部で使用すると有効である。お互いの意見や感想をわかちあうことで，個々人がもっている偏見や固定観念に気づくことができる。また，他者の意見や感想を聞くことで，複眼的なものの見方につながる。さらに，メディアが提供する写真や映像に対する批判的な見方を養うこともできる。
〔田中治彦〕

『複合汚染』
The Complex Contamination

小説家・劇作家・演出家として活躍した有吉佐和子の代表的な長編小説。認知症を扱った『恍惚の人』(1972年)とともに，社会へ問題提起した小説ともノンフィクションともいえない異色の作品。1974年から1975年にかけて朝日新聞紙上で連載され，新潮社から単行本化された。レイチェル・カーソンの『沈黙の春』(1962年) の日本版と評されることもある。

「複合汚染」とは，複数の汚染物質が健康や生活環境に相乗的な影響を及ぼすことであり，この作品により一般的に知られるようになった。

有吉は，農薬と化学肥料，合成保存料と合成着色料，合成洗剤とPCBなど，様々な毒性物質の複合汚染の実態とそれを生み出す構造について，一般の人々にわかりやすく解説しながら告発・警告し，社会に大きな反響を与えた。しかし，選挙の場面から始まるのに選挙の話題はその後一切出てこなくなることから「構成の破綻」であるという批判や，農薬等の不使用は非現実的であるなどの反発も多かった。

「あとがき」の最後にある「生産者と消費者の距離を縮めれば，厚生省と農林省が抱えている問題の多くは解決することにお気づきだと思います」は，現代にも通じる環境問題解決への一つの大きな方向性を示したのかもしれない。
〔金田正人・飯沼慶一〕

福島第一原発事故
Fukushima Daiichi nuclear disaster

〔語義〕2011年3月11日に発生した東北地方太平洋沖地震を端緒として発生した東京電力福島第一原子力発電所の事故をいう。この事故は国際原子力事象評価尺度(INES)で最大の事故レベル「レベル7」である。INESは環境への**放射能**放出量で決定されており，**チェルノブイリ原発事故**と並び人類史上最も深刻で最大の事故と断定された。

〔被害状況〕現在福島第一原発は廃炉が決定している。格納容器内放射線量率は約10Sv/h(1時間当たり10シーベルト)である。事故で推定900PBq (900×10^{15}ベクレル：チェルノブイリ原発事故の約1/6)の放射能が放出され，2012年末時点でも，約5,000万Bq/h(1時間当たり5,000万ベクレル)の放射能を環境に放出している。放射性汚染物質に覆われた1,800km^{2}の土地が年間5mSv以上の空間放射線量を発する土地になった。

〔事故の概要〕2011年3月11日の地震発生時，福島第一原発は，1～3号機は運転中，4～6号機は定期検査中であった。運転中の1～3号機は地震発生直後に自動的にスクラム(原子炉緊急停止)した。しかし東京電力新福島変電所から福島第一原発に至る送配電設備が損傷しすべての送電が停止し，東北電力の送電網からの受電装置も不具合になり，す

べての外部電源喪失に至った。その後、地震動および津波により、非常用ディーゼル発電機や冷却用海水ポンプ、1号機、2号機、4号機の直流電源（電池）などが水没して機能不全となり、6号機の空冷式非常用ディーゼル発電機1台を除くすべての電力供給機能が失われ、全交流電源喪失が生じた。津波後も、原子力発電所構内の混乱や、未曾有の事態による運転員の混乱の中、原子炉の冷却機能の喪失に至った。1号機は3月11日夕方には炉心溶融が始まり、やがて、メルトスルーと呼ばれる溶融燃料の原子炉圧力容器貫通に至った。3月12日15時36分、水素爆発を起こし、原子炉建屋が破壊されて環境への放射能漏洩が生じた。同様な経過をたどり、3号機は3月14日、4号機は3月15日に水素爆発により建屋が破壊した。2号機も3月15日未明原子炉格納容器が破壊されたと推定されている。ここに至って原子炉の基本設計理念である、「止める」「冷やす」「封じ込める」という基本的概念が達成できず、原発史上最悪の事故となった。

〔事故の原因〕これまでに①東京電力事故調査報告、②政府事故調査報告、③国会事故調査報告、④民間事故調査報告の4つの報告書が原因を推定している。すべての発端は約200秒にわたる設計地震動を大幅に超過した同時多発地震動である。深層防護思想に照らして考察すると、第一に機器の故障に関しては、国会事故調査報告だけが**津波**のみならず**地震**そのものによって一部の機器が損傷した、との見解である。第二に機器の故障の進展に関しては、すべての報告書でいわゆる共通原因故障が生じ、従来の単一故障基準に基づく確率的安全評価手法が破綻した、と結論づけている。第三に事故による環境への放射能放出拡大防止策に関しては、水素爆発により建屋が破壊し破綻したためである。第四に過酷事故（シビアアクシデント）対策に関しては、ベント系構成機器の機能喪失およびフィルター未設置など、国際水準を無視した貧弱な自主的対策に終始し、実効性の乏しい状況であった。第五に防災対策に関しては東京電力現場、東京電力本社、官邸対策本部そして政府安全委員会などの連携が取れず、避難してはならない地域へ避難誘導する、放射能拡散予測およびヨウ素剤処方の未徹底など、危機管理体制が決定的に不備であった。今回の事故の根源の原因は、第一に「地震に対する原発の耐力が決定的に不足していた（対策を講じていなかった）こと」、そして第二にそれを放置した要因が「規制当局が電気事業者の虜になっていた」（国会事故調査報告）と結論づけている。

〔今後の対応〕国会事故調査報告は今後の対応として7項目の提言をまとめた。要約を以下に示す。提言1：規制当局に対する国会の監視強化→規制当局の監視を目的として国会に原子力問題に関する常設の委員会等を設置する。提言2：政府の危機管理体制強化→緊急時の政府、自治体、および事業者の役割と責任の明確化、政府の危機管理体制に関係する制度の抜本的見直し。提言3：原発被災住民に対する政府の対応として被災地の放射能濃度環境を長期的・継続的にモニターし、住民の健康と安全を守り、生活基盤の回復を図る。提言4：電気事業者の監視→国会は、事業者が規制当局に不当な圧力をかけることのないように厳しく監視する。提言5：新しい規制組織は、①高い独立性を保つ、②指揮命令系統および責任権限の透明性を確保し、利害関係者の関与を排除し、定期的に国会にすべての意思決定過程、決定参加者、施策実施状況等について報告する、③委員の選定は米国などに倣い国会が最終決定する、を満たすこと。提言6：原子力法規制の見直し。すなわち①世界の最新の技術的知見等を踏まえ、一元的法体系へと再構築する、②内外の事故の教訓、世界の安全基準の動向を既設の原子炉にも遡及適用する、ことを原則とする。提言7：独立調査委員会の活用。すなわち本事故の収束に向けたプロセス、被害の拡大防止、福島原発の廃炉計画、使用済み核燃料問題等を審議するため、国会に原子力事業者および行政機関から独立した、民間中心の専門家からなる第三者機関として、原子力臨時調査委員会を設置する。

〔事故後の社会への影響〕事故後、社会で原発

に対しての見方が大きく変化した。取り返しのつかない重大事故を引き起こした衝撃は大きく，絶対安全を掲げてきた原子力行政に対し，国民からは脱原発の運動が一気に盛り上がりを見せていった。

国と東京電力，原子力安全委員会（内閣府の審議会，現在は**原子力規制委員会へ移行**），原子力安全・保安院（経済産業省の機関，現在は原子力規制委員会へ移行）に対しては，事故直後から情報公開の制限や対応の遅さ，後手に回る対策など批判が集中し，一部の専門家による馴れ合いの構造，いわゆる**原子力ムラ**への批判が高まっていく。国はすべての原発を停止し，今後の原子力を含めたエネルギー政策の抜本的見直し，原発再稼働をめぐっての安全基準の徹底的な見直しを進めるに至る。

〔**教育・環境教育の対応**〕教育分野においてもこの事故が与えた影響は大きく，それまで原発推進の色合いが強かったエネルギー分野の教育が見直され，電力事業者の作成していた副読本などは姿を消した。文部科学省からは放射線等に関する副読本を小中高校用に作成し，放射線教育を進める方針を打ち出したが，単に放射線を科学的に取り上げた副読本へも批判が相次いだ。

日本環境教育学会では，事故前までほとんど原発や放射線についての研究・実践がなされてこなかったことに強く自己反省の念を持ち，「原発と環境教育」をテーマとした特別分科会の継続開催，研究会による教材開発がスタートした。

ひとたび原発事故が起こり環境下に放射能汚染が広がれば，環境への負荷は計り知れない。汚染地域の大部分を占める山野への除染はほぼ不可能であり，低レベル汚染地域においても屋外での活動の制限や立ち入り禁止地域の設定など重大な支障が生じる。環境教育の視点で，原発をはじめとするエネルギー問題，放射線の環境や身体への影響など，今後も重点的に研究と実践を行う必要がある。

(渡辺敦雄・森 高一)

富士山
Mt. Fuji

静岡・山梨両県にまたがる日本最高峰（標高3,776m）の火山。均整のとれた円錐形の成層火山で，四方に裾野を広げた美しい独立峰として知られる。1990年代初めからユネスコの世界自然遺産への登録が検討されてきたが，観光地化やゴミ問題などの環境管理面がネックとなり国からの推薦は見送られてきた。しかし，2013年，富士山信仰や芸術の源泉など文化的景観の観点からユネスコの世界文化遺産として登録された。富士山は，延暦，貞観，宝永の各時代に大噴火を起こした歴史もあり，2011年の東北地方太平洋沖地震やその後の地震活動により噴火が誘発されるとの懸念が高まっている。

(溝田浩二)

物質循環・物質フロー
➡ マテリアルフロー

フードマイレージ
food mileage

遠くから輸送されてきた食料より身近でとれた食料を消費する方が輸送に伴う環境負荷を低減することができる。食料が生産，加工，流通，販売の過程を経て消費者のもとに届くまでの輸送の距離と量で食料供給の状況を把握する概念を「フードマイルズ(food miles)」と呼ぶ。

フードマイルズの削減が叫ばれるようになったきっかけは1992年の**国連環境開発会議**（地球サミット）である。**気候変動**や南北格差，**生物多様性**への脅威などに対応する行動が求められる中で，食料に関する新たなキャンペーンを始めるために，食料と農業の政策提言を行うイギリスのNGO Sustain: the alliance for better food and farming が1994年に報告書 *The Food Miles Report: the dangers of long distance food transport* を出し，フードマイルズ削減運動を開始した。

フードマイレージはこれに似た概念である。フードマイレージは食料の輸送量と輸送距離の積で表され，単位はt・km（トン・キロメートル）である。2001年に農林水産政策研究

所の所長であった篠原孝がこの用語を考え出した。フードマイルズもフードマイレージも共通して食料の輸送量と輸送距離に着目するが，中田哲也によれば，フードマイルズとの違いを示すためにフードマイレージという考え方を導入したのだという。フードマイルズはイギリス国内の数値のみを算出するものであったが，フードマイレージではそれを拡大し，各国間の比較を可能にした。そのことによって，日本の食料供給の特色を明らかにし，食料の供給・確保の政策を検討する材料に用いる意図があった。日本は食料を多く輸入している国であるが，食料をどの程度輸入に依存しているかを表す自給率はあったものの，どのくらい遠くからどのくらいの量の食料を輸入しているかを表す指標はそれまで存在していなかった。フードマイレージの算出で明らかになったことは，①日本は食料供給のために大量の輸入食料を長距離輸送している，②そのことによって**二酸化炭素**を排出し地球環境に負担をかけている，③こうした状況は他国に比べて独特，ということである。中田の試算（2001年）によれば，日本では1年間に約5,800万トンの食料を平均1万5千kmの距離をかけて輸入しており，そのフードマイレージは約9,000億t·km，二酸化炭素排出量は1,690万トンであり，これは国内輸送のフードマイレージ（輸入食料の国内輸送分を含める）の約16倍，二酸化炭素排出量は2倍近くに相当する。日本の人口一人当たりの年間のフードマイレージは約7,000t·kmで，韓国もこれに近い水準であるが，欧米諸国は日本の1～4割程度である。身近な食材のフードマイレージを公開しているインターネット上のサイトなどを活用して，食料や食生活と地球環境問題の関わりなどを学習することができる。 　　　　　　　　　　　　　　（石川聡子）

負のスパイラル
negative spiral／vicious spiral

負のスパイラルとは，ある好ましくない結果がさらに好ましくない結果を引き起こし，それによってさらに好ましくない結果が引き起こされる，といったように連鎖的に悪循環が生じることを指す。例としてしばしばデフレスパイラルが挙げられる。それはデフレによる物価の下落により企業収益が落ち込み，それによって人員や賃金が削減され，それによって失業者の増加や需要の衰退を招き，さらなるデフレを引き起こす，といったものである。自然環境保護の文脈においては，収穫量の増大を目的とした農薬や化学肥料の使用によって生じるものが挙げられる。　（李　舜志）

不法投棄
illegal dumping

人目につかない山間部などに**産業廃棄物**，廃家電などが土地所有者の許可なく不法に投棄されること。瀬戸内海の豊島（てしま，香川県）では，産業廃棄物が島外から持ち込まれ，投棄される事件があった。不法投棄はアスファルト，コンクリート，木材などの建設廃材が6割を占めており，経済社会システムに対して改善が求められる問題である。環境負荷を低減する**循環型社会**を目指して，建設資材，家電，自動車の各リサイクルが法令で定められ，廃棄に当たって消費者が負担し，再利用を促進する仕組みが導入された。しかし，**家電リサイクル法**（正式名称：「特定家庭用機器再商品化法」，1998年公布）はリサイクル料金を廃棄時に徴収するシステムであったため，不法投棄があとを絶たなかった。その経験から，自動車リサイクル法（正式名称「使用済自動車の再資源化等に関する法律」，2002年公布）は購入時にリサイクル券の購入を義務づけている。　　（中村洋介）

ふゆみずたんぼ
fuyumizu-tanbo／winter-flooded rice fields

冬期の田んぼに水を張り，自然のサイクルを利用して米づくりを行う農法，または，その農法が行われている田んぼのこと。冬期湛水（たんすい）水田ともいう。冬期に湛水することで，**湿地**に依存する水鳥を中心とした多様な生物の生息地を創出できるばかりでなく，田んぼの抑草効果（水鳥による種子採食のため）や施肥効果（水鳥の糞）も期待できる。冬期の水の確保の困難さや，モグラの穴

からの水抜けといった問題点が指摘されながらも，地域生態系の**生物多様性**を高めながら，それを農産物の付加価値に結びつける試みとして注目されている。

(溝田浩二)

ブラウン，レスター
Brown, Lester Russell

米国の思想家，環境活動家（1934－）。メリーランド大学で経済学の修士を修めた後，米国農務省に勤務。食料問題を中心にインド担当などを経験し，1974年に**ワールドウォッチ研究所**(Worldwatch Institute) を設立。2001年にアースポリシー研究所を設立した。『ワールドウォッチ・ペイパーズ』(*Worldwatch Papers*)，『地球白書』(*State of the World*) など世界に影響を与えた専門誌を育てた。2003年には*PLAN B - Rescuing a Planet under Stress and a Civilization in Trouble-* (邦訳『プランB：エコ・エコノミーをめざして』) を発表，20世紀の延長で社会経済を運営していく考え方「プランA」に対し，循環型社会を推進する「プランB」へと政策変更が必要であることを主張した。

(関 智子)

『プランB』
Plan B

アースポリシー研究所所長（ワールドウォッチ研究所創立者・元所長）レスター・ブラウンによる著書（欧文初版2003年）。タイトルとなったプランBは，自然の限界点を越え，経済の衰退，人類文明の存続の危機へと至る道プランAに対して，環境的に持続可能な経済「エコ・エコノミー」の構築による，人類文明永続のための新たな道をいう。エコ・エコノミーとは，環境は経済の一部ではなく，経済が環境の一部であるという認識に立脚した新しい考え方であり，プランBは，この画期的な考え方に基づく「気候の安定化」「人口の安定」「貧困の解消」「経済を支える自然システムの修復」という相互連関的な4つの目標達成へのロードマップと予定表でもある。そして，今こそ，プランBへの転換が私たちの世代の急務であることを訴えかけている。

(吉川まみ)

ふりかえり
reflection

体験的な活動を行った後で，体験したことを思い起こし，そこで何が起きていたのかを思い出すことで，気づきや学びを深め定着させていく作業のこと。ただ体験をしただけで終わりにせずに，体験を通じて，感じたこと，気づいたこと，発見したこと，考えたことなどを省察する。場合によっては，そこで考えたことを言葉にして書いたり，声に出したり，あるいは絵に描くなど，表現してみるプロセスである。

体験学習法では，まず「やってみる」(Do) →それを「見てみる」(Look) →さらに「考えてみる」(Think) →そして「まとめたり，次を考える」(Plan)，という，学びの循環過程を大切にしている。

このプロセスを循環させることで，それぞれの段階での気づきが促される。特に体験したことをふりかえり，客観的に自らを観察する作業がふりかえりである。これによって気づきや学びが深まる効果があるため，体験学習法の学びのプロセスの途中でも適宜行い，プログラムの最後には必ず全体をふりかえってみることがよく行われている。一人でふりかえったことを数人で共有する「わかちあい」とセットで行われることが多い。これらの過程で「体験を言語化して各自の現場に持ち帰りやすくする」という意味もある。

(中野民夫)

フルオロカーボン ➡ フロン

ブルントラント委員会
Brundtland Commission

国連は，1982年の**国連環境計画**(UNEP)管理理事会特別会合(ナイロビ会議)での指摘を受けて，1984年に「環境と開発に関する世界委員会」(World Commission on Environment and Development, WCED) を設置した。本委員会は，委員長であったブルントラント (Brundtland, Gro Harlem, ノルウェー首相＝当時) の名をとり，ブルントラント委員会と呼ばれた。日本政府は，1982年の**ナイロビ会**

議において，21世紀における地球環境の理想の模索とその実現に向けた戦略策定を行う会合設置の提案をし，国連総会において承認されたという設置背景がある。本委員会は自由討議を促す有識者会議として位置づけられ，21人の世界的な有識者により構成された。ブルントラント委員会は，全12章からなる*Our Common Future*（『**われら共通の未来**』，別名ブルントラント委員会報告書）という最終報告書をまとめている。

最終報告書では「将来の世代のニーズを充たす能力を損なうことなく，現在の世代のニーズを充たすような開発」という**持続可能な開発**の概念を提示している。この概念は，環境と開発を互いに反するものではなく共存しうるものとしてとらえ，地球資源制約のもとで，環境保全と開発の両立が重要であるという考えに立つものである。とりわけ，持続可能な開発を達成するための過程で，考慮すべき不可欠な要素として，**貧困**の原因解明とその除去，資源の保全と再生，経済成長から社会発展へ，すべての意思決定における経済と環境の統合について強調している。

（佐藤真久）

ブレインストーミング
brainstorming

ブレインストーミングあるいはブレインストーミング法とは，アレックス・オズボーン（Osborn, F. Alex）が考案した「批判厳禁・質より量・自由奔放・連結歓迎」の4つを原則とする会議方式の一つ。集団の成員や会議の参加者が自由にアイディアを出し合うことによって互いに刺激し合い，さらにアイディアを生み出すような思考法・発想法。アイディアや発想の異質さが連想をかきたてるとされているため，ブレインストーミングにおいては奔放なアイディアは歓迎され，かつ量が多ければ多いほどよいとされる。そのため，他人のアイディアに対する否定は極力避けられるが，アイディアの発展や改善に資するような意見は歓迎される。

（李 舜志）

プレートテクトニクス
plate tectonics

プレートテクトニクスとは地球の表層部は十数枚の固い岩板（プレート）に分かれており，それらが地球の球面上を水平方向に年間数cm程度の速度で移動するという考え方である。

地球は半径約6,400kmの惑星であり，地表下約10〜30kmまでの地殻，地表下約30〜2,900kmまでのマントル，中心の核に大別される。このうち，地殻とマントルは岩石質であり，核は金属質である。地殻とマントル最上部をあわせた地下100kmまでの部分は流動性のない固い岩石質でリソスフェアとも呼ばれ，地下100〜400kmくらいのマントルは固体ではあるが比較的流動性がありアセノスフェアとも呼ばれている。リソスフェアがいくつかの板状に分かれていて，アセノスフェアの流動によって移動するというのがプレートテクトニクスの考え方である。プレート同士の境界には，互いに離れていく発散型境界・ぶつかり合う収束型境界・横にずれる平行移動型境界の3種類があり，収束型境界には海溝部に見られるような一方のプレートが他方の下に潜り込んでいく沈み込み型とヒマラヤのようにプレート同士が衝突する衝突型とがある。発散型境界は主に大西洋などの海嶺に見られ，アセノスフェアが地球内部から上昇してきて新たな海洋底が生産されている。日本付近では，日本海溝などの沈み込み型境界がよく知られており，**地震**発生のメカニズムと合わせた解説も多いが，伊豆半島付近には衝突型のプレート境界があり，丹沢山地では現在も衝突が進行中である。既に衝突過程は終了しているものの北海道の日高山脈も衝突型のプレート境界に形成されたものである。

プレートの衝突によりたまったひずみの解消は，時として巨大地震の発生につながる。例えば**南海トラフ**周辺のような沈み込み型境界では，約100年から200年ごとに東海地震・東南海地震・南海地震といったマグニチュード8クラスの巨大地震が発生すると考えられており，これらが連動して起こる確率が高いと指摘されている。

（能條 歩）

プログラム
program

　環境教育におけるプログラムとは，明確な学習目標をもち，その始まりから締めくくりまで，効果的に学習活動が構成された指導プランのことをいう。プログラムという表現は，日本では主に社会教育の場で使われ，学校教育においては「学習指導案」と呼ばれている。

　プログラムの中での個別の学習活動は「アクティビティ」と呼び，アクティビティ（部品）を意図的に時系列に配置してプログラム（製品）をデザイン（設計）することを「プログラムデザイン」と呼ぶ。プログラムデザインは，学習目標と対象者，実施体制，季節や時間，実施場所，人数などの諸条件を考慮して行う。

　また米国などからここ30年程の間に以下のようなパッケージされた環境教育プログラムが日本に紹介されている。主要なプログラムには以下のようなものがある。ネイチャーゲーム(Sharing Nature Program)，プロジェクトワイルド(Project Wild)，プロジェクトラーニングツリー(Project Learning Tree：PLT)，プロジェクトウェット (Project WET：Water Education for Teachers)，プロジェクトアドベンチャー (Project Adventure：PA)，アースエデュケーション (Earth Education)，アイオレシート(IORE SHEET：Illustrations of Outdoor Recreation & Education SHEET)，森のムッレ教室，ネイチャーエクスプロアリング。　　　　　　　　　　（西村仁志）

プログラムデザイン
program design

〔語義〕環境教育におけるプログラムデザインとは学習目標に沿って効果的な場面をプログラムの企画者が時間と空間，人間関係を構成（デザイン）し，そこでの体験から，気づきや学びをしかけていくことである。

〔学習目標の明確化〕プログラムデザインは，学習目標を明確にすることから始まる。参加者に対して何を伝える必要があるか，学習の成果として何を獲得してほしいのかを「学習目標」として明確にする必要がある。自ら問題の所在に気づいたり，その原因を究明したり，その解決に向けた判断や行動をしたりできるようになることが各年代の発達段階を考慮した目標として提示できるはずである。

　学習目標を立てる際に欠かせないプロセスが参加者と学習リソース（資源）の把握である。まず学習者とその背後にある年齢層，属性，経験や参加動機などを把握する。次に必要なのが活用可能な学習リソース（資源）の把握である。身近に使用できる学習素材（文献，教材，映像，道具など）のほか，自然フィールド，施設，人材などを列挙してみる。自然フィールドや外部の施設を使う場合には，プログラムづくりのために必要な情報を収集するためにも，また安全を確保するためにも入念な下見を行っておくことが重要である。さらに「自分や仲間たちにできることの強みや弱み」についても吟味し，活用や補強の方法についても検討しておきたい。

〔プログラムデザインの実際〕以上のように考えた学習目標に沿って，効果的な活動内容を考えていく。ここでは大切にしたいポイントとして，①「導入(つかみ→本体(展開)→まとめ(ふりかえり)」という流れを意識すること，②参加者の学習意欲や心の動きに配慮しつつ，体験学習法に基づいてデザインすること，③参加者相互の学習交換(＝学び合い)という，集団で活動することの意味や利点を活かすこと，④段階を意識する（易しいもの→難しいもの，近く→遠くへ，低いところ→高いところ，軽いもの→重いもの）こと，などが挙げられる。

　また，よりよいプログラムを実現するための「ロジスティックス」（プログラムをサポートする様々な働き）も重要である。それらは①活動内容にふさわしい会場やフィールドを用意すること，②参加者が快適に過ごせるような気温・湿度・照明・お茶や音楽など息抜きの工夫を用意すること，③教材，準備物，配布物，機器，備品，消耗品などの周到な準備，④参加者に活動内容にふさわしい服装や装備を案内するとともに，実際の様子を確認すること，等である。

〔プログラムの実施と評価〕プログラムの進行

に当たってはファシリテーターの役割が重要であり，企画段階から実施体制に必ず位置づけておきたい。「教える」のではなく「体験を促す」「問いかける」「参加者の反応や気持ちを受けとめる」などの働きによって，参加者を主体的，能動的な学びへと導いていくことができる。

こうして作成したプログラムは実施結果を踏まえての評価を行う。つまり次の実施機会に向けて常に内容や進め方を改善していく努力を心がけたい。そのためには実施中の参加者の反応や様子に注意すること，また実施後には感想を聞くなどしてプログラムの改善のための情報を集めることが大切である。終了後，次回の実施までに改善点の整理，対策の立案を行って，プログラムそのものをよりよく成長させていくことも，プログラムデザインの範疇である。

(西村仁志)

プロジェクトアドベンチャー（PA）
Project Adventure

「アドベンチャーに基づくカウンセリング（Adventure Based Counseling）」に基礎を置く体系的な**冒険教育**カリキュラムである。日常とかけ離れた状況の中で，ちょっとしたスリリングな活動を通して，自分と向き合い，葛藤しながら，仲間との協力や達成感，成長のための気づきを得ることを目的としている。

1971年に米国マサチューセッツ州の公立高校のカウンセラーが，冒険教育の教育的手法に着目し，室内での言葉によるカウンセリングだけではなく，野外というフィールドを使った意図的な課題を仲間とこなしていく中で，グループへの信頼感や自分自身の気づきから自らの行動変容に結びつけていくために行われたのが始まりとされている。その後，「冒険をもっと身近に（Bring the Adventure Home）」という社会的要請の中で開発が進められ，学校だけではなく，また企業研修にも利用されてきた。

プロジェクトアドベンチャーの活動では，高所に設置されたハイエレメントや低所のローエレメントといった教具が用いられ，グループワークが基本となる。決して活動を強要するのではなく，課題への挑戦の選択は自分で行い，一人ひとりの行動や発言が尊重されるといった規範を大切にして行われる。このような規範があってこそ，活動の中で行った決断や発言を振り返る中から自分に気づいていくことができる。そのために，指導者は活動の進行役だけではなくカウンセリングの能力が欠かせないといわれている。

日本では学級崩壊，無気力，引きこもりといった子どもたちを取り巻く状況への提案としてプロジェクトアドベンチャージャパンが1995年に設立され，学校では学級運営に，サッカーのJリーグや企業などのチームワークの育成に利用されている。

(山本幹彦)

プロジェクトラーニングツリー（PLT）
Project Learning Tree

身近にある木や森での体験を通して土や水，空気といった自然環境から社会にいたる環境全体について学ぶことを目的として開発された環境教育教材。幼稚園から高校までを対象としており，いずれもグループでの**体験学習**を基本とし，環境の「何かを学ぶこと」ではなく，「どのようにして学ぶか」といったことにポイントが置かれている。

1973年に合衆国森林財団と西部13州の教育委員会や自然資源局，大学の専門機関などで構成される西部地区環境教育協議会（WREEC）との協働によって取り組まれ，1976年に出版された。その後，全米各州の森林局の普及啓発の担当者がコーディネーター兼指導者となり，主に教師を対象とした環境教育指導者養成としてプロジェクトラーニングツリーを活用した講習会を実施している。講習参加者にはこの教材を無料で配布し，なおかつ教員の継続研修として位置づけられたことで爆発的に普及した。開発から30年経た今，教材も第5版が作られ，米国，カナダ，メキシコ，南米，欧州，アジア各国で紹介されている。教員はPLT米国事務局のホームページでGreen Schoolの登録をすると，英語版の教材を入手することができる。

(山本幹彦)

プロジェクトワイルド
Project WILD

プロジェクトラーニングツリー（PLT）を開発した米国の西部地区環境教育協議会が全米魚類・野生生物局との協働で1983年に開発した環境教育教材で，身近にいる野生動物を通して環境全体について学ぶ目的で作られた。野生動物そのものではなく，生息地に焦点を当てることで環境を考えていこうとするところに特徴がある。紹介されているアクティビティの教育手法はPLT同様に，プラグマティズム教育に基づいた**体験学習法**に基づいており，後にGEMS（Great Explorations in Math and Science）を開発したカリフォルニア州立大学バークレー校 The Lawrence Hall of Science が牽引役として大きな役割を担っている。

PLT と同じように，講習会に参加することで教材が手に入るという普及の仕組みを取り入れている。1986年には『プロジェクト・ワイルド・水辺編』が開発され，1983年に開発された陸上編と合わせて2冊組みとなっている。その後，高校生を対象としたサイエンス＆シビック編が作られ，この3冊が日本で翻訳され紹介されている。最近では，鳥に焦点を当てた *Flying Wild*，幼児を対象とした *Growing UP WILD* が開発されている。日本では1999年に教材が翻訳され，これまでに約2万人が講習会に参加し，エデュケーターと呼ばれる資格を取得し，プロジェクトワイルドを使った環境教育に取り組んでいる。

〔山本幹彦〕

プロセス
process

直訳すれば「過程」であるが，**体験学習法**においては「関係的過程」として理解されている。グループで活動する際のメンバーによる相互作用には，討議や作業等のコンテントといわれる内容的な側面とプロセスといわれる関係的な側面があるとされている。コンテントは討議における話者や活動における課題で，プロセスはグループの雰囲気やコミュニケーション，メンバーの様子等，関わりの中で起こっていることである。この二つが影響し合って活動は進んでいくが，プロセスのありようがコンテントのありように大きな影響を与えており，結果的に活動の成果やメンバーのやりがい，満足度を大きく左右する。グループ活動の場をデザイン，ファシリテートする際の大切な視点である。

〔川島憲志〕

フロン
fluorocarbon

狭義のフロンは，炭化水素に塩素とフッ素を結合させたクロロフルオロカーボン（CFC）を指すが，水素を含むハイドロクロロフルオロカーボン（HCFC）などを総称して指すことが多い。フロンは，20世紀前半に開発された化学物質で，自然界には存在しない。冷媒，断熱材（発泡剤），スプレー，洗浄など様々な用途で幅広く使用されたが，成層圏で強い紫外線によってフロンが分解され，放出された塩素原子が**オゾン層**を破壊するため，国際的に**モントリオール議定書**で生産量や消費量が規制され，CFCは全廃され，HCFCも段階的に削減されている。また，オゾン層を破壊するフロンに替わって，塩素を含まないハイドロフルオロカーボン（HFC）が開発され，特に冷媒分野で使用量が急増している。HFCは，「代替フロン」などと呼ばれることもあるが，最近では，パーフルオロカーボン（PFC），六フッ化硫黄（SF_6），三フッ化窒素（NF_3）などとともにフロン類とくくられることが多い。これらの代替フロン（三フッ化窒素を除く）はオゾン層を破壊することはないが，温室効果が二酸化炭素の数百〜数万倍もあり，二酸化炭素などとともに**京都議定書**の第一約束期間の削減対象物質となっており，三フッ化窒素も第二次約束期間において削減対象に追加された。しかし，京都議定書は生産規制ではないため，モントリオール議定書でHFCを生産規制の対象にする提案も出ている。

フロンという呼び方は，デュポン社の商品名フレオンから取った日本独自の俗称である。

〔桃井貴子〕

文化的多様性
cultural diversity

〔定義〕ユネスコによると,文化的多様性は,民族,地域およびコミュニティが独自の歴史的文化的背景を有する様々な文化を有すること,あるいはそのように様々な文化が存在する状態を意味する。

〔歴史と展開〕文化的多様性は,その時代が要請する国際的課題と関連しながら議論されている。国家や地域の開発の中での,少数民族・先住民族の生活権や文化権,人権の擁護という課題と関連させて議論が発展した。1970〜1980年代には,特に先進国の都市部での移民や難民が急増したことをうけて,多様な民族や文化が,一国内や一地域の中で,どう共生していくかを探る文化多元論に発展した。こうした議論は,移民や難民がもたらす文化に根ざした産業や,移民から見た地域コミュニティの再評価等による都市の経済・社会的発展を提唱する「都市創造論」にも発展している。

文化的多様性は,国内での民族差別撤廃と民族集団の市民権を擁護しながら多文化の共生を目指す「多文化主義(multiculturalism)」政策として,カナダやオーストラリアにおいて実施されており,イギリス,北欧諸国,米国でも多文化主義の考え方が政策に導入されてきている。一方,少数民族・先住民族の自己決定権を認めないまま,文化的多様性や多文化共生を謳った政策が実施されているケースも多々ある。

また,文化は,平和構築や開発と関連するかたちで議論されてきた。特にユネスコは,宗教対立や東西冷戦,南北問題の中で発生した民族紛争などの解決に向け,平和構築のプロセスにおける文化を通した相互理解のための対話を重視し,欧米先進国の近代化モデルを発展途上国へ単に適応するのではなく,現地の文化に根ざした開発のあり方を探る,内発的発展論を展開した。さらに,ヨーロッパ,アジアなどの地域ベースで,文化政策会議を開催したほか,「世界の文化開発の10年」(1988〜1997年),「文化と開発に関する世界会議」(1995年)を実施した。これらを背景として,多様な文化が相互の価値を尊重し合い,共存する世界のありようを模索するべく,文化の多様性に関する議論が発展し,2001年の「文化の多様性に関するユネスコ世界宣言」の採択,そして「文化的表現の多様性の保護および促進に関する条約(通称:文化多様性条約)」(2005年)へと至った。グローバリゼーションによって,文化や言語,生活様式などが画一化していく中で,各文化のもつ独自性を守っていくための議論があったことも,こうした条約締結の背景にある。

〔環境と文化的多様性〕文化は,自然環境とも深く関連している。自然からの恩恵を基に,人々は文化を発展させ社会を構築してきた。文化の多様性は,環境や持続可能な開発とも密接に関連しており,1972年の国連人間環境会議で採択された行動計画には,文化的側面を含めた広い視点から環境を考える必要性が示された。環境と文化の多様性の議論は,特に,先住民族や地域共同体がもつ地域の環境管理のための伝統的知恵・知識と,地域の生物多様性保全と関連させたかたちで議論が発展している。1992年の国連環境開発会議で採択された「環境と開発に関するリオデジャネイロ宣言」(リオ宣言)の第22原則や,気候変動枠組条約,砂漠化対処条約とともにリオ3条約の一つである生物多様性条約の第8(j)条では,持続可能な開発のプロセスにおける先住民族の役割が重要視され,先住民族の開発に関する意思決定のプロセスへの参加が求められている。さらに,生物多様性,文化の多様性,そして文化的・生物的知識・実践を伝達する言語の多様性を関連づける「生物・文化多様性(biocultural diversity)」が,新領域の研究として発展し,ユネスコ,国連環境計画(UNEP),国際自然保護連合(IUCN)がその議論の中核を担っている。絶滅危惧種と絶滅危惧言語の分布が重なり合うこと,先住民族や先住民族の言語分布と生物多様性地域の重なり合いを示すマップも作成されている。

(野口扶美子)

分散型エネルギーシステム
decentralized energy system／distributed energy system

　分散型エネルギーシステムとは，大規模なエネルギー供給施設から広範囲にエネルギーを供給するのではなく，分散した小規模の供給施設からそれぞれの周辺地域にエネルギーを供給するシステムのことである。以下，分散型エネルギーシステム導入の必要性が集中的に論じられている電力について述べる。

　2011年3月に起きた東北地方太平洋沖地震とその直後の巨大津波によって引き起こされた**福島第一原発事故**では，巨大な発電施設が被災して，稼働を停止したり送電網が寸断されたりした。広範囲で停電が起こり，一部では停電が長期化した。このことから，**再生可能エネルギー**を利用した太陽光発電，風力発電あるいは小水力発電への**エネルギーシフト**の必要性があらためて認識され，その開発が急ピッチで進められている。また，消費地で効率の良い発電を可能にする**燃料電池**も急速に普及しようとしている。その結果，その土地で生産された電力をその土地で消費するという，いわば電力版の**地産地消**である分散型の発電システムが，従来の集中型発電システムを補うものとして注目されている。

　分散型発電の利点としては，まず長距離の送電に伴う送電ロスを軽減できる点がある。送電電圧を高くするほどロスが少なくなることから，日本では発電所から50万ボルトで送電されているが，送電ロスは距離に比例するため，消費地から遠く離れ発電所からの遠距離送電による送電ロスは5％に達している。次に，発電に伴う発熱利用という点での優位性もある。通常の発電では，投入エネルギーの約40％が電気エネルギーに変換され，残りの約60％は熱エネルギーとして放出されている。この排熱は温水や水蒸気として給湯や冷暖房に利用可能である。発電とともに排熱を利用するシステムは，**コージェネレーションシステム**といわれている。このコージェネレーションシステムを導入する場合も，消費地の近くで発電すれば，排熱の利用可能性も高くなる。

　他方で，分散型発電の場合，小規模化の宿命で発電効率が低下する。また，個別の運転管理という煩雑さがつきまとう。そして，一定の電力を得るために小規模な施設を多く作ると，大規模な施設を作るより投下資本の合計は大きくなる。

　このような長短はあるものの，大規模で集中的な発電に依存した場合の災害時等のリスク，**化石燃料**や原子力の枯渇や危険性を考慮すると，再生可能エネルギーへのエネルギーシフトは必然的なものであり，分散型発電の定着も必然の流れといえる。

　そこで問題となるのが，分散型発電で得られた電力をどのように消費者に届けるかということである。現在の日本は大手電力会社が発電とともに送電を一手に支配しており，分散型発電によって生じた電力を大手電力会社の所有する送電網を自由に使えるかという問題である。分散型発電といえども，近隣地域で生産された電力を相互に融通し合うことで，格段に効率よくなる。電力事業は国策事業であり，特に送電網は公共財であるという視点に立って，既存の送電網を分散型発電に対してオープンにすることがまず求められている。

（諏訪哲郎）

粉じん
dust／particulates

　天候や火山噴火，土壌から運ばれる等，様々な原因から大気中を浮遊する微細な粒子を指す。微細な植物の花粉や，人間や動物の毛，織物繊維，製紙繊維，土壌の無機物，人間の皮膚細胞，燃焼した隕石の一部は，風によって巻き起こり，漂い，粉々になり，細かく分割され，微細で乾燥した細かい粉となる。大きさ$10\mu m$（マイクロメーター）以下のものは浮遊粒子状物質（suspended particulate matter : SPM）と呼ばれる。2013年初めに中国を広く覆った**PM2.5**は大きさ$2.5\mu m$以下の微小粒子状物質で，肺胞に吸着する可能性が高く，肺機能への影響はより大きい。アスベストなどの工業的粉じんは，吸い込んだ場合，肺や他の器官へ深くとどまることで肺がんや中皮腫などの病気の原因となる。大気汚染防止法では，「物の破砕，選別その他の機械的

処理又は堆積に伴い発生し，または飛散する物質」として，規制されている。　（長濱和代）

ヘ

ベオグラード憲章
Belgrade Charter

「ベオグラード憲章（環境教育のための地球規模での枠組）」は，1975年10月13日から22日まで，ユーゴスラビア（当時）のベオグラードで開かれた，専門家（96名）による環境教育国際ワークショップの成果の一つである。同会議は1972年の**国連人間環境会議**の第96勧告に基づいて1977年にトビリシ（ソ連，現グルジア）で開かれることになっていた「環境教育政府間会議」の準備会合というべき性格をもっていた。

憲章は**ユネスコ**と**国連環境計画**（UNEP）が共同で発刊する環境教育ニュースレター *Connect* の第1巻第1号の巻頭ページを飾った。その出だしは「歴史的な瞬間には歴史的な文章が現れる」というものである。以下にその概要を記す。

憲章は，「A 環境の状況」「B 環境の目標」「C 環境教育の目標」「D 環境教育の目的・方針」「E 対象」「F 環境教育プログラムの指針となる原則」の6つの章から構成されており，なかでも「C 環境教育の目標」は，環境教育のゴールを次のように規定した。

「環境教育の目標は：環境とそれに関連する諸問題に関心を持ち，関わろうとする人々を全世界的に増やすこと，及びそれらの人々が，知識，技能，態度，意欲，実行力を身につけて，個人的かつ集団的に，現在の問題の解決や将来の新しい問題の予防に貢献しうるようになることである」。

また，続く「D 環境教育の目的」は，環境教育の具体的な目的として，次の6項目を挙げている。以下に要約する。

「環境教育の目的は：(個人及び社会的なグループが，以下のものを獲得できるように援助することである)。

①気づき　環境全体とそれに関連する問題への気づきと感性。
②知識　環境全体とそれに関連する問題，および人間存在の重大な責任とその役割についての基本的理解。
③態度　環境のための社会的な価値と環境に関わることへの強い意志，および環境の保全と改善に積極的に参加することへの動機。
④技能　環境問題解決のための技能。
⑤評価能力　生態的，政治的，経済的，倫理的，教育的観点からの環境指標と環境教育プログラムの評価。
⑥参加　環境問題解決のための適切な行動を起こそうとする責任感と切実さの感覚。

日本では，ベオグラード憲章といえば上述した6項目がつとに有名だが，憲章の精神や背景を示すものとして，第1章「A 環境の状況」を理解しておくことは重要である。第1章には「世界中の人々に地球的な視点から見た新しい倫理を持つべきことを強く求める。（略）それは，世界の資源の平等な配分という方向に向けられ，すべての人民をもっと公平に満足させる変化である」と記されており，倫理的側面が強調されている。　（水山光春）

ベクレル（Bq）
becquerel

ベクレル（Bq）は放射能の強さを表す単位で，物質に含まれる放射性物質の量を表す。1秒間に1個の割合で原子核が変化する（壊変する）場合を1ベクレルという。放射性物質はエネルギー的に不安定な状態にあり，安定的な状態に変わろうとする。この時に余分なエネルギーとして**放射線**が放出される。この時に人体が放射線によって受ける影響を表す単位がシーベルト（Sv）である。放射性物質を含む食品からの被曝線量の上限を年間1ミリシーベルトとして，これをもとに放射性セシウムの基準値を設定しており，一般食品は，100ベクレル/kg，乳児用食品と牛乳は50ベクレル/kg，飲料水は10ベクレル/kgに基準値が設定されている。　（冨田俊幸）

ペットボトル
PET bottle

ポリエチレンテレフレート（PET）を主な材料として作られた液体用容器。日本では1977年に醤油容器として最初に用いられた。飲料容器として用いられた場合，軽くて割れないという利便性のため大量使用が見込まれ，使用後のごみ増大を招くという予想から，当初は自主規制によって1L以上の大容量のものに限定して使用されてきた。1996年の規制緩和により，500mLの使用が拡大した。清涼飲料工業会の調査によると全清涼飲料に占めるペット入り飲料の重量は1996年では27%であったが，2008年には63%となっている。2000年から**容器包装リサイクル法**が完全施行となり，ペットボトルについては，消費者は分別排出，自治体は分別収集，生産販売する特定事業者は再商品化費用の負担が義務づけられた。ペットボトルの本体はPETであるがフタはポリエチレン，ラベルにはポリスチレン，ポリエチレン，紙などが用いられているため，**リサイクル**のための回収では，本体からフタ，ラベルをはずすことが求められる場合が多い。回収量は年々増加しているものの生産量は1997年の20万トン強から2008年の60万トン弱へと増加の一途をたどっており，廃棄物の増大の一因となっている。ヨーロッパでは厚手のボトルが**リユース**（再使用）されていて，ペットボトルのリユース化は**容器包装リサイクル法**改正の検討課題となっている。ペットボトルは家庭内での別用途での再利用のほか，児童を対象とした工作の材料などに用いられる場合もある。

〔原田智代〕

へどろ
hedoro, sludge

天然の海，**湿地**，湖沼，河川，地下水，ならびに人工的な井戸，上下水，溜め池，ダム湖，排水路，水産養殖場，圃場，教育施設などすべての水域の底にたまった浮遊性がある含有機堆積物のこと。腐敗が進行し，悪臭などが発生する堆積物をいうことが多い。しばしば，**富栄養化**した内湾，沿岸海域や湖沼，河川の有機質の堆積物の総称として用いられることもある。なお，へどろの泥は，水底堆積物の1/16 mm以下の粒子径のものを「泥」として科学的に表現したものではない。日本で「へどろ」が環境用語として一般に使われるようになったのは，静岡県田子ノ浦港に底泥が多量に堆積して「へどろ公害」と呼ばれてからである。

〔三田村緒佐武〕

ほ

ボーイスカウト
Boy Scouts

1907年，英国の退役将軍ベーデンパウエル卿（Baden-Powell, R.S.S.）が20人の子どもと行ったキャンプが発端となって発展した青少年教育団体。ボーイスカウト日本連盟は1922年に発足した。同連盟は，ボーイスカウトを「仲間たちと自然の中で遊びながら，いろいろなことを身につけて，より良き社会人を目指す活動」と紹介している。2012年より世界スカウト環境バッジ運動を展開し，「人と自然界がきれいな空気と水を備えていることを理解する」など世界スカウト機構が推奨する5つの環境プログラムを履修するか，履修後に関連団体が主催する環境プロジェクトに参加することでバッジを取得させることにより，青少年の環境活動を促進させている。

〔関 智子〕

「貿易ゲーム」
"Trading Game"

1970年代に英国のNGO「クリスチャン・エイド」によって開発されたシミュレーションゲーム。日本では1995年に神奈川県国際交流協会と開発教育協会が翻訳し出版したことにより，全国的に広がることとなった。

貿易ゲームは，「貿易」が世界の国々や人々に与える影響を，シミュレーションおよびロールプレイによる交渉や駆け引きの疑似体験を通して理解する参加型のワークショップ教材であり，そのねらいは主に次の三つである。

○貿易を中心とした世界経済の基本的な仕組みを理解する。
○自由貿易や経済のグローバル化が引き起こす様々な問題に気づく。
○南北間の格差解消に向けた国際協力や，私たち一人ひとりの行動を考える。
〔準備〕
○グループ分け…数人で構成されたチームを少なくとも三つ（先進国・中進国・途上国）以上と，「銀行」「国連」役を作る。
○ゲームを始める前に最低，次のものを準備する。それらは（　）内の事柄を意味する。
　三角定規・コンパス・はさみ・鉛筆（技術力，労働力），ザラ紙（資源），紙幣（財政力）を用意し，これらを経済レベルに合わせて各チームに配分する。
（例）
先進国…財政力，技術力は大きいが，資源は少ない，もしくはまったくない。
中進国…財政力，技術力が近年かなり大きくなってきた。
途上国…財政力，技術力は小さいが，資源は豊富にある。
〔ゲームの進行〕
○ゲームの目的は売るための三角，四角，円の「紙型」をできるだけ多く作り，より多くのお金（紙幣）を得ることにある。
○ゲームのルールはおおよそ次の通り。
・既定の道具しか使えない。製品は正しく規定の大きさであること。規定通りと判断されれば，銀行が買い取ってくれる。
・道具（技術）や資源等の交換・売買等の交渉は自由にできる。
○国連は製品値下げなど，途中で一部ルールを変更する権限をもつ。作業時間も国連が決める。
○ゲーム終了後，次のことを振り返る。
・市場経済の有利／不利，公平／不公平は何か。
・より公平な取引はいかにすれば可能か。
（出典：『新・貿易ゲーム—経済のグローバル化を考える』開発教育協会・神奈川県国際交流協会編，2001年）　　　　　（水山光春）

冒険教育
adventure education

　冒険体験を通じて行われる教育。自己肯定感の獲得，他者との関わり方や生きる姿勢の育成を目的にした人間教育である。主に自然環境を教育の場とし，学習者が冒険体験に対して自発的に挑戦し，自分やグループの課題に気づき，仲間とともに困難を乗り越え，解決しようとする体験を通じた学びといえる。正解は一つではなく，自分やグループで課題や答えを模索していく過程がより重視される。

　冒険教育の歴史を見ると，ドイツの教育学者クルト・ハーン（Hahn, Kurt）による貢献が大きい。ハーンは，1920年代物質文明による道徳の敗退と若者の無気力や逃避が進むドイツ社会を憂い，隣人を助け，平和のために奉仕する，肉体的かつ精神的に強靭な若者の育成を目指した教育の開発と実践に尽力した。その後，第二次世界大戦を経て，ハーンが関わった若い兵士のためのトレーニングプログラムが，一般の青少年にも必要であることから，冒険教育を実践する学校OBS（Outward Bound School）を1941年にイギリスに設立し，冒険教育の基礎を築いた。その後1960年代に米国に広がり，冒険教育の要素を学校教育に取り入れるための研究開発が進められ「プロジェクトアドベンチャー」という冒険教育プログラムが生まれた。日本でも，1995年にプロジェクトアドベンチャージャパンが設立された。翌年に中央教育審議会の答申の中で「生きる力」の育成の必要性が言及されたことを契機に，冒険教育はその有効な教育方法の一つとして注目されている。　（佐々木豊志）

防災教育
education for disaster management

　災害を発生させないために未然防止・抑止に向けて取り組んだり，発災時には迅速・的確な対応によって被害を最小限にしたりすることを目的とした教育。学校では，地震・津波・噴火・風水害などの自然災害のほかに，事故などの人的災害や犯罪等も含めた広義の防災教育を実施しているところもある。

　防災教育という文言自体は，学習指導要領

には明記されず，小学校第5学年の社会や中学校社会科地理的分野に「防災」という単語が散見される程度であり，各学校の判断によって，総合的な学習の時間や安全教育の一環として取り上げられているのが現状である。このような個別の活動に対しては，例えば内閣府が2004年から「防災教育チャレンジプラン」として防災教育活動を資金面・人材面・情報面で支援している。

しかし，2011年の東日本大震災で多数の児童生徒等に甚大な被害が生じたことから，文部科学省では有識者会議を立ち上げ，防災教育の指導時間の確保，系統的体系的な整理，教科等としての位置づけなどの検討を進めている。
〔木村玲欧〕

放射性廃棄物
radioactive waste

〔定義〕従来の定義は原子力発電所や再処理施設の運転中および廃炉過程で発生する放射性物質を含む廃棄物とされていた。このうち再処理施設から発生する使用済み燃料からウラン・プルトニウム回収後に残る核分裂生成物を主成分とするものは「高レベル放射性廃棄物」，それ以外は「低レベル放射性廃棄物」とされている。しかし，福島第一原発事故以降，放射能汚染地域の除染による洗浄水，河川や下水の汚泥，汚染土壌，汚染がれき，汚染食料など日本全国にわたる放射能汚染物質も放射性廃棄物に該当し，その処分方法の量的および質的困難さが課題となっている。
〔種類〕①高レベル放射性廃棄物：再処理過程において使用済み燃料から分離される高レベル放射性廃液をガラス固化したもの。残留プルトニウムを含む多くの核分裂生成物を含む。②低レベル放射性廃棄物：原子力発電所の使用済み燃料を除く比較的線量の高い制御棒，炉内構造物，および線量が比較的低い廃棄物（廃液，フィルター，廃部材，消耗品等をコンクリート固形化したもの），および線量が極めて低い廃棄物コンクリート，金属など。2012年末時点で日本には200Lドラム缶約60万本がある。その他，主としてウラン濃縮・燃料加工施設に超ウラン核種を含む放射性廃棄物など，200Lドラム缶約30万本が保管されている。そのほか，放射能を含むが放射性物質としての扱いが不要と思われるクリアランスレベル以下の原子力発電所解体廃棄物がある。③福島原発事故で発生したがれきを含むすべての放射性廃棄物も低レベル放射性廃棄物である。
〔処理などの課題〕福島第一原発事故による低レベル放射性廃棄物は量的に，高レベル廃棄物は質的（世界共通：約10万年要管理）に処理方法に苦慮している。
〔渡辺敦雄〕

放射線と放射能
radiation and radioactivity

〔定義〕放射線とは放射性元素の崩壊や核分裂に伴い放出される高エネルギーのアルファ粒子（陽子2個と中性子2個のヘリウム粒子），ベータ粒子（電子），および中性子線などの粒子線と，ガンマ線やエックス線などの電磁波をいう。またそれらと同程度のエネルギーをもつ宇宙線もいう。原子力基本法に基づいて，2012年現在政令で定められているものは，①アルファ線，重陽子線，陽子線その他の重荷電粒子線およびベータ線，②中性子線，③ガンマ線および特性エックス線（軌道電子捕獲に伴って発生する特性エックス線に限る），④1メガ電子ボルト以上のエネルギーを有する電子線およびエックス線である。

放射能とは放射線を出す能力であり，その能力をもつ物質を放射性物質という。一般的には放射能と放射性物質は同じ意味に使用されることが多い。
〔単位〕放射線の量はグレイとシーベルトで表示する。ある物質への放射線照射による吸収エネルギーをグレイ（吸収線量値：記号 Gy。定義 J/kg）という。生体（人体）への放射線の影響は，放射線の種類と対象組織によって異なる。グレイに，放射線の種類および対象組織ごとに定められた補正係数を乗じたものを線量当量という。この線量当量を表す単位をシーベルト（Sv：通常 Sv/h）という。2012年末時点の法的（暫定）基準値では一般市民が1年間に許容される放射線量当量は1 mSv である。放射能量は，ベクレル（Bq：

単位時間当たりの原子核の崩壊数）で表示する。
(渡辺敦雄)

北米環境教育学会（NAAEE）
North American Association for Environmental Education

北米（アメリカ合衆国，カナダ，メキシコ）の環境教育関連の専門職（初等中等教育教員，大学教員，環境団体職員など）と環境教育関連団体を構成員とする専門職団体。環境教育の振興を目的とする。1971年にコミュニティカレッジの教師を中心としたアメリカ環境教育学会（National Association for Environmental Education）として誕生し，活動地域，加入者の背景の拡大に伴い，1983年に現在の名称となった。1990年には自然保護教育協会（Conservation Education Association：CEA）と合併し，CEAはNAAEEの自然保護教育部門となった。米国の環境教育を主導する民間団体として，連邦政府と密接な協力関係を築き，1995年から2000年の間，全米環境教育法5条補助金の運営を主幹事として受託し，その後も現在（2012年）に至るまで，共同受託者として運営に関与している。NAAEEは様々なプロジェクトを行ってきたが，環境教育界に対して，とりわけ大きな影響を与えたのは，1993年に開始された「環境教育における卓越性のための全米プロジェクト」であろう。学力への関心が高まる中，80年代から90年代にかけて，教科（数学・理科など）の内容や教科の教師教育における全米スタンダードが教科の専門職団体によって次々に作成されていった。NAAEEはその動向を敏感にとらえ，環境教育のスタンダード（初等中等教育，教師教育，幼児教育，教材，学校外教育）を上記プロジェクトにより作成した。このスタンダードは環境教育カリキュラムや州の環境教育指針の準拠枠として機能し，環境教育に，一定の統一性・整合性を与える役割を果たしている。日本環境教育学会はNAAEEと2011年に学会間交流協定を締結し，学術交流を行っている。
(荻原 彰)

星野道夫
Hoshino, Michio

千葉県出身の動物写真家，随筆家（1952-1996）。大学卒業後，アラスカ大学野生動物管理学部に留学し，以後18年間北極圏の自然や動物，人々の暮らしを写真と文章で記録し続けた。1990年に『Alaska 極北・生命の地図』で木村伊兵衛写真賞を受賞。1996年にロシア・カムチャッカ半島でテレビ番組の取材中，ヒグマに襲われ急逝した。主な作品集に『GRIZZLY』（1985年），『ALASKA 風のような物語』（1991年），また随筆家としても活躍し『旅をする木』（1994年），『ノーザンライツ』（1997年）などがある。逝去した後も多くのファンに支持されている。
(溝田浩二)

ポストハーベスト処理
postharvest treatment

ポストハーベストとは，収穫した農産物の腐敗や劣化を防ぐために，殺菌剤や防かび剤，また防虫剤などを散布処理すること。日本では国内法によりポストハーベストとして散布処理される薬剤は，**農薬**とみなされるものと**食品添加物**とみなされるものの2種類に分かれる。
①農薬とみなされるポストハーベスト剤：日本では農薬取締法によって収穫した農作物に農薬に分類される殺菌剤や防かび剤を使用することは禁止されており，農薬として登録されているポストハーベスト剤はない。しかし，米国など海外から輸入されている果物等に，収穫後の保存や輸送中にこれらポストハーベスト農薬が散布処理されることがある。
②食品添加物とみなされるポストハーベスト剤：食品衛生法では収穫後の農産物が食品に該当するため，農薬ではなく食品添加物とみなされる防かび剤や防虫剤等の使用は認められている。

ポストハーベストが実施される主な理由は，収穫後の農産物の品質低下を回避し，流通上のロス（無駄）をなくし，安価で，安全な農産物を供給するためである。

このポストハーベストの散布処理に対して

は賛否がある。最も強い懸念としては、食品の安全性に関する議論で、発がん性のリスクや遺伝子異常の発生原因の指摘がある。これに対して、食品衛生法による残留基準値の設定が厳格であるので、健康を害する心配はないとする見解もある。

〔野村 卓〕

保全・保存・保護・再生
conservation, preservation, protection and restoration

自然保護の概念には、保全(conservation)、保存(preservation)、保護(protection)などがある。このうち、最も広義に使用されている「保全」は、「自然資源を枯渇せぬよう、賢明に利用しながら守ること」であり、近代的な自然保護の概念ができる以前から、伝統的な経験知によって行われてきた資源管理もこれに含まれる。

保全(conservation)を、自然保護という意味で最初に用いたのは、『森の生活』を著したソローであるといわれる。1901年に米国大統領に就任したセオドア・ルーズベルト(Roosevelt, Theodore)は、米国で最初に国立野生生物保護区を設立し、野生生物保護に努めたが、彼の考えは自然に手をつけずに利用しないことではなく、自然を賢明に利用することにあった。ルーズベルトが拡大した国有林の管理方針は、最大持続収量(maximum sustainable yield)であり、森林や野生生物を最大限持続可能に利用することであった。この思想を体現したのが、森林局長のピンショーであった。1906年、サンフランシスコ大地震の後、防火用水を確保するという大義名分で、ヨセミテ国立公園内にヘッチヘッチーダムが計画された時の主張から、持続的な利用を唱えたピンショーは「保全主義者」(conservationist)、原生地域(wilderness)を手つかずに保護することを主張したミューアは「保存主義者」(preservationist)と対比的に称される。

「保存」と「保護」は、自然を手つかずの状態で守るという点からは、ほぼ同義で使われるが、「保存」が現状の維持に重点があるのに対して、「保護」は外圧から守ることに重点がある。1948年に設立された**国際自然保護連合**は、当初、IUPN(International Union for Protection of Nature)と称していたが、1956年にはIUCN(International Union for Conservation of Nature and Natural Resources)と改称した。これは、戦争や開発から自然を守るという時代から、自然資源を持続可能に利用するという時代への変化に応じたものであり、より広義の自然保護への転換であるといえる。IUCNを国際自然保護連合と訳すのは、IUPN時代にすでに国際自然保護連合と訳されていただけではなく、conservationを「自然保護」と訳す慣習が定着してきたという理由もある。**日本自然保護協会**(Nature Conservation Society of Japan)がprotectionではなくconservationを使用しているのもこのような理由からである。なお、文化財・文化遺産の用語ではconservationを保存あるいは保護と訳す場合も多いので、注意が必要である。

1800年に南米を探検し、巨大な樹木を発見したアレクサンダー・フォン・フンボルト(Humboldt, Alexander von)が、天然記念物(national monument)という自然保護の概念を提案し、これが1919年の日本の史跡名勝天然紀念物保存法につながった。天然記念物の保護の原則は、「現状変更の禁止」であり、その考え方は「保存」に近い。しかし現在では、**棚田**等の文化的景観など、人為を加えることによって維持されてきたものも対象となり、「保全」という手法も取り入れられている。1872年に設立されたイエローストーン国立公園は、山火事が発生しても消火せずに、自然に委ねる管理手法をとってきた。これは、山火事を積極的に消火する国有林とは異なり、山火事も自然のプロセスとして生長する樹木を守るためであり、「保存」の考え方に近い。例えば、1988年の山火事の際は、国立公園の36%が焼失したが、山火事に適応した樹木の種子が発芽し、森林が回復し始めている。

1980年代以降、「保全」の考え方は、「**持続可能な開発**(sustainable development)」という言葉で置き換えられるようになる。1980年に**国連環境計画**(UNEP)、IUCN、WWFによって出版された『世界保全戦略』で最初に提

唱された「持続可能な開発」は，1987年に環境と開発に関する世界委員会の報告書 *Our Common Future*（『われら共通の未来』）の中で，「将来世代のニーズを満たす能力を損なうことなく，現代のニーズを満たすような開発」と定義された。「保全」と「持続可能な開発」は本来同義であるが，**貧困**の削減を目指した開発途上国参加の会議では「持続可能な開発」が用いられるようになった。

2002年に「自然再生推進法」が成立し，「**自然再生**」「復元」「回復」などの用語がさかんに用いられるようになった。「自然再生」は，「都市再生」などの用語から敷衍的に用いられるようになったものだが，人間が作った都市とは異なり，一度失われた自然を再生することは困難である。しかし，失われた自然を再生することを目指して努力することは重要であり，自然の機能と形態の両方の再生を目指すものを「復元（restoration），自然の機能の再生を目指すものを「回復（rehabilitation／recovery）」と呼ぶ。一度埋め立てた**湿地**を，土地の形状も戻し，本来の植生を再生できれば「復元」と呼べるが，埋立地の先に湿地を再生したとしても，本来の規模・種組成に戻すことは困難であり，「回復」と呼ぶのがふさわしい。なお，自然再生推進法では，「自然再生（nature restoration）」とは，自然環境の保全，再生（上記の定義の復元または回復），創出，維持管理を総称したものであると広義に定義されている。

開発に伴う「環境保全措置（mitigation）」，生物多様性の減少を相殺する「**生物多様性オフセット**（biodiversity offset）」も，自然再生の一つではあるが，本来の自然に戻すことは困難であり，保全にまさるものではない。環境影響評価法では，回避＞低減・最小化＞代償，という環境保全措置の優先順位が，**ラムサール条約**においても，保全＞復元・回復＞創出，という湿地再生の優先順位が明記されている。　　　　　　　　　　　（吉田正人）

ホタル
firefly

ホタルは，鞘翅目ホタル科に分類される昆虫の総称で，腹部の一部が発光することでよく知られる。ヘイケボタル，ゲンジボタル，ヒメホタルなど成虫でも発光するものから幼虫の時代のみ発光するものまでを含めると国内では約47種類が生息している。さらに，例えば同じゲンジボタルでも西日本と東日本では発光パターンに違いがある。この発光パターンはオスとメスが出会うためのシグナルとして重要な意味をもつが，他の地域に生息している個体や集団を持ち込むと，異なる発光パターンをもつ遺伝子タイプと混じり合ってしまう。**メダカ**と同様に野放図な放流は，ホタルの本来の生態的・遺伝子的な分布状態をかく乱してしまうおそれがある。　（小島 望）

北極海
Arctic Ocean

ユーラシア大陸，グリーンランド，北米大陸などで囲まれた海洋。約950万 km^2。冬期にはほぼ全域が氷結するが，近年は**地球温暖化**の影響で氷結の期間や面積が減少傾向にある。氷の減少は，豊富な鉱物資源へのアクセスを容易にし，北極海航路の利用期間が延びるなどの経済的メリットを生む一方，地球温暖化を加速させる影響があり，また氷上でアザラシ狩りができなくなったホッキョクグマが餓死するなど，固有の生物相に与える影響も深刻化している。このため，北極海に領土を有する環北極海8か国は，1996年に北極評議会（Arctic Council）を設立し，持続的発展と環境保全を中心に協議や連携を進めている。
（立澤史郎）

ホットスポット
hotspot

ホットスポットとは，局地的に活動が活発であったり数値が高かったりする地点や地域を指し，分野によって様々な使われ方がされている。例えば地学の分野では，地下のマグマが地殻の上に噴出してくる地点のことをいい，ハワイ諸島とさらに北西に伸びる列状の島々は，ハワイ諸島の真下にあるホットスポットによって形成されたものである。また，2011年3月の**福島第一原発事故**では，やや遠

隔地にありながら放射能汚染が著しい場所に対してホットスポットという言葉が使われた。

環境教育で特に話題になるのが、**生物多様性ホットスポット**である。生物多様性が高いにもかかわらず危機的な状況に陥っている地域を指すもので、1980年代後半に英国の生態学者マイヤーズ（Myers, Norman）によって提唱された。
（溝田浩二）

ボパール化学工場事故
Bhopal, India Chemical Accident

ボパールは、インド中央部マッディヤ・プラデシュ州にある都市の名称である。1984年12月2日の夜、米国資本の多国籍企業ユニオン・カーバイドの化学工場で、殺虫成分を製造する際に使用される猛毒のイソシアン酸メチル（MIC）の貯蔵タンクに水が流入した。発熱反応により圧力が急上昇し、さらに経済的理由で安全装置を止めていたため、それが機能せず事故が起きた。漏洩した有毒ガスは風に乗って市街地に拡がり、推定死亡者は約2万人とされ、歴史上最悪の化学災害といわれる。事故後も神経系、肝臓、腎臓への障がい等、住民は健康被害に苦しんでいる。加害企業に対する訴訟や責任問題も未解決のままである。
（坂井宏光・矢野正孝）

ポリ塩化ビフェニル（PCB）
polychlorinated biphenyl

塩素が1～10個付加されたビフェニル化合物のことで、209種類の異性体がある。特に扁平構造をもつ11種類の異性体はコプラナーPCBと呼ばれ、毒性が強く**ダイオキシン類**の一種に分類されている。絶縁油、熱媒体など様々な用途に利用されてきた。しかし、1968年にPCBの混入した食用油による**カネミ油症事件**が発生し、健康被害が問題となって1973年に使用製造が禁止された。その後も、日本では長期間保管されてきたが、PCB処理特別措置法により、2015年までに分解無害化処理されることとなった。
（中地重晴）

ホリスティック教育
holistic education

〔語義〕人間存在や世界を、個体や個々の事物、論理的な要素に還元して理解するのではなく、まるごと全体としてとらえ直す哲学によって生まれた教育思想と教育実践のことを指す。端的にいえば、あらゆるものとの「つながり」を探求し深めていくための教育であり、断片化から抜け出し、「かかわり」へと向かっていく試みである。

ホリスティック教育においては、学習者は、様々な「つながり」に気づき、「かかわり」を求めていくとともに、それらをよりふさわしいものにしていく。その「かかわり」とは、全人教育の志向であり、身体と心、頭のつながりである。こうしたホリスティック教育の発想は、環境教育のみならず、生涯学習、地球市民教育、臨床教育などの様々な分野に深い影響を与えている。

〔展開〕1970年代からギリシャ語のholos（ホロス：全体）からの造語としてholistic（ホリスティック）という用語が使われ始めた。医学と看護学の分野でホリスティックヘルスの運動が起こり、近代科学の限界に直面した多くの分野で、「ホリスティックアプローチ」が求められるようになった。その後、1988年に、カナダのトロント大学でジョン・ミラー（Miller, John P.）が『ホリスティック教育』（原著名 *The Holistic Curriculum*）を刊行し、世界に広がるきっかけとなった。日本では、1997年に日本ホリスティック教育協会が創立されている。

ホリスティック教育においては、現在の環境問題を引き起こしている自然支配型の産業文明は、主観と客観を分断する認識図式、および、要素還元主義的な分析的アプローチによって理解された機械論的世界観、さらには、それと結びついた目的合理性に貫かれる技術論的操作的思考に立脚していると考えられている。同様に、その批判的視線は、近代教育システムにも向けられる。近代教育の原理も、原則的にはそのような近代に特殊な知の枠組みに根ざしており、例えば、環境問題学習において、その原因についても要素還元主義的

な見方をすることは否めないであろう。したがって，近代の社会と文明の転換，および，教育の転換を行うには，個別的な対症療法や延命治療より，まず世界や教育を理解している知の枠組みそのものを転換する根本治療法が必要であるとする。そのために必要な代案を「ホリスティック」と呼びうる視点に求めている。こうした洞察は環境教育にも大きな影響を与える可能性がある。

〔課題〕ホリスティック教育は，「かかわり」と「つながり」に焦点を当てた教育思想で高く評価されているが，その実践に関してはさらなる深化が求められる。学習者が，どのような教育や学習によって，そのような関係性に目覚め，ホリスティックな視点をもつことができるようになるのか。学習者が，ふだんは見えなかった「かかわり」に気づき，さらによりよい「つながり」を求めるような教育実践を充実させていく必要がある。具体的な教育方法の蓄積の途上にあり，ホリスティック教育をどのように現実化していくかが課題となる。 〈今村光章〉

ボン条約
Bonn Convention

「ボン条約」は正式名称を「移動性野生動物の種の保全に関する条約」といい，陸棲動物，海棲動物，鳥類の中の移動性の種を，種のみならずそれらの生息地にわたって保全することを目的としている。ボン条約は，地球規模で野生動物やその生息地の保全に関わる数少ない政府間の条約の一つである。1983年11月1日に施行され，2012年6月1日現在，アフリカ，中央アメリカ，南アメリカ，アジア，ヨーロッパ，オセアニアの117か国が加盟しているが，クジラ類も保護の対象となっているため日本は未加盟である。

絶滅の恐れがある移動性動物種を附属書Ⅰに，国際的な協力が求められる移動性動物種を附属書Ⅱに掲載している。例えば，附属書Ⅰには，ユキヒョウ，シロナガスクジラ，フンボルトペンギン，附属書Ⅱには，アフリカゾウ，ジュゴン，ホオカザリヅルなどが掲載されている。ボン条約の加盟国は，絶滅のおそれのある移動性動物種の厳格な保護や共同研究活動などに取り組むこととされている。

ボン条約のもとで結ばれた契約には，例えば，「ゴリラとその生息地の保全」「アホウドリならびにミズナギドリの保全」といったものがある。また，了解覚書には，「ソデグロヅルの保全」「アンデス高地のフラミンゴとその生息地の保全」などがある。 〈髙橋宏之〉

ま

マインドフロー
mind flow

マーケティングの分野で使われる用語であるが，体験活動においては思考や感じ方の流れ，動きのこと。体験活動を実施した際に，設定したねらいに到達するまでに参加者がどのような心理的プロセスを経るかを予測すること。実際には，アクティビティや声かけに対して参加者がどのように考えたり感じたりするかを活動前に想定し，実際の活動においてその状況を観察し，参加者の状態に応じて活動を修正してねらい達成の効果を高めよう，という考え方である。指導側だけの立場でプログラムにどのような内容を盛り込み，どう実施するのかを考えるだけでなく，伝えたいコンセプトがどうやって参加者に伝わっていくのかといった参加者の心理状態を意識したり仮設定したりすることは，環境教育において参加者主体型の学びを得るために重要な視点である。

いずれにしても，ねらいが明確でないとマインドフローは設定できない。技術の習得や結果が行動に現れやすい分野では参加者のねらい達成度やフローの状況がつかみやすいが，環境教育においては，表面的に顕著に現れない内面の，精神的な部分のフローを考えることが求められる場合もあり，マインドフローの設定には経験や心理学的素養が必要である。ベオグラード憲章（1975年）における気づき・知識・態度・技能・評価能力・参加は目標段階を示したものではあるが，一種のマイ

ンドフローといえる。この項で扱っている狭義のマインドフローは，これらの目標をもう少し小さな単位での到達を目指して**プログラムデザイン**を実施することを指す。それに対し，マーケティングや広告宣伝の分野では7つの関門（認知・興味・行動・比較・購買・利用・愛情があるとリピーターとなる）や，AIDMA（注意・関心・欲求・記憶・行動），ネット購入時のAISAS（注意・関心・検索・行動・共有）などのマインドフローが設定されている。それぞれに至る心理プロセスも研究されているので，環境教育の指導者がマインドフローを設定する際の参考になるであろう。

(小林 毅)

マーク・トウェイン ➡ トウェイン，マーク

マグニチュード
Richter magnitude scale

マグニチュードは，**地震**の規模を表すもので，地震が起きた時に発生したエネルギーの大きさを表した指標である。**震度**がその場所での揺れの大きさを表すのに対して，地震の絶対的なエネルギーの大きさを表している。マグニチュードが大きくても，震源が遠い場所では地震の揺れは小さい。マグニチュード（M）とエネルギーの大きさ（E：ジュール）は $\log_{10}E = 4.8 + 1.5M$ の関係にある。このようにマグニチュードは，地震のエネルギーと対数関係にあり，マグニチュードが1増えると約31.62倍，2増えるとエネルギーは1,000倍になる。1923年の関東大震災はマグニチュード7.9と推定されているのに対し，2011年に起こった東北地方太平洋沖地震（**東日本大震災**）は，気象庁の観測史上最大のマグニチュード9.0を記録した。

(冨田俊幸)

マーシュ，ジョージ
Marsh, George Perkins

米国の外交官，文献学者（1801-1882）。1864年に人間活動が自然環境に与える影響を著書『人間と自然』の中で唱えた。当時の米国は入植者による森林伐採と開拓が進行し，次々に耕地が拡大される時代であった。開拓は森林を急速に減らし，各地で**土壌流出**を促した。『人間と自然』では，古代文明は自然環境の破壊が原因で滅びたことを述べ，当時の米国内で起きていた森林伐採や土壌流出に対して警鐘を鳴らした。自然を破壊する力をもつ人間は責任をもたなければならないといったマーシュの考えは，米国の自然保護思想に影響を与え，その後の森林保護制度や国立公園の成立につながった。

(中村洋介)

マータイ，ワンガリ
Maathai, Wangari Muta

ケニア出身の女性環境活動家（1940-2011）。2004年に「持続可能な開発，民主主義と平和への貢献」の功績により，アフリカ系女性として，また，環境分野の活動家として史上初のノーベル平和賞を受賞した。2005年に地球温暖化防止京都会議関連行事で来日した際，「もったいない」という日本語に感銘を受け，「MOTTAINAI」とローマ字表記して国連会議の場をはじめ世界各地でその言葉を広めようと呼びかけた。度重なる人権運動への弾圧にも不屈の姿勢を貫き，「グリーンベルト運動」という女性を中心とした植樹を広める活動などを通して，アフリカ女性の地位向上に努めた。

(溝田浩二)

まちづくり学習
community development learning / *machizukuri learning*

まちづくり（community development）は，主として市街地における，暮らしのよりよい保全・改良を目指す活動で，道路や建築，緑地などのハード面から，地域住民が守り伝えてきた歴史，あるいは新たにつくり出した文化，さらには住民同士の関係性などのソフト面までを含む幅広い内容をもつ。まちづくりに参加する市民は，その地域について学ぶことはもちろんだが，問題の解決に至るまでの力を身につけることが期待される。

まちづくり学習とは，まちづくり活動を進める中で参加者が体験的に学ぶ「参加」のプロセス，すなわち「（地域の）問題・課題の発見・分析から，解決に向けての討議・計画

立案,実施,評価」に至るまでを実際に取り組むことによる学習を指す。現実の社会を舞台にした**体験学習**活動といえる。

まちづくりは,自治体全域よりも狭い範囲で検討されることが普通であるが,市町村や都道府県などの自治体全域で構想されることもある。自治体が独自の施策を立案・決定するプロセスに,自治体の首長や自治体職員,地方議会議員だけでなく,住民や住民団体の参加を組み込むことが考えられる。自治体が「まちづくり条例」をつくり,その中でまちづくり学習の活発化を促しているケースも多い。最近成立した環境関係の法令では,住民の参加が可能な制度も見られる。例えば**環境教育等促進法**(2011年)では,都道府県または市町村の環境保全活動等に関する「行動計画」の策定について,関係する国民や民間団体を含めた「環境教育等推進協議会」を組織でき(第8条の2),また市民団体や市民は「行動計画」を提案できる(第8条の3)ことが規定されている。

アジェンダ21の第28章では,アジェンダ21を支える地方自治体のイニシアティブを取り上げている。地域の持続可能性を考える際,地域住民や自治体の参加・参画は必須で,その意味で,まちづくり学習は環境教育の最も身近で適切な素材の一つといえる。　(林　浩二)

マテリアルフロー
material flow

マテリアルフローは物質フローともいい,特定の分野に投入される資源やエネルギーと,そこから産出される製品,副産物,廃棄物,汚染物質などについて,その総量やそこに含まれる特定の物質の量,これらの収支バランスを体系的・定量的に把握することによって得た物の流れを表す。対象とする物には,鉛などの元素や,木材などの素材,家電製品などの製品や,廃棄物などがあり,通常の経済統計ではとらえられない隠れたフローや,水や空気を含むこともある。物のフローを解析するマテリアルフローのうち,金属などの元素や特定の有機物質などの化合物を対象とするものは,サブスタンスフロー(substance flow)と呼ばれる。マテリアルフローでは多くの場合,社会経済活動の中での物の流れを対象とするが,サブスタンスフローでは環境に排出された後の動きや人への曝露までを分析することもある。

21世紀の経済社会における人間活動は,多くの資源を地球から採取し,これを加工して様々な製品を生産し,それを消費することによって,日々の生活を実現している。一方,製品の生産や消費に伴って生じる不要物は環境中へ還っていく。こうした人間活動と環境との間でのマテリアルフローの流れの拡大が,今日の環境問題の原因の一つでもある。こうした社会活動と自然環境との間,および様々な主体間の物質の流れを定量的に把握することが,様々な政策や技術を構想し,その効果を検証するために不可欠となっている。マテリアルフロー解析には,国や企業などの場・範囲を先に決めて,そこを出入りする物質の総量をとらえようとする方法,もう一つは,特定の物質や製品などの物を先に決めて,それがどのような用途で使われ,どこへ廃棄・**リサイクル**されていくかをとらえようとする方法である。どちらも,ある場・範囲の物の流れを解析するが,注目する対象が場・範囲か物かという違いがある。

日本で2003年に閣議決定された**循環型社会**形成推進基本計画では,マテリアルフロー分析に基づく3指標の数値目標が導入された。そこでは,日本全体のマテリアルフローの入り口として資源生産性(=GDP/資源投入量),出口として最終処分量,循環として循環利用率(=循環資源量/資源投入量)の三つの指標を用いている。資源生産性は,経済活動指標であるGDPと資源投入量を統合させた指標であり,世界に先駆けて国の指標としたことの意義は大きい。日本全体の年間の物質収支を見ると,20億トン弱の総物質投入量のうち,その半分程度が建物や社会基盤施設に蓄積されている。また,全体の約3割程度がエネルギー消費や食料消費に用いられているが,その結果として水やガスが環境中に排出されている。少ない総物質投入量による活動で社会を維持すること,循環資源量を多

くすることが求められている。自然からの天然資源採取量を少なくすることは、隠れたフローを少なくすることにつながり、環境負荷をさらに低減できることとなる。隠れたフローとは、目的資源の採取に伴って、その資源以外の物質が採取、採掘され、それが廃棄物などとして排出される流れをいう。関与物質総量(TMR: total material requirement)という指標で表されることもあり、これは直接物質投入量に国内外で生じる隠れたフローの量を加えた指標である。一国の経済活動に投入する資源を得るために、国内・国外の環境から取り出される物質の量を表す指標で、今後、重要な指標となると見られている。(酒井伸一)

マルサス，トーマス
Malthus, Thomas R.

イギリスの経済学者(1766-1834)。主な著書に『人口論』(1798年)などがある。「マルサスの人口論」「マルサス主義」と呼ばれる思想は、人口が幾何級数的に増大する一方、食料は算術級数的に増大するため後者が前者に追いつかないことを根拠としており、貧困層の婚姻抑制や産児制限によって人口増大を抑制することを志向する。その思想はダーウィンの理論、特に自然淘汰に関する考察に影響を与えたといわれ、背景には19世紀のブルジョア思想における差別論的特徴が指摘されている。また「新マルサス主義」という、産児制限をより重視する思想もその後生まれている。(李 舜志)

マングローブ
mangrove

熱帯・亜熱帯にある河口域や海岸の汽水域、塩水域で、一定時間水面下となる遠浅の潮間帯に生育する樹木群の総称。マングローブ林を指して用いられることもある。オヒルギ、メヒルギほかヤシなど100種程度の植物がこれに属する。シダなど、木本以外を含める場合もある。マングローブ林は**干潟**と森林の多様な環境を併せもち、そこに適応した多様な動植物からなる生態系である。日本では沖縄県と鹿児島県に自然分布する。近年、伐採やエビ養殖場への転換などの開発による面積の減少が続いており、**生物多様性**への影響が懸念されている。その一方で、**湿地**の価値の見直しに伴い、海の水質浄化や津波被害の軽減といった**生態系サービス**が注目され、植林など再生への取り組みも広がりつつある。

(畠山雅子)

み

水
water

〔**水の存在量**〕水は、人が毎日接する物質であるとともに、人間生活や産業活動に欠かせないものである。そして、地球表層の物質循環において重要な役割を果たしている。地球上に存在する水は約14億 km³と推定されている。そのうち塩水は、97.5%を占め、淡水は2.5%を占めるにすぎない。その淡水の約70%は雪氷(氷河、永久凍土などを含む)の状態で、人間が主に利用できる水は極めてわずかな量である。

地球上の水は海洋から年間に約45万 km³が蒸発して、約40万 km³が降水として海洋に戻ってくる。海洋からの蒸発水の約5万 km³は陸域に運ばれ、陸域からの蒸発水の約6万 km³と一緒になって陸域に約11万 km³の降水をもたらす。このような地球上の水の大循環によって生命体が維持されている。

〔**水に関する環境問題**〕水に関する問題として重要なことは、水の需要が高まっていることと、水の汚濁が進んでいることである。さらには水の使用において国家間、地域間で格差が生じており、それらが原因で紛争が生じている。

水需要の増加の背景には、食糧増産が深く関わっている。作物の生産には土壌中の水が利用されるが、それでも足りない場合、河川、湖沼、それに帯水層から取水され利用される灌漑農業が行われている。灌漑農業は河川や湖沼の水量減少という問題を起こし、地表面からの水の涵養がほとんどない帯水層からの

取水は，その水位を徐々に低下させ，**水資源の枯渇**が懸念されている。

飲み水，洗濯水，入浴の水，水洗トイレの水，オフィスで使用される水などは生活水と呼ばれる。この生活水の使用量には，途上国と先進国で大きな差異が生じている。米国，カナダ，オーストラリアなどの先進国では1日一人当たり400L以上を使用し，日本もこの数値に近いが，100Lに満たない国々は多い。途上国の場合，水道施設が乏しいこともあり安全な水へのアクセスが悪く，健康のリスクを背負っている。国際河川における上流側の国家と下流側の国家の間ですでに取水の競争が生じており，これから激化することが予想されている。

水の需要と供給という問題のほかに，**水質汚濁**の問題がある。水質汚濁は，家庭，産業から生じている。家庭からの下水の処理が不完全なまま河川や湖沼に流れ込み，水域に有機物汚染をもたらすことが一つの原因である。糞尿が河川等に流れ込み，水域での汚濁が強まり，水中の酸素濃度が極端に低下し水生生物の生息を困難にさせてしまう。また栄養分である窒素やリンの成分も水中で過剰になると，アオコの発生原因となる。こうした水質汚濁によって川や湖沼の水の使用ができなくなり，水の供給力を低下させている。

毒性をもつ有機化合物や重金属などによる水質汚濁も問題の一つである。工場での不適切な生産過程と管理，および農業における広範囲にわたる**農薬**使用により，有害な物質が河川や湖沼の水の汚濁が懸念されている。自然界で分解されにくく残留性の高い有機汚染物質（POPs），さらには石油や揮発性の有機物質よって世界各地の水域が汚濁されている。またカドミウムや水銀等の重金属を含む物質による汚濁も引き続き重大な問題として指摘されている。

〔**水環境学習**〕水の環境問題に対しては市民として適切な行動を取ることが求められている。例えば，降水を貯水し，それをトイレや植栽の水として使用する**雨水利用**が注目され，それを推進している自治体もある。また，都市化した地域においては，雨水を地下に浸透させる雨水浸透桝などの普及が進められている。風呂の残り水を洗濯に使用することや節水コマを取りつけるなど，節水行動は大切である。また，家庭で使用した水の排水にも気遣う必要がある。食物残渣の固形物をできるだけ流さない，油などで汚れた食器類は紙で拭き取ってから洗うなどの配慮が必要である。

こうした**環境配慮行動**を選択するためにも，河川や湖沼における水質調査や水域における生き物の調査に参加し，流域における水の循環や水処理の知識を習得し，水の大切さを実感することが望ましい。　　　　（樋口利彦）

参 マギー・ブラック，ジャネット・キング（沖大幹監訳）『水の世界地図』（丸善出版，2010）

水資源
water resources

水は地球上を大気圏，陸圏，水圏において気体，液体，固体と形態を変えながら循環し続ける再生可能な資源である。工業生産のための工業用水，食料生産のための農業用水に加えて，生活用水へのアクセスは人間が健康で文化的な生活を享受する基本をなすものである。一般的に海水は水資源とはみなされないが，工業用の一部に冷却用として用いられている。

水はローカルな資源で地理的に偏在しており，流域を越えて水が不足している地域に輸送し貯水することは技術的には可能でも社会的・経済的には難しい面があり，食料と同様に分配の問題がある。

従来の水資源工学では主に河川水や地下水からくみ上げて制御して使う水（ブルーウォーター）を水資源ととらえてきたが，食料と水との関係への関心から，近年では植物の葉から蒸散したり，灌漑されていない耕地の地面から蒸発する水（グリーンウォーター）も水資源とみなされるようになり，それぞれの水量が推定されている。

主にアジア・アフリカ地域の人口急増，産業の発展や生活様式の変化などから水不足が発生し，水をめぐる争いが懸念されるなど21世紀は「水の世紀」といわれる。経済成長により所得水準が上がると肉の消費が増し，飼

料生産のために水需要は増大する。農業では灌漑農地の面積の増大に伴い取水量が増える。気候変動が水循環に及ぼす影響は明らかになっていないが、海面上昇により海岸近くの地下水層に海水が浸入し、利用可能な水資源は減少すると見られている。

水循環を適切に管理できるならば将来的にも人類の水需要をまかなうことは可能であるが、河川流量の時間的変動と水資源の空間における不均一な分布の管理が鍵になる。

（石川聡子）

⇨ 仮想水

身近な生きもの調査
Environmental Indicator Species Survey

自然環境保全基礎調査の一環として環境省が実施した環境指標種調査。ホタル、タンポポなどの身近な生き物を市民参加型で調査したことからこう呼ばれた。専門家による調査と異なり、全国で一律の対象について一斉に情報を収集し、また調査を通じ自然への関心を高める環境教育の一環とするといったねらいがあり、2001年の第6回調査までに累計36万人が参加した。自然保護NGOによる同様の**タンポポ調査**が、1975年から市民に呼びかけ実施されている。英国等に比べて、日本では市民による調査データは政策などに反映されにくかったが、2012年に制定された生物多様性国家戦略では市民による身近な生き物調査の重要性と推進が明記された。（金田正人）

密猟
poaching

条約や法を犯し鳥獣の猟をすること。密猟した動物の利用目的は様々だが、例えば、ゾウや、スマトラトラなど絶滅を危惧されている希少な種が対象になることが多く、高値で取引されるため、**ワシントン条約**などで流通を取り締まっているが、解決に向かっていない。国家財政が厳しい国では、密猟による国民の所得が動物保護よりも優先されて、密猟を公然と見逃すこともも起きている。日本ではメジロの密猟が行われていたが、2012年にメジロの愛玩飼養を目的とする捕獲・飼養が原則禁止になった。（金田正人）

緑の回廊
green corridor

野生動物の移動経路を確保するために、保護地域などの森と森とを連続的に結ぶ回廊状の森林や草地・水辺をいう。多種多様な野生動物の生息地が道路、線路、住宅、農場、牧場などにより分断され、孤立化し、採餌、営巣、繁殖に支障をきたす個体群の危機が世界的に発生している。2010年に名古屋で開催された**生物多様性条約**第10回締約国会議（COP10）で合意した**愛知目標**を受けた「生物多様性国家戦略2012-2020」の中でも**生態系をつなげるネットワーク化**の重要性が提起されている。（湊 秋作）

緑の革命
Green Revolution

1940年代から1960年代にかけて起こった、世界の穀物生産向上に向けた一連の研究、開発、技術移転を指す。緑の革命の父と呼ばれるノーマン・ボーローグ（Borlaug, Norman Ernest）によって提唱され、メキシコの国際トウモロコシ・小麦改良センター、フィリピンの国際稲研究所などで、穀物の高収量品種（HYV：high yielding varieties）が開発された。世界的な穀物の大量増産が可能になったことにより穀物の需要増加を上回る供給が実現し、特に都市労働者を貧困から救ったといわれる。一方、高収量品種の生産には、種の購入、多量の水、化学肥料、農薬およびその散布のための機械化も必要であったため、生態系の破壊や小規模農民の貧困化など自然環境や社会に関する課題が指摘されている。（野口扶美子）

緑の党
the Greens／a Green party

主流社会の価値観を問う対抗文化運動（counter-culture）や**エコロジー**思想の影響を受けて、1970年代に入ったころから政党活動によってエコロジー的価値観を重視した社会変革を目指す動きが世界各地で見られるようになった。1983年、当時の西ドイツで「緑

の人びと」(東西統一後は,「同盟90／緑の人びと」)が連邦議会で議席を獲得し,これが世界初の国政進出となった。既成政党とは異なる存在であることを強調して「緑の党」の名称は使っていないが,以後,常に一定の支持を得て,世界の「緑の党」運動の象徴的存在であり続けている。

理念としては,ドイツ「緑の人びと」の4原則(1980年)がよく知られている。①エコロジー(自然環境との関係における理解と責任),②社会性(正義・公正,自己決定,連帯),③底辺民主主義(参加／直接民主制),④非暴力(支配のない社会,市民的不服従)である(その後,「自己決定」を原則に入れて,「非暴力」を「人権」とともに付属原則とするなど,変更もなされている(2002年))。2001年には,世界の「緑の党」のネットワークである「グローバルグリーンズ(Global Greens)」が結成され,1980年の4原則に,⑤持続可能性,⑥多様性尊重を加えた6原則を憲章として採択した。　　　　(井上有一)

南方熊楠
Minakata, Kumagusu

和歌山県出身の博物学者,生物学者,民俗学者(1867-1941)。1887年に渡米,1892年に渡英して研究活動に取り組み,ネイチャー誌等に多くの論文を発表した。1900年に帰国すると,熊野地方を拠点として,粘菌類の採集と研究に力を注ぎ,民俗学でも大きな貢献をした。明治政府が推進した神社合祀に反対するなど,地元熊野の森を危機から救うための保護活動にも尽力した。南方は「歩く百科事典」と呼ばれるほど幅広い知見をもち,代表的な著作として『十二支考』(1914～23年雑誌『太陽』に連載,1972～3年刊行),『南方随筆』(1923年)がある。南方曼荼羅とも呼ばれる知の体系を編み出すなど,100年前に独自のエコロジーの思想を究めた知の巨人であった。　　　　　　　　　　(溝田浩二)

水俣病
Minamata disease

水俣病はチッソ水俣工場から排出されたメチル水銀が魚介類を経由して,動物や人間に取り込まれ,脳の中枢を犯し,神経障害を発生させた悲惨な公害病である。まっすぐ歩けない,転びやすい,言葉が不明瞭,視野が狭くなる,筋肉がけいれんするなどの障がいが発生し,最終的には死に至る。

国に認定された患者の数は,1977年の認定基準では約3,000人,1995年に政治的配慮で未認定患者約11,000人を救済,さらに2004年の最高裁判決で関西在住水俣病患者37人を認定。この判決で認定申請者が激増し,公害病患者に認定されていない被害者たちが国を相手取り,水俣病と認定するように求める裁判を起こした。2010年,裁判途中で和解が成立し,2,123人が公害病と認定され,補償を受けることになった。この和解で,訴訟をしていない患者も救済される見通しとなったが,その総数は3万人といわれている。

1956年に水俣病の発生が公式に確認されたが,公害病と認定されるまでに12年かかった。熊本大学医学部が中心となって原因解明を続け,チッソ工場から排出された有機水銀を原因とした。また,チッソ工場の保健所医師がネコ400匹の餌に工場からの排水をかけ,食べさせたところすべてのネコが水俣病を発症した。この事実をチッソ工場も本社も知りながら,チッソは熊本大学に反論を続け,その間に水俣病の被害は大きく拡大した。

水俣病の悲劇は原因企業のチッソが長く加害者であると認めなかったことである。国もチッソを支援し続けた。さらに,国やチッソから依頼された研究者が「戦争中に捨てられた爆弾が原因だ」と発表するなど次々に異論,反論を唱え,議論を混乱させたことも公害病認定を遅らせる要因となった。また,水俣はもともとチッソの企業城下町であり,住民に関係者が多かったために,患者は周囲からも差別や迫害を受けた。

熊本と新潟の水俣病の被害が広がったのは政府の怠慢であると指摘されている。戦後経済の高度成長政策を展開していた時期だったこともあり,政治も行政も公害対策より産業の振興に熱心だった。その結果,世界最悪といわれる公害病を発生させてしまったのであ

る。 　　　　　　　　　　（岡島成行）

宮澤賢治
Miyazawa, Kenji

岩手県出身の農学者，童話作家，詩人(1896-1933)。郷土岩手の自然に溶け込み，森羅万象との交感に至福を見いだしながら，動植物や鉱石，風，雲，虹，星などが登場する物語を多く描いた。生前は無名であったが，37歳の若さで亡くなった後，書き残した多数の童話や詩が編集・出版されると，その豊かで奥深い独特の世界が広く認められ，国民的作家となった。代表作に『銀河鉄道の夜』(1924年頃初稿)，『風の又三郎』(1934年)，『どんぐりと山猫』(1924年)，『注文の多い料理店』(1924年)，『雨ニモマケズ』(1934年の没後発表)，『グスコーブドリの伝記』(1932年)などがある。
　　　　　　　　　　（溝田浩二）

ミューア，ジョン
Muir, John

ミューアは，19世紀から20世紀初頭に活躍した米国の作家，探検家，自然保護活動家。カリフォルニア州の**ヨセミテ**に長く住み，西部の山岳地域やアラスカなどを探検した。数十万人の会員数を誇る米国の環境保護団体「シエラクラブ」の設立者であり，初代会長である。エマソン (Emerson, W. Ralph) やソローなどの超越主義者の影響のもと，カリフォルニア州のヨセミテ国立公園設立に尽力した。また同公園内のヘッチヘッチー渓谷にダムを建設する計画に強く反対し，時の政府と対決するなど，その思想と活動に対し尊敬を込めて「自然保護の父」「国立公園の父」と呼ばれる。人類にとっての**原生自然**（ウィルダネス）そのものの価値を認識し，保存 (preservation) の立場をとって保全 (conservation) の立場をとる人々と対立した。
　　　　　　　　　　（李　舜志）

➪ 保全・保存・保護・再生

ミレニアム開発目標 (MDGs)
Millennium Development Goals

ミレニアム開発目標（MDGs）は，国連ミレニアムサミットで採択されたミレニアム宣言をもとに，21世紀の国際社会における共通の開発目標としてまとめられたものである。国連ミレニアムサミットは，189の加盟国代表の出席のもと，2000年9月にニューヨークで開催された。ミレニアム宣言では，平和と安全，開発と**貧困**，環境，人権とグッドガバナンス（よい統治），アフリカの特別なニーズなどを課題として掲げ，21世紀の国連の役割に関する明確な方向性を提示している。ミレニアム開発目標には，1990年代に開催された主要な国際会議やサミットで採択された開発目標が統合されており，国際社会共通の枠組みとしてとりまとめられた。

ミレニアム開発目標では，2015年までに各国が達成すべき次の8つの目標を定めている。①極度の貧困と飢餓の撲滅，②普遍的初等教育の達成，③ジェンダーの平等の推進と女性の地位向上，④乳幼児死亡率の削減，⑤妊産婦の健康の改善，⑥**エイズ**（HIV），マラリア，その他の疾病の蔓延防止，⑦環境の持続可能性の確保，⑧開発のためのグローバルパートナーシップの推進。

このうち⑦の目標が環境に直接関わるものであり，この中に，ⅰ）**持続可能な開発**の原則を各国の政策や戦略に反映させ，環境資源の喪失を阻止し回復を図る，ⅱ）**生物多様性**の損失を2010年までに確実に減少させる，ⅲ）2015年までに安全な飲料水と基礎的な衛生施設を継続的に利用できない人々の割合を半減させる，ⅳ）最低1億人は存在するスラム居住者の生活を2020年までに大幅に改善する，の4つの下位目標が設けられている。

2007年にMDGsの中間評価が行われた。貧困の撲滅，学校教育の普及，保健衛生の充実などにおいて多くの改善が見られた反面，サハラ以南のアフリカ地域やオセアニア地域ではMDGsの達成が困難であるとの報告があった。MDGsについては国際機関や各国政府のみならず民間団体（NGO）も精力的に取り組んでおり，日本でも「ホワイトバンドキャンペーン」「動く→動かすキャンペーン」などが行われている。
　　　　　　　　　　（田中治彦）

ミレニアム生態系評価
Millennium Ecosystem Assessment

「ミレニアム生態系評価」は，国連のアナン事務総長（当時）の呼びかけで2001年から2005年にかけて95か国から1,360人の専門家が参加して行われた生態系に関する地球規模の総合的評価の取り組み。その目的は，地球規模で進行している**生態系**の変化が人間の福利（human well-being）にどのような影響を及ぼすかを評価すること，生態系の保全と持続可能な利用を行うこと，そして人間の福利への生態系の貢献（**生態系サービス**）を維持・増大することのために人類が取るべき行動は何かを科学的に示すことであった。

生態系サービスは，過去50年ほどの間に，食料生産と世界的規模の気候調節を除く残りのサービス（漁獲，淡水の供給，廃棄物の処理と無害化，水の浄化，**自然災害**からの防護，大気質の調節，地域的・局地的気候調節，土壌侵食の抑制，精神的充足，審美的享受）では軒並み悪化していることが明らかにされた。

ミレニアム生態系評価は，生態系の改変要因やその相互作用について，「世界協調」「力による秩序」「順応的モザイク」「テクノガーデン」の4つのシナリオを作成し，生態系と人間の福利の将来像を予測した。これは，自由貿易，公共財への投資，生態系管理，安全保障，技術への依存の要素ごとに異なる政策を組み合わせたものである。この中で「順応的モザイク」では，先進国・発展途上国ともすべての生態系サービスが向上し，「力による秩序」ではすべての生態系サービスが低下すると予測された。「世界協調」では調整・文化のサービスが，「テクノガーデン」では文化のサービスが低下すると予測された。なお「順応的モザイク」は，流域レベルの空間スケールでの生態系に焦点を当て，生態系の強い事前管理を伴う政治・経済システムを採用したシナリオ，「テクノガーデン」は環境に調和した技術を強く信頼し，高度に管理され，しばしば人為的に操作された生態系を利用するシナリオである。

ミレニアム生態系評価は，生態系に関連する各国際条約，各国政府，NGO，一般市民等に対し，政策・意思決定に役立つ総合的な情報を提供するとともに，生態系サービスの価値の考慮，保護区設定の強化，横断的取り組みや普及広報の充実，損なわれた生態系の回復などを提言している。　　　　（生方秀紀）

参 国連ミレニアムエコシステム評価『生態系サービスと人類の将来』（オーム社, 2007）

め

メガソーラー
mega solar power plant

大規模**太陽光発電**の総称。出力が1 MW（メガワット＝1,000kW）を超える太陽光発電を指す。地域内に分散する発電設備の合計出力が1,000kWを超えるものを地域全体として「メガソーラー」と称する例もあるが，一般的には同じ敷地内において建設された1 MWを超えるものをいう。発電所建設には一定以上の面積を必要とし，初期投資も大きいが，再生可能エネルギー特別措置法の施行に伴い，遊休地や原野などの未利用地を活用して，民間企業によるメガソーラーの建設が進んでいる。自治体においても利用可能用地を公表したり，独自の税制優遇措置をとったりすることで企業を誘致する動きも出ている。

（豊田陽介）

メダカ
Japanese killifish

ダツ目メダカ科に属する魚で，小川や水路，田んぼなどに生息する。学名は *Oryzias latipes*。昔は国内に広く分布していたが，護岸工事，水質悪化，農薬使用などにより激減し，今や**絶滅危惧種**となっている（環境省レッドリスト絶滅危惧Ⅱ類：VU）。そのせいか，メダカを増やそうとあちらこちらに放流する団体や個人があとを絶たない。一概にメダカといってもすべてが「同じ」ではない。北日本集団と南日本集団の大きく二つに分けられ，さらに後者は9つの型に細分される。つまりこれらの10グループのメダカはそれぞ

れ遺伝子多様性の観点から異なっている。ホタルと同様に安易な放流は，地域差をもつメダカの遺伝子的なかく乱を招くため，するべきではない。特にヒメダカなどの飼育品種の放流は厳に慎むべきである。

（小島　望）

メタン
methane

〔語義〕化学式は CH_4。炭素原子1，水素原子4の分子。常温，常圧で無色，無臭の気体。

天然ガスの主成分でエネルギー源でもある。京都議定書のもとで，報告・削減対象とされている**温室効果ガス**の一つである。

〔主な排出源〕温室効果ガスとしてメタンが排出される主な排出源は農業分野，廃棄物分野，産業部門からである。具体的には，農業分野では，家畜（牛，羊等）の消化管内発酵からの排出（例，牛のげっぷ）や，家畜の排せつ物のメタン発酵によってメタンが発生する家畜排せつ物管理からの排出がある。また，水田のような酸素が少ない嫌気性条件では微生物の働きによって土壌からの排出もある。廃棄物埋立場では埋め立てられた有機成分の生物分解によってメタンが発生する。産業部門では，工場等のボイラーの燃料の燃焼からメタンが排出される。そのほか，炭鉱での石炭採掘時にメタンが漏出したり，天然ガスや都市ガスの製造，貯留，輸送等からのメタンの漏出といった排出がある。

（早渕百合子）

メタンハイドレート
methane hydrate

天然ガスの成分であるメタンを水分子が囲む構造をもつ固体の物質。埋蔵量は**天然ガス**の十数倍ともいわれており，新しいエネルギー資源として期待されている。低温と高圧の条件のもとで生成し，自然環境下では海底のさらに深い地下やシベリアなどの永久凍土地帯などに存在することが確認されている。資源の分布は全世界的であり，日本近海の海底下にも多量の分布が確認されている。メタンハイドレートの採掘には，深海からの掘削技術をはじめ，コストの問題や環境への影響もあり，解決しなければならない課題が存在している。

（冨田俊幸）

メルトダウン
nuclear meltdown

〔定義〕原子炉において冷却材喪失により炉心が高熱にさらされ，融点が約2,900℃の二酸化ウランの燃料ペレットが溶融することをいう。燃料ペレットは融点が1,855℃のジルコニウムで被覆されており，メルトダウンに先立ちまずジルコニウムが溶融する。炉心損傷とは冷却材喪失事故を含む何らかの理由でメルトダウンなど炉心が損傷（正常な形状が破損）した状態をいう。

〔メルトスルー〕メルトダウンを生じると数千度に達する金属溶融塊が，融点1,400℃前後の炉内構造物を溶融し，さらに原子炉圧力容器底部を溶解貫通するに至る。この現象をメルトスルーという。商業炉では**福島第一原発事故**で史上初めてメルトスルーが生じ，各原子炉でどこまで金属溶融塊が溶け込んでいるのか不明の状態である。

〔原因〕以下，日本の原発の大部分を占める軽水炉の例で説明する。軽水炉の冷却材は通常の水で，水に満たされた炉心は300℃前後で温度が平衡している。配管破断や全交流電源喪失などで炉心において冷却材喪失事故が生じた場合，たとえ炉心に制御棒が正常に挿入され，核分裂反応が停止したとしても崩壊熱（核分裂停止後1時間で電気出力100万kWの原発で約3万kWの熱）により炉心は，短時間で数千度に達する。まず炉心表面が1,000℃前後になると，水ジルコニウム反応のため水素が発生する。次に二酸化ウランの燃料ペレットが溶融する。冷却材喪失事故は配管破断，緊急炉心冷却系の不作動，主蒸気逃し安全弁の開固着などにより生じる。

〔影響〕水ジルコニウム反応による水素発生は水素爆発の原因となる。さらに，メルトダウンは核分裂生成物が原子炉圧力容器内に漏洩し，最終的に発電所外の環境に漏洩する危険が伴う。

（渡辺敦雄）

も

藻
alga（複数形 algae）

水中の藻類，水草，海草などをまとめて，一般に藻（も）と呼ぶ。生物学的には藻類（そうるい）は，光合成を行う植物から種子植物・シダ植物・コケ植物を除いたものの総称である。つまり，藻類は，異なる生物グループを含むかなり広範囲の生物種を表す呼び方である。植物プランクトンは主に湖沼，海洋などで生育し，付着藻類は主に河川などで生育し，そして水草は浅い水深で育つ大型植物である。海水に生育する水草を海草と呼ぶ。これらの総称である藻は，**光合成**を行う重要な生産者である。また，水生生物の隠れ家や産卵場所になるなど，生態系の中で様々な役割をもつ。海で形成される海草の群落は，藻場（もば）と呼ばれ特に重要である。

さらに近年では，**化石燃料**に替わるエネルギー源とされるバイオ燃料を，藻類から効率よく収穫する技術が注目されている。これは藻類バイオ燃料（algae biofuels）と呼ばれ，サトウキビなどの穀物を用いた場合と異なり，食糧との競合が起きにくいことも利点とされる。

〔福井智紀〕

木育
mokuiku（wood educationcon）

〔**語義**〕樹木や木材を取り入れた教育活動のこと。2006年9月に閣議決定された「森林・林業基本計画」において，市民や児童生徒の木材に対する親しみや木の文化への理解を深めるため，材料としての木材の良さやその利用の意義を学ぶ教育活動を「木育」と呼称し，これらの活動を推進することが明記された。適切に管理された森林から伐採された木材を使うことは，森林の整備に貢献するだけではなく，**地球温暖化**の防止や大気・水・土壌などの環境の維持に貢献するという意義もある。
〔**展開**〕木育は，木材を利用することを通して，利用者に「産まれた時から老齢に至るまで木材に対する親しみをもつこと」「木材の良さや特徴を学び，その良さを活かした創造活動を行うこと」「木材の環境特性を理解し，木材を日常生活に取り入れること」を促進することを目的としている。また，これらを通じて，例えば，森林育成活動へ参画する人や自然環境および生活環境について自ら考え行動できる人などを「育む」きっかけとなる活動であると位置づけられる。

木育は，様々な世代を対象とする活動であり，対象者によって，その育成内容が異なることから，段階的な取り組みを行うことが重要である。例えば，巨木に触れ，その大きさに感嘆するなどの「触れる活動」，マイ箸づくりなどを通して創ることを楽しむ「創る活動」，木材の性質を理解し，道具との関係を理解する「知る活動」の三段階の活動を段階的に進めるなどの工夫が考えられる。

〔岳野公人〕

モニタリング
monitoring

人間の活動による環境への影響を把握するために行う観測と調査方法。福島第一原発事故以来，放射性物質のモニタリングが重要となっている。このほかに温室効果ガス，酸性雨，海洋・河川・湖沼の富栄養化，大気中の汚染物質，有害廃棄物，騒音等が対象であり，これらを長期的継続的に監視し，経年変化を記録している。また気候変動により影響を受けている特定の生物種や森林・里山の植生遷移等もモニタリングの対象となる。モニタリングの結果は国や地方公共団体の環境行政の政策決定過程にも影響を与えうる。〔秦 範子〕

モノカルチャー
monoculture

モノカルチャーとは，特定の一種類の作物を栽培すること。植民地時代に発展途上国で一種類の作物を大面積に栽培したことが始まりである。モノカルチャーによって，単一の技術で一度に大量の作物を栽培することが可能になった。また，安値で安定した大量生産が可能になった。一方，一種類の作物だけ栽

培しているために病虫害や天候不順などの影響を受けやすい。特定の作物栽培への集中は他の作物栽培の発達を阻むことにもなる。特定の文化に強く依存してしまう構造のこともモノカルチャーという。　　（シュレスタ マニタ）

モビリティマネジメント教育
mobility management education

　モビリティマネジメントとは，「一人ひとりのモビリティ（移動）が，社会にも個人にも望ましい方向に自発的に変化することを促す，コミュニケーションを中心とした交通政策」（日本土木学会「モビリティマネジメントの手引き」）のことである。噛み砕いて述べると，地域や都市を過度に自動車に依存した状態から，公共交通や徒歩などを含めた多様な交通手段を適度に組み合わせ，「かしこく」利用する状態へと少しずつ変えていく一連の取り組みを指す。

　自動車（クルマ）は人類が発明した最も便利な移動手段の一つであり，私たちの社会や生活を豊かなものにしてくれた。しかし，今日の過度のクルマ依存社会は，公共交通や中心市街地の衰退，環境の悪化などといった負の側面ももっている。そこで，クルマの使用を制限し，クルマとかしこく付き合う社会をつくることが必要になる。

　そのためには，歩行者・自転車専用道を作る，パークアンドライドを実施する，新型路面電車を導入する，といったハードな施策のほかに，コミュニケーションを中心にして自発的な行動の転換を促すソフトなモビリティマネジメントを通した交通環境教育が必要なのである。　　　　　　　　　　（水山光春）

『森の生活』
Walden; or, Life in the Woods

　米国の思想家であるソローの代表作。1854年刊。人里離れた自然の中で暮らしてみたいと考えていたソローは，1945年，ボストン郊外のコンコードから約3キロ離れたウォールデン湖畔に移り住んだ。自ら建てた小屋で約2年2か月の一人暮らしを実践し，経験や思索したことをまとめ，人間の独立した生に必要なものは自然の中での極度に簡素な暮らしであると述べている。その思想の根底にはキリスト教があるが，ヒンドゥー教の聖典『バガヴァッド・ギーター』や孔子のフレーズが作品の中で随所に引用されており東洋哲学の影響を大きく受けていることがうかがえる。
　　　　　　　　　　　　　　　　（関 智子）

森のようちえん
forest kindergarten／Wald Kindergarten（独）

　〔語義〕森のようちえんとは，子どもたちの体験活動の欠如が指摘される中，森などの自然豊かな場所で，主として幼児（3－6歳）に豊かな自然体験を提供する活動とその活動団体を指す。ただし，活動内容も運営形態も極めて多様で，定義はまだきちんと固まっているわけではない。

　森のようちえんは森に出かける頻度によって，①通年でほぼ毎日森へ出かける通年型，②月に数回程度森へ出かける融合型，③年に数回程度，子どもを集めてイベントとして実施する行事型，に分類できる。他方，運営団体によって，Ａ：幼稚園・保育所（保育園），無認可保育所などいわゆる就学前教育施設が運営・実施する独立型，Ｂ：NPOや**自然学校**，自主保育，育児サークルなど様々な任意団体が実践する市民運営型，少数ではあるが，Ｃ：行政の諸機関や行政の支援を受けて実践する行政主導型，に分類される。通常，通年型・市民運営型で園舎と園庭をもたずに保育実践をするものを森のようちえんと呼ぶことが多い。しかし，融合型でも独立園でも，森のようちえんと謳ったり，森のようちえん活動を実践していると称していることもある。概して，自由保育を基盤とした保育の理念をもち，子どもの自主性を尊重して，柔軟な保育計画で保育実践に当たる。自然遊びを軸にして子どもが遊び込める空間を形成している。原則として森での保育活動は通年で，悪天候でも行われる。

　なお，「ようちえん」というひらがな表記は，学校教育法に定められた正式な幼稚園との混同を避けるためである。ひらがなで「ほいくえん」と称するところもあるが，本質的

な違いはない。

〔展開〕森のようちえんに関する博士論文を執筆したドイツのペーター・ヘフナー（Häfner, Peter）によれば、1954年にデンマークで一人の母親が毎日のように森へ子どもを連れて行き、そこで保育をしていたという。その姿を見たほかの母親たちも子どもを預けるようになり、自然発生的に森のようちえんが成立したとされる。そのほかにも諸説があり、北欧諸国やドイツで発祥したが、その歴史的経緯は定かではない。

日本では、1980年代から自然豊かな場所での保育をする無認可型の園があったり、幼児キャンプの活動や幼児期の環境教育の活動があったりしたが、2005年に森のようちえん全国交流ネットワークが立ち上がり、年次大会として森のようちえんフォーラムが開催されて、広く知られるようになった。

〔課題〕森のようちえんでは、安全管理が第一の課題である。幼児の見失い事故や大きなケガなどを避けなければならない。また、ハチやマムシなどの野生動物との接触もあり、危機回避をする必要がある。子どもの生命と安全、健康を守りつつ保育実践をすることが求められる。また、運営面でも経済的な面で非常に厳しいことが多い。財政的援助を国や地方公共団体から得られるようにすること、そして、そのためには保育の質を向上させることが肝要である。　　　　　　　（今村光章）

問題解決型学習
problem-solving learning／problem-based learning

〔語義と論争〕問題解決型学習は、日本の戦後新教育の中に登場したアメリカ経験主義教育論を理論的基礎にした学習論。戦前の教育が子どもの主体性を無視し、教科内容を伝達・注入的に教え込んできたことに対する批判的立場をとる。デューイの反省的思考の過程を実際的な問題解決のための学習過程に置き換え、問題の解決に対し、問題化→解決のための仮説設定→解決可能性の推論→仮説検証、という一連の問題解決過程が展開される。

戦後新教育運動が展開される中で、問題解決学習に対しては、まず系統学習論者からの体系的な知識を獲得させることを放棄しているとの批判が起こった。論争は、問題解決学習に対する系統学習論者による批判、その批判に対するコアカリキュラム連盟の中に生じた問題解決学習とその修正である系統的問題解決学習との論争、さらに系統的問題解決学習と本来の系統学習との論争、と続いた。

児童生徒が主体的に問題解決をしていく過程で様々な知識は獲得されるとする道具主義的知識観に対し、体系的知識は系統的に学ぶことによって身につくものである、という系統学習論者からの反論と学力低下問題とがあいまって、戦後新教育運動は衰退し、系統的学習に戻っていった。しかし、1989年改訂の学習指導要領での生活科、1998年改訂での**総合的な学習の時間**の導入により、あらためて問題解決学習が脚光を浴びた。「**生きる力**」を重視する学力観の登場によって、「問題に気づき、よりよい解決方法を探り、探究する」問題解決型学習の学習方法論や原理が復活してきている。

〔環境教育と問題解決型学習〕児童生徒が身のまわりにある問題に気づき、解決のための方法を考え、探究するという一連の問題解決型の学習を環境教育に援用することは重要である。指導者は、児童生徒に対し、地域の課題と日本・世界の課題を結びつけることを念頭に置いて、探究するに値する問いを吟味し、学習者の探究方法を構想し、学んだことを発信するという学びのゴールを確定する指導計画を構想することも可能である。それらの指導計画を児童生徒の学びの羅針盤として、学習者に寄り添いながら必要な指導・援助を行う問題解決型の学習を展開することもできよう。問題解決型学習過程では、必要に応じて教科教育での体系的な学習を取り入れていく、などの指導の工夫も求められる。　（大森　享）

モントリオール議定書
Montreal Protocol

フロンなどオゾン層を破壊する物質の生産、消費および貿易を規制する議定書で、1987年に採択、1989年発効した。1996年にクロロフルオロカーボン（CFC）、ハロン、四塩化炭

素などが全廃となり，その後，ハイドロクロロフルオロカーボン（HCFC）や臭化メチルなども順次，全廃となった。モントリオール議定書の締約国は，2012年現在，197か国とほぼすべての国が参加している。モントリオール議定書締約国会議は年1回開催されており，2009年には米国などがオゾン層を破壊しないハイドロフルオロカーボン（HFC）を対象とすることを提案している。

（桃井貴子）

や

野外教育
outdoor education

野外教育の定義については，研究者の考え方やとらえ方の違いにより諸説存在する。野外教育という言葉が社会に認知され始めたきっかけの一つとして，1943年にシャープ（Sharp, Lloyd,B.）が発表した論文「キャンプ教育」を挙げることができる。これにより学校教育へのキャンプ教育の導入が進み，キャンプの教育的な効果と意義が認められるとともに，学校教育の中に"Outdoor Education"が広まった。シャープは論文の中で，「教室の中で最もよく学習できることは教室で，また，学校外の生の教材や生活場面で直接体験を通してより効果的に学習できるものはそこで行われるべきである」と示唆している。シャープは，野外教育が行われる場を"outside the classroom"と記しているが，広義には「教室のドアの外」にある様々な野外環境を示し，そこで行われる教育が野外教育であると解釈できる。

日本における野外教育の定義は，文部省（当時）が1996（平成8）年に「青少年の野外教育の充実について」（青少年の野外教育の振興に関する調査研究協力者会議・報告）において，様々な考え方がありうると前置きをした上で，「自然の中で組織的，計画的に一定の教育目標を持って行われる**自然体験活動**の総称」と示している。ここでいう自然体験活動は，自然の中で，自然を活用して行われる総合的な活動で，具体的にはキャンプ，ハイキング，スキー，カヌー等の野外活動，動植物や星の観察等の環境学習活動，自然物を使った工作や野外音楽会等の文化・芸術活動等を含む。したがって，野外教育は，自然体験活動を取り扱う教育領域として位置づけることもできる。

野外教育は，主に体験活動を通じて行われるため，体験を通じた学習，いわゆる「**体験学習**」がそのベースにある。学校の教室で行われる「概念学習」方法とは異なることにその特徴がある。

星野敏男は「構造としてみた野外教育」で，野外教育は暗黙知的な知を扱うことを教室内での教育と対比させて示している。また，体験的な学習方法や「ふりかえり」等を通じた個人的な体験で得たことを，いわゆる学習されたもの（経験）へ変換する行為を経て，言葉や共有された知識として学べるものになると解説し，野外教育は体験を学びに発展させる極めてバランスのとれた教育であると指摘している。

（佐々木豊志）

焼畑農耕
swidden agriculture／slash-and-burn cultivation

焼畑農耕とは樹木を伐採し，焼き払った場所で作物を耕作する農法。草原を焼き払って耕作する場合を含めることもある。

世界各地で営まれてきた伝統的な焼畑農耕は，ある区域の森林を伐採する→地表を焼き払って雑草や病害虫を駆除し，草木の灰を肥料にする→一定期間耕作する→耕作地を放棄してもとの森林に戻す，というサイクルで行う循環型の「持続可能な農法」であった。このタイプの焼畑のメリットとしては，休閑期の設定と耕作地の巡回によって地力を回復させて**土壌の栄養分の蓄積**を最大限に活かせる，土地を循環させて利用することによって効率的な農林業を可能にする，などが挙げられる。

かつては日本でも急峻な山の斜面を利用して焼畑耕作が行われていた。佐々木高明は『日本の焼畑』（1972年）において，熊本県五木村で行われていた焼畑では，アワ，ヒエ，ソバ，ダイズ，アズキ，サツマイモなどを5

〜6年輪作し，その後20〜30年の休閑期間をおいて，その間に再生してくる樹木を再度切り拓いて耕作をするサイクルを紹介している。

日本では焼畑はほとんど見られなくなったが，東南アジアでは雨季の直前に山を焼き払う光景がよく見られる。ただし，休閑後に再生してきた森林を焼き払って新たな耕作地を作るという伝統的な焼畑は少なくなり，人口増などから，常畑化した畑の雑草や収穫後の茎や葉を焼き払うのが主流になっている。雑草や病害虫の駆除には除草剤や殺虫剤，肥料には化学肥料も使われるようになっている。

なお，熱帯林消失の要因の一つとしてしばしば指摘される焼畑は，森林を焼き払った土地で耕作するという点では焼畑耕作ではあるが，自然の再生力を無視した収奪的で大規模な開墾がなされており，伝統的な持続可能な焼畑農耕とは区別されるべきものである。

(小島 望・諏訪哲郎)

屋久島
Yakushima Island

九州本土最南端の大隅半島から南南西に約60km，東シナ海と太平洋の間に浮かぶ面積504.88km^{2}の小島嶼。九州最高峰の宮之浦岳(標高1,936m)を擁し，海岸付近の亜熱帯植生から，暖温帯，温帯を経て，山頂付近の亜高山帯に至る植生の垂直分布が顕著に見られる。屋久杉と呼ばれる樹齢1,000年を超すスギの大径木が自生しており，最大の縄文杉は特に有名である。日本の自然の縮図としての価値が国際的に認められ，1993年に日本で初めてユネスコ世界自然遺産に登録された。しかし，観光客の増加によって登山道の荒れや植物の枯死など，新たな環境破壊が生じている。近年では固有亜種ヤクシカの個体数急増による植生破壊も問題となっており，早急な保全対策が望まれている。

(溝田浩二)

ヤゴ救出作戦
yago (dragonfly larvae) rescue project

学校での環境教育の一環として行われる，プールの生物調査とヤゴの採集・飼育の一般名称。ヤゴとはトンボの幼虫の通称。ヤゴは水中生活をする捕食者で，種によって流水・止水に棲み水上に出て羽化する。水辺の少ない都市部では学校プールも水生昆虫の生息場所となるが，通常は夏季使用前の清掃で壊滅する。1990年代後半から，生活科や総合的な学習の時間，理科クラブなどで，身近な自然体験活動としてプールの清掃前に調査・観察を行う学校が増加した。活動を生物保護に直結させるのは難しいが，採集されるヤゴの多くが終齢幼虫で，飼育の際に多量の餌を必要とせず，羽化まで観察しやすいため短期的教材に向く。

(畠山雅子)

野生生物
wildlife

人間が形質や繁殖を管理する**家畜**や栽培植物などの改良品種に対し，自然界に生息し，種と個体群が維持されその遺伝的形質が保たれている生物。英語のwildlifeは動物植物両方の意味を含むが，日本語ではしばしば「野生動物」と同義に扱われる。もともと野生生物であっても，本来の生息域以外の地域に人為的に放たれて生息するものは帰化生物，あるいは**外来種**と定義される。野生生物の生息数は減少しつつあり，IUCNレッドリストによると，世界の野生生物のうち2万種近くが絶滅の恐れが高いとされている。　(畠山雅子)

野草
wild grass／wild herb

人の助けを借りずに生きている草のことで，人が栽培するために種子を播かないのに自ずと生えてくる植物である。人里植物も含めることもある。人のサポートのない野生環境で生きるため，タンポポの種子のように長距離散布能力をもったり，田んぼに水が入るまで休眠する発芽システムを備えていたり，オオバコのように根が地面から引き抜かれにくい体の構造になっているなど，様々な方法で環境に適応して生きている。これらの野草の特性は環境教育・理科教育のよい教材となる。なお，野草と同様の概念を示す言葉に「雑草」がある。「雑草」という名称にはたくましさを象徴するようなプラスの面もあるが，

「雑」という漢字には，人間にとって役に立たないという，人間中心・人間優位の思想がうかがわれる。「共生」の考えを重視する環境教育の場では「雑草」ではなく「野草」という言葉を使うよう促したい。

(湊 秋作)

ヤンバルクイナ
Okinawa rail

ツル目クイナ科の鳥類。学名 *Gallirallus okinawae*。沖縄島北部山原（やんばる）地域に生息する日本固有種。1981年発見。全長約30cm。天敵のいない地域で陸上生活に適応した結果，翼が退化し飛翔能力は低い。背側は暗い黄褐色で，胸から腹は黒地に白い横縞があり，くちばしと脚は赤。広葉樹林内の斜面などに営巣し開けた場所との境界周辺で採食する。かつては林内での繁殖報告のみであったが，近年では開けた草地での繁殖事例もあり，道路周辺での採餌行動も多く見られるようになった。森林伐採等による生息地の減少やマングース，ノネコなどの侵入・捕食により個体数が減少。現在，森林保護や外来種駆除，交通事故防止キャンペーンなどの保護策が功を奏し，回復傾向にある。環境省レッドリストでは絶滅危惧IA類。

(畠山雅子)

ゆ

有機農業
organic farming／organic agriculture

一般的な定義としては「化学合成農薬と化学肥料を使わない農業」とされている。化学農薬や肥料が普及するまでは，世界中で行われていた農業は，その土地でまかなえる自然の素材と自然の法則に従って営々と行われてきた行為であり有機農業そのものであった。日本では1961年に農業基本法が制定され，化学肥料や化学合成農薬の使用，作業の機械化が強く推進されてきた。一方，土の中の様々な菌類や細菌類のバランスを保ちながら有機物の循環を取り戻し，一時的な収量増でなく永続的な農業を進めることを目指し，1971年，一楽照雄らが「日本有機農業研究会」を発足させた。その趣旨は農業を経済合理主義の視点で計るのではなく，国民の食生活の健全化と自然保護・環境改善を根幹とし，環境破壊を伴わず地力を維持培養しつつ健康的で味のよい食物を生産する農法を提唱している。

施策的には「有機農業推進法」が2006年に成立し，有機農業に関する技術の開発・体系化，普及指導の強化，消費者の理解増進が謳われたが，その普及はまだわずか（2011年現在推定0.4％未満）である。消費者の立場からは**食育**や**地産地消**，農業・農村体験学習などを通して農産物の安全や品質に関する知識や関心を高め，農産物の外見や価格で判断する従来の消費行動を改めていくことが求められる。

(戸田耿介)

ゆとり教育
yutori（pressure free）Education

「ゆとり教育」とは，従来の詰め込み型の教育を克服し，「ゆとり」のもとで児童生徒の「生きる力」の育成を図る教育の総体を指す。一般的には，1998〜99年改訂の**学習指導要領**のもとで行われた学校教育を指すことが多いが，学習内容の削減が始まった1977〜78年改訂の学習指導要領以降を指すとの議論もあり，必ずしもその開始時期は明確ではない。これらの期間に初等・中等教育を受けた世代は，「ゆとり世代」と批判的ニュアンスを込めて呼ばれることがある。

1998〜99年改訂の学習指導要領では，学習内容の厳選，個性を生かす教育の推進，**総合的な学習の時間**の創設，学校週5日制の導入が，教育改革の目玉として位置づけられた。しかし，この指導要領は実施直後から激しい「学力低下」批判を受け，文部科学省は「学びのすすめ」を発表して指導要領に記載された学習内容が最低基準であることを認め，「確かな学力」を育成する学力向上路線への転換を図った。

「ゆとり教育」の象徴であった総合的な学習の時間は，当初は各学校現場に大きな混乱をもたらしたが，地域の実態を踏まえた独自の教育課程を設定できるようになったために，

各地で特色ある教育活動が展開されるようになった。この時間の創設によって，環境教育が全国の学校に普及したこと，多様な主体が授業に関与する「開かれた学校」が増えたこと，学習者中心の授業観が普及してきたことは評価されてよい。

2008～09年改訂の学習指導要領では，授業時数の増加，理数科目の重視，PISA型学力の育成などを柱とした「脱ゆとり教育」の路線が明確にされた。それに対応すべく，土曜日授業の復活や長期休業日の短縮を行う自治体も増加し，再び詰め込み型の教育に回帰する可能性も指摘されている。「ゆとり教育」という呼称自体が，教育政策論に関わる政治的な立場から議論される傾向があるだけに，それぞれの時代の各学校で本当に「ゆとり」（あるいは「詰め込み」）があったのかどうかということも含めて検証されるべきであろう。

(小玉敏也)

ユニバーサルデザイン
universal design

できるかぎり多くの人に利用可能であるように，あらかじめ意図して用具，機械，建築，空間などをデザインするという理念のもと，文化や言語，国籍や老若男女，障がいや能力の違いによらず利用できる製品や施設，情報の設計をいう。

「障害の状況によってもたらされるバリア（障壁）に対処するバリアフリーのようにかわいそうな人のために何かしてあげる慈善ではなく，多様な人々が気持ちよく暮らせる都市や生活環境を計画するものである」（「ユニバーサルデザインコンソーシアム」）。北欧で1950年代に始まったノーマライゼーション（福祉に関する社会理念）や，米国の公民権運動等を背景にしている。持続可能な社会構築の理念としてもとらえられている。

身近な例として，文字ではなく絵を使い非常口やトイレを表示することや，シャンプーとリンスのボトルの突起の形状を変えておくことなどがある。

(荘司孝志)

ユネスコ（UNESCO）
United Nations Educational, Scientific and Cultural Organization

ユネスコ（国連教育科学文化機関）は，諸国民の教育，科学，文化の協力と交流を通じての国際平和と人類の福祉の促進を目的として国連の経済社会理事会のもとにおかれた専門機関である。識字率の向上，義務教育の普及，世界遺産の登録・保護，MAB計画（人間と生物圏計画）など，多くの事業を推進している。1945年に採択された「ユネスコ憲章」に基づいて1946年に設立された。本部はパリ。日本は1951年に加盟し，所管は文部科学省で，日本ユネスコ国内委員会が設置されている。ユネスコの理想を実現し，平和や国際的な連携を学校での実践を通じて促進するためにASPnet(Associated Schools Project Network)に加盟して活動している学校はユネスコスクールと称される。加盟する幼稚園・小中高校・教員養成学校は550校（2013年1月）。ユネスコは国連「**持続可能な開発のための教育の10年（DESD）**」の推進機関として国連総会で指名され，国際実施計画策定などESD(Education for Sustainable Development)を進めるための中心的な役割を果たしている。

(冨田俊幸)

ユネスコスクール
UNESCO Associated Schools

ユネスコスクールは，1945年の国連総会で採択されたユネスコ憲章の理念を実現するために，1953年に教育共同実験活動プロジェクトとして発足したユネスコ協同学校計画(Associated Schools Project)に起源をもつ。この試みは**国際理解教育**の振興と発展を目指す先導的な教育実験および教育実践の国際的な協同実験活動であり，その主題は「世界人権宣言の研究」「婦人の権利の研究」「他国の理解」の三つに加えて「人権の研究」「他国の研究」「国連の研究」を基調としていた。

現在では，同様の目的を継続しつつ，ユネスコスクール（ASPnet）と名称を変更し，「地球規模の問題に対する国連システムの理解」「人権・民主主義の理解と促進」「異文化

理解」「環境教育」の4分野を基本的な主題としている。また，2008年に開催された日本ユネスコ国内委員会では，ESD（Education for Sustainable Development）を「持続発展教育」と訳し，その普及促進のためにユネスコスクールを活用する提言を採択している。

日本でのユネスコスクールの活動目的は，世界中の学校と生徒間・教師間の交流を通じ情報や体験を分かち合うこと，地球規模の諸問題に対処できるような新しい教育内容や手法の開発と発展を目指すことである。

2005年現在で，176か国，約7,900校（就学前教育機関・教員養成学校を含む）がユネスコスクールに加盟している。日本国内の小・中・高等学校は，2000年の20校から2012年の459校へと加盟校が急増しており，ユネスコスクール支援大学間ネットワークに加盟する大学（16校）を加えると475校に上る。これは，文部科学省と日本ユネスコ国内委員会が国連「持続可能な開発のための教育の10年」（2005〜2014年）の意義を踏まえて，ESD を国内で普及・推進しようとする政策が後押しした結果と見られる。したがって，近年の加盟校の多くは，上記の4領域を個別にとらえて実践するのではなく，ESDという一つの概念のもとに包括して実践しようとする傾向がある。その加盟校は，全国にまんべんなく展開しているわけではなく，宮城県，東京都の一部地域，石川県，岡山県などの拠点地域を中心として拡大しており，当該地域の企業，民間団体，行政などと連携しながら同心円的に実践を推進していく傾向が見られる。

今後の国連「持続可能な開発のための教育の10年」の評価は，ユネスコスクール加盟校の授業実践を参照しつつ語られることになるであろう。しかし正確な評価は，教育政策の側面だけでなく加盟校の教育活動の実態分析を含めて総合的に行われる必要がある。また，国外加盟校の授業実践との比較を通じて，日本型 ESD の特徴が明らかにされるだろう。

（小玉敏也）

よ

容器包装リサイクル法
Law for Promotion of Sorted Collection and Recycling of Containers and Packaging／Containers and Packaging Recycling Law

正式名称は「包装容器に関わる分別収集及び再商品化の促進等に関する法律」で，1995年に制定，1997年から施行された。消費される製品から取り除かれる商業製品の包装容器など，不必要となる包装容器の適切な処理と資源の有効活用を通じて，生活環境の保全と国家経済の健全な発展に貢献することを目的とする。廃棄物の包装容器やリサイクル品の回収の基準を明示することで，一般廃棄物の減量とリサイクル資源の有効活用を目指そうとするものである。

（長濱和代）

幼児期の環境教育プログラム
environmental education program for small children

〔定義〕満1歳ぐらいから就学前までの幼児を対象に行う環境教育のプログラムをいう。体の成長の特徴としては，前歯（門歯）が生え変わる頃までの年齢（小学校1年生くらい）が対象。一般にはこの年代への教育を「幼児教育プログラム」としてとらえ，行動力や協働，コミュニケーションや表現力など，幼児の時代に発達の芽生えが見られるような能力開発を行うことをいうが，環境教育でも対象年齢時に合わせた自然環境への関心を育み，身体能力の発達，特に**感性**の発達に主に焦点を当てたプログラムが多く見られる。

〔事例〕デンマークで1950年頃，園舎をもたずに森の中での遊びを中心に活動を行う「**森のようちえん**」が始まった。スウェーデンでは1950年代に「森のムッレ」と呼ばれる教育活動が始まり，現在では世界的に広がりを見せている。ここでは，大人の役割として求められることは，森の中での子どもの自発的な活動（遊び）を見守ることとされている。日本でも2000年代に森のようちえんが知られるようになり，全国各地で取り組むところが増え

ていった。

〔手法〕子どもへの展開では「大人のプログラムをやさしくしたものではなく，子どもの理解の仕方に合わせて異なるプログラムをデザインしなければならない」(Tilden, Freeman *Interpreting our Heritage*, 1957年）と指摘されており，大人に対して行われる，ねらいの設定とは異なるアプローチが必要となる。環境教育の**プログラム**においても，幼児に対しては達成目標として行為目標だけを設定することが多い。

(小林 毅)

洋上風力発電
offshore wind power generation

洋上で風力を使って行う発電で，海洋上だけではなく，湖，フィヨルド，港湾に設置されたものも含まれる。洋上には陸上よりも大きな風力が得られ，**風力発電**に適した風の吹く場所が多くある。また，陸上では風力発電所の立地が困難な場合があるが，洋上では立地を制限されることが少ない。洋上風力発電は，陸上風力発電に比べれば景観に与える影響も少なく，居住地域から距離があるため騒音公害の可能性も低い。一方で，建設に多額の資金と年月が必要なこと，建設によって海洋環境の悪化や生物の生息環境喪失のおそれがあること，渡り鳥や回遊生物の移動を阻害することなどの問題が指摘されている。

(冨田俊幸)

ヨセミテ
Yosemite

アメリカ合衆国カリフォルニア州シエラネバダ山脈の中部西麓に広がる国立公園。ユネスコの**世界遺産**（自然遺産）にも登録されている。東京都の約1.5倍にも当たる3,029km²の広大な面積の中に，壮大な風景のヨセミテ渓谷，世界一の大きさをもつジャイアントセコイアの森，そして高原地帯，山岳地帯など多様な環境が存在する。1864年，リンカーン大統領の署名によりヨセミテ渓谷とマリポサ巨木群が州立公園に指定されている。1890年，国立公園に指定されるに当たっては，自然保護活動家のミューアらによる連邦議会への働きかけによりほぼ現在に近い面積が拡大指定された。

ヨセミテにおける環境教育の始まりは古く，ミューアが設立した**シエラクラブ**の活動として自ら行ったガイドウォークに始まる。国立公園制度が充実しレンジャーが配置されてからはレンジャーによる自然解説が行われるようになり，現在ではヨセミテ国立公園をサポートする NPO "Yosemite Conservancy" による野外セミナー，NPO "Nature Bridge" による学校団体向けの環境教育プログラム，また園内営業会社によるツアーも行われているなど，官民が連携・分担して取り組まれている。

(西村仁志)

四日市公害
Yokkaichi Pollution

〔語義〕四日市公害とは，日本の高度経済成長期に三重県四日市市の居住地域に隣接する石油化学コンビナートから排出された水と大気の複合型汚染によって健康被害が拡大した典型的な**公害**である。一般に「**四日市ぜんそく**」の名で知られ，**水俣病**や**イタイイタイ病**などのように特定疾患のように思われがちであるが，**大気汚染**を原因とする「気管支ぜんそく」のことである。大気汚染による被害を訴えた四日市公害裁判（1967～1972年）は，人権としての生命・健康が全面的に初めて争われた裁判として特徴づけられる。

〔水質汚濁〕四日市は明治以後，繊維の輸出入を中心とした港湾都市として栄えていた。1955年に旧海軍燃料廠跡地が払い下げられ，日本初の大規模石油化学コンビナートが建設された。1957年に昭和四日市石油が操業を始めたが，翌1958年頃から異臭魚問題が発生した。1960年に東京築地市場が伊勢湾の魚の購入を拒否すると，漁民は三重県や四日市市，企業を相手に損害賠償を要求したが，原因が特定されないまま県と企業からの補償金で妥結した。後に工場の排水に含まれる油分が原因と解明され，1966年に水質保全法による排水中の水質基準が制定されて規制が始まってから1978年に湾内の底泥が除去されるまで，この問題解決には20年の歳月を要した。

〔大気汚染〕1959年から四日市市塩浜地区において第1コンビナートの本格的操業が開始されると，塩浜地区と，隣接する磯津地区で，ぜんそく患者が急増した。四日市市は研究機関に調査を依頼した。その結果，石油コンビナートから排出される大量の亜硫酸ガスと硫酸ミストに原因があると報告された。そのことが企業側に伝達されたが，企業側は根本的な排出源への規制をしないまま1963年，四日市市午起地区の第2コンビナートを操業し始めた。政府は1963年にぜんそく患者急増に関する調査団を送った。調査団による報告は「コンビナートから排出される大気汚染が原因」と特定し，煙突を高くして拡散することを勧告した。企業は100m～200mもある高い煙突を建設したが，当時排出規制がなかったために脱硫装置設置などの対策が十分でなく，かえって汚染地域が拡大することになった。1965年5月，市は国の制度に先立って公害病認定患者の治療費の補償を始めたが，一方で第3コンビナートを造成し，本格的な汚染源対策は後回しとなった。

〔裁判〕1966，1967年には公害認定患者2名が相次いで自殺し，四日市市塩浜中学校3年の女子生徒がぜんそく発作で死亡した。凄惨を極める状況の中で被害者たちは裁判へと動いた。1967年9月，三重県立塩浜病院に入院中の磯津の公害患者9名が原告となり，四日市市磯津地域に隣接する第1コンビナート6社（昭和四日市石油，三菱油化，三菱化成，三菱モンサント化成，中部電力，石原産業）を相手に裁判を起こした。裁判は発生源が複数存在するという，極めて難しい問題が存在したが，疫学を判断基準とし，「共同不法行為」という法理論を確立して1972年7月原告が勝訴し，被告企業は控訴を断念した。

この裁判の結果を受けて，公害健康被害補償法が成立する。また同様の問題をもつ日本中の地域開発計画の見直しが必要となった。その後，他の大気汚染公害地域も四日市に続いて患者会を結成し，訴訟へと動き始めることになった。

2012年6月時点で認定患者は現在429名。市民団体が，判決後40年にわたり，その後の四日市の環境を見守り，被害者支援を続けてきた。市は現在，判決40周年に当たり，仮称「公害に関する資料館」建設の計画を進めているが，地元の住民の思いは多岐にわたり複雑である。しかし地元若者が中心になり，公害の貴重な記憶を語り継ぐ試みを始めている。

（高田 研）

四日市ぜんそく
Yokkaichi asthma

石油化学コンビナートから排出された大量の亜硫酸ガスによって1960年代初めから三重県四日市市で多発したぜんそくを主体とする症状のこと。**水俣病やイタイイタイ病**のような特定疾患ではない。

当時四日市市の第1コンビナートに隣接する地域において，ぜんそく，感冒，扁桃炎や結膜炎の発症が多く見られた。

三重大学医学部公衆衛生学教室の吉田克巳らが調査を行い，これらの疾患の多発が石油コンビナートから排出された亜硫酸ガスであると結論づけた。

しかし，第2，第3のコンビナートが拡充され，劣悪な環境の中で患者の死亡および自殺など犠牲者が相次いだ。1967年被害者9名を原告とし，第1コンビナート関係企業6社を被告としての損害賠償が請求された。1972年津地方裁判所四日市支部は原告らのぜんそくと**大気汚染**の因果関係を肯定し，原告らに損害賠償を行うように命じた。この裁判により，1973年に制定された「公害健康被害補償法」は補償に要する費用を大気汚染物質排出者から徴収するもので**汚染者負担原則**に則った世界に類を見ない日本独自の法であった。

なお，四日市市と隣接する楠木町の公害認定患者数の合計はピーク時の1975年には1,231人であった。その後，排煙脱硫装置の設置，重油の脱硫，低硫黄重油への輸入の切り替えにより，大気中の亜硫酸ガス濃度は改善され，新たな発症数は低下していった。

なお，**四大公害の一つとして「四日市ぜんそく」**の名称が用いられることが多いが，**「四日市公害」**の名称を用いる方が適切である。

（原田智代）

ヨナス，ハンス
Jonas, Hans

ヨナスは，ドイツ生まれの哲学者（1903-1993）。主な著書に『責任という原理』（1979年），『生命の哲学』（1994年）などがある。グノーシス思想研究で学位を取り，第二次世界大戦後は生命の哲学を構築し，地球規模で環境破壊が進む中で現在世代の負うべき責任の重大さを説いた。ヨナスの思想において，人間と人間以外の生物種は連続的にとらえられるため，尊重されるべき対象，責任を負うべき対象は人間に限定されず，絶滅危惧種にまで及ぶ。その上で，あらゆる生物種のうち責任を感じうるのは人間だけであるため，人間の存続こそが現在世代の果たすべき第一の責任であると主張した。

（李　舜志）

ヨハネスブルグサミット
World Summit on Sustainable Development

2002年8月26日から9月4日まで，南アフリカのヨハネスブルグにおいて開催された国連主催の「持続可能な開発に関する世界首脳会議」の通称である。1992年にブラジルのリオデジャネイロで開催された**国連環境開発会議**（通称・地球サミット）において，環境問題は従来の環境と開発の問題を統合したかたちでの「**持続可能な開発**」の問題として再定義され，この問題に対する地球環境行動計画として「**アジェンダ21**」が合意された。ヨハネスブルグサミットは，「アジェンダ21」が採択された1992年の国連環境開発会議から10年が経過したのを機に，この計画の実施状況の評価やその後に生じた諸課題について議論するために企画されたもので，「リオ+10」ともいわれる。世界104か国の首脳，190を超える国の代表，また国際機関の関係者のほかNPOやジャーナリストなど合計2万人以上が参加した。

この会議では「アジェンダ21」をより具体的な行動に結びつけるための包括的文書である「行動計画」および首脳の持続可能な開発に向けた政治的意志を示す「ヨハネスブルグ宣言」が採択され，さらに自主的なパートナーシップイニシアティブに基づく200以上の具体的プロジェクトが登録された。

この会議の「持続可能な開発に関する世界首脳会議実施計画」（以下，「実施計画」）を交渉する過程で，日本政府は，国内のNPOである「ヨハネスブルグサミット提言フォーラム」からの提言を受け，「**持続可能な開発のための教育の10年（DESD）**」を提案し，各国政府や国際機関の賛同を得て，同提案は「実施計画」に盛り込まれることとなった。

さらにこの年の12月の国連総会で，①2005年から2014年までの10年を「持続可能な開発のための教育の10年（DESD）」とする，②DESDの国際実施計画を策定するためにユネスコをリードエージェンシーとする，③各国政府に対し，ユネスコの作成するDESD国際実施計画を踏まえて各国の国内における実施計画を策定することを呼びかける，といった内容が決議された。

（降旗信一）

予防原則
precautionary principle

科学技術による新物質・新技術に対する環境保護・規制措置の考え方。世界で統一された定義・解釈はないが，1992年国連環境開発会議（地球サミット）の「環境と開発に関するリオ宣言」に盛り込まれた「深刻な，あるいは不可逆的な被害のおそれがある場合には，完全な科学的確実性の欠如が，環境悪化を防止するための費用対効果の大きい対策を延期する理由として使われてはならない」という第15原則が広く知られている。

例えば地球温暖化問題では，二酸化炭素などの温暖化物質が原因であるとする説に対して科学的観点からの反論が存在する。しかし，科学的な知見が定まる以前に，国際的な取り組みが進められたのは，予防原則を適用したからである。なお，予防原則に対して，後悔しない選択（no regret policy）という考え方もある。例えば，難病の治療に当たって，リスクを承知の上で新技術や新薬を投入することがそれに当たる。

（木村玲欧）

四大公害
Four Major Pollutions (of Japan)

〔語義〕1950年代から1970年代にかけて日本で発生した激しい公害のうち、特に被害が大きかった熊本県水俣市の**水俣病**、新潟県で発生した**新潟水俣病**、三重県四日市市の**四日市ぜんそく（四日市公害）**、富山市の**イタイイタイ病**を四大公害という。これらの公害被害者は1967年から1969年にかけて企業を相手に提訴し、患者側が全面的に勝訴した。一連の裁判をきっかけに日本の公害対策は大きく進展した。

〔イタイイタイ病〕四大公害のうち、歴史的に最も古くから住民を苦しめていたのはイタイイタイ病で、1930年代から発生していたと見られる。神通川中流域（富山県）の住民に発症し、更年期の女性がかかりやすい病気として知られていたが、長く原因がわからず、風土病とされていた。富山市の開業医・萩野昇が調査し、1957年、「神通川上流にある三井金属鉱業神岡鉱業所（岐阜県）の排水が原因だ」と指摘したが、萩野の訴えは専門家からは無視され、富山県や地元からは「金欲しさのでっち上げ」などと非難された。しかし、1959年になって岡山大学の小林純から支援の手が差しのべられ、共同研究を続けた結果、神岡鉱業所の排水にカドミウムが含まれていることがわかり、1968年、厚生省がイタイイタイ病をカドミウムによる公害病と認定した。

〔水俣病と新潟水俣病〕水俣病は熊本県水俣市で発生した水銀による中枢神経疾患で、1956年5月に公式に確認された。世界でもまれに見る悲惨な公害病であったが、原因企業の怠慢により、5万人ともいわれる被害者が出た。また、1965年には新潟県の阿賀野川流域でも同じ公害病が発生した。これは新潟水俣病と呼ばれる。水俣病対策は国の救済措置が後手にまわり、被害を大きくしてしまった。また、熊本では原因企業であるチッソの無責任な態度は患者から厳しく糾弾され、公害では異例の刑事事件に発展し、チッソ側は業務上過失致死の有罪判決を受けている。

〔四日市ぜんそく〕四日市ぜんそくは市内のコンビナートにある複数の企業から発生する硫黄酸化物やばい煙による**大気汚染**で、多くの市民がぜんそくにかかった事件である。当時、四日市市の人口は約20万人だったが約5,000人がぜんそくの症状を訴えていた。公害病とされてから2,200人以上の患者と認定されているが、9歳以下の子どもが患者の約40%だった。四日市市によると、認定患者数は1976年3月時点の1,140人が最も多く、合計2,216人が認定された。死亡者は約600人といわれている。2012年6月時点の認定患者数は429人である。

〔公害と裁判〕四大公害はまた歴史に残る公害裁判を展開したことで知られている。新潟水俣病患者が1967年6月に昭和電工を相手取って損害賠償の裁判を起こした。同年9月には四日市ぜんそくの患者が複数の企業を相手に提訴、翌1968年3月にイタイイタイ病の患者が三井金属鉱業を相手取り、1969年には水俣病患者らがチッソを相手に提訴した。

1971年6月、イタイイタイ病の判決があり、患者側の全面勝訴となった。厚生省が公害病と認定したにもかかわらず、三井金属鉱業は反論し続けたが、判決では「病気の細部にわたる証明は因果関係の判断には必要ない」と断定した。これは裁判の証拠として疫学研究を採用した初めての事例となった。病気と原因との厳密な因果関係がわかりにくい時、患者の発生分布などを調べて化学物質中毒や感染症の原因を明らかにする手法で、弱い立場の公害被害者に有利な判決を導くことになった。同年9月には新潟水俣病の判決、72年7月には四日市ぜんそくの判決、1973年3月に水俣病の判決があり、いずれも患者側の全面勝利に終わった。

なかでも四日市ぜんそくでは、どの工場から出た煙が病気の原因になったかどうかは問われなかった。各社は「自分の会社の排煙は国の基準を超えていなかった」と主張したが、判決では企業群の操業で公害被害が起きたとする「共同不法行為」に当たると断定された。

四大公害裁判以後、民法上の企業責任が厳しく問われるようになり、一連の訴訟は後の公害発生を抑止する上で大きな役割を果たした。

（岡島成行）

ら

ライフサイクルアセスメント
life cycle assessment

　資源の採取，製造，輸送，消費，リサイクルや廃棄など製品やサービスのライフサイクルのあらゆる段階においてエネルギー・資源の消費，廃棄物の排出など地球環境に与える影響を定量的に分析する手法のこと。LCAと略称される。LCAを活用して環境負荷の低減を図るのが目的である。LCAの対象には製品の製造プロセスだけでなく廃棄物処理プロセスなどのシステムも含まれる。

　LCAは国際標準化機構（ISO）において標準化されており，例えばISO14040はLCAの一般原則の規格である。

　LCAの手法は次の4ステップから構成される。①目的と対象範囲の明確化，②インベントリ分析，③インパクト評価，④結果の解釈，である。①では，LCAを行う目的，ライフサイクルの範囲，評価する環境負荷を明らかにし，②はライフサイクルの各段階において投入される資源やエネルギーまたは排出される大気汚染物質，水質汚濁物質，固形の廃棄物，環境中への排出物などの物質を計算して一覧表（インベントリ）に示し，③はインベントリ分析の結果を地球温暖化，大気汚染などの環境影響に分類して項目ごとに環境影響の度合いを評価し，④では得られた結果を基にして環境影響やその改善点をまとめる。

　LCA手法を用いて定量的な環境負荷データを公開，認証された製品であることを示す環境ラベルにエコリーフがある。エコリーフを取得した製品のLCAのデータの公平性と信頼性は第三者機関の審査により検証される。消費者はエコリーフに記載された登録番号からホームページ上でその製品のLCAデータにアクセスして環境負荷に関する情報を得ることができる。この仕組みによって，グリーン購入を促進するとともに，消費者は環境に配慮した製品を提供する事業者を評価することができる。

〈石川聡子〉

ライフスタイル
lifestyle

　生活様式が衣服，食べ物，住まいだけでなく，行動や思考など生活の様々な側面を含む，個人や集団の生き方を指すのに対し，ライフスタイルは，人生観や価値観，習慣等の個人のアイデンティティおよび集団生活における社会的，文化的，心理的側面を示す。ライフスタイルは人生観や価値観や習慣など，個人でいえばその人のアイデンティティを示すものである。

　近年ロハス（LOHAS：Lifestyles of Health and Sustainability）が話題になっているが，健康と環境そして持続可能な社会を楽しく心がけながら生活する人々もいる。また家族や仕事，地域・社会との関係や人のつながりを大切にする，仕事と生活の調和を図るワークライフバランスの考え方もある。日本ではこれまで多くの人が，「誕生から成人まで」「生産年齢階層の社会人」「定年後」の三つの時期で異なるライフスタイルで生きてきた。社会人の時期はただ働くだけで，時間のゆとりや自分らしい生活を楽しむことができず，一方定年後は時間が余りすぎる生活を営んできた。マーケティングの分野でライフスタイルという概念が取り入れられるようになった背景には，物質主義的な社会志向から脱却し，精神的な豊かさも含めた新しいライフスタイルへの転換が求められていることが指摘できる。

〈槇村久子〉

ライフライン
lifeline

　生活用水供給，電気やガスなどのエネルギー供給，食料供給，さらには電話や鉄道・バスなどの通信・交通機関など，人々が生活する上で不可欠なインフラストラクチャー（基盤）を指す。lifelineの本来の意味は「命綱」や「生命線」で，上記の意味で用いる点では和製英語ともいえる。1995年の阪神・淡路大震災の際，マスコミが用いたことから定着した。

　被害規模の大きな自然災害の際には，ライフラインの復旧までに1週間から半年以上か

かることもあり，支援が届くまでの生活を乗り切るために非常用飲料水，食料や燃料の備蓄など，日常的な備えをしておくことが大切である。

〔西村仁志〕

落雷
lightning strike

積乱雲（雷雲）と地表物体との間に発生する放電現象。落雷時の高電圧・大電流（雷サージ）で，死に至る人的被害，建物火災・電気通信設備損傷などの物的被害が出ることがある。日本の落雷死傷者は年15人程度，うち死者は年3人程度である。

雷注意報時には屋外活動をしない，建物内の安全空間に避難する，高い木の側は側撃で被害に遭うため，木から4m以上かつ木の先端を45度の角度で見上げる範囲外まで離れる，という対応で野外活動時などでの死傷を防ぐことができるため，正しい知識の習得が不可欠である。

〔木村玲欧〕

ラムサール条約
Ramsar Convention

正式名称は「特に水鳥の生息地として国際的に重要な湿地に関する条約」。1971年に条約が締結されたイランの都市ラムサールにちなみ通称ラムサール条約と呼ばれる。条約が適用される湿地（wetlands）とは「天然のものであるか人工のものであるか，永続的なものであるか一時的なものであるかを問わず，さらに水が滞っているか流れているか，淡水であるか汽水であるか海水であるかを問わず，沼沢地，湿原，泥炭地又は水域をいい，低潮時における水深が6メートルを超えない海域を含む」と定義されている。締約国は国内の湿地を一か所以上指定し，条約事務局に登録するとともに，その湿地の保全，再生および賢明な利用（ワイズユース），またそのための普及啓発や調査が求められる。日本では1980年に釧路湿原を最初に指定し，2012年現在，全国で47か所が登録されている。沼沢地や干潟などの湿地は開発優先の時代にあっては不毛の地と見なされ，多くは農地，工場敷地等のために埋め立てられ，あるいは干拓等により失われた。湿地が水鳥だけでなく多くの動植物の生息地として，さらに漁業や環境浄化上も重要な場であることが国民的に理解され保全・利用されるためには，継続的な交流・学習・参加・普及啓発が大切である。

〔戸田耿介〕

「ランキング」
"Ranking"

複数の項目に対して個人またはグループで優先順位をつけていく学習手法。これにより，個人の価値観が整理されたり，他者の考え方を知り，自分と比較することで複眼的な見方を得ることができる。また，意思決定を容易にするための手法としてグループで採用されることもある。ランキングには，項目に1位，2位，3位…と順位をつけていく方法のほかに，ダイヤモンドランキング，二項ランキングなどの手法がある。

個人の価値観を整理するやり方として，「環境保護のために優先すること」というテーマを例にとろう。「てんぷら油を下水に流さない」「買い物にはマイバッグを持参する」「歯磨き時に蛇口を締める」「肉食を減らす」「小まめに電気を消す」など9項目があった場合，これに1位から9位まで順位づけをするのが単純ランキングである。しかしながら，すべての項目に優劣をつけると時間がかかるという欠点がある。その際，1段目に1位を2段目に2位と3位を（2位・3位は同格とする），3段目に4～6位を，4段目に7・8位を，5段目に9位を並べるのが「ダイヤモンドランキング（図）」である。このようにすることで，思考も容易になり，時間も短縮することができる。

図　ダイヤモンドランキング

2項ランキングは主に集団での意思決定の際に使用される手法である。例えば，まちづくりに関するワークショップにおいて，その町が解決すべき課題に優先順位をつける場合を想定してみよう。最初の議論において，「放置自転車」「駅の混雑」「ゴミの分別収集」

「商店街の活性化」「公園の整備」の5項目が挙げられたとする。これらの項目をリーグ戦のようなマトリックスを作り，横の行と縦の列にそれぞれ5項目を並べる。そして，項目同士を対決させて，どちらがより優先度が高いかを議論する。優先度が高い方に○，低い方に×をつけて，すべての項目同士を1対1で対決させて優先度を確定する。最後に○の印の数を数えて，多い方がより優先度が高いとする手法である。これは項目同士が1対1で対決して，議論を深めるために，より集団としての意思決定が明確になるという利点がある。

(田中治彦)

り

リオサミット ➡ 国連環境開発会議

リオ宣言
Rio Declaration on Environment and Development

正式名称は「環境と開発に関するリオデジャネイロ宣言」。1992年6月3日から14日までブラジルのリオデジャネイロで開催された**国連環境開発会議**（通称，地球サミット）で合意され，同年6月8日に採択された。**持続可能な開発**の考え方に則った宣言文書で，前文と，第1原則から第27原則にわたる全27項目で構成されている。この宣言文書を踏まえ，環境分野での国際的な具体的行動計画「アジェンダ21」が，同会議で採択された。

「リオ宣言」の前文では，1972年に開催された**国連人間環境会議**における「ストックホルム宣言」を再確認し，これを発展させることを求めている。そして，地球の不可分性，相互依存性を踏まえ，新しい公平な地球的規模のパートナーシップの構築を目指し，全人類の利益の尊重と，持続可能な開発への国際的合意に向けた作業の諸原則が示されている。自国の政策にもとづく開発権を認めると同時に，自国の活動が他国の環境汚染をもたらさないようにする責任があることなどの内容が盛り込まれた。また，後に「共通だが差異ある責任」(common but differentiated responsibility)と呼ばれるようになった考え方が第7原則に示され，地球環境問題の責任は，先進国と発展途上国が共通に負うものの，両者が負う責任には程度の差があることを認めている。この背景には，地球規模の環境問題は，人類が共通に負うものとする先進国側の主張と，発展途上国もそれらの環境問題の一因を担うが，その原因物質の大部分は先進諸国が開発に伴って発生させたものであり，問題への対処能力も大きく異なるという発展途上国側の主張との対立があった。「共通だが差異ある責任」の原則は，それまでの両者の意見を折衷して形成され，同会議で採択された「アジェンダ21」や「気候変動枠組条約」にも採用されたほか，その後の開発に伴う諸問題への対処においても影響を与えている。

地球サミットから20周年を迎えた2012年6月，「**国連持続可能な開発会議**」(リオ+20)が開催され，「私たちが望む未来」(The Future We Want)が採択された。この中でも，とりわけ第7原則「共通だが差異ある責任」を含め，リオ宣言のすべての原則を再確認することが明記されている。

(吉川まみ)

リオの伝説のスピーチ
legendary speech at UN Earth Summit 1992／Sevan Suzuki's legendary speech

1992年6月にブラジルのリオデジャネイロで開催された**国連環境開発会議**で，当時12歳だったセヴァン・スズキ(Cullis-Suzuki, Severn)が行ったスピーチを指す。カナダで自ら立ち上げた子ども環境活動グループを代表して行ったスピーチは，会場にいた大人たちに衝撃を与え，後に「伝説のスピーチ」と呼ばれ，地球規模で環境問題への関心が高まる契機の一つとなった。スピーチ内容を記した『あなたが世界を変える日』は，多国語で翻訳出版された。その後，彼女は世界中で講演を行い，現在も，価値観の転換と未来に向けての行動を人々に訴え続けている。

(望月由紀子)

リオ+20 ➡ 国連持続可能な開発会議

利害関係者 ➡ ステークホルダー

リサイクル
recycle

リサイクルとは生産や流通，消費といった一連のプロセスの中で不要になった廃棄物を再び原材料として利用することである。廃棄物の削減と資源消費抑制の効果が期待できる。3Rと呼ばれる廃棄物削減の取り組み，すなわち，発生抑制（リデュース），再使用（リユース），再生利用（リサイクル）の一つである。自然のもつ浄化作用を人間の技術で補う働きかけととらえることもできる。リサイクルには**廃棄物**を原材料のレベルまで戻して素材として利用するマテリアルリサイクル（物質回収）と，焼却した際に出る熱を利用するサーマルリサイクル（熱回収）がある。また，廃プラスチック等に熱や圧力をかけ，もとの石油や化学原料に戻すケミカルリサイクルもある。

今日，**家電リサイクル法**や食品リサイクル法のようにリサイクルが義務づけられる製品もある。日常生活でも瓶や缶類，古紙，段ボールなどは自治体等を中心にリサイクルのため回収されている。しかし，リサイクルをするには，その過程においてエネルギーや資源の再投入が必要となり，新たな汚染発生の可能性もある。リサイクルが有効かどうかは製品における資源調達，製造，流通，消費，廃棄の全プロセスにおいて発生する環境負荷を，リサイクルをしない場合や他の方法等と比較検討しなければならない。　　　　（荘司孝志）

リスクコミュニケーション
risk communication

リスクコミュニケーションは，1970年代に米国で提唱された概念で，当初は正確な情報の公開や啓発に主眼が置かれていた。しかし現在では，双方向性が強調されるようになっている。すなわち，化学物質や食品の安全性などに関わるリスク評価やリスク管理において，専門家，行政，事業者，市民など様々な関係者が参加し，情報や意見を交換し，互いの信頼を醸成しながら，問題への深い理解や行動力を育むことが目指される。合意を得るという結果よりも，意思疎通と相互理解がまずは重視される。　　　　（福井智紀）

参 平川秀幸ほか『リスクコミュニケーション論』（大阪大学出版会，2011）

リスク社会
risk society

リスク社会とは，チェルノブイリ原発事故の破壊力をまのあたりにしたドイツの社会学者ベック（Beck, Ulrich）が提唱した現代社会のあり方を指す。ベックは，現代社会は富の分配が最重要である「貧困社会」（＝産業社会）ではなく，危険（リスク）の生産，分配の問題が最重要課題となっている「リスク社会＝危険社会」であるとした。このような社会の特徴として，人間によって征服され産業システムの内部に組み込まれた自然がもたらす脅威からは誰もが逃れられないこと，また産業化の進展とともにその脅威はより先鋭化することなどが挙げられる。　　（李　舜志）

リスクマネジメント
risk management

リスク管理ともいう。企業経営や組織・プロジェクト運営における事業継続を阻害するリスクを認識し，起こりうる事態・被害・影響を想定し，その因果関係を解明するとともに，これらの事態・被害・影響を回避する対策および発生後の被害・影響を最小限にする対策について事前に講じること，および講じるための技術である。

林春男ほか『組織の危機管理入門』（丸善，2008年）によると，リスクマネジメントの実施に当たっては，①何を達成目標とするのか，②想定される問題・被害は何か，③その原因は何か，④問題発生を回避する対策（被害抑止策）は何か，⑤問題が発生した時の影響を最小限にする対策（被害軽減策）は何か，という5つの問いに答えることが重要であり，どのようなリスクマネジメントもこの5段階で処理されると指摘している。

環境問題に関するリスクマネジメントの具体例として，工場の自然災害・設備故障等に

よる有害物質漏洩，ゴルフ場の農薬による土壌・地下水汚染などが挙げられる。これらのリスク評価では，評価尺度を統一させることが重要であり，例えば，各有害物質が人間の寿命に与える影響を「健康リスク」として換算して評価する方法がある。
(木村玲欧)

リターナブル瓶
returnable bottle

日本酒の瓶やビール瓶，牛乳瓶のように回収し，洗浄して繰り返し使用する瓶をリターナブル瓶という。スチール缶やアルミ缶，一度しか使用しない使い捨ての瓶より資源消費が少ない。また，リターナブル瓶は回収や洗浄施設，再充填施設が消費地に近いほど輸送等の負担が小さく有利である。普及を進めることは地域の中小飲料メーカーを支援する効果ももつため，リターナブル瓶の利用を活発化させようとする活動が各地で展開されている。しかし，缶やペットボトルなど扱いやすく軽量な容器に押され，リターナブル瓶の使用量は減少している。普及のためには消費者のライフスタイルや消費行動等の見直しのほか，生産者や流通業者の協力等が必要である。
(荘司孝志)

リデュース
reduce

リデュースとは廃棄物の発生を抑制することである。無駄や非効率で必要以上の消費，生産を抑制することを指す。製品はいったん廃棄物となればリサイクルしたとしても，ごみとして処分しようとしても，新たなエネルギーや資源再投入が必要となり，環境へ負荷を与えることになる。資源調達，生産，輸送，消費，廃棄という製品のライフサイクル全体を見すえた場合，将来的に廃棄物となるものの生産や消費を抑制し，そのサイクルに入り込む製品や廃棄物を削減することが環境に最も負荷が少ない。そのため3Rの中で最初に実施，検討しなければならない考え方とされている。
(荘司孝志)

リフューズ
refuse

リデュースと同様に廃棄物の発生を抑制する手段の一つである。リフューズは「断る，拒否する」という意味をもち，リデュースが発生を抑制しようとするのに対し，廃棄物の発生そのものをなくそうとする考え方である。例えば商品購入の際の過剰包装を断る，マイバッグを使いレジ袋をもらわない，水筒を持つことで飲料水を買わないことなどが挙げられる。企業の場合は，消費者が将来的に廃棄することになる余分なものを「作らない」，「使用しない」等が考えられる。3Rにリフューズを加えて4R，さらにリペアー（修理して改めて使う）を加えて5Rと呼ぶことがある。
(荘司孝志)

リユース
reuse

リユースとは一度使われた製品を再び製品として使用することで，3Rの一つである。例えば洋服を年齢の下の兄弟姉妹に譲ることや，壊れた機械を修理（リペアーと呼ぶ場合もある）して再使用すること等である。日本には古くからリユースの文化があったが，大量生産などで製品単価が下がり，また機械などの構造が複雑化する中でリユースをしないで廃棄することが多くなった。しかし，今日でも家具や家電製品等はリサイクルショップ（正確にはリユースショップ）で，洋服や日常雑貨等はバザーやフリーマーケットで，住宅や車は中古販売などのかたちでリユースが定着している。
(荘司孝志)

リョコウバト
passenger pigeon／wild pigeon

ハト目ハト科の鳥類。学名 *Estopistes migratorius*。かつて北米大陸に生息した渡り鳥で，夏に北米大陸東岸で営巣し主としてメキシコ湾岸で越冬。人間の活動により絶滅した生物の代表的な例として知られる。18世紀には北米東部森林地帯に数十億羽もの膨大な数が生息していたが，人口増加と開発に伴い食料・飼料目的や羽毛の利用のため乱獲され

個体数が減少。森林伐採と繁殖力の弱さが激減に拍車をかけたが，効果的な保護活動はなされなかった。1906年に最後の野生個体が撃ち落され，1914年シンシナティ動物園で最後のメスが死亡して絶滅した。

(畠山雅子)

臨界
criticality

臨界とは，核燃料物質による**核分裂**の連鎖反応が同じ割合で連続的に安定した状態で続くことである。核燃料物質は中性子が当たると核分裂を起こす性質があり，核分裂によって2～3個の新たに中性子が発生する。この中性子が別の核燃料物質に当たり，連続的に核分裂が起こる。核分裂の時に発生する熱で水を蒸気に変えてタービンを回して電気を起こす**原子力発電**では，核分裂によって生じる中性子数と核燃料物質などに吸収される中性子数が均衡状態となる臨界状態で稼働される。原子炉では，制御棒によって中性子数を制御しているが，操作ミス等で制御できなくなった事態が臨界事故である。

(冨田俊幸)

林道
forest road

林道とは，主に森林整備や木材運搬などの林業用に建設された道路で，トラックなどの自動車の通行が可能なものを指す。林業作業用の道路としての利用だけでなく，生活用道路・観光用道路などと併用されることが多い。林道建設は，特に中山間地復興のための公共事業としての意味合いが強く，戦前・戦後を通じて中山間地に雇用と様々な補助金をもたらしてきた。1970年代以降に造られた「スーパー林道」や「大規模林道（山のみち）」などのように，林業用というより地域振興や観光が主目的となり，大規模な自然破壊を引き起こして建設反対運動が起きたものも少なくない。

今後の林道建設においては，このようなかつての林道のあり方を再検証し，生物多様性や地形の保全に細心の注意を払いつつ，効率的に作業を行うことのできる道路計画が求められている。

(小島 望)

る

ルソー，ジャン・ジャック
Rousseau, Jean-Jacques

スイス生まれの哲学者，教育思想家，作家（1712-1778）。フランス革命を思想的に導いたといわれる。主な著作に『社会契約論』（1762年），『エミール』（1762年）などがある。従来の価値観や伝統から解放された個人を理想とし，啓蒙思想家として活躍した。人間が社会状態の中に入ることを悪徳，虚飾，格差など諸悪の根源とし，自然状態にある人間を善とした。このような自然礼賛思想に基づき，ルソーは『エミール』において架空の子どもであるエミールに，自然の秩序に沿った教育を試みている。

(李 舜志)

れ

レアメタル
rare metals

レアメタル（希少金属）は，金や銀などの貴金属以外で，地球上に埋蔵量が少ないか供給量が少ない非鉄金属をいう。蓄電池に使われるリチウム，液晶パネルやLEDに使われるインジウム，電子部品に使われるプラチナ（白金），半導体に使われるガリウムなどがレアメタルで，先端技術産業の材料としてレアメタルは欠かせない。日本では31種類の元素がレアメタルとして指定されているが，そこでは，永久磁石に使われるネオジムなどの17種の元素からなるレアアース（希土類）が1種としてカウントされている。電気製品があふれる日本には大量の希少金属資源が存在するといわれるが，廃棄された電子機器からのレアメタル回収は緒に就いたばかりで，レアメタルの回収技術の向上と回収の仕組みづくりが今後の課題である。環境教育分野では，資源浪費型の社会から廃棄物を低減し，資源を循環して利用する**循環型社会構築**のための

教育を行っていく必要がある。　(中村洋介)

レイチェル・カーソン
➡ カーソン，レイチェル

レオポルド，アルド
Leopold, Aldo

米国の生態学者（1887-1948）。森林局職員としてアリゾナ州のカイバブ高原で勤務。狩猟用のシカを増やすため天敵であるオオカミを撃ち殺す計画を実施したところ，シカが増えすぎて次の冬には餌不足で大量に死んでしまった。オオカミを撃った時に，死にゆくオオカミの眼が緑色に光ったのを見て「何かが間違っている」と感じたという。1933年，ウィスコンシン大学の狩猟鳥獣管理学の教授となり，以後は自然保護と生態学の分野で活躍。1949年に代表作である *A Sand County Almanac*（邦訳『砂原の歳時記』，『野生のうたが聞こえる』）が出版された。人間と自然との関係を支配関係ではなく，生態学的に平等関係であるとする「**土地倫理**（the land ethic）」を提示した。　(関　智子)

歴史的町並みの保存
preservation of historical townscape

長い年月をかけて形成された歴史的，伝統的建造物が並ぶ町並みを保存する活動。歴史的な町並みはその地域に住む人々の生活や文化を反映しており，地域のアイデンティティを象徴するものである。大正時代には，都市計画法（1912年制定）によって「美観地区」や「風致地区」を定めていたが，本格的な歴史的町並み保存運動の出発は，高度経済成長の中で東京オリンピックや大阪万博などの都市開発が全国的に始まった時期である。特に，歴史的な建造物の多い京都や鎌倉，金沢などで歴史的な**景観**破壊への危機感が高まった。まず1972年に京都で国に先駆けて「京都市街地景観条例」がつくられ，歴史的景観を保全する制度ができた。1973年に国は「文化財保護法」を改正し，「伝統的建造物群保存地区制度」を創設した。同制度に基づく重要伝統的建造物群保存地区は全国に98地区（2012年現在）ある。1980年代後半には，歴史的町並み保存から市民主体のまちづくり運動へ展開した。川越市や長浜市などがその例で，市民と行政，専門家の連携により，観光資源として保存することから地域の生活や経済を活性化する取り組みが始まっている。しかし地方自治体の景観条例には強制力がなく，都市部では高層マンションの建設も増加傾向にある。その対応策として，都市や農山魚村の景観保存のため2004年に「景観法」がつくられた。　(槇村久子)

レスター・ブラウン ➡ ブラウン，レスター

レッドデータブック・レッドリスト
red data book・red list

レッドデータブックは，**絶滅危惧種**に関するレッドリストの評価基準に基づき，対象となる生物種の生態や分布，生息状況，絶滅要因などについてより詳細な情報をまとめた冊子をいう。レッドリストとは，対象となる種を絶滅の危険性に応じていくつかのランクに分類し，リストアップしたものである。記載種は，絶滅（EX），野生絶滅（EW），絶滅危惧IA類（CE），絶滅危惧IB類（EN），絶滅危惧Ⅱ類（VU），準絶滅危惧（NT），絶滅のおそれのある地域個体群（LP），情報不足（DD），のいずれかに分類される。レッドリストとレッドデータブックは，種の保全を通じて生物多様性を守ることを目的に作成されていることで共通する。世界の生物については**国際自然保護連合**（IUCN），日本では環境省のほかにも，水産庁，自治体，学術団体，民間団体などが独自で，または相互に協力して類似の評価基準に基づいてレッドリストやレッドデータブックを作成している。

問題点として，記載種の情報は**生物多様性**保全にとって非常に有用なものであるにもかかわらず，そのほとんどに法的な保護対策が義務づけられていないことや，組織の評価手法の違いや思惑によって同種に対して評価が一致していないことが挙げられる。　(小島　望)

レンジャー
ranger

　米国の国立公園には、公園や施設の案内・維持管理、人命救助、治安管理などを行う者が常駐しており、「レンジャー」と呼ばれている。日本では1953年に米国にならって、各地の国立公園に12名の現地駐在管理員を配置したことから始まり、現在では、全国30か所の国立公園等に勤務する自然保護官を「レンジャー」と呼ぶが、その規模は米国には及ばない。その他、各地のビジターセンターにおいて公園管理や環境教育を行う者を指すケースも増加している。子ども対象の自然保護活動を実施する団体が、参加者を「レンジャー」と呼ぶこともある。

〔望月由紀子〕

ろ

ローカルアジェンダ21
Local Agenda 21

　持続可能な開発を、地域レベルで促進・実現していくための行動計画。1992年の**国連環境開発会議**において採択された行動計画「アジェンダ21」の第28章では、提起されている諸問題および解決策の多くは地域に根ざすものとし、その解決に向けた地方公共団体の役割を重要視し、各地方公共団体でローカルアジェンダ21を策定することを求めている。ローカルアジェンダ21では、地域からのボトムアップが強調されている。実施においては、地方公共団体が地域の市民との対話を通して地域から学ぶこと、市民が多様性を尊重しながら、社会・文化・経済・環境に関する、今と未来のニーズを尊重できる地域づくりに参画していくことが期待されている。

〔野口扶美子〕

ロジャーズ，カール
Rogers, Carl R.

　米国の臨床心理学者（1902-1987）。来談者中心療法（person-centered therapy）の創始者である。ロジャーズのカウンセリングの特徴は、人間は自らの成長と可能性を実現する潜在的な力をもつという楽観的な人間観であり、治療の場を一方的な助言や指導の場にせず、できるかぎり対等に互いの人格を尊重し対話を交わすことを大切にした技法を用いる。こうした人間中心の考え方や技法は、個人カウンセリングにとどまらず、グループアプローチ、人間性トレーニング、世界平和等の活動にも応用され、教育現場において現在も大きな影響を与え続けている。

〔川島憲志〕

ロハス
LOHAS

　Lifestyles of Health and Sustainability の頭文字をとったもの。「健康と持続可能性（環境）を重視した**ライフスタイル**」と訳される。米国の社会学者レイ（Ray, Paul）らが、環境や健康への意識が高い人々の層の存在に着目し、そこからマーケティングコンセプトとしてロハスを提唱した。

　日本においてロハスは雑誌等を通して広まったが、商品やビジネスと関連づけられることが多く、比較的高収入な一部の層にのみ受容されているという見方も強い。

〔西村仁志〕

ローマクラブ
Club of Rome

　地球の資源問題や環境問題、人口問題に対処するため、科学者や経済人などが1968年にイタリアのローマで開いた会合を契機に、1970年に設立されたシンクタンク。1972年に発表した報告書 *The Limits to Growth*（邦訳『成長の限界』）は、このまま人口増加と資源多消費型の経済成長による環境破壊が続けば、100年以内に成長が限界に達することを指摘し、世界に衝撃を与えた。現在の本部はスイス。環境や持続可能性、資源の消費、平和、安全保障などをテーマにしており、これまでに33の研究報告書を発表した。会員は推薦制で、約100人の個人会員と30以上の国や地域団体などからなる。

〔藤田 香〕

ロールプレイ
role play／role-playing

〔**ロールプレイの特徴**〕ロールプレイとは，現実に起こりうる場面を想定し，複数の人がその場に存在するであろう関係者の役割を演じ，疑似体験することを通して，ある事柄が実際に起こった時の対処の方法や関係者の心情を理解する学習方法の一つ。ロールプレイングとも呼ばれるとともに，一般に「役割演技」と訳される。

ロールプレイに似た概念にシミュレーションがある。どちらも仮想場面が設定される点では共通しているが，シミュレーションにおいては，次々に起こりうる状況やストーリー，およびそれへの対処の方法（モデル）があらかじめ予想されていて，参加者はそれを順番になぞっていくことになる。それに対してロールプレイの場合には，場面は設定されるものの，そこで起こる状況やストーリーに筋書き（シナリオ）は存在しない。あるのは舞台の設定だけで，状況やストーリーは役割の演技者によって次々に作り変えられていく。すなわち，状況の変化に対してシミュレーションが比較的受け身であるのに対して，ロールプレイは主体的であり，創造的である点に特徴がある。

〔**ロールプレイの進め方**〕ロールプレイは次の手順で進行する。
①ロールプレイの説明：ロールプレイをすることの意味，目的を参加者が共有する。
②ウォーミングアップ：未知の場面に対する参加者の緊張を解きほぐす。
③役割の決定：参加者全員をグループ分けし，各自の役割を決定する。その際，必要に応じて「演技者」のみならず「進行者（通常はファシリテーターが兼ねる）」「観察者（演技の全体を批評する役割を受けもつ）」を設定する。
④演技（実演）：役割分担に従って，各自実演する。
⑤討議：演技終了後，各登場人物は演技を通して何を感じ考えたか発表する。その際，観察者は演技，討議の全体にコメントする。
⑥ふりかえり：ロールプレイは当初の目的の達成に有効であったかどうかを全員でふりかえる。その際，討議で問題となった場面を再演したり，ビデオを再生し確認する。

〔**ロールプレイによる学習効果**〕ロールプレイでは，複数の参加者全員が各自に与えられた役割を遂行することにより，ストーリーを作り出していく。その共同作業を通して，参加者は以下のことをつかみ取る。
- 相手の言動の背後にある動機や感情
- 相手の考えや感情をつかむことの難しさ
- 相手の話を完全に聞き取ることの難しさ
- 相手への共感，寛容や尊敬
- 状況が相互作用的に作り出されていくことへの理解
- 自分の言動の特徴の理解と言動に対する責任感

そして最終的に参加者は，当面する問題に対する合意と解決の可能性を見つけ出す。

〔**実践的活用例**〕環境問題に関わっては，地球温暖化に代表されるような数多くの論争があり，そこには多数の利害関係者が存在し，彼らの利害は将来世代対現在世代，先進国対途上国，行政関係者対市民というように，時間や空間，立場を超えて複雑に絡み合う。また，「開発か保存か」「効率か公正か」「機会の均等か結果の平等か」など正義の規準も様々である。このような状況においては，立場の異なる者同士が，単に「YES」「NO」という結論だけをぶつけ合うのではなく，「どうすれば調整や合意は可能か」を建設的に話し合うことが重要である。そのためには，互いが主張の背景にある様々な立場や考え方を理解し，互いを受け容れることがなければならない。ロールプレイはこのような合意の形成や他者受容，あるいはそのための対話の能力を高める手段であり，活用場面は限りなく広い。

（水山光春）

ロンドン海洋投棄防止条約
Convention on the Prevention of Marine Pollution by Dumping of Wastes and Other Matter

海洋への廃棄物の投棄の規制に関する国際条約で，1972年にロンドンで開催された国際政府間会議で合意されたことから，ロンドン

条約とも呼ばれる。これは人間の活動から海洋環境を保護するための初めての国際条約で、1975年に発効し、1977年以降は国際海事機関（IMO）によって運営されている。日本は1980年に批准している。1993年に修正案が発効し、低レベル放射性廃棄物の海洋投棄が禁止された。1996年には海洋投棄およびその他の海洋汚染を防止するためのロンドン条約議定書が採択され、規制がより強化された。（長濱和代）

わ

わかちあい
sharing

　参加体験型の学習において、体験から気づいたこと、発見したこと、考えたことなどを、共通に体験をした学習者同士で相互に紹介し合い共有すること。体験のあとの「ふりかえり」のプロセスの中で個人個人が書いたものを読み合うかたちで行われることも多い。言語だけではなく絵画や身体表現などの手法を用いることもある。英語のシェアリング"sharing"という表現を使うこともある。

　同じ体験をしていても、感じることや考えることは一人ひとり異なり、その違いを共有することからさらなる学びが起こる。他者の話を聞いて「そういう感じ方や考え方もあるのか」と感心したり、ひるがえって自分自身の感じ方や考え方の型や癖に気づいたりする。そして、もっと自分にも違った感じ方や考え方の可能性があると触発されたりする。学びのプロセスの適切な節目や最後の段階で、それまでの体験をふりかえり、どのような感想や気づきや発見があったか、一人ひとりが表現するわかちあいを行うことで、互いの学びが一層深まるのである。

　五感を使った体験は、その体験からの気づきを言語化することが困難なときもある。そうした場合は、絵を描くこと、粘土やブロックなどでの造形、身体の動きを使ったジェスチャーや踊りなど、様々な表現手段を考えたい。なお、わかちあいは個人的な内面の自己開示であるため、無理強いしないよう配慮が必要である。
（中野民夫）

ワークショップ
workshop

　講演や講義などの一方的な知識伝達型ではなく、参加者が自ら参加・体験して共に何かを学んだり創ったりする参加型の学びと創造の場。参加者は、講師や先生の話をただ聞くだけではなく、自ら話し合いや様々な活動に参加したり、言葉はもちろん五感を使った様々な体験をしたり、互いに刺激し学び合ったりする。この過程で、気づきや学びが深まり、予期せぬアイディアが生まれる。受け身型の学習との大きな違いは、自分自身で感じ、自ら話し、考え、発見する中で、課題や学びが「自分ごと」となって当事者意識が高まり、主体性も育まれるという点である。

　通常、「ファシリテーター」と呼ばれる進行役が、全体の進行を担当し、円滑な学びや創造を促す。基本的にワークショップに「先生」はおらず、「参加者」が主体となる場をファシリテーターが支援する。専門知識に詳しい講師がいる場合も、ファシリテーターが仲介し、一方的な講義や情報提供だけでなく、参加者同士の話し合いの場をつくりながら全体を進行する。

　もともとの英語"workshop"は、「工房」「共同作業場」などの意味がある。主に欧米で、演劇などのアート、都市計画やまちづくり、人間関係トレーニングなど心理学、学習者主体の教育など、様々な分野で発展してきた。日本では、90年代くらいから盛んになり、アート、まちづくり、社会変革、環境教育、自己成長や精神世界、教育や学習、ビジネスや組織変革など、分野を超えて広がってきた。

　様々なワークショップに共通する特徴として、「参加」と「体験」と「相互作用」の三つが挙げられる。まず「参加」とは、話を聞くだけの受け身的な姿勢ではなく、自らそのグループの一員として話し合いや活動に積極的に関わること。ワークショップには先生も生徒もいないので、参加者一人ひとりが、主体的に参加することで、双方向の場が成立す

る。次に「体験」とは，言葉や頭だけでなく，身体を動かしたり，**五感**を使ったり，心で感じたり，身心をまるごと総動員して味わうこと。「知ることは感じることの半分も重要ではない」という言葉を残したレイチェル・カーソンが大切にした「センス・オブ・ワンダー」（不思議さや神秘さに目をみはる感性）を育むためにも，環境教育の分野では様々な**自然体験活動**が考案されてきた。三つ目の特徴の「相互作用」は，お互いに刺激し，触発し合い，学び合うこと。一人ではできない行動や発想を，お互いの違いを活かして補い合い，高め合うこと。うまく機能すれば，1＋1が2ではなく3以上になるような相乗効果（シナジー）を生み出したりする。

「ワークショップ」とは呼ばなくても，これらの特徴を踏まえた「ワークショップ的」な参加型の場は，無数にありうる。企画し主催する際は，「**場づくり**」「**プログラムデザイン**」「**ファシリテーター**」の三つに留意したい。「場」とは，単なる場所や空間だけでなく，人と人の関係性が織りなす雰囲気も含む。したがって「場づくり」とは，会場となる場所の選定やイス・机のレイアウトなどの物理的な空間デザインに加え，初めての人も緊張をほぐしながら安心して入れるような心理的な関係のデザインが大切である。「プログラムデザイン」とは，目標に向かって限られた時間で有効な学びや創造が起きるように，起承転結や，つかみ・本体・まとめ，などの流れを踏まえたプログラムを構想すること。「ファシリテーター」は，前述の進行役のことで，学びや共創や協働を促進する役割である。チームを作って複数で担ってもよい。

人間は，古来より集い合い，問い合い，話し合い，共に行動する中で，様々な課題を乗り越えてきた。簡単には解決しない，難問が山積みの現代，ワークショップは人間の知恵や力を引き出し，また一人ひとりが主体となって物事を決めていく真の民主主義への道程としても，今後ますます様々な形で展開するだろう。

（中野民夫）

ワシントン条約
Convention on International Trade in Endangered Species of Wild Fauna and Flora

絶滅のおそれのある野生生物を国家間で取引する際の国際的なルールを取り決めた条約。1973年に米国のワシントンで採択されたことからワシントン条約と通称されるが，正式名称は「絶滅のおそれのある野生動植物の種の国際取引に関する条約」。略称は CITES（サイテス）である。

国際取引を制限する必要のある野生生物が記載されたリストは，附属書Ⅰ〜Ⅲの三つのランクによって制限内容が異なっている。附属書Ⅰは，ジャイアントパンダやトラなど絶滅のおそれが大きい種が対象で，商業目的の取引が禁止され，例外的に学術研究目的の輸出入では輸出国と輸入国双方の政府が発行する許可書が必要となるなど比較的厳しい制約が課せられている。附属書Ⅱは取引を制限しなければ，将来絶滅の危険性が高くなるおそれがある種，附属書Ⅲは自国の生き物を守るために，国際的な協力を求めている種を対象としており，両者とも輸出入には輸出国の許可書が必要となる。附属書にリストアップされた生物のランク間の移動や追加，削除などについては4年ごとに開催される国際会議で協議される。しかし，実際にはこの条約に違反しての密貿易があとを絶たない。

本条約には日本を含め176か国が加盟している（2012年8月時点）。

（小島 望）

渡り鳥
migratory bird

ある地域に一年を通して生息する鳥を留鳥と呼ぶのに対し，繁殖地と越冬地とを異にし，毎年定まった季節に移動や渡りを繰り返す鳥を渡り鳥という。世界に約6,000種，日本国内で約550種が確認されている。渡り鳥は毎年，繁殖地と越冬地の間を同じようなルートで飛ぶ。長距離の渡りにおいて方角をどう知覚しているかについては，地磁気を感じて方向を知るもの，星座の位置で方向を知る等の実験結果が知られているが，海岸線などの地形をたどる場合も多い。

日本で観察される渡り鳥の種類は，大きく旅鳥・夏鳥・冬鳥の3種類に分類される。夏季にシベリア等の高緯度地域で繁殖し，冬季には南半球で越冬するために長距離を移動するシギ・チドリ類等は旅鳥と呼ばれ，渡りの途中の休息や栄養補給のため中継地となる日本では，春や秋に見られる。またツバメ等のように，暖かくなると東南アジア等南方から渡ってきて日本国内で繁殖し，寒くなる前に南の国へ帰るものを夏鳥と呼ぶ。一方，シベリア南部や中国東北部等で繁殖し，日本で越冬するハクチョウをはじめ，ガン・カモ類，ツグミやジョウビタキ等は，冬季だけ見られるので冬鳥と呼ばれる。旅鳥や冬鳥の多くは水鳥である。つまり，日本は旅鳥にとっては中継地，夏鳥にとっては繁殖地，冬鳥にとっては越冬地としての役割を果たしている。

渡り鳥は，繁殖地・中継地・越冬地それぞれの環境変化の影響を受けやすいので，長距離を渡る鳥の増減は，地球規模の環境変化を反映する指標となっている。渡り鳥の多様性を維持するためには，自然環境をいかに保全していくかが重要な課題となる。これまでにも，水鳥の餌場や休息のために重要な干潟等の湿地（ウェットランド）を保全するラムサール条約や，直接的に渡り鳥を保護するための様々な渡り鳥条約，またシギ・チドリネットワーク等，関係国間で連携した取り組みが進められてきた。しかし，日本における一部の夏鳥の激減に現れているように，渡り鳥の種の保存の取り組みはいまだ不十分である。今後も，それぞれの国々の国境を越えた一層の連携が求められている。

なお，長距離を移動する渡り鳥に対して，比較的狭い地域で季節によって山と里を移動するウグイスやメジロなどの漂鳥も渡り鳥とみなすことがある。

（坂井宏光・矢野正孝）

ワールドウォッチ研究所
Worldwatch Institute

1974年にレスター・ブラウンによって設立された民間の環境研究機関。本部は米国・ワシントンDC。持続可能で平等な社会を築くために，環境・エネルギー・人口など人類が抱える主要な問題を調査・研究し，その結果を毎年『地球白書』（原題：State of the World），『地球環境データブック』（原題：Vital Signs）などの刊行物で発表している。隔月刊の雑誌『ワールドウォッチ』（原題：World Watch）は2010年7／8月号で休刊した。データに基づく指摘・警告により，記者・学校教員・政治家といった社会的指導者，さらには一般市民に，世界が抱える深刻な問題について意識を改めさせた。

（桝井靖之）

「ワールドカフェ」
"World Café"

カフェのように開放的な雰囲気で，多数の参加者の意見や知識を集める会話手法。4～5人単位の小グループで対話を行い，一定時間（例えば20分）が経過したらメンバーの組み合わせを変えていくという手法は，1995年にブラウン（Brown, Juanita）とアイザック（Isaacs, David）が提唱したとされている。発言しやすく，またその機会も多くなることから，主体性や創造性を高め新しいアイディアを得ることもできる。環境問題の解決や環境教育の手法としてだけでなく，ビジネスや教育，市民活動，まちづくりなど，幅広い分野で活用されている。

（村上紗央里）

『われら共通の未来』
Our Common Future

国連決議に基づき，「持続可能な開発」を達成・永続させるための長期戦略・行動計画を策定することなどを目的に設置された「環境と開発に関する世界委員会（WECD）」（日本からは大来佐武郎が委員として参加）が，3年間の活動を経て1987年に公表した報告書。公表当時，ノルウェーの首相であった委員長の名をとり，「ブルントラント委員会報告書」としても知られる。邦訳名は，『地球の未来を守るために』（福武書店，1987年）。

1980年の『世界保全戦略』の考え方を引き継ぎながらも，生物資源の保全という課題を大きく越えて，人口，食料，エネルギー，都市などの問題を広く取り上げている。「持続可能な開発」を「未来の世代がかれら自身の

必要を満たす能力を損ねることなく，現世代の人類の必要を満たす」開発のあり方と定義し，最重要概念の一つとして国際社会に普及させるという重要な役割を果たした。

南（発展途上地域）の貧困への対応を優先すべき緊急の政策課題とする一方，北の過剰消費問題への対応には具体的に踏み込むことはできず，環境の限界は絶対的な制約要因ではなく，技術革新などにより経済成長の新しい時代への道を切り開けるとしている。

(井上有一)

A

ABS（遺伝資源へのアクセスと利益配分）
Access and Benefit Sharing (of genetic resoueces)

生物多様性条約では，その目的の一つとして「**遺伝資源の利用から得られる利益の公正で公平な配分**」を掲げている。この条約では，「遺伝資源」とは，利用価値または利用可能性のある遺伝素材（遺伝の機能的な単位を有する動植物・微生物その他の生物，またはそれに由来する素材）と定義されており，例えば，研究を重ねることで医薬品開発への利用が期待できる特定の植物や微生物などがこれに当たる。

遺伝資源へのアクセスと利益配分（ABS）とは，遺伝資源となる生物を産する国（提供国）に対して，遺伝資源をその外に持ち出して利用する国（利用国）の利用者が，一定のルールのもとで遺伝資源へのアクセスを確保してもらうことの対価として，その利用から得られた利益（例えば医薬品の販売収益）の一部を適切に提供国に配分し，遺伝資源の保全に役立てるという施策のことである。この考えについては，条約草案の交渉段階から，遺伝資源は世界各国共有の資源であり自由なアクセスが認められるべきという先進国（利用国）と，自国から遺伝資源をただ同然で持ち出されながら，開発された製品の収益の恩恵を受けないことに不満をもつ途上国（提供国）との間で，大きな利害の対立があった。

最終的には，条約第15条において，「遺伝資源の取得機会について（ルールを）定める権限は，それが存する国の政府が有する」とする一方で，提供国は「他の締約国が環境上適正に利用するための採取を容易にするような条件整備に努力する」ものとすると規定し，ABSの考え方が条約に盛り込まれている。

条約が発効した時から，ABSに関するルールを明確化することは大きな課題とされていた。度重なる交渉会議を経て，2010年，名古屋で開催されたこの条約の締約国会議（COP10）において各締約国が歩み寄り，ついに「ABSに関する名古屋議定書」が採択された。名古屋議定書では，遺伝資源の取得機会に関する規制は提供国の制度で定めることとし，取得にかかる利益配分については，当事者間の契約（MAT）に委ねることとしている。

名古屋議定書は，50番目の国が締結した日の90日後に発効することとなっており，**愛知目標**では2015年までに発効し，各国で制度が運用されていることを目標に掲げている。

(奥田直久)

AIDS ➡ エイズ

AR4 ➡ IPCC第4次評価報告書

B

BDF（バイオディーゼル燃料）
bio-diesel fuel

菜種油・ひまわり油・ダイズ油・パーム油などの生物由来の油のほか，廃食油（使用済みてんぷら油など）を使用した軽油代替燃料の総称。

燃焼により二酸化炭素が排出されるが，**カーボンニュートラル**の観点から，**地球温暖化**防止に有効な手段の一つであると位置づけられている。また，排気ガス中の黒煙が大幅に減り，**酸性雨**の原因となる**硫黄酸化物**もほとんど排出されない。ゴミの減量化や河川の水

質保全にもつながることから廃食油の有効活用を進める取り組みが日本各地で行われている。
(山本 元)

BHN ➡ 人間の基本的ニーズ

BOD（生物化学的酸素要求量）
biochemical oxygen demand

環境から採取した水中の有機物を微生物が一定温度，一定時間の間に分解する際に必要とする酸素の量のこと。有機汚濁物質の量が多いと BOD の値は高くなる。河川では利用目的に応じて類型別に BOD の環境基準が定められている。**水質汚濁**防止法により海域，湖沼以外への排水に対する規制基準が定められている。

COD（化学的酸素要求量）よりも有機物汚濁の指標としては優れているが，微生物に有機物を分解させる測定方法であるため，測定には日数を要する。一般的に，水道水として利用できる BOD は3mg/L 以下，魚が棲める BOD は5mg/L 以下とされ，10mg/L を超えると悪臭が発生しやすいといわれている。

なお，BOD を表す単位は飽和溶存酸素量（mg-O/L）であるが，mg/L と略されることが多い。
(望月由紀子)

Bq ➡ ベクレル

BSE（牛海綿状脳症）
bovine spongiform encephalopathy

牛の脳がスポンジ状の空胞変性を起こす進行性，致死性の神経疾患。一般に狂牛病とも呼ばれている。特徴としては，平均して7年から8年の長い潜伏期間の後に発症し，発症すると，神経過敏，運動失調，食欲減退などにより消耗し，最終的に死に至る。発症から死亡までは2週間から6か月ほど。脳に異常プリオンタンパク質が蓄積することが原因とされているが十分に解明されてはいない。感染経路は BSE 汚染牛の肉骨粉を飼料として与えたことによる経口感染と考えられている。

BSE は1986年にイギリスで発見され，人間への感染性と致死性から一時パニック状態になった。日本では2001年10月より牛の肉骨粉飼料を完全に禁止するとともに，異常プリオンタンパク質が蓄積される，脳を含む頭部（舌，頬肉を除く），脊柱（せきちゅう），脊髄，回腸遠位部（盲腸との接続部分から約2m）を特定危険部位(SRM)に指定し屠畜（とちく），流通の段階で除去することが義務づけられている。
(朝倉卓也)

BTCV ➡ TCV

C

Cゾーン
C-zone／comfortable zone

冒険教育で用いられる場合，冒険状態とは反対の comfortable（心地よい，安心）な状態を，その頭文字をとってCゾーンと呼ぶ。冒険状態とは，「未知」「非日常」「慣れていない」「予測が難しい」「危険を伴う」「不安」「ハラハラ・ドキドキ」「成功するか・失敗するか，結果を保証されていない」等を指す。それとは対照的に，「知っている」「日常」「慣れている」「予測できる」「安全」「安心」「心地がよい」「苦痛や心配がない」といった状態は，冒険状態を伴わない。冒険教育では，自分の意志で自発的にこのCゾーンから踏み出すことを冒険と定義している。また，個々の学習者がCゾーンを飛び出し，冒険体験を通じて成長できる領域をストレッチゾーンと呼ぶ。このストレッチゾーンをさらに越えて，冒険的体験での刺激やストレスが大きくなりすぎると，今度は教育効果がなく，反対にトラウマの要因となる危険性がある。このゾーンをパニックゾーンと呼んでいる。
(佐々木豊志)

CCB 基準
Climate, Community and Biodiversity Standards

CCB 基準は，土地利用に関連するプロジェクトの設計に当たって，気候，地域社会，**生物多様性**の三つの側面でそれぞれプラスの

効果をもたらすようにするための評価基準である。2005年に，企業，NGO，研究機関などで構成される世界的パートナーシップ連合であるCCBA（Climate, Community and Biodiversity Alliance）が発表し，2008年には改訂第2版が出されている。その中では，森林や農地などに関する**気候変動緩和対策**（アグロフォレストリーや再植林など）のプロジェクトが，**温室効果ガス削減**のみならず，地域社会や生物多様性の各側面にもたらす効果を評価するための判断基準が示されている。

これらの基準は，総合，気候，地域社会，生物多様性の4つのセクションに分けて示されている。総合セクションでは，事業実施前の状況の確認と将来予測，法令の遵守や土地所有権の確認などを求めている。残りの三つの個別セクションでは，各分野での事業によるよい影響や地域外へ及ぼす悪影響の評価と対策などの明確化を必須要件としている。

CCB基準への適合の有無は，事業計画書を基に第三者機関が審査を行い，パブリックコメントを経て最終評価書にまとめられる。その中で適合が認められたプロジェクトは，CCB認証を取得する。認証されたプロジェクトはCCBAにより公表され，炭素市場で高く評価されたり，事業の優先順位を高めたりする効果が得られる。また認証後も，モニタリング計画に基づき，各分野で実質的なよい効果をもたらしているか否かを審査する検証が，最低5年に1度行われることになっている。

〈奥田直久〉

CDM ➡ クリーン開発メカニズム

CEPA（広報，教育，普及啓発）
Communication, Education, and Public Awareness

CEPAとは，**生物多様性**の保全や持続可能な利用について，多くの人々の理解を促し，将来の世代に伝えていく活動を総称する用語であり，英語の"Communication, Education and Public Awareness"（広報，教育，普及啓発）の頭文字をとった略語である。CEPAは，様々なステークホルダーに関心をもってもらうだけでなく，必要な行動に結びつけてもらうためのプロセスであり，分野統合的なアプローチと，生物多様性国家戦略といった政府などの政策においても横断的に位置づけられることが重要である。

特に1990年代より，**ラムサール条約**や**生物多様性条約**の締約国会議等で広報や普及のあり方について活発な議論が行われるようになり，関連する戦略や計画の策定作業などの中で，CEPAの概念が発展し，その普及促進に向けた活動が進められている。

湿地に関するラムサール条約では，1993年の締約国会議（COP5）での普及啓発に関する勧告の採択がCEPAに向けた施策提案の始まりといわれる。その後，96年のCOP6の決議では教育と普及（EPA）プログラムを世界で実行することで人々の理解を深め，湿地の保全と持続的管理に向けた行動を発展させることを求めている。併せて条約戦略計画の中でもEPAは重要なテーマの一つに位置づけられ，99年のCOP7の決議で初めてCEPAという用語が用いられた。

生物多様性条約では2002年のCOP6でCEPA作業計画が決議された。その前文では，生物多様性という概念の複雑さや総合性を指摘しつつ，その保全と持続可能な利用を実現するためには，すべての**ステークホルダー**の参画を得て生物多様性の主流化（社会の中の様々な意思決定において常に生物多様性の視点が組み入れられるようになること）を達成し，社会を変革すべきとして，CEPAについての能力開発や予算・人員確保の必要性を強調している。その上で，①世界的なCEPAのネットワーク構築への取り組み，②知見と経験の共有，③CEPAの能力養成，といった主要項目が掲げられ，必要な行動がリストアップされている。

その後，2006年のCOP8決議では，CEPAツールキットの開発等10の優先活動が特定され，併せて作業計画に関する当面の「実行計画」を採択した。またCOP8での提案決議に基づき2010年は「国連生物多様性年」に指定されたが，この機運は2011〜2020年の「国連生物多様性の10年（UNDB）」にも継承され，**愛知目標**の達成に向けて，様々なCEPA関連

の取り組みが進められている。
(奥田直久)

CITES ➡ ワシントン条約

CO_2 ➡ 二酸化炭素

COD（化学的酸素要求量）
chemical oxygen demand

水中の被酸化性物質を酸化するために必要とする酸素量。採取した水に含まれる被酸化性物質を過マンガン酸カリウムなどの酸化剤で一定時間酸化したときに消費される酸化剤の量を測定して得られる数値。BOD（生物化学的酸素要求量）と異なり，有機物だけでなく還元性の無機物も含めた汚濁物質に対する酸素要求量を表すが，一般に，被酸化物の中で有機物が占める割合が高く，COD値も水質汚濁の指標として用いられる。湖沼や海域の水質に対する環境基準のほか，水質汚濁防止法により湖沼や海域への排水に対する規制基準が定められている。簡易分析（パックテストなど）によるCOD測定は，水質の汚染状況を簡易に把握できるため，市民活動や環境教育として実施されることも多い。
(望月由紀子)

COP
Conference of the Parties

〔語義〕「締約国会議」の英語の頭文字をとった呼称（コップ）で，国際条約の加盟国が物事を決定するための最高決定機関としての機能をもつ国際会議の総称である。COPといえば，気候変動枠組条約締約国会議が想起されるが，このほかにも生物多様性条約や湿地の保全に関するラムサール条約等にもCOPは設置されている。
〔日本で開催されたCOP〕日本で開催された環境関連のCOPのうち，最も大きな成果が見られたのは，1997年に京都で開催された気候変動枠組条約第3回締約国会議（COP3）で，ここでは2年間の交渉，議論を経て「京都議定書」が採択された。また，生物多様性条約では2010年10月に名古屋市でCOP10が開催され，遺伝資源へのアクセスと利益配分（ABS）に関する名古屋議定書や2011年以降の新戦略計画「愛知目標」等が採択される等の成果があった。
〔COPと市民活動の役割〕COPでは各国の代表（環境関連の条約では各国の環境大臣等）が集まり重要な決定を行うが，環境関連の会合では企業，環境保護団体等のNPO，大学，研究所等もオブザーバーとしての参加が認められていることが多い。これまでも締約国会議の会場やその周辺で環境団体，NPO等の市民が外国のNGOとも連携して様々な催しを企画し，会場に集まった各国代表へのロビー活動を展開するなど活発に活動している。気候変動枠組条約のCOP3で京都議定書が採択された背景には，こうしたNPO等の市民活動の役割が大きかったといわれている。
(比屋根 哲)

CSR（企業の社会的責任）
corporate social responsibility

〔語義〕CSRの最も標準的な定義として，社会的責任の国際規格ISO26000（2010年発表）における定義，欧州委員会の政策ペーパーであるCSRコミュニケーション（2011年発表）による定義がある。それらによれば，CSRは「社会や環境に与えるインパクトに対する企業の責任」である。その責任とは，マイナスのインパクトを最小化し，プラスのインパクトを最大化することで，法令遵守を超えたものである。ステークホルダー（利害関係者）の関心事項に配慮し，ステークホルダーと密に協力しながら持続可能な開発に貢献することが求められている。

一般的には，CSRは企業による社会貢献的な活動と理解されることが多い。しかし，CSRは本来，本業と分離されたつけ足しの活動ではない。上記いずれの定義においても強調されているのは，「企業は大きなインパクトを社会や環境に及ぼしているので，社会的責任は事業活動の中に統合されているべき」という点である。すなわち事業プロセスや戦略の中に不可分なものとして組み込まれ，一体化されているべきである，ということである。

社会的責任として取り組むべき課題は、ISO26000の中で7つの中核主題として示されているように、ガバナンス、公正な事業慣行、環境、人権、労働慣行、消費者課題、コミュニティ参画と発展、などがある。

〔歴史〕日本にも、利を追うだけではなく社会とともに栄えるべしとする、近江商人の家訓「三方よし」のように、企業の社会的責任の概念につながる経営哲学は昔から存在した。しかし、1970年代半ば、産業公害やオイルショック後の買い占め・売り惜しみなどで「企業の社会的責任論」が大きくクローズアップされ、1990年代初めには、多発する企業の不祥事を契機に企業の社会的責任があらためて注目された。

その後、2003年に初めてCSRの専任組織を設置する企業が現れ「日本のCSR元年」といわれるようになった。その頃から、企業の社会的責任はまったく別の次元でも語られるようになる。それは、呼称のアルファベット表記からも明らかなように、グローバルな潮流としてであった。

グローバリゼーションは経済的発展や生活水準向上をもたらした。しかし一方で、地球環境問題の深刻化、南北間経済格差の拡大など、「グローバリゼーションの影」も顕在化してきた。地球規模で相互依存が強まり、ヒト・モノ・カネは国境を越えて移動するため、そうした負の側面に対処する上での国家という枠組みの力は相対的に低下していく。代わって企業に目が向けられ、CSRの概念が2000年前後から欧米先進国を中心に広がり始めた。その後2010年前後からは新興国・途上国の企業にも広がり、世界的な潮流となっている。

国内でも2003年からの数年間で、CSR担当部署の設置やCSRレポート発行といった、社内体制整備が大企業を中心に急速に進み、1,000社以上がCSRレポートを発行するまでになった。その後、量的拡大は一段落し、前出のCSRの定義のように本業への統合を意識した質的な成熟段階を迎えている。

〔推進力〕CSRの普及・浸透にはいくつかの推進力が存在する。

第1に、ステークホルダーからの圧力である。企業の活動が環境や社会に与えるネガティブインパクトを指摘し、責任ある行動を求めるNGO・NPO、消費者、投資家などの活動が1990年代に盛んになった。欧米を中心に、年金基金など機関投資家による社会的責任投資(SRI)も進展した。国内でも1999年に初のSRI投資信託が発売され、各種のCSR評価ランキングが発表されるなど、企業評価の一手法として確立した。

第2に、政策的推進である。2000年のリスボン宣言において、欧州委員会は「社会的結束をともなう競争力のある持続可能な経済成長」の実現を掲げ、そのための戦略としてCSR推進政策を打ち出した。以降、CSR担当大臣が置かれ、企業の非財務情報開示を促進するなど、欧州各国で様々な促進政策が実施されてきている。一方で、日本国内では政策主導ではなく、むしろ企業自身が主導するかたちでCSRの普及が進んできた。

第3に、グローバルな基準や行動規範である。2000年に企業に責任ある行動を促す国連グローバルコンパクトが発足する。また同年には、CSRレポートなど非財務情報開示に関する基準であるGRIガイドラインが生まれた。いずれもCSRの有力基準として普及が進んでいる。また、2010年には最新の情報を集大成した文書として、社会的責任の国際規格ISO26000が発行された。国内でも、経団連が2004年に企業行動憲章を改訂してCSRの概念を反映させ、2010年にはISO26000に即した改訂を行うなど、産業界の自主規範の中にグローバルなCSRの潮流を取り込んできた。

第4に、サプライチェーンマネジメント(供給連鎖管理)である。法的責任とは別次元で、企業はグローバルに広がったサプライチェーンにおける環境や人権・労働問題への配慮を求められるようになった。これは特に先進国から途上国へ、大企業から中小企業へと、CSRを普及させる力となっている。多くの日本企業も、重要課題としてグローバル規模でのサプライチェーンマネジメントに取り組んでいる。

〔進展の方向〕実務の進展と並行して、CSRの

理論も進展を続けている。近年では，こうした潮流への受動的な対応ではなく，積極的に競争戦略としてCSRに取り組むべきだとの主張がなされている。ポーター（Porter, Michael）は，「競争優位のCSR戦略」を唱導し，CSRをイノベーションへの投資ととらえて，社会と共有できる価値の創造を目指すこと（CSV：creating shared value 共有価値の創造）が，企業の競争優位を導くとしている。

また，ISO26000はCSRの概念をさらに進化させて，企業だけではなく「すべての組織の社会的責任」という概念を提起した。規格策定にも様々なセクターが対等な立場で参加する「マルチステークホルダープロセス」を採用して，持続可能な社会の構築をステークホルダー参画によって実現することを企図している。

こうして，CSRは実務・理論の両面で進展を続けている。

(関 正雄)

CTL ➡ 石炭液化

D

DDT
dichloro diphenyl trichloroethane

DDT（ジクロロジフェニルトリクロロエタン）は有機塩素系化合物の農業用殺虫剤。ダニ，ノミ，シラミ等の防疫薬品として用いられた。残留性が強く，脂肪に溶解するために体内に入ると肝臓，腎臓，副腎，甲状腺等脂肪の多い臓器に蓄積する。レイチェル・カーソンは1962年に出版した『沈黙の春』でDDTの毒性や危険性を指摘しており，日本では1971年に使用禁止となった。しかし発展途上国では現在もマラリア対策として使われている。

(秦 範子)

DESD
➡ 持続可能な開発のための教育の10年

E

EIC ネット
Environmental Information and Communication Network

環境省が開局し，一般財団法人環境情報センターが運用する，環境教育・環境保全活動の促進を目的とした国内外の環境関連行政情報および交流ネットワークのポータルサイト。様々なウェブサイトからの環境関連情報を提供する「環境ナビゲーション」と，利用者による環境情報交流の場としての「環境コミュニケーション」のサービスを提供している。EICネットのホームページには「行政・研究者・企業・NGO・市民が一体となって環境情報を共有し，環境問題について共に考えて行動することができる環境情報ポータルサイト」を目指していることが記されている。

(長濱和代)

ELIAS
➡ アジア環境人材育成イニシアティブ

EM 菌
Effective Microorganisms

EMとは有用微生物群の意味であり，Effective Microorganisms（「共存共栄する有用な微生物の集まり」を意味する造語）の略語である。比嘉照夫（当時：琉球大学農学部）が，1982年に農業における土壌改良用に開発した資材である。これは乳酸菌，酵母，光合成細菌を主とする微生物の共生体とされており，農畜水産分野以外にも，環境分野など様々な分野に利用されている。しかし，このEM菌を利用した資材やEM技術とされるものの効果については賛否がある。

(野村 卓)

EMS ➡ 環境マネジメントシステム

EPA ➡ アメリカ合衆国環境保護庁

ESD（持続可能な開発のための教育）
education for sustainable development

〔思想的起源と概念〕ESD は，1992年のリオデジャネイロにおける国連環境開発会議（地球サミット）の合意文書である「アジェンダ21」の第36章を受けて，タスクフォースに指名されたユネスコの専門家会合やテサロニキ会議，その後の第6回国連持続可能な開発委員会（1998年）などを通じた国際的な議論の中で誕生し発展してきた概念である。つまり，この ESD の概念は，1972年の**国連人間環境宣言**や1975年のベオグラード憲章，1977年の**トビリシ宣言・トビリシ勧告**といった一連の**環境教育**の流れを源流とするが，「**持続可能な開発**」概念の発展に伴って進化してきたものである。そのため，ESD は持続可能な開発という文脈に即して，その具体的実施を意図した教育および教育実践としてとらえることが必要である。

2003年6月に発表された国連「**持続可能な開発のための教育の10年（DESD：Decade of Education for Sustainable Development）**」の国際実施計画フレームワークでは，『秘められた宝』（ユネスコ「21世紀教育国際委員会」報告書）の学習の四本の柱が明確に示されており，また国際実施計画の最終案において，「万民のための教育」などユネスコが推進する他の教育目標との連携が強調されている。こうした教育の理念は世界人権宣言を出発点とするユネスコの生涯学習部門による一連の取り組みの流れを受け継いでおり，ESD の思想的起源は，環境と人権を結びつけようとするユネスコによる一連の教育的取り組みとみることができる。

「持続可能な開発」という概念は，単に環境問題のみを対象としたものではなく，開発や貧困，平和，人権，ジェンダー，保健・衛生などのあらゆる諸課題を包含したものである。これらの諸課題の解決に向けた課題教育（環境教育や開発教育，人権教育，国際理解教育，平和教育，ジェンダー教育など）は，従来は個別に実施されてきた。しかし，1980年代の地球環境問題の顕在化などから，これらの課題が相互に密接な関係にあるとの認識が進み，これらの課題を扱う教育を総合化した取り組みが要請されてきた結果として誕生したのが ESD である。

〔DESD の経緯〕DESD が決議された経緯をたどると1992年のリオデジャネイロで開催された国連環境開発会議に行き着く。その後の10年間の成果を評価するために2002年に南アフリカのヨハネスブルグにおいて開かれた「持続可能な開発に関する世界首脳会議」（通称・ヨハネスブルグサミット）において，日本の NGO の要望等を受けて，日本政府は各国政府や国連機関とともに提案したのが「持続可能な開発のための教育の10年」である。この提案はヨハネスブルグサミットの成果である世界実施文書に盛り込まれ，さらにこの年の12月の国連総会で，「2005年1月からの10年を国連『持続可能な開発のための教育の10年』と宣言する」「ユネスコをリードエージェンシーとして指名し，DESD の国際実施計画を策定する事を要請する」「各国政府に対し，ユネスコの作成する国際実施計画を考慮し，その実施のための措置をそれぞれの教育戦略及び行動計画に盛り込む事を検討するよう呼びかける」といった内容が決議された。

〔DESD の実施計画〕2002年の国連総会決議を受け，ユネスコは DESD のための国際実施計画を作成し，2004年10月にその最終案を国連総会に示した。それによれば，DESD の基本的なビジョンとは，「あらゆる人々が教育の恩恵を受け，持続可能な未来と社会の変革のために求められる価値観や態度やライフスタイルを学ぶ機会のある世界」である。そして，その目的は以下のとおりである。①持続可能な開発に共同で取り組む際，教育と学習が中心的な役割を果たすことを明確にする。②ESD における様々な当事者の間で，二者間のつながりやさらに広範なネットワークの構築，相互交流や相互作用を促進する。③あらゆる学習と公共意識の形成を通して，持続可能な開発への移行とその展望を詳細に進めるための場と機会を用意する。④ESD における教育と学習の質の向上に努める。⑤それぞれの段階での学習者の力量を高めるための戦略を開発する。

［日本国内の推進体制］ヨハネスブルグサミット以降，国内で進められたESDの主要な組織的推進を時系列的に列挙すると，DESDの共同提案者であるNGOのメンバーによって組織された「持続可能な開発のための教育の10年推進会議」(ESD-J)の設立（2003年），DESDの提案に端を発した議員立法として提案された「環境保全活動・環境教育推進法」の制定（2003年），DESD関係省庁連絡会議の設置（2005年），DESD国内実施計画の作成（2006年），「環境保全に寄与する態度」などが盛り込まれた教育基本法の改正(2006年)，環境人材育成が柱の一つである21世紀環境立国戦略の策定（2007年），ESDの推進が盛り込まれた教育振興基本計画（2008年）や学習指導要領の改訂（2008，2009年）などが挙げられる。このようなESD推進の組織的・制度的な体制の整備によって，日本のESD推進の環境は整備されてきたといえる。しかし総合的なESDに取り組むには，縦割り行政により省庁間の連携が不十分であることや，DESD国内実施計画では，ESDの実施主体や進捗状況の評価指標があいまいなままであることなど，組織的推進体制においても多くの課題が残されている。

［ESDの理解をめぐる論点］DESD国際実施計画においてESDの鍵概念やDESDのビジョンが示されているものの，今日，ESDの理解をめぐっては環境教育関係者を中心に様々な論点提示がなされている。環境教育においては，従来，持続可能性のための教育 Education for Sustainability（EfS）や持続可能な未来のための教育 Education for Sustainable Future（EfSF）などの様々な用語が使用されてきたが，DESDの開始により持続可能な開発のための教育（ESD）に収斂されつつあるものの完全な定着には至っていないというのが現状であり，ESDの理論的な概念構築は未だその途上にあると見るのが妥当といえよう。EfS，EfSF，ESDのいずれにも共通する用語は，sustainabilityあるいはsustainableであるが，この用語の理解をめぐっては，「何を『持続』させるのかの中身が曖昧」という問い，すなわち「持続」の対象が「経済成長」なのか「生態系」なのかという議論がある。さらに，日本においては，この文脈においてdevelopmentを「開発」と訳すことの妥当性をめぐっても，これを「発展」と訳すべきといった議論もあり，「持続可能な開発」の訳語の妥当性をめぐっても議論がなされている。また日本ユネスコ国内委員会はESDの訳語として独自に「持続発展教育」の用語を使用しているが，「持続発展教育」という訳語は，sustainableの-ableが訳出されておらず，意味を正しく表してはいない。

このほか，ESDの理解をめぐって課題として示されている主なものを挙げれば，「この概念は政治的妥協の産物ではないか」「グローバルな言説であり，先進国の論理ではないか」「『持続可能な開発』は現実の様々な矛盾を包み隠してしまう言葉ではないか」といった議論がある。
（阿部治・降旗信一）

F

FAO ➡ 国連食糧農業機関

FIT ➡ 固定価格買い取り制度

G

GBO ➡ 『地球規模生物多様性概況』

GEF ➡ 地球環境ファシリティ

GLOBE（グローブ）プログラム
GLOBE Program

環境に対する意識を高め，地球に対する科学的理解を向上させることを目的に，1994年に当時の米国副大統領アルバート・ゴアが世界に向けて提唱した学習・観察プログラム。グローブ計画とも呼ばれ，正式には環境のための地球規模の学習及び観測プログラム（Global Learning and Observations to Benefit the Environment)という。児童生徒が自らの観測を通じて地球環境を学習するプログラムで，児童生徒の地球環境保全に参画する態度を養い，国際的なネットワークにおいて教育を進める点に特徴がある。日本では，小学校から高等学校まで20校程度をグローブスクールとして2年ごとに指定し，学校単位での観測による教育が実践されている。観測の対象は，気温，降水量，雲量などの気象，水質，土壌，植被，植物の生長の季節変化である。児童生徒が観測したデータは米国にある本部に集められ，データ処理された画像がグローブスクールに提供される。日本でのGLOBEは，日米政府間で1995年に締結され，文部科学省の事業として行われ，その事務局は東京学芸大学環境教育研究センターに置かれている。2012年現在，GLOBEプログラムには112か国の約26,000校が参加している。 (中村洋介)

GMO ➡ 遺伝子組み換え作物

GNH ➡ 国民総幸福量

GPS(全地球測位システム)
global positioning system

地球を周回する人工衛星から電波を受信して位置を特定する仕組み。4基以上の衛星から電波を受信して衛星までの距離を計算することで，緯度，経度，高度を求めることができる。カーナビゲーションシステムのほか携帯電話やカメラにもGPSの機能をもったものがある。得られた位置情報はパソコンの地図ソフトに表示することができる。GPSを使用して，ある生物が観察された位置や同時刻に観測した気温の位置を地図に点描し，その生物の生息域や気温分布などを調べることに利用されている。 (中村洋介)

GRIガイドライン
Global Reporting Initiative Guideline

GRI（グローバルレポーティングイニシアティブ）は，持続可能な経済，環境，社会の実現を目的とする国際的なNGOで，**国連環境計画（UNEP）**の協力組織として2002年に正式に発足した。本部はオランダ。GRIガイドラインは，GRIがあらゆる企業と組織を対象に，総合的かつ持続可能な枠組みとして，経済的側面だけではなく，環境的側面，社会的側面の三つの側面から評価しようとするトリプルボトムラインの概念を示したものである。持続可能な開発の目標に向けた組織の実績の測定と開示，内外のステークホルダーに対する説明責任の取り組みなど，具体的内容を提示し，世界で広く利用されている。日本でも**環境配慮行動**や**CSR**（企業の社会的責任）の報告書作成の指針として活用されており，NPO法人サステナビリティ日本フォーラムがこの普及をリードしている。 (長濱和代)

H

HIV ➡ エイズ

I

IAEA ➡ 国際原子力機関

ICT(情報通信技術)
information and communication technology

〔語義〕ICTはinformation（情報），communication（通信），technology（技術）の頭文字を並べたもので，一般には情報通信技術と訳されている。類似の語にIT（情報技術；information technology）がある。国連やOECDなどではICTの用語がよく用いられており，1999年以降は国内の新聞記事などでもICTの語が登場するようになった。

〔ICTと教育〕ICTに関する教育は大きく分けて，情報やコンピュータの「仕組みや利用の仕方について」学ぶ教育と，情報技術やコンピュータを「利用して」学ぶ教育に大別される。前者は，メディアを批判的に読み解く能力を養うメディアリテラシー教育に代表される。後者は，コンピュータ等の情報技術によ

る授業方法の改善という教育現場における「教育の情報化」が代表的なものである。

〔情報活用能力〕時代や社会状況によって求められる能力は変化する。情報（技術）のあふれる現代社会においては，多様なメディアを操作し，目的とする情報を見つけて利用したり，あるいは情報を発信する能力が求められるようになった。文部科学省は「情報活用能力」を「情報活用の実践力」「情報の科学的な理解」「情報社会に参画する態度」の3要素とし，これらをバランスよく育成することを求めている。

〔展開〕e-ラーニングや遠隔教育は場所に制限されない教育のスタイルを可能にした。また，博物館や動物園ではQRコードやICタグによる学習情報の提供を行っている。

〔課題〕「心の理論」によれば，他者との関わりの中で共感能力は育まれるといえるが，画一的な文字情報に依存するメール等によるコミュニケーションは，直接対話するコミュニケーションと比較して身振りや声色，表情といった情報を失っている。このように言語以外の手がかりを失ってしまうことは，他者の心を理解する途上にある幼い子どもたちにとって大きな損失であるともいえる。コミュニケーションの場面以外でも，情報技術による間接体験は直接体験の機会とトレードオフの関係になりがちである。子どもの能力を伸ばすことができる教育方法は何かという観点から，選びとっていくことが重要である。

（野田　恵）

IEA ➡ 国際エネルギー機関

IPBES
Intergovernmental Science-Policy Platform on Biodiversity and Ecosystem Services

IPBES（生物多様性及び生態系サービスに関する政府間科学政策プラットフォーム）は，**生物多様性**と**生態系サービス**に関する現状・動向を科学的に評価し，その結果を政策担当者に提供すること等によって，科学と政策のつながりを強化することを目的として設立された政府間機関で，生物多様性版のIPCC（気候変動に関する政府間パネル）とも呼ばれる。

2012年4月のパナマでの会議で，事務局がドイツのボンに置かれること，IPBES全参加国による「総会」のもとに，各地域の代表国による「理事会」と，自然科学，社会科学，政治学，先住民族・地域住民の知識等の専門家30名で構成され，科学・技術的検討の機能を担う委員会「MEP」の設置を決定した。また，2013年1月にボンで開催された第1回総会でにおいて，国連の5地域区分に従い，各地域からビューロー各2名（計10名）およびMEPメンバー各5名（計25名）が選任された。2014年から2018年までの初期作業計画は第2回総会で決定される予定。

（奥田直久）

IPCC ➡ 気候変動に関する政府間パネル

IPCC第4次評価報告書
IPCC Fourth Assessment Report: Climate Change 2007(AR4)

〔語義〕2007年に気候変動に関する政府間パネル（Intergovernmental Panel on Climate Change：IPCC）が気候変動に関する科学的知見をまとめ，評価，公表した報告書。AR4と略称されることも多い。

〔IPCC評価報告書〕IPCCは第4次評価報告書の発表までに，第1次評価報告書を1990年に，第2次評価報告書を1995年に，第3次評価報告書を2001年に発表している。2013年現在，第5次評価報告書の作成作業を進めている。

〔執筆者〕各国政府や国際機関は報告書の執筆に適した専門家を推薦し，IPCC事務局に送付。事務局は専門家の執筆者リストを作成し，この執筆者リストからビューロー会合において選出されていく。報告書の各章に，統括代表執筆者（CLA，統括執筆責任者ともいう）が選ばれる。CLAのもとに，代表執筆者（LA）が選ばれ，担当章を執筆する。また，報告書の査読コメントが反映されているかを確認する査読編集者（RE）も選出される。

〔作成作業〕報告書作成の原則として，CLAおよびLAは，査読がなされすでに公表されている学術雑誌の論文を引用して報告書の草稿

を作成する。作成された報告書の一次草稿は多くの専門家によって審査され、意見が提出される。そして各章のREは、出てきた意見にCLAおよびLAが対応しているかを確認、助言する。再度作成された二次草稿は政府と専門家レビューを受け、その意見を踏まえて作成された最終草稿は最終政府レビューと作業部会総会に提出される。報告書の正確性とレビュープロセスの透明性のため、複数回にわたるレビューが行われ、レビュー意見は報告書完成後も一定期間公開されている。

〔構成〕IPCC総会のもとには三つの作業部会があり、第1作業部会(WG1)は気候システムの科学的評価、第2作業部会(WG2)は気候変動の影響への適応策の評価等、第3作業部会(WG3)は気候変動対策の評価を行っている。報告書は三つの作業部会それぞれの評価報告書と、その三つの報告書を統合した統合報告書(Synthesis Report)からなる。

〔内容〕AR4の気候変動の観測結果においては、「気候システムの温暖化には疑う余地がない。大気や海洋の全球平均温度の上昇、雪氷の広範囲にわたる融解、世界平均海面水位の上昇が観測されていることから明白である」と結論づけられた。また、気候変動の理解と原因特定においては、「20世紀半ば以降に観測された世界平均気温上昇のほとんどは、人為起源の温室効果ガスの増加によってもたらされた可能性が非常に高い」とされた。こうしたIPCC報告書の結論が国際社会における気候変動政策へ与える影響は大きい。

国際社会に与える影響の大きさゆえに、2009年には、英国イーストアングリア大学の気候研究ユニットでハッキングされたメールの流出に端を発するいわゆる「クライメートゲート事件」が報じられ、AR4の作成作業に参加していた研究者のデータ捏造やIPCC評価報告書への不信感などが報じられた。これに対し、同大学は独立したレビュー組織を設置し、レビューを実施した結果、データ捏造の不正はなく、IPCC評価報告書の結論を蝕むような行為のいかなる証拠も見いだせなかったと結論づけた。気候変動の議論は科学者によって意見が異なることもあり、科学的

不確実性を伴うものもあるため、IPCCの活動や評価手続きは透明性の向上と組織体制の強化が求められる。 (早渕百合子)

ISO
International Organization for Standardization

ISO(国際標準化機構)は各国の標準化機関によって構成された、国際規格をつくる組織。1947年2月にそれまでの万国企画統一協会(ISA)を発展させて設立された。日本からは1952年に日本工業標準調査会(JISC)が加盟。本部はスイス。ISOの発行する個々の国際規格にはISOの後ろに数字が付されている。**ISO14001**は環境マネジメントシステム(EMS)の仕様を定めたものである。1996年に発行し、2004年に改訂された。基本構造は**PDCAサイクル**である。まず組織の経営責任者が環境方針を策定する。それを踏まえて環境の計画を立て(plan)、実施や運用をし(do)、点検や是正処置をし(check)、結果を見直す(act)というプロセスを繰り返して環境への取り組みを改善していく。ISO14001は、環境配慮に取り組んでいる証明になる。

組織の社会的責任に関する国際規格ISO26000は、2010年11月に発効し、組織統治、人権、労働慣行、環境、公正な事業活動、消費者課題、コミュニティや社会への貢献の7つの中心的な主題と課題を挙げている。このうち環境では、サプライチェーン管理や予防的アプローチなどの原則を掲げる。製品・サービスの環境側面の特定、持続可能な生産と消費、持続可能な資源の使用、**気候変動**、生態系の保全について定めている。CSRの推進を目指す企業にとっては、有効に活用できる手引書である。 (藤田 香)

参 日経エコロジー編集部『環境が1冊でわかる用語・法律・データ集』(日経BP社, 2012)

IUCN ➡ 国際自然保護連合

J

JEEF ➡ 日本環境教育フォーラム

K

KJ法
KJ Method

文化人類学者である川喜田二郎が考案した創造性開発または創造的問題解決の技法。KJは考案者のイニシャルに由来する。蓄積された情報の中から関連するものをつなぎあわせて整理し，統合する手法の一つ。1枚のカードや付箋に1データの要約を記述し，似通ったカードをいくつかのグループにまとめる。そして各グループに見いだしをつける作業を繰り返し，最後に全体を叙述する。フィールドワークやブレインストーミングなど，断片的なデータを統合して全体の意味や構造を読み解くため，あるいは創造的なアイディアを生み出すのに使用される。集団の合意形成に用いられることもある。　　　（関 智子）

M

MDGs ➡ ミレニアム開発目標

N

NAAEE ➡ 北米環境教育学会

NACS-J ➡ 日本自然保護協会

NGO・NPO（非政府組織・非営利組織）
non-governmental organization・nonprofit organization

日本ではNGO・NPOを一語として取り扱い，非営利の市民団体を指すことが多い。

〔NGO〕NGOは，本来，国連で使われた言葉で，国家だけでは解決が難しい課題に対し，国家以外の組織に対応してもらおうと，国連が参加を認めた非政府組織（国連憲章に基づく協議資格をもつNGO）を意味する。例えば，日本と北朝鮮など国交のない国同士の対話には，両国の赤十字が大きな役割を果たしていた。また，環境問題など国境を越える問題に対しては国家間が交渉に当たるより，国際的な組織の方が対処しやすい。こうした事柄が増えたため，国家の集まりである国連に国家（政府）以外の組織の参加が許され，こうした組織をNGOと呼んだ。ところが，日本にこの言葉が入ってきた当時，市民団体を指す言葉として使われたため，日本では国連に登録された組織（本来のNGO）以外の，一般の市民団体もNGOと呼ばれるようになった。

〔NPO〕一方，NPOは非営利組織のことで，もともと米国の税法上の用語であった。利益を目的としない組織であり，公益目的を主とする組織を指す。日本では，市民を中心とするボランティア組織の多くは財団法人や社団法人の資格がなく，任意団体であり，法人格をもっていなかった。そのため，銀行からの借入や解散時の財産の継承などの点で不利な状態に置かれていた。しかし，1995年の阪神淡路大震災の際，多くの若者が現地に駆けつけ，ボランティア活動を行ったことがきっかけとなり，任意団体を何らかの法人格を与えようという動きが高まった。1998年に特定非営利活動促進法（NPO法）ができ，この法律により多くの市民団体がNPO法人となった。NPO法人は国の認定と地方公共団体の認定があるが，2012年11月現在，日本には46,763のNPO法人がある。

〔欧米のNGO・NPO〕日本の市民団体の多くは非政府団体であり同時に非営利団体でもある。このため，「NGO・NPO」とつなげて書

いて市民団体の意味を表すことが一般的となった。しかし、日本の環境NGO・NPOは欧米各国と比べると非常に小規模である。ヨーロッパには50万人以上の会員をもつ環境保護団体が各国にあり、中にはイギリスのナショナルトラストのように400万人を越える組織もある。こうした環境保護団体はヨーロッパ各地の「緑の党」の支持基盤となっている。また、米国でも大きな団体が多数あり、450万人の会員をもつNWF（全米野生生物連盟）をはじめ100万人以上の会員を有す団体が多い。**シエラクラブや全米オーデュボン協会**など設立以来100年を超える伝統のある団体も多く、全米では延べ約1,500万人が環境保護団体の会員になっている。

〔日本のNGO・NPO〕これに対し日本の環境保護団体は非常に小さく、**日本野鳥の会**の会員数は約4万人、**日本自然保護協会**が3万人、WWFジャパン（世界野生生物基金・日本）が3万人というレベルである。日本の環境保護団体の会員総数は30万人程度とされており、米国に比べ実に50分の1の規模。欧米の環境保護団体に比べ、非常に規模が小さく、日本の環境保護団体は市民の支持をまだ十分に得ていないことを示している。

〔岡島成行〕

NIEO ➡ 新国際経済秩序

NIMBY（ニンビー）
Not In My Back Yard

「うちの裏庭にはお断り」の意味で、必要性は認めながら自分に不利益なことになると反対する住民やその姿勢を指す言葉。原子力発電所、し尿処理施設、ごみ処分場などのいわゆる迷惑施設の受け入れに際して生じることが多い。受益者と負担者が乖離している場合でも、地域エゴと混同させて主張を不当化するために使われる場合もある。Not In Anybody's Back Yard（NIABY：誰の裏庭であろうとお断り）や、Nowhere on Plant Earth（NOPE：地球上のどこであってもお断り）という施設自体をなくす考え方もある。

〔金田正人〕

NOx ➡ 窒素酸化物

O

ODA ➡ 政府開発援助

OECD（経済協力開発機構）
Organization for Economic Co-operation and Development

OECDは、先進国間の自由な意見交換・情報交換を通じて、経済成長、貿易自由化、途上国支援（「OECDの三大目的」という）に貢献することを目的とする国際組織。本部はフランスのパリに置かれている。

第二次大戦後、米国のマーシャル国務長官は経済的に混乱状態にあった欧州各国を救済すべきとの提案から「マーシャルプラン」を発表し、1948年に欧州16か国でOEEC（欧州経済協力機構）が発足した。これがOECDの前身となり、欧州経済の復興に伴って、1961年にはOEEC加盟国に米国、カナダが加わり、新たにOECD（経済協力開発機構）が発足した。日本は1964年にOECDに加盟し、2010年には加盟国が34か国となった。

OECDの最高機関である閣僚理事会には主要国首脳会議（サミット）参加国すべてが参加し、時期的にもサミットの1か月前に開催されることから、閣僚理事会における経済成長、多角的貿易等に関する議論は、サミットにおけるこれらの議論の方向性に大きな影響を与えている。エネルギー問題を検討する付属機関には、IEA（国際エネルギー機関）がある。OECDは経済発展とも関わりが深い教育の動向にも関心を寄せており、2000年から3年ごとにPISA（国際学習到達度調査）を実施している。

〔長濱和代〕

P

PA ➡ プロジェクトアドベンチャー

PCB ➡ ポリ塩化ビフェニル

PDCA サイクル
PDCA cycle

〔定義と背景〕Plan→Do→Check→Act→そしてPlanの循環過程で表現されるモデル。レヴィン（Lewin, Kurt）が提唱したアクションリサーチ（action research）から，デミング（Deming, W. Edwards）は，産業界に応用すべく，Deming Cycle（PDCAサイクル）を考案した。1947年に来日したデミングは，日本科学技術連盟の招きを受け，当時の企業経営者に大きく影響を与える講義を行い，その講義内容が出版された。連盟はその印税でデミング賞を設定し，PDCAサイクルに基づいたQC（品質管理 quality control）サークル活動，やがてはTQM（総合品質管理 total quality management）活動において貢献した団体，個人の表彰を続けている。このマネジメントシステムの考え方は，ISO取得のために導入されたことから，環境保全活動にPDCAサイクルのモデルが広く紹介されることとなり，行政機関においても，環境教育活動の分野にも，学校教育の現場にも具体的な展開例が見られるようになった。さらにレヴィンの後継者によるアクションリサーチそのものの影響もあって，PDCAサイクルは，様々な分野で導入されている。

〔類似の概念〕このモデルは，レヴィンの影響を受けたワークショップを出発点とする全米教育協会NTL（National Training Laboratories）による，体験学習法のモデル，Do→Look→Think（abstract conceptualization）→Plan（active experiment）→Doと比較もされ，混同もされている。両者ともにDo（具体的な体験）を基にするが，前者には，後者のabstract conceptualization：概念化（もしくはhypothesizing：仮説化）に当たる項目がない。

（西田真哉）

PES（生態系サービスへの支払い）
payments for ecosystem services

生態系サービスの恩恵を受けている人々（受益者）が，サービスの内容や規模に応じた対価や保全費用を負担する仕組みのこと。生態系サービスとは，人間の福利に恩恵を与える生態系の機能のことを指す。現代における生態系サービスの低下の大きな原因として，私たち人間がその価値を認識せず，その価値や機能の低下を招く開発を行い，またその適切な管理を怠ったこと等が挙げられる。現状では，生態系サービスや生物多様性の保全と持続的な利用を行うための資金が，世界的に見ても圧倒的に不足しており，資金確保のためのメカニズムが世界各地で検討，実施されている。その中の一つの仕組みとして，PESへの関心が急速に高まり，1990年代中頃から導入され始めた。PESは，生態系サービスの保全に有効な一手法として世界各地に広がっており，今日では国，地域レベルで300以上のプログラムが進行中である。

世界的な政策の基準はまだ確立されていないが，2020年までの生物多様性政策目標である「愛知目標」やそれに関連した決議には，PESの具体的な政策実現を目標とする文言が記述されており，21世紀前半の間に，さらに進展することが予測されている。（長濱和代）

PISA（生徒の国際学習到達度調査）
Programme for International Student Assessment

〔語義〕経済協力開発機構（OECD）が行っている国際的な生徒の学習到達度調査。義務教育修了時の生徒の学力を測定する調査で，日本では高校1年生が対象。3年ごとに行われ，読解力，数学的リテラシー，科学的リテラシーを調査する。調査ごとに重点的に調べる分野が定められており，2000年，2009年では読解力，2003年，2012年は数学的リテラシー，2006年調査では科学的リテラシーを中心に調査された。2012年調査には64の国・地域が参加している。

〔PISAの目的と理念〕PISAは，国際数学・理科教育動向調査（Trends in International Mathematics and Science Study：TIMSS）と同じく，各国の教育政策当局や教育関係者に対して，国際比較を通した自国の教育の改善のための知見を提供することを目的としている。しかしTIMSSが学校で習得した知識や技能の定

着度を調べるものであるのに対して，PISAは「自らの目標を達成し，自らの知識と可能性を発達させ，効果的に社会に参加するために，書かれたテキストを理解し，利用し，熟考する能力」(PISAの読解力についての定義)に示されるように，知識や技能の活用能力を評価しようとしている。この背景には，激しく変化する現代社会においては，学校で習得した知識や技能だけでは十分ではなく，むしろ直面する課題解決のために知識や技能を活用する能力こそが変化への適応の鍵になるという理念が存在している。したがって，例えば科学的リテラシーが注目する能力として，「思慮深い一市民として，科学的な考えを持ち，科学が関連する諸問題に自ら進んで関わること」が挙げられていることからもわかるように，環境や健康といった具体的な状況・文脈の中で，その状況に応じてどのように問題を解決するかということに焦点が置かれている。そのため，環境に関連する出題頻度も高く，2006年の科学リテラシー調査では108問中24問が環境関連の出題であった。なお2006年調査では *Green at Fifteen?* という，PISA参加国生徒の環境科学および地球科学における達成度と環境への態度の報告書も作成された。

〔PISAと日本〕PISA調査に対する世論の関心は高く，特に2003年調査では，「読解力」の順位が大きく低下したことが，文部科学省への批判を高め，「**ゆとり教育**」見直しの大きな契機となった。その後，2009年調査では読解力に回復が見られ，科学や数学のリテラシーについても高い順位を維持していることから，順位低下そのものへの批判は収まってきたが，自分の意見を表現できない傾向や読解力において上位層と下位層に二極化する傾向が見られること，数学や理科への興味の低さが問題となっている。同時にこれまでの調査を通じて，日本では，生徒の家庭的背景や社会的背景が成績に影響を与えにくい，教育投資の費用対効果が大きいなど日本の教育の長所も指摘されている。なお上述の *Green at Fifteen?* によれば，日本の生徒の環境科学についての問題への理解度は高かったが，その一方で，**野外教育**や課外活動での環境教育の機会が著しく少ないなど，日本の環境教育の問題点が明らかになっている。　　(荻原　彰)

PLT ➡ プロジェクトラーニングツリー

PM2.5
particulate matter 2.5

微小粒子状物質とも称される。直径が2.5μm(マイクロメーター：mmの1,000分の1の単位)以下の粒子状物質(particulate matter)の略称。SPMと略称される浮遊粒子状物質(suspended particulate matter)が直径10μm以下の微粒子を指すので，SPMの中でも特に微小で，浮遊性のさらに高い物質がPM2.5である。浮遊性が高く降下しにくいばかりでなく，微小であるために気管を通過して肺の奥に到達し，肺胞などに付着して喘息などを引き起こしやすい大気汚染物質である。中国北部の**大気汚染**については数年前から高い数値のPM2.5が指摘されていたが，2013年2月初旬に中国の北方地域一帯で高い数値のPM2.5を含む大気汚染が観測され，その影響が日本に及ぶとの報道が大々的になされることで，一般の日本人にも知られるようになった用語。中国の大気汚染におけるPM2.5増加の背景として，急増する工場や自動車の排煙・排気ガスが従来の**黄砂**に加わった結果とも指摘されている。　　(諏訪哲郎)

POPs ➡ 残留性有機汚染物質

PPP ➡ 汚染者負担原則

Q

QOL
quality of life

QOLは「生活の質」と訳される。経済的・物理的な豊かさだけでなく，精神的な豊かさや人間らしい生活を評価する概念である。世界保健機構(WHO)によれば，QOLは一個

人が生活する文化や価値観の中で，目標や期待，基準，関心に関連した自分自身の人生の状況に対する認識としている。

1972年の西ドイツ金属産業労働組合（IGメタル）主催の「生活の質の向上」をテーマにした国際会議，同年ローマクラブの報告書『成長の限界』の刊行はQOLの議論の高まりを示すものである。また，1970年代には人口の増加と大量生産，大量消費が顕著になり，環境の破壊がより深刻化したため，自然環境に関わるQOLの改善が新たな課題となった。

（シュレスタ マニタ）

R

RPS制度
renewable portfolio standard

電力事業者や需要家に**再生可能エネルギー**による電力を一定の割合以上発電・購入するよう割り当て，**再生可能エネルギー**の普及を図る政策手法。RPSはrenewable portfolio standardの頭文字を取った略称で，主に米国で使われる用語。ヨーロッパなどではクオータ（割当）制と呼ばれている。日本の「電気事業者による新エネルギー等の利用に関する特別措置法」（通称RPS法，2002年制定）も同様の制度である。同法は2012年7月からの固定価格買い取り制度の実施に当たり，6月末で廃止となったが，RPS制度は7月以降も経過措置として当面の間継続されている。

（豊田陽介）

S

SATOYAMA イニシアティブ
SATOYAMA Initiative

失われつつある二次的自然環境をあらためて見直し，持続可能な形で保全・利用していくためにはどうすべきかを考え，行動しようという取り組み。平成19年に閣議決定された「21世紀環境立国戦略」の中で，「世界に向けた自然共生社会づくり―SATOYAMAイニシアティブ―の提案」として初めて用いられた。具体的には「世界各地に存在する持続可能な自然資源の利用形態や社会システムを収集・分析し，地域の環境が持つポテンシャルに応じた自然資源の持続可能な管理・利用のための共通理念を構築し，世界各地の自然共生社会の実現に活かしていく取組」で，その内容は，①環境容量・自然復元力の範囲内での利用，②自然資源の循環利用，③地域の伝統・文化の評価，④多様な主体の参加と協働，⑤地域社会・経済への貢献からなっている。背景には，生物多様性の危機の一つに農林水産業などの人間の営みによって長年にわたって維持されてきた二次的自然環境（里地・里山・里海）が近年，人による手入れの減少や大規模な機械化などで大きく変化し，その結果身近な生物種が減少したり**絶滅危惧種**に追い込まれているということがある。

持続可能な土地利用のあり方であった里山などの伝統的な管理手法や仕組みは世界で共通するところが多いため，「SATOYAMA」という概念で各国にその再認識を促そうと，2010年に名古屋市で開催された生物多様性条約締約国会議（COP10）で日本が提言した。

（戸田耿介）

SDGs ➡ 持続可能な開発目標

SOx ➡ 硫黄酸化物

SRI ➡ 社会的責任投資

STS教育
STS education

〔語義と内容〕STS教育のSTSとは，science（科学），technology（技術），society（社会）の頭文字を並べたものである。この略称を提案したザイマン（Ziman, J.）は，『科学と社会を結ぶ教育とは』（産業図書，1988）の中で「科学の社会学，科学の科学，科学と社会，科学の社会的責任，科学論，科学政策学，社会的文脈における科学，科学概論，科学と技

術の社会的関係，歴史・哲学・科学社会学・技術・知識等々，平明なものや手の込んだものもあるが，多くの異なった呼び名で通用する一つのテーマがある。私たちは，隠語的表現ではあるが，これをSTSと呼ぼう」と述べている。近年は，これらの研究領域を指す名称として，科学技術社会論と訳されることもある。このような内容を学習させようというのが，STS教育である。

STS教育の内容は，科学の概念や法則のような純粋科学の範疇を越えているが，それを科学教育の一環として含むべきである（あるいはそれが学習効果を高める）という主張が背景にある。具体的には，科学，技術，科学技術などの意味や差異と，それらの相互作用の学習や，科学技術が関わる現代的課題の学習が含まれる。現代的課題には，科学技術が関わりをもつ様々な環境問題も含まれる。例えば，**酸性雨**，**オゾン層の破壊**，**地球温暖化**などの地球環境問題である。また，**遺伝子組み換え**，ナノテクノロジー，**原子力発電**のような科学技術の進展も，新たな環境リスクを高める側面をもつ。

〔**理科教育，環境教育との関係**〕科学技術のもつ両面性については，中学校学習指導要領解説理科編（2008年）にも「設定したテーマに関する科学技術の利用の長所や短所を整理させ，同時には成立しにくい事項について科学的な根拠に基づいて意思決定を行わせるような場面を意識的につくることが大切である」と述べられている。理科教育界ではこのように，STS教育の必要性については一定の共通理解があるものの，どの程度力点を置き，どのように具現化していくかについては，議論や研究・実践がまだ不足している。

2008年度の学習指導要領改訂や2011年の**福島第一原発事故**をうけて，STS教育の研究・実践が今後再び活性化していくことが期待される。環境教育が目指す**持続可能な社会**の構築のためには，科学技術を社会の中でどのように活用し，いかに公平に運用していくのかという，科学技術ガバナンスの視点が不可欠であり，STS教育はそのための基礎を育む教育でもある。

（福井智紀）

Sv ➡ シーベルト

T

TCV

The Conservation Volunteers
（旧称 BTCV：British Trust for Conservation Volunteers）

英国最大の自然保護団体。1959年に作られた自然保護組合（Conservation Corp）が前身で，1970年にBTCVに変更。さらに2012年5月からはTCVとなった。英国の**ナショナルトラスト**などのチャリティ団体との連携を図りながら，環境の保全や，建造物の修復・保存などの取り組みなど，身近な自然環境や景観の保全活動に取り組んでいる。TCVが展開しているConservation Holidaysと呼ばれる環境保全ボランティアのプログラムでは，毎年200以上のプロジェクトを展開しており，破壊された自然の回復に貢献している。また世界各地の自然保護団体と連携し，国外でも世界各国からのボランティアの協力のもとにプロジェクトを進めている。

（関 智代）

TEEB（生態系と生物多様性の経済学）

The Economics of Ecosystems and Biodiversity

TEEBとは，地球規模での**生物多様性**の経済的価値に注目し，生物多様性の損失による経済的・社会的損失を示し，政策決定者や市民などに対する適切な意思決定のための情報提供を目的とした研究プロジェクトである。2007年のG8環境大臣会合（ドイツが議長）において問題が提起され，ドイツ銀行を中心に研究を開始，2010年の生物多様性条約第10回締約国会議（COP10）において最終報告書が公表された。その中では，生物多様性への影響や政策効果を評価し科学的指標を改善して利用すること，生物多様性の価値を国内の所得勘定などにおいて考慮すること，などが提言されている。

（奥田直久）

U

UNCED ➡ 国連環境開発会議

UNDESD
 ➡ 持続可能な開発のための教育の10年

UNDP ➡ 国連開発計画

UNEP ➡ 国連環境計画

UNESCO ➡ ユネスコ

W

WFP ➡ 国連世界食糧計画

WSSD ➡ ヨハネスブルグサミット

WWF ➡ 世界自然保護基金

環境教育辞典

2013年7月6日　初版第1刷発行

編　者　日本環境教育学会
発行者　小　林　一　光
発行所　教育出版株式会社
　　　　〒101-0051 東京都千代田区神田神保町2-10
　　　　電話 03-3238-6965　振替 00190-1-107340

　　　　　　　　　　　　　　　　　　　組版　ピーアンドエー
©The Japanese Society of Environmental Education 2013
　　　　　　　　　　　　　　　　　　　印刷・製本　藤原印刷
Printed in Japan
落丁・乱丁はお取替いたします。

ISBN978-4-316-80130-8　C3537